剑桥
全球经济专题史

葡萄酒史：产业的全球化

[澳]卡伊姆·安德森
（Kym Anderson） 编
[西]文森特·皮尼拉
（Vicente Pinilla）

杨培雷 译

上海财经大学出版社

图书在版编目(CIP)数据

葡萄酒史:产业的全球化/(澳)卡伊姆·安德森(Kym Anderson),
(西)文森特·皮尼拉(Vicente Pinilla)编;杨培雷译.—上海:上海财经
大学出版社,2021.12
(剑桥·全球经济专题史)
书名原文:Wine Globalization:A New Comparative History
ISBN 978-7-5642-3927-5/F·3927

Ⅰ.①葡…　Ⅱ.①卡…②文…③杨…　Ⅲ.①葡萄酒-历史-世界
Ⅳ.①TS262.6-091

中国版本图书馆 CIP 数据核字(2021)第 270638 号

□ 责任编辑　黄　荟
□ 封面设计　陈　楠
□ 版式设计　张克瑶

葡萄酒史:产业的全球化

[澳] 卡伊姆·安德森
　　　(Kym Anderson)
　　　　　　　　　　　编
[西] 文森特·皮尼拉
　　　(Vicente Pinilla)

　　　杨培雷　　　译

上海财经大学出版社出版发行
(上海市中山北一路 369 号　邮编 200083)
网　　　址:http://www.sufep.com
电子邮箱:webmaster@sufep.com
全国新华书店经销
上海华教印务有限公司印刷装订
2021 年 12 月第 1 版　2021 年 12 月第 1 次印刷

787mm×1092mm　1/16　39 印张(插页:2)　573 千字
定价:168.00 元

目 录

第一部分 概 述

第二部分 传统市场

第三部分　新市场

第四部分　前景展望

中文版序言

    乐见我们编撰的《葡萄酒史：产业的全球化》中文版的出版发行。近年来，中国葡萄酒市场得到了快速发展。2007 年中国葡萄酒消费占比为 2.6％，而 10 年后的占比为 7％。在同一时期，中国国内葡萄酒生产也增长了近 3 倍。然而，由进口弥补的缺口增长得更快，以至于中国在全球葡萄酒进口中的占比提高了 9 倍，到 2017 年，中国在全球葡萄酒进口中的占比达到了 8％。这样的增长速度使海外葡萄酒出口商对中国特别感兴趣。因此，也出现了这样的事实，即 2017 年中国葡萄酒消费占含酒精饮料消费的比例为 4％（明显上升，此前 10 年为 2％，前 10 年之前的 10 年低于 1％）。随着中国人均收入的提高以及更多的人口向城市转移，这个比例有望继续提高，与之同步，进口量也有望继续提高。同时，我们预期，随着中国葡萄酒酒庄赢得更多的国际奖项，并随着世界其他国家和地区寻求开发世界葡萄酒市场中这个多元化的新资源，中国葡萄酒的出口量必将增长。

    与中国对葡萄酒日益提高的兴趣相伴随，我们展望未来，必将看到中国的分析和研究的大发展，这样的分析和研究不仅在葡萄栽培和葡萄酒酿造领域，而且在葡萄酒经济学领域。更全面的区域性和全国性的葡萄种植以及葡萄酒生产和消费的数据与统计将鼓励这方面的分析和研究。这些数据越充分、越完整，对学者来说，进行一国（或地区）与世界其他国家（或地区）的比较分析就越容易，假以时日，则有助于当地产业达到全球水平。

目前,可以免费获得的国别葡萄酒生产、国别葡萄酒和其他类型酒精饮料消费以及国际葡萄酒贸易的全球年度数据可见于以下网址:https://economics. adelaide. edu. au/wine-economics/databases♯annual-database-of-global-wine-markets-1835-to-2018。这些数据被概括在一本700页的、可以免费下载的电子书中,可见于以下网址:www. adelaide. edu. au/press/titles/global-wine-markets。运用这些数据对全球酒精饮料市场中中国和亚洲其他国家的地位与作用进行评估的近期论文已经公开发表,可见K. 安德森(K. Anderson)撰写的论文《亚洲在全球饮料市场中的崛起:葡萄酒兴起》(Asia's Emergence in Global Beverage Markets:The Rise of Wine),载于2020年6月出版的《新加坡经济评论》[*Singapore Economic Review*,2020,65(4):755—779]。另外,世界上700多个葡萄酒产区种植的酿酒葡萄品种数据以及这些区域的气候数据均可在以下网址免费得到:https://economics. adelaide. edu. au/wine-economics/databases♯database-of-regional-national-and-global-winegrape-bearing-areas-by-variety-1960-to-2016。同样地,这些数据被概括在一本800页的、可以免费下载的电子书中,可见于以下网址:www. adelaide. edu. au/press/titles/winegrapes。

我们感谢将本卷文集从英文翻译成中文的译者,感谢安排中文版出版并在中国以合理的价格发行、销售本书的工作者。我们希望读者能够像我们创作原著一样,享受对这本书的阅读。

卡伊姆·安德森,南澳大利亚阿德莱德大学

文森特·皮尼拉,萨拉戈萨大学

2020年12月

序 言

在本世纪初,在世界的两边同时进行着两项学术工作。其中之一就是葡萄酒产业经济学研讨会,该研讨会由阿德莱德大学国际经济研究中心主办,作为澳大利亚第十一届葡萄酒产业技术大会的一部分。那次会议于 2001 年 10 月 7 日至 11 日在南澳大利亚阿德莱德举行,恰恰在 10 月 11 日至 18 日阿德莱德第二十六届国际葡萄酒和葡萄酒协会世界大会(World Congress of the Office International de la Vigne et du Vin)之前。葡萄酒产业经济学研讨会的一半议程留给了回顾世界主要葡萄酒产区和葡萄酒消费区的市场发展。继研讨会之后,作者对那些文件进行了修订和更新,结集成为一卷,旨在提供第二次全球化浪潮影响世界葡萄酒市场的当前且全面的情景(卡伊姆·安德森、埃德沃德·埃尔加编,《世界葡萄酒市场:全球化的作用》,2004)。其中,这本书的许多章节提供了背景式的简要历史概述,这本书的主要关注点是 20 世纪 80 年代后期以来的重大变化。书中的所有章节都有新的年度数据库来支撑该项目,该项目已更新为卡伊姆·安德森和 S. 尼尔根(S. Nelgen)所著的《1961—2009 年全球葡萄酒市场:统计汇编》(阿德莱德大学出版社,2011,电子书免费提供,见 www.adelaide. edu. au/press/titles/global-wine)。

另一项学术活动是在西班牙萨拉戈萨大学进行的,经济历史学家收集全球葡萄酒数据,旨在分析一波全球化的一个方面,即在第二次世界大战前的一个世纪里,作为葡萄酒出口国的西班牙的兴衰。这项学术活动带来了 V. 皮尼拉

(V. Pinilla)和 M. I. 阿尤达(M. I. Ayuda)的一篇论文(《葡萄酒贸易的政治经济学:1890—1935 年西班牙出口和国际市场》,载于《欧洲经济史评论》,2002年第 6 期,第 51—85 页),并且开始建立了那个时期的全球葡萄酒数据库,这些数据库自那时起可以获得,见 V. 皮尼拉的工作论文《葡萄酒产业的历史统计:1840—1938 年消费、生产和贸易的定量分析方法》(AAWE 第 167 号工作论文,2014 年 8 月,可免费查阅的网站:www. wine-economics. org)。

同时,卡伊姆·安德森进行了始于 19 世纪 30 年代澳大利亚葡萄酒产业的经济发展分析。尽管这项研究是全面的(见卡伊姆·安德森:《澳大利亚葡萄酒产业的增长与周期:1843—2013 年统计摘要》,阿德莱德大学出版社,2015,免费提供于网站:www. adelaide. edu. au/press/title/austwine),这个研究却是不完善的,因为在那个时候还没有一套可用于比较的 1961 年以前其他相关葡萄酒生产国的年度数据,也没有全球葡萄酒生产、消费以及贸易总量数据,用来比对澳大利亚的趋势和工业周期。因此,至于采用的比较方法,如哈顿、奥鲁克和威廉森编辑的卷本《新比较经济史》(麻省理工学院出版社,2007)中所描述的那样,在这项研究中主要限定于 1960 年以来的年代。

对我们二人来说,下一步自然是团结起来,吸引其他学者与我们一起对第一次和第二次全球化浪潮过程中以及包括两次世界大战、大萧条时期在内的"失去"的几十年里国别和全球葡萄酒市场发展状况进行比较评估。总体而言,这个项目是没有资金资助的。但是,每位供稿人都能自己获得资金或筹集一些当地资金用于支付研究助理的工作费用和差旅费。在几次国际会议的间隙,我们召集了几次小型会议,包括门多萨美国葡萄酒经济学家协会年度会议(2015年 5 月 26 日至 30 日)和波尔多年度会议(2016 年 6 月 25 日至 28 日)、三年一度的米兰国际农业经济学家协会大会(2015 年 8 月 9 日至 14 日),以及后续在托斯卡纳维拉扎诺城堡举办的研讨会(2015 年 8 月 16 日至 17 日)。

至关重要的是,所有与会者都同意提供国别数据,以扩大之前由安德森整理的 1960 年后的数据以及皮尼拉收集的 1939 年前的数据。我们增加了来自二手源的数据,以便覆盖整个世界,并力求至少追溯到 1835 年,那时是第一波全球化的开始。最终,我们溯及 17 世纪 60 年代南非的一些数据,甚至溯及 14 世纪 20 年代英国的数据,但是,对于许多不太关注葡萄酒的国家来说,直到 19 世纪晚期也没有这样的系列数据,并且有些数据序列很多年缺失,如两次世界大战期间。因此,我们用插值法求值,以填补最重要数据系列中的空白,包括葡萄酒产量、出口量和进口量,以便能够估计全球总体的关键变量,使之可以追溯到 1860 年。

作为全球数据库的编辑和编纂者(卡伊姆·安德森、文森特·皮尼拉,《1835—2016 年全球葡萄酒市场年度数据库》,免费提供阿德莱德大学葡萄酒经济学研究中心的 excel 表,可见 www. adelaide. edu. au/wine-econ/databases),我们希望记下我们对研究助理的感激之情,他们帮助整理数据库和电子书,让这些数据更容易被一般读者查询(卡伊姆·安德森、S. 尼尔根、文森特·皮尼拉,《1860—2016 年全球葡萄酒市场:统计汇编》,阿德莱德大学出版社,2017,可见 www. adelaide. edu. au/press)。这些研究助理包括阿德莱德大学的亚历山大·霍姆斯(Alexander Holmes)和赛斯·纽恩特朗(Thithi Nguyentran)以及萨拉戈萨大学的阿德里恩·帕拉奇奥斯(Adrián Palacios)。我们还衷心感谢各方提供的资金支持,资金提供者包括澳大利亚葡萄酒协会和阿德莱德大学的欧盟全球事务中心及其专业教师,以及西班牙科学与创新部(项目编号:ECO 2015-65582)和通过农产品经济史(19 世纪和 20 世纪)研究小组提供资金支持的阿拉贡政府。

当然,最后(但并非不重要),我们非常感谢每一位对这个多作者的研究项目做出贡献的人们,不仅感谢他们在收集数据和编写分析说明方面的辛勤努力,而且感谢他们在整个项目中付出的精力和热情,他们愿意自费参加研讨会,并满足我们提出的各种最后期限的要求。

术语缩写和缩略语

AOC——(法国)法定地区葡萄酒(Appellation d'Origine Contrôlée)

AWBC——澳大利亚葡萄酒和白兰地公司

CAP——(欧盟)共同农业政策

CMO——(欧盟)共同市场组织

COMECON——经济互助委员会(1949—1991年的共产主义国家间组织)

DO——(西班牙)原产地名号监控制度(Denominaciones de Origen)

DOC——(意大利)原产地名号监控制度

DOCG——(意大利)最高等级葡萄酒原产地名号监控制度

DWI——德国葡萄酒学会

EEC——欧洲经济共同体

EC——欧盟委员会

EFTA——欧洲自由贸易协会

EU——欧盟

FAO——(联合国)粮农组织

FDI——外国直接投资

Fob——离岸价(出口的船舷价)

FTA——自由贸易协定

GATT——关税和贸易总协定(现为世贸组织协定的一部分)

GI——地理标志

ha——公顷

IGT——(意大利)特定产区标识

INDO——(西班牙)指定原产地的国家机构

ISO——国际标准办公室

KL——千升

KWV——南非合作酒农协会

LAL——酒精升数

ML——百万升

OIV——国际葡萄酒办公室(总部设在巴黎的国际葡萄和葡萄酒组织)

ONIVINS——国家葡萄酒行业管理局(Office National Interprofessionelle des Vins)

PDO——受保护的原产地名称

PGI——受保护的地理标志

RCA——"显示性"相对优势(指数)

SAWIS——南非葡萄酒信息系统

VDQS——优良地区餐酒(Vin Délimité de Qualité Supérieure)

VQPRD——特定地区的优质酒(Vin de Qualité Produit dans une Région Déterminée)

WFA——澳大利亚葡萄酒制造商联合会

WIC——加利福尼亚州葡萄酒学院

WINZ——新西兰葡萄酒学院

WSET——(英国)葡萄酒和烈酒教育信托基金

WSTA——(英国)葡萄酒和烈酒贸易协会

WTO——世界贸易组织

Z. A. R. ——南非共和国(Zuid-Afrikaansche Republiek)[南非共和国,在1910年(与开普殖民地和奥兰治自由邦一道)成为南非联盟的一部分之前的1852—1902年间是独立国家,1961年更名为南非共和国]

技术术语和单位

葡萄酒的定义

国际组织对葡萄酒的定义各不相同,这些国际组织包括联合国(FAO 代码 0564;SITC 112.12;统一系统关税税目 2204),并且所指的是各种品质的新鲜葡萄饮料酒,包括无泡葡萄酒、气泡酒(起泡葡萄酒)和强化酒。

饮料酒有时在国际贸易数据中被分为以下三个亚类:

(1)瓶装无泡葡萄酒(统一系统关税税目 220421):两升或低于两升的容器灌装交易的无泡葡萄酒。

(2)散装(或其他)葡萄酒(统一系统关税税目 220429):超过两升的容器灌装交易的无泡葡萄酒。

(3)气泡酒(起泡葡萄酒)(统一系统关税税目 220410):所有起泡葡萄酒,包括香槟。

非饮料酒是指用于蒸馏提纯或用于工业用途的葡萄酒。

餐酒是指未经强化的无泡饮料葡萄酒(也就是说,不包括气泡酒,不包括高乙醇强化葡萄酒,也不包括蒸馏葡萄酒或工业用途的葡萄酒)。

一些用葡萄以外的产品制成的酒精饮料也被称为酒(如米酒,在亚洲米酒很常见)。它们不包含在本研究的葡萄酒数据中,但包含在酒精总消费量数据中。

计量单位

缩写	定义	转换定义
ha	公顷	10 000 平方米或 2.471 英亩
t	吨	1 000 公斤或 2 205 磅
kt	千吨	1 000 吨
L	升	1 000 毫升或 0.264 17 加仑或 0.219 97 英制加仑
LAL	酒精升数	假设葡萄酒含酒精 12%，啤酒含 4.5%，而通常烈酒（大约 40% 的酒精含量）用酒精升数标出
KL	千升	1 000 升或 10 百升
ML	兆升	100 万升
US$	美元	
US$m	百万美元	
1 million	100 万（1 000 000）	
1 billion	10 亿（1 000 000 000）	

用于最常见变量的度量

变量	单位（每年）
葡萄种植面积	1 000 公顷
葡萄产量	吨葡萄/公顷或千升葡萄酒/公顷
葡萄酒产量	兆升（ML）
葡萄酒消费量	兆升（ML）
人均或成人人均葡萄酒消费量	升（L）
人均或成人人均啤酒消费量	升（L）
人均烈酒消费量（酒精含量）	酒精升数（LAL）
人均或成人人均酒精消费量	酒精升数（LAL）
葡萄酒的出口量和进口量	兆升（ML）
葡萄酒进出口价值	现值百万美元

续表

变量	单位(每年)
葡萄酒进出口单位价值	现值美元/升
成年人口	15 岁或以上

国家的边界和名称

　　国家不时地改变其边界和名称,并且在过去的两个世纪里,当今 190 多个国家中的许多国家要么改变了边界和名称的其中一个方面,要么边界和名称都有改变。在目前的研究中,我们遵循比较历史学家通常的传统做法,采用每个国家现在的名字和现在的边界。在许多情况下,这就需要仔细分类国别数据。在不可能这样做的情况下,作者明确提供了次区域的特定数据(如英格兰或大不列颠,而不是整个英国)。

第一部分

概 述

第一章

导言

酿酒确实是一个简单的商业活动,仅仅在最初的 200 年是困难的。

——已故的菲律宾罗斯柴尔德男爵夫人(Baroness Philippine de Roths-child)(在法国、加利福尼亚和智利的葡萄种植者)

这本书有双重目的:作为一项研究,帮助与葡萄酒产业相关的人们了解全球化之后不断变化的市场机遇和挑战;同时,作为一个单一的产业案例研究,帮助社会了解全球化对企业、消费者以及政府的种种影响。

全球化具有内在的失序性,要么是由于运输和通信服务领域的技术变革,要么是由于政府监管方面或贸易政策的改革。商品、服务、资本、劳工、旅游者、信息或思想跨越地理边界转移成本的降低,提高了平均收入,改变了生产者技术和消费者偏好,也改变了产品和初级投入品的相对价格、汇率以及国家的比较优势。社会及其政府希望不仅要了解变革的好处,而且要了解这种失序是否导致重要群体的损失。事实上,后者是推动对全球化各种影响进行大量研究的一种激励力量。

为什么专注于葡萄酒?

全球化对资本密集型多年生长的农作物产品和加工商品市场尤其具有破坏性,因为在这种经济活动中,无论是投资还是收回投资,面对变化了的激励,调整得相当缓慢(迪克西特和平迪克,1994)。这是一个理想的产业案例研究,其中的一个原因是，现代葡萄种植和酿制葡萄酒是所有初级产品及其加工和销售活动中最具资本密集型的，特别是在质量频谱最高端的那部分。即使是小型农场经营的传统葡萄种植，使用的是劳动密集方法，当利润发生变化时，并不能轻易进入和退出生产活动。

关注葡萄酒产业的另一个原因是，第一次全球化浪潮开始时，全球的生产和消费只集中在极少数欧洲国家。1860年，排名前五的国家占全球葡萄酒产量的81%，接下来的三个国家也都是欧洲国家，并且占全球葡萄酒产量再增加7%。这样的集中度意味着高收入国家葡萄酒产业的收入增长潜力巨大，这是全球化的结果，全球化导致新兴或欠发达市场葡萄酒消费的增长。

然而，第一次全球化浪潮在第一次世界大战爆发时结束了，这似乎对全球葡萄酒市场的影响很小，除了一个重要的方面，即将很小的根瘤蚜虫从美国送到了欧洲。这个根瘤蚜虫摧毁了欧洲大部分的葡萄园。这导致法国的酿酒人在邻近的阿尔及利亚大举投资，其占有的全球葡萄酒市场份额从1870年的0.1%上升到1910年的8%，并且在出口份额中超过40%。但是，如果殖民时期的阿尔及利亚被视为法国的一部分（就像法国政府在1962年之前所做的那样），那么，与1860年5%的出口份额相比，在第一次全球化浪潮结束时，全球葡萄酒产量的出口份额并没有提高，实际上，1960年也没有提高。

与此形成对照的是，从1960年到1990年，出口在全球葡萄酒产量中所占的比例从5%增长到15%，然后达到2012年的40%。在过去半个世纪的全球化进程中，葡萄酒已经从作为世界上贸易量最小的农产品之一转变为国际上贸易量最大的产品之一。对于世界各地的消费者而言，这是前所未有的繁荣景象。葡萄酒质量有了很大的提高，葡萄酒品种更加多样化，在越来越多的国家中，中等收入消费者能够承受葡萄酒消费价格。

然而，并不是所有酿酒人都从中受益。自1990年以来，来自南半球的葡萄酒出口的迅速增长对欧洲生产商形成了更大的压力。自20世纪60年代初以来，欧洲生产商一直面临着国内市场需求下降。最近，在一些新兴的出口国，酿酒商一直在努力保持竞争力，而其他国家（如新西兰和美国）享有葡萄酒和葡萄的高价格水平。所有出口商正在研究亚洲特别是中国的需求发展,希望受益于该区域正在出现的进口增长,同时也注意到自 20 世纪 90 年代末以来,中国国内葡萄园和葡萄酒生产的迅速扩张。

对于葡萄酒产业来说,繁荣—萧条周期是正常的。最近的国别生产周期显然并不完全一致,这表明,除了海外市场共同发展外,国别特征对这些周期产生影响。在前几个时期,多大程度上呈现这样的情况呢?

关于在一些国家葡萄酒产业成长起来而在另一些国家增长停滞或起步较晚的原因,可以从过去吸取哪些教训呢? 如何将近几十年葡萄酒产业的全球化程度与第一次全球化浪潮中的葡萄酒产业加以比较和对照?[1] 因两次世界大战和大萧条而导致的受干扰的数十年全球产出和贸易增长放缓中,葡萄酒市场发生了什么?

更具体地说,为什么直到最近拥有理想葡萄种植条件的气候温和的"新世界"国家才形成葡萄酒产业的比较优势? 1900 年之前,大多数是葡萄酒的净进口国,尽管海洋运输成本迅速下降,并且从 19 世纪 70 年代起,欧洲葡萄园被根瘤蚜虫摧毁了。[2] 关于在东欧和独联体的前计划经济体以及北非的伊斯兰国家中的生产者,在多大程度上他们可以重建以前的竞争力?

考虑到这些类型的问题,本研究的目的是形成一个比较研究项目报告,旨在提供一系列对关键国家和地区的基于经验的分析说明,揭示每个国家葡萄酒市场发展起来的原因以及在第一次和第二次全球化浪潮期间与此前和几十年

---

　　[1] 葡萄酒产业全球化缓慢演进了 8 000 年,但是,几乎没有产品贸易。葡萄的种植(目前为止最适合用于酿酒)开始于公元前 6000 年左右的高加索地区或附近地区。公元前 2500 年,向西传播,传到了地中海东部地区,公元 400 年再向北传播到欧洲大部分地区。之后又过了 1 100 年,从 16 世纪 20 年代传播到拉丁美洲,1655 年传播到南非,1788 年传播到澳大利亚,1820 年传播到加利福尼亚和新西兰[阿文(Unwin),1991]。但是,主要涉及葡萄种植的转移以及葡萄和葡萄酒的生产技巧转移,而没有发生葡萄酒贸易,因为在软木塞瓶使用之前,葡萄酒会迅速变质。从 18 世纪开始,软木塞瓶才被使用[约翰逊(Johnson),1989:195—198]。

　　[2] 1864 年根瘤蚜虫开始在法国传播,1871—1873 年在奥地利—匈牙利、葡萄牙、瑞士和土耳其传播,1875 年在西班牙传播,1879 年在意大利传播,1881 年在德国传播。法国花了最长时间才得以恢复,因为科学家们首先必须找到治疗方法。当然,新世界的许多国家的一些地区也承受了根瘤蚜虫暴发,但这是后来的事情,其损害比欧洲受到的损害要小得多[阿文,1991:284;坎贝尔(Campbell),2004]。

内它们之间的比较,葡萄酒产业周期的时间、长度和振幅并与其他国家的周期加以比较,以及它对其他地区葡萄酒市场发展的影响。

在过去2 000年的大部分时间里,葡萄酒一直是欧洲的产品。绝大多数生产是为了家庭消费和在当地市场销售,很少跨越国界销售。从1500年开始的欧洲帝国的扩张主义导致一些殖民地出现了酿酒葡萄生产,但也主要是为了欧洲移民的当地消费,或者,以南非西开普省为例,为路过的欧洲船员提供补给。从19世纪30年代到第一次世界大战的第一次全球化浪潮刺激了葡萄酒的洲际贸易,正如其他许多商品的洲际贸易一样,但只是增加了一点点:除了北非葡萄园的扩张,葡萄酒产品几乎仍然完全是欧洲的产品,加之少量出口到欧洲殖民地。[1] 即使在欧洲境内,在非生产国,葡萄酒仍然是一种奢侈品,仅占酒精消费品的很小部分。直到从1990年开始加速的第二次全球化浪潮,洲际葡萄酒贸易开始扩张——如此引人注目,尽管不均衡,从而促使更多国家的葡萄酒消费民主化。[2]

本书的目的

本研究试图解释为什么葡萄酒的地理扩张如此延迟,为什么它迟来的起飞在少数生产国是如此惊人,为什么葡萄酒消费正在向更大范围的国家扩散,并且不仅仅限于最富裕的消费者。从这些不同的经验中汲取教训,为展望未来和预测未来的发展提供基础。因此,这本书最后一章采用了全球葡萄酒市场模型,对2025年非溢价、商业溢价和超级溢价葡萄酒进行预测。本书从第二章开

〔1〕 20世纪20年代,欧洲仍占全球葡萄酒产量和出口量的95%(将阿尔及利亚算作法国的一部分)以及超过90%的全球葡萄酒消费量和进口量。

〔2〕 根据世界粮农组织的数据,直到2001年,葡萄是世界上最有价值的园艺作物(西红柿超过了它),其中一半用于葡萄酒生产。欧洲经济一体化始于第二次世界大战后不久,北大西洋贸易也是如此;战后欧洲移民到了前欧洲殖民地,传播对葡萄酒的兴趣。但是,20世纪60年代和70年代,新独立的发展中国家对同西欧的贸易不感兴趣,以及直到20世纪80年代末和90年代初共产主义扩张延续(除了中国,中国的改革在10年前就开始了),这意味着第二次全球化浪潮从1990年前后加速了进程。

始,概述了全球葡萄酒市场在过去 150 多年里的发展情况、主要葡萄酒生产国家对葡萄酒市场发展的贡献及其对许多其他葡萄酒生产国和消费国的影响。

增进我们对这些趋势的认识显然是对葡萄酒生产商以及竞争的和互补的消费品及服务的生产者感兴趣,但是,其价值要广泛得多。诚然,葡萄生长在全球不到 0.2% 的耕地上,葡萄酒消费不到全球零售支出的 1%。葡萄酒产业也不是迅速增长的产业:目前全球葡萄酒产量并不高于 20 世纪 60 年代初的产量,而且半个世纪以来,葡萄酒在全球酒精消费中所占的份额比例下降了一半以上,仅为 15%,价值占比为 21%(含税零售价值)。但是,对于数百万投资者和上亿的消费者而言,葡萄酒是一个令人着迷的产品,远非全球生产份额或支出份额能够表明的。

葡萄酒产业也提供了一个有趣的全球化运行的案例研究。除了葡萄酒的国际贸易份额迅速上升之外,外国投资也在激增,对大大小小的葡萄酒厂的合并和收购也在激增。出售葡萄园和葡萄酒的价格幅度极大,农业和农业企业部门的领导者可以通过产品差异化、质量提升和复杂的市场营销策略对酿造葡萄和葡萄酒厂寻找市场定位。事实上,小型酿酒商也已经能够超越没有市场势力的标准化葡萄酒生产者,从而激励其他农产品生产者寻求摆脱仅仅是一个价格接受者的初级产品生产者的境地,从而成为三个行业中的价值增值的行动者(通过增加加工程序、可能的本地零售以及旅游服务)。

葡萄酒产业的全球化给生产扩张国家的参与者和地区带来了巨大的经济收益,尽管正如一开始就注意到了,这对那些传统的欧洲生产商来说并非没有一点痛苦,他们的竞争力受到国内需求下降和新世界竞争力不断上升的威胁。在过去的 60 年里,酿酒商见证了国内人均消费量下降,葡萄牙下降了 2/5,法国下降了 2/3,意大利和西班牙各下降了 3/4。加之酿酒葡萄价格的下跌,导致所有这些国家的葡萄种植总面积减少了 3/5,从 20 世纪 60 年代末的 650 万公顷下降到今天的略超 250 万公顷。对于这些国家的葡萄种植者,他们看到新世界的崛起突然入侵了他们所认为的"他们的"出口市场,觉得受到侮辱和伤害。与此同时,对于东欧的生产者来说,当他们从传统的中央计划努力调整以适应转型时,新世界的冲击出现了。

那些不太有能力或不愿意调整的生产者会因新世界出口商的出现而不安,这是可以理解的。例如,在新千年伊始,酿酒师和葡萄酒行业工会主席莫里斯·拉吉(Maurice Large)把澳大利亚的葡萄酒比作可口可乐,并称购买它的消费者为"门外汉"(Philistines)。并且,在2001年受法国农业部委托提交了一份报告,报告中总结道:"直到最近几年,葡萄酒一直陪伴着我们,我们是中心,是不可回避的参照点。今天,未开化的人们来到了我们的大门口,他们来自澳大利亚、新西兰、美国、智利、阿根廷、南非。"

优质葡萄酒的传统消费者也很担心。他们担心几个世纪以来一直被描述为家庭手工业的葡萄酒业——具有丰富多彩、激情四射的个性的各种各样的葡萄酒,由于天气的变化或酿酒师试验的变化,不同地区每年都有差异——很快就会难以与任何其他为大众生产的全球化产业相区别。类似的关注是与葡萄酒旅游有关的辅助产业,因为精品酿酒厂是这种地区旅游的命脉。

新世界酿酒人也不能幸免于这样的困难。相反,他们过去也面临过严重的经济衰退,有些酿酒人已经在当前的全球化浪潮中再次感受到这种痛苦。这一次有所不同的是,与以往任何时候相比,现在的葡萄酒在国际市场上交易如此频繁,每一个国家的调整对其他国家葡萄酒市场的影响都要大得多,而且与以前相比,会有更快速的影响。事实上,现在全球40%的葡萄酒出口是以散装货箱运输的,由于供给或需求的新信息的可得性,价格在几分钟内就可能加以调整。这些戏剧性的事态发展提出了一系列问题,对其中许多问题的答案是经验性的。

本书和其他著作有何不同?

本项研究的一个独特之处是,它的供稿人已经整合了世界上第一个全面的国别和全球葡萄酒市场年度数据库,回溯到了第一次全球化浪潮的肇始(安德森和皮尼拉,2017)。47 个单个国家和 5 个区域国家集团的数据可以保证区域和全球总体数据达到对每个变量进行估计。这 47 个国家占有全球 96％的葡萄酒生产和出口,以及占有自 1860 年以来全球消费量和进口量的 90％。[1] 借助这一新的经验数据资源,供稿人能够对目前可得的许多国家和全球葡萄酒产业历史进行补充并添加有价值的分析。[2] 自早期研究以来,他们不仅能够增加 15 年发展情况的分析,其中一些人对此做出了贡献(安德森,2004),而且基于经验事实,扩展了他们的见解,回溯 100 年的历史。

学术界的经济学家和历史学家对本书中的国别研究做出了贡献,他们采用了一种共同的方法,描述和寻求解释国别葡萄酒市场的长期趋势和周期,并置于世界其他地方正在发生的事情的背景之中。他们的分析是长期比较分析,关注在其国家内跨地区的分析以及相对于其他行业的因素分析,从而分析其国家影响葡萄酒产业的宏观经济变量。他们探讨的论题中包括技术、政策、机构、实际汇率变动以及国际市场的发展。其他论题是葡萄酒在酒精总消费量中份额的变化、酿酒葡萄品种的变化、葡萄的风格和葡萄酒的品质的演化。

在有关 15 个国家或区域的章节之前,先作全球概览(第二章),并且本研究最后给出模型,推算到 2025 年的全球葡萄酒市场,推算基于对人口和收入增长、实际汇率的变化、贸易政策的变化以及生产技术和消费者偏好的变化趋势的各种假设(第十八章)。

我们的目标是至少追溯到 1835 年,当时,第一次全球化浪潮开始了(奥鲁克和威廉姆森,2002、2004),这也正是处在加利福尼亚、南澳大利亚、维多利亚和新西兰开始商业化的酿酒葡萄生产之前。在一些章节中获得了数据,可以再往前追溯(葡萄牙追溯到 1750 年,南非追溯到 17 世纪 60 年代,英国追溯到 14

---

〔1〕 这本书的附录概述了新的数据库。进一步详情(包括来源和插值),请参见安德森、尼尔根和皮尼拉(2017)的著作。

〔2〕 关于葡萄酒生产国葡萄酒产业的历史以及关于葡萄酒和其他酒精消费(主要是在高收入国家)的历史著述有许多。而很少有研究涵盖葡萄酒国际贸易的历史,重点放在葡萄酒产业相对于其他产业和产品的"全球化"程度上的研究更少。在关于全球葡萄酒市场和贸易历史的书籍中,有许多受欢迎的书,它们是弗朗西斯(1972)、约翰逊(1989)、安温(1991)、菲利普斯(2000、2014)、坎贝尔和古伯特(2007)、奈(2007)、罗斯(2011)、辛普森(2011)和卢卡奇(2012)。另见安德森(2004)。

世纪 20 年代），但是，对于诸多其他国家来说，一直到 19 世纪末，数据只是零星的。因此，在最重要系列数据（葡萄酒产量、出口量和进口量）中，我们用插值来填补空白，以便能够估计出这些关键变量的全球总量，追溯到 1860 年。我们之所以选择那个时候，是因为那时全球化加速了，归功于《格莱斯顿关税削减法案》、英国和法国之间的条约以及随后欧洲其他地区的贸易自由化。

当然，在如此长的时间内，国家边界不断发生变化。在使用当前边界时，我们遵循了其他比较历史学家的惯例。例如，阿尔萨斯和洛林被算作法国的一部分，尽管 1871—1918 年它们被并入德国。我们也把帝国时期的殖民地视为独立的国家。重要的是，独立前的阿尔及利亚被视为一个单独的贸易实体。它还意味着 1901 年组成澳大利亚联邦的殖民地被视为 19 世纪这个联邦已经存在了。[1]

我们得到了什么经验教训？

即使每个国家的经历都有影响它们全球化的独有特征，但依然可能得出一些一般性的结果。今天几乎所有以葡萄酒产业为重点的国家都经历了对葡萄酒生产商、贸易商和/或消费者不同群体的正面与负面交织的影响。下面概述的影响选项，同害虫的国际传播、技术改进与国际转移、贸易成本、关境经营活动的商业政策、消费税和其他国内（关境之内）规例及影响国内葡萄酒和其他酒精饮料消费的推广活动、实际汇率变动以及制度变化相关。本节还指出了世界葡萄酒市场的多重趋同，这些发生在第一次和/或第二次全球化浪潮之中。本章最后一节列出了这些发现的一些含义。

---

[1] 人口超过 10 万的国家在 1835 年有 132 个，但是，在接下来的 60 年里减少了一半，1912 年甚至只有 51 个国家。到 1922 年，当奥地利—匈牙利与奥斯曼帝国崩溃时，共有 66 个国家人口超过 10 万。到 1950 年，这一数字上升到 76 个国家，到 1970 年增加到 136 个国家，到 1990 年增加到 163 个国家，到 2011 年增加到 182 个国家。如果包括人口少于 10 万的联合国会员国，则为 195 个国家[格里菲斯（Grifiths）和布切尔（Butcher），2013]。

害虫的国际传播

也许在过去 150 年里,全球葡萄酒市场最大的破坏者就是根瘤蚜虫入侵欧洲。[1] 它也出现在其他大陆,但这是后来发生的事情,因此损害程度较小,因为那时法国已经找到了解决问题的办法。法国首先被击中,那是在 19 世纪 60 年代中期。那时,作为世界上最大的葡萄酒消费者和生产者(占两者的 2/5),法国进口需求的突然增长立即影响到其他国家。尤其受影响的是低端葡萄酒,因为首先受到影响的是法国南部,最受影响的是产量。这就为这一市场中最具竞争力的国家创造了繁荣,特别是西班牙,还有意大利和(以葡萄干再水化为生产方式的)希腊。它也刺激了紧邻的北非葡萄园的繁荣以及酒庄投资,最显著的是阿尔及利亚,导致了随后长达 70 年从该地区持续向法国反向出口。可是,这样的繁荣对最初扩大向饱受虫害之苦的法国出口的那些国家具有反作用,如下文关于贸易政策将提及的那样。

技术改进与国际转移

葡萄种植、葡萄和葡萄酒生产技术诀窍的国际转移已经历经几千年。它代替了葡萄酒本身的贸易,包括在新世界,在那里,欧洲人定居之后,在国内市场上本地种植园的葡萄酒生产逐渐取代进口。

在 19 世纪末法国找到了解决根瘤蚜虫的方法并成功应用(使用抗病虫的美国根茎替代了欧洲的根茎)后,这种技术在其他被感染的国家很快就被采用了。在某些情况下,美国的根茎作为预防措施,辅之以严格的隔离措施,以确保不受根瘤蚜虫的侵扰。

在传统的生产、加工、企业家精神和市场营销领域,总有改进的潜在可能性,改进的方式是通过世世代代从业者的试错或通过对私人和公共部门研究与

---

[1] 当然,随着全球化的进程,这并不是大西洋两岸唯一的病虫害。参见克罗斯比(2003)以及努恩和钱(2010)。

开发(R&D)的正式投资。与欧洲的生产者相比较,新世界葡萄酒生产国更多地依赖开发新技术,而较少依赖水土条件,尽管这两组国家都进行了重大的研究与开发投资,并且在过去的半个世纪扩大了作为补充的葡萄栽培、园艺学、葡萄酒商业及营销的高等教育(朱利亚娜、莫里森和拉贝洛蒂,2011)。

近几十年来,向其他国家转让此种新技术的能力通过两种机制大大加快了速度。一种机制是"飞进来"、"飞出去"的葡萄栽培师和酿酒师顾问的出现,这个机制在旧世界和新世界的葡萄酒生产国均存在(威廉姆斯,1995)。对于年轻的专业人员来说,机票价格的下降使他们更能承担起在两个半球工作的负担,使他们的葡萄种植经验倍增,并提高了学习和传播新技术的速度。另一种机制是通过外国直接投资,包括合资企业,即通过将两家公司的技术和营销知识结合起来,从而使最新技术可以更快地扩散到新的地区。

在决定葡萄酒的相对优势方面,现代技术相对于水土条件的重要性是一个有争议的问题。有一项研究表明,并不像人们通常认为的那样,水土条件具有如此重要的主导地位,即使在波尔多这样已经有名的地区也是如此(杰古艾德和金斯伯格,2008)。莱文(2010)最近的一本书从新世界开始,而不是从旧世界开始,强调了这样的观点:葡萄酒几乎在任何地方都是被酿酒商操纵的,他们努力利用可得知识去生产他们的客户最需要的产品。他们所选择的生产方式日益受到如何实现利润最大化的影响,手段是满足消费者的需求,而不是他们喜欢的生产方式,借助他们可得的资源。

农业新技术长期以来倾向于节约最稀缺的生产要素,反映在要素相对价格上。哈亚米和卢腾(Hayami and Ruttan,1985)强调,某种程度上,研究与开发的关注点一直是要素价格变化的驱动,特别是受到实际工资上涨的驱动。在葡萄栽培土地丰富、劳动力稀缺的国家,如澳大利亚,这导致酒庄研发和/或采用节省劳动力的技术,如机械收割机、修剪葡萄园机械和超高速装瓶/贴标签设备。采用节省劳动力的技术帮助实际工资水平最高且最快速增长的各国保持了在传统上(至少在初级阶段)劳动密集型产业的比较优势。相应地,在较为贫穷的国家,这又意味着,为了保持国际竞争力,劳动密集型的生产商需要找到相对优势的来源,而不是仅靠低工资水平。

贸易成本

尽管 19 世纪运输和通信费用有所下降,但是,在第一次全球化浪潮的整个过程中,对于所有商品,除了最昂贵的葡萄酒,贸易成本——国内和国际贸易成本——仍然很重要。在欧洲,随着铁路的修建,这些成本开始下降,因此,一些地区,像法国南部这样的地区,可以将它们的一些葡萄酒运往巴黎获利。但是,对英国和欧洲西北部的出口继续受到限制,主要是优质葡萄酒。

就新世界定居者的经济生活而言,贸易成本很重要,他们每个人的大部分出口收入来自两种主要产品,几十年如此,直到第一次世界大战。这些国家中,没有一个国家每升或每吨葡萄酒都具有足够的价值可以保证出口有利可图。以阿根廷为例,在国内铁路于 1885 年投入运营之前,甚至从门多萨到布宜诺斯艾利斯运送葡萄酒也是无利可图的。在此之前,该国消费的大部分葡萄酒不得不从欧洲进口。

高昂的贸易成本解释了在第一次全球化浪潮期间,为什么新世界葡萄酒生产商没有从欧洲遭受根瘤蚜虫的毁灭中受益。即使在阿尔及利亚的生产开始之前,他们也无法与法国的邻国竞争,从而供给期望的低价格、非优质葡萄酒,替代法国南部生产能力的暂时缺失。更不用说后来法国建立除北非之外所有国家的进口壁垒的情况了。欧洲和阿尔及利亚供给反应如此之快,以至于法国的葡萄酒价格仅在 19 世纪 70 年代的几年里有所上涨,此后稳步下降了 30 多年,直到第一次世界大战(辛普森,2004,图 6)。

相比之下,近几十年来,随着海洋运输、航空旅行和通信费用的进一步下降,作为葡萄酒出口的约束条件的贸易成本大幅下降,尤其对于南半球的生产者来说更是如此。由于 24 000 升储存葡萄酒的囊袋技术得到改进,足以安全地长途运输 20 英尺的葡萄酒集装箱,他们也更加深受影响。因此,现在大约有 40% 的葡萄酒是这样出口的,从本世纪初的 30% 上升到 40%。这是向 19 世纪做法的一个回归,那时,除了上等葡萄酒外,其他的葡萄酒都是用大桶而不是瓶装出口的。[1] 除此之外,与第一次全球化浪潮期间相比,现在每升的运输成本和所涉时间要少得多。

关境经营活动的商业政策

1860—1862 年关于英国葡萄酒进口关税的《格莱斯顿关税削减法案》是葡萄酒产业全球化的一个里程碑。19 世纪 40 年代,英国和俄罗斯是两个最大的葡萄酒进口国,每个国家平均每年 430 万美元的进口支出。到 19 世纪 60 年代,俄罗斯的葡萄酒进口价值增长了 10%,而英国则增长了近 8 倍。从法国进口的增长是以进口西班牙、葡萄牙和南非的强化葡萄酒为代价的,而这些葡萄酒在几十年里享有优先进入英国市场的待遇。

在法国暴发了根瘤蚜虫传染后,葡萄酒贸易再次飙升。从 19 世纪 60 年代末开始,主要供应商是西班牙,接着从 19 世纪 70 年代末开始是意大利,然后是葡萄牙,以及 19 世纪 80 年代的希腊(以葡萄干制成葡萄酒的生产方式)。然而,当法国在 19 世纪 90 年代强制实行一系列措施,包括对这些进口产品征收越来越高的关税以及要求用葡萄干制成的葡萄酒必须贴上标签(这大大降低了它的可销售性)时,贸易萎缩了。在此后的 60 多年里,法国允许在阿尔及利亚的投资者免税进入法国市场,直到 1962 年阿尔及利亚独立,尽管如此,全球出口量并没有下跌。如果那些跨越地中海的运输量被视为法国国内贸易,那么,在 1960 年之前的 100 年里,世界其他国家的出口仅为全球产量的 5%。

保护主义关税在扭转 19 世纪阿根廷从欧洲进口葡萄酒的增长趋势方面也是重要的因素。由于 1885 年开通了新的跨国铁路,使得门多萨能够供应在布宜诺斯艾利斯消费的大部分葡萄酒。

澳大利亚殖民地的关税保护阻碍了 19 世纪的葡萄酒进口,不仅阻碍了从欧洲进口葡萄酒,而且阻碍了从邻近的殖民地进口葡萄酒,直到 1901 年这些殖

---

[1] 即使以波尔多出口到英国的葡萄酒为例,19 世纪后半叶,除了 1/5 瓶装出口外,其余的都是桶装出口而不是瓶装出口(辛普森,2004,图 3)。

民地加入澳大利亚联邦。从那时起,各州之间实现了贸易自由,但是,针对外国进口的保护主义壁垒依然存在。在新西兰,做法相同,当时新西兰也成为一个独立的国家。正如在阿根廷,这样的保护措施帮助了当地的产业,但是,保护产业不受竞争的影响,而竞争本可以激发更多的创新和质量改进。

第一次世界大战后,澳大利亚对强化葡萄酒提供了出口奖励,英国为此类葡萄酒提供了进入其市场的优惠政策。这些措施一起帮助了退伍士兵在温暖的灌溉区种植葡萄。然而,第二次世界大战之后,这些贸易政策被放弃了,在接下来的40年里,澳大利亚的葡萄酒出口缩减到忽略不计。换句话说,这些支持政策对于提高澳大利亚生产商的国际竞争力没有任何帮助。相反,它们损害了该国作为供应国的声誉,而第一次世界大战之前的1/4世纪里,葡萄酒出口一直在发展。

1922年,俄罗斯占领邻国并组成苏维埃社会主义共和国联盟(USSR),过去各国包括格鲁吉亚、摩尔多瓦、乌克兰和乌兹别克斯坦之间的葡萄酒贸易由国际贸易转变为国内贸易。经互会——从1949年到1991年在苏联以及东欧国家、前南斯拉夫和其他国家之间的贸易安排——也起到了重要作用:给予保加利亚、匈牙利、马其顿和罗马尼亚等国葡萄酒出口商进入苏联市场优惠准入待遇。然而,1991年苏联解体后,这些国家的出口就萎缩了。

在亚洲,贸易政策长期抑制葡萄酒进口,这样的保护措施与其说保护当地葡萄种植者,不如说保护当地的啤酒和烈酒生产商。1996年,中国香港决定取消葡萄酒关税的时候,进口激增。2001年底,作为加入世界贸易组织承诺的一部分,中国大陆同意降低葡萄酒关税,中国大陆的进口也激增。随后,中国与智利(2005年)、新西兰(2008年)和澳大利亚(2015年)之间的双边自由贸易协定(FTAs)为这些国家的生产者进入蓬勃发展的中国市场提供了更多的机会。在过去10年左右的时间里,这些葡萄酒出口国与日本和韩国之间类似的双边自由贸易协定也已签署。

消费税和其他葡萄酒消费的国内影响因素

随着收入水平提高,人均葡萄酒和其他酒精的消费量趋于增加,但只是在一定程度上。在1961—2015年所有国家特征的一项研究中,霍姆斯和安德森(2017a)发现,一国平均葡萄酒和其他酒精消费的峰值大约位于1990年西欧人均实际收入水平。他们还发现,在葡萄酒消费支出处于峰值时,消费者的平均收入水平略高,他们会提高购买产品的质量,并且随着收入的增加而有所下降,对质量要求的下降速度慢于消费量的下降速度。此外,这项研究表明,无论是在酒精的平均消费量方面,还是在葡萄酒和其他酒精混合饮料的消费份额方面,各国之间的差距很大。显然,除了收入水平之外,还有对人均消费的其他影响因素。

其他影响因素之一就是消费税(加之前面讨论的进口税)。它们在各国之间差异很大,而且经常存在政府随时调整的情况。税率往往有利于消费当地生产的最常见的饮料,因此,在葡萄酒生产国,葡萄酒的税率相对较低或者为零,而注重当地啤酒或烈酒生产的葡萄酒进口国,税率则很高(安德森,2010、2014)。这样必然阻碍一国酒精混合饮品的趋同,然而,对降低贸易成本将会起到鼓励作用。

除了税收措施改变消费价格外,政府还采取了许多其他措施影响葡萄酒和其他酒精的消费。1860年,在英国,格莱斯顿热衷于鼓励葡萄酒的消费,因为他认为饮用葡萄酒比喝烈酒和啤酒更文明。因此,在降低葡萄酒进口关税的同时,他还改革了零售许可证条例,降低了啤酒和杜松子酒供应商的竞争力。19世纪60—70年代,英国人均年葡萄酒消费量从1.1升上升到2.3升。但是,1913年又降到了1.1升,直到20世纪60年代中期,一直维持在2升以下。然后,在20世纪70年代,英国政府再次刺激葡萄酒消费,允许通过食品超市零售葡萄酒。到1990年,人均消费量上升到11升;到2004年,人均消费量上升到21升。在过去40年里,类似的葡萄酒销售的显著提升也发生在爱尔兰和其他西北欧洲的葡萄酒进口国。但是,相反的情况发生在苏联,在那里,试图遏制过度饮酒,政府限制葡萄酒和其他酒精的生产及进口。其中包括20世纪80年代后期清除了大量苏联的葡萄树，发生在 1991 年苏联解体之前。

在法国，从 1931 年起，政府积极促进国内葡萄酒消费，当时葡萄酒价格处于历史最低点。到 1934 年，法国消费量的峰值为人均 170 升。今天，低于那时消费量的 1/4。这给我们另一个提示，即这些干扰因素的影响不是永久的。

试图影响政府和直接影响消费者的游说团体时不时会对酒精消费产生重大影响。美国禁酒令是最有名的例子（1920—1934 年），但是，19 世纪中期以来戒酒运动的一致性游说在许多其他法律辖区也导致了一定程度的禁酒（布里格斯，1986；菲利普斯，2014）。最近，在大多数高收入国家出现了积极的反酒游说，以健康和道路安全为理由，寻求禁酒。世界卫生组织也一直积极支持这一运动，提供世界范围内酒精消费趋势的信息和分析。毫无疑问，这对近几十年来高收入国家的人均酒精消费乃至葡萄酒消费的下降起了作用，至少在传统的葡萄酒消费国家。

当然，消费者所选择的葡萄酒会受到广告、批评家们的评级、消费者评论等因素的影响。偶尔，一个宣传噱头也有影响，也许最有名的就是所谓的巴黎审判。1976 年，英国葡萄酒商人斯蒂芬·思普瑞尔（Stephen Spurrier）针对顶级加州和法国的红葡萄酒和白葡萄酒组织了法国葡萄酒评判员盲品会。结果引起了轰动，因为加州葡萄酒排名较高[塔贝尔（Taber），2005]。这是提高消费者对新世界葡萄酒的看法的重要里程碑。同样地，1991 年 CBS《60 分钟》电视节目播出了一个所谓的"法国悖论"，暗示法国人因为他们的饮食，冠心病的发病率相对较低，其中葡萄酒是不可或缺的因素。1997 年，中国时任国务院总理李鹏确信红葡萄酒有助健康，从而推动了中国葡萄酒消费的繁荣。

实际汇率变动

得天独厚的气候条件和适合葡萄酒厂生产的土地是一个国家在国别和全球葡萄酒市场具有竞争力的必要条件，但不是充分条件。尤其是面对很高的国际运输成本，对于自然资源丰富的新世界国家来说，共同的情况是它们只在少数初级产品上具有竞争力，而在 1990 年以前葡萄酒几乎不在其列。在其他行业繁荣的时代,尤其如此。这样的繁荣可能是由供给驱动(比如,国内发现了矿藏),也可能是由需求驱动(另一种可出口产品价格的上涨)。这两种类型的经济繁荣增强了一国的实际汇率,削弱了该国其他可交易商品的生产者的竞争力[柯登(Corden),1984;福瑞白恩(Freebairn),2015]。

对于受货币价值变动周期影响并且缺乏充分抵消周期影响的政府干预(如通过主权财富基金)的国家来说,其葡萄酒(和任何其他可贸易商品)产业的营利性可能也会受到周期的影响。这一直是葡萄酒和其他农业产业的波动命运的一个因素,如在过去180年中的澳大利亚(安德森,2017)。自20世纪80年代许多国家转向更具有弹性的汇率制度以来,这种对葡萄酒产业不稳定的宏观经济影响日益加剧,重要性越来越大。然而,欧元区国家则相反,它们受到的不是本国货币波动的影响,而是自2000年欧元创立以来欧元波动的影响。

制度变化

也许在第一次全球化浪潮之后,最重要的制度创新是法国逐步推行的法规,旨在减少葡萄和葡萄酒欺诈,从而提高消费者对葡萄酒的信心。对已经积累起来的葡萄种植和酿酒的种种限制措施,其副产品是生产者的灵活性和创新性降低。跨区域的调配也是不被允许的。随着欧洲经济共同体(EEC)的成立以及现在欧盟(EU)的建立,这些法国的法规在很大程度上已经成为欧盟范围的条例(梅洛尼和斯文内恩,2013)。一个后果是西欧的葡萄酒企业的集中程度非常低,香槟生产企业是例外(主要品牌已经发展起来,即使它们依靠许多小葡萄种植者),波尔多是例外(在那里,传统上,谈判者一直都是酒庄与国外进口商的中间人),葡萄牙也是例外(在那里,英国的公司经营着港口出口贸易)。

与欧洲小企业的这种优势形成鲜明对比的是,在监管较少的新世界国家中厂商的高度集中。欧洲国内销售额最大的4家公司市场占比在10%—20%,而在新世界,市场占比在50%—80%(安德森、尼尔根和皮尼拉,2017,表42)。后者的大公司可以在葡萄栽培、园艺以及葡萄酒营销等方面获得巨大的规模经济。它们自然而然地成为跨国公司,运用的不只是它们的生产专业知识,还有市场知识,在全球范围内以最低的成本向这些市场提供产品。因此,它们非常适合将产品卖到超市零售系统,这就是为什么在当前全球化浪潮中,新世界的公司最初主宰着英国、爱尔兰和欧洲西北部其他葡萄酒进口国迅速增长的商业高档葡萄酒的销售。

关于趋同的结论

趋同是接下来的章节中经常出现的一个主题,正如在许多比较经济历史研究项目中会出现的一样。在下一章,它们会得到强调,但是,趋同的特征可归纳如下:

- 欧盟和新世界占据了出口葡萄酒全球总份额(不包括欧盟内部出口)
- 欧盟和新世界的人均葡萄酒产量
- 人均葡萄酒消费量以及葡萄酒在酒精消费量中所占的比例,一方面是欧洲葡萄酒出口国(和阿根廷),另一方面是西北欧洲和新世界
- 欧盟和新世界的葡萄酒比较优势指数
- 葡萄种植、酿酒技术以及不那么迅速的葡萄酒商业和营销

对生产者、消费者和研究人员的影响

讨论最激烈的主题之一是通过比较国别葡萄酒产业发展的特质和时间而呈现出来的,这个主题是几乎每一朵乌云都至少有一线亮光,照亮世界葡萄酒市场的某个部分。也许第一次全球化浪潮中最显著的例子是这样的事实,即西班牙(在较小程度上,还有意大利和希腊)是 19 世纪 70 年代和 80 年代法国葡萄园遭受根瘤蚜虫破坏的受益者(皮尼拉和艾乌达,2002)。在当前的全球化浪潮中,一个明显的例子是,过去 10 年中澳大利亚酿酒厂的国际竞争力下降,因为实际汇率升值,这与该国大规模采矿业繁荣相关,这使得其他几个国家的葡萄酒出口商能够扩大在第三国的销售,而以澳大利亚为代价(安德森和维特威

尔,2013)。

就消费者而言,早些时候有人指出,近几十年来,葡萄酒产业全球化对无论在哪里的消费者来说是前所未有的繁荣,葡萄酒的质量和多样性都有了巨大的提高,并且价格非常低廉。某些人日益增长的恐惧——担心葡萄酒贸易的全球化将导致世界上的葡萄酒同质化——并没有成为现实。在全球葡萄酒市场中企业的集中度起点非常低,即使与啤酒和烈酒相比,仍然很低,更不用说世界软饮料行业了。诚然,新世界中售卖给超级市场的大量的、低端的商业优质葡萄酒并不复杂,但如今它们已不再是严重的技术缺陷,并且成为新的葡萄酒消费者的一种低成本的消费方式,有助于其探索葡萄酒世界。

随着财富的增加,对许多事物的需求也在增加,包括产品品种。随着时间的推移,新的消费者将逐渐更加重视区分葡萄品种、葡萄酒风格,而不仅仅是区分原产地国家,还要区分原产地国家的不同区域。在葡萄酒评论家的帮助下,这些新的消费者将越来越重视区分品牌以及在品牌内的标签。对差异化产品的偏爱以及酿酒师无限进行试验的空间将确保除了为数不多的大型企业品牌外,中小规模的葡萄酒商永久存在下去。

全球化的力量,以及随着酿酒商的升级,优质酿酒葡萄供应的扩张,将会刺激更多的兼并、收购或跨越国界的酿酒商的结盟。它们在全球市场上的成功品牌将会反过来提供一个上升的螺旋潮流,其中,精明的小运营商也可以茁壮成长。膜拜酒(cult wine)的流行表明,中小型企业能够在大众营销、联合酿酒和零售巨头的时代做得很好,只要小型酒厂努力营销和分销,以确保对其差异化产品的需求。

接下来是关于未来研究领域的最终论断。尽管我们尽了最大的努力整理相关的数据,我们的全球数据库仍然存在重要的空白,特别是1961年以前的数据,那时联合国的数据才开始更系统地收集起来。消费数据方面比生产数据方面存在更大的空白,竞争性饮料方面的数据比葡萄酒本身的数据存在更大的空白。在汇总消费支出和价格数据方面也做了更大的努力,使之与消费量数据相匹配,这项工作由霍姆斯和安德森完成(2017b)。然而,计量经济学分析存在不足,它有助于形成关于饮料支出的较长期历史时间序列。这项工作使葡萄酒和其他饮料的价格和需求收入弹性能够被重新估计,例如,塞尔维内森和塞尔维内森(2007)的工作拓展包括软饮料。这也将使计量经济学家能够更好地解释各类酒精饮料消费支出数额和价值的变化,因此,超越了克兰和斯文内恩(2016)研究啤酒的工作范围。生产者价格数据也很有帮助,是具有可比性的企业层面的生产者业绩数据。于是,估计出口增长决定因素的相对重要性就具有了可能性,因为在过去10年中,其他行业也在不断增加(伯纳德等,2012)。

显然,在这一领域,未来仍有充分的研究空间,但是,与过去可得的计量研究相比,本卷至少奠定了更加坚实的经验分析基础。

【作者介绍】 卡伊姆·安德森(Kym Anderson):乔治·格林(George Gollin)经济学教授,南澳大利亚位于阿德莱德的阿德莱德大学葡萄酒产业经济研究中心执行主任,位于堪培拉的澳大利亚国立大学经济学教授,伦敦经济政策研究中心的研究员。他的研究兴趣包括国际贸易和经济发展,以及农业经济学、食品经济学和葡萄酒产业经济学。

文森特·皮尼拉(Vicente Pinilla):西班牙萨拉戈萨大学经济史学教授,阿拉贡农业营养研究所研究员。他的研究兴趣包括农产品国际贸易、长期农业变化、环境历史和移民。2000—2004年,他担任萨拉戈萨大学副校长,负责财政预算和经济管理。

【参考文献】

Anderson,K. (ed.) (2004), *The World's Wine Markets:Globalization at Work*, Cheltenham,UK:Edward Elgar.

(2010),'Excise and Import Taxes on Wine vs Beer and Spirits:An International Comparison', *Economic Papers* 29(2):215—28,June.

(2014),'Excise Taxes on Wines,Beers and Spirits:An Updated International Comparison',Working Paper No. 170,American Association of Wine Economists,October.

(2017),'Sectoral Trends and Shocks in Australia's Economic Growth', *Australian Economic History Review* 57(1):2—21,March.

(with the assistance of N. R. Aryal) (2015),*Growth and Cycles in Australia's Wine In-dustry:A Statistical Compendium*, 1843 to 2013, Adelaide: University of Adelaide Press. Also freely available as an ebook at www. adelaide. edu. au/press/titles/austwine and as Excel files at www. adelaide. edu. au/wine-econ/databases/winehistory/.

Anderson,K. and S. Nelgen (2011),*Global Wine Markets*, 1961 to 2009:A Statistical Com-pendium, Adelaide: University of Adelaide Press. Also freely available as an ebook at www. adelaide. edu. au/press/titles/global-wine and as Excel files at www. adelaide. edu. au/wine-econ/databases/GWM.

Anderson,K. ,S. Nelgen and V. Pinilla (2017),*Global Wine Markets*, 1860 to 2016:A Sta-tistical Compendium, Adelaide: University of Adelaide Press. Also freely available as an ebook at www. adelaide. edu. au/press/.

Anderson,K. and V. Pinilla (with the assistance of A. J. Holmes) (2017),*Annual Data-base of Global Wine Markets*, 1835 to 2016,freely available in Excel files at the Universi-ty of Adelaide's Wine Economics Research Centre,at www. adelaide. edu. au/wine-econ/databases.

Anderson,K. and G. Wittwer (2013), 'Modeling Global Wine Markets to 2018:Exchange Rates,Taste Changes,and China's Import Growth',*Journal of Wine Economics* 8(2): 131—58.

Bernard,A. B. ,J. B. Jensen,S. J. Redding and P. K. Schott (2012), 'The Empirics of Firm Heterogeniety and International Trade',*Annual Review of Economics* 4(1):283—313.

Briggs,A. (1986),*Wine for Sale:Victoria Wines and the Liquor Trade*, 1860—1984,Chica-go: University of Chicago Press.

Campbell,C. (2004),*Phylloxera:How Wine Was Saved for the World*,London: HarperCol-lins.

Campbell,G. and N. Guibert (eds.) (2007),*The Golden Grape:Wine*,Society and Global-ization,*Multidisciplinary Perspectives on the Wine Industry*, London: Palgrave Mac-millan.

Colen,L. and Swinnen,J. (2016), 'Economic Growth,Globalisation and Beer Consumption', *Journal of Agricultural Economics* 67(1):186—207.

Corden,W. M. (1984), 'Booming Sector and Dutch Disease Economics:Survey and Consoli-dation',*Oxford Economic Papers* 36(3):359—80,November.

Crosby,A. W. (2003),*The Columbian Exchange:Biological and Cultural Consequences of 1492*,Westport,CT:Praeger.

Dixit,A. and R. S. Pindyck (1994),*Investment Under Uncertainty*,Princeton,NJ:Princeton University Press.

Francis,A. D. (1972),*The Wine Trade*,London: Adams and Charles Black.

Freebairn,J. (2015), 'Mining Booms and the Exchange Rate',*Australian Journal of Agri-*

cultural and Resource Economics 59(4):533—48.

Gerguad,O. and V. Ginsburg (2008),'Natural Endowments,Production Technologies and the Quality of Wines in Bordeaux:Does Terroir Matter?' *Economic Journal* 118(529): F142—57,June. Reprinted in *Journal of Wine Economics* 5(1):3—21,2010.

Giuliana,E. ,A. Morrison and R. Rabellotti (eds.) (2011),*Innovation and Technological Catch-up:The Changing Geography of Wine Production*,Cheltenham,UK:Edward Elgar.

Griffiths,R. D. and C. R. Butcher (2013),'Introducing the International System(s) Dataset (ISD),1816—2011',*International Interactions* 39(5):748—68. Data Appendix is at www. ryan-griffiths. com/data/.

Hayami,Y. and V. W. Ruttan (1985),*Agricultural Development:An International Perspective*,Baltimore,MD:Johns Hopkins University Press.

Holmes,A. J. and K. Anderson (2017a),'Convergence in National Alcohol Consumption Patterns:New Global Indicators',*Journal of Wine Economics* 12(2):117—48.

Holmes,A. J. and K. Anderson (2017b),'Annual Database of National Beverage Consumption Volumes and Expenditures,1950 to 2015',Wine Economics Research Centre,University of Adelaide,at www. adelaide. edu. au/wine-econ/databases/.

Johnson,H. (1989),*The Story of Wine*,London:Mitchell Beasley.

Lewin,B. (2010),*Wine Myths and Reality*,Dover:Vendange Press and San Francisco:Wine Appreciation Guild.

Lukacs,P. (2012),*Inventing Wine:A New History of One of the World's Most Ancient Pleasures*,New York:W. W. Norton.

Meloni,G. and J. Swinnen (2013),'The Political Economy of European Wine Regulations', *Journal of Wine Economics* 8(3):244—84.

Nunn,N. and N. Qian (2010),'The Columbian Exchange:A History of Disease,Food,and Ideas',*Journal of Economic Perspectives* 24(2):163—88,Spring.

Nye,J. V. C. (2007),*War Wine,and Taxes:The Political Economy of Anglo-French Trade*,*1689—1900*,Princeton,NJ:Princeton University Press.

O'Rourke,K. H. and J. C. Williamson (2002),'When Did Globalisation Begin?'*European Review of Economic History* 6(1):23—50.

O'Rourke,K. H. and J. C. Williamson (2004),'Once More:When Did Globalisation Begin?'*European Review of Economic History* 8(1):109—17.

Phillips,R. (2000),*A Short History of Wine*,London:Penguin. Revised edition published in 2015 as *9000 Years of Wine (A World History)*,Vancouver:Whitecap.

(2014),*Alcohol:A History*,Chapel Hill:University of North Carolina Press.

Pinilla,V. and M. I. Ayuda (2002),'The Political Economy of the Wine Trade:Spanish Exports and the International Market,1890—1935',*European Review of Economic History* 6:51—85.

Rose,S. (2011),*The Wine Trade in Medieval Europe 1000－1500*,London and New York: Bloomsbury.

Selvanathan,S. and E. A. Selvanathan (2007),'Another Look at the Identical Tastes Hypothesis on the Analysis of Cross-Country Alcohol Data',*Empirical Economics* 32(1): 185－215.

Simpson,J. (2004),'Selling to Reluctant Drinkers:The British Wine Market,1860－1914', *Economic History Review* 57(1):80－108.

Simpson,J. (2011),*Creating Wine:The Emergence of a World industry*,1840－1914, Princeton,NJ:Princeton University Press.

Taber,G. M. (2005),*Judgment of Paris:California vs France and the Historic Paris Tasting that Revolutionized Wine*,New York:Simon and Schuster.

Unwin,T. (1991),*Wine and the Vine:An Historical Geography of Viticulture and the Wine Trade*,London and New York:Routledge.

Williams,A. (1995),*Flying Winemakers:The New World of Wine*,Adelaide:Winetitles.

第二章

全球概览

　　本章首先讨论通常所寻求的全球化指标类型以及本研究中使用的子集,比如前述的可得数据。其次,检验这些选定的全球化指标的趋势,涉及三个时期:从 1860 年(我们的全面全球数据系列开始的时候)到第一次世界大战的第一次全球化浪潮;两次大战之间以及第二次世界大战后的最初几年;自 1960 年以来的历史时期,特别是自 1990 年第二次全球化浪潮开始加速以来的时期。本章总结了不同国家对全球葡萄酒的生产、消费、贸易量和贸易价值的贡献。关注点侧重于长期趋势,不仅关注这些广泛的指标,而且关注内在指标[例如,葡萄园在作物总面积中所占份额、人均葡萄酒产量和按美元计算的国内生产总值(GDP)]。再者,强调了这些趋势因素背后的关键原因以及这些趋势中的主要转折点。对于出口葡萄酒的国家来说,这些趋势包括国内葡萄酒供给曲线的移动(疾病暴发、技术变化导致的)、国内葡萄酒需求曲线的移动(人口或收入增长、偏好变化导致的)或该国葡萄酒出口的需求变化(例如,由于实际汇率的变化引起的)。这里还包括沿着这些曲线的变动,例如,由于生产者、消费者或贸易税、补贴或其他管制政策的变化导致的变动。

葡萄酒全球化指标的界定

　　关于全球化(由于商品、服务、资本、劳动力和信息的成本降低以及跨越地理边界的思想流动,而思想流动的原因是,比如,运输或通信方面的技术革命或者针对这种流动的政府障碍降低),历史学家具有两种主要看法:一方面,“世界历史学家"认为，全球化就是产品生产、消费和一种产品的贸易扩大到更多的国家，这里，我们关注的情况就是葡萄酒；另一方面，计量历史学家（或定量经济史学家）对这个概念提出批评，认为太不严谨，并指出，生产的地理扩散可能因为提高了保护主义贸易壁垒而发生，而他们将保护主义贸易壁垒看作一种反全球化的政策。[1] 在谈论全球化时，贸易增长也不被视为全球化的充分条件。[2] 取而代之的是，他们寻找国际经济一体化的明确指标，例如，各国之间产品和要素价格趋同。但是，在本案中，由于葡萄酒、酿酒葡萄、葡萄园和葡萄种植者以及酿酒师极具异质性，所以采用更加严格的标准是困难的。[3]

在许多国家几十年来唯一可以获得的价格信息是葡萄酒进出口的单位价值，即使这些边境价格也通常是风格和品质变化很大的葡萄酒的平均价格，而且它们并没有告诉我们各国国内的价格，国内价格受大量政府法规、生产者补贴和消费税的影响（安德森，2010、2014b）。葡萄酒进口关税的下降是葡萄酒全球化的不良指标，同样是因为葡萄酒价格变化幅度很大，以及对特定类型的葡萄酒征收特定关税而不是从价关税的复杂关税体制的普遍使用，更不要说非关税保护主义措施的普遍替代性运用，以及降低关税时其他形式的生产者支持措施（安德森和杰森，2016；比亚科等，2016）。

国内价格也难以确定，这不仅仅是因为产品异质性。许多葡萄种植者自己酿酒（还有一些葡萄酒厂租赁葡萄园），所以他们的葡萄酒是没有市场定价的；许多葡萄酒厂在酒窖门口出售葡萄酒，那里可能是不交税收的；其他国内销售必须遵守通常复杂的消费税结构，此外还有增值税（VAT）或商品和服务税（GST）；并且越来越多的葡萄酒通过超市销售，超市时常在不同程度上对某些葡萄酒打折，以至于单一同质品牌的葡萄酒建议零售价格夸大了平均售价，甚

---

〔1〕 一些具有重大影响的全球化书籍包括奥鲁克和威廉姆森（1999），鲍尔多、泰勒和威廉姆森（2003），芬德利和奥鲁克（2007），以及哈顿、奥鲁克和威廉姆森（2007）。一位世界历史学家做出了早期贡献，参见波美拉茨（2000）。

〔2〕 关于这一论题，参见奥鲁克和威廉姆森（2002、2004）以及弗林和吉拉尔德兹（2004）的讨论。

〔3〕 在发达国家既有葡萄园的售价变化幅度很大，介于每公顷 10 000 美元和超过 200 万美元之间，而新酒每瓶 750 毫升的零售价格变化幅度小则 2 美元，大则数千美元。

至达到不可知的程度。

可是,还有其他各种部分指标可用于衡量世界葡萄酒市场的全球化程度。考虑到19世纪中叶以前葡萄酒的生产和消费主要限于欧洲南部和地中海东部地区,一个可能性是全球人均生产和消费的增长,从而超越那些传统的葡萄酒产区。对全球葡萄酒生产做出重大贡献的国家数量的增加是另一个事实,正如计量历史学家所指出的,如果保护主义壁垒提高了,这种情况也会发生。然而,如果大量国家葡萄酒在全球出口或消费份额中的占比显著上升,那么,后者将不构成其中的原因。另一个指标是出口葡萄酒在全球葡萄酒产量中所占比例的上升。然而,另一个国家层面的指标是双向贸易的增长,也就是说,出口葡萄酒国家的进口葡萄酒在其国内消费中的份额增长。各国的全国葡萄酒在酒精消费中(或更宽泛地说,在全国酒精饮料组合中)所占比例的趋同也可能是日益全球化的结果,因为消费偏好同质化了。

葡萄酒全球化开始的路径之一是通过葡萄藤条的扩散。随着新的葡萄酒产区的发展和种植者通过种植不同的葡萄来探索开发葡萄种植地区,这样的情况继续在发生。最近收集的数据捕捉到了当前全球化浪潮中的这种扩散现象。

考虑到这些概念,下一节将研究在整体全球葡萄酒市场中全球化的经验证据,并且在此后一节总结各国对全球葡萄酒产业发展的贡献以及它们对国别葡萄酒市场的影响,后面几章的主题就是对这些问题的具体分析。

全球化指标:经验证据

19世纪60年代,每年全球人均葡萄酒产量平均为9升。由于出现根瘤蚜虫,葡萄园遭受最严重的损坏,其间又降到了8升。但是,在第一次世界大战前

已经恢复到 9 升。[1] 然而,自那时起稳步下降,两次世界大战期间降至 8.5
升,1950—1979 年降至 7.5 升,20 世纪 80 年代为 6.5 升,1990—2009 年为 4.5
升,2010—2015 年为 3.8 升。至于每年全球葡萄酒生产总量,在第一次全球化
浪潮的大部分时间里并没有增长,由于根瘤蚜虫的毁灭性影响,只是在 20 世纪
的第一个 10 年才开始增长。在两次世界大战期间,与 1860—1900 年期间相
比,全球葡萄酒生产总量高出大约 50%,然后,到 20 世纪 80 年代中期的 40 年
里,翻了一番。但是,自 20 世纪 90 年代初当前全球化浪潮加速以来,已经回落
了大约 1/8,重新回到了 20 世纪 60 年代的水平(见图 2.1)。也就是说,按照全
球产量指标,该产业一直在萎缩。

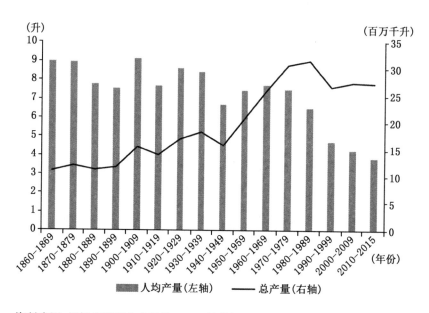

资料来源:根据安德森和皮尼拉(2017)的数据编制。

图 2.1 1860—2015 年世界葡萄酒总产量和人均产量

在第一次全球化浪潮中的扩张还可以用这样的指标衡量,即全球每百万美
元实际 GDP 中的葡萄酒产量,按照这个指标,1870 年的 10 升上升到 1913 年的

---

〔1〕 关于根瘤蚜虫(phylloxera)的影响的详细信息,参见本书第三、四和十六章的具体描述,也可
参见坎贝尔(2004)。

18升。但是,随着第二次世界大战后全球经济扩张,这个指标持续下降,从1950年的3.6升下降至1970年的2.1升、1990年的1.0升和2014年的0.4升(安德森和皮尼拉,2017)。

然而,这些数据没有披露的信息是无法量化的信息,但是被广泛认可生产葡萄酒的平均质量有所提高,这种情况从19世纪初开始,特别是从20世纪80年代开始(约翰逊,1989,第36章;卢卡克斯,2012:127-140)。遗憾的是,我们无法估计它们的平均实际生产者价格或消费者价格趋势,也无法估计葡萄种植者或酿酒厂的利润。

尽管直到第一次全球化浪潮结束时,全球葡萄酒产量没有出现增长,并且当前全球化浪潮中产出下降,但是,生产和出口世界葡萄酒的国家数量一直在增加。即便如此,在第一次全球化浪潮期间,排名最前的两大生产国(法国和意大利)和前十名的生产国保持了它们在世界生产中的总份额(分别为近60%和近90%的份额),这表明在欧洲传统生产基地外种植葡萄的多样化程度很低。20世纪60年代初,前四名的国家所占份额从3/4下降到2/3,但是,前十名的国家所占份额与第一次全球化浪潮时期没有什么不同。只有在最近的几十年里,另有一些国家才占有了大量的生产份额[见图2.2(a)]。

同样地,在第一次全球化浪潮的开始和结束时,全球葡萄酒出口几乎全部由排名前十的葡萄酒出口国占有。到20世纪60年代初,它们的份额比例已降至92%,目前还不到89%[见图2.2(b)]。这再次表明,在第一次全球化浪潮中出口国多样化的程度并没有增加多少,但是,在第二次全球化浪潮中出口国家更加多样化了。

图2.2没有显示出生产和出口国家的排名。下一节中将会更加清楚了,排序会有一些变动,也有一些新进入者进入前十排名中。西班牙是第一个能够满足法国因受到根瘤蚜虫蹂躏而对葡萄酒进口突发需求的供应国,它提高了在全球产量中的份额,出口从历史上平均约5%到19世纪80年代早期的12%。但是,当法国葡萄种植者大规模投资阿尔及利亚的葡萄园并且酿酒厂开始促进出口时,法国重新设置了葡萄酒以及从其他南欧国家购买的葡萄干的进口壁垒,而允许阿尔及利

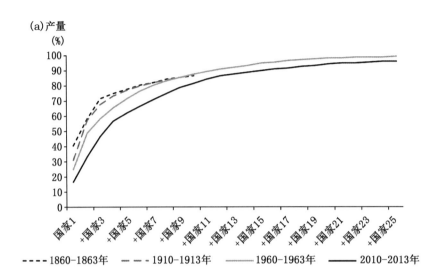

(a)产量

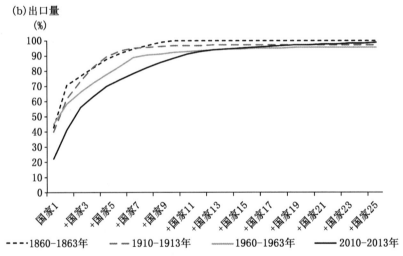

(b)出口量

资料来源:根据安德森和皮尼拉(2017)的数据编制。

图 2.2　1860—2013 年排名前 25 的国家在全球葡萄酒产量和出口量中的累计国家所占份额

亚(自 1884 年 12 月起与法国建立关税同盟)免税进入法国市场。阿尔及利亚几乎完全取代了其他出口国,因此,这就是用于出口的全球葡萄酒产量中的趋势份

额大约维持在 1/8 的原因,这种状况直到大约 1970 年左右。[1] 简言之,出口在
全球生产中所占份额增加的大部分显然是为了应对因根瘤蚜虫病造成的生产短
缺,而不是因应全球化的驱动因素(尽管 19 世纪 80 年代对北欧和美洲的葡萄酒
出口量有所上升)。如果没有出现根瘤蚜虫病的暴发,在阿尔及利亚会有多少投
资以及会有多少葡萄酒出口,就是一个有争议的问题。

然后,在 20 年里,出口占产出的比例略有上升,在随后的 25 年里迅速上升
[见图 2.3(a)]。20 世纪 70 年代和 80 年代,全球葡萄酒出口份额的温和上升,
只不过是经济衰退速度加快的副产品,在法国、意大利和西班牙这样的传统葡
萄酒消费国家中,葡萄酒消费量下降的速度快于产量下降的速度。在 20 年里,
它们的合并年消费量下降了 40 亿升,而它们的年出口量提高了 20 亿升。尽管
全球年出口量仅为 11 亿升,表明第二次全球化浪潮之前的这段时期,世界其他
地区的出口量下降了。

国际葡萄酒贸易的规模与国际其他产品贸易的规模相比如何?在 1990 年
以前从未超过 15%,在 19 世纪最后一个季度根瘤蚜虫病暴发之前不超过 5%,
葡萄酒出口占全球产量的比例低于其他农产品,1900—1938 年期间其他农产品
的出口占比平均估计为 10%—15%,1950—1990 年期间为 15%—30%(阿帕里
奇奥、皮尼拉和赛拉诺,2009:57)。自 1980 年以来,葡萄酒的份额最高约为
40%[见图 2.3(a)],见波动曲线的末端。[2] 应该如此,因为葡萄酒是异质的、
高度差异的产品族群,其主要成分(酿酒葡萄)能够在世界耕地中占非常小的份
额(目前还不到 0.5%)内实现有利可图的种植。

有关全球葡萄酒出口价值的数据只能从 1900 年起才具有可得性,当时它
占所有商品出口价值的 1%。在 20 世纪的前 30 年里,这一比例逐渐减半,这是

---

[1] 如果阿尔及利亚被视为法国的一部分,从世界总量中减去其出口(其出口几乎只对法国),那么,
从 1900 年到 1962 年(那时阿尔及利亚获得独立),出口占全球产量的趋势份额仅为 5%,而不是 10%。参见
图 2.3(a)中的虚线以及本卷本中的第十六章。
[2] 根据全球贸易分析项目数据库(沃尔姆斯里、阿吉亚尔和内瑞亚内恩,2012),2007 年,对于农
业产品和粮食产品而言,全球出口占全球产量的百分比仅为 11%。相比而言,非农业初级产品的百分比
为 42%,其他制成品为 31%(www.gtap.agecon.purdue.edu/databases/v8/default.asp)。

(a) 全球葡萄酒出口量所占份额[a]

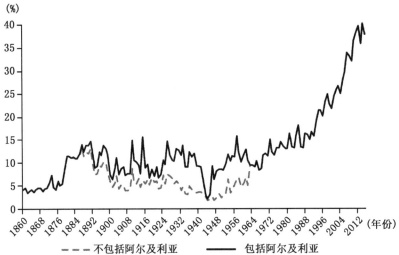

—— 不包括阿尔及利亚　　——— 包括阿尔及利亚

(b) 全球商品出口值中葡萄酒所占份额[b]

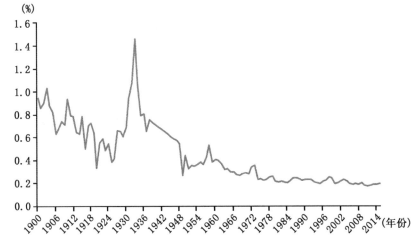

a. 这条虚线假设阿尔及利亚是法国的一部分,因此,其出口不包括在世界总出口量之中。

b. 1939—1947 年的数据不可得,所以从 1938 年到 1948 年插入一条直线。

资料来源:根据安德森和皮尼拉(2017)的数据编制。

图 2.3　1860－2015 年全球葡萄酒出口量所占份额和全球商品出口值中葡萄酒所占份额

在 20 世纪 30 年代其他商品出口迅速收缩之前,这是保护主义对大萧条做出反应的结果。这一暂时的逆转再一次发生在阿尔及利亚,它在全球葡萄酒出口量中所占的份额增长了6倍,从1920年占世界总出口量的1/6上升到1933年的2/3。20世纪50年代,在世界商品出口中葡萄酒所占的份额恢复到0.4%,但是,1962年阿尔及利亚独立后,在此后的20年内这个比例再次减半。然而,随着20世纪80年代后期葡萄酒出口的突然激增,在目前的全球化浪潮中,葡萄酒在世界商品出口价值中所占的份额一直保持稳定,占0.2%[见图2.3(b)]。

让我们转向消费发展方面,1869—1873年,排名前五的葡萄酒消费国占全球葡萄酒消费量的66%,1909—1913年,这一比例上升到75%,而排名前七的葡萄酒消费国的比例从70%上升到80%。1959—1963年排名前七的消费国份额仅略有下降,为77%,表明半个世纪以来变化很小。在接下来的半个世纪,乃至2009—2013年间,这一比例下降幅度更大了,只有61%(排名前五的消费国的比例从69%下降到51%)。同样地,安德森和皮尼拉(2017)的这些证据与第一次全球化浪潮中地理上消费的扩散并不一致,而与第二次全球化浪潮中的事实是一致的。这个发现的进一步证实可见图2.4。它表明在第一次全球化浪潮期间,国家的分布几乎没有变化,这些国家按人均葡萄酒消费量分为五大类。

当然,葡萄酒并不是唯一一种日益全球化的饮料。传统上,啤酒是在当地生产和销售的。但是,随着技术进步以及通过跨国公司兼并与收购来利用规模经济,啤酒品牌正变得越来越全球化,并作为碳酸软饮品而具有集中度(斯文内恩,2011)[1]。作为饮料中的一部分,啤酒的交易越来越多地跨越国界:1960年,有记录的啤酒出口在世界产量中的占比只有1.5%,但是,到2015年,这一份额扩大5倍,达到7.5%(安德森和皮尼拉,2017)。世界上大部分烈性酒也是由少数跨国公司生产的,而且全球交易量非常大。与葡萄酒公司的产出不同,无论是啤酒还是烈性酒的生产集团都不受季节气候变化的影响,两者都在品牌营销上投入巨资。

在20世纪60年代,这三种饮料在有记录的全球酒精市场中所占的比例几

---

〔1〕　根据欧洲监测国际的数据,全球前八大酒精饮料公司均为啤酒公司,2010—2014年在全球酒类销售价值中所占的份额是45%。

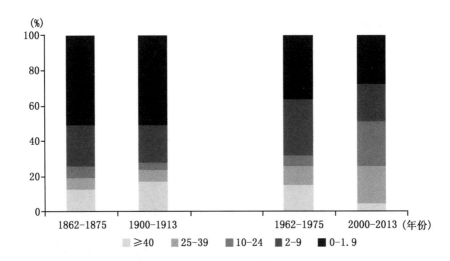

a. 每一栏所显示的块状图指的是国家葡萄酒消费量(人均升/年)。在安德森和皮尼拉(2017)的数据库中,只有 47 个国家的数据(另外还有 5 个其余区域的数据)。

资料来源:根据安德森和皮尼拉(2017)的数据编制。

图 2.4　1862—2013 年所有 47 个国家在不同人均葡萄酒消费水平范围内的份额[a]

乎相同(以升酒精或 LAL 计算)。在此后的 30 年中,葡萄酒占有整个市场份额减少了一半,现在仅为啤酒和烈性酒份额的 1/3,而啤酒和烈性酒的份额每种都略高于 40%[见图 2.5(a)]。自 1960 年以来,有记录的世界人均酒精消费量一直呈平坦趋势(每年约为 2.9 升酒精)。但是,葡萄酒消费量已从 1960 年的 0.9 升降至 2015 年的 0.4 升,而同期,啤酒从 0.7 升上升至 1.2 升,人均烈性酒消费量一直维持在 1.2 升左右[见图 2.5(b)]。

然而,对于葡萄酒来说,在激烈的竞争中有三个亮点。第一,2010—2014 年,葡萄酒在全球酒精零售支出中所占比例超过其在有记录的酒精消费量中所占比例(21% 对 15%)。第二,饮料消费组合在世界各国正在趋同,葡萄酒市场正在各国兴起,而以前那里是啤酒或烈性酒占主导地位的地方(霍姆斯和安德森,2017)。第三,亚洲和撒哈拉以南非洲的人均酒精消费量和开支仍然很低,那里的收入水平增长最快(见表 2.1)。在亚洲,葡萄酒在酒精消费中所占的比例特别低,表明亚洲需求有进一步增长的巨大潜力(参见本书第十七和十八章)。同时,大约在 1990 年西欧的人均收入水平上,葡萄酒和其他酒精饮料消

(a)全球有记录的酒精消费中葡萄酒所占份额

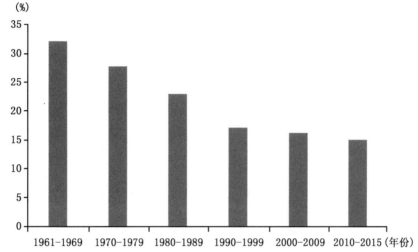

(b)全球人均葡萄酒、啤酒和烈性酒消费量

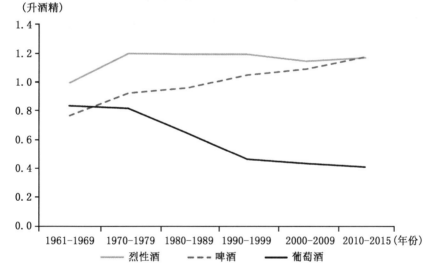

资料来源：根据作者对安德森和皮尼拉(2017)数据的修订汇编而成。

图 2.5 1961—2015 年全球有记录的酒精消费中葡萄酒所占份额
以及全球人均葡萄酒、啤酒和烈性酒消费量

费达到平均峰值,此后稳步下降;当消费者提高他们的购买质量时,在较高的平均收入水平上,葡萄酒支出达到峰值,并且他们购买的商品质量下降的速度比消费数量下降的速度要慢一些(霍姆斯和安德森,2017)。

表 2.1 1961—1964 年和 2010—2014 年七个地区与全世界人均酒精消费量以及酒精消费量与支出中葡萄酒,啤酒和烈性酒消的占比

	总酒精消费量a (升/人)		1961—1964 年 在酒精中占比b (%)			2010—2014 年 在酒精中占比b (%)			2010—2014 年 在酒精支出中占比 (%)			2010—2014 年 在全部支出中酒精占比(%)
	1961—1964 年	2010—2014 年	葡萄酒	啤酒	烈性酒	葡萄酒	啤酒	烈性酒	葡萄酒	啤酒	烈性酒	
西欧	12.3	8.4	**55**	29	16	**42**	38	20	40	34	26	3.9
东欧	1.9	7.2	22	22	**56**	14	42	**44**	46	20	34	5.9
北美	5.4	7.0	8	49	43	18	**49**	33	48	21	30	1.9
拉丁美洲	6.5	5.1	**48**	34	18	11	**60**	29	64	10	26	4.2
澳大利亚与新西兰	6.5	7.1	10	**76**	14	39	**46**	15	53	28	19	3.5
亚洲(包括太平洋地区)	1.9	3.2	1	12	**87**	4	34	**62**	35	15	50	4.3
非洲与中东	1.0	1.7	27	**38**	35	14	**67**	19	60	15	25	2.5
世界	2.5	2.7	**34**	29	37	15	**43**	42	44	21	35	**3.5**

a. 这些数据是 5 年平均值的数量,单位是升/年。

b. 加粗数字表示在所显示的时期内该种饮料在酒精消费总量中的占比最高。

资料来源:霍姆斯和安德森(2017)。

　　带着关于全球葡萄酒市场发展的总体看法,现在,我们转向研究主要国民经济体对这些发展的贡献,然后,总结它们对国别葡萄酒市场的影响。

全球葡萄酒市场发展中的国别贡献

　　19 世纪中期的半个世纪里,超过 3/4 的全球葡萄酒生产只属于三个国家:法国、意大利和西班牙。在第一次全球化浪潮结束时,加上邻近的法国殖民地阿尔及利亚,它们仍然占据主导地位。另外,1910—1913 年,奥地利和匈牙利占了全世界葡萄酒产量的 1/10。甚至在 50 年后,四大国家依然拥有 2/3 的份额,而且直到 2006 年,法国、意大利和西班牙的份额才降至 50% 以下。在过去的25 年里,许多其他国家在扩张,最引人注意的是美国和几个温带南半球国家以及最近的中国[见图 2.6(a)]。

　　19 世纪 60 年代,法国、意大利和西班牙也是葡萄酒的最大消费国,这与事实是一致的,直到那时少量葡萄酒在国际上进行交易。在第一次全球化浪潮期间,它们所占的份额是 3/4。1860—1909 年间,德国和阿根廷各占 2%—3% 的份额[见图 2.6(b)]。其他重要的葡萄酒消费国的数据不包括所有这些年,但是,如果在这段时间里,它们的人均消费水平与起始数据相同,那么,罗马尼亚、匈牙利、瑞士将分别占另外 4%、3% 和 2%。这样,在这 50 年里,世界上其他国家的消费就不会超过全球葡萄酒的 1/10。这再次表明,第一次全球化浪潮并没有为葡萄酒产业带来多少好处。

　　在随后的 60 年里,情况也没有多大改变。1950—1969 年间,法国、意大利、西班牙和阿根廷占有近 2/3 的全球葡萄酒消费量。仅法国就占 36%,得益于从1931 年起法国政府推进其葡萄酒产业,鼓励法国更多的葡萄酒消费(菲利普斯,2014:286—289),尽管事实上,当时法国已经是世界上人均葡萄酒消费量最高的国家,每年超过 150 升。只是自 20 世纪 80 年代以来,其他国家的消费变得日益重要,最明显的是美国和英国,以及新千年以来中国的加入[见图 2.6(b)]。

请注意,虽然作为波尔多优质葡萄酒的消费国,英国在几个世纪以来都很重要,但是,20世纪70年代初之前,它在全球葡萄酒销售量中占比低于1%。

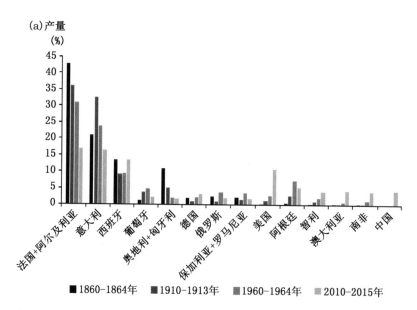

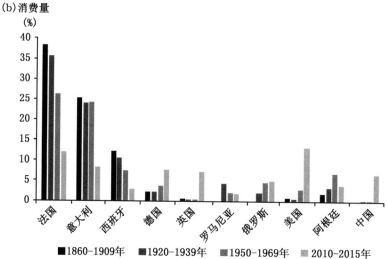

资料来源:根据安德森和皮尼拉(2017)的数据编制。

图 2.6　1860—2015 年国别葡萄酒产量和消费量所占份额

正如我们从图 2.3(a)中所见,除 20 世纪 80 年代的几年之外,1990 年之前全球在国际市场上交易的葡萄酒产量低于 15%。在国际贸易的葡萄酒产量中，四大国家再次占主导地位：法国、意大利、西班牙、阿尔及利亚贡献了世界 80%—90% 的葡萄酒出口量，这种情况持续了 100 年，直到 1960 年，而在接下来的 30 年里，几乎达到 70%。即使在最近的 20 年里，法国和意大利也占这一贸易量中的 2/5（见图 2.7）。但是，如图 2.8 所示，目前的 10 年，一些国家已成为世界葡萄酒出口的贡献者，而北非在独立后已经离开了人们的视野。直到 20 世纪 80 年代末，新世界国家的出口才开始起飞，然后在 20 世纪 90 年代加速发展，并且进入新世纪依然如此：1990 年以前，一直不到全球葡萄酒出口价值的 9%；而在本世纪的第一个 10 年里，在经济平稳发展之前，这一比例上升到 37%，它们的份额与欧盟 15 国的份额趋同（见图 2.9）。澳大利亚领先，但是，也有几个其他国家紧随其后（见图 2.10）。[1]

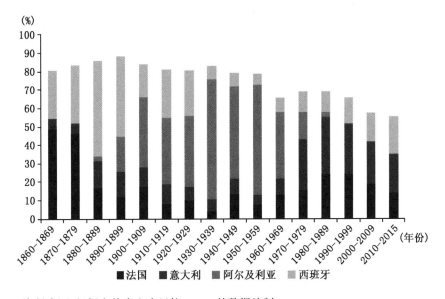

资料来源：根据安德森和皮尼拉（2017）的数据编制。

图 2.7　1860—2015 年法国、意大利、西班牙和阿尔及利亚在全球葡萄酒出口量中所占份额

---

〔1〕 过去 10 年，澳大利亚酿酒厂的国际竞争力下降，因为与澳大利亚大规模矿业繁荣相关的实际汇率升值。相对于其他葡萄酒出口国货币的升值使后者扩大在第三国的销售，以澳大利亚为代价（安德森和威特维尔，2013）。这是一个明显的例子，说明在全球化的世界中，一个群体的不幸是其他群体的福音。

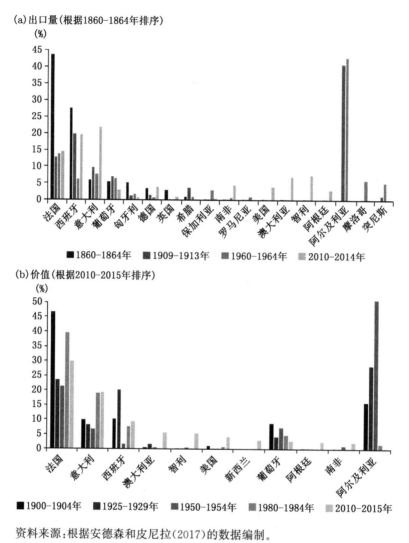

资料来源:根据安德森和皮尼拉(2017)的数据编制。

图2.8 1860—2015年国别葡萄酒出口量和价值所占份额

19世纪50年代后期,因为霉病而导致农作物损失,法国变成了葡萄酒进口国,但是,从19世纪70年代初开始,由于根瘤蚜虫在全国范围内扩散,它才成为世界上最主要的葡萄酒进口国。最初,这些进口中大部分来自西班牙,来自意大利的进口较少。然而,当法国酿酒师在阿尔及利亚葡萄园进行的大规模投资和葡萄酒厂开始产生可出口的盈余时,除了阿尔及利亚(以及后来的摩洛哥和突尼斯,参见本书第十六章),所有国家的进口都被设置了障碍。20世纪70年

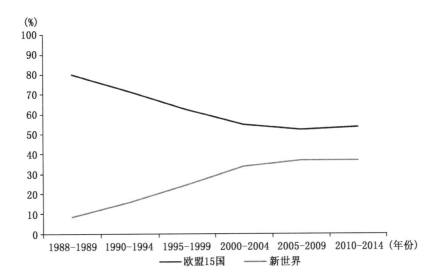

a. 这里,"新世界"被定义为阿根廷、澳大利亚、加拿大、智利、新西兰、南非、美国和乌拉圭。

资料来源:安德森、尼尔根和皮尼拉(2017)。

**图 2.9　1988—2014 年欧盟 15 国和新世界[a] 在全球葡萄酒出口价值
(不包括欧盟 15 国内部贸易)中所占份额**

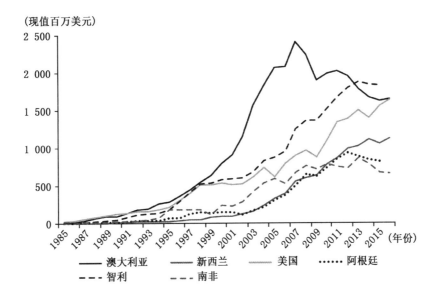

资料来源:根据安德森和皮尼拉(2017)的数据编制。

图 2.10　1985—2016 年新世界国家葡萄酒出口额

代之前,只有德国、俄罗斯、瑞士和英国是其他重要的葡萄酒进口国。只是在那时,美国、英国、比利时、荷兰和其他国家开始增加葡萄酒进口,世纪之交后中国内地和中国香港开始增加葡萄酒进口(见图 2.11)。

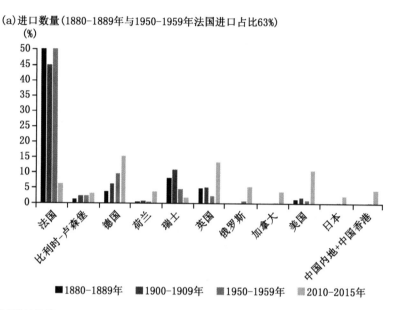

(a)进口数量(1880-1889年与1950-1959年法国进口占比63%)

■ 1880-1889年　■ 1900-1909年　■ 1950-1959年　■ 2010-2015年

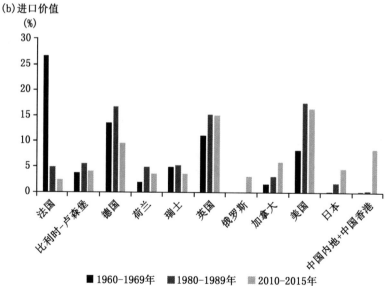

(b)进口价值

■ 1960-1969年　■ 1980-1989年　■ 2010-2015年

资料来源:根据安德森和皮尼拉(2017)的数据编制。

图 2.11　1860—2015 年全球葡萄酒进口量和价值的国别份额

全球葡萄酒市场发展对国别市场的影响

　　全球葡萄酒市场的发展如何影响各国葡萄酒市场，对此，不太容易从前面的数字中分辨出来，因为各国的体量差异很大。为消除体量的影响，本节的报告基于强度指标，如人均指标。这些指标表明，在过去的3年里，第一次全球化浪潮中各国之间葡萄酒生产、消费和贸易的巨大差异已经大幅度缩小。

　　无论是在人均葡萄酒产量还是在人均葡萄酒消费方面，旧世界国家和新世界国家呈现趋同，这一点是显然的，见图2.12。自1950—1990年以来，法国、意大利、葡萄牙和阿根廷的人均产量都减少了一半，现在与西班牙和智利相当，在每年60—80升的范围内。澳大利亚和新西兰迅速走向趋同，在2010—2015年期间超过50升[见图2.12(a)]。

　　考虑每一美元实际GDP的葡萄酒产量也是有帮助的，因为这使人们认识到该产业在整个经济中的任何时候都具有重要性。在第一次全球化浪潮期间，至少有6个国家每1 000美元的实际GDP中葡萄酒产量超过10升，它们是西班牙、葡萄牙、意大利、法国、阿尔及利亚和希腊（见表2.2）。同样是这6个国家，在两次世界大战之间的年份里，每1 000美元的实际GDP中葡萄酒产量超过25升，其他4个国家介于12升和24升之间，它们是智利、罗马尼亚、阿根廷和保加利亚。匈牙利次之，为8.5升；摩尔多瓦和格鲁吉亚可能会超过10升，如果当时它们就是独立的国家。1960—1979年期间，在这些范围内仍然没有其他国家。到了2000—2015年，当所有国家的实际GDP水平都要高得多时，这个范围被收缩到不超过5升，除了11升的摩尔多瓦之外，呈现出各国之间趋同的另一种形式。但是，值得注意的是，上述国家仍然是2000—2015年度排名最高的国家，加之南非和乌拉圭，覆盖了每1 000美元的实际GDP中葡萄酒产量在2.4—5.2升这个相对狭窄的范围。

(a)人均产量

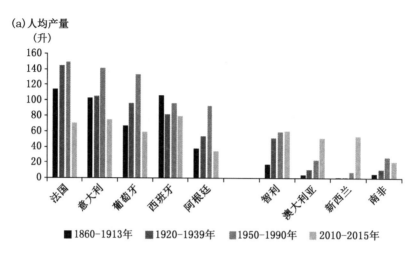

■1860-1913年 ■1920-1939年 ■1950-1990年 ■2010-2015年

(b)人均消费量

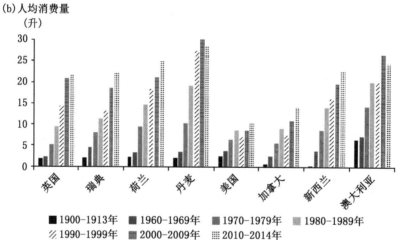

■1900-1913年 ■1960-1969年 ■1970-1979年 ■1980-1989年
◪1990-1999年 ▥2000-2009年 ▦2010-2014年

资料来源:根据安德森和皮尼拉(2017)的数据编制。

图2.12　1860—2015年主要旧世界和新世界国家人均葡萄酒产量和消费量

表2.2　　　　　1860—2015年不同国家每一美元实际GDP中葡萄酒产量

单位:升/按照1990年价格核算的每1 000美元实际GDP

国家 ＼ 年份	1860—1909	1920—1939	1960—1979	1980—1999	2000—2015
西班牙	71.5	39.7	14.6	7.4	5.2
葡萄牙	61.1	62.6	24.5	8.1	4.3
意大利	54.4	36.8	14.0	7.6	4.2

续表

国家＼年份	1860—1909	1920—1939	1960—1979	1980—1999	2000—2015
法国	50.9	35.3	12.1	6.4	3.5
希腊	26.5	25.1	8.3	4.2	2.4
瑞士	7.0	1.9	1.0	0.9	0.6
奥地利	6.9	3.6	3.0	2.1	1.2
德国	1.8	0.9	0.9	0.8	0.5
摩尔多瓦				10.6	11.4
罗马尼亚		16.5	11.2	8.9	4.7
保加利亚		12.4	10.6	6.7	2.6
匈牙利		8.5	8.6	6.7	3.8
格鲁吉亚				4.0	3.6
克罗地亚				3.6	2.2
澳大利亚	1.2	1.7	1.6	1.7	2.3
新西兰	0.0	0.1	0.6	1.0	2.1
美国	0.3	0.2	0.3	0.3	0.3
智利	6.8	16.7	10.9	4.7	3.9
阿根廷	5.4	14.5	13.0	7.7	3.9
乌拉圭	1.3	6.3	5.6	4.0	2.4
南非	4.9	4.8	5.4	5.9	4.3
阿尔及利亚	>50	>50	34.5	1.4	0.5
摩洛哥			7.2	0.7	0.3

资料来源:根据安德森和皮尼拉(2017)的数据编制。

在法国、意大利、葡萄牙以及西班牙,人均消费比两次世界大战期间的最高水平约为100升或100升以上减少了一半还要多,而阿根廷和智利从60升或60升以上减少了一半还要多。相比之下,在其他新世界国家,如西北欧,20世纪60年代以前,消费每年不超过10升,但是,此后在许多情况下,上升到约20升或20升以上[见图2.12(b)]。第一次全球化浪潮的最后25年与当前全球化浪潮的最近25年里人均葡萄酒消费量以及葡萄酒在酒精总消费量中所占比例的变化呈现于表2.3。他们加强了这样的结论:随着全球化的推进,消费模式正在趋同,主要是在第一次世界大战前人均消费量相对较高的国家葡萄酒消费下降,而在其他地方则上升,但主要是从非常低的消费基数上升。

表 2.3　　　1881—1885 年、1890—1914 年、1990—2014 年所选国家(地区)
人均葡萄酒消费量以及葡萄酒在酒精总消费量中所占比例

单位:升/年,%

国家(地区)	人均葡萄酒消费量			葡萄酒在酒精总消费量中所占比例	
	1881—1885 年	1890—1914 年	1990—2014 年	1890—1914 年	1990—2014 年
法国	99	126	53	71	61
葡萄牙	39	67	53		62
意大利	90	100	45	91	71
克罗地亚		n. a.	42		49
瑞士	69	67	38	59	51
阿根廷	30	46	34		63
希腊		37	31		48
奥地利	12	31	30		34
匈牙利	72	38	29		32
丹麦	2	1	28	2	37
比利时—卢森堡	3	4	26	4	32
乌拉圭		n. a.	25		60
西班牙	87	80	25		32
澳大利亚	4	5	23	11	35
罗马尼亚		n. a.	23		37
德国	4	4	22	5	25
英国	2	1	21	2	31
格鲁吉亚		n. a.	20		59
荷兰	2	2	20	4	31
瑞典		n. a.	18		37
新西兰	1	1	18	2	31
保加利亚		19	17		24
摩尔多瓦		n. a.	16		41
智利	12	24	14		33
爱尔兰		n. a.	13		17
加拿大		1	10		19
芬兰		n. a.	10		19

续表

国家 （地区）	人均葡萄酒消费量			葡萄酒在酒精 总消费量中所占比例	
	1881—1885 年	1890—1914 年	1990—2014 年	1890—1914 年	1990—2014 年
美国	1	2	8	3	15
南非		5	8		21
俄罗斯		1	6		8
乌克兰		n. a.	4		9
突尼斯		8	2		35
中国香港		0	2		15
巴西		n. a.	2		5
日本		0	2		4
新加坡		0	2		13
摩洛哥		2	1		43
阿尔及利亚	21	28	1		45

资料来源：根据安德森和皮尼拉（2017）的数据编制。

注释：表中 n. a. 表示数据不可得。

人均葡萄酒出口变化不那么明显。在 20 世纪 70 年代之前，法国和意大利的这一指标一直低于每年人均 10 升，西班牙亦如此，除了 19 世纪的最后 25 年和 20 世纪的前 25 年里。从那时起，法国和意大利翻了一番多，西班牙增长了 5 倍。相比较而言，在第一次全球化浪潮中，新世界国家的出口微不足道，直到 20 世纪 90 年代，人均出口还没有超过 10 升，但是，在随后的 25 年里，尽管基于不同的基数，新世界国家出口也翻了两番。目前，西班牙和智利的人均出口水平最高，超过了西班牙和葡萄牙回应法国在 19 世纪 80 年代的进口需求时所达到的创纪录水平。新西兰出口最近才起步，按人均计算几乎达到了智利的水平。澳大利亚的水平略低于意大利，但比法国高出约 50％。阿根廷和南非也大幅扩大了出口，但是，按人均计算，它们仅为法国出口量的 1/3（见图 2.13）。

澳大利亚、智利和新西兰出口起飞是其通过出口促进产业发展的深思熟虑的战略成果，而法国、意大利和西班牙的出口扩张更多的是其产量下降的速度没有国内葡萄酒需求下降得那么快的间接结果（见图 2.14），虽然出口战略也是

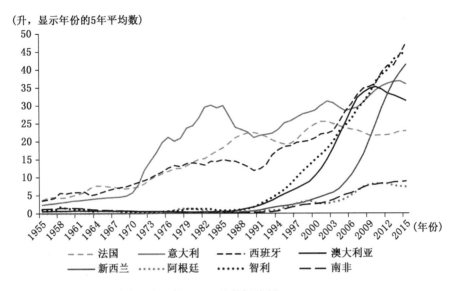

（升，显示年份的5年平均数）

资料来源:根据安德森和皮尼拉(2017)的数据编制。

图 2.13 1955—2015 年主要旧世界国家和新世界国家人均葡萄酒出口量

一些欧洲地区商业计划的明确的组成部分,尤其是香槟产区和意大利北部。这意味着,出口产品的比例在澳大利亚、智利和新西兰比在欧洲增长更快,而且比例也较高。甚至南非现在也重新超过法国,19 世纪 60 年代英国取消对南非葡萄酒的关税优惠时,南非葡萄酒出口一度衰落(见图 2.15)。

这些国家的葡萄酒出口额以不同的速度增长,原因是各国葡萄酒质量的差异,并且每个国家葡萄酒出口相对于其他产品出口的增长速度不同取决于各经济体的部门比较优势。有一种方法可以用来观察其对于葡萄酒国际竞争力的净效应,这种方法就是估计比较优势指数,即一国出口商品中葡萄酒所占比例除以该国葡萄酒出口在全球商品出口中所占比例(见图 2.16)。该指数显示,法国、意大利和西班牙一直有能力保持它们在葡萄酒方面强大的比较优势,尽管南半球主要葡萄酒出口国极大增强了它们的比较优势。

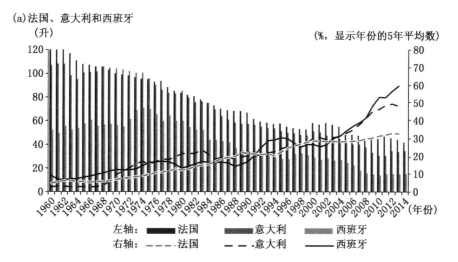

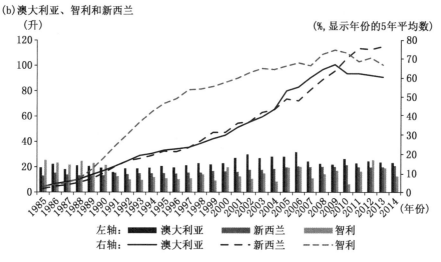

资料来源：根据安德森和皮尼拉（2017）的数据编制。

图 2.14　1960—2014 年 6 国人均葡萄酒消费量与葡萄酒出口量占比

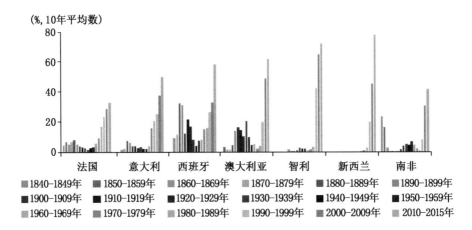

资料来源:根据安德森和皮尼拉(2017)的数据编制。

图 2.15　1840—2015 年 7 国葡萄酒出口量占比

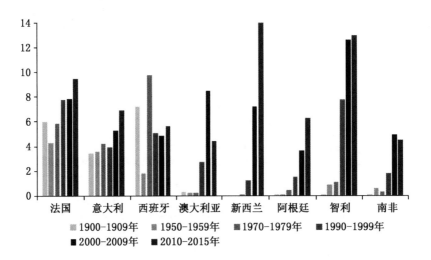

注:"显性"比较优势指数是葡萄酒在一国商品出口中的比例除以葡萄酒在全球出口中的比例。"显性"比较优势指数高于图中国家的国家是摩尔多瓦和格鲁吉亚,2000—2015 年它们的平均"显性"比较优势指数分别为 64 和 28。

资料来源:根据安德森和皮尼拉(2017)的数据编制。

图 2.16　1900—2015 年 8 国葡萄酒的"显性"比较优势指数(RCA)

在当前全球化浪潮中,新世界国家葡萄酒产业出现了强大的比较优势提出了一个问题:为什么它们并没有在第一次全球化浪潮中出现? 答案将在接下来的几章中讨论,一定程度上与贸易成本有关:在所有殖民经济体中,1914 年以前,只有两种产品(都是初级产品)占据其出口的绝大部分,两种产品的高价值—重量比足以使它们成为可贸易商品(见图 2.17)。显然,这些国家被认知的葡萄酒质量从来没有高到足以让它们达到能够补偿生产成本加上贸易成本的价格。

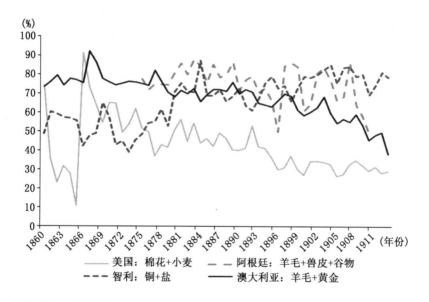

资料来源:安德森(2017a)。

图 2.17 **1860—1913 年殖民地经济体出口中排名前两位的商品所占份额**

葡萄品种的扩散

葡萄种植者试图通过产品差异化来吸引消费者的注意力,其中的一种方式是突出它们的区域和品种的独特性。在欧盟内部的高端葡萄酒产区,葡萄品种的选择随着时间而变化的程度非常缓慢,因为该产业已选择通过监管来限制种植者的品种选择。然而,世界上其他地区没有这样的限制,随着种植者更多地了解水土情况,相应的变化一直在发生着。最近的一项研究开发了一个全球葡萄种植区数据库,从而可以了解在1990—2010年品种组合所发生的变化(1980年、1970年和1960年的数据也不太完整)。它检测了1 500多种DNA不同的葡萄品种,分布在48个国家的640多个地区,占世界葡萄酒产量的99%(安德森,2013、2014a)。这项研究之所以成为可能,是因为罗宾森、哈丁与沃伊拉莫兹的开创性著作(2012),这部著作根据最新的DNA研究,提供了一个关于世界上商业化种植的"主要"品种及其各种同类的详细指南。本书揭示了世界葡萄园品种集中度的巨大变化,从1990年和2010年品种全球排名中得到反映。

　　具体来说,在世界葡萄种植区的份额中,赤霞珠(Cabernet Sauvignon)和梅洛(Merlot)所占份额增加了两倍多,从第八位和第七位上升到第一位和第二位;还有天帕尼洛(Tempranillo)和霞多丽(Chardonnay)的份额增加了三倍多,分别位列第四和第五;西拉(Syrah)从第三十五位跃升到第六位。长相思(Sauvignon Blanc)和皮诺(Pinot Noir)是进入前十名的另外两个品种。这些都是在其他品种付出代价的情况下发生的,艾仁(Airen)从第一名降到第三名,嘎纳查(Garnacha)从第二名跌至第七名,特雷比安诺(Trebbiano)从第五名跌至第九名,苏坦尼耶(Sultaniye)[主要同类品种:汤普森无籽(Thompson Seedless)和苏丹娜(Sultana)]从第三名跌至第三十五名之外。因此,1990年世界上排名前35位的品种的排列显示了一个相当不同的品种组合和排序,可以与2010年的图表加以比较(见图2.18)。显然,全球化使许多地区能够因应技术进步、气候变化和葡萄酒需求模式的演变等因素改变品种组合。

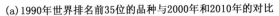

(a)1990年世界排名前35位的品种与2000年和2010年的对比

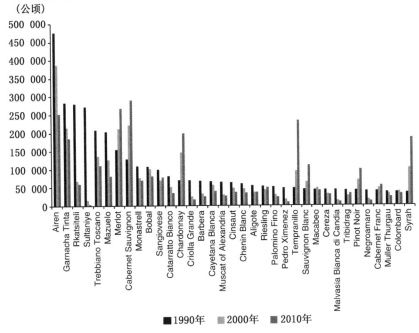

(b)2010年世界排名前35位的品种与1990年和2000年的对比

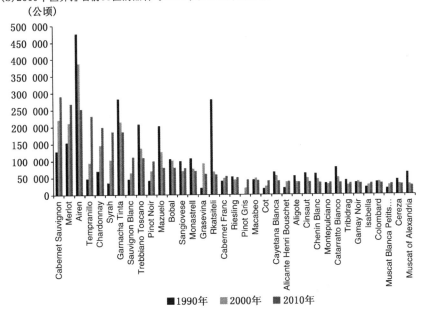

资料来源:根据安德森(2013)的数据整理。

图2.18　1990年、2000年和2010年世界排名前35位的葡萄品种对比

由此我们将去向何处？

在过去 150 多年的时间里，各国和全球葡萄酒生产、消费、贸易的巨大变化，特别是在当前全球化浪潮中的巨大变化，提出了许多问题，诸如为什么模式会按照那样的方式改变以及未来几十年可能发生怎样的变化。本书其余的内容将试图回答这些问题。进一步的比较将是有帮助的。例如，在考虑未来葡萄酒可能的比较优势时，审视各国葡萄产区在作物种植总面积中所占比例，则是有建设性的。图 2.19 显示了这一比例在欧洲主要葡萄酒出口国中超过 4％，在许多其他欧洲国家在 2％—4％。相比之下，在新出口国中，只有智利的葡萄种植密度较高（可能还有新西兰，那里没有农作物种植总面积的数据）。在阿根廷、澳大利亚和中国，只有 0.5％的耕地被用于葡萄种植；在美国，只有 0.25％；在新兴的凉爽气候地区，如加拿大、英格兰南部、欧洲西北部和塔斯马尼亚[1]等其他地方，这个比例甚至更小。如果世界气候继续变暖，那些葡萄种植密度仍然很低的凉爽地区未来几十年将在葡萄酒生产中发展出更强的比较优势（安德森，2017b）。

这一章中概述的决定事态发展的其他几个趋势很可能继续下去。它们包括各国人均葡萄酒消费量和占酒精总消费量的比重进一步趋同的空间（见图 2.4、表 2.1 和表 2.3），但尚不清楚的是，全球葡萄酒总消费量及其在全球酒精消费中的份额是否将继续下降（见图 2.5）。过去 30 年，全球葡萄酒产量和出口中新世界所占的份额急剧上升，而以欧洲份额的下降为代价，可能已经趋于平稳（见图 2.9），北非和中东似乎不太可能再次进入这一领域，这些地区继续遵守穆罕默德的远离酒精的召唤。不太明朗的是，一些前东欧社会主义经济体是否可能会重新成为葡萄酒出口国。另一方面，东亚很可能会在葡萄酒进口价值方

---

〔1〕 塔斯马尼亚是澳大利亚的一个州。——译者注

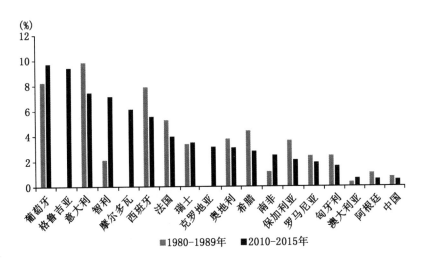

资料来源：根据安德森和皮尼拉(2017)的数据编制。

图 2.19 1980—2015 年各国葡萄种植面积占总作物面积的百分比

面变得更加重要，因为东亚经济体持续增长，并且消费者越来越接受西方习惯（见图 2.11）。

对于这些前景的影响因素将包括影响需求和供给的制度和政策的各种发展。在需求方面，健康游说团体会成功地游说提高税收和采取其他措施来限制酒精消费吗？是否会进一步放松酒类零售、超市销售以及 24 小时葡萄酒在线销售的法律管制？随着收入的增长，消费者会继续无限地以数量为代价提高他们消费的葡萄酒质量吗？葡萄酒出口国政府将降低进口壁垒从而让消费者可以获得更广泛的葡萄酒消费吗？关于葡萄酒供给，新技术将降低提升非优质、商业葡萄和葡萄酒成为更高品质的产品的成本吗？与现在的产区相比较，这些技术创新更能帮助气候凉爽的地区吗？散货运输方式的改善会鼓励更多的葡萄酒借助 20 英尺船运集装箱出口吗？[1] 各国收紧移民政策的法律如何影响实际工资，从而影响国际竞争力？这些都是本书每一章的最后所要给予回答的问题。

---

〔1〕 2002—2014 年间，按照体积计算，世界散装葡萄酒出口的份额从 31％上升到 40％；按照价值计算，从 8％上升到 10％(安德森、尼尔根和皮尼拉，2017)。

【作者介绍】 卡伊姆·安德森(Kym Anderson):乔治·格林(George Gollin)经济学教授,南澳大利亚位于阿德莱德的阿德莱德大学葡萄酒产业经济研究中心执行主任,位于堪培拉的澳大利亚国立大学经济学教授,伦敦经济政策研究中心的研究员。他的研究兴趣包括国际贸易和经济发展,以及农业经济学、食品经济学和葡萄酒产业经济学。

文森特·皮尼拉(Vicente Pinilla):西班牙萨拉戈萨大学经济史学教授,阿拉贡农业营养研究所研究员。他的研究兴趣包括农产品国际贸易、长期农业变化、环境历史和移民。2000—2004 年,他担任萨拉戈萨大学副校长,负责财政预算和经济管理。

【参考文献】

Anderson,K. (2010),'Excise and Import Taxes on Wine vs Beer and Spirits:An International Comparison',*Economic Papers* 29(2):215—28,June.

(with the assistance of N. R. Aryal) (2013),*Which Winegrape Varieties are Grown Where? A Global Empirical Picture*,Adelaide:University of Adelaide Press. Also freely available as an e-book at www. adelaide. edu. au/press/titles/winegrapes.

(2014a),'Evolving Varietal Distinctiveness of the World's Wine Regions:Evidence from a New Global Database',*Journal of Wine Economics* 9(3):249—72.

(2014b),'Excise Taxes on Wines,Beers and Spirits:An Updated International Comparison',*Wine and Viticulture Journal* 29(6):66—71,November/December. Also available as Working Paper No. 170,American Association of Wine Economists,October.

(2017a),'Sectoral Trends and Shocks in Australia's Economic Growth',*Australian Economic History Review* 57(1):2—21,March.

(2017b),'How Might Climate Changes and Preference Changes Affect the Competitiveness of the World's Wine Regions?',*Wine Economics and Policy* 6(2):23—27,June.

Anderson,K. and H. G. Jensen (2016),'How Much Does the European Union Assist Its Wine Producers?',*Journal of Wine Economics* 11(3):289—305.

Anderson,K. ,S. Nelgen and V. Pinilla (2017),*Global Wine Markets,1860 to 2016:A Statistical Compendium*,Adelaide:University of Adelaide Press. Freely available as an e-book at www. adelaide. edu. au/press/titles/.

Anderson,K. and V. Pinilla (with the assistance of A. J. Holmes) (2017),*Annual Database of Global Wine Markets,1835 to 2016*,freely available in Excel at the University of Adelaide's Wine Economics Research Centre,www. adelaide. edu. au/wine-econ/databases.

Anderson, K. and G. Wittwer (2013), 'Modeling Global Wine Markets to 2018: Exchange Rates, Taste Changes, and China's Import Growth', *Journal of Wine Economics* 8(2): 131−58.

Aparicio, G. , V. Pinilla and R. Serrano (2009), 'Europe and the International Agricultural and Food Trade, 1870−2000', pp. 52−75 in *Agriculture and Economic Development in Europe since 1870*, edited by P. Lains and V. Pinilla, London: Routledge.

Bianco, A. D. , V. L. Boatto, F. Caracciolo and F. G. Santeramo (2016), 'Tariffs and Non-tariff Frictions in the World Wine Trade', *European Review of Agricultural Economics* 43(1): 31−57, March.

Bordo, M. D. , A. M. Taylor and J. G. Williamson (eds.) (2003), *Globalization in Historical Perspective*, Chicago: University of Chicago Press.

Campbell, C. (2004), *Phylloxera: How Wine Was Saved for the World*, London: HarperCollins.

Findlay, R. and K. H. O'Rourke (2007), *Power and Plenty: Trade, War, and the World Economy in the Second Millennium*, Princeton, NJ: Princeton University Press.

Flynn, D. O. and A. Giráldez (2004), 'Path Dependence, Time Lags and the Birth of Globalisation: A Critique of O'Rourke and Williamson', *European Review of Economic History* 8(1): 88−108.

Hatton, T. , K. H. O'Rourke and J. C. Williamson (eds.) (2007), *The New Comparative Economic History*, Cambridge, MA: MIT Press.

Holmes, A. J. and K. Anderson (2017), 'Convergence in National Alcohol Consumption Patterns: New Global Indicators', *Journal of Wine Economics* 12(2): 117−48.

Johnson, H. (1989), *The Story of Wine*, London: Mitchell Beasley.

Lukacs, P. (2012), *Inventing Wine: A New History of One of the World's Most Ancient Pleasures*, New York: W. W. Norton.

O'Rourke, K. H. and J. C. Williamson (1999), *Globalization and History: The Evolution of a Nineteenth-Century Atlantic Economy*, Cambridge and New York: Cambridge University Press.

O'Rourke, K. H. and J. C. Williamson (2002), 'When Did Globalisation Begin?', *European Review of Economic History* 6(1): 23−50.

O'Rourke, K. H. and J. C. Williamson (2004), 'Once More: When Did Globalisation Begin?' *European Review of Economic History* 8(1): 109−17.

Phillips, R. (2014), *Alcohol: A History*, Chapel Hill: University of North Carolina Press.

Pomeranz, K. (2000), *The Great Divergence: Europe, China, and the Making of the Modern World Economy*, Princeton, NJ: Princeton University Press.

Robinson, J. , J. Harding and J. Vouillamoz (2012), *Wine Grapes: A Complete Guide to 1,368 Vine Varieties, Including Their Origins and Flavours*, London: Allen Lane.

Swinnen, J. (ed.) (2011), *The Economics of Beer*, Oxford and New York: Oxford University Press.

Walmsley, T. , A. Aguiar and B. Narayanan (2012), 'Introduction to the Global Trade Analysis Project and the GTAP Data Base', GTAP Working Paper No. 67, Purdue University.

第二部分

传统市场

第三章

法国

在过去的 200 年里,也是在此前的几个世纪里,法国一直占据着全球葡萄酒市场的中心地位。[1] 在这个时期,法国一直是世界三大葡萄酒生产国和出口国之一,并且在其中的几十年里一直是主要进口国。然而,比它的高产量、高消费或高出口更重要的是其在精品葡萄酒领域的绝对优势。这可不是巧合。从 19 世纪中叶开始,甚至在此之前,法国就一直在葡萄酒生产技术、葡萄园护理以及与葡萄树的病害作斗争方面处于领先地位。科学、技术和现代营销是这一演变的关键因素。在这些方面,尤其是在 20 世纪的最后几十年,法国的地位受到了其他国家生产者的挑战,特别是新世界生产者的挑战。竞争促使法国加紧努力,维持其在全球葡萄酒产业的主导地位。

然而,法国的葡萄园和葡萄酒是非常多样化的。除了价格非常高的高品质葡萄酒外,一直有法国不同地区的大小农场生产的各种不同品质的葡萄酒。因此,谈论法国葡萄酒几乎和谈论来自不同国家的葡萄酒一样复杂,比如新世界不同国家的葡萄酒,按照葡萄酒地区和类型,具有广泛多样性。

法国葡萄酒的经济发展并没有遵循连续成功的、单调的成长路径。恰恰相反,过去的两个世纪一直是各种冲击和困难层出不穷,包括葡萄瘟疫和疾病、部分外国市场上的亏损或者关闭,以及产量过剩、价格低廉和由此引发的葡萄酒生产者的社会抗议。这也是为什么法国在其葡萄酒市场上作为公共干预的急先锋的原因,它引人具有持久影响的制度创新,如原产地名称的创设或种植地

〔1〕 这项研究得到了西班牙科学与创新部的财政支持(项目编号:ECO2015-65582),并通过农产品经济史(19 世纪和 20 世纪)研究小组得到阿拉贡政府的财政支持。

区限制。

在这一章中,我们分析法国葡萄酒产业的演变,考察其生产、消费和对外贸易。这样做的同时,我们插入在过去两个世纪全球经济变化的背景下法国葡萄酒产业发展,尤其是在两波全球化浪潮期间。本章分为三个部分。第一部分考察的时期是从 19 世纪中期到第二次世界大战。这是一个关键时期,因为其变化的产生和发展至今仍有重要影响。第二部分分析第二次世界大战后的 50 年。最后一部分将在世界葡萄酒市场的深度全球化的背景下考察最近的事态发展。

概述:1850—1938 年法国葡萄酒生产与贸易

在第二次世界大战之前,法国无疑是世界葡萄酒市场中的主要国家,是世界上最大的葡萄酒生产国和世界上最大的葡萄酒消费国,也是葡萄酒国际贸易的主要国家。它的出口价值是世界上最高的,而且是迄今为止世界主要的进口国。阿尔及利亚曾是法国的殖民地,其葡萄酒生产显然被大都会国家的殖民者所控制。如果我们把阿尔及利亚的生产加到法国的生产上,法国的霸权地位则是压倒性的。

需求的扩大

从 19 世纪中期到 1938 年,法国国内市场对葡萄酒的需求显著增长,一方面是由于人口的增长,另一方面是由于人均消费水平的提高。另一个关键因素是法国经济从以农村为主、以农业为基础的经济转变为以城市工业部门为主的经济。在此期间,法国人口增长了 600 万,人均葡萄酒消费量翻了一倍(见图3.1)。后者的增长在很大程度上可以用法国人均收入的增长来解释,而人均收入增长是由于经济增长和工业化[1],据估计,在这段时间,收入每 1% 的增长带

---

[1] 国内葡萄酒税收的减少也促进了葡萄酒的消费[诺瑞森(Nourrison),1990]。

动了 0.9% 的葡萄酒消费量增长（皮尼拉和阿尤达，2008：591－592）。总的来说，法国葡萄酒的消费量翻了一番。同新生活方式相关的城市发展与社会变迁也产生了显著的影响。城镇的社会生活是围绕着咖啡馆和餐馆组织起来的，在那里，高质量的葡萄酒，诸如香槟之类，成为人们庆祝活动饮品的首选。

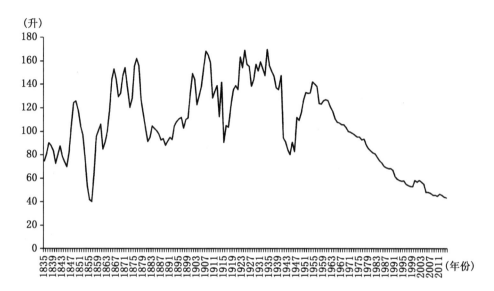

资料来源：安德森和皮尼拉（2017）。

图 3.1　1847—2014 年法国人均饮料葡萄酒消费量

相应地，香槟贸易公司的成功更加显著。在 19 世纪末，它们的努力使这种饮品成为欧洲新兴资产阶级社会仪式的"必备附属物"（盖伊，2003：11）。这种成功并不是偶然的。大型香槟酒庄采用了极为现代的营销技术：品牌识别、包装、促销路演（旅行和演出）、在印刷媒体上的广告和密集的消费者传播运动，一种产品类型适应一个国家的口味。在 19 世纪末，香槟贸易商已经成功地将这种饮料的消费与公众活动（船艇及飞机启用庆典、体育活动、招待会、公开宴会、皇家加冕礼）和私人庆典（洗礼、婚礼、圣诞节、歌厅派对）联系起来，这样的场合，香槟成为"必须"喝的饮料［维泽特利，1882：109；戴斯鲍逸斯—提波特（Des-bois-Thibault），2003］。这样的战略需要重大的技术革新。此外，国际销售网络的建设是必要的，因为香槟生产的大部分销往国外［戴斯鲍逸斯—提波特，

2003;沃利库和沃利库(Wolikow and Wolikow),2012]。

在法国,越来越多的葡萄酒是在市场上交易的,为自己消费而酿造葡萄酒的人口比例降低了。因此,在市场上销售的葡萄酒的人均消费量(不包括酿酒师自己消费的葡萄酒)有所上升,甚至超过了全国消费量上升幅度。

然而,葡萄酒需求的增长并不局限于国内市场。外部需求也大幅增长(见图3.2)。从1850年到1874年,法国葡萄酒出口量几乎翻了3倍,已达到约400百万升最大数量。第二次世界大战前,再也没有达到过这个数量。与此同时,进口数量非常低。

对于从事葡萄酒出口业务地区的葡萄酒生产商来说,这是一个非常繁荣的时期。吉伦特地区(波尔多产区),尤其香槟产区,受益于出口的大量增加。

然而,这之后,因根瘤蚜虫病而出现的问题影响了法国生产,导致产量下降,从而出口量大幅下降,出口量下降一直延续到第二次世界大战期间。然而,运用批发价格指数核算,在19世纪葡萄酒出口价值翻了两番还要多,并且直到第一次世界大战开始之前,一直保持在较高的出口价值水平,因为高品质葡萄酒的比例提高了(阿尤达、费雷尔和皮尼拉,2016)。

三个主要原因可以解释外部需求的扩张。第一,在第一次全球化浪潮中,欧洲人大量移民到美洲,意味着来源于葡萄酒为大众消费品的国家的人们(主要是西班牙、意大利、葡萄牙)需要葡萄酒,因为葡萄酒是他们饮食和生活方式中不可或缺的一部分。在那些来自地中海沿岸国家的移民非常多的国家,如阿根廷、巴西、智利、乌拉圭和美国,最初当地的葡萄种植者没有能力满足这种需求扩张,因此,19世纪中期世界上最大的出口国法国就占据了极好的地位,向这些新兴市场供给葡萄酒。

第二,法国的殖民扩张导致了法国海外部署士兵、公务员和定居者,当他们被派往殖民地时,他们继续日常饮用葡萄酒。在绝大多数时期,法国出口到其殖民地的葡萄酒在其葡萄酒总出口中占10%—15%,并且在20世纪30年代,这一比例超过25%(见表3.1)。

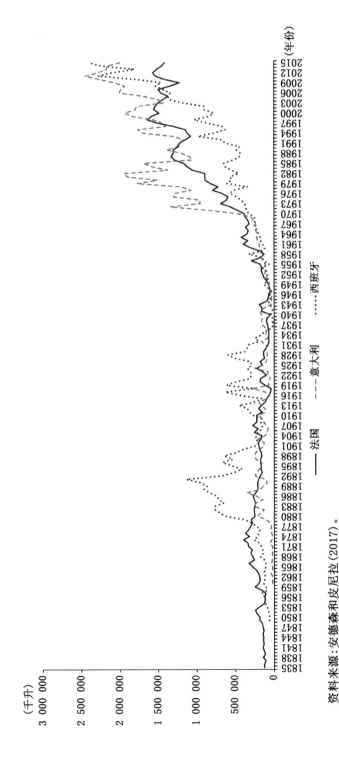

（千升）

资料来源：安德森和皮尼拉（2017）。

图3.2 1835—2015年法国、意大利、西班牙葡萄酒出口量

表 3.1 1847—1938 年法国葡萄酒出口（1913 年价格为基年价格）

单位：百万法郎，%

出口目的地＼年份	1847—1859	1860—1869	1870—1879	1880—1889	1890—1899	1900—1909	1910—1919	1920—1929	1930—1938
英国	7	23	45	56	55	40	30	28	17
德国	16	17	35	25	22	27	14	22	3
比利时	10	14	23	27	29	43	23	36	13
瑞士	8	19	35	18	10	21	8	14	9
荷兰	5	5	8	7	7	7	5	7	3
其他欧洲国家	26	22	15	11	8	13	11	9	5
美国	20	17	18	12	9	8	7	0	8
加拿大	0	0	0	0	0	0	1	2	1
阿根廷	3	14	25	25	10	9	8	3	1
其他拉美国家	15	27	33	24	15	11	8	8	7
非洲	26	31	28	18	10	12	11	19	18
亚洲	1	2	2	3	4	9	5	10	6
大洋洲	0	1	1	1	2	2	1	1	0
其他地区	3	9	12	17	16	21	14	16	8
全世界	141	201	279	243	196	222	146	176	100
法国殖民地占比	18	14	10	9	9	11	12	16	29

资料来源：作者根据《法国对外贸易总览》(*Tableau General du Commerce Exterieur de la France*)核算。

第三，在 19 世纪下半叶，葡萄酒的需求也在西欧国家迅速上升，在那里，工业化正在快速进行中。在这些国家，高质量和高价格的葡萄酒成为庆祝活动、派对和精英阶层中消费的奢侈品。法国再一次处于最佳地位，成为这种特权消费品的主要供应国，特别是香槟、勃艮第和波尔多优质红葡萄酒。1860 年签订双边协定后，英国削减了关税，降低了葡萄酒销售价格，对英国消费产生了明显影响（辛普森，2011:88）。由于供给迅速对国外有利的经济形势做出反应，需求的增长仅仅导致法国的价格略有上涨。

然而，在这些国家，葡萄酒并没有成为大众消费的产品。与法国的情况相反，他们收入的增加并没有转化为人均消费的显著增长。这些国家的公民继续偏好其他酒精饮料，比如啤酒或蒸馏酒，从而抑制了法国出口的市场增长机会。例如，在比利时、荷兰、德国和英国，葡萄酒占酒精消费总量的 1%—10%；相比之下，主要生产国法国、意大利或西班牙的这一比例为 75%—90%（皮尼拉和阿尤达，2007；安德森和皮尼拉，2017）。全球市场对法国葡萄酒的需求也受到来自其他国家的葡萄酒竞争的限制。

19 世纪，法国进口的外国葡萄酒与国产品是互补性的，当国内葡萄酒出现短缺时，特别是在第一次粉孢子和后来的根瘤蚜虫传播时期，进口产品与国内葡萄酒没有竞争，而是补充了国内葡萄酒的不足。1850—1857 年间，粉孢子及其对法国生产的影响导致从 1854 年开始法国葡萄酒进口增长，特别是从西班牙进口（见表 3.2）。从 19 世纪 80 年代初开始，根瘤蚜虫病对生产的影响大得多。最快速的解决办法主要是再次依靠进口，主要是从西班牙进口，旨在同时解决两个问题：保证为法国消费者提供这种主产品，同时通过将这些进口葡萄酒与用于出口的本地产品混合在一起，维持葡萄酒出口水平。然而，到了 19 世纪 90 年代，法国葡萄酒生产者越来越强烈要求对从西班牙进口的葡萄酒采取限制措施。政府的应对措施是大幅提高关税，这在很大程度上限制了外国葡萄

表 3.2 　　　　　　　　1850—1938 年法国进口葡萄酒数量　　　　　　单位:百万升/年

年份	意大利	西班牙	阿尔及利亚	其他国家	全部
1850—1859	1	15	0	2	18
1860—1869	1	15	0	3	19
1870—1879	17	60	0	6	83
1880—1889	148	629	47	48	938
1890—1899	7	489	285	27	827
1900—1909	4	63	475	9	562
1910—1919	32	169	537	5	803
1920—1929	15	162	609	18	895
1930—1938	11	59	1 083	3	1 244

　　资料来源:作者根据《法国对外贸易总览》(*Tableau General du Commerce Exterieur de la France*)核算。

酒的进口(见表 3.3)。[1] 作为法国的殖民地,并且从 1884 年起与法国大都会建立了关税同盟,阿尔及利亚拥有向母国支付关税的豁免权,因此,进口增加迅速。此后,从西班牙的进口变得极不规律,仅当法国本土和殖民地生产不足时,从西班牙的进口作为本地供给不足的一种补充。

表 3.3 　　　　　　　　1850—1938 年法国葡萄酒进口关税

年份	进口关税(%)		从量关税(1913 年法郎不变价格/公升)	
	外国	法国殖民地	外国	法国殖民地
1850—1859	0.52		0.27	
1860—1869	1.07		0.26	
1870—1879	9.53		3.14	
1880—1889	5.81		2.62	
1890—1899	23.74	0.02	8.05	0.01
1900—1909	43.12	0.06	15.58	0.01

　　〔1〕 由于关税的增加,从国外进口的葡萄酒具有很高的弹性。据计算,在 1874—1934 年间,长期来看,普通葡萄酒的税收增加 1% 导致法国市场进口份额下降了 1.8%(皮尼拉和阿尤达,2002:71—75)。

续表

年份	进口关税（%）		从量关税（1913年法郎不变价格/公升）	
	外国	法国殖民地	外国	法国殖民地
1910—1919	24.99	0.05	7.29	0.01
1920—1929	29.09	0.03	6.84	0.01
1930—1938	64.45	0.04	16.65	0.01

资料来源：作者根据《法国对外贸易总览》（*Tableau General du Commerce Exterieur de la France*）核算。

根瘤蚜虫病之后，法国产量恢复，但是并没有消除进口葡萄酒的需求（见图3.3）。通常，遭受根瘤蚜虫破坏的葡萄园被杂种葡萄取代，它用来生产低酒精的葡萄酒（大约6—7度），颜色较浅，因此，人们觉得有必要将它们与酒精含量较高、颜色较深的葡萄酒（如西班牙或阿尔及利亚葡萄酒）加以混合。而西班牙的进口可以通过调整进口关税水平来控制，阿尔及利亚的葡萄酒继续无关税进口。在20世纪20年代中期，阿尔及利亚的葡萄酒达到了很高水平，直接与低

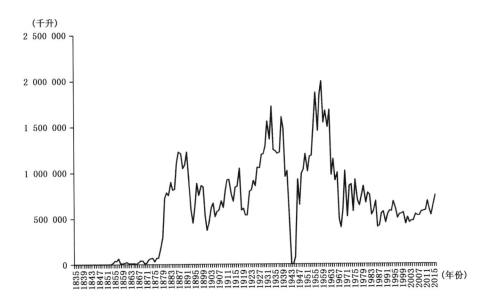

（千升）

资料来源：安德森和皮尼拉（2017）。

图3.3　1835—2015年法国葡萄酒进口量

质量的法国葡萄酒展开了竞争(梅洛尼和斯文内恩,2014、2018),但是,殖民政策避免了对进口这些葡萄酒的限制,因为酿酒是欧洲人在阿尔及利亚定居经济的关键因素[伊斯纳达(Isnard),1954;皮尼拉和阿尤达,2002:61—67]。

国外对法国葡萄酒的需求受到来自西班牙和意大利传统的生产商竞争的影响,他们利用法国根瘤蚜虫危机,在一些低端葡萄酒海外细分市场领域站住了脚。他们这样的做法在一些国家取得了成功,比如瑞士、美国和阿根廷。

对法国葡萄酒需求的另一个新的影响来自新兴生产国的产量增加,如美国、阿根廷和乌拉圭。一旦这些新的生产者达到满足国内市场需求的能力,葡萄酒国外进口的关税就被提高了。结果是,提供给法国和其他国家葡萄酒出口商的美国市场就大幅萎缩了(皮尼拉和阿尤达,2002:55—60)。

国际市场一体化:第一次全球化浪潮的影响

需求曲线向右平移并不是理解法国葡萄酒生产演变唯一的关键因素。更深入的国际经济一体化趋势也有利于贸易,因而有利于葡萄酒生产。这里存在两个关键的进程:运输成本减少;尤其是在 19 世纪下半叶出现了贸易自由化。

运输费用的减少是第一次全球化浪潮的主要因素。它有两个相关的维度:铁路建设降低了陆路运输成本,以及船舶运输成本的下降。就葡萄酒而言,从 1858 年开始,法国的铁路建设就是这样的,所有葡萄酒产区都与主要的消费市场(主要是巴黎和其他大城市)很好地联系起来。运输成本下降特别有利于低品质葡萄酒的生产者和那些远离大城市市场的生产者,比如中部地区的生产者。此外,与欧洲新铁路网的互联互通促进了向生产量很少或没有葡萄酒的邻国的出口,如德国、比利时、荷兰和瑞士等邻国。海上运输成本的降低特别有利于长途运输的优质瓶装葡萄酒贸易,运输成本只是落地消费价格中一个很小的部分。

欧洲贸易自由化涉及含有最惠国待遇条款的双边协定的签署。对于法国来说,1860 年与英国签订的《科布登—谢瓦利埃条约》促进了其对英国的出口(见表 3.1)。而在此之前,出口对高关税保护政策则非常敏感[内耶(Nye),

2007]。直到本世纪的最后 10 年,贸易自由化氛围仍具有普遍性,对出口的增长起着重要作用。对于葡萄酒来说,由于前面提到的美洲葡萄酒生产国关税的增加,20 世纪初的环境不太有利。1929 年之后,情况变得更糟了,大萧条时期的保护主义政策降低了进口,特别是高价葡萄酒的进口。因此,法国在全球葡萄酒出口量中的份额从 1900—1913 年的年均 16％以及 1920—1929 年的 11％降低到 1930—1938 年的只有 4％(安德森和皮尼拉,2017)。

从黄金时代到根瘤蚜虫危机:1850—1900 年

19 世纪的第三个 25 年是法国葡萄酒生产与贸易的黄金时代。对需求扩大的初步反应是葡萄种植面积的适度增长,从 1850 年到 1870 年,葡萄种植面积大约增加了 10％。然而,在这段时间里,最具有相关性的因素是来自美洲大陆的一系列真菌病害向法国的毁灭性转移,如粉孢子、霉菌,还有黑腐病以及根瘤蚜虫。尽管真菌疾病造成葡萄产量的大幅度下降,但是,根瘤蚜虫的影响更严重,它会杀死葡萄藤。因此,跨大西洋植物的交换产生了问题,对此,葡萄种植者无法解决,直到科学和技术创新来拯救危机(盖尔,2011)。科学的发展最终找到了合适的治疗方法,但是,增加了生产成本。

在 19 世纪 70 年代,法国的中部区域是第一个受根瘤蚜虫影响的区域,是从那里逐渐传播到整个国家,并于世纪之交时,在香槟产区的影响达到顶峰。因此,产量的下降并不是在所有地区同时发生的。即便如此,在 19 世纪 80 年代和 90 年代初,平均产量每年只有 3 100 百万升(ML),比较而言,在 19 世纪 70 年代的繁荣时期,这个数字是 5 700 百万升。如此急剧的产量下降导致了葡萄酒价格大幅度增长,实际价格翻了一番。

尽管科学界努力寻找根瘤蚜虫病的合适解决方案,但是,直到 19 世纪 80 年代中期,人们才达成共识,唯一的解决办法就是用美国的葡萄藤重新种植。然而,美国根茎的采用是一个艰难而复杂的过程。最初种植的是直接生产的杂交种,但是后来逐渐被放弃了,因为这个品种的葡萄酿制的葡萄酒质量差。最终,欧洲品种被嫁接到美国根茎上,甚至那时还需要做出巨大努力使它们适应法国的土壤和气候条件(保罗,1996;盖尔,2011)。重新种植的过程大约开始于 1880 年,从 1890 年开始加速。这个过程一直持续到 1920 年才得以完成。

根瘤蚜虫导致混乱的年代是极其复杂的。尽管价格上涨,但是,国内市场需求的降幅远小于产出(见图 3.4)。[1] 那些面临着重新种植任务的酿酒商无法受益于更高的价格,那些未受影响的酿酒商直到后来才从较高的价格中获益。高价格也鼓励了所谓的人造葡萄酒的生产,要么给进口葡萄干补水后酿酒,要么倒出部分好酒后在发酵罐中加入热水和糖。[2]

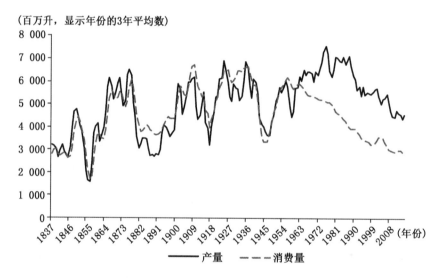

（百万升，显示年份的3年平均数）

资料来源:安德森和皮尼拉(2017)。

图 3.4　1835—2015 年法国饮料葡萄酒产量和消费量

由于需要重新种植法国所有的葡萄园,根瘤蚜虫病不仅造成了巨大的代

----

〔1〕 短期内,需求相对于价格高度不具有弹性,但是,长期来看,需求价格弹性也很低,只有 −0.33%(皮尼拉和阿尤达,2008;592)。

〔2〕 拉奇弗(Lachiver,1988)估计 1881—1896 年间,每年用葡萄干酿造葡萄酒的产量超过 200 百万升,1885—1899 年向压榨葡萄中加水和糖酿酒达到 150 百万升。尽管 20 世纪头 10 年的中部地区抗议中报告了造假在人工葡萄酒生产中的重要性,但是,这些葡萄酒很少占到全国葡萄酒产量的 5%以上[派奇(Pech),1975:117;梅洛尼和斯文内恩,2017,表 1]。关于这一观点的更多信息可参见斯坦兹亚尼(Stanziani,2005)。

价,而且也意味着生产巨大的变化。[1] 首先,葡萄种植成为更加资本密集型而非土地密集型。高资本需求不仅与再植所需的投资相关,也与生长过程中发生的一系列变化相关。葡萄种植低密度,以及排列之间留有足够的空间,以便使用犁。竖起铁丝网,以便藤蔓生长起来。化学药品的使用成为一种普遍和必要的做法。

由于所需的资本增加和所需强劲的初期投资,在法国,重新种植情况并不平衡。总体趋势是,只有那些足够专业化和能够获得理性回报预期的区域被重新种植。因此,处于边缘的葡萄园消失了,并且种植葡萄的总面积减少了。葡萄园也从山上搬到低处。从 1910 年开始,法国的葡萄园占地约 150 万公顷,与 1875 年种植面积 250 万公顷相比,减少了 40％(见图 3.5)。在区域分布方面,变化是重大的。地区的重新选址最有利于地中海中部区域。后根瘤蚜虫时代,该地区的 4 个区域的葡萄酒产量占葡萄酒总产量的 40％以上(派奇,1975)。与此同时,北部和中西部地区的葡萄种植区(如查伦特)则大幅减少。然而,葡萄种植面积的巨大减少得到了补偿,因为产量大幅度提高,比如,1900 年以后的产量回到根瘤蚜虫病暴发前的水平(见图 3.5 和图 3.2)。

产量的增加也导致了与葡萄酒品质相关的细分水平的提升。尽管承担了过度简化的风险,专业化提高了来自这些地区的葡萄酒的高品质,并且瓶装葡萄酒最有利于出口,比如香槟、勃艮第和波尔多,同时,中部区域的生产主要是面向适合国内市场大众消费的散装和普通葡萄酒生产,经常与来自阿尔及利亚或西班牙进口的酒精含量较高的葡萄酒混合,制成加强型葡萄酒。在出口产品方面,存在一个明显的趋势,即出口优质葡萄酒。在根瘤蚜虫病到来之前,出口葡萄酒的价值中只有 20％是瓶装葡萄酒,但是,根瘤蚜虫病暴发期间,这一比例显著上升,并在 20 世纪前 1/3 的时间里保持高水平,达到 50％。在 20 世纪 30年代,瓶装葡萄酒的价值超过出口葡萄酒总价值的 60％(阿尤达等,2016)。

---

〔1〕 盖尔(2011)估计,1880 年购买法国葡萄园重新种植所需的嫁接根茎的成本相当于当时葡萄酒产值的 87％。基于盖瑞尔(Garrier,1989:132)的分析,使用我们的方法,我们估计 1885—1905 年间每公顷土地的重建成本相当于 4—6 年英国葡萄酒的产值。

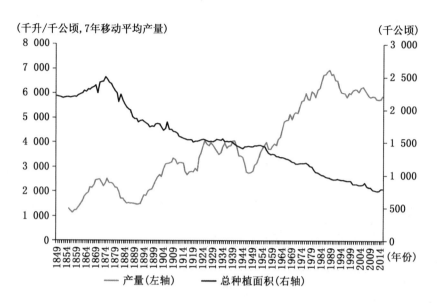

资料来源:安德森和皮尼拉(2017)。

图 3.5 1835—2015 年法国葡萄树种植总面积和产量

外国市场的情况也变得复杂起来。需要进口葡萄酒以满足法国国内需求、维持其增加的出口,以及巩固具有非常长期影响的同全球葡萄酒市场的联系。首先,对于那些能够因应法国新需求的生产国来说,这样的环境中出现了一个非凡而独特的机会。尤其是对于西班牙,它是具有最佳地位的国家,从而获得这样的机会(皮尼拉和赛拉诺,2008)。第二,在国际市场上与法国竞争的西班牙和意大利的生产商也在寻求利用法国遇到的困难,以扩大他们的国际市场份额,特别是在低品质的葡萄酒细分市场方面。这样的尝试相当成功。此外,新世界新兴的生产商也利用法国的困难来增加他们的产量,并在 19 世纪的最后 10 年,他们加强了关税保护,以便为国内生产商保留国内市场(见表 3.3)。最后,由于法国的殖民地政策,阿尔及利亚的葡萄酒生产商经历了繁荣时期,他们找到了一个黄金般的市场机会,能够在比大都会法国大得多的葡萄园里进行生产,寻求利用它们的规模经济优势。[1]一旦殖民地生产能够供应大陆市场,简单地提高关税保护,西班牙葡萄酒就被赶出了法国。

出口形势也变得复杂起来,不仅是由于一些市场竞争日趋激烈,以它们为导向的生产难以维持,而且是由于一些主要国家的需求减弱,特别是英国的需求减弱,英国是世界食品和农业原料的进口中心(阿帕里奇奥、皮尼拉和赛拉诺,2009)。根据辛普森(2011)的看法,需求的下降可能是由于在黄金时期出口的扩大和出口葡萄酒中的欺骗做法,该做法破坏了消费者的信任,消费者难以获得关于产品的充分信息,而且产品在质量上也有很大的差异。不仅假酒充当真酒售卖,进入出口市场,而且来自波尔多地区等关键地区的劣质葡萄酒也进入出口市场,从而导致这些关键市场的消费增长放缓,甚至导致消费下降。葡萄酒仍然是经济精英们的奢侈品,他们准备为独特的产品支付很高的价格。香槟的出口继续增长,与19世纪中叶相比,19世纪末增长了4倍,这与葡萄酒的其他品种形成了鲜明的对比。

从危机到危机与葡萄酒产业中公共干预的肇始:1900—1938年

对于法国葡萄酒生产商和出口商来说,20世纪头40年动荡不安,充满问题。从世纪之初,生产的恢复变得明显,1900年几乎达到了近7 000百万升。除了如此高水平的生产,还有巨大的葡萄酒数量从国外进口,尤其是从阿尔及利亚进口。外部需求略高于根瘤蚜虫病危机期间的外部需求,但是,依然低于黄金岁月达到的最高水平。因此,19世纪90年代初开始,随着产量的恢复,葡萄酒的价格便开始下降,并持续下降的趋势。在20世纪首个10年的某些年份,对于低品质葡萄酒来说,甚至价格下降到不足以补偿生产成本。在接下来的30年,生产者价格仍然相对较低,而且还在继续波动。[2]在这40年中,供

---

[1] 阿尔及利亚的生产规模明显高于法国。在阿尔及利亚,20世纪30年代,378家葡萄酒生产商经营面积均超过100公顷,产出的葡萄酒占比为38%;相应地,在法国,葡萄酒生产商只有127家,产出占比仅为3%(卡希尔,1934)。

[2] 在中部地区4个行政区中,生产高度集中意味着,因天气原因导致的每年收成的变化对全国的收成有很大的影响(派奇,1975)。

过于求是很普遍的现象,第一次世界大战的破坏使局势更加复杂。

供过于求的结构性状况因从阿尔及利亚进口逐步增加而更加严峻。对大多数葡萄酒生产商来说,外部市场形势以及葡萄园改造后生产葡萄酒的新条件造成了很大的困难和复杂的形势,当然,这取决于它们所在的区域。在 20 世纪头几十年里存在几个发展变化,其影响延展到第二次世界大战后的时代,这些发展变化值得一提。

第一,供给过剩,这种情况主要集中在生产低品质葡萄酒的中部地区,造成了激烈的社会冲突,20 世纪头 10 年里达到高潮,并最终于 1907 年爆发。生产商与政府之间的公开冲突导致了地方议会大规模的辞职、罢税、许多城镇成千上万人公开示威、违抗地方预备役军人的命令,以及当局对抗议运动的暴力镇压。这些行动的重要遗产是建立了葡萄酒种植者集体行动的能力(辛普森,2011:59)。他们的行为是双重的:成立游说团的目的是向当局施压,让当局偏袒自己的利益;同时,新兴的合作运动提供了动力,为小型生产者获取所需的规模经济解决问题,而规模经济是葡萄酒生产新条件下所需要的(费尔南德兹和辛普森,2017)。

第二,高品质葡萄酒产区的生产商,尤其是波尔多、勃艮第或香槟酒生产商,都担心外部需求的下降,集中精力保证一种产品对消费者来说是可信赖的,并且是与奢侈品有关的。为了做到这一点,他们试图确保他们地区生产的葡萄酒符合最低质量标准。他们还避免在他们的品牌名称和产地名义下销售其他地区的葡萄酒;他们改进了酿酒技术,旨在获得更好的产品。[1]

对于生产高品质葡萄酒地区的葡萄酒产业来说,对质量的关注以及与普通葡萄酒形成差异化成为其基本战略。对于香槟酒庄来说,市场营销技巧是成功的,但还不够。还有必要让消费者确信,尤其是外国市场的消费者确信,这些酒的高价与它们非凡的品质是相称的。从 19 世纪中期开始,香槟生产商就基于

---

[1] 路易斯·巴斯德本人致力于研究发酵过程,并解释葡萄酒变质的原因,比如酵母和微生物生成过程[罗贝瑞(Loubere),1978:191—206]。

对营销和分销网络的巨额投资塑造品牌,但是,他们也在技术上进行创新,以确保产品的质量。在波尔多地区,1855年著名的分类办法发布之前,这里的生产是高度分散的,当然,还有很多其他的分类办法被发布。后者主要是基于价格进行分类,旨在向消费者提供产品质量等级的信息(菲利普斯,2016:144—146)。这样的做法保护了品牌声誉。[1]但是,技术创新也有助于提高质量[劳迪(Roudie),1988]。

1855年开始,勃艮第地区也有自己的葡萄酒质量分类,从而促进了每一种葡萄酒的品质、年份(millesime)及其确切的地理位置的鉴别,强调了出产葡萄酒的土地(风土)特点。后来,在20世纪30年代,这个概念得以发展,风土条件的概念包括产地的历史和文化(菲利普斯,2016:235—236)。

第三,由于价值链的产生,社会冲突出现了,这深受根瘤蚜虫病危机带来的变化影响,从而引发了越来越多的公共干预(梅洛尼和斯文内恩,2013)。冲突是变化的并且是多种多样的。在中部地区,针对欺诈导致的低价,发生了大规模抗议活动(派奇,1975)。在香槟产区,冲突首先出现在那些被排除在新产地名称之外的生产者与其余生产者之间,而后来,冲突发生在生产者与贸易商之间。在波尔多地区,也存在冲突,关于原产地名称,贸易商与小生产商之间存在冲突[盖伊,2003;布沃瑞(Buvry),2005;辛普森,2011]。

最初,在立法领域进行了公共干预,并且聚焦在致力于打击生产中的欺诈和限制所谓的人造葡萄酒生产。19世纪晚期,越来越多的销售欺诈、掺假葡萄酒以及价格下跌是优质葡萄酒生产者面临的主要问题。因根瘤蚜虫病导致的葡萄酒稀缺造成了商人们开始在葡萄酒中掺入化学物质,并且通过加水、糖或工业酒精来增加分量(罗贝瑞,1990:104—106)。关于葡萄酒原产地的欺诈是商人另一种常见的做法,他们销售来自不同产地的混合葡萄酒,但是,销售时打

---

[1] 从19世纪中期开始,在葡萄酒品牌或所有权属中添加"chateau"字样[音:夏朵(城堡酒庄)。——译者注]的做法增多了起来。1850年有50座酒庄,1874年有700座酒庄,1886年有1 000座酒庄,1908年有1 800座酒庄,1922年有2 000座酒庄,1949年有2 400座酒庄[格瑞尔(Garrier),2008:244—245]。

着著名产地的名义。到 20 世纪初,情况依然如此,经常能发现产于德国或澳大利亚的"勃艮第"葡萄酒(劳伦特,1958:392)。

根瘤蚜虫病之后,欺诈行为继续存在,特别是在一些需求超过供给的地方,如博若莱(辛普森,2005)。在应对因掺假及冒牌而引致的需求下降的过程中,一些酿酒商创建了自己的品牌,并采取了策略来确保向消费者提供优质产品,比如,生产与分销一体化。在勃艮第和波尔多地区,优质葡萄酒生产商也开始源头装瓶并以酒庄的名义销售葡萄酒(罗贝瑞,1990:109-110)。当地生产商认为,这种欺诈行为可以解释 20 世纪初市场饱和与价格下跌的原因,至少是因为他们人为地增加了产量(罗贝瑞,1990:113-114;鲍莱和巴托利,1995:34;辛普森,2005)。在香槟城区、波尔多和类似地区的生产者组织起来,游说政府寻求保护[皮甲索(Pijassou),1980;劳迪,1988;辛普森,2004、2005]。作为回应,1905 年法国通过了一项法律,防止欺诈,禁止地理名称不当的葡萄酒的销售[布瑞约克斯和布拉奎尔(Bréjoux and Blaquière),1948:10;派奇,1975;辛普森,2004:98;斯坦兹亚尼,2005]。另外,为了传播关于收成和库存变化的事实,1907 年建立了一个信息系统。1908—1911 年,形成了一个立法框架,用来管制使用原产地地理名称资源的权利,其目的是保证来自这些地区的葡萄酒质量。

1908 年,香槟产区,以及后来干邑、阿马尼亚克、巴纽尔斯、克莱特和波尔多地区的界限被划分清楚,以便只有在该地区生产的葡萄酒才能在相应的地理标志或名称下销售[布瑞约克斯和布拉奎尔,1948:11;罗贝瑞,1990:113-114;宝利特和巴托里(Boulet and Bartoli),1995;斯坦兹亚尼,2004;辛普森,2005]。关于名称的第一部法律于 1919 年通过,这使有关各方为了他们的声明和划界可以向法院提出申请。这就产生了一个非常复杂的情况,无数的法院诉讼以及来自不同地点的各种各样的申请。

然而,任何一家本地生产商都可以通过扩大自己的葡萄种植面积或者种植高产品种,获得较高的价格优势以及地理名称的优势。事实上,由于新增的种植和更高的产量,从 1920—1923 年间到 1932—1935 年间,拥有地理名称的葡萄酒在法国葡萄酒总产量中所占的份额从 6%增加到 20%(巴托里和宝利特,

1989:43)。低品质和低酒精含量葡萄酒的丰产开始大幅降低创建名称的价值。

运用传统的规定,比如农作物的报表、样品分析或者控制葡萄酒流通等,对标定葡萄酒的控制成本非常高。此外,只有通过单一品牌树立质量形象的酿酒商才具有激励,只销售区域品牌下的高品质葡萄酒。为了解决"自由骑士"(搭便车)问题,1927年的《卡布斯法案》(the Capus Act)规定了严格的义务,确定了葡萄品种、产区和生产方法,尽管它只适用于香槟。随着名称优势的增大,这就鼓励了生产的扩大,并进一步侵蚀了先前取得的优势[伯格(Berger),1978;布瑞约克斯和布拉奎尔,1948;巴托里和宝利特,1995]。

1935年,随着"原产地命名控制"的创设,《卡布斯法案》的条款被扩展运用到其他标定葡萄酒。在行业间组织——全国原产地名称委员会——通过严格规管葡萄酒品种、产量和酒精含量实施控制下,生产者被迫自我控制[哈特(Hot),1938;伯格,1978;拉奇弗,1988;巴塞(Barthe),1989;罗贝瑞,1990]。

在20世纪30年代,公共干预走得更远,寻求监管生产,甚至预期这样的法律普遍被国际采用,成为农业政策的出发点,这就是《1933年北美农业调整法》。1931年的《葡萄栽培法规》试图通过对高收益征税来调整供求关系,阻止葡萄园的扩展(适用于所有种植面积超过10公顷的种植者或者产量超过50千升的生产者),阻止生产商超额生产,并要求生产者用蒸馏法去除部分收成以避免过剩。从1934年起,除根溢价法开始实行(1936年在一些部门强制实行),销售停止,避免价格下跌,并且某些杂交品种以及这些品种酿制的葡萄酒销售也被禁止。最后,1935年的法律创建了受控的命名源,建立了属于各个品名的地理产区,不同品种拥有被允许的最低酒精含量、获准种植及酿酒程序(华纳,1960;拉奇弗,1988)。按照1935年法律创立的原产地名称控制委员会增强了1919年法律的效力。新的原产地名称控制委员会(AOCs)很快就产生了影响:1936年,在创立后的那一年,委员会委员们的产量占简单命名的葡萄酒份额为11%,但是,到1939年,他们占据了29%(菲利普斯,2016:241)。

合作社也被视为解决生产过剩和价格下降的办法,作为国家实施调控政策的工具(罗贝瑞,1990;费尔南德兹和辛普森,2017)。根据《葡萄栽培法规》制定的政策,1931—1935 年禁止供应过剩的葡萄酒,法国开始向合作社发放短期贷款,储存过剩的产品,以避免价格急剧下跌。因此,政府吸引了酒商前来合作,同时,至少在收获之后接下来的几个月里,部分产量可能会保存在酒窖里。这样,1927—1939 年间,合作社的数量增加了,从 353 个增加到 827 个(费尔南德兹和辛普森,2017)。

显然,外部市场不能由法国生产商、贸易商或政府控制,国际上出现的问题也无法解决,第一次世界大战后出现了苏联的革命、奥匈帝国的崩溃、美国的禁酒令以及在南美洲的南锥体愈演愈烈的保护主义。然后,则是 1929 年的崩盘,随后 20 世纪 30 年代的大萧条也导致了需求的大幅下滑,原因是收入下降。

1939 年后的法国葡萄酒产业

第二次世界大战期间,农作物短缺和葡萄酒价格高企,战后不久就发生了一系列生产过剩危机,法国葡萄酒行业的价格下跌和动荡加剧。[1] 为了应对这种情况,法国政府采取了高度干预政策。为了消除劣质过剩的葡萄酒的前期措施——《葡萄栽培法规》——于 1953 年(葡萄酒域名代码)重新实施,旨在通过注重品质来提高种植者获得的平均价格水平[巴尔迪萨(Bardissa),1976:42—43]。1953 年的法案建立了对高产量、封存和强制蒸馏剩余产出(产出的 10%—16%)的税收制度,对铲除高产的葡萄树进行补贴,并禁止新的种植。为了制定这一政策,创建了葡萄酒法律咨询协会(IVCC)。此外,1959 年,对于谷物、肉类和牛奶产品已经存在的担保制度和干预政策延伸到葡萄酒[布瑞内斯(Branas),1957:84—85;巴塞,1975:8—11;伯杰和莫雷尔,1980:88;斯帕尼,1988:16—22;巴塞,1989:102—108;加维诺,2000:146]。

---

〔1〕 20 世纪 40 年代,由于缺乏劳动力、化学品和牲畜,加之第二次世界大战期间葡萄园被毁,法国的收成大幅下降(拉奇弗,1988:505)。

　　由于有补贴的连根拔除葡萄树和禁止新的种植,20世纪50年代中期开始,葡萄种植面积迅速下降,每10年下降20万公顷(见图3.5)。在中部地区,葡萄园区面积下降得尤其明显,这是承担了绝大部分法国普通葡萄酒生产的地区。[1] 这个过程伴随着高产杂交藤和普通品种如阿拉蒙(Aramon)种植面积的下降,它们承担了质量很差的葡萄酒的产出。同时,推荐种植优质品种的种植面积增加,这要感谢国家原产地命名与质量监控院(Institut National de l'Origine et de la Qualité,简称INAO)的立法[2],要求种植者拥有固定比例的"高贵"葡萄品种(拉奇弗,1988:509、512)。

　　这项政策的补充措施是增加对进口的限制。基于大都会葡萄酒与阿尔及利亚葡萄酒的混合,在殖民地优惠制度框架内,法国建立了所谓的质量互补性。20世纪60年代,80%的法国进口——平均达到1 000百万升——是高酒精含量的红葡萄酒。然而,随着法国普通葡萄酒需求的下降,进口葡萄酒也随之减少,20世纪60年代中期开始急剧下降(见图3.3)。在阿尔及利亚独立后,从阿尔及利亚的进口急剧下降,1965年进口超过800百万升,1985年下降到30百万升[巴尔迪萨,1976;施帕尼(Spahni),1988;梅洛尼和斯文内恩,2014]。

　　除了进口限制和对普通葡萄酒的监管,还努力通过命名制度提高葡萄酒的平均质量。1950年后命名的葡萄酒称谓继续扩大,可见表3.4。标定葡萄种植的土地面积从1965年到1969年在总种植面积中提高了19%,到20世纪90年代初上升到52%,20世纪60—70年代命名葡萄酒的出口构成了出口的主要部分(占出口总额的60%—75%)。

―――――――――

　　[1] 1950—1980年间,中部地区的葡萄园面积减少了近1/3[作者基于拉奇弗(1988)的数据核算]。

　　[2] 国家原产地命名与质量监控院取代了1935年成立的国家原产地命名委员会(CNAO)。

表 3.4　1965—1993 年地理标志区域在法国葡萄种植总面积和葡萄酒出口中所占份额

单位：%

年份	葡萄种植面积占比	葡萄酒出口占比
1965—1969	19	61
1970—1974	21	74
1975—1979	25	63
1980—1984	31	45
1985—1989	40	50
1990—1993	46	52

资料来源：作者根据 ONIVINS(1992、2001)的资料计算得出。

　　名酒的扩张与法国国内葡萄酒消费的一个重要转变是一致的。1950 年以前，绝大部分西方欧洲人消费的是高酒精含量的廉价葡萄酒，主要在传统商店出售的散装葡萄酒[1]。然而，20 世纪 50 年代以后，法国的人均葡萄酒消费量开始下降(见图 3.1)，人们的偏好也从口味浓烈、价格低廉的葡萄酒转向口味更轻、质量更高的葡萄酒。这种偏好的变化主要是因为人均收入的提高和零售配送系统的现代化。[2] 1960—1981 年间，在成年人口中，名品葡萄酒的消费量从人均 13 升增加到人均 24 升，而普通葡萄酒的消费量则从 115 升下降到 73 升。在 20 世纪 60—70 年代，名品葡萄酒的消费权重大约保持占总消费的 10%—12%，而 20 世纪 80 年代初达到了 25%，1990 年达到 40%。[3]

　　消费偏好的变化使需求转向了高品质葡萄酒，但是，普通葡萄酒的产量继续增加。葡萄种植面积下降，但是，葡萄酒产量从每公顷 4 千升提高到 6 千升(见图 3.5)，这是种植高产品种、新品种栽培方法和新的酿酒技术带来的结果(布瑞内斯，1957：67—68；巴塞，1975：4—6)。1950 年之后，葡萄酒产业的技术变革加速了，"葡萄酒革命"的第二阶段开始了(罗贝瑞，1990)。随着犁的普及，

────────────

〔1〕 1950 年以前，近 80% 的葡萄酒在法国散装销售(罗贝瑞，1990：85)。
〔2〕 关于消费和偏好的变化，可见贝特梅奥(Bettamio，1973：25—37)、加里(2008)、宝利特和菲利特(1973：45—52)、费尔南德兹(2012)。
〔3〕 根据罗贝瑞(1990：168)、ONIVINS(2001：134)和贝克尔(Becker，1976，表 12)的资料核算。

开始了葡萄栽培的机械化,拖拉机也逐渐适应了葡萄园。新的修剪葡萄园的方法被引进,灌溉、化肥和其他化学品的使用变得广泛起来。随着持续压榨装置和其他机械设备的引入,酿酒也机械化了。酿酒和葡萄酒保存所使用的混凝土罐被钢制容器代替。发酵过程温度控制装置被引进,在瓶子中的保存和熟化技术得到了广泛的采用。这些新的酿酒系统保证了葡萄酒的新鲜度被维持更长的时间。因此,随着法国和其他主要消费国需求的变化,无论是在色泽还是酒体方面,口味更轻的葡萄酒生产增加了(罗贝瑞,1990:89—90)。

然而,这些新的栽培方法和酿酒方法也导致了供给过剩,从 1960 年到 2000 年,法国的平均供给过剩介于总产量的 15%—30%。[1] 长期的供需失衡迫使政府实施强制的蒸馏葡萄酒政策,这项政策是 20 世纪 60 年代末之后发展起来的,欧洲经济共同体采用了法国的高度干预政策,从而成为欧洲经济共同体的共同葡萄酒政策(梅洛尼和斯文内恩,2013)。欧洲经济共同体还采取了连根拔起葡萄藤的鼓励计划,以调整长期供求关系(巴瑟罗,1991:192)。

合作社不仅仅是国家执行监管政策的工具,20 世纪的 1/3 时间里,合作社的扩大还对葡萄酒产业的技术"革命"做出了贡献(罗贝瑞,1990)。根瘤蚜虫病后,葡萄栽培成本高与小种植者有限的财力形成鲜明对比,通过集体生产,一定程度上解决了高成本问题。此外,有了合作社,种植者就可以全身心地投入种植中,合作社致力于改进酿酒技术(罗贝瑞,1990:97、137)。合作社还促进了资本、知识增长,并提供指导。这样,生产成本降低了,产业生产力提高了。同时,提高了葡萄酒质量,降低了市场信息搜索费用,提高了葡萄酒的市场适应性和葡萄酒生产者可获得的价格。合作社有足够的现金流,从而等待合适的出售时机,而且可以生产更多的、更高品质的同质葡萄酒(孟德维尔,1914:18—19、35;切维特,2009)。

到 1957 年,合作社产值占总产值的 35%,2000 年合作社产值占总产值的 52%(费尔南德兹和辛普森,2017)。然而,它们主要生产大量的普通葡萄酒,对

---

〔1〕　作者基于 OIV(1990—2000)计算得出。

高品质葡萄酒产量贡献不大(拉奇弗,1988:541)。正如费尔南德兹和辛普森(2017)所强调的,问题产生于这样的事实,即合作社成员的所得是依据他们送来的葡萄的重量和含糖量。因此,合作社成员对于最大化他们的产出具有积极性,而不担心质量问题(纪德,1926;宝利特和拉波特,1975:25;克拉维尔和贝劳德,1985:101—103)。

在 1970—2000 年间,蒸馏规定在法国仍然很重要,尽管与西班牙和意大利相比,法国蒸馏的葡萄酒更少。这可以解释为法国优质葡萄酒产量不断增加,这是受国内对这类产品需求增加刺激的,并且是通过原产地命名控制委员会创设的生产者激励机制达成的。在这 30 年里,出口依然继续增长(见图 3.2)。

从 1950 年开始,国外对葡萄酒类型的需求也发生了变化。在盎格鲁—撒克逊国家,葡萄酒消费量大幅增长。这个扩张必须主要靠进口来满足,并且与过去相比较,主要是高品质的、口味清淡的葡萄酒(罗贝瑞,1990:89;费尔南德兹,2012)。分销系统也发生了变化,其中包括对于葡萄酒销售来说,超市的重要性日益增加,而且在营销和广告方面的大量投资[思博顿(Spawton),1991:287;格林、罗德里格斯—祖尼加和西布拉,2003;费尔南德兹,2012]在 20 世纪下半叶的国际葡萄酒市场上也对这一变化产生了巨大的影响。法国抓住了需求不断增长的机会,并且通过销售具有地域名称(名酒)的瓶装葡萄酒,从而能够主导高品质葡萄酒国际市场[1],特别是在不断扩大的英国和美国市场中的主导地位。出口总额逐年提高,1934—1973 年年增长率为 5%(费尔南德兹,2012)。尽管在 20 世纪 70 年代以前,法国命名葡萄园葡萄种植面积不到全国葡萄种植面积的 30%,但是,它们的葡萄酒占法国葡萄酒出口价值的绝大部分,使它们在 20 世纪 60—70 年代生产规模年增长率达到 2.4%,远远超过了总产量的增长率(1%),如表 3.5 所示。[2] 法国在优质葡萄酒出口方面实现了专业分工:在国际市场上销售的葡萄酒的平均价格越来越高于其他主要葡萄酒出口

---

〔1〕 按照罗贝瑞(1990:165)的观点,对于"葡萄酒革命"来说,这是关键的激励因素。

〔2〕 产量的增长是因为受保护的葡萄园面积的增加。由于产量受到法律的严格限制,每公顷产量没有增长(伯格,1978)。

国(见图 3.6)。同时,法国仍然进口葡萄酒,但是,它的平均出口价格通常大约是其平均进口价格的 3 倍(安德森和皮尼拉,2017)。

表 3.5   2014—2015 年法国各地区葡萄种植总面积与原产地命名葡萄种植面积

	总面积 (千公顷)	%	原产地命名 面积 (千公顷)	%	原产地命名面 积占总面积的 百分比 (%)
朗格多克—露喜龙 (Languedoc - Roussillon)	222	29.6	69	15.7	31
普罗旺斯(Provence)	85	11.4	64	14.5	75
阿基坦(Aquitaine)	137	18.2	130	29.4	95
科西嘉(Corse)	6	0.8	3	0.6	48
南部—比利牛斯 (Midi-Pyrénées)	34	4.5	10	2.3	30
中部(Centre)	21	2.8	19	4.2	88
卢瓦尔地区(Pays de la Loire)	33	4.3	27	6.0	81
罗讷—阿尔卑斯 (Rhône-Alpes)	48	6.4	36	8.1	75
勃艮第(Burgundy)	31	4.2	31	7.0	99
香槟(Champagne)	34	4.5	34	7.6	100
阿尔萨斯(Alsace)	16	2.1	16	3.5	99
普瓦图(Poitou)	7	0.9	2	0.5	32
普瓦图—干邑 (Poitou-Cognac)	73	9.8	0	0.0	0
其他地区	5	0.6	2	0.5	44
总量	752	100.0	443	100.0	59

资料来源:作者根据法国农业部下属的农作物办公室(2016)资料计算得出。

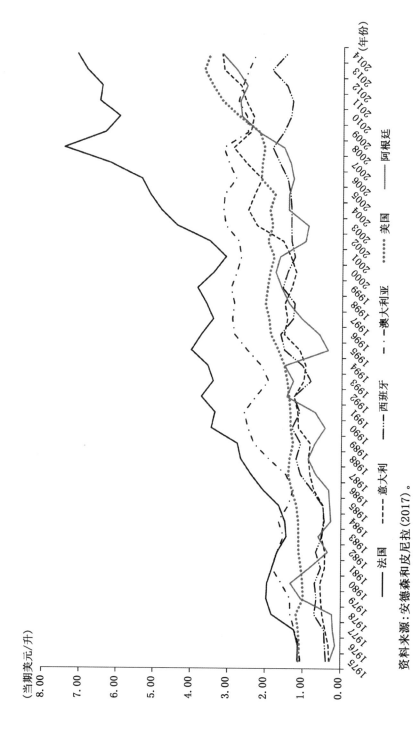

图3.6 1975—2014年主要出口国出口葡萄酒的单位价值

资料来源：安德森和皮尼拉(2017)。

从 1970 年开始,法国继续其高品质葡萄酒出口的专业化,这使它的出口增加了一倍,从 700 百万升达到近 1 400 百万升。然而,在 20 世纪 80 年代以后,几个新世界国家的出口增长得更快(安德森,2018,图 12.7)。20 世纪 50—60 年代,原产地命名葡萄酒(名酒)主导了世界的出口增长,但是,1970 年以后,分销和零售业发生了变化,降低了法国名酒相对于美国和澳大利亚的大型酒厂的竞争力[吉罗德—哈罗德和萨利(Giraud-Heraud and Surry),2001;安德森,2004]。美国和澳大利亚都在销售大量不同品牌的同质葡萄酒。特别是 20 世纪 90 年代,在国际市场上来自新世界的葡萄酒品种的实力不断增强。欧洲的葡萄酒生产高度分散,传统上被分成小型家庭农场,在加工和分销上并不能达到高度集中程度。许多生产商提供各种具有地方特色的葡萄酒,以地理标志或酒庄名称销售,每年的质量和数量都不一样。法国和其他欧洲的生产商碎片化生产使他们很难获得规模经济优势,以迎合新的零售企业的需要。[1]

近来的发展变化

近年来,法国葡萄酒产业形成了全国生产、消费和市场份额下降的特征。这种情况因在意大利和西班牙所观察到的现象而加剧,意大利和西班牙有着相似的生产和消费结构。然而,与邻国相比,法国出口处于独特的地位,这从出口的价值和数量之间的区别可以看出来。从数量上看,相对于西班牙,1980—2016 年法国和意大利两国的市场份额已大幅下降。比较而言,在出口价值方面,在同一期间内相对于邻国,法国的地位明显加强(见图 3.6)。

---

〔1〕 参见卡瓦纳和克莱尔蒙特(Cavanagh and Clairmonte,1985)以及安德森(2004)。尽管有这样的增长,但是,每一款酒的供应量都相对较少,价格上涨促使法国一些葡萄酒生产商以类似于(美国)加州生产商的方式销售品种葡萄酒(费尔南德兹,2012)。

供给下降

1980—2015 年期间,法国葡萄园面积减少了 29.5 万公顷(从 108 万公顷减少到 79 万公顷),损失了 27%。然而,自 2000 年以来,下降趋势似乎已经稳定下来。其他欧洲主要国家也可以观察到类似或更强的下降趋势:同期,意大利损失了 110 万公顷(−61%),西班牙损失了 70 万公顷(−41%)。相比之下,同期,全球葡萄园面积增加了 250 万公顷,增长了 25%(安德森和皮尼拉,2017)。结果是,1980—2015 年间,法国在世界葡萄园面积中的份额从 13% 下降到 11%。[1]

与此同时,葡萄酒产量下降得更多。1980—1984 年和 2010—2014 年两个时期,法国葡萄酒产量从 6 802 200 千升降至 4 558 324 千升,降幅为 33%。[2] 意大利生产下降了 43%,而西班牙的产量增加了 4%。世界葡萄酒产量下降了大约 20%,35 年来,法国的份额从 20% 下降到 17%。

在一定程度上,法国产量的下降是由于收益的演变。事实上,1986—1990 年和 2009—2014 年间,法国的收益下降了 14%(而意大利保持稳定,西班牙则增加了 67%,澳大利亚增加 10%,智利增加 23%)。在此期间结束时,澳大利亚收益率比法国高出 1/3,大约是西班牙收益率的 2 倍,这是由于澳大利亚高效的灌溉管理系统。

然而,法国全国的统计数据掩盖了巨大的地区差异,最明显的是在原产地葡萄园和佐餐酒葡萄园之间的差异。前者的收益下降了 11%—23%,不包括香槟产区,香槟产区的收益仅下降了 4.5%。相比之下,在朗格多克、普罗旺斯和隆河谷,佐餐酒收益的下降只有大约 1/7。

---

〔1〕 法国统计数据一般包括干邑的生产数据,这在经济上很重要,但对法国葡萄园区的贡献却不尽相同。因此,有记录的干邑葡萄园面积 1960 年为 6.9 万公顷,1975 年为 11 万公顷,2015 年下跌至 8 万公顷。然而,法国用于干邑产区的葡萄园面积保持稳定,2009—2015 年间,这一比例在 10%—10.5%。

〔2〕 在 20 世纪 80 年代初,生产的 6 800 百万升葡萄酒中,只有 5.7% 被用于生产白兰地蒸馏。20 世纪 70 年代中期,干邑产量达到法国葡萄酒产量的 15%,一直保持稳定,直到 1990 年,然后,在 15%—20% 之间波动。

　　表3.5显示了法国葡萄园的地理分布情况。可以看出,朗格多克—露喜龙占法国葡萄园总面积的近1/3,其次是阿基坦和普罗旺斯。三个地区加起来占法国葡萄园面积的近60%。然而,按照原产地命名的面积,阿基坦则排名第一。

　　自20世纪80年代中期以来,无论是葡萄园面积还是原产地冠名面积,朗格多克已经损失了25%,相比而言,普罗旺斯仅下降了13%,阿基坦下降了4.5%。与普瓦图(干邑产区)一道,这些产区在原产地冠名葡萄酒中所占比例最低。除这些地区外,罗讷—阿尔卑斯占法国葡萄园区面积的6.4%,其余法国各产区均低于5%。著名的勃艮第和香槟产区分别占4.2%和4.5%。在这两个地区,几乎所有的葡萄园都被用来生产原产地冠名葡萄酒。勃艮第和香槟也增加了葡萄园的面积,在1985—2014年间,增加比例分别为8.4%和19.3%。虽然所占的比例类似于这两个地区,卢瓦尔葡萄园在原产地冠名葡萄酒生产中的比例更低,在1985—2014年间,其总面积减少了1/5。南部—比利牛斯葡萄酒产区与勃艮第和香槟加起来同等重要,同期下降了19%。阿尔萨斯是一个著名的产区,但葡萄酒产区很小,只占法国葡萄园面积的2.1%,并且几乎没有原产地冠名葡萄酒生产。1985—2014年间,阿尔萨斯的种植面积增加了9%。

葡萄酒消费量的结构性下降

　　自第二次世界大战结束以来,法国的葡萄酒消费量已经减半,从1961—1964年间的5 700百万升下降到2015年的2 900百万升。20世纪60年代初,葡萄酒消费占国内生产的94%,年人均消费量为120升。这个数字到20世纪80年代中期降至70升,2015年降至45升;1985年左右,国内消费量仅占生产的60%,2012—2014年间略微增长,达到65%。法国人均葡萄酒消费量正在接近其他欧洲主要葡萄酒生产国的人均葡萄酒消费量。

　　从20世纪80年代末到2014年,法国的酒精消费量保持稳定,大约为29百万升。加之奥地利、比利时、德国、法国,它们是世界上消费水平最高的国家。然而,在保加利亚、俄罗斯和乌克兰等国家,消费水平甚至更高。在所有酒精饮料消费中,法国葡萄酒所占的份额已经下降,按照数量计算,从1990年的65%

下降到 2014 年的 57%(安德森和皮尼拉,2017)。

对出口的补偿作用和质量的提高

1980—2015 年期间,法国出口呈现温和增长,并在法国产出中所占的比重越来越大(见图 3.7)。[1] 然而,这一上升趋势并不稳定,并且在 20 世纪 80 年代初和 21 世纪初出口出现了下降。在全球出口价值中法国的份额不断增长,从 40%左右增长到 50%,直到 20 世纪 80 年代中期,然后缓慢下降,并在 2010 年左右稳定在 30%(见图 3.7)。然而,就葡萄酒出口量而言,与意大利一样,法国的全球市场份额也大幅下降,从 20 世纪 80 年代末的略高于 30%,降至自 2013 年以来的不到 14%。

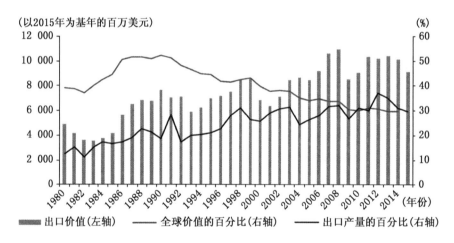

资料来源:作者基于安德森和皮尼拉(2017)的数据进行计算。

图 3.7　1980—2015 年法国葡萄酒出口价值、占世界葡萄酒出口价值比重和国内葡萄酒出口占比

这些数字与葡萄酒生产的全球化是一致的。法国、意大利和西班牙的出口价值变化显示出相似的趋势:伴随着时不时的危机干预,1980—2015 年期间大幅增长。1980—1984 年和 2009—2014 年间,法国的出口额增长了 6.5 倍,意大

---

[1] 2015 年,干邑出口占法国总产量的 97.5%,占所有烈酒出口的 27%,具有相对稳定的贸易值(国家统计局关于干邑跨行业统计,2016)。

利增长了 9.5 倍,西班牙增长了 12.7 倍。

散装葡萄酒的出口价值和比例

1995—2015 年期间,就价值而言,法国是世界上最大的葡萄酒出口国,但不是在数量上。要充分理解这一现象,提供可用数据是困难的,而区分瓶装葡萄酒和散装葡萄酒则可以提供一些洞见。

表 3.6 显示,1995 年散装葡萄酒占法国葡萄酒出口量的 25%,2014 年散装葡萄酒占法国葡萄酒出口量的 17%(绝对数量下降了 1/5)。在价值方面,1995 年散装葡萄酒占出口价值的 8%,到 2014 年,这一数字下降到 4%,而按照绝对价值核算,出口价值增加了 1/6。这一现象对于瓶装葡萄酒出口更为重要,同期,按照绝对值计算,瓶装葡萄酒出口量增加了 33%,它们的价值增加了170%。至于起泡葡萄酒(包括香槟),出口销量增长了 50%,价值增加了192%。

表 3.6　　　　　　　　1995—2014 年法国不同产品类型的葡萄酒出口

单位:百万升,千美元

	1995 年				2014 年				1995—2014 年出口变动(%)	
	数量	%	价值	%	数量	%	价值	%	数量	价值
瓶装酒	778	66	1 846	61	1 037	72	4 984	62	33	170
散装酒	299	25	246	8	245	17	322	4	—18	31
气泡酒	106	9	937	31	158	11	2 733	34	50	192
总计	1 183	100	3 029	100	1 440	100	8 039	100	22	166

资料来源:作者根据法国农业部下属的农作物办公室(2015)资料计算得出。

这些基本数据显示,高端定位是如何让法国保持全球最大的出口国地位的,尽管法国在出口量所占的市场份额大幅下降的情况下。这一事实也可以用国际市场对中高端产品的需求增长来解释(在美国和亚洲市场上消费者的支付意愿)。

通过 2000—2011 年间澳大利亚和其他主要出口国(法国、意大利和西班牙)的国际比较,表 3.7 说明了这一点。应该指出的是,2000 年这四个国家占全球出口的 82%,2014 年仍占全球出口的 70%。这里,散装葡萄酒和瓶装葡萄酒的区别是惊人的。2000 年,澳大利亚的散装葡萄酒出口市场份额最小(仅占其总出口的 14%),而意大利(59%)、西班牙(54%)以及全球(42%)的散装葡萄酒出口市场份额都很高。2011 年,西班牙散装葡萄酒出口增长了大约 195%,西班牙成为最大的葡萄酒出口国。澳大利亚散装葡萄酒出口也大幅增长(780%),至于西班牙,自 2011 年以来,散装葡萄酒出口大约相当于澳大利亚总出口的一半。与此形成鲜明对比的是,意大利散装葡萄酒出口保持稳定,而法国散装葡萄酒出口下降了 28%。

表 3.7　　　　　　2000—2016 年法国、意大利、西班牙和澳大利亚船运
散装葡萄酒出口数量与占比　　　　　　　单位:百万升,%

	2000 年			2008 年			2016 年			
	数量	国内总量占比	世界出口量占比	数量	国内总量占比	世界出口量占比	数量	国内总量占比	世界出口量占比	2000—2016 年变动百分比
法国	39	12.5	2.0	173	25.0	4.4	315	38.7	10.3	971
意大利	398	51.5	18.0	1 624	65.7	41.4	1 267	56.8	31.4	218
西班牙	365	24.6	16.5	264	19.3	6.7	214	14.9	5.3	—41
澳大利亚	859	49.6	38.9	559	30.9	14.3	537	26.0	13.3	—37

资料来源:安德森和尼尔根(2011)以及安德森、尼尔根和皮尼拉(2017)。

表 3.8 显示了按价值核算的散装葡萄酒出口状况。在这种情况下,整个 2000—2011 年间,法国出口的散装葡萄酒价值占比甚至比出口量占比还要小:2011 年这一比例仅为 2.8%,表明 11 年来下降了 13%。在其他三个国家,这一比例显著增加。2005 年,澳大利亚的散装葡萄酒仅占出口总额的 7%,2011 年这一数字上升到 46%。西班牙散装葡萄酒的价值也有所增长,但是,与澳大利亚相比,散装葡萄酒的出口份额保持温和增长(20%)。同样,意大利散装葡萄酒出口价值也有所增长(11 年里增长了 70%),但是,在全国出口总额中所占的比重已经下降。

这些统计数字说明,实际上,法国最近一段时期市场份额的损失和出口下降是经济和生产战略变化的结果。这些策略得到了促进优质葡萄酒生产和出口的公共政策的支持。

表 3.8 　　　　2000—2016 年法国、意大利、西班牙和澳大利亚船运
散装葡萄酒出口价值与占比 　　　　单位：百万美元，％

	2000 年		2008 年		2016 年		
	价值	全国占比	价值	全国占比	价值	全国占比	2000—2016 年变动百分比
法国	37	4.1	188	8.9	313	18.4	747
意大利	206	17.8	521	18.0	550	18.5	167
西班牙	303	6.0	406	4.0	314	3.4	4
澳大利亚	320	14.3	488	9.0	426	6.8	33

资料来源：安德森和尼尔根（2011）以及安德森、尼尔根和皮尼拉（2017）。

进口量高于其他主要葡萄酒出口国

在第二次世界大战后进口急剧下降之后，法国的进口缓慢下降，一直持续到 1980 年，然后趋于平稳，并在 2000 年再次开始增长。1980 年左右，法国占全球进口约 16％，现在只有 5％。法国的进口大部分来自西班牙（约 60％），其次来自意大利。2010 年西班牙占法国葡萄酒进口量的 58％，2015 年占法国葡萄酒进口量的 75％。法国的进口葡萄酒主要是没有地理标识的散装葡萄酒（68％来自西班牙，5％来自意大利）。在过去的 15 年中，西班牙取代了意大利（2000年提供市场份额的 55％），成为法国市场的主要出口商。至于瓶装葡萄酒，市场主要由西班牙和葡萄牙（尤其是波尔图）所占据。西班牙和意大利是葡萄酒进口小国，它们的进口不超过全球进口的 2％。

在价值上，趋势是不同的，因为西班牙只占法国进口的 34％。在过去 4 年中，意大利的价值份额保持稳定。与 2000 年相比，意大利失去了散装葡萄酒的市场份额，而获得了瓶装葡萄酒（包括气泡酒）的市场份额，尤其是在 2014 年和 2015 年。另一方面，在过去的 15 年里，葡萄牙数量上的份额被侵蚀了，然而，自 2005 年以来，主要出口瓶装优质葡萄酒，说明它占有的价值份额很高（2015 年价值占比为 15％，数量占比为 5％）。数量上，来自其他国家的进口大约占 4％；价值上，为 20％。因此，在低产量细分市场上，进口产品具有很高的价值。所以，出口商之间存在着重要的差异，如马格里布或中欧/西欧国家，那里的葡萄

酒价格相对较低，而非典型的葡萄酒出口国的葡萄酒价格更高。以特色产品（比如波尔图）或葡萄酒原产地标准为基础的法国人消费习惯在进口统计数据中得到了明确体现，从而显示了法国与西班牙和意大利邻国之间在进口统计数据上的差异。

不久的将来

减少法国葡萄酒产量的决定（拔除葡萄藤、增进品种选择、创建受保护的地理标识）在一定程度上受公共政策的推动，使葡萄酒的附加值大幅上升。更高的附加值来自包装（瓶装）、久负盛名的原产地名称（香槟、波尔多、勃艮第等）以及对一些葡萄酒产区质量的重新定位（朗格多克—露喜龙）。这是与法国重要的区域差异相关的，有一些区域出现了种植面积、数量和价值增长（香槟、阿尔萨斯、干邑），而其他区域出现了产量下降（波尔多、隆河谷、朗格多克—露喜龙）。法国的葡萄酒产业大致分为 10 个产区，每个产区都有自己的特色、葡萄酒类型、营销方案和产地规模。更重要的是，在某些地区（例如，香槟、干邑）强大的品牌和产业集团往往与其他比较孤立的、支离破碎的葡萄酒产区（波尔多、勃艮第）形成鲜明对比。

法国国内葡萄酒消费量仍在下降，每年人均不到 50 升（比较而言，1975 年为 100 升）。这种趋势与饮酒习惯的改变密切相关（法国现在经常饮用葡萄酒的消费者只占成年人口的 15%），也伴随着最近盒中袋（Bag-in-Box）消费的强劲增长（2015 年，这样的消费在数量上占据了 38% 的市场份额，在价值上达到无泡葡萄酒的 24%）。需求结构的变化也迫使法国适应国际市场标准，满足美国和亚洲高端细分市场的需求，还要达到德国和斯堪的纳维亚国家的新兴市场不那么传统的消费标准，包括新型的包装、有机葡萄酒和健康环保标准。

【作者介绍】 让·迈克尔·切维特（Jean Michel Chevet）：曾在法国国家农

业科学院(INRA)担任经济史研究员。目前他在位于波尔多的塞尔文生命与空间科学研究院(ISVV)工作。他的工作集中于英国和法国的农业革命史以及酿酒葡萄种植历史,特别是与之相关的技术与气候变化。

爱娃·费尔南德兹(Eva Fernández):西班牙马德里的卡洛斯大学社会科学系的经济史副教授。她的研究领域包括19世纪和20世纪西班牙和法国葡萄酒行业的市场和机构、发达国家的农业政策及其决定因素、区域农业生产力、农业合作社、宗教及其对财富的影响。

埃里克·吉罗德—海罗德(Eric Giraud-Héraud):经济学家,法国国家农业科学院(INRA)研究部主任,波尔多葡萄藤和葡萄酒科学研究所(ISVV)科学部主任。他的研究兴趣包括食品供应链经济学(产业组织)以及与公司社会责任相关的消费者行为(实验性拍卖)。

文森特·皮尼拉(Vicente Pinilla):西班牙萨拉戈萨大学经济史学教授,阿拉贡农业营养研究所研究员。他的研究兴趣包括农产品国际贸易、长期农业变化、环境历史和移民。2000—2004年,他担任萨拉戈萨大学副校长,负责财政预算和经济管理。

【参考文献】

Anderson, K.(ed.)(2004), *The World's Wine Markets: Globalization at Work*, London: Edward Elgar.

(2018), 'Australia and New Zealand', ch. 12 in *Wine Globalization: A New Comparative History*, edited by K. Anderson and V. Pinilla, Cambridge and New York: Cambridge University Press.

Anderson, K. and S. Nelgen(2011), *Global Wine Markets, 1961 to 2009: A Statistical Compendium*, Adelaide: University of Adelaide Press. Also freely available as an ebook at www. adelaide. edu. au/press/titles/global-wine and as Excel files at www. adelaide. edu. au/wine-econ/databases/GWM.

Anderson, K., S. Nelgen and V. Pinilla(2017), *Global Wine Markets, 1860 to 2016: A Statistical Compendium*, Adelaide: University of Adelaide Press. Also freely available as an ebook at www. adelaide. edu. au/press/.

Anderson, K., D. Norman and G. Wittwer(2004), 'The Global Picture', pp. 14—58 in *The World's Wine Markets: Globalization at Work*, edited by K. Anderson, London: Edward

Elgar.

Anderson,K. and V. Pinilla (with the assistance of A. J. Holmes) (2017),*Annual Database of Global Wine Markets*,*1835 to 2015*,freely available in Excel at the University of Adelaide's Wine Economics Research Centre,www. adelaide. edu. au/wine-econ/databases.

Aparicio,G. ,V. Pinilla and R. Serrano (2009),'Europe and the International Trade in Agricultural and Food Products,1870－2000',pp. 86－110 in *Agriculture and Economic Development in Europe Since 1870*,edited by P. Lains and V. Pinilla,London:Routledge.

Ayuda,M. I. ,H. Ferrer and V. Pinilla (2016),'French Wine Exports,1849－1938:A Gravity Model Approach',American Association of Wine Economists (AAWE) Conference paper,Bordeaux,June.

Barceló,L. V. (1991),*Liberalización,ajuste y reestructuración de la agricultura española*,Madrid:Instituto de Estudios Económicos.

Bardissa,J. (1976),*Cent ans de guerre du vin*,Paris:Tema éditions.

Barthe,R. (1975),*25 ans d'organisation communautaire du secteur vitivinicole (1950－75)*,Montpellier:École Nationale Supérieur Agronomique de Montpellier.

(1989),*L'Europe du vin. 25 ans d'organisation communautaire du secteur vitivinicole (1962－1987)*,Paris:Editions Cujas.

Bartoli,P. and D. Boulet (1989),*Dynamique et régulation de la sphère agro-alimentaire: l'exemple viticole*,Montpellier:INRA.

Becker,W. (1976),'Importation et consommation du vin',in *Symposium international sur la consommation du vin dans le monde*,Avignon,15－18 June:rapports et communications présentés par les conférenciers. [s. l. :s. n.].

Berger,A. (1978),*Le vin d'appellation d'origine contrôlée*,Paris:Institut National de la Recherche Agronomique,Economie et Sociologie Rurales.

Berger,A. and F. Maurel (1980),*La viticulture et l'économie du Languedoc du XVIIIe siècle à nos jours*,Montpellier:Les Editions du Faubourg.

Bettamio,G. (1973),*Il mercato comune del vino:aspetti e prospettive del settore vinicolo nella CEE*,Bologna:Edagricole.

Bureau National Interprofessionnel du Cognac (2016),www. cognac. fr,accessed 10 January 2017.

Boulet,D. and P. Bartoli (1995),*Fondements de l'économie des AOC et construction sociale de la qualité. L'exemple de la filière vitivinicole*,Montpellier:ENSA-INRA.

Boulet,D. and R. Faillet (1973),*Elements pour l'étude du système de production,transformation,distribution du vin*,Montpellier:INRA.

Boulet,D. and J. P. Laporte (1975),*Contributions a une analyse économique de l'organisation coopérative en agriculture. Études sur la coopération vinicole*,Montpellier:INRA.

Branas, J. (1957), *La production viticole de la zone franc en 1954: rapport au Conseil supérieur de l'agriculture (Section union française)*, Paris: Ministère de l'Agriculture.

Bréjoux, P. and J. Blaquiére (1948), *Précis de législation des appellations d'origine des vins et eaux-de-vie*, Montpellier: Causse, Graille, Castelnau.

Buvry, M. (2005), *Une histoire du champagne*, Saint-Cyr-sur-Loire: Editions Alan Sutton.

Cahill, R. (1934), *Economic Conditions in France*, London: Department of Overseas Trade.

Cavanagh, J. and F. F. Clairmonte (1985), *Alcoholic Beverages: Dimensions of Corporate Power*, London: Croom Helm.

Chevet, J. M. (2009), 'Cooperative Cellars and the Regrouping of the Supply in France in the Twentieth Century', pp. 253—280 in *Exploring the Food Chain: Food Production and Food Processing in Western Europe, 1850—1990*, edited by I. Segers, J. Bieleman and E. Buyst, Turnhout: Brepols.

Clavel, J. and R. Baillaud (1985), *Histoire et avenir des vins en Languedoc*, Toulouse: Privat.

Desbois-Thibault, C. (2003), *L'extraordinaire aventure du Champagne. Moët & Chandon. Una affaire de famille*, Paris: Presses Universitaires de France.

FranceAgriMer (2015), *Les synthèses de FranceAgriMer*, Montreuil: FranceAgriMer, 31 October.

——— (2016), *Données et bilan. Les chiffres de la filière viti-vinicole 2005/2015*, Montreuil: FranceAgriMer.

Fernández, E. (2012), 'Especialización en baja calidad: España y el mercado internacional del vino, 1950—1990', *Historia Agraria* 56: 41—76.

Fernández, E. and J. Simpson (2017), 'Product Quality or Market Regulation? Explaining the Slow Growth of Europe's Wine Cooperatives, 1880—1980', *Economic History Review* 70(1): 122—42.

Gale, G. (2011), *Dying on the Vine: How Phylloxera Transformed Wine*, Berkeley and Los Angeles: University of California Press.

Garrier, G. (1989), *Le phylloxéra: une guerre de trente ans 1870—1900*, París: Albin Michel.

——— (2008), *Histoire sociale et culturelle du vin; suivie de, Les mots de la vigne et du vin*, Paris: Larousse-Bordas.

Gavignaud, G. (2000), *Le Languedoc viticole, la Méditerranée et l'Europe au siècle dernier*, Montpellier: Publications de l'Université Paul Valéry.

Gide, C. (1926), *Les associations coopératives agricoles*, Paris: Association pour l'enseignement de la cooperation.

Giraud-Héraud, E. and Y. Surry (2001), 'Les réponses de la recherche aux nouveaux enjeux de l'économie viti-vinicole', *Cahiers d'Economie et Sociologie Rurale* 60—1: 5—24.

Green, R., M. Ródriguez-Zúñiga and A. Seabra (2003), 'Las empresas de vino de los países del Mediterráneo,frente al mercado en transición',*Distribución y Consumo* 13(71):77—93.

Guy,K. M. (2003),*When Champagne Became French. Wine and the Making of a National Identity*,Baltimore:Johns Hopkins University Press.

Hot,A. (1938),*Les appellations d'origine en France et a l'étranger*,Montpellier:Editions de La Journée vinicole.

Isnard,H. (1954),*La vigne en Algérie,étude géographique*,Gap:Ophrys.

Lachiver,M. (1988),*Vins,vignes et vignerons. Histoire du vignoble francais*,Lille:Fayard.

Laurent,R. (1958),*Les vignerons de la Côte d'Or au XIX siècle*,Paris:Société des Belles Lettres,Vol II.

Loubère,L. A. (1978),*The Red and the White:A History of Wine in France and Italy in the Nineteenth Century*,Albany:State University of New York Press.

(1990),*The Wine Revolution in France:The Twentieth Century*,Princeton,NJ:Princeton University Press.

Mandeville,L. (1914),*Étude sur les sociétés coopératives de vinification du midi de la France*,Toulouse:Impr. Douladoure-privat.

Meloni,G. and J. Swinnen (2013),'The Political Economy of European Wine Regulations',*Journal of Wine Economics* 8(3):244—84.

(2014),'The Rise and Fall of the World's Largest Wine Exporter-and Its InstitutionalLegacy',*Journal of Wine Economics* 9(1):3—33.

(2017),'Standards,Tariffs and Trade:The Rise and Fall of the Raisin Trade Between Greece and France in the Late 19th Century and the Definition of Wine',AAWE Working Paper 208,January.

(2018),'Algeria,Morocco and Tunisia',ch. 16 in *Wine' Globalization:A New Comparative History*,edited by K. Anderson and V. Pinilla,Cambridge and New York:Cambridge University Press.

Nourrison,D. (1990),*Le Buveur du XIXe siècle*,Paris:Albin Michel.

Nye,J. V. C. (2007),*War,Wine,and Taxes:The Political Economy of Anglo-French Trade,1689—1900*,Princeton,NJ:Princeton University Press.

OIV (1990—2000),*Situations et statistiques du secteur vitivinicole mondial. Suplement to the Bulletin de L'Office International de la Vigne et du Vin*,Paris:OIV.

ONIVINS (1992),*Statistiques sur la filière viti-vinicole*,Paris:ONIVINS,Division Études et Marchés.

ONIVINS (2001),*Donnés chiffrées sur la filière viti-vinicole*,Paris:ONIVINS.

Paul,H. (1996),*Science,Vine and Wine in Modern France*,Cambridge and New York:Cambridge University Press.

Pech,R. (1975),*Enterprise viticole et capitalisme en Languedoc-Roussillon:du Phylloxera aux crises de mevente*,Toulouse:Publications de l'Université de Toulouse.

Phillips,R. (2016),*French Wine:A History*,Berkeley:University of California Press.

Pijassou,R. (1980),*Le Médoc:un grand vignoble de qualité*,Paris:J. Tallandier.

Pinilla,V. and M. I. Ayuda (2002),'The Political Economy of the Wine Trade:Spanish Exports and the International Market,1890—1935',*European Review of Economic History* 6:51—85.

(2007),'The International Wine Market,1850—1938:An Opportunity for Export Growth in Southern Europe?' pp. 179—99 in *The Golden Grape:Wine,Society and Globalization,Multidisciplinary Perspectives on the Wine Industry*,edited by G. Campbell and N. Gibert,London:Palgrave Macmillan.

(2008),'Market Dynamism and International Trade:A Case Study of Mediterranean Agricultural Products,1850—1935',*Applied Economics* 40(5):583—95.

Pinilla,V. and R. Serrano (2008),'The Agricultural and Food Trade in the First Globalization:Spanish Table Wine Exports 1871 to 1935—A Case Study',*Journal of Wine Economics* 3(2):132—48.

Roudié,P. H. (1988),*Vignobles et vignerons du Bordelais:1850 — 1980*,Paris:Éditions du Centre National de la Recherche Scientifique.

Simpson,J. (2004),'Selling to Reluctant Drinkers:The British Wine Market,1860—1914',*Economic History Review* 57(1):80—108.

(2005),'Cooperation and Conflicts:Institutional Innovation in France's Wine Markets,1870—1911',*Business History Review* 79:527—58.

(2011),*Creating Wine:The Emergence of a World Industry,1840 — 1914*,Princeton,NJ:Princeton University Press.

Spahni,P. (1988),*The Common Wine Policy and Price Stabilization*,Avebury (Gower):Aldershot.

Spawton,A. L. (1991),'Development in the Global Alcoholic Drinks Industry and Its Implications for the Future Marketing of Wine',pp. 275 — 88 in *Vine and Wine Economy:Proceedings of the International Symposium,Kecskemét,Hungary,25 — 29 June 1990*,edited by E. P. Botos,Amsterdam:Elsevier.

Stanziani,A. (2004),'La construction de la qualité du vin,1880—1914',pp. 123—50 in *La qualité des produits en France,XVIIIe-XXe siècle*,edited by A. Stanziani,Belin:Paris.

(2005),*Histoire de la qualité alimentaire (XIXe-XXe siècle)*,Paris:Seuil.

Vizetelli,H. (1882),*A History of Champagne,with Notes on Other Sparkling Wines of France*,London:Henry Sotheran.

Warner,Ch. K. (1960),*The Winegrowers of France and the Government Since 1875*,New York:Columbia University Press.

Wolikow,C. and S. Wolikow (2012),*Champagne. Histoire inattendue*,Paris:Les editions de l'atelier.

第四章

德国、奥地利和瑞士

　　本章考察三个相邻国家葡萄酒市场发展状况,它们拥有共同语言,人类定居历史悠久,2 000 年前就受到罗马帝国的影响,以及拥有葡萄生长的凉爽气候环境。在本研究关注的 180 年间,德国和奥地利还有国界不断变化的历史。这使得收集当前国家边界内的社区数据变得困难(尤其是关于国际贸易的数据)。尽管如此,我们依然付出了巨大努力,整理葡萄酒生产和消费数据,使之与可得的实际国内生产总值(GDP)、人口数据以及与当前这些国家边界内区域相关的商品贸易总数据相匹配。

　　既然这些国家的葡萄酒市场出现的各种各样的转折点是各不相同的,就有必要把每个国家分开表述。我们按人口排序,分别表述,先谈德国,最后谈瑞士。

德　国

　　尽管自罗马时代〔贝斯曼—乔丹(Bassermann-Jordan),1907〕就开始种植葡萄,但德国从来就不是一个主要的葡萄酒生产国。德国的气候环境使葡萄生长限于莱茵河谷以及地处西南部的阿尔、摩泽尔、纳赫、美因和内卡尔支流河谷。此外,一些专业的葡萄栽培,虽然规模小得多,也可以发现于东部的萨勒—温斯图特谷地和当今德国东部的易北河谷地。

　　然而,德国目前的边界只是自 1990 年西德和东德重新统一以来才存在的。在一个时间或在另一个时间,一些其他的葡萄种植区属于当时所谓的德国(斯托齐曼,2017)。一个例子是法国的阿尔萨斯—洛林,1871—1918 年这个地区是德意志帝国的一部分,在一些年份里,它占德国葡萄酒产量的1/3。同样重要的是(德国)兼并了奥地利,奥地利于1938年加入纳粹德国,并成为Reichsgau Ostmark省,直到1945年。在波森和西里西亚有较小规模的葡萄酒产区(比如,绿山城,德语称绿色的山),现在该地在波兰,曾经属于普鲁士,在1818年之前的一个世纪,该地事实上是帝国国内唯一的葡萄酒供应者。既然目前的比较分析所指的是目前国境范围内的区域,"德国葡萄酒产量"的数据就排除了阿尔萨斯—洛林、波兰的一些地区以及奥地利,在官方统计数据中重新整合了区域生产数据。

概 述

在今天的德国,从19世纪中期开始到第二次世界大战结束,葡萄园产区的特点是逐步衰落,间或有短时间的稳定。1947年,产区面积低至49 500公顷,然后迅速恢复,20世纪末超过100 000公顷。这几乎是德国200年的最高水平(见图4.1)。

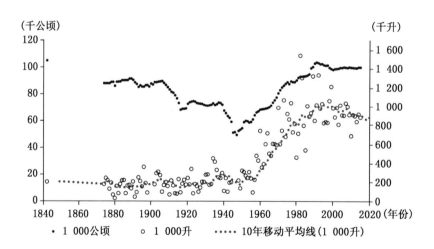

资料来源:安德森和皮尼拉(2017)。

图4.1 1842—2015年德国葡萄园产区面积(不包括阿尔萨斯、奥地利和波兰)和葡萄酒产量

德国葡萄酒产量继葡萄园面积下降而呈下降趋势,直到20世纪30年代,然后,增长速度超过葡萄种植面积的增加速度:1945—2015年间,葡萄种植面积翻了一番,而葡萄酒产量翻了 5 倍(见图 4.1)。产量的增加可能是由于生产技术的改进、更有利的气候条件或葡萄栽培在德国更具有生产力的地区的区域转移。自 1700 年以来,在莱茵高(Rheingau)产区的约翰山酒庄的产出遵循非常相似的路径,近似整个德国的产出(斯达博、赛铃格尔和斯拉伊谢尔,2001;斯托齐曼,2005、2017)。数百年来,莱茵高产区都是同样的葡萄园,只种植雷司令葡萄(Riesling)。这表明,生产技术的改变或者气候条件是关键驱动因素。除了不断增长的生长季节平均温度,斯托齐曼(2017)特别提到 1900 年以后,晚春霜冻日的数量明显减少。

直到 1930 年,法国葡萄酒的平均产量约为 3 吨/公顷(t/ha),而德国约为 2 吨/公顷,西班牙和意大利仅约为 1 吨/公顷。然而,从 20 世纪 30 年代开始,德国改善了其葡萄园的生产力。起初,上升的产量趋势被第二次世界大战中断,但是,到了 20 世纪 50 年代中期,德国达到了法国葡萄园的生产力水平,当时的生产力水平约为 4 吨/公顷。20 世纪 80 年代,德国产出能力达到了 11 吨/公顷,远高于法国 6 吨/公顷的水平,然后,稳定在 9 吨/公顷左右,较法国和意大利的产出水平高出 50%,并且是西班牙的 3 倍。

(千升/公顷,10年移动平均线)

- - - 法国   —— 意大利   —— 德国   - - 西班牙

资料来源:安德森和皮尼拉(2017)。

图 4.2 1900—2015 年法国、德国、意大利和西班牙葡萄酒产量

除了法国和意大利之外，德国一直是人均酒精消费量最高的国家之一，水平大致与英国相当。在 19 世纪下半叶，人均酒精消费量大约是 10 升；比较而言，在法国，这一数字高达 25 升。两次世界大战期间，法国的酒精消费量暂时大幅下降，所以在 20 世纪上半叶差距甚至扩大了，但自第二次世界大战后经济开始复苏以来，德国人均酒精消费量一直在稳步增长，直到 20 世纪 70 年代末，当时超过了 1900 年 10.8 升的消费峰值。然而，自 1980 年以来，和其他地方一样，德国的酒精消费量一直在缓慢下降，现在的人均酒精消费量略高于法国、英国和美国的人均消费量，略低于 10 升[见图 4.3(a)]。在西欧，只有比利时(11升)和奥地利(10.6 升)人均酒精消费量超过德国(安德森和皮尼拉，2017)。

除了不断变化的总水平外，德国酒精消费的构成也有显著的变化。相比法国和意大利，显著不同的是，德国的酒类消费中历来啤酒占主导地位。在过去的 150 年里，啤酒在酒精消费总量中所占的比例变化微乎其微，一直维持在接近 50%。然而，葡萄酒已经取代了许多烈性酒的消费：1900 年烈性酒的份额超过 40%，到 1976 年下降到 24%，现在低于 20%；而葡萄酒的份额从 1900 年的13% 上升到 1976 年的超过 26%，而今，这一比例已约为 1/3[见图 4.3(b)]。德国国内也存在明显的地区差异：北部和东部地区以啤酒和烈性酒为主，而西南部地区，特别是巴登—符腾堡州，人均葡萄酒消费水平最高[维斯根—皮克(Wiesgen-Pick)，2016]。

尽管自 20 世纪 30 年代以来德国的葡萄栽培变得更具有生产力，但是，国内生产几乎从未能满足国内需求。自 1976 年以来，德国成为世界上葡萄酒进口量最大的国家。在过去 100 年的大部分时间里，排名不是第二，就是第三，仅次于法国、瑞士，偶尔还有英国(安德森和皮尼拉，2017)。在 20 世纪 30 年代，德国的葡萄酒进口有所增长，并在第二次世界大战后的经济重建过程中飙升，但是自 20 世纪 70 年代起，葡萄酒出口也开始增长。这样的产业内贸易是有道理的，因为德国的竞争力一直主要集中在白葡萄酒生产上，而红葡萄酒从其南边较温暖的国家进口。自 20 世纪 60 年代以来，在国内葡萄酒消费中，进口葡萄酒所占的比重已从大约 50% 上升到 80% 以上。

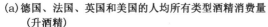
(a)德国、法国、英国和美国的人均所有类型酒精消费量
（升酒精）

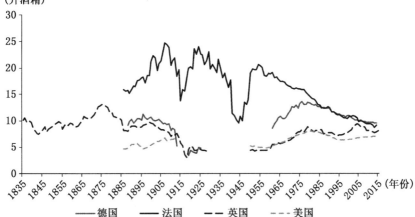

(b)按照酒精类型划分，德国人均酒精消费量
（升酒精）

资料来源：安德森和皮尼拉(2017)。

图 4.3　1874—2015 年德国、法国、英国和美国人均酒精消费量

要了解这些趋势背后的力量，本节的其余部分分 5 个时期加以叙述。

从拿破仑时代到德国统一：1794—1871 年

在其历史的大部分时间里，今天的德国是由一个非常大量的小国、公国和自由城市构成的，它们都是主权经济区，皆拥有自己的海关和税收规定。1794—1815 年间，当时德国的大部分在法国的统治下，这种碎片化的状态某种程度上有所减弱。1801 年,莱茵河以西的所有德国州,其中包括葡萄酒产区阿尔(Ahr)、摩泽尔(Mosel)、纳赫(Nahe)、莱茵黑森(Rheinhessen)和普法尔茨(Pfalz)被并入法国。其直接结果是,国内许多原有的海关和贸易壁垒不复存在。此外,在大革命的法国,教会和贵族的财产被没收并拿出来公开拍卖(斯托齐曼,2006),从而导致私人、独立葡萄酒商的数量显著增加。随着废除封建的上层阶级以及相关制约,法国当局还采取了葡萄园分类制度。比如,在勃艮第和法国的其他地区,葡萄园用地价格评估的目的是根据土地的盈利能力征收"公平税"(贝克,1869;阿森菲尔特和斯托齐曼,2010)。一般来说,在法国统治时期的制度变化倾向于放松管制和支持商业,并极大地有利于葡萄栽培(迈耶,1926;温特—塔菲内恩,1992)。

然而,法国统治时期并没有持续很长时间。滑铁卢战役之后,拿破仑最终失败,莱茵区域[包括葡萄种植区摩泽尔、中部莱茵(Mittelrhein)、纳赫和阿尔等地区]落入普鲁士之手,普法尔茨落入巴伐利亚之手。黑森(Hesse-Darmstadt)获得了现在为人所知的莱茵黑森(也称为凯斯勒圣母之乳半甜白葡萄酒的故乡)。

作为普鲁士的一部分,莱茵省的大多数酒商从中受益巨大。这指的是摩泽尔、莱茵、纳赫和阿尔地区的所有酿酒师都可以免关税进入东部广阔的普鲁士市场,并且进入鲁尔地区日益成长的产业集聚区。此外,他们还可以避免来自非普鲁士竞争者的竞争,包括来自德国南部地区,比如巴登、符腾堡、普法尔茨和莱茵黑森等地区的竞争,因为存在高关税壁垒。因此,在 20 年内,在普鲁士莱茵省,1818—1837 年间葡萄园的面积增长了 57%[罗宾,1845;梅特森(Meitzen),1869][1]。然而,繁荣之后便是"葡萄酒危机","葡萄酒危机"涉及税收改革和关税同盟,以及不利的天气状况(斯托齐曼,2017)。

1806 年,德国在军事上打败拿破仑,发动了 1813—1814 年德国战役,将德国各州从法国的统治下解放出来,1815 年拿破仑的最后战败给普鲁士州带来了

---

〔1〕 温特—塔菲内恩(1992)提供了 1816—1832 年所有摩泽尔县和萨尔县的详细数据。

巨大的负担。普鲁士承受了连年的年度预算赤字,高达25%,在1815年几乎破产,1818年再次几乎破产。因此,增税与东西部各省税收协调相结合是需要的(温特—塔菲内恩,1992)。

1819年,普鲁士以葡萄酒生产税的形式引入了所谓的"葡萄酒税"。该税由葡萄酒商支付,基于法国葡萄园分类。每个葡萄园的等级决定了所适用的特定税率,基于1818年和1819年年份葡萄酒的平均价格进行核算。此外,普鲁士还提高了不动产税率,并于1820年实行了"等级税",等级税是现代所得税的前身,即根据个人或家庭的收入和财富征收的税。总的来说,在1818—1821年间,普鲁士莱茵省的人均税收负担增长了50%(温特—塔菲内恩,1992:51)。

1828年,普鲁士和黑森达姆施塔特(莱茵黑森葡萄酒产区所在地)签署了海关关税协议。继之,1829年,普鲁士与巴伐利亚和符腾堡达成协议,一方为普鲁士,另一方为巴伐利亚和符腾堡。在19世纪30年代早期,较小的州也加入进来了。1834年1月1日,德国关税同盟正式成立。这对占德国葡萄种植面积不到15%的普鲁士莱茵省葡萄酒商的意义是发人深省的:他们失去了在普鲁士的垄断地位,不得不与来自温暖地区、低成本气候环境的酿酒商进行竞争,特别是当时来自符腾堡州和巴登州的酿酒商,那时这两个地区是德国最大的葡萄酒产区。事实上,在关税同盟实施之前,从波尔多到汉堡比从莱茵或摩泽尔到柏林几乎无关税的葡萄酒运输成本更低。因此,据说1848年,时任德国总理奥托·冯·俾斯麦(Otto von Bismarck)明确表示,"波尔多的红葡萄酒是德国北部的天然饮料"[巴塞尔满—乔丹,1907;塞尔奇(Thiersch),2008]。

在20年低于平均水平的产酒年份之后,1857年带来了大丰收,接下来出现了更多卓越的葡萄酒产区。更重要的是,在关税同盟内部,铁路网络从1845年的2 000公里发展到1860年的将近12 000公里(温特—塔菲内恩,1992)。这就打开了距离摩泽尔河和莱茵河很远的市场。

除了更好的天气和不断改善的交通条件,葡萄酒产业也受益于一项新技术,即所谓加糖水技术(gallization)。与在葡萄汁中加糖(chaptalization)形成对比的是,加糖水技术是发酵前在葡萄汁中加入糖水,可以提高葡萄酒的品质。

它稀释和降低了成品酒的酸度,提高了酒精含量,并提高了葡萄酒产量。这个名称是这种做法的创始人路德维希·加尔(Ludwig Gall)给出的,他的方法很明确,旨在使酿酒商能够用未成熟的葡萄酿造葡萄酒(加尔,1854)。

1866年普鲁士战胜奥地利帝国后,普鲁士成为德国各州无可争议的领袖,奥托·冯·俾斯麦成为德国首任总理,将"关税同盟"(Zollverein)视为德国统一的工具。1867年,每个成员都享有否决权的独立州之间松散的关税联盟变成了具有多数决策机制的关税联盟。19世纪60年代末是德国自由贸易政策的顶峰时期[拓尔普(Torp),2014]。尽管如此,各成员州仍保有着自己的财政政策,并且几个州如符腾堡州、巴登州和黑森州对葡萄酒消费征收不同的税。总的来说,19世纪50—60年代,关税同盟内的葡萄酒产业蓬勃发展,而且在短期内,甚至葡萄酒出口超过了葡萄酒进口。

从德国统一到第一次世界大战:1871—1918年

1871年,法国在普法战争中战败后,除卢森堡外的关税联盟内所有的州都被统一成为普鲁士领导下的德意志帝国。此外,前法国阿尔萨斯—洛林——一个大的葡萄酒产区——也成为德意志帝国的一部分。但是,在德国和在其他国家,贸易政策再次变成了保护主义的贸易政策。1879年,葡萄酒关税提高了大约50%[巴塞米尔(Bassemir),1930]。

高关税阶段一直持续到1890年,当时,里奥·冯·卡普里维(Leo von Ca-privi)接替了俾斯麦,担任德国总理,并且为工业产品寻找市场。在许多双边条约中,卡普里维削减了德国进口谷物和葡萄酒的关税,以换取国外较低的德国工业产品出口的关税。1891年与意大利签订的双边条约以及1893年与西班牙签订的双边条约将散装葡萄酒出口关税降至每100公斤20马克。此外,一个新的类别,即"混合葡萄酒"被引入市场,其进口每100公斤只征收10马克的进口税。必需品(葡萄汁)的关税降至每100公斤4马克(巴塞米尔,1930)。两次尝试在全国范围内征收葡萄酒消费税,分别于1893年和1908年,由于德国议会的抵制,两次尝试都失败了(塞尔奇,2008)。

尽管保护水平降低了,但德国的葡萄酒产量仍在不断增长。不断完善的铁路网络增进了国内酒商相对于经海路进口的外国葡萄酒的竞争力。但是,在第一次世界大战之前的 25 年里,由于邻国从根瘤蚜虫危机中恢复过来,葡萄酒的价格也随之下降。因此,第一次世界大战结束时,德国葡萄园的面积从约为 9 万公顷下降至 6.9 万公顷(见图 4.1)。

1918 年,德国采取了非常高的进口关税,散装葡萄酒的进口关税高达每千升 600 马克。然而,由于战争和贸易封锁,既然贸易陷入停滞,其相关性就变得微不足道了[穆勒,1913;哈森格(Hassinger),1928;巴塞米尔,1930]。由于缺乏竞争性进口产品,加之强大的德国军方需求,以及极品葡萄酒产区系列产品的推出,与其他产业相比,在第一次世界大战中国内葡萄酒产业较好地存活了下来。考虑到葡萄酒行业利润丰厚的地位以及战后庞大的融资需求,1918 年 7 月,德国议会最终推出征收葡萄酒消费税,无泡葡萄酒消费税为 20%,气泡酒消费税为 30%。这个税种计划于 1923 年 7 月到期或续期。

另一个转折点很少被关注,即在世纪之交之后,(葡萄)生长季节的平均气温开始升高,并且 4 月 15 日之后破坏性的晚霜的天数开始显著减少(斯托齐曼,2005、2017)。

从第一次世界大战到德意志第三帝国:1918—1933 年

第一次世界大战后的经济形势是由 1919 年 6 月《凡尔赛条约》决定的。它规定了德国战争赔款的数额,主要是对法国的赔款,这给新德国带来了巨大的负担。工业出口几乎完全停止,农业部门没有能力生产足够的粮食,进口由于缺乏外汇而受阻,而且 1919 年德国开始出现通货膨胀。当时,德国的葡萄种植面积是历史上 100 年里的最低水平。

德国酿酒商面临着各种压力。全国葡萄酒消费税被续期,甚至 1923—1926 年增加了所有当地饮料消费的地方税(塞尔奇,2008)。加之收入水平低,导致 1910—1925 年国产葡萄酒消费量减少了一半(斯托齐曼,2017)。

其次,第一次世界大战前 20 百万升—25 百万升的德国葡萄酒出口量在战后几乎为零。一定程度上,不仅因为国外反德情绪高涨,也由于英国和瑞典的需求减少,以及由于美国禁酒令(1919—1933 年),失去了其最大的出口市场——美国市场。

第三,尽管德国葡萄酒制造商受到于 1918 年生效的高关税的保护,但是,《凡尔赛条约》规定法国拥有向德国出口一定量(1911—1913 年其葡萄酒出口量的平均水平)的权利,无出口关税,直到 1925 年,并且最惠国待遇的关税税率适用于所有盟国及其盟友。此外,通过法国占领的萨尔地区,大量法国葡萄酒免关税进入德国[施尼策斯(Schnitzius),1964;塞尔奇,2008]。此外,还与西班牙(1923 年)、意大利(1925 年)和法国(1927 年)签署了一系列双边关税协定。结果,葡萄酒进口显著增加,1927 年和 1928 年在数量上德国是世界第二大葡萄酒进口国,仅次于法国,超过瑞士(安德森和皮尼拉,2017)。

德意志第三帝国:1933—1945 年

1933 年希特勒被任命为总理时,他的纳粹党成立了负责所有与农业经济和政治有关问题的政府机构——帝国经济总委员会(RNST)。纳粹党不相信市场,旨在控制所有农产品包括葡萄酒的生产和价格。原所有葡萄酒产业协会都被解散了,或并入帝国经济总委员会[海尔曼(Herrmann),1980;塞尔奇,2008;德克斯,2010;凯尔和施琜恩,2010]。

帝国经济总委员会制定了新的葡萄园种植的法律以及所有分销渠道的相关规定(塞尔奇,2008;德克斯,2010;凯尔和和施琜恩,2010)。最重要的规定之一是 1934 年实施了最低限价,根据详细的成本概算,区分了几个价格类别。酿酒商最初对新规定表示欢迎,因为价格下限被认为高于自由市场价格。然而,1936 年,价格下限变成了不可超越的价格上限。帝国经济总委员会还通过界定最大限度的加价,对葡萄酒分销渠道进行管制。最初规定的最高加价幅度为20%,但是,后来允许有弹性的幅度(塞尔奇,2008)。

随着第二次世界大战的爆发,严格地加强了这些管制,目的是为德国军队提供大量价格便宜的葡萄酒。葡萄酒经纪人和零售商必须将 40%的低品质葡萄酒卖给国防军,价格为每升 1.40 德国马克的固定价格。1943 年,该价格进一步下跌,使得零售商、经纪商和酿酒商的利润所剩无几或没有利润。此外,为了缓解葡萄酒短缺和避免葡萄酒被库存起来,整个葡萄酒生产都要登记,而且在其生产后的 8 个月内出售量至少要达到 80%(海尔曼,1980)。

考虑到纳粹统治下复杂的农产品价格控制体系,不受监管的进口有可能导致严重的问题,因为国内价格经常高于世界市场价格。关税壁垒只能部分地解决这个问题。所以,葡萄酒进口被有计划地监管,类似对谷物市场的监管,所有的进口都要经过一个国有垄断部门,加上一个溢价,然后将进口商品分销给地区中间商。虽然葡萄酒垄断机构成立于 1936 年,但是,它只经营食用油、日用品和鸡蛋,葡萄酒是排除在外的。帝国经济总委员会决定将关税与价格控制结合起来,加之受监管的贸易溢价,这样就足以保护国内生产。

1897—1940 年之间,德国进口葡萄酒的原产国构成发生了重大变化。1910 年以前,法国已经提供了超过一半的德国葡萄酒进口份额,但是,就在第一次世界大战之前,该份额下降到 30%左右,在 20 世纪 20 年代下降到 20%,然后 1940 年降到 3%。这一缺口主要是由意大利填补的,来自意大利的进口数量在进口量中的占比从 1930 年的 10%增长到 1940 年的 40%以上。来自西班牙的进口则更加不稳定。20 世纪 30 年代初,高达 45%的德国葡萄酒进口自西班牙,西班牙内战导致这一比例下降到 10%。20 世纪 30 年代的其他主要进口国是希腊和匈牙利,希腊的进口占比为 6%—20%,匈牙利的进口占比为 4%—14%。

在第二次世界大战期间,进口几乎是 1939 年进口的两倍。大多数葡萄酒是从法国进口的,1944 年从法国进口的葡萄酒占比为 80%(海尔曼,1980)。

与葡萄酒进口相比,德国的葡萄酒出口是微乎其微的。在 1934 年,纳粹政权建立了一个国家操纵的出口机构[葡萄酒出口管理局(Weinausfuhrstelle)],控制了德国葡萄酒出口的质量和数量(塞尔奇,2008)。20 世纪 30 年代,德国葡萄酒出口徘徊在每年 6 百万升左右,从未达到第一次世界大战前约 24 百万升的水平。第二次世界大战爆发后,葡萄酒出口几乎停止。

第二次世界大战后：德国与欧洲共同市场

第二次世界大战后，德意志帝国崩溃和分裂了，德国葡萄栽培处于历史最低点。尽管在第二次世界大战之前，葡萄种植面积就开始下降，但是，在第二次世界大战期间和战后，葡萄种植面积进一步下降了。1939年，有记录的葡萄园面积为7.2万公顷，1947年仅剩下4.95万公顷，不到100年前葡萄园面积的一半。然而，并不是所有葡萄园面积的下降都归因于战争，因为有些葡萄园面积下降是由于1939—1940年的严冬，并且1941—1942年再次出现严冬（海尔曼，1980）。

1945—1949年期间的官方对外葡萄酒贸易数据并不存在。然而，考虑到上述1946年和1947年的平均产量，可以假定盟军没收了一些葡萄酒，并将这些葡萄酒出口到了美国或英国（施尼策斯，1964），并且如同第一次世界大战结束后那样，萨尔地区被法国军队占领，无数量控制的法国葡萄酒进入德国市场。

从货币改革到《罗马条约》：1949—1958年

1948年德国马克（DM）的使用是重振德国对外贸易的一个必要条件。然而，由于收入极低，对进口葡萄酒的需求很少。此外，贸易需要得到占领军机构的批准。

1949年2月，联合进出口代理机构（JIEA）批准了第一批进口葡萄酒，这个机构是英美监管的双边对外贸易机构，位于法兰克福/美因（施尼策斯，1964）。当年，德国只进口了11百万升葡萄酒，价值960万马克。然而，对外国葡萄酒的需求迅速增长，并在1951年进口达到了119百万升。

国内葡萄酒产业再一次确信，如果没有政府的支持，自己在世界市场上则无法生存。因此，从1949年到1958年，德国葡萄酒进口受到一个配额和关税的复杂体系的监管。第一个支柱由特定国家团队构成，针对法国、意大利、西班牙、希腊、南斯拉夫和其他几个较小的葡萄酒出口国。尽管20世纪50年代初最大的份额为意大利所保有，但是法国的份额迅速增长，1956年，几乎达到了意大利、西班牙和希腊加起来的份额一样大。份额在双边贸易协定中加以确定，以消除对国内葡萄酒产业的负面影响,而国内以生产白葡萄酒为主,因此,为红葡萄酒提供了更大的配额(塞尔奇,2008)。除了这些特定国家的配额,还有一个"开放的配额",以"先到先得"的原则提供给任一国家,并且单独为发酵葡萄汁设定配额(威斯,1958)。除了实施进口配额,1949年关税使进口葡萄酒价格水平翻倍(施尼策斯,1964;塞尔奇,2008)。

政府勉强直接提供生产者支持,生产者支持维持小规模,并且主要是为了提高生产力。主要的重点放在防止复发根瘤蚜虫病的支持措施上,以及支持小块土地合并成大块土地以利用规模经济的土地整合。进一步的措施旨在提高葡萄酒的品质、营销能力以及支持葡萄酒合作社(塞尔奇,2008)。

与20世纪50年代进口的快速增长相对应,葡萄酒出口也增加了,尽管要比进口水平低得多。1950—1958年间,出口从第二次世界大战前的2.3百万升增长到9.4百万升,德国葡萄酒的主要进口国是英国和美国。

共同市场的准备阶段:1958—1970年

1958年1月1日,《罗马条约》建立了欧洲经济共同体(EEC),在市场完全开放前提供了一个12年的过渡阶段。对德国葡萄酒产业的主要影响是,在10年内逐步取消保护性进口配额和关税。从1970年开始,不允许国家采取任何保护措施。然而,联邦政府成立稳定基金(Stabilisierungsfonds),由政府与葡萄酒产业共同出资,以促进研究、品质改进和市场营销。该基金还为过剩库存提供贷款,以控制葡萄酒的供给,从而控制市场价格。德国政府还宣布,新的葡萄种植和重新种植需要得到许可,并禁止种植某些品种。

消费和贸易

20世纪50年代,人均葡萄酒消费增速远远超过收入增速,1990年达到顶峰。从那时起开始下降,从大约26升下降到22升。从1968年到1975年,德国和法国轮流成为世界上最大的进口国,但是,自1976年以来,德国一直是全球葡萄酒进口量最大的国家,占全球葡萄酒进口总量的1/5以上(见图4.4)。由于进口中散装葡萄酒的进口比例很高,就进口价值而言,德国只是全球第二大或第三大葡萄酒进口国：自 1985 年以来，英国一直排在德国之前（自 2010 年以来，美国已经超过了英国）。

(a)数量

（百万升）

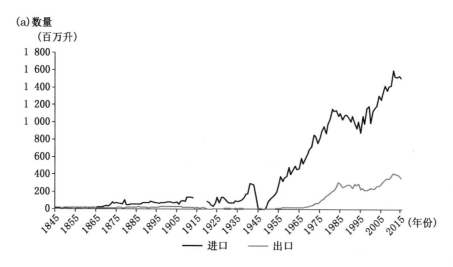

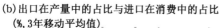

(b)出口在产量中的占比与进口在消费中的占比

（%，3年移动平均值）

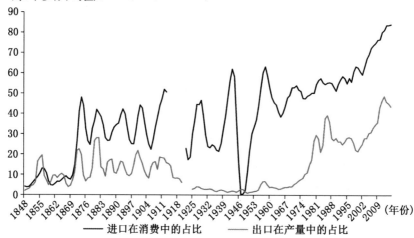

资料来源：安德森和皮尼拉（2017）。

图 4.4　1845—2015 年德国葡萄酒进出口量与贸易倾向

从 1990 年德国统一后到 2015 年，德国葡萄酒进口量增长 43%，并且按照美元现值计算，进口价值增长了 70%。然而，自 2005 年以来，平均进口价格没有上涨,因为越来越多的进口葡萄酒是散装葡萄酒。2000 年,散装葡萄酒在德国进口葡萄酒中所占份额为 37％,为历史最低点,但是,到 2015 年,这一比例已升至 58％,到目前为止,使德国成为世界第一大散装葡萄酒进口国(占 2015 年世界总量的 21％)。

进口国的构成也发生了变化。自 1991 年以来,意大利成为统一后的德国的主要葡萄酒供应商,其间,法国的出口量和出口值几乎减半。值得注意的是,西班牙葡萄酒在德国葡萄酒市场的崛起,从德国 1991 年的进口量占比 5％上升到 2015 年的 26％。

产出增长与产出限制

自 20 世纪 50 年代中期以来,大多数欧洲国家经历了葡萄产量的显著增长。1957 年,德国超过了法国,并且从那时起,德国就一直是欧洲葡萄酒产量最高的国家。过去 20 年,德国的产量一直在 9 吨/公顷以上,比法国和意大利产出率高出 50％。

在 20 世纪 70—80 年代欧盟葡萄酒供给持续过剩的背景下(处于最低价格水平),制定了各种各样的产量规定,主要是法国和意大利。直到 1989 年,德国出台了最高产量规定。这个规定是根据 1970 年欧盟条约的一项条款而制定的,该条款规定了德国有义务到 1990 年限制产量。该条款规定了按地区和葡萄品种划分的每公顷种植面积的葡萄酒的最高产量。超额的数量不能进入市场,既不能酿制成为葡萄酒,也不能做成必需品的果汁,不能蒸馏成为烈性酒或醋。然而,如果这一上限没用足,过量的产出指标可以滚动到下一年度。在德国,人们将这些规定视为惩罚高生产率,所以,一些葡萄酒商干脆坚守自己不具有生产力的地块,不扩大生产用地(霍夫曼,1988;考斯麦琪克和海普,1991)。因此,这就确保了德国平均产出很少超过 10 吨/公顷,甚至在随后的几十年里,产出率略有下降。

寻求盈利能力的区域转换

在过去的 200 年里,葡萄栽培和酿酒已经显示出在德国国内显著的地区变化。1842年,绝大部分德国葡萄园位于南部,特别是在符腾堡州和巴登州(见表4.1)。北部地区如摩泽尔、纳赫和莱茵高感受到南方可想而知的更高生产力的威胁。然而,德国的葡萄园区没有向南迁移,而是向西北迁移,因为南方的产量问题很严峻,就像特奥多尔·豪斯(Theordor Heuss)在博士论文里写的那样,符腾堡葡萄栽培无利可图(豪斯,1906)。[1]

表4.1   1842年、1920年和2015年德国不同区域葡萄园面积与产出

单位:公顷,吨/公顷

	1842年		1920年		2015年	
	面积	产出	面积	产出	面积	产出
符腾堡	27 053	0.8	10 897	1.5	11 118	9.7
巴登	20 243	2.3	12 675	3.0	15 478	7.5
弗兰肯	14 887	1.8	3 600	3.0	6 013	6.9
巴列丁奈特	13 231	2.7	14 968	4.8	22 978	9.9
莱茵黑森	9 996	3.6	13 604	3.5	25 753	9.7
摩泽尔—萨尔	8 763	2.2	8 008	5.1	8 488	8.9
中部莱茵	4 581	1.6	2 014	2.5	439	6.4
莱茵高	4 003	1.7	2 314	2.2	3 109	6.5
纳赫	2 362	2.5	2 671	2.2	4 105	7.6
阿尔	1 293	1.5	608	4.0	548	7.2

资料来源:鲁宾(1845)、迪特里奇(1848)、帝国统计局(1922)、德国粮食与农业部(2016a)。

到1920年,符腾堡州失去了60%的葡萄种植面积,并且仍然处在德国产出排名垫底的位置。相比之下,受高产出率和盈利能力驱动,在过去170年里,莱茵黑森的葡萄园面积几乎增加了3倍。这种对更高产出率和利润的追求刺激了区域替代过程,提高了整体生产力。与普遍的信念形成鲜明对比的是,处在德国南部温暖气候条件下的葡萄园表现出来的生产率低于平均水平。如表4.2所示,2010—2015年,每公顷土地的最高利润是在摩泽尔地区。摩泽尔地区葡萄园每公顷的收益为6 300欧元,相关变动系数(即上下变动)为12%。相比之下,符腾堡州的葡萄园产出收益只有2 600欧元,超过两倍的变数。

---

[1] 1949年,豪斯成为新成立的联邦共和国(西德)的首任总统。

表 4. 2　　　　　　　2010—2015 年德国葡萄种植区每公顷的利润水平

单位:当期欧元/公顷

年份\区域	2010	2011	2012	2013	2014	2015	2010—2015	变动系数(%)
摩泽尔	4 708	5 662	6 775	6 159	6 337	6 696	6 326	12
莱茵黑森	2 678	2 583	2 538	3 097	2 934	3 087	2 848	9
巴列丁奈特	3 197	3 912	4 260	4 696	3 966	4 550	4 277	13
符腾堡	2 775	1 707	2 531	3 102	2 044	3 522	2 581	26
弗兰肯	4 380	3 849	4 132	4 064	4 773	4 905	4 345	10
总计	3 115	3 232	3 651	3 938	3 442	4 033	3 659	10

资料来源:德国粮食与农业部(2016a)。

种植权

1976 年,欧盟出台了种植权法案,除非种植者获得许可,否则不得种植新葡萄园(戴克宁科和斯文内恩,2014)。尽管种植权法案的目的是限制供给和稳定价格,但是,仍然存在几个问题。

首先,法案的执法从一开始就是一个大问题,一些葡萄酒生产国的葡萄酒商一再无视种植权(梅洛尼和斯文内恩,2016)。例如,在 2000 年,欧盟发现了 120 500 公顷非法种植的葡萄园,面积超过德国和阿尔萨斯加在一起的总种植面积。绝大多数非法种植被发现于西班牙(55 088 公顷)、意大利(52 604 公顷)和希腊(12 268 公顷,也就是说,1/6 的希腊葡萄园是非法种植的)。欧盟使它们合法化,溯及几乎所有不合规种植的葡萄园(欧盟委员会,2007;阿森菲尔特和斯托齐曼,2016)。

其次,葡萄园种植权被分配给拥有葡萄园的公司和国家,这样就给了那些葡萄园主垄断租金。葡萄园种植权的跨国交易不被允许。欧盟委员会认识到这一问题,并计划于 2015 年实现葡萄园种植自由化,但是,由于游说集团的压力,这种放松管制的情况并没有发生。当前的政策是一种妥协,允许每个国家扩大自己的葡萄园面积,可以扩大 2015 年面积的 1%。这条规定计划实施到 2030 年,这意味着,如果种植权额度用尽了,在产量较低的地区就会发生绝对规模最大的葡萄园扩张。此外,为了应对这样的形势恶化,并应对来自德国葡萄酒产业的游说压力,德国选择了保持在 1% 以下,并自愿承诺仅为 0.3%。按照德国政府向欧盟委员会的致函，这一出人意料的举动的理由是，德国葡萄酒供给量的增加将压低生产者价格，从而降低德国葡萄酒商的收入（德国粮食与农业部，2016b）。显然，德国政府并不认为进口葡萄酒是德国葡萄酒市场价格相关的葡萄酒。2016 年，欧盟批准的新种植面积为 17 156 公顷，其中，只有 308公顷配给了德国［欧盟委员会，2016；葡萄酒圈子（Wine-Inside），2016］。[1] 因此，为了寻求更高的生产力，葡萄园区域转移将是困难的。

奥地利

在过去的两个多世纪里，与德国相比，奥地利的边界发生了更大的变化。奥地利的领土损失发生在第一次世界大战之后，比 1945 年后的德国更加显著（斯托齐曼，2017）。第一次世界大战以前，奥匈帝国的领土面积为 676 600 平方公里，是欧洲第二大国家（仅次于俄罗斯），并且是人口数量排名第三的国家（仅次于德国和俄罗斯）。1918 年，奥地利失去了将近 90% 的领土，当我们审视葡萄栽培区域时，损失就更加严重。1918 年，德国失去了 1/4 的葡萄园区（阿尔萨斯—洛林），而在第一次世界大战后，奥地利失去的葡萄园面积超过 95%。

基于历史线索，我们大致可以区分出 4 个不同的奥地利国家：奥地利帝国（1804—1867 年）、奥匈帝国（1867—1918 年）、第一共和国（1918—1938 年）、第二共和国（1955 年至今）。在过渡时期（1938—1955 年），奥地利被德国吞并（1938—1945 年），然后被盟军占领（1945—1955 年）。

奥地利帝国和奥匈帝国：1804—1918 年

奥地利帝国（1804—1867 年）是一个由奥地利皇帝统治的多民族国家。1867 年，《奥匈妥协》（协定）提高匈牙利的地位，匈牙利从帝国分离出来，成为一

---

〔1〕 后来，德国甚至归还了 45 公顷的土地，只使用了 263 公顷。

个独立的实体,两者联合起来成为奥地利—匈牙利(1867—1918 年)的双重君主政体。帝国的内莱塔尼亚(奥地利)和外莱塔尼亚(匈牙利)地区由独立的议会和首相统治。[1]

尽管奥地利和匈牙利使用同一种货币,但是,在财政上两国各自具有主权,并且是独立实体。今天的奥地利在一定程度上与 19 世纪奥地利核心国相同,由下奥地利(包括维也纳)、斯蒂里亚、卡林西亚、(北部)蒂罗尔、沃拉尔伯格、上奥地利和萨尔斯堡构成。只有前 4 个州有专业葡萄园。19 世纪的奥地利核心国并不完全等同于今天的奥地利,原因有三个。首先,伯根兰是现在奥地利的一个主要葡萄酒产区,曾经是匈牙利的德语区,并且从来都不是内莱塔尼亚的一部分(也就是说,成为奥匈帝国的奥地利的一部分)。1922 年并入奥地利。其次,斯蒂里亚也是一个葡萄酒生产州,原来是奥地利的核心,第一次世界大战后被分割,大约 2/3 的领土归属斯洛文尼亚。第三,第一次世界大战后,蒂罗尔被分割了,该州的葡萄酒产区——南蒂罗尔——完全归属意大利。

生产

表 4.3 报告了 1842—2015 年奥地利葡萄酒生产的一些趋势,这里,奥地利仅指内莱塔尼亚的各州。第一行显示现今国界下奥地利的所有数据,即下奥地利、斯蒂里亚的一小部分、卡林西亚、沃拉尔伯格、北蒂罗尔和伯根兰。今天奥地利的葡萄种植面积从 1842 年的 54 000 公顷稳步下降到 1950 年的不足35 000 公顷。葡萄园面积达到了有史以来的最低点,第一次世界大战结束后直接降到 25 000 公顷(安德森和皮尼拉,2017)。绝大部分的发展变化是由下奥地利地区驱动的,下奥地利是奥地利的主要葡萄种植地区。

表 4.3 还报告了产量。与德国摩泽尔谷地或瑞士的 19 世纪产量相比(见表4.1 和本章后面的表 4.7),奥地利的产出低得惊人。此外,奥地利帝国各州间的产量差别很大,霉病和根瘤蚜虫病的出现只是从一定程度上解释了其中的原因。

---

〔1〕 拉丁名称内莱塔尼亚(Cisleithania)和外莱塔尼亚(Transleithania)源于一条莱塔河(Leitha River),即多瑙河的一条支流,形成了首都在维也纳的奥地利帝国与首都在布达佩斯的匈牙利王国之间的历史边界。

表 4.3

1842—2015 年奥地利葡萄园区面积与产出

	葡萄种植面积（公顷）						产出（吨/公顷）		红葡萄酒占总产出的百分比（%）	
	1842 年	1875 年	1890 年	1913 年	1950 年	2015 年	1890—1913 年	2000—2015 年	1890 年	2015 年
奥地利（当今国境）	53 987^c	50 566	48 741	42 430	34 682	43 611	2.1	5.4	2	35
下奥地利（包括维也纳）	46 215	39 911	39 713	35 053	23 802	26 876	2.2	5.4	2	25
斯蒂里亚	31 446	32 668	34 056	26 660	2 616	4 546	1.7	5.1	9	24
卡林西亚	n.a.	53	54	22	7^a	167^a	0.3	3.3	8^a	40^a
沃拉尔伯格	n.a.	249	244	63	n.a.	n.a.	1.2	n.a.	0	n.a.
北蒂罗尔	n.a.	267	262	0	n.a.	n.a.	1.8	n.a.	25	n.a.
伯根兰	n.a.	n.a.	n.a.	n.a.	8 518	11 585	n.a.	5.3	n.a.	58
南蒂罗尔	22 898	5 416	16 678	27 038			3.1		82	
卡尼奥拉	9 682	9 644	11 631	9 799			1.4		0	
奥地利托里尔	15 038	27 161	46 700	38 106			1.2		74	
根茨^b		9 568	9 882	9 936			1.6		65	
特利斯特		1 027	1 087	582			1.1		61	
伊斯特里亚	64 444	16 566	35 731	27 588			1.1		77	
达尔马提亚		67 743	72 256	70 701			1.4		94	
波黑米亚	2 573	771	861	495			1.2		42	
摩拉维亚	29 805	15 474	12 134	10 644			1.4		13	

a. 包括沃拉尔伯格和北蒂罗尔。

b. 根据和格拉迪斯卡。在布科维纳地区（面积在 30 公顷—70 公顷）生长的葡萄不被用于酿制葡萄酒。

c. 数据是 1854 年的数据。奥地利帝国还包括一些重要的葡萄园产区：匈牙利（644 706 公顷），特兰西瓦尼亚（Transylvania）（58 676 公顷）以及军事前沿区（27 112 公顷）。1867 年，所有这些区域都在"莱塔河外"（Transleithanian）统治下。另外，直到 1866 年独立时，奥地利帝国包括伦巴第—威尼西亚王国，其中，伦巴第拥有 76 793 公顷，威尼西亚拥有 96 881 公顷。

资料来源：安德森和皮拉（2017），奥地利农耕部（历年），奥地利政府统计指南（1828—1871），沃尔法特（不详），奥地利统计局（历年）。

注释：表中 n.a. 表示数据不可得。

1872年,奥地利的根瘤蚜虫病在维也纳附近首先出现,并迅速蔓延。1874年,农业部(K. K. Ackerbauministerium)开始发布根瘤蚜虫病报告。最初的报告发布是不定期的,但是,从1892年开始,每年的报告都提供了虫害的详细情况,具体到乡村层面。根据1898—1899年的报告,(不同区域的)感染率差别很大:摩拉维亚(13%)、达尔马提亚(17%)、斯蒂里亚(45%)、根茨和格拉迪斯卡(47%)、下奥地利(56%)、伊斯特里亚(61%)、卡尼奥拉(91%)和特利斯特(100%)。

此外,从1842年开始的产量数据,即欧洲霉病和根瘤蚜虫病发生前的产量数据,表明达尔马提亚总是落后的。官方统计(奥地利政府统计指南,1842)报告的产量如下:匈牙利为2.3吨/公顷,下奥地利为2.2吨/公顷,蒂罗尔为2.0吨/公顷,军事前沿地区为1.8吨/公顷,伦巴第为1.8吨/公顷(1854年),波黑米亚为1.6吨/公顷,特兰西瓦尼亚为1.5吨/公顷,摩拉维亚为1.4吨/公顷,威尼西亚为1.4吨/公顷(1854年),而达尔马提亚只有1.0吨/公顷。因此,除特利斯特之外,根瘤蚜虫病不足以解释奥地利各州间产量的差异,而气候和地理的变量可能显现出更强的解释力。

除了低产量,达尔马提亚每吨葡萄酒的价格也是最低的。根据马赫(Mach,1899a、1899b)提供的数据,如表4.4所示,达尔马提亚葡萄酒的价格是所有奥地利各州中最低的,而来自摩拉维亚和波黑米亚的葡萄酒价格最高。

表4.4 　　　　　　　　　　　1840—1860年奥地利葡萄酒的价格 　　　　　单位:基尔德/千升

地区＼年份	1840	1850	1855	1860
下奥地利	200	81	141	308
斯蒂里亚	141	163	230	332
卡林西亚与卡尼奥拉	156	177	226	403
奥地利利托里尔	67	78	219	361
蒂罗尔	128	138	276	495
波黑米亚	495	318	587	714
摩拉维亚	135	213	226	484
达尔马提亚	18	32	124	269

资料来源:作者根据马赫(1899b)的数据计算得出。

消费和贸易

奥地利不是一个统一的、没有关税的市场,并且贸易也不景气。直到 1850
年,奥地利和匈牙利之间的边境关税才得以消除,此时是德国成立"关税同盟"
(Zollverein)的 16 年之后。最终,达尔马提亚和伊斯特里亚于 1880 年加入关税
同盟(马赫,1899b)。

表 4.5 报告了从 1842 年到 2015 年奥地利的收入、消费和贸易数据,以及
可以用来比较的德国数据。注意,人口、收入和消费数据指的是当前国界下的
奥地利数据,而 1842 年和 1890 年的贸易数据指的是奥地利关税同盟的数据,
1890 年奥地利关税同盟的范围比 1842 年和 1918 年之后的范围更大。

1890 年,奥地利的人均葡萄酒消费量约为 15 升,是德国人均消费量的 3
倍,德国人均消费量为 5 升(哈普,1901)。然而,与法国(92 升)和意大利(90
升)相比,奥地利葡萄酒消费显得微不足道。当我们将奥地利与英国和德国这
样的啤酒消费国家比较时,啤酒消费亦是如此。1890 年,与英国人均 135 升、德
国人均 104 升的啤酒消费量相比,奥地利人均 33 升的啤酒消费量是微不足道
的。

表 4.5　　　　　1842—2015 年德国和奥地利葡萄酒生产、消费与贸易

	1842 年	1890 年	1937 年	1950 年	1970 年	1990 年	2015 年
奥地利							
人口(百万)	4	5	7	7	8	7	9
人均收入[a]	1 515[b]	1 624	1 808	3 706	9 747	16 895	24 753
葡萄酒产量(百万升)	114	114	85	129	310	317	230
葡萄酒消费(升/人)		15[c]	21[d]	15	33	33	31
啤酒消费(升/人)		33[c]	33[d]	41	109	135	120
葡萄酒出口(百万升)	12	68[e]	76	12	5.0	13	49
葡萄酒进口(百万升)	23	4	6	5	23	24.3	74
德国							
人口(百万)		48	68	69	78	80	82
人均收入[a]		2 430	4 685	3 880	10 840	15 930	22 045

续表

	1842 年	1890 年	1937 年	1950 年	1970 年	1990 年	2015 年
葡萄酒产量(百万升)	204	205	252	324	989	1 017	887
葡萄酒消费(升/人)			5	6	16	26	22
啤酒消费(升/人)		105	60	n. a.	155	158	113
葡萄酒出口(百万升)		19	8	4	35	278	369
葡萄酒进口(百万升)		74	107	86	688	1 008	1 540

a. 按照 1990 年国际吉尔里—哈米斯元(Geary-Khamis dollars)计算的人均 GDP。

b. 1840 年。

c. 哈普(Hoppe,1901)。

d. 帝国统计局(1938)。

e. 不在奥地利关税同盟之内的奥地利帝国的区域(主要是达尔马提亚、奥地利利托里尔、伦巴第—威尼西亚以及匈牙利)1861 年的数据(马赫,1899b)。

资料来源:安德森和皮尼拉(2017)、沃尔法特(不详)。

注释:表中 n. a. 表示数据不可得。

表 4.5 表明,在 1842—1890 年期间,奥地利的葡萄酒贸易发生了重大变化。1842 年,奥地利是葡萄酒净进口国,进口量为 23 百万升,此后再没有达到这个数量,直到 1990 年。然而,尽管从 1842 年到 1890 年进口大幅下降,但是出口却增长了 5 倍,达到 68 百万升。由于所有贸易数据都是奥地利关税同盟地区的数据,在很大程度上,(进出口)两方面受到的影响主要是由于奥地利关税同盟的扩张。[1] 例如,从 1880 年起,来自达尔马提亚的进口被视为国内的货物运输,那时,达尔马提亚加入了关税联盟,从而导致有记录的进口下降。同时,从 1880 年开始,从达尔马提亚向俄罗斯或土耳其的出口被认为是奥地利的出口,导致了出口数据的增长。除了这些技术细节,葡萄酒贸易从铁路网络迅速发展(马赫,1899a)和整个欧洲的自由贸易环境中普遍受益,直到 19 世纪 70 年代末。奥地利可以增加对其主要出口市场即德国关税同盟的葡萄酒出口。马赫(1899b)的报告指出,即使在 1850 年奥地利和匈牙利之间的关税同盟建立之后,奥地利对德国的葡萄酒出口稳步增长,从 1860 年的 24 百万升增加到

[1] 有关奥地利关税同盟及其发展与经济影响的详情,参阅考姆拉斯(Komlos,1983)。

1869 年的近 60 百万升。1866 年的奥地利—普鲁士战争只是短暂地中断了这一发展进程。然而,普鲁士对奥地利的胜利导致了权力的转移,在德意志联邦内部由奥地利的霸权转向了普鲁士的霸权。这也加速了经济一体化和最终德意志各邦的统一,奥地利被排除在外。

许多当代作家仍然希望,虽然奥地利—匈牙利帝国并非 1871 年新建立的德意志帝国的一部分,它可以加入德国关税同盟[鲁贝克(Hlubek),1864;布罗米勒(Braumuller),1865]。事实上,一个由奥地利政府任命的葡萄酒委员会建议德国和奥匈帝国之间相互取消所有葡萄酒关税(奥地利农业部,1873)。然而,奥地利加入德国关税联盟的计划没能实现。

1889 年,奥匈帝国的葡萄酒出口达到了 103 百万升的峰值,从此以后,这个数量再也没有达到过。仅仅在几年后,奥匈帝国的出口仅有 20 百万升,并保持在这个水平上。1892 年,奥匈帝国葡萄酒进口开始急剧上升,从 1891 年的 5 百万升上升到 1892 年的 55 百万升,1898 年达到 154 百万升。在之后的 20 年里,它占了全球葡萄酒进口量的 1/10(见图 4.5),于是,奥地利从葡萄酒净出口国转变为净进口国。从那以后,除了 1950 年、1978—1985 年和 2002—2005 年外,奥地利进口葡萄酒(大部分来自意大利)超过了出口。

奥地利第一共和国与第二次世界大战期间:1919—1945 年

第一次世界大战后,奥地利成为一个共和国,其领土被缩减到由今天奥地利的核心州构成。与 1918 年的奥匈帝国相比,新成立的第一共和国是现在的内陆国,它失去了所有非德语省份以及包括南蒂罗尔在内的一些德语省份,归属于周边国家。然而,在 1922 年,奥地利获得了主要讲德语的伯根兰(除了它的首都索普朗),伯根兰曾经是在西匈牙利的名义下的,曾是匈牙利王国的一部分。伯根兰成为奥地利的大规模葡萄酒产区,并在 2015 年占到奥地利葡萄园面积的 1/4(见表 4.3)。

第一次世界大战后,奥地利的经济几乎崩溃,因为邻国(捷克斯洛伐克、匈牙利、南斯拉夫和意大利)实施贸易封锁,拒绝向奥地利出售食品和能源。像德国那样,奥地利也经历了 1922 年货币迅速贬值,尽管贬值程度比德国低一些,但是,这严重影响了进口。葡萄酒贸易几乎完全停顿,直到 20 世纪 50 年代中期才得以恢复(见图 4.5)。与此同时,葡萄酒的消费量被课以高税收:1922 年,葡萄酒税收占所有消费税收的 49%,并且占奥地利全部税收的 14%(奥地利中央统计局,1924)。

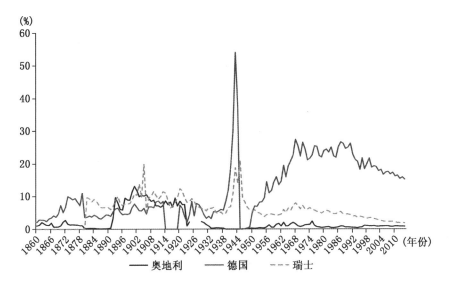

图 4.5　1860—2014 年奥地利、德国、瑞士分别在世界葡萄酒进口中所占份额

　　贸易的缺乏被日益扩大的国内葡萄园面积所弥补。1922—1930 年,奥地利葡萄园从 25 000 公顷增加到 35 000 公顷(安德森和皮尼拉,2017)。此外,由于新技术,特别是冷过滤技术,使得即使是小酒厂也能装瓶自己的葡萄酒,20 世纪 20 年代瓶装葡萄酒的份额大幅增加。这一发展也促进了优质葡萄酒的生产[博斯特曼(Postmann),2010]。但是,即使扩大葡萄园面积和提高质量,也不可能复活奥地利葡萄酒出口,20 世纪 30 年代出口平均水平仅为 19 世纪 80 年代出口量的一小部分。

　　1938 年 3 月,奥地利被德国吞并,1939 年成为德国的奥斯特马克省(Ost-mark)。从 1940 年 2 月到 1945 年 8 月,德国的葡萄酒法适用于奥地利和整个德国,德国整个葡萄酒产业处于德国农业委员会的监管之下,德国农业委员会确定最高限价,并规定需要留给军需的葡萄酒数量,正如前面关于德国所讨论的。

第二次世界大战后与奥地利第二共和国时期:1946年至今

第二次世界大战后,奥地利被同盟军占领并被分为4个区。葡萄种植区域下奥地利、维也纳和伯根兰都在苏联控制下,而斯蒂里亚处于英国控制之下。1955年奥地利独立时,第二共和国宣布成立。

收入和消费

接下来几十年的特点是适度的人口增长(每年0.3%的增长率)和大于10倍的实际人均收入增长率(见表4.5)。因此,在1950—2015年间,人均葡萄酒消费量翻了一番还要多,达到人均31升。与此同时,人均啤酒消费量几乎翻了3倍,达到人均120升。然而,大约在1990年,人均葡萄酒和啤酒消费量都已达到峰值,从那以后略有下降,而自20世纪70年代以来,人均烈酒消费量一直稳定,每年人均消费量在1.5升左右(安德森和皮尼拉,2017)。

生产

对奥地利葡萄酒产业来说,第二次世界大战以来的历史时期一直是积极向上的。如表4.3和表4.5所示,(葡萄种植)面积、生产力和产量全面增加了。在各葡萄种植区,葡萄园面积增长了。而面积较小的斯蒂里亚和伯根兰呈现出最大的收益。伯根兰是奥地利第二大葡萄产区,经历了最严重的起伏过程。1923年,在它成为奥地利共和国一部分的1年后,伯根兰只有3 800公顷葡萄园。自那时起,特别是在20世纪70年代,它的葡萄园面积不断增长,在1982年达到21 000多公顷的峰值。然而,从奥地利于1995年加入欧盟之前的几年开始,伯根兰的葡萄园面积一直稳步下降,2015年降至11 500公顷。

奥地利的平均产量从1890—1913年的2.1吨/公顷增长到2000—2015年的5.4吨/公顷,但是,生产率水平仍然低于德国(9吨/公顷)以及法国和意大利

（6 吨/公顷）。奥地利也经历了从白葡萄酒向红葡萄酒的转变。1890 年红酒的份额只有 2％,现在超过 1/3(见表 4.3)。

贸易

第二次世界大战后,葡萄酒贸易也出现了强劲增长(见图 4.6)。出口和进口都增长到超过了第一次世界大战前的水平,尽管当时奥地利比现在大得多。然而,增长率远不是一成不变的。

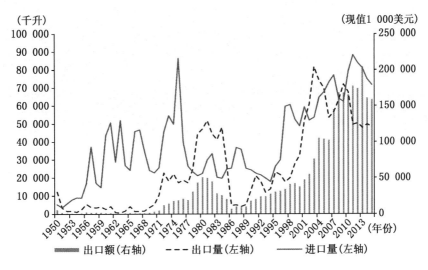

资料来源:安德森和皮尼拉(2017)。

图 4.6　1950—2015 年奥地利葡萄酒进口和出口

首先,葡萄酒进口迅速增长,从第二次世界大战后几乎为零的水平增长到 1960 年的 44 百万升。然而,从那时起直到 1995 年奥地利加入欧盟,每年的进口只是在 20 百万升—40 百万升之间波动。1995 年之后,又一个增长时期开始了,从 1994 年到 1998 年,葡萄酒进口增长了 3 倍,并在新世纪进一步上升。

从 20 世纪 60 年代末到 80 年代中期,出口也出现了增长,但是,1985 年的一场葡萄酒乙二醇丑闻使增长戛然而止,当时,奥地利酿酒厂被发现在葡萄酒中掺入二甘醇[1],这是一种用作防冻剂的(无害的)物质。1985 年 7 月 9 日德国禁止销售所有奥地利葡萄酒之后,禁止销售奥地利葡萄酒的浪潮在全球范围内随之而来[布鲁德斯(Brueders),1999;博斯特曼,2010]。奥地利葡萄酒出口在 1984 年超过 48 百万升,1986 年下降了 90%,1987 年和 1988 年下降更甚。直到新世纪,也就是丑闻发生 16 年后,仍未达到丑闻发生前的出口水平。直到那时,葡萄酒产业提高了产品质量,随后,改进了其出口促进部门。因此,从 1990 年到 2015 年,其出口的单位价值几乎增加了 3 倍(安德森和皮尼拉,2017)。

公共支持政策

根据欧盟委员会农会数据网(2017)2014 年的数据,奥地利葡萄园处在欧洲最不赚钱的葡萄园之列,尽管奥地利政府在很多方面支持葡萄酒产业。1965年,对下奥地利和伯根兰的酿酒商实施限制种植政策。1966 年,奥地利政府建立了葡萄酒经济发展基金(Weinwirtschaftsfonds),这是一家政府的葡萄酒营销机构。像欧盟其他国家一样,奥地利联邦农林部也开始干预葡萄酒市场,并从 1969 年起,购买葡萄酒用于储存、出口和蒸馏的目的(沃尔法特,不详)。1969年开始,葡萄酒经济发展基金对过量葡萄酒的存储发放贷款补贴。1970 年,葡萄酒经济发展基金为过量的葡萄酒提供直接补贴。该措施最初被视为一次性干预,但是,类似的直接支付从 1977 年开始,每年都在增加。在 20 世纪 80 年代初,支持系统变得更加复杂,加上了其他措施,比如出口支持(主要是向东部德国的出口)、蒸馏和醋补贴以及重新种植和投资奖励(沃尔法特,不详)。

1995 年,奥地利加入欧盟,在欧盟委员会体制下葡萄酒产业大多数政策支持无效了(梅洛尼和斯文内恩,2013)。显然,奥地利的葡萄酒产业没有提高竞争力,仍严重依赖公共支持。2012 年,在欧盟内部,奥地利葡萄酒生产商每公顷面积获得的支持最多,是欧盟平均水平的 3 倍多(安德森和杰森,2016)。在奥

---

[1] 从 1978 年到 1985 年,超过 340 吨乙二醇被掺入至少 26 百万升葡萄酒。共有 325 人被起诉,15 人被判入狱长达 5 年(博斯特曼,2010)。

地利国内,大部分补贴流向了斯蒂里亚和伯根兰。根据奥地利财政部 2003 年的数据,斯蒂里亚的葡萄酒生产商每公顷得到的支持最高(382 欧元/公顷),而维也纳(74 欧元/公顷)和下奥地利(161 欧元/公顷)获得最低支持(哈姆龙和斯普林格勒,2007)。正如欧盟各国几十年来的做法,公共政策支持维持无利可图地区的葡萄酒生产,并阻碍了结构调整和区域转换。

瑞　士

与德国和奥地利不同,几个世纪以来,瑞士一直保持着领土完整,自 1815 年以来,国界一直是现在的国界。目前,大多数瑞士葡萄酒是在瑞士的西部和南部生产的,位于法语区日内瓦、纳沙泰尔、瓦莱和沃特等州,以及意大利语区提契诺。然而,直到 19 世纪晚期,大多数瑞士葡萄园位于北部的德语州,特别是在苏黎世、阿尔高和图尔高(见表 4.6)。

表 4.6　　　　　　　　**1877—2015 年瑞士葡萄园种植面积**　　　　　　单位:公顷

	1877 年	1910 年	1930 年	1960 年	2015 年
讲德语的州:	13 545	7 818	2 279	1 533	2 620
苏黎世	5 279	3 236	914	417	607
阿尔高和图尔高	4 286	2 213	475	363	642
讲法语的州:	11 190	11 957	8 604	8 839	11 046
沃特	6 570	6 003	3 645	3 410	3 771
瓦莱	1 140	2 897	3 160	3 615	4 906
意大利语与罗曼什语区	7 970	4 880	1 800	1 679	1 127
瑞士全国总计	**32 705**	**24 655**	**12 683**	**12 051**	**14 793**

资料来源:布鲁格(1968)、斯拉格(1973)、联邦经济建设研究部(2016)。

如今,瑞士 3/5 的葡萄园种植红葡萄品种,但是,红葡萄品种的主导地位确立相对较晚。20 世纪 90 年代末之前,种植的绝大多数品种是白葡萄。

　　像德国一样,1789 年法国大革命之后,瑞士的葡萄酒产量也大幅增长。瑞士早期的工业化以及由此带来的收入增长,带动了国内葡萄酒消费的增长。同样,接壤的德国南部州的收入也在增长,尤其是符腾堡州和巴登州,这特别有益于瑞士北部的图尔高州和阿尔高州的出口。只是在 1828 年德国南部关税同盟成立后,瑞士的葡萄酒制造商面临着越来越多的关税壁垒。这样,就特别影响图尔高州的出口。然而,国内需求增长远远抵消了这些损失。

　　1850—1880 年间,瑞士葡萄种植迅速增长并繁荣起来。夏维科尔(Schauwecker,1913)报告称,从 1850 年到 1870 年,葡萄酒价格飙升。从 1790 年到 1850 年每 10 年的平均价格是相对稳定的。接下来的 20 年里,在沙夫豪森,价格上涨了 50%,在日内瓦价格上涨约 85%。因此,葡萄种植面积显著扩张,主要是以牺牲牧场为代价。虽然瑞士整体的可靠数据只能从 1891 年开始可以得到,但是,苏黎世的数据显示,其葡萄园面积从 1851 年的 4 150 公顷增加到了 1881 年的 5 590 公顷,并且沃特、日内瓦和沙夫豪森也有类似的增长(夏维科尔,1913;施莱格尔,1973)。大约在 1880 年,瑞士的葡萄园总面积约为 36 000 公顷,这是一个再也没有达到的水平;在 1877—1910 年之间,它已经下降了 1/4,并且到 1930 年又减少了一半(见表 4.6)。只是自 20 世纪 70 年代以来,瑞士葡萄园区开始逐步复苏,已适度增长至约 15 000 公顷。

　　与这些整体变化相关联,葡萄园的大片区域已迁往西部,特别是迁入瓦莱(见表 4.6),而其他地区都出现了葡萄种植区域的损失。例如,苏黎世的葡萄园面积由 1881 年的 5 586 公顷缩减至 1960 年的 417 公顷。瑞士东部大部分地区失去了大约 90% 的葡萄种植园,但是,意大利语和罗曼什语地区的葡萄园面积也下降了,甚至位于瑞士西部的沃特葡萄园面积也下降了一半。相比之下,瓦莱葡萄种植面积增长迅速,从 1877 年的 1 140 公顷增加到现在的近 5 000 公顷。瓦莱是唯一一个葡萄园种植兴旺的州,现在瑞士葡萄的 1/3 都在这里。

　　产量进而盈利能力诱发了向西部各州的区域转移。如表 4.7 所示,瓦莱和沃特的葡萄园每公顷的产出和收益几乎总是明显高于苏黎世和提契诺。在 19 世纪早期,瓦莱葡萄园每公顷的收入是苏黎世的 4 倍,现在瓦莱和苏黎世之间的差距超过了 10 倍。

表 4.7　　　　　　1900—2015 年瑞士葡萄酒产量、产出率和产出价值

	1900 年	1920 年	1950 年	1965 年	1980 年	2015 年
	葡萄酒产量（千升）					
苏黎世	28 123	3 591	4 797	1 803	2 221	3 244
沃特	77 032	17 090	26 421	25 349	19 857	21 803
瓦莱	24 573	18 960	11 453	41 727	37 397	32 784
提契诺	10 269	4 805	8 399	6 311	4 013	4 403
瑞士全国	**210 325**	**60 554**	**72 030**	**96 559**	**84 196**	**85 045**
	产出率（千升/公顷）					
苏黎世	5.86	2.09	6.92	4.62	4.74	5.35
沃特	11.64	3.81	7.16	7.88	5.69	5.78
瓦莱	9.18	6.00	3.37	10.61	7.05	6.68
提契诺	1.29	0.98	4.68	5.46	4.85	4.01
瑞士全国	**6.91**	**3.28**	**5.53**	**8.15**	**6.19**	**5.75**
	产出价值（1 000 瑞士法郎）					
苏黎世	6 368	5 298	5 055	3 328	8 681	—
沃特	21 249	24 874	30 121	41 851	71 471	—
瓦莱	6 078	23 172	14 797	69 138	167 700	—
提契诺	1 457	2 973	7 007	8 944	14 189	—
瑞士全国	**52 070**	**80 630**	**79 690**	**153 693**	**338 764**	**—**
	每公顷产出价值（1 000 瑞士法郎/公顷）					
苏黎世	1.33	3.09	7.30	8.52	18.53	—
沃特	3.21	5.55	8.16	13.01	20.47	—
瓦莱	2.27	7.33	4.35	17.58	31.63	—
提契诺	0.18	0.61	3.90	7.74	17.15	—
瑞士全国	**1.71**	**4.37**	**6.11**	**12.97**	**24.90**	**—**

资料来源：联邦统计局（各卷）。

19 世纪末导致瑞士葡萄酒产业衰落的主要因素是产量下降、高于竞争对手的生产成本以及来自进口葡萄酒日益激烈的竞争［夏维科尔，1913；曹格（Zaugg），1924；威尔第（Welti），1940；施莱格尔，1973］。

首先，19 世纪 70 年代经历了一系列葡萄酒酿造出色表现之后，与欧洲其他

地方一样,天气状况不利于葡萄生长,瑞士的葡萄园受到各种病虫害的影响,尤其是在随后的几十年受到霜霉病的影响。结果,每公顷产量下降了超过一半(斯托齐曼,2017)。

其次,与许多邻国不同的是,瑞士的葡萄园大多数是小型的,并且是家庭所有和管理的。此外,大多数葡萄园位于陡峭的斜坡上,需要体力劳动。在其他葡萄种植国实现的机械化程度是瑞士无法实现的(夏维科尔,1913;曹格,1924;威尔第,1940;施莱格尔,1973)。

第三,产出下降伴随着价格下降,主要原因是与国内生产竞争的葡萄酒进口不断增长。瑞士铁路和隧道的迅速发展促进了葡萄酒(和其他商品)进口。

第四,瑞士的进口关税相对较低。例如,1892年瑞士葡萄酒进口关税是每百升3.00—3.50瑞士法郎,而邻国德国的葡萄酒进口关税为24.70瑞士法郎(夏维科尔,1913;威尔第,1940)。关税壁垒的差异损害了瑞士葡萄酒向德国的出口,而促进了德国对瑞士的出口。这也让瑞士成为法国、意大利、西班牙和奥地利等葡萄酒生产大国的目标市场(多纳,1922)。结果,除了1930—1940年以及1948—1962年,当时法国人均进口略高(大部分来自阿尔及利亚),按照人均葡萄酒进口量,瑞士一直是世界上排名最高的国家(见图4.7)。

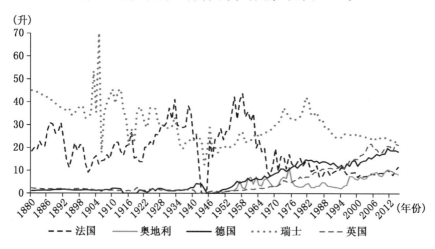

资料来源:安德森和皮尼拉(2017)。

图 4.7　1880—2015 年德国、奥地利、瑞士与对照国的人均葡萄酒进口

　　在第一次世界大战前的大部分时间里,瑞士也进口了大量的葡萄酒,相当于德国和英国的进口总和,仅次于法国,位列第二,尽管1900年瑞士的人口只有330万,而德国和英国分别为5 400万和4 100万。只是第二次世界大战后,许多贸易壁垒被降低,德国和英国超过了瑞士,成为世界上最大的进口国。

　　葡萄酒生产、消费和贸易方面这些发展是由各种政策变化所推动的。与德国相似,但与法国和其他大多数葡萄酒生产国不同,瑞士在1935年之前没有对葡萄酒征收联邦消费税,1935年开始征收联邦消费税,两年后被撤销了。在1966年的全民公投中,重新实施葡萄酒消费税的尝试失败了[扎布吕格(Zur-bruegg),2009]。

　　19世纪70年代后期,为了应对德国和法国不断增加的关税壁垒,瑞士的农业部门,包括其葡萄酒产业,也发出了保护的呼吁。然而,由于葡萄种植者(葡萄酒生产者)、葡萄酒进口商和消费者之间的利益冲突,政府长期抵制这些要求。只是在20世纪早期,最终才提高了葡萄酒关税,从3.50瑞士法郎/千升(1872年设定)提高到1906年的8.00瑞士法郎/千升(夏维科尔,1913;威尔第,1940)。在第一次世界大战期间和之后不久,瑞士的葡萄栽培似乎再次出现了一些繁荣景象。由于第一次世界大战期间来自意大利、法国和西班牙的葡萄酒进口数量有限,瑞士的葡萄酒价格显著提高,并在1914—1917年间,瑞士政府建立了葡萄酒出口配额制度,这是(历史上的)第一次。1918年,这一配额制度被全面禁止所有葡萄酒出口所取代(多纳,1922)。然而,20世纪20年代初,随着欧洲葡萄酒产量的不断增加以及没有战争引起的运输摩擦,葡萄酒进口迅速提升至创纪录的高水平。葡萄酒价格下跌,出口配额也过时了。

　　20世纪20年代,瑞士开始遵循其邻国的贸易保护主义道路。1921年将其葡萄酒关税提高到24—33瑞士法郎/千升,1925年进一步提高到30—50瑞士法郎/千升。关税税率取决于葡萄酒的特性,酒精含量超过13%的白葡萄酒的关税税率是有上限的(威尔第,1940)。当时的瑞士葡萄栽培业以白葡萄品种为主,白葡萄酒的高关税税率并不令人惊讶。1936年相对关税负担达到顶峰,当时的葡萄酒关税是所有运往瑞士的葡萄酒进口价值的107%（威尔第，1940）。对于瑞士联邦政府来说，葡萄酒进口关税收入已成为主要预算项目，未来几十年都是如此。

瑞士为其农业部门提供了大量的财政支持，包括支持葡萄种植者和酿酒商。然而，与非葡萄酒作物的种植者以及牛羊养殖者形成鲜明对比的是，葡萄酒行业几乎没有从直接支付中受益，比如对陡坡栽培葡萄、向生态农业转变以及瑞士葡萄酒海外推广的支持。相反，瑞士依赖于一个复杂的进口配额和关税制度。尽管关税已经存在了超过120年，而进口配额制度是在20世纪50年代增加进来的，旨在加强国内葡萄酒产业保护（叶琳，2000）。瑞士葡萄酒进口关税比大多数经济合作与发展组织（OECD）的其他国家高得多。例如，1999年，一瓶价值9美元的高档葡萄酒，美国征收1%的关税，大多数欧盟国家征收4%的关税，而瑞士的关税税率等于17%（伯杰和安德森，1999）。当前的配额制度（截至2017年1月）涉及无泡葡萄酒（红酒、玫瑰酒和白葡萄酒）年度进口配额170百万升，对于配额，偶尔低关税是适用的。最惠国关税税率，对于起泡葡萄酒每升0.91瑞士法郎；对于瓶装白葡萄酒和红葡萄酒，每升0.50瑞士法郎；而散装红葡萄酒为每升0.34—0.42瑞士法郎，散装白葡萄酒则为每升0.34—0.46瑞士法郎，具体取决于酒精含量。税率参考毛重，并且包括所有包装材料，也包括运输托盘。一旦进口配额用完，关税税率大幅度提高，实行配额外税率。例如，瓶装无泡葡萄酒的关税税率介于3.00瑞士法郎到5.10瑞士法郎之间（联邦海关总署，2017）。然而，迄今为止，进口配额从来没有被用尽过。

结　　论

德国、奥地利和瑞士有着悠久的葡萄栽培历史，可以追溯到2 000多年前的罗马时代。它们拥有共同的语言（除了瑞士的法语、意大利语和罗曼什语的比例相当高之外),它们都是高收入国家,并且它们都在被认为"凉爽"的气候环境下种植葡萄(除了少数气候温暖的地区,比如达尔马提亚,该地区 19 世纪属于奥地利)。绝大部分历史时期,这三个国家都是葡萄酒净进口国。目前,德国和瑞士分别在葡萄酒进口量和进口价值上位居世界第一。由于它们位于欧洲中部,三个国家都面临着类似的压力,比如战争、商业周期、贸易环境的变化和气候变化。

尽管有这些共性,但是,德国、奥地利和瑞士也存在着重大的差异。首先,回首 200 年前,德国是通过 19 世纪(一体化)统一欧洲许多小国而形成的,而在第一次世界大战后(分裂),奥地利帝国解体成为不同的国家。相比之下,几个世纪以来,瑞士一直享有领土完整。

结果,对于德国各州来说,取消关税壁垒是实现统一的一种手段。随着单一自由贸易区的建立,即 1834 年关税同盟的建立,1871 年德国各州从经济一体化迈向政治一体化。对于奥地利帝国(1804—1867 年)和后来的奥地利—匈牙利帝国(1867—1918 年)而言,自由贸易没有那么紧迫。事实上,帝国的两个主要部分即奥地利和匈牙利之间的自由贸易直到 1850 年之后才成为可能。其他帝国遥远的州,比如达尔马提亚,直到 1880 年后才获得自由市场准入。瑞士不需要在其领土上整合各种不同的国家,也没有任何内部贸易壁垒。直到 20 世纪 20 年代,瑞士还在抵制采取邻国构筑外贸壁垒的保护主义措施。

近 200 年来,这三个国家的葡萄酒酿造者一直在要求保护主义措施,以保护他们免受来自气候温暖国家葡萄酒进口的竞争。19 世纪 30 年代,摩泽尔葡萄酒商害怕来自德国南部的酿酒商的竞争;1870 年,奥地利酿酒商最害怕达尔马提亚葡萄酒的竞争;20 世纪 20 年代,瑞士酿酒商都对意大利葡萄酒进口感到担忧。一般来说,凉爽气候下的葡萄种植者总是害怕来自温暖气候下葡萄种植者的竞争。

随着欧洲共同市场的建立,德国大多数不受保护的葡萄种植者大幅提高了生产力和盈利能力。德国葡萄园的产量最高,以及平均每公顷的盈利能力是欧洲最高的。一定程度上,这是德国内部替代而实现的。为了盈利,德国葡萄园向西北迁移，从符腾堡州和巴登州转向莱茵黑森和普法尔茨。相比之下，奥地利和瑞士葡萄栽培仍然严重依赖公共保护（分别是补贴和关税）。

应当保持关注的是，未来的挑战，比如气候变化，是否可以用类似的方式来掌控。欧洲的种植权制度和最高产出规制可能是成功适应变化的主要障碍。毕竟，目前的制度体系使葡萄园区得到了最大化增量。2016 年，欧盟共批准意大利、西班牙、法国、葡萄牙和希腊新种植权共计 16 380 公顷，而德国只增加了263 公顷。

【作者介绍】 卡尔·斯托齐曼（Karl Storchmann）：纽约大学经济系的临床医学经济学教授。在此之前，他曾是耶鲁大学经济系讲师（2000—2005 年）、怀特曼学院经济学副教授（2005—2010 年）。他是《葡萄酒经济学》杂志的联合创始人兼副主编，他还是美国葡萄酒经济学家协会的联合创建人和副主席。除葡萄酒外，他的研究兴趣还包括广泛的应用微观经济学领域。

【参考文献】

Anderson, K. (2014), 'Excise Taxes on Wines, Beers and Spirits: An Updated International Comparison', AAWE Working Paper No. 170, American Association of Wine Economists, www. wine-economics. org.

Anderson, K. and H. G. Jensen (2016), 'How Much Government Assistance Do European Wine Producers Receive?' *Journal of Wine Economics* 11(2):289—305.

Anderson, K. and V. Pinilla (with the assistance of A. J. Holmes) (2017), *Annual Database of Global Wine Markets , 1835 to 2016 ,* freely available in Excel at the University of Adelaide's Wine Economics Research Centre, www. adelaide. edu. au/wine-econ/databases.

Ashenfelter, O. and K. Storchmann (2010), 'Using Models of Solar Radiation and Weather to Assess the Economic Effect of Climate Change: The Case of Mosel Valley Vineyards', *Review of Economics and Statistics* 92(2):333—49.

Ashenfelter, O. and K. Storchmann (2016), 'Climate Change and Wine: A Review of the Economic Implications', *Journal of Wine Economics* 11(1):105—38.

Bassemir, E. (1930), *Subventionen und Zölle in ihrer Bedeutung für die Erhaltung des deutschen Weinbaues , dargestellt unter besonderer Berücksichtigung der preußischen Verhältnisse ,* Doctoral Thesis, University of Cologne, Bonn: Ludwig.

Bassermann‐Jordan, F. von（1907）, *Geschichte des Weinbaus unter besonderer Berücksichtigung der bayerischen Rheinpfalz*, Frankfurt am Main: Keller.

Beck, O.（1869）, *Der Weinbau an der Mosel und Saar nebst einer vom k. Katasterinspektor Steuerrath Clotten zu Trier angefertigten Steuerkarte*, Trier: Selbstverlag der königlichen Regierung zu Trier.

Berger, N. and K. Anderson（1999）, 'Consumer and Import Taxes in the World Wine Market: Australia in International Perspective', *Australasian Agribusiness Review* 7（3）, June, www. agrifood. info/review/1999/Berger. html.

Braumüller, W.（1868）, *Zur Frage des Oesterreichischen Weinexportes. Amtliche Consularberichteüber die Verhältnisse des Weinhandels in den bedeutenderen Handelsplätzen*, Vienna: Österreichische Land‐und Forstwirtschaftsgesellschaft in Wien.

Brüders, W.（1999）, *Der Weinskandal*, Linz: Denkmayr.

Brugger, H.（1968）, *Statistisches Handbuch der schweizerischen Landwirtschaft*, Bern: Komm. Verl. Verbandsdruckerei.

Bundesministerium für Ernährung und Landwirtschaft（BMEL）（2016a）, *Ertragslage Garten‐und Weinbau. Daten-Analysen 2016*, Berlin: BMEL.

Bundesministerium für Ernährung und Landwirtschaft（BMEL）（2016b）, *Genehmigungssystem für Rebpflanzungen; Festlegung des Prozentsatzes*, Letter from BMEL to the European Commission. Online at www. ble. de/SharedDocs/Downloads/01 _ Markt/17 _ PflanzrechteWein/Genehmigung_Rebpflanzungen_Przentsatz. pdf; jsessionid=B6B6CA35143E5DDBF19C7E5A86DFE01D. 1_ cid335? _ blob=publicationFile（accessed 30 January 2017）.

Commission of the European Communities（2007）, *Report from the Commission to the European Parliament and the Council on Management of Planting Rights Pursuant to Chapter I of Title II of Council Regulation（EC）No 1493/1999*, COM(2007) 370 final, Brussels: Commission of the European Communities.

Deckers, D.（2010）, *Eine Geschichte des deutschen ein sim Zeichen des Traubenadlers*, Mainz: Verlag Philipp von Zabern.

Deconinck, K. and J. Swinnen（2014）, 'The Economics of Planting Rights in Wine Production', *European Review of Agricultural Economics* 42(3):419—40.

Dieterici, C. F. W.（1848）, *Statistische übersicht der wichtigsten Gegenstände des Verkehrs und Verbrauchs im preußischen Staate und im deutschen Zollvereine*, Berlin and Posen: Verlag Ernst Siegfried Mittler.

Dorner, W.（1922）, *Der Aussenhandel der Schweiz mit Wein während des Krieges 1914—1918, mit besonderer Berücksichtigung der Kontingentierung durch die S. S. S*, Bern: Akademische Buchhandlung Paul Haupt.

Eidgenössisches Departement für Wirtschaft, Bildung und Forschung（2016）, *Das Weinjahr 2015*, Bern: Weinwirtschaftliche Statistik.

Eidgenössisches Statistisches Amt（various volumes, 1891—2016）, *Statistisches Jahrbuch der Schweiz*，Basel：Druck und Verlag E. Birkhäuser & Cie.

European Commission（2016），Online at ec. europa. eu/agriculture/sites/agriculture/files/wine/statistics/scheme-authorisations_ en. pdf（accessed 8 February 2017）.

European Commission（2017），*Farm Accountancy Data Network*. Online at ec. europa. eu/agriculture/rica/（accessed 6 February 2017）.

Gall，L.（1854），*Praktische Anleitung，sehr gute Mittelweine selbst aus unreifen Trauben，und vortrefflichen Nachwein aus den Tresteren zu erzeugen，als Mittel，durch Vorund Auslesen und Sortiren alljährlich auch werthvolle Desertwein zu gewinnen*，Trier：Verlag Gall.

Hassinger，J.（1928），*Die Entwicklung des deutschen Weinzolles seit der Schutzzollära unter besonderer Berücksichtigung der Handelsverträge nach dem Kriege*，PhD Thesis，University of Freiburg，Mainz：Druckerei Lehrlingshaus.

Herrmann，K.（1980），'Die deutsche Weinwirtschaft während des Zweiten Weltkriegs'，*Zeitschrift für Agrargeschichte und Agrarsoziologie* 28（2）：157—81.

Heuss，T.（1906），*Weinbau und Weingärtnerstand in Heilbronn am Neckar*，Dissertation，Munich，1905. Reprinted 2005，Brackenheim：Carlesso Carlesso.

Hlubek，F. X.（1864），*Der Weinbau in Oesterreich*，Graz：Selbstverlag.

Hoffmann，D.（1988），'Mengenregulierung：Planwirtschaftliches Torso?' *Weinwirtschaft Markt* 3（1988）：30—7.

Homlong，N. and E. Springler（2007），'Regional Development in the European Union：Implications for Austria's Viticulture'，pp. 243—60 in *The State of European Integration*，edited by Y. A. Stivachtis，Aldershot：Ashgate.

Hoppe，H.（1901），*Die Thatsachen über den Alkohol*，2nd edition，Berlin：S. Calvary & Co.

Jörin，R.（2000），'WTO-Projekt：Einzelmarktstudien：Die Regelung des Marktzutritts beim Wein'，mimeo，ETH Zurich. Online at www. ethz. ch/content/dam/ethz/special-interest/usys/ied/agricultural-economics-dam/documents/Robert%20J/Projects/2000_BLW-Wein-Oct%202000. pdf（accessed 8 February 2017）.

K. K. Ackerbau-Ministerium（1873），*Verhandlungen der Weinbau-Enquête in Wien*，1873，Vienna：Faesy and Frick.

K. K. Ackerbau-Ministerium（1900），*Bericht über die Verbreitung der Reblaus（Phylloxera vastatrix）in Österreich in den Jahren 1898—1899，sowie über die Maßregeln，welche behufs Wiederherstellung des Weinbaues getroffen wurden und die Erfahrungen，die sich hierbei ergaben*，Vienna：Verlag des K. K. Ackerbauministeriums.

K. K. Ackerbau-Ministerium（various years），*Statistisches Jahrbuch des K. K. Ackerbau-Ministeriums，Erstes Heft. Production aus dem Pflanzenbau. Druck und Verlag der K. K. Hof-und Staatsdruckerei*，Vienna：Verlag des K. K. Ackerbauministeriums.

K. K. Direction der administrativen Statistik（1828—1871），*Tafeln zur Statistik der österreichischen Monarchie*，Vienna：K. K. Hof-und Staatsdruckerei.

K. K. Statistische Central-Commission (1901), *Österreichisches Statistisches Handbuch für die im Reichsrathe vertretenen Königreiche und Länder. 19. Jahrgang 1900*, Vienna: Verlag der K. K. Statistischen Central-Commission.

Keil, H. and F. Zillien (2010), *Der deutsche Wein 1930 bis 1945. Eine historische Betrachtung*, Dienheim am Rhein: Iatros Verlag.

Komlos, J. (1983), *The Habsburg Monarchy as a Customs Union: Economic Development in Austria-Hungary in the Nineteenth Century*, Princeton, NJ: Princeton University Press.

Kosmetschke, R. and R. Hepp (1991), *Strukturen und Tendenzen auf dem Weltweinmarkt*, Schriftenreihe des Bundesministers fuer Ernährung, Landwirtschaft und Forsten, Reihe A: Angewandte Wissenschaft, Heft 393. Münster: Landwirtschaftsverlag GmbH.

Mach, E. (1899a), *Der Weinbau Österreichs von 1848 bis 1898*, Vienna: Commissionsverlag Moritz Perles.

—— (1899b), 'Österreichs Weinbereitung und Weinverwertung', pp. 400 — 89 in *Austria: Comité zur Herausgabe der Geschichte der österreichischen Land-und Forstwirtschaft und ihrer Industrien 1848 — 1898*, Volume III, Vienna: Commissionsverlag Moritz Perles.

Meitzen, A. (1869), *Der Boden und die landwirtschaftlichen Verhältnisse des preußischen Staates nach dem Gebietsumfange vor 1866*, Berlin: Wiegandt and Hempel.

Meloni, G. and J. Swinnen (2013), 'The Political Economy of European Wine Regulations', *Journal of Wine Economics* 8(3): 244—84.

—— (2016), 'The Political and Economic History of Vineyard Planting Rights in Europe: From Montesquieu to the European Union', *Journal of Wine Economics* 11(3): 379—413.

Meyer, F. (1926), *Weinbau und Weinhandel an Mosel, Saar und Ruwer. Ein Rückblick auf die letzten 100 Jahre*, Koblenz: Görres-Druckerei Koblenz.

Mueller, R. (1913), *Die deutsche Weinkrisis unter besonderer Berücksichtigung der Verhältnisse im Moselweingebiet: Eine agrar-und handelspolitische Studie*, Stuttgart: Eigenverlag.

Österreichisches Statistisches Zentralamt (1924), *Statistisches Handbuch für die Republik Österreich 1924*, Vienna: Österreichisches Statistisches Zentralamt.

Postmann, K. P. (2010), *Wein österreich. Alles über Wein und seine Geschichte*, Vienna: Krenn.

Robin, J. (1845), *Die fremden und inländischen Weine in den deutschen Zollvereins-Staaten*, Berlin: Selbstverlag.

Schauwecker, C. (1913), *Der schweizerische Weinhandel unter dem Einflusse der gegenwärtigen Wirtschaftspolitik: Eine wirtschaftliche Studie*, Zurich and Leipzig: von Rascher and Co.

Schlegel, W. (1973), *Der Weinbau in der Schweiz*, Wiesbaden: Franz Steiner Verlag.

Schnitzius, D. (1964), *Deutschlands Wein-Außenhandel seit dem Ersten Weltkrieg*, PhD

Thesis,University of Bonn,Bonn.

Schweizerische Eidgenossenschaft,Federal Customs Administration (2017),Tares Online at xtares. admin. ch/tares/login/loginFormFiller. do;jsessionid=4cwfYD7B017hQT4x1Dyn 10krtzDWPq1N2QYqjM218c2ch4p228yN! -1493811114 (accessed 20 January 2017).

Staab,J. ,H. R. Seelinger and W. Schleicher (2001),*Nine Centuries of Wine and Culture on the Rhine*,Mainz:Woschek Verlag.

Statistik Austria (various years),*Ernteerhebung*, Vienna:Bundesministerium für Land-und Forstwirtschaft,Umwelt und Wasserwirtschaft. Available online at duz. bmlfuw. gv. at/ Land/weinernte. html (accessed 8 February 2017).

Statistisches Reichsamt (1922),*Statistisches Jahrbuch für das Deutsche Reich 1921/22*,Berlin:Verlag für Politik und Wirtschaft.

Statistisches Reichsamt (1938),*Statistisches Jahrbuch für das Deutsche Reich 1937*,Berlin: Puttkammer and Mühlbrecht.

Storchmann,K. (2005),'English Weather and Rhine Wine Quality:An Ordered Probit Model',*Journal of Wine Research* 16(2):105—19.

(2006),'Asymmetric Information and Markets in Transition:Vineyard Auctions in the Mosel Valley After the French Revolution',*Journal of European Economic History* 35 (2):395—424.

(2017),'The Wine Industry in Germany,Austria and Switzerland 1835—2016',American Association of Wine Economists:AAWE Working Paper No. 214.

Thiersch,J. (2008),*Die Entwicklung der deutschen Weinwirtschaft nach dem Zweiten Weltkrieg,Staatliche Maßnahmen zu Organisation und Wiederaufbau der Weinwirtschaft*, Taunusstein:Verlag Driessen.

Torp,C. (2014),*The Challenges of Globalization:Economics,and Politics in Germany 1860—1914*,New York:Berghahn.

Türke,K. (1969),*Der Weinbau in Rheinhessen. Eine agrar-und sozialgeographische Untersuchung*,unpublished PhD Thesis,University of Bochum,Bochum.

United Nations (2017),Comtrade Database. Online at comtrade. un. org (accessed 8 February 2017).

Welti,F. (1940),*Probleme der schweizerischen Weinwirtschaft*,Zurich:Schulthess.

Weise,H. (1958),'Der deutsche Wein im europäischen Markt',Kieler Studien Nr. 46,Kiel: Institut für Weltwirtschaft an der Universität Kiel.

Wiesgen-Pick,A. (2016),*Der Pro-Kopf-Verbrauch der verschiedenen alkoholhaltigen Getränke nach Bundesländern 2015*, Bonn:BSI Bundesverband der Deutschen Spirituosen-Industrie und-Importeure e. V. Online at www. spirituosen-verband. de/fileadmin/introduction/images/ Daten_ Fakten/BSI-Aufsatz_ PKV_ nach_ BL_2015. pdf (accessed 20 January 2017).

Wine-Inside (2016),'Neupflanzungen + Wiederbepflanzungen 2016 in 13 Weinbau treibenden L/ ndern der EU'. Online at www. wein - inside. de/uploads/PFLANZUNGEN% 20EU%

202016％20Neupflanzungen％20und％20Wieder bepflanzungen％20mrwi. pdf（accessed 30 January 2017）.

Winter-Tarvainen, A. （1992）, *Weinbaukrise und preußischer Staat，Preußische Zoll-und Steuerpolitik in ihren Auswirkungen auf die soziale Situation der Moselwinzer im 19. Jahrhundert*，Trierer Historische Forschungen Vol. 18, Trier：Verlag Trierer Historische Forschungen.

Wohlfahrt, J. （n. a.）, *Der österreichische Weinbau 1950－2010*，*Weinbau Dokumentation*，Rötzer-Druck：Eisenstadt.

Zaugg, F. （1924）, *Erhebungen über Stand und Rentabilität des Rebbaus in der Schweiz*，Brugg：Verlag des Schweizerischen Bauernsekretariates.

Zurbrügg, C. （2009）, *Die schweizerische Alkoholpolitik und Prävention im Wandel der Zeit. Unter besonderer Berücksichtigung der Rolle der Eidgenössischen Alkoholverwaltung*，Dossier for Eidgenössische Alkoholverwaltung, Bern：Federal Alcohol Agency.

第五章

至 1938 年的意大利

自文明开启以来,对于意大利地中海地区的经济和生活方式来说,葡萄酒是至关重要的。不像橄榄树那样,半岛上几乎到处都可以种植葡萄,葡萄酒是日常消费的基本品,并且是意大利经济生活中最重要的产品。然而,19 世纪意大利的葡萄酒产业与今天大不相同。那时的葡萄酒产业碎片化为成千上万的小农场,每一个小农场只种几种葡萄,通常散布在田野上,而不是种在葡萄园里。生产者用传统设备加工葡萄,而且绝大多数葡萄酒被生产者消费,其余则被附近城市的居民消费。按照现代标准衡量,葡萄酒的质量很差。基安蒂酒(Chianti)被英国专家认为是最好的意大利葡萄酒,但是,因为它的传播非常糟糕,正在失去市场份额[梅里斯凯尔奇和达尔马索(Marescalchi and Dalmasso),1937;比亚焦利,2000:331—34]。

19 世纪后期和 20 世纪初,意大利葡萄酒生产条件慢慢改善。到 1938 年,大部分葡萄酒产业仍然是传统的和落后的,尽管你可以发现战后发展进步的最早萌发。本章概述了自 1861 年意大利建国以来的产业转变。在接下来的一节中,我们将展示葡萄种植在第二次世界大战前的意大利经济中有多重要,并描述葡萄种植的主要特点。然后,概述从统一到 1938 年生产、消费和价格的主要趋势。再者,将轶事证据与 20 世纪 30 年代末的数据结合起来,讨论质量的改进。在本章得出结论之前,对出口进行分析。

葡萄酒和意大利经济

1951年之前60年意大利经济中的葡萄酒产业相关情况从表5.1中可以一目了然。[1] 在某种程度上,1938年和1951年的较低数字是反常的,因为它们反映了葡萄酒相对价格的暴跌。事实上,当农业总产值所占比重用(1911年)不变价格表示时,从1891年的24.2%和1911年的23.1%下降到了1938年的19.3%,1951年小幅反弹至21.6%。

表5.1 **1891—1951年意大利经济中葡萄酒的重要性**

单位:%,当期价格核算

	1891年	1911年	1938年	1951年
农业总产出中占比				
葡萄酒及其副产品	**21.2**	**22.2**	**11.2**	**9.3**
小麦	19.7	15.3	24.3	14.9
其他种类的谷物和豆类	9.7	6.3	6.3	6.9
其他种类农作物	9.6	11.8	12.1	12.6
食用油及其副产品	5.2	4.4	2.8	6.1
其他树上农作物	8.2	8.7	12.4	10.2
家畜	14.3	20.0	21.3	28.5
其他动物产品	12.1	11.3	9.6	11.4
全部农产品	100.0	100.0	100.0	100.0
葡萄酒在总GDP中占比	8.6	7.7	2.9	2.0
葡萄酒在总私人消费中占比	11.6	11.1	5.1	3.6

资料来源:费德里克(2000,表1A和表1B)关于葡萄酒总产出和支出;扎马格尼(1992:195—196)以及扎马格尼和巴蒂拉尼(2000:241)关于加价销售;巴菲吉(2011)关于国内生产总值(GDP)与消费。作者基于以上资料整理。

---

[1] 四个基准年的总产出数据来自一个研究项目——意大利历史上的国民经济核算[巴菲吉(Baffigi),2011]。正如本章所讨论的,葡萄酒产量的数据系列目前正在被修订。

葡萄酒在意大利比在法国和西班牙更重要,葡萄酒平均约占法国农业总产值的 10%[欧泰因(Toutain),1961,表 76、表 77],其中,峰值为 19 世纪 60—70 年代的 17%,葡萄酒占西班牙农业净产出的 11%—16%(辛普森,1994)。葡萄酒在法国和西班牙 GDP 和私人消费中的占比也相应低于意大利。

虽然葡萄酒几乎在意大利的任何地方都有生产,但是,在地理上,葡萄酒的生产相当集中。大约在 1930 年,795 个农业区中只有 30 个农业区(都位于山区)不生产葡萄酒(马提内里,2014)。农业区都很小,因此,没有一个农业区的产量超过意大利葡萄酒的 2%。然而,葡萄酒总量的一半是在 100 个产区中生产的,其中,35 个产区生产了葡萄酒总量的 1/4。后者分散在整个半岛,但是,其中 11 个生产力最高的农业区占总产出的 10%,它们集中在南皮埃蒙特(4个)、托斯卡纳(4 个)和西西里岛(3 个)。

在世界葡萄种植中,意大利独树一帜,因为它传播了兼种的做法——在同一地块上,种植葡萄藤兼种其他产品。一位奥地利官员调查了伦巴第—威尼西亚的乡村,用他的话说,就是:

> 在一个北方旅行者看来,没有什么比这些更引人注目的了,一行行不同的树木在麦田里生长,葡萄藤蔓从麦田里向上生长,爬到树枝的顶端,然后从一棵树攀向另一棵树,像空中挂着的花环,挂满了果实……在同一块土地上既收获谷物,又收获葡萄,唯有在意大利这样温暖的气候里才是可以拥有的。这种方法是古老的,正如卡托和瓦罗在 19 世纪之前就已经讨论过的,这是这个国家的普遍做法。如果气候不那么热,树荫会对谷物收成造成更大的损害,而葡萄则会生长在距离地面很高的地方而无法收获……伦巴第—威尼西亚的绝大部分葡萄是在平地上生长的……平地上,葡萄藤只能种植在耕地上……葡萄藤被粘在各种各样的树上,比如枫树、杨树、柳树、白蜡树、樱桃树甚至核桃树……(伯格,1843:61—63)。

藤蔓挂在树上,可以让葡萄长得更多,因此,每株葡萄的产量是普通专业化葡萄树产量的 3 倍以上(ISTAT,1929)。虽然关于这种栽培方法是否给葡萄带来了一种不受欢迎的味道(以及哪些树木对葡萄产生了哪些影响),19世纪农学家们有很多讨论,但是,农民们很少有人关注这些争论,因为这种做法节约了用地,并且提供了额外数量的木材。

根据卡塔斯托农业部门(Catasto Agrario)得到的非常详细的数据(ISTAT,1929),在20世纪20年代末,意大利间作的土地面积是当时专种葡萄面积的3倍(300万公顷对不足100万公顷)。20世纪30年代,它的产出占全国总产量的比例略低于50%。在南欧,间作并不少见,但是,普遍扩散程度低于意大利(见表5.2)。在法国,间作不断明显减少:1882年(法国统计局,1897),它的产量占总产出的8.7%,但是,在1929年的农业普查中,甚至没有把它单独列为一个类别(法国统计局,1936)。国民经济部(1931年)没有报告西班牙种植间作葡萄的生产数据,但是,它们的产量不可能占总产量的1/10以上。

表5.2 意大利1929年、法国1892年、西班牙1930年间作的葡萄种植情况

	面积(占葡萄种植总面积的%)	产量(占葡萄总产量的%)	每公顷产出(占专业化产出的%)	每公顷拥有的葡萄树(占专业化的%)	每株葡萄的产出(占专业化的%)
意大利(1929年)	76.2	44.1	24.7	7.2	322
法国(1892年)[a]	7.2	3.6	47.6	33.2	143
西班牙(1930年)	18.9	n.a.	n.a.	n.a.	n.a.

a. 葡萄间种占比可能高估,因为排除了新种植的葡萄,占葡萄种植面积的17%。

资料来源:法国:法国统计局(1897:84−87);西班牙:国民经济部(1931:104−105);意大利:意大利统计局(1929),塔瓦拉·拉森梯夫。

注释:表中n.a.表示数据不可得。

此外,意大利非专业化的间作葡萄园与其他地方专业化的葡萄园非常不同。前者每公顷的葡萄树(428株)少于后者(5 838株),或者,就此而言,少于19世纪末法国间作葡萄园的葡萄树(2 786株)。卡塔斯托农业部门的统计中包括专业化的葡萄园,也包括橄榄树或其他树上农作物,只是葡萄是最重要的产品。[1] 相比之下,如果葡萄是次要的产品,其种植面积就被定义为非专业化的

---

[1] 西班牙的统计数据将这种耕作方式归类为间作,这种耕作方式占大多数非专业化耕作面积(国民经济部,1930:106)。因此,表5.2中的数字低估了西班牙和意大利之间的差距。

面积。然而,这些情况仅占意大利非专业化种植面积(略多于 8 万公顷)的
2.7%,不到所有葡萄种植面积的 1%。因此,大部分间作葡萄散布在可耕地上。

　　重要的是,要强调间作并不一定是葡萄种植的低级方式。在意大利南部大
部分地区,专业化的葡萄园几乎是被排除的耕作方式(除人口密集的坎帕尼亚
地区外)。在北方,专业化的葡萄园盛行于皮埃蒙特以及一些沿坡谷的山坡地
区和一些高山峡谷,还有就是在伊斯特里亚。在其他地区,间作葡萄园几乎随
处可见。在威尼斯、艾米利亚和意大利中部,它们是最普遍的耕作方式。它们
生产了一些最好的意大利葡萄酒,包括基安蒂红葡萄酒。在那个地区,葡萄是
由佃农在间作葡萄园里栽培的,但是,由于所有者的严格监督以及葡萄加工在
每个地区的各大葡萄酒厂进行,质量是高的。

　　理解间作的经济理性是一件令人着迷的事情,但这并非易事。间作葡萄园
分布较广,在农村人口密度非常高的地方(因此,劳动密集型作物如葡萄更有利
可图)和农民居住的乡村而不是在大村庄,如在南方的农业城镇。这种定居特
征减少了管理成本以及照顾间作葡萄的成本,提高了间作的吸引力,使之成为
一种风险最小化和土地集约利用的耕作方式。事实上,在(意大利)这个国家,
由于间作,减缓了根瘤蚜虫病的传播,因为间作的葡萄树更大,有更深的根,它
比专业化种植的葡萄树根更具有抗病能力(斯帕格诺里,1948)。

变革的世纪

　　不只是 1909 年统计服务重建之前,统一后所有意大利农业统计数据相当
不可靠(费德里克,1982),而且葡萄酒的数据尤其成问题。没有土地面积的数
据,估计葡萄酒产量是不可能的,也就是说,没有地籍册,估计葡萄酒产量是不
可能的。有些统一之前的国家确实有地籍册,因此,有关于土地面积的数据,在
表 5.3 中,由于地区单位的可比性,我们与卡塔斯托农业部门(ISTAT,1929)的
数据进行了比较。

表 5.3 1550—1929年意大利专业化与间种葡萄园面积的长期变化

单位:公顷

	1550年	1750年		1810年		1840年		1929年	
	总面积	专业	间种	专业	间种	专业	间种	专业	间种
皮埃蒙特		138 524	170 632	>153 900	n. a.	47 190?	n. a.	177 110	49 532
利古里亚						20 360	n. a.	10 034	34 667
撒丁岛						55 991	5 787	33 644	14
米兰	83 891							1 990	18 668
威尼西亚						1 139	695 952	29 016	584 515
托斯卡纳						0	391 025	24 563	439 389
南方各州				337 008	108 358	145 400		360 400	205 700
西西里岛							0?	193 243	8 038
教皇统治州						40 578	718 026	73 633	1 090 548

资料来源:皮埃蒙特 1750 年:普拉多(1908:62);皮埃蒙特 1810 年:艾尔玛纳奇(1809);利古里亚与撒丁岛 1840 年:阿帕古・康帕拉迪福(1852);米兰(原米兰公国)1500 年:普格里斯(1924);大陆南方各州 1810 年:格瑞纳达(1830);教皇统治州 1840 年:盖里(1840);西西里岛 1840 年:摩尔迪拉奥(1854);托斯卡纳大公国 1840 年:马什尼(1881);威尼西亚 1840 年:斯卡尔帕(1963)。

注释:表中 n. a. 表示数据不可得。

统一前的地籍册在质量上无法与卡塔斯托农业部门的数据相比(1850 年皮埃蒙特的数据肯定被低估了),但是,它们强调了在 20 世纪之前意大利各地的种植模式是如何建立起来的,并且这种模式在很大程度上是相当持久的。的确,它们甚至没有报告卡塔斯托农业部门呈现出来的栽培模式的数据,那是在各地处于边缘化的模式,比如托斯卡纳的专业葡萄园,以及西西里岛的间作葡萄园。模式的持久性由较小土地单位的数据所证实。在教皇统治的州,专业种植葡萄的葡萄园大部分聚集在罗马东部的卡塞利罗马尼地区。在教皇统治的州与南方各州(1861 年以前的两个西西里王国),两种类型的种植方式平行扩大,19 世纪 80 年代繁荣时期,阿普里亚专业种植的土地面积急剧增加。在其他地方,葡萄种植面积增长集中于传统的流行方式,在皮埃蒙特和西西里岛增长的是专业化葡萄园,在托斯卡纳等地则是间作葡萄园。只有撒丁岛和米兰等小产区的种植面积有所下降。

遗憾的是,在统一后,意大利既没有更新这些地籍册,也没有填补空白。因此,1909 年以前的统计数据完全忽略了专业葡萄园与非专业葡萄园之间的差异,把它们集中在一个数据里,项目为"葡萄园"。这些数据,如每公顷产量,在时间和空间上几乎是没有可比性的。官方统计数字(国家农业统计局,NPSA)开始区分专业种植面积和间种面积则是在 1909 年之后,为未来的地籍册,尽可能地做了初步工作,并进行了估算。它们显示了 20 世纪 10—20 年代专业葡萄园的数据可能略有下降,可能与根瘤蚜虫病的传播有关,但是,这并不完全准确。事实上,卡塔斯托农业部门(1929)第一次用现代化、同一的标准调查了整个国家土地的配置情况,进行了大规模的重新分类,区分了间种和专业化的种植面积。20 世纪 30 年代的数据完全可靠,总的来说,在第二次世界大战之前,它们几乎没有什么变化。

没有可靠的(种植)面积数据,很难准确估计葡萄酒的产量。事实上,1909 年以前的产出数据有几个年度处缺失,并且可得数据有时是不一致的。因此,从 1862 年到 1913 年,按照费德里克(2000、2003)的估算,我们将消费方面的数据重新估计了产量,运用的是费德里克、努瓦拉瑞和瓦斯塔(2017)正在进行研究的工资和物价新数据序列，从而获得对于收入的一个替代数据（假设收入弹性为 0.5，价格弹性为−0.3）。用消费乘以人口（ISTAT，1966）并加上净进口（费德里克等，2012），我们获得了在意大利目前边界内葡萄酒产量的一系列数据（见图 5.1）。结果形成的（假定的）系列数据波动小于真实波动，因为我们没有考虑通过库存变化平滑消费。对于 1914 年后的数据，我们依靠官方统计（NPSA，农业统计公报）和《意大利农业年度统计》（ASAI），加上 1935 年之前的的一些修订。[1]

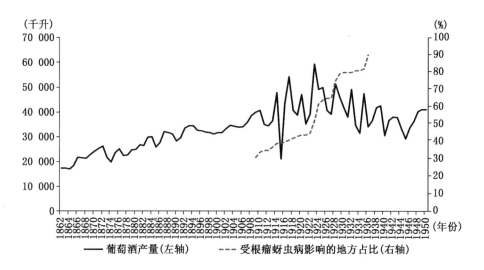

资料来源：作者整理（见正文）并参见斯巴格诺里（1948）关于根瘤蚜虫病的论述。
图 5.1　1862—1938 年意大利葡萄酒产量与根瘤蚜虫病的扩散情况

据我们估计，在 19 世纪 60—70 年代，人均葡萄酒消费量保持稳定，大约为 90 升，然后从 19 世纪 80 年代开始缓慢上升，20 世纪 20 年代达到了人均 110—120 升的水平。1933—1938 年，人均消费量降至 83 升。总的来说，在这个时期，意大利人均葡萄酒消费量一直低于法国，而高于西班牙。酒精摄入量与法国的差距更大，因为与法国相比，意大利人喝烈性酒更少，并几乎不喝啤酒（安

---

〔1〕 我们大致遵循中央统计研究所（ISTAT）建议的调整程序，也就是说，我们根据旧的统计数据，通过它们与 1929 年卡塔斯托数据之间的差距来调整生产水平。对 1929 年之前的所有省份，我们使用这个程序；而从 1930 年到 1935 年，我们只将这个程序运用于目前统计数据并不是完全基于地籍的省份。

德森和皮尼拉,2017)。

如果大幅度提高生产力或密集化耕作,葡萄酒产量的长期增长(见图 5.1)与(种植)面积缓慢增长(见表 5.3)则是一致的。长期的上升趋势因大萧条和根瘤蚜虫病的传播而停止。

19 世纪 80 年代初,根瘤蚜虫病出现在三个不同的地方:1879 年的瓦尔玛德雷拉(Valmadrera,米兰北部)、1880 年的西西里岛和 1883 年的撒丁岛。大约 20 年里,感染仅限于岛上、卡拉布里亚(Calabria)、利古里亚(从法国传入)和伦巴第山麓,但是,在世纪之交的巴里省、比萨省和乌迪内省(以及上阿迪杰省和特伦蒂诺省)发现了新的感染病例。然而,最初的扩散相对较慢(见图 5.1)。在第一次世界大战前夕,它只影响了 1/3 的意大利市政当局(主要是在南方),影响阿普里亚大约 1/3 的葡萄园[德费利斯(De Felice),1971:266],影响亚历山德里亚省只有 1/10 的土地面积,包括阿斯蒂地区,这是皮埃蒙特的顶级葡萄酒产区之一[扎诺尼(Zannoni),1932]。

根瘤蚜虫病对产量的初始影响很小,因此,并没有像法国那样,导致大量的葡萄酒进口(雪佛特等,2018;梅洛尼和斯文内恩,2018)。第一次世界大战期间和战后岁月,世界上缺乏治疗措施,使得这种疾病迅速传播。20 世纪 20 年代,亚历山德里亚省的感染面积增长了 5 倍,到 1932 年扩展到全省。1928 年,特伦托省战前葡萄园面积的 43% 被根瘤蚜虫破坏了,因此,这比战争行动更具破坏性,战争仅仅摧毁了 10% 的葡萄园[芮格提(Rigotti),1931]。

到 1935 年,除了意大利中部的一小块地区,整个国家都感染了根瘤蚜虫病。感染并没有导致产量立即下降,尽管在托斯卡纳的 8 个农场中出现感染,这种疾病使产量减少了 60%,但这是在第一次感染后 10—15 年的情况(班迪尼,1932)。20 世纪初,阿普里亚的种植者强烈反对连根拔除仍然高产的葡萄藤(德费利斯,1971:258−262)。事实上,重新种植是一种非常昂贵的选择:根据蒙塔纳里和塞卡雷利(1950:140)对 1942 年整个东北地区的葡萄产量的估计,不考虑放弃的产出,直接成本相当于每年葡萄总产值的 4—5 倍。[1] 20 世纪 30 年代,这样的成本和低廉的价格(与 20 世纪 10—20 年代高价格水平相反)可能挫伤了一些农户。到 1930 年,在特伦蒂诺只有 40% 的受感染地区被重新种植(芮格提,1931),在亚历山德里亚 56% 的受感染地区被重新种植(扎诺尼,1932)。另一方面,证据是存在的(尽管并不确凿),基安蒂的农户抓住了机会,用密集的葡萄园种植方式取代了传统的间作葡萄种植方式(达尔马索,1932;农林部,1932:104—109)。但即使是快速再植也不能避免产量下降,因为新葡萄藤需要大约 10 年的时间才能完全恢复产出。斯帕诺利(1948)估计,在 20 世纪 40 年代,根瘤蚜虫导致减产 10%,并影响了 1/3 的间作葡萄园和 1/10 的专业葡萄园。

到目前为止,我们把葡萄酒视为同质产品,但是,我们知道,事实并非如此。一方面,有一些证据表明市场上高端产品的质量改进,我们将在下一节中加以评论。另一方面,农民为国内消费而生产的葡萄酒——威尼路(vinello),这是一种被排除在产量统计之外的低质产品,在储存过程中,这种产品第一次发酵后加了水(有时加糖)[斯特鲁奇(Strucchi),1899;奥塔维和斯特鲁奇,1912]。储存保留约 1/5 的葡萄酒精含量[丹多洛,1820(2):211;塔西纳里,1945:1157],这可以通过再次压榨加以萃取,也可以将它们蒸馏成格拉帕酒。因此,实际葡萄酒和威尼路的产量取决于存料在以上三种相互替代用途之间的配置。19 世纪 70 年代,特雷维索省(威尼西亚)的农民拒绝再次压榨萃取方式,因为这将减少生产威尼路(维内洛和卡彭内,1874)。根据丹多洛(1820)的看法,在拿破仑王国统治下的意大利,只有一半的储存酿造是压榨方式,因此,大约 1/10 的潜在葡萄酒产量损失了。大约一个世纪后,一个官方机构(MAIC,1914)提出了一个全国性的估计,认为潜在产出损失 2.1%,相当于前意大利王国(主要位于艾米利亚和威尼西亚)13%—14% 的损失。因此,人们可以得出这样的结论:

---

〔1〕 这个数量级是被芮格提对 1928 年特伦托省的估计所证实的(芮格提,1931:328—331),意味着每公顷 4 年的产量[总产出数据来自马提内里(2014)]。

19 世纪在这些区域,生产威尼路的做法并没有显著衰落。有可能生产出的威尼路占葡萄酒的 2/3,如果所有的非压榨酿酒原料都用于生产威尼路,而不是进行蒸馏,那么,第一次世界大战前夕,产出将相当于整个葡萄酒产量的 1/10 左右,即大约人均 10 升。

经济增长和城市化可能降低了威尼路的消费。对所有消费者来说,这肯定是一种劣于葡萄酒的产品,最重要的是,它无法支撑交通和营销成本以及城市消费税。诚然,米兰的税收统计登记 20 世纪 10 年代威尼路的消费量非常小(人均 0.1—0.2 升),20 世纪 30 年代这个数据不见了。我们推测,20 世纪前几十年里葡萄酒消费量某种程度的增加(最明显的是战后的高峰)反映了葡萄酒对威尼路的替代。

意大利葡萄酒的"创造"

传统观点[佩德罗科(Pedrocco),1993]认为,19 世纪意大利葡萄酒相当糟糕,因为大多数消费者只是对以尽可能低的价格买到尽可能多的酒精感兴趣。富人喝的是他们的庄园出产的最好的葡萄酒和/或进口的法国葡萄酒。唯一一个相对现代的生产部门生产所谓的"特殊"葡萄酒:玛莎拉(marsala)、苦艾酒(vermouth)和斯伯曼蒂(spumanti)(起泡葡萄酒)。

根据英国人沃德豪斯 1773 年可能杜撰的记载,玛莎拉是一种类似雪利酒(sherry)的加强型葡萄酒,被发现并商业化。苦艾酒的配方(在白葡萄酒中加入艾草,包括苦艾)在 1786 年由都灵的卡帕诺(Carpano)加以完善。几乎是在同一时期的 1865 年,第一批可饮用的仿法国香槟酒被生产出来,由在阿斯蒂(皮埃蒙特)的甘西娅(Gancia)和在瓦尔多比亚代内(威尼托)的卡朋(Carpene)生产。

对酒庄可得的、有时不那么可靠的描述压力在于它们的规模和技术的现代性。按照农业部的说法,在第一次世界大战前夕,意大利生产了 87 500 百万升

"特殊"葡萄酒，但是，没有对类型做进一步区分（MAIC，1914）。25 年后，意大利生产了 36 700 千升玛莎拉、36 200 千升苦艾酒、5 300 千升斯伯曼蒂和 36 100 千升其他类型特殊葡萄酒，总量超过 100 000 千升（ISTAT，1940）。因此，特殊葡萄酒占总产出的 2.4%—2.9%。它们对产区经济至关重要，但是，它们针对的是意大利和国外的特定利基市场[1]。

餐桌上消费的高品质葡萄酒的"创造"是一项更困难的任务（辛普森，2011）。不像苦艾酒生产，也许也不像玛莎拉的生产，它需要彻底革新整个生产程序，从葡萄的选择到葡萄酒的营销过程（均需要变革）。就其本质而言，这是一个缓慢的过程，实实在在地影响了数以百万计的农场和成千上万的酿酒商。因此，我们对它知之甚少。文献重点介绍了一些先驱者，19 世纪初，他们尝试从他们的庄园开始改进葡萄酒，模仿类似法国的程序（更高级的程序）。达尔马索和马斯卡尔奇（1937）暗示粉孢菌（oidium）起到了关键的唤醒作用，这是 19 世纪 40—50 年代传播的一种葡萄病害。在这些先驱者中，最著名的是里卡索利（Ricasoli），19 世纪 30 年代他继承了位于基安蒂中心区位的布洛里奥的一大片庄园（比亚焦利，2000）。关于品种选择、修剪和收获的方法（后者可能提高含糖量），他都对佃农做出非常详细的指导，并且他亲自监督挑选葡萄和酿酒过程。他选择了一种葡萄混合的方式，后来正式被"基安蒂古典"采用，这种方式只是在几年前才改变。这样，在 19 世纪 60 年代，产自布洛里奥的最好的基安蒂葡萄酒在佛罗伦萨的售价比普通葡萄酒高出约 2/3。里卡索利还试图为自己的葡萄酒寻找新的销售渠道，在米兰开了一家店（比佛罗伦萨和锡耶纳已经有的店更加高端），并冒险进入美国市场。就长期而言，由于意大利首都迁往佛罗伦萨（1866—1870 年），意大利精英们知道了基安蒂，他的营销策略也得到了回报。其他地主也仿效他的做法，以至于在 20 世纪 30 年代初，达尔马索对葡萄酒的酿造大加赞赏，称托斯卡纳的核心地区葡萄酒酿造给人"一种理性技术的可靠印象，没有不必要的、反经济的夸张"（达尔马索，1932：110）。

---

[1] niche market，即缝隙市场、机会市场。——译者注

在小规模农民所有制的地区,合作酒庄(社会合作)是现代化的主要推动者。这个想法早在 19 世纪 70 年代被提出,但是,它们的发展非常缓慢。在 1890 年意大利合作社的第一次统计中,它们没有作为一个独特的类别呈现出来[让格里(Zangheri),1987:186]。官方出版物(MAIC,1908)列出了 1906—1907 年的 36 个合作酒庄,但大多数是在 1905 年成立的,为了按照 1904 年法律规定,为购买设备申请补贴。1927 年,合作酒厂只有 98 家,生产 66 000 千升葡萄酒,约占总产出的 1.6%[弗那萨利和扎马格尼(Fornasari and Zamagni),1997:129]。10 年后,这个数字上升到 176 家,产量约 10 万千升,占产出的 2.6%(《国家公报》,无日期,88-89)。它们中大多数的目标是生产适合批量销售的好酒,而不是像里卡索利那样生产高品质葡萄酒。它们的贡献是为大众消费而改善了葡萄酒质量,并在农民中传播了现代栽培和酿酒的基本原理意识。

19 世纪国家作为变革推动者的作用仅限于专业教育的投资(本蒂,2004,概述)。1874 年,奥地利政府在圣米歇尔奥拉迪奇(特伦蒂诺)设立了第一个葡萄酒生产专业学校;1876 年,意大利模仿奥地利,在科涅利亚诺建立了一所学校(拉扎里尼,2004),后来还在阿维利诺、阿尔巴、卡塔尼亚和卡利亚里建立了学校。这些学校都是有价值的,但都是小举措:1904—1909 年,这 5 所学校仅有 350 名学生毕业。

20 世纪国家干预更加锐利。像欧洲其他国家那样,1888 年意大利颁布了限制运输葡萄树苗的法规,以防止根瘤蚜虫病的蔓延(皇家法令第 5252 号),但收效甚微。[1] 当情况变得严峻时,强制成立了农民协会,免费生产和分发美国葡萄树的树苗(1901 年第 355 号)。1901 年,第一个农民协会在阿普里亚成立,1907 年扩展到全国。尽管存在争议,并且反应有些迟缓,但国家的动机是帮助农民克服长期的危机(蒙塔纳里和塞卡雷利,1950:138;德菲利斯,1971:260—267)。

---

[1]　由于进口受感染的葡萄树苗,在特伦蒂诺的 S. 米歇尔的农业学校被指控传播根瘤蚜虫病[路艾迪(Ruatti),1955]。

然而,国家对改进意大利葡萄酒产业的主要贡献是对高品质"典型葡萄酒"的保护,反对广泛的欺诈和滥用不当的名称(IVA 指南,1928;达尔马索、克斯摩和戴尔奥利奥,1939)。意大利比法国起步晚,但是,比西班牙早一点。这项举措是在 20 世纪初提出的,倡议者是来自皮埃蒙特葡萄酒主要产区阿尔巴的议员特奥巴多·卡利萨诺(Teobaldo Calissano),但没有成功。1921 年向议会提交了一条法案,但是,在通过 1924 年 3 月 7 日皇家法令(第 497 号)批准之前,该法案一直处于搁置状态。最终,1926 年(3 月 18 日,第 562 号)被转换成法律,但是,第一次官方定义的"典型葡萄酒"的法规直到 1927 年 6 月才被采用(皇家法令,第 1440 号)。(自愿的)生产者协会——古典基安蒂协会——早在 3 年前就已建立,但是,实行这项法律引起了极大的争议,最终制定了一部新法律并于1930 年 7 月通过(第 1164 号),其后不久订立规例。

1930 年的法律第一次划定了典型葡萄酒的产区,并鼓励生产者加入合作社,加入合作社必须通过(农业部)法令正式认可。在此后的几年里,这样的法令分别为索阿卫(Soave,1931 年 10 月 23 日)、卡斯特利·罗曼尼(Castelli Romani,1932 年 2 月 26 日)而颁布,另外还颁布了一项关于子品种及其产地的法令(1933 年 5 月 2 日),颁布了基安蒂和亚产区(1932 年 6 月 23 日)、巴罗洛和巴巴斯科(1933 年 8 月 31 日)的法令。然而,加入合作社不是强制性的,并且对国内贸易中的不当冠名没有处以罚款,该法律未能完全有效。因此,最终通过了第三个限制性更强的法律(1937 年 6 月 10 日),顺便将生产者协会吸收到意大利法西斯国家正在崛起的社团主义结构之中。

记录意大利葡萄酒质量的变化是相当困难的。在农学杂志、技术文献和博览会报告(例如,1861 年的佛罗伦萨博览会)中,有相当丰富的轶事证据,但是,可靠的数据非常少。质量的最佳指标是价格,在下一部分中,我们用它们来评估意大利出口产品的相对质量。有关国内价格的现有数据几乎毫无用处,因为它们所指皆为普通葡萄酒,没有明显的标准在空间上进行比较,尤其是无法随着时间的推移而进行比较。然而,它们强调了一个重要的事实:全国各地的葡萄酒质量差异很大,并且这些差异是永久性的。19 世纪 80 年代和 90 年代初,大约 70 个市场中第一序列的优质餐酒平均价格的变异系数为 0.27（MAIC，1874—1896），1935—1938 年 30 个市场平均价格的变异系数为 0.24（ISTAT，1935—1938）。这种差异必然反映质量差异，而不是运输成本差异，因为在 19 世纪 80 年代，作为一种更加散装的产品——小麦——的系数大约为 0.06。

有关高品质葡萄酒生产的唯一可得数据是 20 世纪 30 年代末产业普查收集的（ISTAT，1940），只覆盖产能超过 50 千升的酒庄。登记了 7 932 家，设施平均生产能力为 140 千升，大致相当于 20 万瓶左右，每瓶 0.75 升。只有 72 家酒庄——阿普里亚 14 家、艾米利亚 13 家、特拉帕尼地区 7 家（生产玛莎拉）——产能超过 2 000 千升葡萄酒（270 万瓶），其中，只有 2 家可能超过 2 000 万瓶。[1] 表 5.4 比较了工业普查数据中优质葡萄酒总产量与葡萄酒总产量。

表 5.4 　　　　　　　　　　 **1938 年意大利高品质葡萄酒产量** 　　　　　　单位：千升，%

	总产出	工业产出	高品质红葡萄酒	高品质白葡萄酒	高品质葡萄酒在总产出中占比	高品质葡萄酒在工业产出中占比
皮埃蒙特	351 387	100 814	23 354	n. a.	6.6	23.2
利古里亚	44 124	3 753	n. a.	n. a.	n. a.	n. a.
伦巴第	201 584	129 410	n. a.	n. a.	n. a.	n. a.
特伦蒂诺	46 812	41 043	22 580	2 953	54.5	62.2
威尼托	227 216	86 142	21 475	10 193	13.9	36.8
朱利—威尼西亚	46 516	45 056	n. a.	n. a.	n. a.	n. a.
艾米利亚	412 774	243 207	18 305	2 194	5.0	8.4
托斯卡纳	323 933	119 841	45 184	21	14.0	37.7
马其斯	238 792	21 257	n. a.	n. a.	n. a.	n. a.
乌布利亚	142 958	15 582		1 621	1.1	10.4
拉齐奥	174 910	11 910	572	5 941	3.7	54.7
阿布鲁兹	157 595	2 899	n. a.	n. a.	n. a.	n. a.
坎帕尼亚	294 341	10 438	157	247	0.1	3.9
阿普里亚	350 073	227 069	n. a.	n. a.	n. a.	n. a.

---

　　[1] 据记载，博洛尼亚最大的葡萄酒酿造厂生产 8 650 千升，即 1 110 万瓶葡萄酒。我们通过假设每个省除了一个酒厂外的所有酒厂的规模上限为生产 2 000 千升葡萄酒，并将其与总产量的差归为一个厂家的产量。

续表

	总产出	工业产出	高品质红葡萄酒	高品质白葡萄酒	高品质葡萄酒在总产出中占比	高品质葡萄酒在工业产出中占比
巴斯利卡塔	23 446	949	n. a.	n. a.	n. a.	n. a.
卡拉布里亚	46 505	5 280	n. a.	n. a.	n. a.	n. a.
西西里岛	317 948	106 087	n. a.	n. a.	n. a.	n. a.
撒丁岛	10 091	13 912	n. a.	n. a.	n. a.	n. a.
意大利全国	**3 411 005**	**1 184 647**	**131 627**	**23 170**	**4. 5**	**13. 1**

资料来源:ISTAT(1940)、ASAI(1936—1938)。

注释:表中 n. a. 表示数据不可得。

这些数字可能是一个下限。首先,有些非常好的葡萄酒是在尚未得到官方承认的地区生产的(注意,在那不勒斯南部没有优质葡萄酒)。其次,在列表中的各地,农民也生产优质葡萄酒。事实上,特定地区的资料来源报告了更高的优质葡萄酒的产量(尽管并非所有的葡萄酒都达到了最好酒庄的标准)。[1] 尽管剔除一些估值过低的因素,优质葡萄酒的占比低得令人吃惊,除了特伦蒂诺,它在 1918 年以前属于奥匈帝国,并且有着巩固的合作传统。

葡萄酒出口

1861 年统一之前,葡萄酒的对外贸易十分有限。在 19 世纪 50 年代,托斯卡纳[帕伦蒂(Parenti),1959]和教皇统治的州[伯尼利(Bonelli),1961]是葡萄酒净进口者,而伦巴第—威尼西亚[格拉兹尔(Glazier),1966]和公爵领地(科伦

---

〔1〕 达尔马索等(1939)报告维罗那省总产量为 32 700 千升的优质葡萄酒(索阿卫、瓦尔波利切拉),而工业普查的数据为 28 000 千升(85%)。农林部(1932:363)估计在 16.65 万千升的省份中,基安蒂的产量为 57 800 千升,而按照工业普查,基安蒂为 45 100 千升。格拉维尼(1933)估计奥维多葡萄酒在 2 800 千升(实际售出)与 3 800 千升(生产)之间,而工业普查报告为 1 600 千升。1942 年对东北各省的详细调查(蒙塔纳里和切卡雷利,1950)估计,过去 12 年在特伦蒂诺,优质葡萄酒占普通葡萄酒产量的 80%,威尼西亚省占 23%,威尼西亚—朱利亚占 40%。普洛斯派里(Prosperi,1940)提出卡斯特利—罗曼尼地区的数字为 40 000 千升,而根据工业普查,数字为 6 500 千升。

蒂和马埃斯特里,1864:430)是净出口者。[1] 直到 19 世纪 50 年代初,皮埃蒙特(罗密欧,1976)才成为葡萄酒的净出口者,那时,粉孢子削减了产量。然而,交易量很小,而且很有可能只供当地跨境消费(如果我们考虑统一后的边界,这些贸易流量将会消失)。唯一的例外是西西里岛,西西里岛出口了大量的玛莎拉,鼎盛时期高达 3 万千升,主要是出口到英国(巴塔利亚,1983)。

　　玛莎拉的出口在统一后继续着,但是,直到 19 世纪 70 年代末,意大利的出口总额一直很小,在 2 万千升上下波动,占世界出口的 5%。它们只占产出的1.5% 和意大利出口的 2%(见图 5.2)。[2]

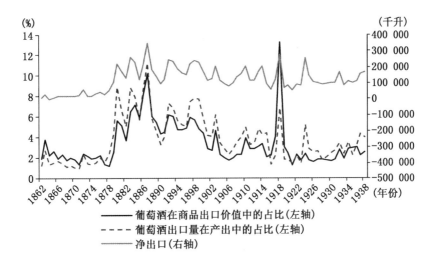

资料来源:费德里克等(2012)。

图 5.2　1862—1938 年意大利葡萄酒出口量、产出占比以及
葡萄酒出口价值占商品出口价值的份额

　　意大利的出口在 19 世纪 80 年代蓬勃发展,这要归功于当时法国的根瘤蚜虫危机,法国吸收了意大利出口的 4/5[切维特等(Chevet et al.),2018]。在高峰时期,意大利出口超过 20 万千升,占意大利葡萄酒产量和意大利商品出口的

---

　　[1]　格拉齐亚尼(1956—1957 年)在欧洲大陆南部的进出口商品中没有包括葡萄酒——显示其贸易是多么无关紧要。

　　[2]　所有的贸易数据,如果没有特别说明,都来自费德里克等(2012)的数据库。

6%—8%,几乎占全球葡萄酒出口量的1/6。[1]

　　繁荣给南方带来了巨大的期望,并触发了新种植园的大规模投资。与法国爆发的贸易战导致生产者的希望破灭了,贸易战导致1888年法国对意大利葡萄酒实施很高的关税。在短期内,为了避免灾难发生,通过与奥地利—匈牙利帝国谈判一项所谓的葡萄酒条款,这项条款导致其对从意大利进口的葡萄酒大幅削减关税,1892年开始生效。在大约10年的时间里,对于出口有所下降的意大利,双重君主制的奥匈帝国是主要的出口市场(约45%)。1903年条款没有续签,尽管当时意大利出口开始下降。出口量在100百万升—200百万升之间波动,偶尔有高峰,直到第二次世界大战。在意大利出口中,葡萄酒一直是一个小项目,在所有商品的总额中占比小于5%。与19世纪相比较,出口目的地更加多样化。意大利的主要客户是瑞士官方(约占出口的1/3),而德国,尤其是殖民地,成为20世纪30年代末的主要市场(见图5.3)。

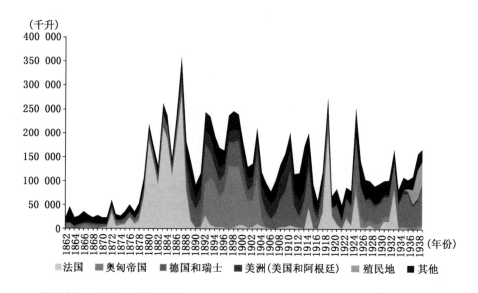

资料来源:费德里克等(2012)。

图5.3　1862—1938年按照出口目的地划分的意大利葡萄酒出口

---

〔1〕 1887年的峰值是站不住脚的,因为它反映了法国进口关税提高的预期。

20 世纪,意大利是世界第四大葡萄酒出口国,远远落后于阿尔及利亚,但是,除了特殊年份,也落后于西班牙和法国。此外,在世界出口总额中所占的份额从 20 世纪初的 14％下降到第一次世界大战前夕的 10％,第一次世界大战后下降到 6％—7％。

20 世纪初,意大利在世界出口中所占的份额较低,但是,如果用价值而不是数量来衡量,之后则较高。这表明意大利葡萄酒相对质量的改善,在图 5.4 中,我们用意大利单位出口价值与法国单位出口价值的比率来衡量相对质量,法国是在高端市场中无可争议的领导者。西班牙和阿尔及利亚是意大利在大众市场上的主要竞争对手。整个时期,意大利葡萄酒都比法国葡萄酒便宜,比率波动较大,但没有明显的上升趋势。在 19 世纪 60 年代差距是非常大的,在 19 世纪 70 年代差距缩小,在 19 世纪 80—90 年代差距扩大了,在 20 世纪初和 20 世纪 20 年代一定程度上接近了,在 20 世纪 30 年代差距再次扩大了。相比之下,意大利葡萄酒略好于西班牙葡萄酒(平均比率为 1.28 或 1.12,不包括战时峰值)和阿尔及利亚葡萄酒(比率为 1.45)。在第一次世界大战之前,这两个比率都有所上升,尽管存在巨大的波动,表明一些相对的而且很可能是绝对的改进。

遗憾的是,直到 1897 年,意大利贸易统计数据才区分了葡萄酒,既包括进口,也包括出口,并且仅仅按照容器(桶或瓶)统计。在 19 世纪 60—70 年代,后者(葡萄酒出口)约占总出口的 3％—4％(数量上);19 世纪 80 年代的繁荣时期,这一比例下降到不足 1％,这个水平一直保持到 1898 年。这些数字是对优质葡萄酒在出口总额中所占份额的较低估计:很有可能,瓶装葡萄酒只是优质葡萄酒,但也有一些玛莎拉葡萄酒和苦艾酒是桶装出口的。[1] 19 世纪 80 年代的平均单位价值相对下降和它们在 19 世纪 90 年代的上升反映了意大利葡萄酒出口的目的地的变化。19 世纪 80 年代,意大利主要向法国出口维诺达塔利奥,一种浓郁的南方葡萄酒,为了增加其酒精含量,法国人习惯于把它和当地的

---

〔1〕　在 1898—1938 年间,桶装玛莎拉和苦艾酒的出口占总出口的 3/4,大约 10％的出口以桶装。同时,基安蒂葡萄酒以桶而不是瓶子出口(农林部,1932:281—282)。

酒混在一起喝，而奥地利—匈牙利进口佐餐葡萄酒。

自 1898 年以来，贸易统计数据分别报告了装进菲亚斯基（fiaschi）的葡萄酒出口，这是基安蒂葡萄酒的传统容器（农林部，1932：281），以及苦艾酒（装在桶和瓶子里）的出口。他们开始单独报告 1921 年玛莎拉的出口（桶装和瓶装）以及 1924 年气泡酒（spumante）（仅限瓶装）的进出口。因此，我们可以估计"优质葡萄酒"的总出口为瓶装和菲亚斯基装葡萄酒、气泡酒、玛莎拉和苦艾酒的总和。就这个定义而言，高品质葡萄酒的份额从 20 世纪初的 2％—3％上升到 20世纪 30 年代末几乎达到了 1/3。气泡酒和瓶装葡萄酒的出口仍然可以忽略不计（1936—1937 年，95％的气泡酒产量为意大利消费）。增长反映了特殊葡萄酒的出口增长和菲亚斯基装葡萄酒的出口繁荣。1936—1937 年，出口吸收了 1/3的苦艾酒产量，大约吸收了一半玛莎拉的产量。菲亚斯基装葡萄酒迎合了海外意大利消费者的口味，他们是最早的海外移民，然后是居住在殖民地的意大利人：1935—1938 年，3/4 的出口到了新征服的埃塞俄比亚。

可以估计，出口构成上的这些变化就可以解释意大利葡萄酒出口单位价值比率上升了 1/4 的原因。[1]。其余的一定反映了意大利葡萄酒的相对改善。我们拥有的唯一替代指标是瓶装葡萄酒进出口的单位价值之比，用来衡量顶级市场葡萄酒的相对质量（见图 5.4）。[2]。它没有显示出明显的改善，证实了相对于法国单位价值的稳定性信息。这也意味着，在 20 世纪，这种改善主要集中在散装葡萄酒的出口，与相对于西班牙和阿尔及利亚单位价值的上升趋势相一致。

---

〔1〕 假设 1880 年，普通葡萄酒占出口的 99％，我们估计到 1938 年，意大利葡萄酒的单位价值是与事实相反的。

〔2〕 从 1924 年才开始可得的数据，瓶装气泡酒的相对出口/进口单位价值也稳定在 0.4 左右。

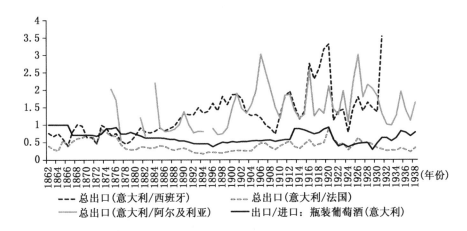

a. 意大利出口葡萄酒的平均单位价值除以其他葡萄酒出口国的平均单位价值。
资料来源：费德里克等(2012)、安德森和皮尼拉(2017)。

图 5.4　1862—1938 年意大利出口葡萄酒的相对品质[a]

结　论

　　在本章所述的几十年里，意大利葡萄的种植没有多少改变。虽然我们有可能发现战后转型的一些早期迹象：特殊葡萄酒生产的增长、努力提高葡萄酒质量，以及第一次尝试为特定区域的商标提供法律保护等。但是，即使在第二次世界大战前夕，优质葡萄酒的生产受到限制，意大利酒庄规模小，所以在加工过程中，极有可能无法利用规模经济，并且最重要的是营销。因此，大变革必须等待 20 世纪 50—60 年代的"经济奇迹"时期整个意大利经济和社会的转型。农村人口的外流和收入的超高速增长（以及均衡的劳动力成本）完全改变了消费方式和意大利农业的形态。

　　【作者介绍】　吉奥范尼·费德里克(Giovanni Federico)：皮萨大学经济和管理系经济史教授，曾任意大利佛罗伦萨的欧洲大学研究所经济史教授。他是

《欧洲经济史评论》的编辑，也是欧洲历史经济学会主席。他是《哺育世界：世界农业经济史》(2005)的作者。

帕布洛·马提内里(Pablo Martinelli)：2012年从欧洲大学研究所获得博士学位，现为马德里卡洛斯大学经济史助理教授。他的主要研究领域是农业在经济发展中的作用以及定量农业历史。他发表的作品涉及意大利经济史上地理因素的作用、农村不平等和冲突。

【参考文献】

Almanach (1809), *Almanach du Departement du Pôpour l'An 1809*, Turin: Chez Michel-Ange Morano.

Anderson, K. and V. Pinilla (with the assistance of A. J. Holmes) (2017), *Annual Database of Global Wine Markets, 1835 to 2016*, freely available in Excel at the University of Adelaide's Wine Economics Research Centre, www. adelaide. edu. au/wine-econ/databases.

Aperçu Comparatif (1852), 'Aperçu Comparatif des travaux enterpris por le cadastre des Etats Sardes. Rapport fait le 26 mai 1852 à la Commission du Cadastre nominée par la Chambre le 23 avril', pp. 607—59 in *Atti del Parlamento Subalpino, Sessione del 1852 (IV Legislatura) dal 4 marzo 1852 al 21 novembre 1853. Documenti. Vol. I*, Florence: Botta, 1867.

ASAI (1936—1938), ISTAT, *Annuario Statistico dell'Agricoltura Italiana*, ad annum.

Baffigi, A. (2011), 'Italian National Accounts, 1861—2011', Economic History Working Papers, Banca d'Italia, Rome.

Bandini, M. (1932), *Aspetti economici della Invasione Fillosserica in Toscana*, Studi e Monografie, n. 17, Milan and Rome: Istituto Nazionale di Economia Agraria.

Banti, A. M. (2004), 'Istruzione agraria, professioni tecniche e sviluppo agricolo', pp. 717—44 in *Agricoltura come manifattura*, edited by G. Biagioli and R. Pazzagli, Florence: Olschki.

Battaglia, R. (1983), *Sicilia e Gran Bretagna*, Milan: Giuffrè.

Biagioli, G. (2000), *Il modello del proprietario imprenditore nella Toscana dell'Ottocento: Bettino Ricasoli. Il patrimonio. Le fattorie*, Florence: Olschki.

BMSAF (ad annum), ISTAT *Bollettino Mensile di Statistica Agraria e Forestale*, ad annum, Rome.

Bonelli, F. (1961), 'Il commercio estero dello stato Pontificio nel secolo XIX', *Archivio Economico dell'Unificazione Italiana* serie I, vol. 9, Turin: ILTE.

Burger,G. (1843),*Agricoltura del Lombardo-Veneto*,Milan:Carrara.

Chevet,J.-M.,E. Fernandez,E. Giraud-Héraud and V. Pinilla (2018),'France',ch. 3 in *Wine' Globalization:A New Comparative History*,edited by K. Anderson and V. Pinilla,Cambridge and New York:Cambridge University Press.

Città di Milano (ad annum),*Bollettino Municipale Mensile* (1906—1926),later *Rivista mensile del comune di Milano*,Milan:Città di Milano.

Correnti,C. and P. Maestri (1864),*Annuario statistico italiano*,Turin:Tipografia Letteraria.

Dalmasso,G. (1932),'Viticoltura ed enologia toscana',*Annuario della Stazione sperimentale di viticoltura ed enologia di Conegliano* 4:7—281.

Dalmasso,G.,I. Cosmo and G. Dell'Olio (1939),*I vini pregiati della provincia di Verona*,Rome:Tipografia Failli.

Dandolo,C. (1820),*Enologia. Ovvero l'arte di fare,conservare e far viaggiare i vini del regno*,2nd edition,Milan:Sonzogno.

De Felice,F. (1971),*L'agricoltura in Terra di Bari dal 1880 al 1914*,Milan:Banca Commerciale Italiana.

Ente Nazionale (no date),*Dati statistici sulle organizzazioni cooperative*,Rome:Ente Nazionale fascista della Cooperazione.

Federico,G. (1982),'Per una valutazione critica delle statistiche della produzione agricola italiana dopo l'Unità (1860—1913)',*Società e Storia* 15:87—130.

(2000),'Una stima del valore aggiunto dell'agricoltura italiana',pp. 5—112 in *I conti economici dell'Italia. 3.b. Il valore aggiunto per gli anni 1891,1938 e 1951*,edited by G. M. Rey,Rome and Bari:Laterza.

(2003),'Le nuove stime della produzione agricola italiana,1860—1910:primi risultati ed implicazioni',*Rivista di Storia economica* 19(3):359—81.

Federico,G.,S. Natoli,G. Tattara and M. Vasta (2012),*Il commercio estero italiano 1861—1939*,Rome and Bari:Laterza.

Federico,G.,Nuvolari,A. and Vasta,M. (2017),'The origins of regional divide:evidence from real wages 1861—1913',CEPR DP 12358.

Fornasari,M. and V. Zamagni (1997),*Il movimento cooperativo in Italia*,Firenze:Vallecchi.

Galli,A. (1840),*Cenni Economico-Statistici sullo Stato Pontificio*,Rome:Tipografia Camerale.

Garavini,G. (1933),'Delimitazione della zona di produzione del vino tipico di Orvieto. Relazione a S. E. IL ministro',*Nuovi annali dell'agricoltura* 13(3—4):226—63.

Glazier,I. (1966),'Il commercio estero del regno Lombardo Veneto dal 1815 al 1965',*Archivio Economico dell'Unificazione Italiana* 15(1):1—143.

Granata,L. (1830),*Economia Rustica per lo Regno di Napoli*,Naples:Tip. Del Tasso.

Graziani,A. (1956 — 1957),'Il commercio estero del regno delle Due Sicilie dal 1838 al 1858',*Atti dell'Accademia Pontaniana* 6:200—17.

ISTAT (1929),*Catasto agrario del Regno d'Italia*,Rome:Istituto Centrale di statistica, ISTAT.

ISTAT (1935—1938),'*Bollettino dei prezzi*',*Supplement to the Gazzetta Ufficiale*,Rome: Istituto Centrale di statistica,ISTAT.

ISTAT (1940),*Censimento industriale e commerciale Volume I Industrie Alimentari 1937*, Rome:Istituto Centrale di statistica,ISTAT.

ISTAT (1966),*Lo sviluppo della popolazione italiana dal 1861 al 1961*,Annali di statistica serie VIII vol. 17,Rome:Istituto Centrale di statistica,ISTAT.

Lazzarini,A. (2004),'Trasformazioni dell'agricoltura e istruzione agraria nel Veneto',pp. 359—409 in *Agricoltura come manifattura*,edited by G. Biagioli and R. Pazzagli,Firenze:Olschki.

Marescalchi,A. and G. Dalmasso (1937),*Storia della vite e del vino in Italia* I,Milan: Gualdoni.

Martinelli,P. (2014). 'Von Thünen South of the Alps:Access to Markets and Interwar Italian Agriculture',*European Review of Economic History* 18(2):107—43.

Mazzini,C. M. (1881),'La Toscana Agricola',in *Atti della Giunta per la Inchiesta Agrariae sulle condizioni della classe agricola. Vol. III Fasc. 1*,Rome:Tip Del Senato.

MAIC (1874— 1896),*Bollettino settimanale dei prezzi dei prodotti agricoli e del pane*, Rome:Ministero di Agricoltura,industria e commercio,weekly.

MAIC (1908),'Cantine Sociali ed associazioni di produttori di vino',in *Annali di Agricoltura*,Rome:Ministero di Agricoltura,industria e commercio.

MAIC (1914),*Il vino in Italia*,Rome:Ministero di Agricoltura,industria e commercio.

Meloni,G. and J. Swinnen (2018),'Algeria,Morocco and Tunisia',ch. 16 in *Wine'Globalization:A New Comparative History*,edited by K. Anderson and V. Pinilla,Cambridge and New York:Cambridge University Press.

Ministerio de Economía Nacional (1931),*Anuario Estadístico de las Producciones Agrícolas 1930*,Madrid:Ministerio de Economía Nacional.

Ministero dell'Agricoltura e delle Foreste (1932),*Per la tutela del vino Chianti e degli altri vini tipici toscani. Relazione della commissione interministeriale per la delimitazione del territorio del vino Chianti*,Bologna:Ministero dell'Agricoltura e delle Foreste.

Montanari,V. and G. Ceccarelli (1950),*La viticoltura e l'enologia nelle Tre Venezie*,Treviso:Longo e Zoppelli.

Mortillaro,V. (1854),*Notizie Economico-statistiche ricavate sui catasti di Sicilia*,Palermo: Stamperia Pensante.

NPSA (ad annum),Ministero di Agricoltura,industria e commercio,*Notizie Periodiche di Statistica Agraria*,Rome:Ministero di Agricoltura,industria e commercio.

Ottavi,O. and A. Strucchi (1912),*Enologia*,Milan:Hoepli.

Parenti,G. (1959),'Il commercio estero del Granducato di Toscana dal 1851 al 1859',pp. 1—15,in *Archivio Economico dell'Unificazione Italiana*,serie I,vol. VIII,fasc. 1,Turin:SELTE.

Pedrocco,G. (1993),'Un caso ed un modello:viticoltura ed industria enologica',pp. 315—42 in *Studi sull'agricoltura italiana Annali Feltrinelli* XX,edited by P. P. D'Attorre and A. De Bernardi,Milan:Feltrinelli.

Prato,G. (1908),*La vita economica in Piemonte a mezzo il secolo XVIII*,Turin:Società Tipografico-Editrice Nazionale.

Prosperi,V. (1940),*I vini pregiati dei Castelli Romani*,Rome:REDA.

Pugliese,S. (1924),*Condizioni Economiche e Finanziarie della Lombardia nella prima metà del secolo XVIII*,Turin:Bocca.

Redazione IVA (1928),*Redazione dell'Italia Vinicola ed Agraria La legge sui vini tipici*,Casale Monferrato:Ottavi.

Rigotti,R. (1931),'Rilievi Statistici e considerazioni sulla viticoltura trentina',*Esperienze e Ricerche dell'Istituto Agrario e Stazione Sperimentale di San Michele all'Adige*,Nuova serie,Volume Primo 1929—1930:271—353.

Romeo,R. (1976),*Gli scambi degli stati sardi con l'estero nelle voci più importanti della-bilancia commerciale (1819—1859)*,Turin:Biblioteca di 'Studi Peimontesi'.

Ruatti,G. (1955),*Lo sviluppo viticolo del Trentino*,Trento:Comitato Vitivinicolo della Provinica di Trento.

SAF (1897),Statistique Agricole de la France,*Résultats Généraux de l'Enquête Décennale de 1892—Tableaux*,Paris:Imprimerie Nationale.

SAF (1936),Statistique Agricole de la France,*Résultats Généraux de l'Enquête de 1929*,Paris:Imprimerie Nationale.

Scarpa,G. (1963),*L'Agricoltura del Veneto nella prima metà del XIX secolo. L'utilizzazione del suolo*,Archivio Economico dell'Unificazione Italiana,Serie II,Volume VIII,Turin:ILTE.

Simpson,J. (1994),*The Long Siesta*,Cambridge and New York:Cambridge University Press.

(2011),*Creating Wine:The Emergence of a World Industry,1840—1914*,Princeton:Princeton University Press.

Spagnoli,A. (1948),'I danni della fillossera',*Bollettino di Statistica Agraria e Forestale* 9:67—72,September.

Strucchi,A. (1899),*Il cantiniere*,3rd edition,Milan:Hoepli.

Tassinari,G. (1945),*Manuale dell'Agronomo*,2nd edition,Rome:REDA.

Toutain,J. C. (1961),'Le Produit de l'Agriculture Française de 1700 a 1958' ['Histoire quantitative de l'economie française' (1) and (2)],*Cahiers de l'Institut de Science*

Economique Appliquee, Serie AF 1 and 2, Paris：ISEA.

Vianello, A. and A. Carpenè (1874), *La vite ed il vino nella provincia di Treviso*, Rome, Turin and Florence：Loescher.

Zamagni, V. (1992),'Il valore aggiunto del settore terziario in Italia nel 1911', pp. 191—239 in *I conti economici dell'Italia. 2 Il valore aggiunto per il 1911*, edited by G. M. Rey, Rome and Bari：Laterza.

Zamagni, V. and P. Battilani (2000),'Stima del valore aggiunto dei servizi', pp. 241—371 in *I conti economici dell'Italia. 3. b. Il valore aggiunto per gli anni 1891, 1938 e 1951*, edited by G. M. Rey, Rome and Bari：Laterza.

Zangheri, R. (1987),'Nascita e primi sviluppi', pp. 5—216 in *Storia del movimento cooperativo in Italia*, edited by R. Zangheri, G. Galasso and C. Valerio, Turin：Einaudi.

Zannoni, I. (1932), *Alessandria irrigua ed agraria*, Alessandria：Colombani.

第六章

1939 年以来的意大利

意大利的葡萄酒产业并没有受到第二次世界大战的严重影响。葡萄园受到的损害是可以得到救济的，但是，由于农业劳动力减少和为了战争需要而进行的粮食生产重组，葡萄酒产量下降［伯纳迪（Bonardi），2014］。由于这些年来统计数据的不确定性，下面的分析关注战后时期，葡萄酒产量迅速恢复到大约 1937—1939 年战前时期的水平，略低于 40 亿升。在此后的几十年里，意大利葡萄酒产业经历了深刻而重大的变革。它们可以被概括为：

● 葡萄酒产量强劲增长，1946 年至 20 世纪 80 年代之间产量翻番，而后迅速下降。

● 葡萄酒销售目的地发生重大变化，从出口微不足道的份额变为大约一半的产品出口。

● 生产大规模转型，并且基本的、廉价的葡萄酒消费转变为高品质的葡萄酒消费。

● 随着玩家的出现和不断提升的垂直整合，葡萄酒价值链的组织结构发生了变化。

这种演变发生在不同的阶段，以不同的驱动因素和特点为标志。尽管一定程度上有些武断，我们还是将该产业战后的演变细分为四个时期，并在本章的各节中重点介绍葡萄种植、酿酒、国内消费、出口和影响该产业的政策。表 6.1 归纳了这四个时期的主要趋势，图 6.1、图 6.2 和图 6.3 描述了 1939 年以来所有年份的关键指标。与这四个期间有关的其他数据见表 A6.1、表 A6.2、表 A6.3 和表 A6.4（见附录）。

表 6.1　　　　　1946—2014 年意大利葡萄酒产业关键变量变化趋势

	1946—1970 年	1970—1986 年	1986—2000 年	2000—2014 年
专业(单一作物)葡萄园种植面积变化	+	−	−	−
每公顷收益变化(专业种植面积)	++++	++	+	
葡萄酒产量变化	++++	+		
葡萄酒出口量	低水平但不断增加	繁荣	快速增加	增加
葡萄酒消费变化	++++	−		
人均葡萄酒消费变化	+++	−	−	
实际出口价格变化(本币)	−	−	+++	+++
出口占葡萄酒产量的百分比(%)	+	++	+++	+++

资料来源:作者基于官方资料与安德森和皮尼拉(2017)整理得出。

1946—1970 年:结构变化和国内消费驱动的扩张

意大利战后头 25 年发展的主要方面是,就供给侧而言,葡萄园的技术变革推动葡萄酒产量的增长;就需求侧而言,国内消费增长推动了葡萄酒产量的增长。虽然出口逐渐增加,但其作用可以忽略不计,微不足道。

1946—1970 年间,意大利葡萄酒产量增长了 94%,这与世界其他地区葡萄酒产量增长的速度非常相似,世界其他地区增长了 97%。战后第一个 10 年,经济增长尤其迅速。这并不是因为葡萄种植面积的增加(尽管间作葡萄显著减少,而专业葡萄园扩张了),而是由于产出的大幅提高,平均产出从每公顷 0.9 千升葡萄酒提高到每公顷葡萄酒产出超过 3 千升(见图 6.1 和图 6.2)。

这种转变的主要原因是专业化的巨大变化。在 20 世纪 40 年代后期,全国葡萄种植面积的 3/4 是间作种植,特别是在东北和中部地区(费德里克和马提内里,2018)。1946—1970 年间,专业葡萄园面积增加了 1/8,而间作葡萄园面积下降了 2/3(见图 6.1、表 A6.1,以及科尔斯、帕玛里奇和萨尔顿,2004)。这

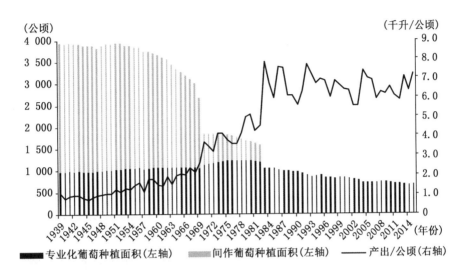

注：有关间作葡萄种植面积的数据显示，1970 年和 1982 年以后葡萄种植面积突然下降。在这两种情况下，下降都是由于统计调查制度的修改。在 1970 年，开始从葡萄园的地籍册中提取数据，但没有包括地表上只有零星的葡萄植株的面积。1982 年以后，由于这个观测点被边缘化了（不受关注），关于间作的葡萄种植面积调查中断了。

资料来源：安德森和皮尼拉（2017）。

图 6.1　1939—2015 年意大利酿酒葡萄产区和每公顷产量

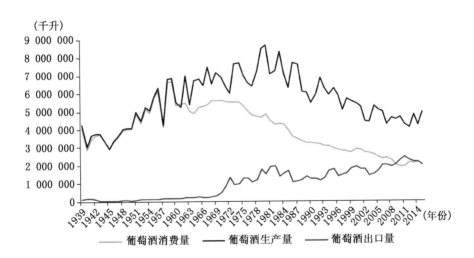

a. 蒸馏酒净重量。

资料来源：安德森和皮尼拉（2017）。

图 6.2　1939—2015 年意大利葡萄酒生产量、消费量[a] 和出口量

是那个时期意大利农业正在发生的巨大变化的一部分,作为整个工业发展和经济快速增长的一部分,实际人均收入增加了4倍。这种转变还涉及大量农村劳动力的外流,尤其在南方,这消除了大部分长期拖累农业部门的过剩劳动力。这进一步推动了农业部门脱离生产为自用的状态而取向更加商业化的特征。相应地,兼有葡萄园的农场数目大大减少:1960—1970年之间,农业普查数据表明,这类农场数量从220万个减少到160万个(见表A6.1)。

传统上,葡萄酒是由农民自己压榨生产的,他们把许多不同品种的葡萄放在一起压榨。不到20%的葡萄是在专门的酿酒厂加工的,而且很少有人志在酿造优质葡萄酒。

1950年有148个合作社,生产140百万升葡萄酒(占总产量的3%),其中,只有一些葡萄酒有很好的声誉(卡萨里尼,1953)。然后,在意大利装备工业蓬勃发展的支持下,一个重组和集中的过程开始了,1963年开端的国际博览会SIMEI就是见证。合作社的作用越来越大,1970年有690个合作社,生产1 200百万升葡萄酒(占总产出的18%)。在私营企业中,瑞士信贷(Credit Suisse)为葡萄酒食品公司提供了资金,联合了十多家酒庄,建立了一个一体化的酒庄公司。

葡萄酒产量的增长主要是受国内需求增长的推动,在此期间,国内需求增长了72%(见图6.2和表A6.1)。这一趋势是由于人口的增长(超过16%)和人均消费增长(超过47%)。离开了农业的这些工人保持了他们最初的消费习惯,他们较高的收入允许他们更多的消费(见表A6.4)。但是,在20世纪60年代,这一趋势发生了变化,显现出来的是,基本(非高档)葡萄酒正在从必需品变成劣质商品。在战后的第一个10年里,葡萄酒主要在小商店里散装出售,当时超市的作用非常小:1957年第一家超级市场开业,到1970年,意大利仍然只有400家超市,仅占全国食品杂货营业额的17%[塔士纳里(Tassinari),2015]。

传统的分销结构不利于提高质量。然而,重新定位的过程开始了。特别是两家私人酿酒厂,一家是弗洛娜丽(Folonari),另一家是法拉利(Ferrari),对于商业高档葡萄酒,它们密集的广告宣传,试图打造一个真正的品牌策略。1968

年的一起掺假案中断了这样的现代化进程,掺假案使得消费者不再信任品牌葡萄酒。尽管如此,来自基安蒂、巴罗洛和巴巴莱斯克(Barbaresco)等地的传统高档葡萄酒的销量仍在增加。此外,一些新的著名葡萄酒出现了,比如阿玛隆(由在威尼托的贝塔尼提出的品牌)和萨西卡亚,为后来著名的"超级托斯卡纳"(Super Tuscans)铺平了道路。为了帮助促进高档葡萄酒,1967 年组织了维罗纳首届葡萄酒展(Giornate del vino italiano),共有 42 家酒庄参加了展会。

对意大利来说,在战后的 1/4 世纪里,葡萄酒国际贸易的作用是次要的,尽管按照百分比,出口增长迅速。葡萄酒进口几乎可以忽略不计,而且越来越多地由昂贵的进口葡萄酒构成(主要是法国香槟酒),以实际进口单位价值计算,增长了 143％。出口葡萄酒的产量从 1％增长到 8％(见图 6.3 和表 A6.2)。

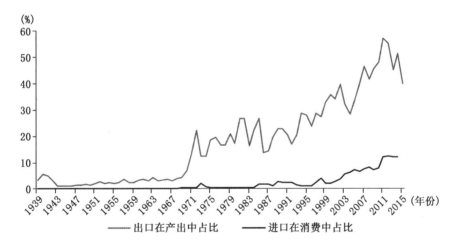

资料来源:安德森和皮尼拉(2017)。

图 6.3　1939—2015 年意大利葡萄酒出口在产出中占比与进口在消费中占比

除了将廉价的散装葡萄酒运往海外,传统的意大利高档酒庄也增加了出口,同时,优尼特联合酿酒集团(Cantine Riunite)开始装运廉价瓶装蓝布鲁斯科(Lambrusco),销往德国和美国。总的来说,意大利出口的葡萄酒定位于价格较低的部分市场,定价略高于世界葡萄酒出口平均价格(见表 A6.3)。

在战后这 1/4 世纪里,葡萄和葡萄酒生产的趋势主要是由不断增长的国内需求和葡萄生产的技术变革驱动的。后者得到了两次国家干预的支持。所谓的"绿色计划"旨在促进意大利农业的现代化,支持葡萄园向更加专业化的葡萄园转型,支持引进优质品种与合作社的发展。对于投资新葡萄园,融资可以高达70%(嘉地,2014)。到20世纪60年代中期,葡萄酒产业还得到了来自新的欧洲经济共同体(EEC)的财政支持。欧洲经济共同体的财政支持计划帮助用专业葡萄园代替老的间作葡萄园,尤其是葡萄酒产区,并且它向合作社提供补贴,以提升合作社在产业中的影响力。

优先考虑那些有原产地标识的葡萄酒以及与(1962年)引进品种一致的、具有较高价值的葡萄酒,这些葡萄酒进入了欧洲经济共同体特定地区生产的优质葡萄酒的分类(QWPSR)。第二年,意大利通过了期待已久的国内法(总统令930/63号),该法采用了两类葡萄酒原产地标识:(意大利)原产地名号监控制度(DOC)和(意大利)最高等级葡萄酒原产地名号监控制度(DOCG)。原产地标识系统发展迅速,1966年,最早批准了12个原产地标识,代表了从阿尔卑斯山到西西里岛的不同地区,到1970年达到76个原产地标识,仅在三个地区(皮埃蒙特、威尼托和托斯卡纳)就将近一半拥有原产地标识。在生产方面,拥有原产地标识的葡萄酒在国民生产总值中所占的份额迅速增加,1967年为1.5%,1970年接近5%(见表A6.1)。

1970—1985年:在欧共体葡萄酒单一市场中的意大利——廉价葡萄酒出口和生产过剩

第二个时期的特点是意大利体制的转变,从主要面向国内消费转向日益增长的消费结构上的出口导向。这主要是由于欧共体内部实行的共同市场,加之意大利货币汇率波动导致外国的需求也随之增加。这个历时15年的时期以意大利出口达到高峰时结束,之后,由于1986年的甲醇丑闻,出口急剧下降,这成为意大利葡萄酒行业演进的转折点。

　　20世纪70年代,葡萄酒产量持续增长,1980年达到顶峰,然后开始下降,以至于1986年比1980年的产量下降了大约11％(见图6.2)。1980年前的增长和随后的下降速度比世界其他地区都要快。最初产量增加是由于葡萄园面积的增加,但是,从20世纪70年代中期开始,葡萄种植面积减少。与此同时,产出率急剧上升,由初期的3—3.5千升/公顷增至20世纪80年代中期的6—7千升/公顷(见图6.1)。

　　产量的增加影响了所有的葡萄酒类别,但是,最高等级葡萄酒原产地名号监控制度下的葡萄酒受到欧共体的特殊体制的推动,该体制使这类酿酒葡萄免于1977年之后的种植禁止。在此期间,最高等级葡萄酒原产地名号监控制度下的葡萄酒数量增加了一倍多,1985年达到225家,占意大利总葡萄酒生产量的10％以上。最高等级葡萄酒原产地名号监控制度下的葡萄酒几乎遍布所有地区,但是,生产集中于几个原产地标识地区[迪安格鲁(D'Angelo),1974]:14个标识就占全国总产量的2/3,仅基安蒂产量就接近1/5。最高等级葡萄酒原产地名号监控制度下的葡萄酒产量的增加也得到了合作社的支撑,1985年合作社生产了半数DOCG葡萄酒(见表A6.1)。

　　随着人均消费水平开始出现长期下降趋势,国内销售量开始趋于平稳(见图6.2)。驱动因素是生活方式和工作方式的改变。在许多工作情况下,体力劳动减少而白领工作增加导致基本的葡萄酒消费减少。同时,作家和记者,比如索尔达蒂和维罗内利,创造了享乐主义的高档葡萄酒需求。这也得到了葡萄酒交易会进一步发展的支持,1971年维罗纳的葡萄酒交易会成就了意大利葡萄酒协会,1978年成立了国际葡萄酒协会。除了DOCG葡萄酒,除了萨西卡亚,新的"超级托斯卡纳"出现了,比如,蒂尼亚内洛和奥内拉亚取得了巨大的成功,同时,盖尔斯托(Galestro)——一种亲民的饮料、能够负担得起的托斯卡纳白葡萄酒——证明了市场对现代风格的新型葡萄酒是开放的。

　　这一时期,国内市场依然具有连锁超市作用很小的特点(1980年占杂货销售的25％)。尽管如此,一些合作社尝试了新的容器和葡萄酒概念,开拓现代零售环境下的商机[吉阿克米尼(Giacomini),2010;威廉姆斯,2014]。

　　国内消费的下降一部分由出口增长加以调解,一部分通过不断提高蒸馏非高档葡萄酒的份额。在此期间,出口激增,从 1970 年的约 500 百万升增加到 1985 年的 1 700 百万升,或者说,从产量的 7% 增长到 27%,1982 年达到 1 940 百万升的峰值(见图 6.2 和表 A6.2)。

　　出口的增长涉及几个方面。1970 年,散装葡萄酒在出口中占比最大,占出口量的 82%,占出口价值的 61%。它的成功主要归功于价格竞争,受汇率变动的影响。就出口量而言,主要目的地是法国(1970 年占意大利葡萄酒出口的 30%,1985 年达到 36%)。在 1970 年欧共体实现了葡萄酒的单一市场之后,这些葡萄酒代替了法国进口自阿尔及利亚的散装葡萄酒。事实上,意大利葡萄酒在全球葡萄酒出口市场上的份额上升反映了阿尔及利亚出口份额的下降(切维特等,2018;梅洛尼和斯文内恩,2018)。到 1982 年,在数量上,意大利的市场份额为 39%;按价值计算,为 20%。在随后的 35 年里,这个份额一直未被超过。

　　意大利平均出口价格的提高低于世界上的其他地区,这表明,这一时期意大利主要是在扩大低端葡萄酒产品的出口。出口法国的葡萄酒主要是散装高酒精含量的葡萄酒,被用于强化法国的葡萄酒。在 1985 年之前的 10 年里,意大利里拉的贬值有利于对法国的出口(见表 A6.3 和表 A6.4)。尽管里拉对德国马克和美元贬值幅度更大,对德国出口价格降幅较小,而对美国出口的美元价格上升。

　　在此期间,由于意大利葡萄酒享有越来越好的声誉以及相对于法国葡萄酒更令人满意的价格/质量比,意大利增加了瓶装葡萄酒的海外出口量,既有无泡葡萄酒,也有起泡葡萄酒。1980—1985 年之间,优尼特联合酿酒集团每年向美国出口近 1 100 万箱蓝布鲁斯科葡萄酒。进口商维拉·班菲(由约翰和亨利·马里亚尼创建)将部分利润再投资于卡斯特罗·班菲酒庄(Castello Banfi),而后这个酒庄成为布鲁内洛·蒙塔尔奇诺最大的生产商之一,在推动这款葡萄酒在国际上取得成功方面发挥着主导作用。1985 年,瓶装葡萄酒——无泡葡萄酒和起泡葡萄酒——占意大利出口总量的 42% 且占出口价值的 73%,这个事实展现出的是葡萄酒的品质发生了变化。

在此期间,葡萄酒进口仍然很少。20 世纪 70 年代,葡萄酒进口停滞不前,因为宏观经济形势和意大利里拉贬值不鼓励香槟消费。然而,到 1986 年的 10 年间,葡萄酒进口增加了 4 倍,原因是相对价格的变化。但是,仅占意大利葡萄酒消费量的 2%(见图 6.3 和表 A6.2)。

　这一时期,葡萄酒生产趋势的另一个重要驱动力是欧共体共同农业政策(CAP)(思科帕拉和热轧,1997;摩西,2002)。市场干预措施(长期和短期储存以及蒸馏)保留佐餐酒,并且一旦出现市场失衡,干预措施便被激活。由于生产的增长导致了法国和意大利年复一年的过剩,紧张局面达到顶峰,爆发了"葡萄酒战争"(1974—1981 年),朗格多克—露喜龙的种植者们反复上演抗议活动,抗议从意大利进口的"不公平"产品,阻止了意大利的船只靠岸。

作为对频繁出现的市场失衡的反应,控制生产的一些措施被执行。这些措施包括禁止新建酿酒葡萄种植的葡萄园,除非葡萄园位于拥有原产地标识的地区(只是后来才被列入禁令,即 20 世纪 80 年代中期之后)。同时,还启动了自愿放弃(暂时或永久)酿酒葡萄种植计划。在 20 世纪 70 年代后半段时间里,这导致意大利至少 4 万公顷葡萄园被清除(其中,50%位于普利亚),这就解释了全国葡萄种植面积减少 1/3 的原因,如图 6.1 所示。

1980 年,加强了控制生产的努力,采取了一些结构性措施,旨在既在数量上又在质量上更严格地控制生产。这些措施包括限制每个地区允许种植的葡萄品种、规管重新种植、放弃低品质葡萄酒以及在集体行动框架内重组葡萄园[伊达(Idda),1980]。

尽管有了这些尝试,在 20 世纪 80 年代初的意大利,超过 700 万千升的葡萄酒被生产出来,很大程度上促成了欧共体的生产峰值。正是在这个时期,漫长的蒸馏季节开始了(见表 A6.1)。自愿蒸馏和强制蒸馏的措施给予生产者最低退市价格,无论如何,这个价格足够高,能够鼓励为"提纯"而生产,特别是在意大利南部地区,产量高且酒精含量高能够以低成本进行生产。结果是,20 世纪 80 年代的前半段时间里,持久而又强劲的市场失衡以及大约 800 万千升意大利葡萄酒被提纯(相当于全国总产量的 18%)。

总的来说，前面的数据表明，生产的增长在这一时期不同于前一时期，这是由两个主要构成因素驱动的：一个是出口，主要以非常便宜的基本葡萄酒为代表，但是，定价较高的高档葡萄酒的市场份额也在不断增长；另一个是蒸馏，受到欧洲经济共同体共同农业政策措施的刺激，这个政策措施支持高产葡萄园的劣质葡萄酒生产。

1985—2000 年：行业重组和出口繁荣

20 世纪最后 15 年的特点是，生产急剧下降，但明显转向了高品质葡萄酒生产，以及出口强劲增加，这是为了出清市场的欧委会干预和行业重组刺激的结果。

1986 年，意大利面临 20 世纪下半叶葡萄酒行业遭遇的最大冲击：甲醇丑闻。几箱掺假葡萄酒被发现，有毒且廉价的甲醇被添加到廉价葡萄酒中以提高葡萄酒的酒精含量。丑闻被全球媒体报道，并造成了意大利葡萄酒的国内消费和出口双双大幅下降。因此，对于意大利葡萄酒生产而言，这成为一个标志性的转折点。直到那时，即使高品质的葡萄酒生产正在增长，但大多数葡萄酒生产是低品质的，它们中的许多产品注定用于蒸馏提纯。合作社和私人加工者对葡萄的付款主要是基于数量而不是基于质量参数，并且由于不充分的控制系统，存在弥补葡萄酒缺陷的一种可能，即必须在酒窖中采用合法甚至非法的方法，如加入甲醇或蔗糖（戴莎娜，1976；福瑞格尼，1986）。

在那起丑闻之后，在整个意大利食品行业的食品安全控制有了实质性的改善，意大利葡萄酒行业也发生了变化，逐步摆脱那些不适当的方法。酿酒的质量缓慢但持续地得到提高，使意大利获得了一些不断增加的、较高均价的高档葡萄酒的国际需求。

葡萄酒产量下降，以至于 2000 年的产量比 1985 年的产量降低 23％，这一数字比世界其他地区 5％的降幅要大得多（见图 6.2 和表 A6.1）。在很大程度上，产量下降是由于葡萄种植面积的减少（面积减少 20％，这是受到欧盟鼓励的，本章的后面将讨论），并且葡萄酒产量也略有下降（－4％）。这些都是放弃边缘葡萄产区以及为了符合名称规定而在许多地区逐步限制产量的表象。葡萄种植者的数量也减少了一半，2000 年减少到 79 万家，并且葡萄栽培专业化的过程基本完成。最终的结果是造成了一种结构状态，即少数大型商业公司控制了 85％以上的葡萄种植面积，尽管仍然有 48 万家小公司（占总数的 2/3；见表 A6.1）。

伴随这一重组而来的是几个垂直一体化行动。由于合格的葡萄酒以有利可图的价格成交，绝大多数最具创新精神的葡萄种植者将他们的生产活动扩展到加工和装瓶。具有历史的私人企业也开始在最有前景的领域进行新的投资，整合葡萄生产或扩大其现有的葡萄种植面积。这一进程受益于共同农业政策的结构调整支持，也受到了标识葡萄酒的市场溢价以及其他支持举措的激励，其他举措如葡萄酒指南和葡萄酒交易会。

这一时期，为了获得规模经济，提高创新管理水平，合作社部门经历了强有力的联合过程。葡萄酒合作社的数量从 20 世纪 80 年代上半期的 1 000 家下降到 20 世纪末大约 750 家，而保持了相同的总产量（占全国总产量的 40％—50％），并且它们的营业额增加了，因为它们瓶装葡萄酒占更大份额。1986 年，一些合作社从瑞士信贷集团那里购买了葡萄酒食品公司（Winefood），因此，成立了意大利 GIV 集团（Gruppo Italiano Vini），注定成为意大利营业额最高的集团。合作社专注于生产高档葡萄酒，而且专注于基本葡萄酒的现代化，提高其感官稳定性以及价格—质量比[1]。在基本葡萄酒中，卡维罗生产的塔利诺（Tavernello）——一种用纸盒包装的葡萄酒，在密集的电视广告支持下获得巨大的成功。在 20 世纪 90 年代，它的销量几乎达到了每年 100 百万升，涉及分布在超过 3 个地区的 3 万多家葡萄种植者和 5 个加工基地，他们将其所有交付给一个包装工厂。

---

[1] 性价比。——译者注

尽管供给数量的演变与需求特征变化是一致的,但是,国内消费却下降了(蒸馏酒净下降 19%,见图 6.2 和表 A6.1)。诚然,这是国内葡萄酒消费习惯变化最快的时期。葡萄酒不再被视为提供能量的饮食的关键组成部分。因此,基本葡萄酒消费量强烈减少并没有被优质葡萄酒消费量的增加所抵消。与此同时,啤酒的消费量增加了(23%),这与酒精消费特征的国际趋同趋势是一致的[米歇尔(Mitchell),2016]。

产量的重新定位和葡萄种植总面积的大幅度下降不足以应对国内消费的下降。所以,这一时期的特点是,一方面更广泛地使用蒸馏提纯方式,另一方面出口快速增长(见图 6.2 和表 A6.1)。由于甲醇丑闻,出口从 1981—1982 年占产量的 27% 下降到 1986—1987 年占产量的 14%。但是,2000 年这一比例上升到 34%(见图 6.3),就数量而言,从 1986—2000 年间的最低水平增长了 84%,这一增长速度超过了世界其他地区。以美元计算,出口商品的价值几乎增加了两倍,在低通货膨胀率时期取得突出成就,并且单位价值的增长也比世界其他地区快(见表 A6.3 和表 A6.4)。

意大利出口的成功是由于其产品的升级。在此期间,散装葡萄酒所占的比例下降,从 58% 下降到 49%,而瓶装葡萄酒的市场份额上升,按数量计算,从 1984—1986 年间的 36% 上升到 2000 年的 46%,按价值计算,相应地,从 57% 上升到 78%(见表 A6.2)。

出口目的地也随之变化。数量上,法国的份额从 36% 下降到 20%;价值上,从 17% 下降到 3%。这表明出口用于混合酒的高酒精含量葡萄酒的重要性下降。相比之下,德国的份额上升,数量上从 27% 上升到 35%,价值上从 23% 上升到 31%。对美国的出口增长速度有所放缓,数量上其份额下降到 10%,价值上下降到 22%,但是,对于意大利葡萄酒来说,它仍然是价格最高的市场。

这些变化趋势的原因与前一个时期不同。本国货币贬值推动出口的作用则弱得多(见表 A6.4),并且在出口总额中拥有名称标识或地理标志的葡萄酒所占的份额极大增长。这是私营公司和合作社日益增加的市场努力提供支持的结果。大型合作社大量投资于广告,而且很多企业家亲自出马并大力推广他们的葡萄酒。1986 年,《蒂坎特酒庄》杂志把它的"蒂坎特酒庄年度人物奖"授予了皮耶罗・安蒂诺里(Piero Antinori),1998 年授予了安吉洛・加亚(Angelo Gaja)。对意大利葡萄酒的兴趣导致了加利福尼亚公司蒙大菲(Mondavi)与托斯卡纳的生产商花思蝶酒庄(Frescobaldi)(超级托斯卡纳卢斯和流行的高级丹泽特)的多方面合作,蒙大菲收购超级托斯卡纳酒庄奥内拉亚(后来再次属于意大利人所有),扩大了卡斯特罗・班菲酒庄的意大利经营活动[由美国马里亚尼(Mariani)兄弟所有]以及布朗・福尔曼(Brown Forman)收购博雅(Bolla)。

在此期间,进口极不稳定,但是它们在全国的可得份额(产量减去出口)一般保持在 4% 以下(见图 6.3),并且其单位价值下降了(见表 A6.3)。

在这一时期,共同农业政策变得更加重要,共同农业政策具有更强的结构性市场制度措施(自愿和强制的蒸馏提纯),并采取控制生产潜力的干预措施。大量蒸馏酒是欧共体预算的沉重负担,并导致引入稳定机制,旨在打击在高产出的葡萄园里生产低品质的葡萄酒(ISMEA,2000)。尽管有越来越严格的限制,但是,在这期间的多年来,意大利蒸馏了超过 14 000 百万升的葡萄酒(约占葡萄酒总产量的 1/6),在强制蒸馏措施不再被执行(1995 年)后呈下降趋势。意大利蒸馏酒主要集中于普利亚、西西里岛和艾米利亚。

如果蒸馏是生产过剩的短期解决办法,那么,长远结构性的解决办法是永久废弃酿酒葡萄园。1988—1989 年开始实施一项鼓励计划,一直持续到 1997—1998 年。意大利积极参与了这个项目,按照这个计划,总共 16 万公顷葡萄园中的大约 10 万公顷葡萄园被连根拔除(SMEA,1999)。大部分是在南部,主要是普利亚(约 1/4),其次是西西里岛和撒丁岛。

对于意大利来说,共同农业政策框架内采取的监管变化非常重要(博马里奇和萨尔顿,2001)。允许更加结构化地对"带有地理标志的佐餐葡萄酒"提高监管,在一定程度上应对了流行的高档葡萄酒以及新大陆国家出口的高档葡萄酒。意大利立法的改革(164/1992 号法)提出了一个新的佐餐葡萄酒分类标准(地理特定标志,IGT),作为标识葡萄酒,必须符合标准,采用相同的生产程序。此外,第 164/92 号法律允许被不同分类标准认可的葡萄酒生产地区重叠:这些标准分别是 DOCG、DOC 和 IGT。因此，一个葡萄园有资格生产这三类葡萄酒，这样，允许酿酒商逐年选择确定最佳的葡萄酒种类。

然而，共同农业政策的结构性政策在发展高质量的生产中也发挥了相关作用。它支持重组葡萄园，支持加工和装瓶方面的投资，并且它使得更好的技术传播成为可能，比如控制温度、完善葡萄酒生产工艺、使用橡木桶（barriques），以及开展促销活动。

2000—2014 年：全球化葡萄酒市场领导者中的意大利

最近一段时间，见证了进一步加强发展的意大利葡萄酒产业，在国际市场上成功地开展竞争，显示出其与新世界生产商竞争的能力。已经具有了这样的可能性，因为两方面的进一步重组，即葡萄种植业重组与酿酒业重组，这样的演进主要是由国内（下降的）和国际（增长的）需求变化驱动的。

在 21 世纪初，葡萄酒的生产仍然趋于下降，2000—2014 年间下降了 1/5。下降主要是由于葡萄种植面积的缩减，而葡萄酒收益几乎保持稳定（见图 6.1）。这一趋势是由 2000—2008 年的市场力量推动的，因为在这几年里意大利没有实施补贴铲除葡萄藤的共同农业政策措施，但是，后来共同农业政策措施又给出了一个减少葡萄种植面积的强烈刺激方案。产量下降主要关乎无原产地标识的葡萄酒，相比之下，DOCG 和 IGT 系统的葡萄酒供给增加了，到 2014 年，它们分别在总产量中所占的份额达到 38％和 32％（见表 A6.1）。

2000—2014 年间，全国葡萄种植面积的减少掩盖了深度的地区差异。南部和西北部的种植面积急剧下降，中部地区和岛屿降幅与全国平均水平相近，但是，东北三个地区出现相当可观的增长。交换种植权的可能性促进了葡萄种植区分布的变化（直到 2015 年底），这使得意大利半岛的葡萄园重新分布，但是，主要反映了各地区在有效应对全球市场变化方面的差异。东北地区用两个品种获得了国内和国际上的成功，分别是灰皮诺（Pinot Gris）和格雷拉（Glera），后者是普罗塞克起泡葡萄酒的基础。

DOCG 和 IGT 葡萄酒产量的增加并没有改变供给在几个地区集中的趋势。尽管 405 个冠名(包括 73 个具有较高水平的认证)和 119 个地理标志为人所知,但是,意大利的生产仍然强烈依赖于少数几个著名的葡萄酒品牌,它们在数量和价值上都起着主导作用。十大最相关的受保护原产地标识(PDO)葡萄酒占 PDO 全球总量的 50%,而排名前十的受保护地理标志(PGI)葡萄酒占生产总量的 85%(ISMEA,2014)。

葡萄酒产量的减少伴随着消费量的减少,直到 2009 年,此后开始企稳(见图 6.2)。在此期间结束时,意大利的人均消费量约为 35 升,尽管个体行为有很大的差异:48% 的饮酒年龄的意大利人不喝葡萄酒(2003 年为 42%),且经常喝葡萄酒者的比例从 2003 年的 30% 下降为只有 21%(ISTAT,2015)。

这一时期的特点是意大利葡萄酒产业的显著演进,旨在挑战一个完全全球化的葡萄酒市场。许多意大利葡萄酒公司扩大了高品质葡萄酒的供给,但是,一个相对较小的大型供应商集团取得了成功,其中一些是纯装瓶商,目标是较低定价的商业高档局部市场,利用规模经济和有效的质量控制。合作社经历了进一步的整合(2014 年只有 441 家,比 2000 年少 40%)。在 16 家公司中,有 7 家公司营业额超过 1 亿欧元(见表 A6.1)。最大的一家是优尼特联合酿酒集团,该公司的营业额约为 5.5 亿欧元,是世界上最大的葡萄酒集团之一。

各种类型的意大利葡萄酒公司的经济规模都在增长。2014 年,42 家公司的投资超过 5 000 万欧元,34 家公司的资本在 2 500 万—5 000 万欧元。在 2003 年,公司数量相应地分别是 14 家和 16 家[梅迪奥本卡(Mediobanca),不同年份]。顶级酿酒厂的规模不断扩大,驱动了大型农场葡萄种植区的扩大:2010 年超过 20 公顷的葡萄园占比为 33%,比 2000 年高出 10 个百分点。在这个时期,仅有几家意大利公司被外国股东收购:鲁菲诺被星座公司(Constellation Brands)收购、干邑被露丝吉标准公司(Russkij Standard)收购以及米娜多(Mionetto)被汉凯公司(Henkell)收购。意大利在海外的投资也很少[安东尼世家酒庄(Antinori)、卓林酒庄(Zonin)、马西庄园(Masi)]。意大利葡萄酒公司也远离股票交易所，但是，前期最初的两家马西庄园和佐丹奴（更名为意大利葡萄酒品牌）是例外：它们于 2015 年上市。

最近的这段时间里，意大利葡萄酒行业增长似乎已经趋于稳定。它的特点是呈现出供应链一体化（私人的和合作社的）和非一体化的供应链，其参与者只专业化于生产的一个或两个阶段（葡萄种植、葡萄加工、装瓶）。现在，意大利生产的很大一部分是一体化的：41％的酿酒葡萄（PDO 葡萄的 42％，PGI 葡萄的47％）被合作社压榨酿酒，另外 28％（PDO 葡萄的 37％，PGI 葡萄的 29％）被葡萄种植者直接碾碎酿酒（马扎里诺和科尔西，2015）。其余的要么在现货市场交易，要么按照签订的合同销售（特别是冠名葡萄酒）。就规模大小而言，两个集团构成酿酒行业（2014 年）：营业额超过 2 500 万欧元（4 家超过 2 亿欧元）的136 家公司创造了意大利 60％的葡萄酒营业额；星罗棋布的以品质为导向的一体化小规模酒庄，它们大多利用葡萄酒旅游的机会或挑战国际市场（梅迪奥本卡，2016）。这样的酒庄大约有 8 000 家，其中，前一段时期繁荣一时，现在似乎已经趋于稳定（欧洲议会，2012）。

意大利葡萄酒产业的逐步加强使其得以持续出口增长，从 2000 年的 1 800百万升增加到 2011 年的 2 400 百万升的高水平，2015 年小幅下降至 2 000 百万升。按照价值计算，从 24 亿美元增长到 60 亿美元。反映在出口的单位价值上，从平均 1.30 美元提高至 3 美元（见表 A6.2 和表 A6.3）。

意大利葡萄酒出口的这种有利趋势发生在国际葡萄酒市场快速变化的时期。本世纪的第一个 10 年里，国际葡萄酒贸易显著增长，但是，与瓶装葡萄酒相比，散装葡萄酒、起泡葡萄酒贸易增长更快（玛利亚尼、鲍马里奇和波阿托，2012）。意大利在全球出口量中所占份额有所下降，但是，出口价值占比有所上升，原因是不同的葡萄酒类型有不同的趋势。意大利瓶装葡萄酒的份额略有上升，起泡葡萄酒的份额也增加了，并且与一般趋势相反，价格也增长了。事实上，近年来，意大利的干型起泡葡萄酒获得了显著的成功，尤其是普罗塞克，它成功地建立了良好的形象和完全独立于传统起泡葡萄酒的市场空间，最显著的是香槟。只有散装葡萄酒的份额正在下降，数量份额下降幅度大于其价值份额下降幅度。

简言之,一切都表明,意大利在商业和超级高端市场部分的竞争力越来越强,而不是在非高端市场的价格竞争中竞争力越来越强。在扩大传统大小进口国的份额的同时,出口东欧,意大利一直尤为成功(马里亚尼等,2012)。相对于法国和澳大利亚,在亚洲市场的份额仍然要低得多(安德森,2018)。

进口也出现了一些重要趋势,这个时期进口量翻了两番。国内消费中的进口占比从 2000 年的 2% 上升到 2014 年的 12%(见图 6.3)。按价值计算,增长要小一些,这种差异的部分原因在于美元兑欧元在此期间的贬值(见表 A6.2、表 A6.3 和表 A6.4)。但这也是由于进口结构的变化:不仅增加昂贵的葡萄酒进口,如香槟,而且越来越多的廉价散装葡萄酒进口,以满足本地生产(随着南方产量的下降)无法完全满足的国内对基本葡萄酒的需求。

在这一时期,共同农业政策也对意大利葡萄种植业的演变产生了重大影响,实行了三次不同的改革(1999 年、2008 年和 2013 年)。总的来说,欧盟葡萄酒政策的主要目标是,从简单的生产数量控制改变为更加注重质量和改善欧盟葡萄酒在全球市场的竞争力(欧洲议会,2012)。尽管已经确认了潜在的生产控制制度,但是,一些灵活性的元素被逐步引入(例如,QWPSR 的新种植权或有地理标志的佐餐葡萄酒,13 000 公顷种植面积分配给意大利)。

2008 年的政策改革还建立了国家支持项目(NSPs),为了支持一个给定的 11 个措施菜单中的行动,分配给成员国特别财政预算包加以资助。在措施选择中,意大利决定给予那些对国家葡萄酒行业竞争力有潜在影响的方面更大的重视:重组葡萄园和第三方市场的推广(鲍马里奇和萨尔多恩,2009)。一项为期三年的放弃计划(2009—2011 年)资助了约 28 500 公顷的意大利葡萄园的清理工作(占葡萄种植总面积的 4%)。

基于 PDO 和 PGI 的概念,欧盟关于名称和地理标志的新规范也发生了重要的变化。新框架导致了一项新的国家法规(第 61/2010 号法令),重新确定了意大利在 PDO 框架下传统的 DOC 和 DOCG 分类以及在 PGI 框架下传统的 IGT 分类,并对如何履行由第三方实施的系统控制义务进行了界定。

此外,第 61/2010 号法令恢复了冠名企业联盟,以遵守欧盟分支机构间组织的概念,并定义了供给控制的规则和约束条件。大多数较大的企业联盟利用这种可能性进行供给控制,以稳定价格。

实施有关改组和转型的措施使得质量改进和生产调整,以适应不断变化的市场需求。它们还促进了生产成本减少以及农业实践的现代化(欧洲议会,2012)。自 2000 年以来,超过 22 万公顷的意大利葡萄园即总面积的 1/3 进行了改组,得益于国家支持项目的财政资助(国家农业部,2012)。国家支持项目的措施与认证葡萄酒(DOCG 和 IGT)的增加之间的联系不是直接的,但是,改组和转型措施所起的作用以及在这个方向上的推进是至关重要的。改组和转型的资助仅限于为 DOCGs 和 IGTs 葡萄酒提供酿酒葡萄的葡萄园,而推广支持计划还要求对 DOCGs 和 IGTs 或不同品种的葡萄酒作项目推广。

最后的评论

在本章审视的 70 多年来,意大利葡萄酒行业发生了巨大的变化,从主要是以自我消费为导向的供给与取向本地市场低价值葡萄酒的分散生产体系,转向能够满足日益增长的国内需求以及用广泛的系列葡萄酒因应十分激烈的国际市场竞争的现代产业。当前的局面是一个长期过程,是行业内外许多因素发挥作用的结果。自 1960 年以来,在国家政策和欧盟共同农业政策的交互作用下,推动该行业向优质葡萄酒的生产转型,并且在甲醇丑闻之后,刺激对过程管理质量采取新的态度。在这个方向上,更有力的、更强烈的刺激来自国内和(更重要的是)国际需求的变化,意大利葡萄酒产业对此做出了积极的反应。在这样的背景下,各种不同类型的公司找到了蓬勃发展的空间:葡萄酒生产商深深扎根于农业,不仅主要是中小型企业,而且也有一些相当大的合作社和装瓶企业。它们都能成功应对不同市场的演变,按照产量和目的地调整它们的供给。现在,在意大利,葡萄酒行业是全国农业商业的领导者之一。事实上,在意大利的农业食品领域,葡萄酒行业的营业额排名第三,葡萄酒是"意大利制造"运动中真正的食品标志,也是意大利农业食品出口的最大贡献者。在意大利出口的所有商品中,葡萄酒价值占比增长到 1.3%,到了惊人的地步,这一比例并不比法国(1.8%)低多少,而且远远高于 2014 年全球整体水平 0.2%(安德森和皮尼拉,2017)。

意大利葡萄酒行业的演进在不同的地区并非同一路径。许多优质高档葡萄酒,即绝大多数 DOCG 葡萄酒,在意大利所有地区都生产,但是,在相对温暖的南方,其供应量的下降幅度很大,那里存在多种因素的影响,包括企业家的愿景和非高档与商用特级葡萄酒的政策导向,以及生态物理条件和物流的困难。

在本章审视的四个时期里,意大利葡萄酒行业保持了自身的"民族特征",因为意大利葡萄酒产业的演进过程中并没有真正参与大公司密集的国际化进程——专门从事葡萄酒经营或不专门从事葡萄酒经营的大公司的国际化,这种情况发生在其他国家(格林、罗德里格斯·祖尼加和西布拉·平托,2006)。原因可能是高价位的意大利葡萄酒厂位于颇具吸引力的地区,并且制度环境被外国投资者视为不适宜(马瑞阿尼和鲍马里奇,2011)[1]。种植的葡萄品种也保留了"民族特征"。尽管一些法国(国际)葡萄品种有绝对和相对的增长,丰富的意大利传统葡萄品种(最引人注目的是红色的桑娇维塞葡萄酒和白色的特雷比安诺葡萄酒)依然构成了意大利葡萄酒供给的特征(安德森,2013;迪阿格塔,2014)。

意大利的葡萄酒产业已经发展到涵盖了广泛的产品范径,不仅在主要指向国内市场的基本葡萄酒市场部分,而且在商业高端和超高端葡萄酒细分市场上,均取得成功。就全球产值而言,2009 年意大利拥有非高端葡萄酒和商用高端葡萄酒的最大份额。按照安德森和尼尔根(2011)的研究结果,在世界出口总值中,意大利拥有商用高端葡萄酒的最大份额(22%),并且拥有超高端葡萄酒第二大份额(17%),仅次于法国。意大利试图在葡萄酒市场的标志性领域挑战法国,在最著名的精英人士的分销渠道中寻找空间。这样做,非常矛盾的是,"超级托斯卡纳"

---

〔1〕 近期(2016—2017 年),意大利中小型酒庄的一些新收购案发生了,包括碧安帝山迪酒庄(Biondi-Santi)〔布鲁奈罗—蒙塔奇诺(Brunello di Montalcino)〕现已被法国 EPI 集团收购。但是,至少在这一点上,还没有呈现出变化的趋势。

的马赛托(Masseto)也是由波尔多葡萄酒商人分销的[罗森(Rosen),2008]。

第二次世界大战后,意大利葡萄酒行业的发展与其他国家不同,改变其在世界葡萄酒市场上的形象。自20世纪70年代以来,意大利在全球生产和消费中的占比有所下降,而出口价值占比稳步上升,并且出口数量所占比重增加到20世纪末,成为世界第二,仅次于西班牙(见表6.2)。从1970年起,散装葡萄酒的出口急剧增加降低了意大利葡萄酒价格与世界平均价格比,价格比接近0.5,花了40年时间才回到接近1.0的价格比,这归功于出口葡萄酒的逐步升级(见图6.4)。人均消费的巨大下降推动了世界葡萄酒消费量中意大利所占份额的下降,以及世界酒精消费量中意大利所占份额的下降(从1961年的10%下降到2009年以来的低于2%,仅有一部分葡萄酒消费被啤酒和烈酒取代)。意大利酒精消费特征的变化与全球酒精消费特征的变化有一些相似之处,全球酒精消费中葡萄酒所占份额均下降,而啤酒所占份额均上升(安德森和皮尼拉,2017)。

表 6.2　　　　　　1946—2014年意大利在全球葡萄酒市场中的份额

（以表中年度为中心的三年平均数）　　　　　　　单位:%

	1947年[a]	1970年	1985年	2000年	2014年
葡萄种植面积[b]	34.3	20.1	11.9	11.2	9.3
葡萄酒产量	22.1	24.2	22.9	19.6	16.0
葡萄酒消费量	22.2	21.1	15.1	12.6	8.6
葡萄酒出口价值	17.2	13.8	17.3	18.4	19.5
葡萄酒出口量	9.4	16.6	29.6	29.2	21.0
葡萄酒进口价值	0.04	1.9	1.0	1.4	1.2
葡萄酒进口量	0.01	0.7	1.4	1.1	2.5
酒精消费量	n.a.	7.5	4.4	2.8	1.9
啤酒消费量	n.a.	0.9	1.3	1.2	1.1
烈性酒消费量	n.a.	2.2	1.2	0.6	0.5

a. 所指仅为1946年和1947年的平均值。

b. 1947年和1970年的数据包括意大利间作面积,而此后的年度仅仅包括专业种植面积。

资料来源:安德森和皮尼拉(2017)。

注释:表中n.a.表示数据不可得。

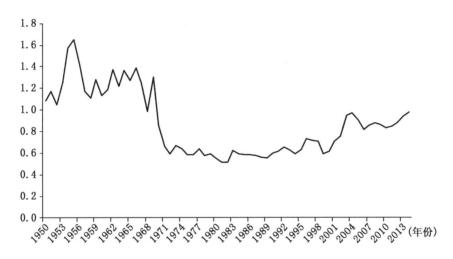

资料来源：安德森和皮尼拉（2017）。

图 6.4　1950—2014 年意大利葡萄酒平均出口价格与世界平均价格之比

展望未来，面对来自国内外市场的挑战，意大利葡萄酒行业似乎有能力做出回应，但是，它必须解决一些关键问题。在生产方面，减缓气候变化的有效战略和在环境可持续性领域取得实质性进展是紧迫的。在需求方面，当前消费水平可能会进一步下降。在行业层面，存在价值链上不同参与者（酿酒葡萄种植者、酿酒商、合作社、工业装瓶商）之间的协调问题，这个问题导致持续无效率，这个问题的解决可以弥补意大利葡萄酒公司的平均规模仍然相对较小的缺点。

表 A6.1　　　　　　　　**1946—2014 年意大利葡萄酒市场结构演变**
（以表中年度为中心的三年平均数）

	1947 年[a]	1970 年	1985 年	2000 年	2014 年
供给					
葡萄种植面积与产出					
葡萄种植面积：单一作物（千公顷）	989	1 118	1 036	830	671
葡萄种植面积：间作（千公顷）	2 865	1 004	—	—	—
葡萄产出：单一作物（吨/公顷）	2.4	7.7	9.4	10.4	10.5
葡萄产出：间作（吨/公顷）	1.0	1.5	—	—	—
葡萄种植户[b]					
总数（千）	—	1 619	1 483	791	388
专业化种植者（千）	—	—	—	300	197

续表

	1947 年[a]	1970 年	1985 年	2000 年	2014 年
葡萄酒产量					
总量(百万升)	3 510	6 825	7 033	5 402	4 652
DOC+DOCG 葡萄酒(百万升)	—	331	774	1 155	1 756
IGT 葡萄酒(百万升)	—	—	—	1 413	1 489
DOCG+DOC 葡萄酒(数量)	—	70	225	332	405
IGT 葡萄酒(数量)	—	—	—	113	118
葡萄酒产出率(千升/公顷)[c]	0.9	3.2	6.8	6.5	6.9
合作社[b]					
数量	—	690	1 000	748	441
成员(千)	—	—	380	338	170
总产量占比(%)	—	18	47	44	50
PDO/PGI 葡萄酒产量占比(%)	—	—	45	—	49
需求与用途					
直接消费(百万升)[d]	3 469	5 979	3 898	3 152	2 727
人均消费(升/年)	76	104	69	50	34
蒸馏提纯(百万升)	—	326	1 746	463	117
出口在总销售量中占比(%)	1	8	20	34	45
自足率(%)	101	122	179	191	220

a. 所指仅为 1946 年和 1947 年的平均值。

b. 单一年度。

c. 基于葡萄种植总面积。

d. 蒸馏提纯净值。

资料来源:官方资料(ISTAT、INEA、CREA、ISMEA)以及安德森和皮尼拉(2017)。

表 A6. 2   1946—2014 年意大利葡萄酒进出口构成与目的地

(以表中年度为中心的三年平均数)

	价值(百万当期美元)					数量(百万升)				
	1947 年[a]	1970 年	1985 年	2000 年	2014 年	1947 年[a]	1970 年	1985 年	2000 年	2014 年
出口	0	126	765	2 419	6 570	0	544	1 437	1 852	2 105
目的地(%)										
法国	—	24	17	6	3	—	30	36	20	4
德国	—	30	23	31	19	—	34	27	35	29
英国	—	3	9	9	13	—	1	5	7	15
美国	—	14	34	22	22	—	4	17	10	15
其他国家		29	17	32	43		31	15	28	37
构成(%)										
瓶装	24	32	57	78	75	11	16	36	46	61

续表

	价值（百万当期美元）					数量（百万升）				
	1947 年[a]	1970 年	1985 年	2000 年	2014 年	1947 年[a]	1970 年	1985 年	2000 年	2014 年
散装	73	61	27	14	8	87	82	58	49	27
起泡葡萄酒	3	7	16	8	17	2	2	6	5	12
进口	0	20	74	183	386	0	24	48	64	262
构成（%）										
瓶装	—	—	—	22	18	—	—	—	22	8
散装	—	—	—	10	42	—	—	—	61	89
起泡葡萄酒	—	—	—	68	40	—	—	—	17	3

a. 所指仅为 1946 年和 1947 年的平均值。

资料来源：官方资料（ISTAT）以及安德森和皮尼拉（2017）。

表 A6.3   1946—2014 年意大利葡萄酒进口与出口的单位价值

（以表中年度为中心的三年平均数）   单位：当期美元/升

	1947 年[a]	1970 年	1985 年	2000 年	2014 年
出口	0.31	0.23	0.53	1.31	2.57
瓶装	0.55	0.50	0.86	2.52	3.18
散装	0.22	0.18	0.25	0.50	0.76
起泡葡萄酒	0.71	0.80	1.45	2.61	3.56
进口	0.31	0.84	1.54	2.84	1.18
出口/进口	1.00	0.31	0.34	0.47	2.19

a. 所指仅为 1946 年和 1947 年的平均值。

资料来源：官方资料（ISTAT）以及安德森和皮尼拉（2017）。

表 A6.4   1947—2014 年意大利基本经济统计

（以表中年度为中心的三年平均数）

	1947 年[a]	1970 年	1985 年	2000 年	2014 年
实际 GDP（百万 gk 美元）	124 434	520 981	799 981	1 077 572	1 078 175
人均实际 GDP（gk 美元）	2 359	9 706	14 138	18 928	17 466
POP（x1.000）	45 725	53 678	56 584	56 931	61 725
名义汇率（欧元/美元）	0.13	0.32	0.89	1.05	0.80
CPI（2015 年＝100）	1.9	5.7	40.1	76.3	100.0

续表

	1947 年[a]	1970 年	1985 年	2000 年	2014 年
全部出口(百万美元)	656[b]	13 346	82 828	240 190	502 025
全部进口(百万美元)	1 429[b]	14 471	90 743	231 871	453 856

a. 所指仅为 1946 年和 1947 年的平均值。

b. 单一年度(1947 年)。

资料来源:安德森和皮尼拉(2017)。

【作者介绍】 阿历山德罗·科尔西(Alessandro Corsi):意大利都灵大学农业经济学副教授。近年来,他的主要研究领域是农业劳动力市场和多元化活动、葡萄酒产业经济学、有机食品市场和替代食品网络的运作。他发表科学文章、著作、著作章节和论文 100 余篇。

奥根尼奥·鲍马里奇(Eugenio Pomarici):意大利帕多瓦大学农业经济系副教授。近年来,他的主要研究领域是可持续性、葡萄酒产业结构分析与葡萄酒政策。他曾经担任国际葡萄与葡萄酒局(International Organisation of Vine and Wine,OIV)和法律委员会主席,是《葡萄酒经济学和政策》杂志的联合主编。他出版了 100 多部科学著作。

罗伯塔·萨尔多恩(Roberta Sardone):罗马 CREA-PB 的高级研究员。她的研究兴趣集中在意大利的农业结构和经济演变以及欧盟葡萄酒和烟草共同农业政策分析。她还是欧盟预算、制度框架和决策机制方面的专家。自 2009 年以来,她一直编撰《意大利农业年鉴》,该年鉴自 1947 年以来一直出版。

【参考文献】

Anderson,K. (2013),*Which Winegrape Varieties Are Grown Where? A Global Empirical Picture*,Adelaide:University of Adelaide Press.

(2018),'Asia and Other Emerging Regions',ch. 17 in *Wine Globalization:A New Comparative History*,edited by K. Anderson and V. Pinilla,Cambridge and New York:Cambridge University Press.

Anderson,K. and S. Nelgen (2011),*Global Wine Markets,1961 to 2009*,Adelaide:University of Adelaide Press.

Anderson,K. and V. Pinilla (with the assistance of A. J. Holmes) (2017),*Annual Database of Global Wine Markets,1835 to 2016*,freely available in Excel at the University of

Adelaide's Wine Economics Research Centre, www. adelaide. edu. au/wine-econ/databas-es.

Bonardi, L. (2014), 'Spazio e produzione vitivinicola in Italia dall'Unità a oggi. Tendenze e tappe principali', *Territori del vino in Italia* 5. Available at revuesshs. u-bourgogne. fr/territoiresduvin/document. php? id=1621.

Casalini, M. (1953), *Le cantine sociali cooperative*, Rome: Centro tecnico per la cooperazione agricola.

Chevet, J. -M. , E. Fernandez, E. Giraud-Héraud and V. Pinilla (2018), 'France', ch. 3 in *Wine Globalization: A New Comparative History*, edited by K. Anderson and V. Pinil-la, Cambridge and New York: Cambridge University Press.

Chiatti, R. (2014), *L'agricoltura italiana tra sviluppo economico e fallimento ambientale. Il caso dell'Italia centrale. Toscana, Marche e Umbria dal secondo dopoguerra alla fine degli anni Ottanta*, Tesi di dottorato in 'Società, politica e culture dal tardo medioe-vo all'età contemporanea' (XXV ciclo), Facoltà di Lettere e Filosofia, Università degli Studi di Roma 'La Sapienza'.

Corsi, A. , E. Pomarici and R. Sardone (2004), 'Italy', pp. 73－97 in *The World's Wine Markets: Globalization at Work*, edited by K. Anderson, London: Edward Elgar.

D'Agata, I. (2014), *Native Wine Grapes of Italy*, Berkeley: University of California Press.

D'Angelo, M. (1974), 'Il punto sulla situazione della D. O. C. attraverso interessanti tabelle di raffronto', *Politica ed economia vitivinicola* 9: 41－4.

Desana, P. (1976), 'Esigenze di coordinamento per porre in atto una valida politica vitivinico-la', *VigneVini* 9(3): 5.

European Parliament (2012), *The Liberalisation of Planting Rights in the EU Wine Sector*, Study for the Directorate-General for Internal Policies, Policy Department Structural and Cohesion Policies, Brussels: European Parliament.

Federico, G. and P. Martinelli (2018), 'Italy to 1938', ch. 5 in *Wine Globalization: A New Comparative History*, edited by K. Anderson and V. Pinilla, Cambridge and New York: Cambridge University Press.

Fregoni, M. (1986), 'Alcol metilico: la punta di un iceberg', *VigneVini* 3: 17－18.

Giacomini, C. (2010), ' "Tavernello" il vino più bevuto nelle famiglie italiane: un caso di suc-cesso', *Mercati e competitività* 2: 143－55.

Green, R. , M. Rodríguez Zúñiga and A. Seabra Pinto (2006), 'Imprese del vino: un sistema in continua evoluzione', pp. 74－114 in *Il mercato del vino: tendenze strutturali e strat-egie dei concorrenti*, edited G. P. Cesaretti, R. Green, A. Mariani and E. Pomarici, Mi-lan: Franco Angeli.

Idda, L. (1980), 'La Nuova strada indicata dalla CEE per il settore vitivinicolo', *Agricoltura informazioni* 3(14/15): 3－7.

INEA (various years), *Annuario dell'agricoltura italiana*, Rome: Istituto nazionale di economia agraria.

ISMEA (various years),*La filiera Vino*,Milan:Agrisole —Il Sole 24 Ore.

ISMEA (2014),*Vini a denominazione di origine. Struttura,produzione e mercato*,Report, Rome:ISMEA.

ISTAT (2015),*Aspetti della vita quotidiana 2013*,Rome:ISTAT.

Mariani,A. and E. Pomarici (2011),*Strategie per il vino italiano*,Naples:Edizioni Scientifiche Italiane.

Mariani,A. ,E. Pomarici and V. Boatto (2012),'The International Wine Trade:Recent Trends and Critical Issues',*Wine Economics and Policy* 1(1):24—40.

Mazzarino,S. and A. Corsi (2015),'I flussi dell'uva verso la vinificazione:un'analisi comparata per regioni e macroaree',*Economia agro-alimentare* 20(1):29—58.

Mediobanca (various years),*Indagine sul settore vincolo*,Milan:Ufficio studi—MBRES.

Meloni,G. and J. Swinnen (2018),'Algeria,Morocco and Tunisia',ch. 16 in *Wine Globalization:A New Comparative History*,edited by K. Anderson and V. Pinilla,Cambridge and New York:Cambridge University Press.

Mitchell,L. (2016),'Demand for Wine and Alcoholic Beverages in the European Union:A Monolithic Market?' *Journal of Wine Economics* 11(3):414—35.

Munsie,J. A. (2002),*A Brief History of the International Regulation of Wine Production*,Third-Year Undergraduate Paper,available at nrs. harvard. edu/urn-3:HUL. InstRepos:8944668.

Pomarici,E. and R. Sardone (eds.) (2001),*Il settore vitivinicolo in Italia. Strutture produttive,mercati e competitività alla luce della nuova Organizzazione Comune di Mercato*,Rome:Studi & Ricerche,INEA.

(eds.) (2009),*L'OCM vino. La difficile transizione verso una strategia di comparto*, Rome:Rapporto dell'Osservatorio sulle politiche agricole dell'UE,INEA.

Rete Rurale Nazionale (2012),*Il programma di sostegno del vino:bilancio del primo triennio di applicazione e prospettive future*,Rome:Piano strategico dello sviluppo rurale, MIPAAF.

Rosen,M. (2008),'Ornellaia's Masseto:first Italian wine to be sold through the Place de Bordeaux',Decanter. com (accessed 18 November 2008). Available at www. decanter. com/wine-news/ornellaias-masseto-first-italian-wine-to-be-sold-through-theplace-de-bordeaux-76165/.

Scoppola,M. and A. Zezza (eds.) (1997),*La riforma dell'Organizzazione Comune di Mercato e la vitivinicoltura italiana*,Rome:Studi & Ricerche,INEA.

Tassinari,V. (2015),*Noi,le Coop rosse,tra supermercati e riforme mancate*,Soveria Mannelli,CZ:Rubbettino.

Williams,S. (2014),*Il caso Tavernello:Un successo del modello imprenditoriale cooperativo*,Faenza,RA:Homeless Book.

第七章

葡萄牙

　　长期以来,葡萄酒一直是葡萄牙农业的重要组成部分。葡萄酒产出和出口的演变既与国内经济形势密切相关,也与国际市场变化密切相关。葡萄藤种植分布全国各地,从北部的特拉斯—奥斯—蒙特斯山区到杜罗河谷,从埃斯特雷马杜拉沿海地区到气候干燥的南部阿连特茹乃至更远的马德拉群岛和亚速尔群岛。直到最近,葡萄酒还是一种摄取卡路里的重要来源,当然,还有谷物、橄榄油、鱼和肉。小规模的国内经济单位、欧洲南部外围的地理位置、国内经济政策的演变以及国际条约和关税是了解葡萄牙葡萄酒生产和贸易演变的关键要素。很长一段时间来,葡萄牙的经济发展一直落后于欧洲其他国家,它的大部分产业反映出落后状况,并且很少处于技术前沿。然而,葡萄牙的经济史也被具有重要相关性的当地创新和技术进步所打断,而酿酒产业提供了积极发展的例子。

　　从历史早期开始,葡萄牙的葡萄酒生产商就设法发展一个强大的出口产业。事实上,大卫·李嘉图著名的比较优势论就用了工业化的英国和农业国家葡萄牙之间以葡萄酒换布的例子(李嘉图,1817)。运用许多全球葡萄酒市场指标,该国的排名都很高[1]。例如,自19世纪以来,它有大约10%的农作物土地面积用来种植葡萄,这是世界上最高葡萄种植面积占比的国家之一,大约是全球平均水平的20倍。诚然,这些葡萄园的产量都低于邻国,所以,其人均葡萄酒产量通常略低于领先国家,比如法国和意大利,但通常领先于西班牙。按照人均葡萄酒出口额,它经常世界排名第二或第三,1860—1890年间仅次于西班

[1] 参见安德森和皮尼拉(2017)。

牙,1890—1960 年间仅次于阿尔及利亚(第二次世界大战后的短暂时间内仅次于突尼斯)。直到 1970 年,其葡萄酒出口总额高于除阿尔及利亚以外的任何国家。只是在过去的 25 年里,按照这一指标,它的排名才有所下滑。此外,在过去 100 年的绝大部分时间里,葡萄牙的人均葡萄酒消费量与较富裕的邻国相当,并且葡萄酒在全国酒精消费中所占的份额是全球第一。

18 世纪,由于国际政治的变化,波特酒(Port Wine)发展成为蓬勃的出口产业,英国为当时最重要的市场。然而,波特酒仍然是全国葡萄酒总产量中相对较小的一部分,并且,与早期相比,行业没有转变,几乎没有什么变化。到 19 世纪中期,葡萄牙的葡萄树,像其他南欧的葡萄生产者特别是法国和西班牙的生产者一样,受到了从北美进来的霉病和根瘤蚜虫病的影响。应对这些疾病涉及该部门的巨大转变,导致了更高的葡萄酒生产力水平,降低了葡萄酒的质量,从而在国际贸易中占有更大的份额。这些调整一直持续到 19 世纪末。

此后,该行业继续在全国范围内扩张,但是,它主要面向国内市场和受保护的殖民地市场,并且呈现出生产过剩和一系列危机。然后,到了 20 世纪 30 年代,实施监管,以改善葡萄种植者的条件并提高他们的葡萄酒质量,虽然只是对部分种植者实施。当时广为宣传的官方口号是,"喝葡萄酒养活葡萄牙百万人"。直到 1974 年"专制时期"(Estado Novo)结束乃至 1986 年加入欧洲共同体之前,这还是该行业的主要特征。在 20 世纪最后的几十年里,葡萄牙的葡萄酒产业远远尾随世界其他地方的产业转变,包括提高优质葡萄酒的份额,迎合社会消费。结果,酿酒厂的规模扩大了,品牌也变得更加重要。

在这一章中,我们界定了自 1750 年以来葡萄牙葡萄酒的三次全球化浪潮,提供了一个基本的描述和对这些浪潮根本特征的理解。为达此目的,对于每一次浪潮,我们阐释了葡萄牙葡萄酒行业的四个特性,即生产、国内消费、出口和商业政策。在第一节中,我们提供了在葡萄牙的农业部门中葡萄酒行业权重的长期概述。接下来的一节讨论的是波特酒产业及其与整个葡萄酒行业的关系。第三节研究由根瘤蚜虫入侵引起的产出、生产力和对外贸易的转型。然后,焦点转移到 20 世纪 30 年代出台的规定,直到 20 世纪 80 年代为了国内消费的产量迅速增长,以及发生在最近 10 年的出口繁荣。最后,得出这一章的主要结论。

农业背景

由于一些经济历史学家的努力,特别是瑞斯(Reis,2016)的努力,现在有可能描绘葡萄牙农业产出以及生产力的长期趋势。18 世纪农业产出的演变是各种力量的产物,关于这些力量依然是不确定的。在某些情况下,我们发现了国内或国际上的农业周期性与重大政治事件之间的密切关系,但是,在其他情况下,周期的原因与气候条件变化、人口因素、作物创新、技术变革、制度瓶颈和保护主义以及其他类型的经济政策有关。外国市场的作用肯定也有影响,但未必是贯穿几个世纪的决定因素(弗雷尔和莱茵斯,2016)。

如图 7.1 和表 7.1 所示的农业(和葡萄酒)产出的演变呈现出高峰年份之间的长期趋势性增长率。自 1750 年以来,显然有四个主要的长期趋势,以 1821 年、1902 年、1962 年和 2015 年高峰年为标志。18 世纪的后半期和 19 世纪的头 20 年是一个几乎没有增长的时期。它与接下来一个直到 19 世纪末的期间形成对比,这个时期的趋势增长率是每年 0.36%。20 世纪的前 60 年,呈现出较高的趋势增长率,为每年 1.52%,紧随其后的是经济增速放缓,1962—2015 年趋势增长率为每年 0.60%。

18 世纪,在市场发展和市场一体化的推动下,在"不变的制度和政治背景"下,葡萄牙农业经历了一场"无声的革命"[赛罗(Serrao),2009:47-48]。这也是巴西黄金大量流入的时期,为粮食进口提供了资金,却没为被保护而隔绝于外部世界的国内农业提供资金(对此,本章稍后将进行讨论)。不管矛盾与否,这段时期正是杜罗河谷地区波特酒出口崛起的时期(赛罗,2009、2016)。产量下降集中在 18 世纪的最后几十年和 19 世纪的头 10 年,由于北大西洋的战争影响了葡萄牙和巴西之间的贸易,更重要的是拿破仑战争和 1807—1811 年法国对葡萄牙陆地的入侵。

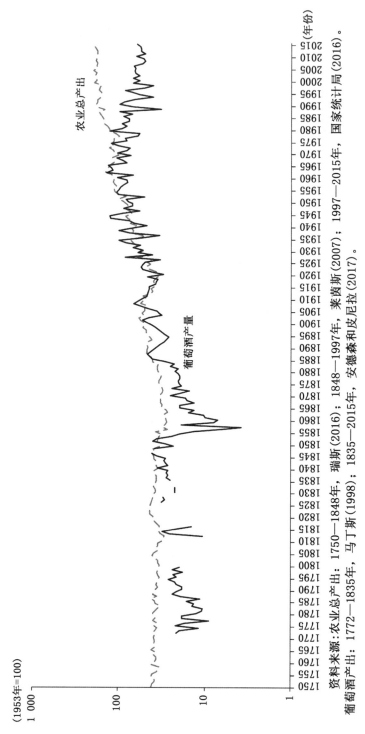

图7.1 1750—2015年葡萄酒产量与农业总产出（实际价值，半对数标度）

资料来源：农业总产出：1750—1848年，瑞斯（2016）；1848—1997年，莱茵斯（2007）；1997—2015年，国家统计局（2016）。葡萄酒产出：1772—1835年，马丁斯（1998）；1835—2015年，安德森和皮尼拉（2017）。

表 7.1   1750—2015 年葡萄牙葡萄酒产量与农业总产出增长率
（高峰年度到高峰年度的年增长率）   单位：%

农业总产出		葡萄酒产量	
1750—1821 年	0.08	1775—1814 年	0.88
1821—1902 年	0.36	1814—1846 年	0.89
		1846—1908 年	0.77
1902—1962 年	1.52	1908—1943 年	1.80
		1943—1962 年	0.60
1962—2015 年	0.60	1962—1999 年	−1.89
		1999—2015 年	−0.73

资料来源：见图 7.1 和图 7.2。

对 1850 年以后农业产量增长的解释应当放在其他经济部门增长的背景下。19 世纪下半叶是工业部门和整体经济适度增长的时期，因此，就产出和要素生产率而言，农业部门的表现较好。而且，在出口方面，甚至更好，因为这是一个葡萄酒出口扩大的时期。由于包括铁路和公路在内的交通改善，以及城乡之间和农村地区内部的区域分工，这也是一个国内市场日益一体化的时期。

1902 年以后，农业增长停止了，主要原因是到了那个时候积极影响因素枯竭了。然而，第一次世界大战后，农业生产获得了新的动能，这在很大程度上是由于通过关税和价格控制的国家保护、与私人投资并驾齐驱的基础设施和教育公共投资以及更好的制度框架。1962—2015 年增长较慢的年份可以用影响农业部门的经济政策变化来解释，因为农业部门越来越依赖于补贴与规制，但是，20 世纪 80 年代末的增长与葡萄牙加入欧洲共同体有关。[1]

随着农业部门结构的变化，产量和生产率增长了，在很大程度上农业机构变化是由于需求结构特别是国内需求的变化，因为面对国际竞争，农业部门仍然相对封闭。国内需求的变化与国民收入的变化有关，因此，有利于生产具有高需求—收入弹性产品的部门，比如动物制品、水果和蔬菜等。

─────────────

[1] 参见莱茵斯（2003、2009）、马丁斯（2005）、索瑞斯（2005）以及阿马拉尔和福瑞（2016）。

到 1850 年,葡萄牙仍以农村经济为主,2/3 体力充沛的人口从事农业。这一比例只是缓慢下降,直到 1974 年才降到 1/3 以下。工业扩张速度快于农业,直到 1930 年。在工业化再次获得动能之前,农业有 20 年的平稳增长。尽管农业相对下降,并且按照欧洲标准,该行业相对落后,葡萄牙农业部门经历了全要素生产率增长期以及与之相关的土地利用和产品组合结构变化(莱茵斯,2003)。1865—1902 年全要素生产率提高了 0.75%,1902—1927 年提高了 0.4%,然后,达到了 1927—1963 年 1.9% 的峰值,1962—1973 年每年下降 0.8%(莱茵斯,2009:340)。

葡萄酒在农业总产出中占有很大比例。1515 年占 15%(瑞斯,2016:174),1850 年占 19%,1861—1870 年平均为 22%,1900—1909 年达到了 23% 的峰值。按照国际标准衡量,这些都是极高的比例。诚然,1935—1939 年,这一比例已降至 13.5%,但在一段时间内,它仍然保持在这个水平,甚至在 1970—1973 年间,这一比例为 11%,2013 年仍为 9%。[1] 图 7.1 显示了从 1772 年至 2015 年的葡萄酒产量演变,提出了一个指标,有助于同农业总产出演变的比较。它显示了 1772—1846 年达到顶峰时期,葡萄酒产出的增长速度超过了其他农产品,之后,19 世纪中期由于霉病影响藤本植物,产出急剧下降。然后,葡萄酒产量扩大再次超过农业总产出,1908 年达到另一个高峰,随后的一段时期直到 20 世纪 60 年代,这两条曲线都以类似的方式上升。此后,葡萄酒增速低于其他农业总产值增速。

葡萄酒产量的变化取决于特定的决定因素,包括外部需求的变化、疾病的传播、产出结构的变化和国内需求的演变。这些是以下各节关注的重点。

李嘉图悖论:1750—1860 年波特酒的出口

早期的现代经济体并不是非常开放的,葡萄牙就是一个例子,葡萄牙的葡

---

[1] 参见瑞斯(2016:174)、莱茵斯(2009:343)和国家统计局(2016:145、150)。

萄酒产量主要是在国内市场消费,葡萄酒出口相对不重要,正如食品进口不重要一样。主要的进口是粮食,但是,就价值而言,1700年只占食品消费的1.4%。到了1800年,食物外部收支平衡略呈负值,葡萄酒出口的价值略低于粮食进口的价值。表7.2显示,1700年橄榄油对出口收入的贡献大于葡萄酒,但是,从那时起,葡萄酒出口的价值大大增加,而橄榄油出口一直停滞,直到1850年。16—17世纪的大多数时间里,葡萄牙的葡萄酒出口微不足道,从17世纪晚期开始迅速增长:1600—1650年,葡萄酒出口实际价值翻了一番,1650—1700年间增长了4.7倍。然而,1700年和1750年,葡萄酒出口仅占全国粮食消费总价值的1%,1750—1800年间增长了6倍。到19世纪初,葡萄酒出口占食品消费总量的3.8%,但到1850年这一比例回落至3.1%。[1]

表7.2　　　　　　　1700—1850年葡萄牙食品外部收支平衡表　　　　单位:吨银子,%

	葡萄酒出口(1)	橄榄油出口(2)	粮食进口(3)	食品外部收支(1+2+3)(4)	食品总消费(5)	食品外部收支/食品总消费(第4列占第5列的百分比)	葡萄酒出口/食品总消费(第1列占第5列的百分比)
1700年	18.2	21.4	14.4	25.2	1 858	1.4	1.0
1750年	20.4	6.1	23.0	3.5	2 311	0.2	0.9
1800年	128.5	8.3	151.6	−14.8	3 360	−0.4	3.8
1850年	115.2	10.3	10.0	115.5	3 742	3.1	3.1

资料来源:科斯塔和瑞斯(2016,表1)。

出口葡萄酒的生产尽管规模较小,但是,它是最具活力的经济部门之一,特别是通过杜罗河口的波尔图城的波特葡萄酒的出口。这些出口葡萄酒是用生长在山谷陡峭山坡上的葡萄酿制的加强型葡萄酒。他们需要大量的投资,投资于筹备土地、酿酒、酒桶制造和运输条件,包括改善多瑙河的通航能力和道路以及出口葡萄酒所需的船只。

图7.2描述了1772—1850年葡萄酒产量和出口的演变过程。它表明,产量被大量用于出口,直到18世纪末,然后,产出与出口双双下降,虽然后者下降

---

[1] 参见科斯塔和瑞斯(2016)。赛罗(2016,表5.1)提出,1778—1795年间这一比例为7%。

的速度更快。对于葡萄牙葡萄酒行业的这一特定领域来说，19 世纪上半叶是下降的时期。

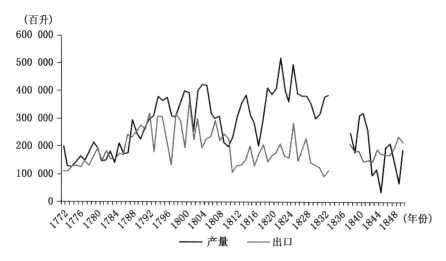

资料来源：马丁斯（1990：229—230）。
图 7.2　1772—1850 年葡萄牙波特葡萄酒产量与出口

波特葡萄酒出口取决于外部因素，尤其是与英国的贸易协议，以及加强型葡萄酒国际需求的增长、战争与和平的国际局势。波特葡萄酒是葡萄牙首批受到具体政策措施约束的行业之一，包括实施划定生产地区，但是，政治干预显然没有影响产出的增长（马丁斯，1988：393）。

波特酒的崛起与国际政治紧密相关，尤其是与英国和葡萄牙联盟中英国的利益有着密切的联系，那时是法国在路易十四统治下的扩张主义时代，在西班牙王位继承战争（1701—1714 年）中法国扩张主义达到顶峰。葡萄牙是一个英国的宝贵盟友，不仅因为里斯本港的战略地位，也因为它是巴西黄金的来源。英国葡萄酒市场发展迅速，并且需要取代来自波尔多的法国葡萄酒。波特酒是现成的解决方案，因此，它成为 1703 年两国签订商业和国防条约的目的，这个条约就是为人所知的《马图恩条约》（the Methuen Treaty）。

虽然波特酒生产和出口先于英法战争，但是，新的国际环境为其发展提供了适当的条件以及在英国市场上的成功［亚历山大（Alexandre），2008：139—

140,以及卡多佐即将出版的著作]。《马图恩条约》对葡萄牙葡萄酒有利,而损害了法国葡萄酒的利益,作为回报,葡萄牙也做出了让步,对英国出口的毛织品给予特殊待遇。波特酒贸易的发展不是出于李嘉图的比较优势,而部分原因是出于当时寻租驱动的经济政策。事实上,英国和葡萄牙的条约谈判代表分别对羊毛制品和葡萄酒感兴趣(格兰瑟姆,1999;安德森,2014)。

到1710年,葡萄牙在英国葡萄酒进口中占有50%的市场份额,而法国只有5%的市场份额,从17世纪80年代的70%显著下降(巴尔玛和瑞斯,2016:33—34)。表7.3显示,在18世纪后半期,葡萄牙所占英国市场份额达到72%的峰值。19世纪,葡萄牙的份额有所下降,但是,在20世纪的头几十年里,再次略有上升。

表 7.3　　　　　　1675—1939 年英国[a] 进口自原产地的葡萄酒数量　　　　单位:%

	葡萄牙	法国	西班牙	其他	总量
1675—1699 年	24.2	23.2	43.6	9.0	100
1700—1749 年	57.0	4.5	32.7	5.8	100
1750—1799 年	72.0	5.4	19.9	2.7	100
1800—1849 年	48.3	7.4	30.5	13.9	100
1850—1899 年	19.7	24.9	29.8	25.6	100
1900—1939 年	26.1	19.0	20.9	34.1	100

a. 截至 1785 年为英格兰。

资料来源:作者基于安德森和皮尼拉(2017)的数据计算。

波特酒的故事不仅仅是一个需求和保护主义的故事。杜罗地区的葡萄酒行业必须适应新市场,需要投资于土地改造、运输和酿酒等方面。建立一套新的制度,以控制生产和价格水平,也是必要的(辛普森,2011)。结果是,波特酒从17世纪80年代的无足轻重中崛起,1800年达到顶峰,当时占葡萄牙葡萄酒的40%,意味着同期的年增长率达到了惊人的3.7%。在相对较短的时间内,波特酒已成为该国前工业时代经济活力第二重要引擎,还有就是玉米。

18世纪的葡萄牙,即使与制造业和服务业相比较,波特葡萄酒生产都是最先进的经济部门之一。这是一个广泛暴露于国际市场压力之下的行业。它也是第一个被广泛监管的行业，1756 年创建了杜罗葡萄酒公司（the Companhia das Vinhas do Alto Douro），划定了杜罗葡萄酒产区，管制了产量、价格和商业化（马丁斯，1988：392）。虽然这家公司是由国家设立的，但是，作为一家伟大的公司，主要源自一种要求，即来自生产者和大多数贸易商自动调节的要求。在短期内，这种安排具有优势，但它也限制了行业的增长，并增加了种植者与商人之间的冲突。它把商人引进波特酒的经营，而商人控制了该行业，因为其董事会几乎全部由波特酒商人组成，后来也有伦敦的商人加入。[1] 但是，杜罗的生产者和贸易公司具有"显著的复合特性"，反映了区域和国际贸易的复杂性，这就将葡萄牙偏远农村地区的生产商与波尔图和伦敦交易商结合在一起了[杜吉德和拉普斯（Duguid and Lopes），1999]。

从 1820 年革命开始，随着自由主义的兴起，杜罗公司的作用越来越受到质疑。1834 年，它的伟大权力被废除，它变成了一个正常的商业公司，从而废除了波特酒出口经由波尔图的垄断。1852 年，该公司失去了所有与波特酒生产和贸易有关的权力，并且在 1865 年这个行业完全自由化。自由化名义上持续到 1907 年，但是，对该行业的保护大多是间接的（亚历山大，2008：146－147；佩瑞拉，2008：179－180）。随着贸易的扩大，许多杜罗的农场主停止了他们的葡萄酒生产，转而将他们的葡萄出售给波尔图的出口商人。后来，这些商人失去了与英国商人的贸易。这种波特酒的垂直一体化导致了权力从生产者转移到波尔图商人的手中，然后是伦敦商人的手中，这是竞争日益激烈市场中竞争需要的结果，在竞争市场中质量的控制是至关重要的，商人比分散的生产者更有资格保证质量（杜吉德，2005：525－526）。

从 1678 年到 1987 年，按生产和贸易，波特酒行业有四个周期（马丁斯，1988：394－403，1991）。第一个周期从 1678 年延伸到 1810 年，涉及该行业在生产和贸易两方面的创新和巩固。产出以每年 3.5％的速度迅速增长，波特酒

---

[1] 参见佩瑞拉（2008：176－177），同时参见杜吉德（2005）和亚历山大（2008：141）。

出口成为葡萄牙的主要出口项目(除进口自巴西的棉花和糖的再出口以外),1800 年占出口总额的 15％。在这 132 年里,波特酒实际上完全出口到一个市场,即英格兰或英国的市场。到了 18 世纪末,波特酒就占了英国所有葡萄酒进口的 60％。

随后,则是一段不稳定和停滞的时期,这是从 1810 年持续到 1865 年欧洲和葡萄牙的全面军事活动和政治不稳定的后果。在 1811—1813 年间,对英国的出口减少了一半,这种新的较低水平持续了 19 世纪余下的大部分时间。在 1790—1809 年和 1864 年间,波特酒出口总额下降了 1/3,1850—1852 年,杜罗地区受到霉病的影响(马丁斯,1988:403－409)。英国仍然是迄今为止最大的市场,1850—1852 年间,英国的进口占葡萄牙总出口的 90％。

在 19 世纪 60 年代,由于出口货物的目的国多样化,这种消极的趋势被扭转了。随着在德国和其他北方国家以及法国和巴西新市场的发展,英国的相对权重下降了。然而,出口价格下跌,葡萄牙经济多样化,波特酒在贸易中的重要性降低了。即便如此,1930—1939 年间,波特酒仍占葡萄牙总出口的 20％,与 1870—1879 年的 30％相比则下降了。

新的公司成立了,新的国际贸易条约签署了,且保护品牌的新法规制定了。但是,里斯本政府倾向于保护贸易而不是生产。从 1865 年到 1907 年,生产和贸易完全自由化,这是葡萄牙的大势所趋。这刺激了快速增长,但并没有提高质量。到 1907 年,新法规颁布了,但事实证明它们非常无效。[1]

随着专制时期[埃斯塔多·诺沃(the Estado Novo)]的结束,事情开始改善,杜罗之家、出口商俱乐部和波尔图葡萄酒学院成立了。这提供了一个新的制度框架,持续了 20 世纪的大部分时间。在 20 世纪 50 年代之前,波特酒被分为复古(vintage)和茶色(tawny)两大现代类型,并且生产者自己混合(杜吉德,2005:524)。从 20 世纪 60 年代开始,新的正周期以增长和市场多样化为特征。

20 世纪 80 年代的 10 年里,法国已经成为葡萄牙波特酒出口的最大市场,

---

[1]　西班牙和其他国家也是如此。参见潘—蒙特约(2009)和辛普森(2011)。

占有 40% 的市场份额。此外,商业化也随着瓶装葡萄酒出口的增加而发生了变化,瓶装葡萄酒在 1986 年的葡萄酒出口总额中占 80%。还有,这个行业的公司结构发生了变化,20 世纪 80 年代出口公司的数量下降到 43 家(1934—1935 年间为 113 家)。贸易限制了生产而不是相反,国家保护贸易商的程度远大于对生产者的保护(马丁斯,1988),生产者对市场几乎没有影响。

葡萄牙葡萄酒行业的其他方面与波特酒生产和出口的活力是不匹配的,与北方欧洲的农业相比,就像葡萄牙农业的其余部分一样,是相对落后的。

1860—1930 年间根瘤蚜虫、出口繁荣及其反弹

经过因应国内外市场稳定的 20 年恢复之后,1852 年,葡萄牙的葡萄藤受到发霉真菌(粉孢子)的影响,这种病原源自北美。这种疾病首先到达杜罗地区,因为它与外界的联系更广泛,并迅速向南蔓延,造成葡萄酒产量急剧收缩(见图 7.1)。从 1851 年的顶峰到 1857 年的低谷,葡萄酒总产量下降了近 90%。因库存减少,出口萎缩了 1/3。然而,亚硫酸盐作为治疗方法,是很容易得到的,亚硫酸盐被综合利用,尽管它的相对成本较高,可是,经济出现了快速复苏。快速复苏显示出葡萄牙葡萄酒行业经济的活力和调整能力。政府干预保持在最低限度,但是,由于新政策的制定,这也是在这方面的一个转折点(马丁斯,1996)。

在酒庄从霉病中恢复后不久,它们就受到了另一种疾病的影响,疾病也是从北美传入的,即根瘤蚜虫病。这种更具毁灭性的疾病于 19 世纪 60 年代初首次在法国出现,1865 年到达杜罗地区。从历史上看,这个地区首先受到各种全球性因素的影响,包括积极因素和消极因素[马丁斯,1991:653;马提亚斯(Matias),2002;弗雷尔,2010;辛普森,2011]。到 1883 年,葡萄牙 1/4 的葡萄种植面积受到根瘤蚜虫的影响,其中,90% 在杜罗地区。10 年后,全国葡萄种植区的一半遭到袭击。为了对抗根瘤蚜虫,葡萄种植者采用硫化碳灌根,并用美国的葡萄树苗代替当地的葡萄树苗。新葡萄树苗的产量要高得多,不仅仅是因为它

们比当地的早成熟一两年,而且也因为它们平均多生产 1/3 的葡萄。在这一进程中,杜罗地区已不再是领导者,南方相关地区增长显著(马丁斯,1991)。

随着杜罗公司于 1852 年关闭,政策也发生了变化。1865 年,杜罗地区不再享有特权。到 19 世纪末,葡萄种植面积比根瘤蚜虫进入葡萄牙以前大了很多,葡萄产量相应增加(马丁斯,2005:222、232—233)。在 1846—1908 年的两个高峰年之间,葡萄酒产量增加了,每年增长 0.61%。然后,出现了急剧下降,这在很大程度上是由于保护主义政策的出台,以及第一次世界大战的后果,即出口收缩的后果(见表 7.1)。

酒庄以各种不同的方式和特征遍布全国,并且葡萄与其他作物如橄榄和其他水果树或蔬菜一起种植,它们生长在低地和海拔高达 1 000 米的地区(佩雷拉,1983:141)。据估计,1900 年,葡萄牙人参与生产活动的一半人口直接或间接地参与了葡萄酒生产(弗雷尔,2010:51)。估计每公顷 983 里斯[1]的价值,在 1900—1909 年间,种植葡萄的土地价值是葡萄牙最高的土地价值之一,仅次于水果和蔬菜,分别为 1 277 里斯和 1 000 里斯,高于土豆和玉米,远高于小麦[2]。葡萄酒产量带来比粮食更高的收益,不受进口竞争以及它所引发的不稳定的影响,全年雇用了更多的劳动力(马丁斯,2005:235—236)。葡萄牙城市化和交通基础设施的发展是关键因素,因为它们增进了国内葡萄酒消费量(西班牙也是如此;参见费尔南德兹和皮尼拉,2014:69)。

从 20 世纪初到第一次世界大战的战后期间,葡萄酒出口再次增长,比 1919 年的产量略高 30%。然而,在两次世界大战之间,葡萄酒产量的增长不足以阻止该部门在农业总产值中所占份额的下降,从 1900—1909 年间的 23% 下降到 1935—1939 年间的 13.5%。葡萄酒在葡萄牙出口总额中所占的份额也有所下降,从 19 世纪 90 年代以前的近一半下降到 1910—1913 年间的 1/3,再到 1935—1938 年间的 1/6 以及 20 世纪 50 年代的 1/10(见图 7.3)。显然,很大程

---

〔1〕 reis,葡萄牙和巴西的旧货币单位。——译者注
〔2〕 莱茵斯(2003:60)。1 英镑相当于 4 500 里斯。

度上，国内行业是由葡萄牙葡萄酒行业的出口主导的，我们有必要解释它的演变，根据消费的增长和模式变化，看看在国内发生了什么，但是，大规模呈现于国际贸易的问题也需要加以考虑。

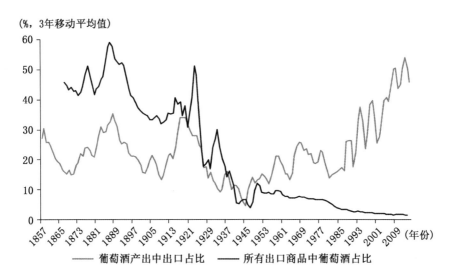

图 7.3　1855—2015 年葡萄牙葡萄酒产出中出口占比与所有出口商品中葡萄酒占比

　　然而，根瘤蚜虫病后产量的增加主要是由于低质量标准的葡萄酒产出增加，它们被散装销售于国内和国际市场，国际市场主要是法国，在法国被用于加强和提高法国生产的葡萄酒的质量。出口的增加伴随着国内消费的增长，而国内消费的增长与农产品需求结构的变化有关。图 7.3 显示了数量上葡萄酒出口份额的演变情况。1886 年，出口占比上升到 40.5％，之后下降到 1908 年的 11.4％，第一次世界大战期间再次达到高峰，之后下降至第二次世界大战期间，而后又有所增加。[1]

　　到 19 世纪中期，全球葡萄酒贸易受到相当大的限制，主要是因为保存和运输的高成本。因此，贸易主要集中在烈性酒类，如波特酒和雪利酒。在 19 世纪的剩余时间里，运输佐餐葡萄酒的成本降低了，生产方法改进了，使葡萄酒能够

〔1〕 第一次世界大战期间的一些年份没有葡萄酒出口数据，所以，插值被使用。

存放更长时间。但是,贸易的增长也是贸易自由化的结果,自19世纪60年代以来,最主要和最重要的是由于其葡萄园遭到根瘤蚜虫的攻击,法国对进口的需求急剧增长。由于收入增加和工业化的结果,欧洲和其他大陆的消费也在增长。然而,葡萄酒出口增长只持续了几十年,到了1892年,法国和其他葡萄酒进口国家提高关税,旨在保护国内生产,或者以法国为例,旨在保护北非殖民地的生产,即保护阿尔及利亚的生产。[1]

到了19世纪中叶,波特酒、马德拉酒和佐餐酒成为葡萄牙最大的单一出口项目,达到了出口总额的51.9%。而英国是最大的市场,1850—1854年间进口占葡萄牙出口量的75%,然后,在1910—1914年间下降到58%。在接下来的几十年里,这一总体情况发生了很大变化,尤其是在19世纪的最后几十年,无论是在构成上还是在区域分布上,葡萄牙出口多样化了。

即使葡萄牙对国际需求增加作出的反应不完全令人满意,但是,两个例子反映出葡萄酒出口反应相当迅速。首先,尽管1867—1868年间葡萄疾病影响了杜罗的波特葡萄酒产区,葡萄酒产区的生产者利用1865年获得批准从波尔图出口各种葡萄酒的自由,他们通过将正品波特葡萄酒与没有受到根瘤蚜虫影响的葡萄牙南部地区的葡萄酒混合起来,成功地维持了出口(佩雷拉,1983:225;莱茵斯,1986)。混合葡萄酒导致了葡萄酒质量的下降和英国进口商的抱怨。然而,出口的数量和价格并没有下降,直到1870年之后随着国际价格普遍下跌而下降。出口水平的维持与波特酒产量的急剧下降形成鲜明对比。据官方估计,1880年的产量下降了24百万升,登记数据显示,1888年又减少了54百万升。

出口经历了根瘤蚜虫病危机,但没有大幅下降,因为到1880年,1875—1877年间的出口高峰已达到,并且进一步增加,直到1886年。其中,大部分增长来自巴西,可能反映了根瘤蚜虫病后波特酒品质的下降(佩雷拉,1983:130;

---

[1] 皮尼拉和阿尤达(2002:54—55)。有关阿尔及利亚葡萄酒行业的兴衰,请参阅梅洛尼和斯文内恩(2014)。

马丁斯,1990:229)。19 世纪 80 年代达到了顶峰,这是由于对法国出口的增加,法国的葡萄园受到根瘤蚜虫病的严重影响。波特酒的主要市场是英国,1850—1854 年间英国进口占葡萄牙出口总量的 75%,到 1910—1914 年间,这一比例下降到 58%。

然而,葡萄酒出口不能继续依赖波特酒,鉴于其强烈的酒精含量既不讨英国消费者的欢心,也不讨海关官员的欢心。此外,1892 年的《美林关税法案》[1]歧视酒精含量高的葡萄酒;并且,从 1906 年起,德国就开始歧视政策而有利于意大利马萨拉葡萄酒,马萨拉葡萄酒是波特酒和马德拉酒的有力竞争者。另一种选择是出口更多的佐餐酒。众所周知,葡萄牙佐餐酒很烈,几乎和波特酒一样烈。由于法国市场的繁荣,这恰好是一个优势,因为法国进口葡萄酒用于蒸馏以及混合自己的葡萄酒。1880—1884 年间,40% 的总产出被用于出口,1860—1864 年间出口在波特酒产出中的比重为 79%,1909—1913 年占比达到 105%。[2] 1888 年,葡萄牙在法国进口葡萄酒中占比从 1876 年的 15% 下降到 8%。1889 年以后,销往法国的葡萄酒数量下降,因为法国葡萄园恢复和来自其他来源地的进口增加,如阿尔及利亚(莱茵斯,1986:401)。

1891 年,法国提高了对外国葡萄酒的关税,从而保护了向阿尔及利亚进口。这导致了当时西班牙葡萄酒行业的危机,直到那时,西班牙是法国的主要供应商(皮尼拉和阿尤达,2002:52—53)。1891 年,西班牙的出口达到了高峰,是 1850 年水平的 32 倍,是 1877 年水平的 6 倍,然后,在 19 世纪 90 年代末突然下降到峰值的一半。1890—1938 年间,法国的葡萄酒进口平均为 10%—25% 的国内产出,而西班牙的配额则从最高的 80% 市场份额下降到 20 世纪 30 年代的 26%,这一比例下降主要是由于关税保护(皮尼拉和赛睿诺,2008:136)。

与此同时,1891—1896 年间,葡萄牙葡萄酒在英国市场的销售份额从占进口总量的 37% 下降到 21%。这种下降的主要原因是英国人口味的转变,远离

---

[1] Meline Tariff,1892 年法国通过的关税法案。——译者注
[2] 在某些年份,出口超过了生产,因为它们来自前几年的生产库存。

高酒精含量的葡萄酒消费。英国关税表的结构也没有帮助进口。1860年,对于酒精浓度较高的葡萄酒包括波特酒和雪利酒,英国提高了关税,区别对待来自法国的低酒精含量的葡萄酒。在里斯本和伦敦之间的大量领事通信中讨论了这个问题,英国政府对葡萄酒酒精含量的征税的这种歧视进行了辩护。然而,对英国来说,改善与法国的外交关系是非常重要的,并且1860年《科布登—谢瓦利埃条约》(Cobden-Chevalier Treaty)导致了有利于法国的歧视,法国恰好有酒精含量较低的葡萄酒,而针对葡萄牙(和西班牙)的葡萄酒。

随后,英国在1876年和1886年降低了葡萄酒关税。尽管如此,葡萄牙葡萄酒的酒精含量仍然过高,无法从减少关税中受益。西班牙出口商较好地适应了英国市场的变化:1876年,在较高的税率范围内,出口到英国的西班牙葡萄酒下降了96%,但22年后,这一比例下降到25%。同期,西班牙的佐餐酒出口从1.4百万升增加到15百万升。葡萄牙的类似趋势是,1876年酒精含量高的葡萄酒下降96%,1898年下降94%。因此,并不奇怪,在此期间,葡萄牙对英国的葡萄酒出口仅从0.9百万升增长到1.3百万升。西班牙轻度葡萄酒出口的较大增长是由于在1886年与英国签订的条约,为了支持他们,削减了关税规模。然而,事实是,西班牙生产这样的葡萄酒,而葡萄牙没有。在1886年,葡萄牙已经从英国那里得到了最惠国待遇,这样一来,出口同样种类的葡萄酒并没有被禁止,仅有的条件就是以具有竞争力的价格生产出来(莱茵斯,1986:403)。通过增加对德国和美国以及巴西和非洲殖民地的销售,实现了市场多元化。

1910—1914年,斯堪的纳维亚半岛和德国购买了葡萄牙波特酒出口量的27%(佩雷拉,1983:217—232;马丁斯,1990:248—251)。19世纪80年代,对法国出口的佐餐酒显著增加,此前,葡萄牙的主要市场是英国和巴西。经过对法国出口的短暂繁荣之后,佐餐酒的出口维持在一定水平上,最终,在1900—1904年之后有所增加,尽管对法国的出口回落到先前的水平。这是由于向巴西和葡萄牙的非洲殖民地出口的有利趋势,后者在1892年后受到保护(马丁斯,1990:252—253;拉内罗,2014:88)。1870年,葡萄酒已经是对这些殖民地唯一的、最重要的出口,但数量非常小。到了19世纪末,对殖民地的葡萄酒贸易大幅扩张,但是,随后在第一次世界大战期间,随着当地经济的衰落而下降了(克拉伦斯—史密斯,1985:68、94、120—122;莱茵斯,1986)。

由于保护主义措施在欧洲各地相继实施,葡萄牙很难确保与主要伙伴达成贸易协定的执行。1866 年和 1882 年葡萄牙和法国签订的商业条约在 1890—1891 年法国关税改革中没有得到法国的再次确认。1892 年,法国对葡萄牙葡萄酒征收一般性关税,而西班牙则以最低关税向法国出口葡萄酒。1894 年,法国对来自意大利、瑞士和葡萄牙的葡萄酒征收了更高的关税,德国对西班牙和葡萄牙也是如此,意大利对法国和葡萄牙也是如此。葡萄酒主要出口到邻近国家或国民已移居的那些国家。法国葡萄酒进口就是这种情况,主要来自西班牙和法国殖民地阿尔及利亚,而德国的进口,主要是经过奥地利或瑞士从意大利进口和从法国进口(马丁斯,1990:116)。

可以解释 19 世纪 80 年代中期以后葡萄牙缺乏商业条约的另一个原因是与这个国家的相对重要性联系起来。这从英国对葡萄牙产品歧视的反应中就可以明显看出,根据 1860 年《科布登—谢瓦利埃条约》,英国给法国葡萄酒优惠待遇,葡萄牙对英国产品实施歧视待遇进行报复。尽管有来自英国商人的抱怨,因为从 1866 年起,他们支付更高的葡萄牙进口关税,但是,英国依然按酒精含量对葡萄酒征收关税,为法国酒精含量较少的葡萄酒提供了事实上的优惠待遇。葡萄牙对此无能为力,与英国进行了 10 年的谈判,并且经过至少 3 年的议会讨论,最终于 1876 年葡萄牙给予英国最惠国待遇,而无任何补偿回报(莱茵斯,1986)。

在 20 年的世界大战期间,葡萄牙在全球葡萄酒出口总量和价值中所占的份额达到顶峰,达到 9%,第一次世界大战前为上升趋势,而第二次世界大战以来则稳定下降(见图 7.4)。直到 20 世纪 40 年代,葡萄牙在全球葡萄酒生产中所占份额一直在增长,但是,主要以国内市场为主,因为在第一次世界大战后,出口量和出口占比下降了(见图 7.3 和图 7.4)。在保护主义时期里,葡萄酒遵从葡萄牙农业的发展趋势,保护主义时期始于 19 世纪 90 年代初对谷物的保护,并在第一次世界大战及其后扩大到其他行业。由于西班牙生产商面临在南美和欧洲的需求短缺,那里的葡萄酒消费规模依然相对较小,而且增长缓慢,葡萄种植者的价格和利润受到压制,这种情况至少到 1930 年(费尔南德兹和皮尼拉,2014)。

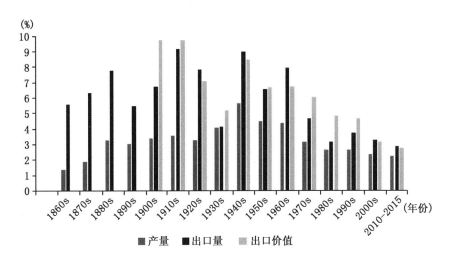

资料来源:安德森和皮尼拉(2017)。

图 7.4　1860—2015 年葡萄牙在全球葡萄酒产量和出口量中所占比例

19 世纪下半叶,葡萄酒产量和消费量均有增长,主要集中在欧洲。从 20 世纪初开始,西班牙和葡萄牙遭受了同样的负面因素影响。如法国偏爱阿尔及利亚葡萄酒;在工业化程度较高的国家,消费停滞不前且贸易保护主义增强;美国废除奴隶制的政策占据上风;世界其他地区不断扩大葡萄酒生产,提高了竞争水平(皮尼拉和阿尤达,2007:180-181)。由于美洲的产量扩张以及在北非的法国殖民地尤其是阿尔及利亚的产量扩张,在世界范围内的葡萄酒产区也出现了再分配的情况。1860—1900 年间,法国、意大利、西班牙和葡萄牙占世界总产出的 79%,但是,到 1910—1914 年间,这一比例已经下降到 73%,到 20 世纪 30 年代下降到 68%,之后下降速度有所放缓,一直到 1990 年(在 60 年里,平均为62%;参见安德森和皮尼拉,2017)。

在 19 世纪的大部分时间里,葡萄酒行业在葡萄牙的政治影响力仍相对较小。然而,到 20 世纪之交,随着产量的增加和出口的下降,葡萄酒不再是一个简单的地方性问题,而是一个全国性的问题,葡萄牙政府采取了一些积极措施。葡萄牙是葡萄酒区域创设的先驱,1756年设立了杜罗葡萄酒产区,但自那以后几乎没有做过什么,并且那段时间里,波特葡萄酒一直是个例外。从1907年到1911年,葡萄牙政府设立了6个新的葡萄酒产区,其中,大部分位于葡萄牙里斯本周围的地区,即卡卡韦洛斯、科拉雷斯和巴塞拉斯,以及里斯本以南30公里的塞图巴尔、葡萄牙北部的维豪—韦德斯(Vinhos Verdes)和马德拉,加之被重新改组的、已经存在的杜罗葡萄酒产区(马丁斯,1991:683;弗雷尔,2010:53)。

两次世界大战之间的国内和国际动荡阻碍了本可促进葡萄酒行业较好平衡的制度改革。葡萄酒行业面对着国内和国外需求的繁荣,随着生产能力的不断提高,受到了严重影响。然而,国内和国际政治会很快发生变化,并且自相矛盾的是,新权威体制和国际层面加强的保护主义助长了这个行业的相关变化。

国内整合与第三次浪潮:1930—2015 年

专制体制(Estado Novo)导致了葡萄牙国家制度框架的全面改革,农业和葡萄酒行业自然在很大程度上受到影响。国家干预遍及许多领域,包括教育、卫生和研究,以及道路、电力和灌溉。葡萄牙仍然是西欧最贫穷的国家之一,是教育水平和人均(劳动力)资本水平较低的经济体,但是,寻找政治合法性来源的独裁统治能够建立一系列新基础设施,至少在短期和中期对经济产生积极影响。农业生产持续增长至少30年,而且在很大程度上价格和收入的波动得到了控制。同经济增长和结构变化相伴的保护主义悖论与欧洲其他几个边缘国家的情况并无二致。[1] 从20世纪30年代开始,小麦和葡萄酒是其中的两个受保护程度最高的行业,而受到当时危机冲击的其他行业,即猪肉、牛肉、奶制品、土豆和木材的生产商,并没有得到国家的相关保护(拉内罗,2014:90—91)。

---

〔1〕 见莱茵斯(2007)、拉内罗(2014)及其引用文献。

新的制度环境提高了对生产的管制水平以及葡萄酒行业的商业化。所采取的措施主要是为了控制产出水平和确保更好的存储条件,以及在国内和殖民地市场的分配情况,然后,就是提高出口到欧洲市场的葡萄酒的质量。1937 年,1907—1911 年间创建的 6 个葡萄酒产区得到了巩固并置于国家葡萄酒董事会(Junta Nacional dos Vinhos)的监督之下,国家葡萄酒董事会是社团主义国家的众多制度之一(弗雷尔,2010:53)。1950 年以后,提高了对质量的关注,并且为提高葡萄的品质采取了一系列措施,提供技术援助和促进建立生产者合作社。

然而,在后来的几年里,划定的葡萄酒产区的产量份额发生变化非常小,从1939—1949 年占葡萄酒总产量的 62%,到 1960—1969 年占葡萄酒总产量的58%。1939—1949 年,佐餐酒生产仍然占总产量的 96%,1960—1973 年占95%。与此相反,在相同的两个时期,品质较好的波特酒只占总产出的 2.5% 和3.5%(巴普蒂斯塔,1993:209、215)。葡萄酒合作社数量从 1935 年的 1 家增加到 1955 年的 19 家,再到 1969 年的 57 家,次年,合作社占葡萄酒总产量的 24%(巴普蒂斯塔,1993:235—236;拉内罗,2014:91)。

面临着工资上涨和葡萄酒价格下降的其他南欧葡萄酒生产者也通过建立合作社来提高他们生存的能力,尤其是在法国,其次是意大利、西班牙和葡萄牙。在法国,葡萄酒生产者更容易获得资金,法国政府以较低利率条件提供了所需的大部分资金(辛普森,2000:115)。1964 年,西班牙的合作社占葡萄酒总产量的 40%,当时合作社有 600 家(马丁内斯—卡里翁和梅迪纳—阿尔巴拉德约,2010:88)。

葡萄酒产量大幅增长,并且在葡萄牙农业经济中所占的份额也有所增加,不仅归因于国家支持政策和价格保护,而且是国家比较优势的外在表现。然而,葡萄酒生产的增长伴随着相对价格的下降,因此,按照当时价格,在农业总产出中葡萄酒行业所占的比重从 1900—1909 年的 23.3% 下降到 1935—1939年的 13.5%,并且直到 20 世纪 70 年代初,这一比例一直保持在较低水平(莱茵斯,2009:343)。葡萄种植面积保持相对稳定,从 19 世纪末到 1970 年,波动在

30万到40万公顷之间,然后逐渐下降至约20万公顷。20世纪后半叶,按照每公顷产量测度的葡萄牙葡萄酒生产力大幅增长(弗尔雷,2010:40—41)。图7.5显示了1930—1980年间每公顷葡萄酒产量翻了一番。

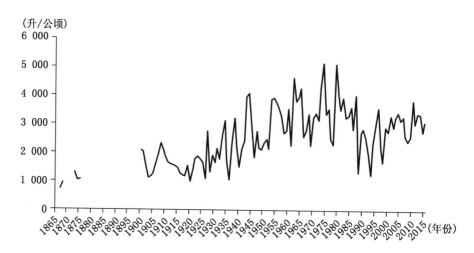

资料来源:作者基于安德森和皮尼拉(2017)的数据计算得出。

图7.5　1865—2015年葡萄牙每公顷葡萄酒产量

葡萄牙葡萄酒行业的趋势紧跟其他三大地中海生产国行业的趋势,它们分别是法国、意大利和西班牙。四国集团的产出份额从1960—1964年占世界总产出的63%下降到2010—2014年仅有49%。在同样情况的国家,葡萄产量差异很大,从2005—2009年意大利最高每公顷10.4吨到1965—1969年西班牙每公顷最少2.5吨。葡萄牙的产量从1961—1964年的6.0吨下降到1985—1989年的3.0吨,然后从那时起增长到2000—2004年的4.5吨和2005—2009年的4.0吨(安德森和尼尔根,2011,表97)。

随着产出超过需求,价格和收入波动加剧。20世纪30年代,国内市场出现了生产过剩和价格低廉的现象,加之国际市场的经济萧条。葡萄酒生产不能迅速适应市场变化,因为葡萄种植属于中期投资(马丁斯,1996:415;弗雷尔,2010:17—18)。但是,波特酒不像佐餐酒那样受影响。这是该部门的一个主要特点,这使得它与葡萄牙其他农业部门不同。产出无法迅速适应需求变化的事实,意味着该部门受到连续几次危机的影响。对于酿酒商和葡萄种植者来说,连续危机导致很高水平的收入波动。

　　法国的人均葡萄酒消费量在 20 世纪 50 年代中期达到顶峰,在意大利是 50 年代末期,在西班牙是 70 年代中期,在葡萄牙是 60 年代后期。在 20 世纪下半叶,四个地中海国家的人均葡萄酒消费量下降,并且在 2010—2014 年间,法国、意大利和葡萄牙的消费水平也差不多,都略高于人均 40 升,而那时的西班牙则下降到人均 15 升左右。直到 20 世纪 80 年代的 20 世纪大部分时间里,西班牙的葡萄酒生产商主要面向国内市场,主打的是质量较差的、散装销售的葡萄酒(辛普森,2000:98－99)。国内市场增长相当缓慢,没有多少进一步增长的潜力。事实上,随着收入的增加和偏好的改变,需求增长越来越多地集中在瓶装的高品质葡萄酒和品牌葡萄酒。那时,国家进行干预,目的是通过减少葡萄种植面积和促进葡萄酒生产的质量改进,收缩生产规模(费尔南德兹,2012:41－42)。国际市场也有所改善,西班牙生产商得以利用这一点(费尔南德兹和皮尼拉,2014)。因此,产出的持续增长很大程度上依赖于出口市场,尤其对于高品质的葡萄酒而言。

　　与以往一样,全球市场的成功在一定程度上取决于确保国际贸易协定的能力。葡萄牙作为一个发展中经济体,加入了欧洲自由贸易联合体(EFTA),为其部分农产品出口获得了优惠待遇,包括葡萄酒,但是,获得的贸易收益很小。由于关税保护以及与当地经济快速增长相关的葡萄酒需求的快速增长,葡萄牙也获得了在殖民地市场的优势。1956—1960 年间,向殖民地的葡萄酒出口约为 110 百万升,或者说,占葡萄酒出口总量的 73%,尽管它们只占向殖民地总出口价值的 10%。随着葡萄牙加入关税及贸易总协定(关贸总协定)以及殖民地进口保护逐渐减少,这种情况很快发生了变化。1972 年,独立前 3 年,殖民地被其他市场所超越,其他市场成为葡萄牙葡萄酒的主要出口市场(克拉伦斯—史密斯,1985:161－162、201)。同年,葡萄牙与欧共体签署了商业协议,第一次扩大与欧洲自由贸易联合体的相关性的重要性下降,而且除了少量出口的高质量葡萄酒之外,对葡萄酒行业影响不大[阿马罗(Amaro),1978]。

　　因此，出口在产出中所占的比重提高了，从 1930 年以后到第二次世界大战
期间下降接近 5％的水平，20 世纪 60 年代末再次达到 30％。到 20 世纪末，葡
萄酒出口份额达到了 50％的新高。葡萄牙出口份额的增长至少与三个邻国一
样快速，2013—2015 年，这一比例为 46％，与意大利持平，这一比例高于法国的
32％，接近西班牙的 50％。图 7.6 显示了葡萄酒产量和出口的增长以及出口单
位价值的增长。在这一时期结束前的几十年里，出口量增长了，单位价值增长
了，而产出却下降了。这些趋势很明显与过去年月的情况不同。然而，1980 年
以后，葡萄牙葡萄酒出口量的增长低于其他三个主要的地中海国家，导致其在
全球出口中占比的持续下降（见图 7.4）。然而，葡萄牙葡萄酒出口的单位价值
仅次于法国，如表 7.4 所示。

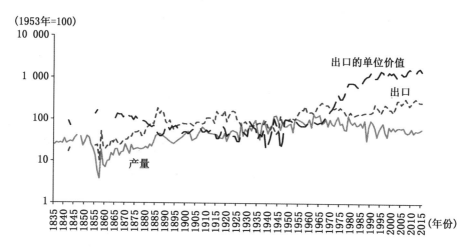

资料来源：见图 7.1。

图 7.6　1835—2015 年葡萄牙葡萄酒产量、出口与葡萄酒出口的单位价值
（实际价值，半对数标度）

表 7.4　　　　　　　1850—2015 年葡萄酒出口的单位价值（年平均）

单位：名义美元/千升

国家 年份	葡萄牙	法国	意大利	西班牙
1850—1859	247	192	n. a.	118
1860—1869	245	225	95	130

续表

年份 ＼ 国家	葡萄牙	法国	意大利	西班牙
1870—1879	217	150	89	134
1880—1889	118	194	65	75
1890—1899	119	246	53	38
1900—1909	109	204	63	52
1910—1919	103	292	129	64
1920—1929	84	244	120	79
1930—1939	106	327	95	57
1940—1949	123	496	271	47
1950—1959	166	468	194	28
1960—1969	188	462	243	200
1970—1979	724	1 177	334	432
1980—1989	1 623	1 995	615	738
1990—1999	2 427	3 604	1 335	1 176
2000—2009	2 522	4 965	2 233	1 473
2010—2015	3 020	6 539	2 896	1 469

资料来源：安德森和皮尼拉(2017)。

　　从 1980 年左右开始，世界葡萄酒贸易迅速扩张，原因是在较发达国家，较优质的葡萄酒消费量增加，这一趋势伴随着贸易实践的改进，包括扩大品牌宣传。西班牙和葡萄牙更是如此，在加入这一积极趋势方面落后了。自 1980 年以来发生的事情被称为"西班牙葡萄园和葡萄酒的革命"（马丁内斯—卡里翁和梅迪纳—阿尔巴拉德约，2010：77）。欧洲生产者的反应与世界其他地区的生产者是不同的，比如，美国和澳大利亚日益大规模生产同质化葡萄酒，而欧洲国家则继续按照传统的生产方式进行生产，只是提高了产量水平。然而，1970—2000 年，欧洲葡萄酒生产商仍在全球葡萄酒贸易中占据很大份额，在欧洲市场上仍然是压倒性销售（费尔南德兹和皮尼拉，2014：88—89）。经营酒精饮料的跨国公司的增长也促进了出口，自 20 世纪 60 年代以来，它们在英国、法国和荷兰等国的重要性也在增强。但是,在葡萄牙并非如此(洛佩斯,2005)。葡萄牙落后的主要原因在于那里经营公司相对较小的规模。

世纪之交后,世界优质葡萄酒贸易再次飙升(费尔南德兹和皮尼拉,2014:91—92)。在西班牙,优质葡萄酒消费在总消费中的占比从 1987 年的 14% 上升到 2009 年的 38%。按人均计算,在同一时期,佐餐酒消费量从人均 36 升下降到人均 8 升,而优质葡萄酒则保持在人均 6 升。葡萄酒消费结构的变化也伴随着葡萄酒消费地方的变化,也就是说,越来越多地在住宅之外消费,即社会性消费。西班牙的"葡萄酒革命"也波及西班牙的葡萄园,从 1980 年到 2009 年,葡萄种植面积减少了 1/3,而且生产的葡萄种类也发生了显著的变化。1994—2009 年产出率增加了 85%,2009 年达到了 32 百升/公顷[1],使西班牙成为世界上产出率最高的国家之一(马丁内斯—卡里翁和梅迪纳—阿尔巴拉德约,2010)。

在欧洲共同市场内部,西班牙和葡萄牙的葡萄酒生产商并不是最受欢迎的(费尔南德兹和皮尼拉,2014:90)。经济合作与发展组织(OECD)估计,1986—1992 年对价格的名义直接保护率为 8.6%,1993—1999 年为 6.4%,2000—2006 年为 1.7%,2007—2013 年和 2014 年分别为 0.3% 和 0。可是,同一时期,对葡萄酒生产者的间接支持增加,2007—2012 年期间间接支持的平均水平保持不变,运用"全体生产者援助总额的名义比率"可以显示,这个指标测度的是生产者援助总额占葡萄酒生产总值的百分比,同期为 20%。接受援助最多的国家是法国、意大利和西班牙,并列第四位的是德国、奥地利和葡萄牙。在每公顷葡萄接受的援助中,葡萄牙和西班牙略低于欧盟 27 国的平均水平,而意大利、德国和法国则高于平均水平。法国生产商得到的数量是葡萄牙和西班牙生产商数量的两倍。在生产每升葡萄酒所得到的援助中,葡萄牙与法国齐平,并且都在欧盟 27 国平均水平以上,而意大利和德国略低于欧盟 27 国平均水平(安德森和杰森,2016:294)。

――――――――――

[1] 原文疑有误。——译者注

欧盟补贴是在一个复杂的框架下发放的,而这几乎不可能由任何特定的国家或特定类型的生产者俘获。最初是在 1966 年,这些规定主要是法国的规定,意大利实施这些规定的程度较低。而后,欧盟规定了葡萄酒的数量、价格和质量。前两者(数量与价格规定)是直接保护生产者和分销商,而第三者(质量规定)仅仅是种间接保护,因为这也是对消费者的保护。1966 年,欧洲共同市场上的葡萄酒关税 8 个中有 7 个是从法国照搬过来的,这意味着所有其他 5 个欧共体国家的关税不得不做出调整,尤其是德国,要求德国大幅度降低低于 2 升包装的葡萄酒关税(梅洛尼和斯文内恩,2013:266-267)。

在葡萄牙的农业部门中,2012 年葡萄酒仍占有很大权重,其占农业增加值的 11% 以及就业的 8%,劳动生产率高于平均水平。葡萄酒的出口表现同样是积极的,特别是瓶装葡萄酒,在 2005—2011 年间,瓶装葡萄酒出口年增长率为 4.6%。显然,这个行业一直是无法充分利用补贴的,这可能是由于困难重重的投资,要么源自金融机构的资金供应不足,要么源自市场安全方面的困难。结果,欧盟批准的支持资金只有大约一半被用掉(葡萄牙葡萄酒协会,年份不详:25)。

1997 年,代表商人、生产者、葡萄酒合作社、酿酒师、农民和葡萄酒产区的各协会成立了一家非营利协会,以葡萄牙葡萄酒协会(ViniPortugal)的名字命名,旨在在国外市场营销葡萄牙的葡萄酒。[1] 协会的成立日期就标志着葡萄牙的滞后。但是,要做的事情可能与其他国家或其他时间的其他协会的任务清单没有什么不同。真正重要的问题是,为什么没有采取合理的措施,这个问题可能与投资限制关系更大,问题的可能结果是盈利能力低、作为担保的启动资本水平低,或者缺乏能够影响经济政策和补贴政策的金融中介。[2]

---

[1] www. viniportugal. py/AboutUs。
[2] 至于西班牙,参见马丁内斯—卡里翁和梅迪纳—阿尔巴拉德约(2010)。

结论:命运的逆转?

葡萄酒既不是一种同质的产品,也不是一种多样化的产品。相反,该行业是由规模不等的各种类型组成,迎合了不同的市场需求。继 1870—1930 年长期处于低水平的国际贸易之后,全球化和根瘤蚜虫病改变了葡萄酒行业,生产量、生产力和国际贸易提高了。自 1930 年起,另一个转型发生了,这是国家干预的结果,界定葡萄酒产区,监管日益加强,目标取向主要是受到保护的国内市场,也有一些优质葡萄酒的出口。自 1980 年以来,欧洲南部国家的国内市场越来越需求高品质葡萄酒,新的转变发生了。

从这项研究中可以明显看出,葡萄牙的葡萄酒生产商能够作出调整,迅速有效地适应国内市场的变化以及国际市场情况。大概是因为过去 250 年里葡萄牙一直拥有巨大的葡萄酒比较优势。尽管该行业在增长,但这只是最近几十年的事情,由于出口质量较好的葡萄酒,葡萄牙的葡萄酒一直在国际市场上竞争良好。

在本章中,我们界定了葡萄牙葡萄酒的三次全球化浪潮,每一次浪潮都有非常不同的特点。第一次浪潮是波特酒出口,主要是对英国的出口,在 18 世纪和 19 世纪的前几十年增长迅速,但是后来衰落了。第二次浪潮的发生是由于法国对佐餐葡萄酒需求的增长的结果,原因是根瘤蚜虫病,而这次浪潮在 19 世纪的后几十年里趋于停止。第三次浪潮发生在 20 世纪末,至今仍在进行中。这是在普遍的国际竞争背景下产生的。现在,关于第三次浪潮的一个关键问题是:是否已经结束或何时结束? 在第三次浪潮中,葡萄牙取得成功,基于以往国内市场的发展——与之形成对比的是第二次浪潮,当时,生产者只是利用国际市场的变化。在很大程度上,最近的浪潮是与国内市场的同步变化相关的,国内市场的同步变化为这样的发展提供了更加坚实的基础。因此,这次浪潮可能导致葡萄牙的葡萄酒在国际市场上命运的逆转。

【作者介绍】 佩德罗·莱茵斯(Pedro Lains):里斯本大学社会科学研究所的研究岗教授,葡萄牙里斯本天主教商业和经济学校客座教授。他最近与人合著的著作是《葡萄牙经济史:1143—2000》(剑桥大学出版社,2016),他最新合编的著作是《葡萄牙农业史:1000—2000》(2017)。

【参考文献】

Alexandre, V. (2008), 'A Real Companhia Velha no primeiro quartel do século XIX: ocontexto internacional', *População e Sociedade* 16: 139—49.

Amaral, L. and D. Freire (2016), 'Agricultural Policy, Growth and Demise, 1930—2000', pp. 245—76 in *An Agrarian History of Portugal, 1000 — 2000: Economic Development on the European Frontier*, edited by D. Freire and P. Lains, Leiden: Brill.

Amaro, R. R. (1978), 'A agricultura portuguesa e a integração europeia: a experiência do passado (EFTA) e a perspectiva do futuro (CEE)', *Análise Social* 14(2): 279—310.

Anderson, K. and S. Nelgen (2011), *Global Wine Markets, 1961 to 2009: A Statistical Compendium*, Adelaide: University of Adelaide Press.

Anderson, K. and H. G. Jensen (2016), 'How Much Government Assistance Do European Wine Producers Receive?', *Journal of Wine Economics* 11(2): 289—305.

Anderson, K. and V. Pinilla (with the assistance of A. J. Holmes) (2017), *Annual Database of Global Wine Markets, 1835 to 2016*, Wine Economics Research Centre, University of Adelaide, to be posted at www. adelaide. edu. au/wine-econ/databases/global-wine-history.

Anderson, R. W. (2014), 'Rent Seeking and the Treaty of Methuen', *Journal of Public Finance and Public Choice* 32(1—3): 19—29.

Baptista, F. O. (1993), *A Política Agrária do Estado Novo*, Porto: Afrontamento.

Cardoso, J. L. (2017), 'The Anglo-Portuguese Methuen Treaty of 1703: Opportunitiesand Constraints of Economic Development', pp. 105—124 in *The Politics of Commercial Treaties in the Eighteenth Century: Balance of Power, Balance of Trade*, edited by A. Alimento and K. Stapelbroek, London: Palgrave Macmillan. DOI: 10. 1007/978-3-319-53574-6.

Clarence-Smith, G. (1985), *The Third Portuguese Empire, 1825 — 1975: A Study in Economic Imperialism*, Manchester: Manchester University Press.

Costa, L. F. and J. Reis (2016), 'The Chronic Food Deficit of Early Modern Portugal: Curse or Myth?' *Gabinete de História Económica e Social* Working Papers 58.

Duguid, P. (2005), 'Networks and Knowledge: The Beginning and End of the Port Commodity Chain,1703—1860',*Business History Review* 79:493—526,Autumn.

Duguid,P. and T. S. Lopes (1999),'Ambiguous Company:Institutions and Organizations in the Port Wine Trade,1814—1834',*Scandinavian Economic History Review* 48(1): 84—102.

Fernández,E. (2010),'Unsuccessful Responses to Quality Uncertainty:Brands in Spain's Sherry Industry,*1920—1990*',*Business History* 52(1):100—19.

(2012),'Especialización en baja calidad:España y el mercado internacional del vino,1950—1990',*Historia Agraria* 56:41—76,April.

Fernández,E. and V. Pinilla (2014),'Historia económica del vino en España (1850—2000)',pp. 67—98 in *La Economía del Vino en España y en el Mundo*,edited by R. Compés López and J. S. Castillo Valero,Almería:Cajamar Caja Rural.

Freire,D. (2010),*Produzir e Beber:A Questão do Vinho no Estado Novo*,Lisbon:Âncora.

Grantham,G. (1999),'Contra Ricardo:On the Macroeconomics of Pre-industrial Economies',*European Review of Economic History* 3(2):199—232.

Instituto Nacional de Estatística (2016),*Estatísticas Agrícolas—2015*,Lisbon:Instituto Nacional de Estatística.

Lains,P. (1986),'Exportações portuguesas,1850—1913:A tese da dependência revisitada',*Análise Social* 22(2):381—419.

(2003),'New Wine in Old Bottles:Output and Productivity Trends in Portuguese Agriculture,1850—1950',*European Review of Economic History* 7(1):43—72.

(2007),'Growth in a Protected Environment:Portugal,1850—1950',*Research in Economic History* 24:121—63.

(2009),'The Role of Agriculture in Portuguese Economic Development,1870—1973',pp. 333—52 in *Agriculture and Economic Growth in Europe Since 1870*,edited by P. Lains and V. Pinilla,London:Routledge.

(2016),'Agriculture and Economic Development on the European Frontier,1000—2000', pp. 277—311 in *An Agrarian History of Portugal,1000—2000:Economic Development on the European Frontier*,edited by D. Freire and P. Lains,Leiden:Brill.

Lains,P. and P. S. Sousa (1998),'Estatística e produção agrícola em Portugal,1848—1914',*Análise Social* 33(5):935—68.

Lanero,D. (2014),'The Portuguese Estado Novo:Programmes and Obstacles to the Modernization of Agriculture,1933—1950',pp. 85—111 in *Agriculture in the Age of Fascism:Authoritarian Technocracy and Rural Modernization,1922—194*,edited by L. Fernández Prieto,L. Pan Montojo and M. Cabo Villaverde,Turnhout:Brepols.

Lopes,T. S. (2005),'Competing with Multinationals:Strategies of the Portuguese Alcohol Industry',*Business History Review* 79:559—85,Autumn.

Martínez-Carrión,J. M. and F. J. Medina-Albaladejo (2010),'Change and Development in the Spanish Wine Sector,1950—2009',*Journal of Wine Research* 21(1):77—95.

Martins,C. A. (1988),'Os ciclos do vinho do Porto:ensaio de periodização',*Análise Social* 24(1):391—429.

(1990),*Memória do Vinho do Porto*,Lisbon:Instituto de Ciências Sociais da Universidade de Lisboa.

(1991),'A filoxera na viticultura nacional',*Análise Social* 26(3—4):653—88.

(1996),'A intervenção política dos vinhateiros no século XIX',*Análise Social* 31(2—3): 413—35.

(1998),*Vinha*,*Vinho e Política Vinícola Nacional. Do Pombalismo à Regeneração*,3 Volumes,unpublished PhD Dissertation,Évora:Universidade de Évora.

(2005),'A agricultura',pp. 219—58 in *História Económica de Portugal*,*1700—2000*, edited by P. Lains and Á. Ferreira da Silva,Volume 2,Lisbon:Imprensa de Ciências Sociais.

Matias,M. G. (2002),*Vinho e Vinhas em Tempo de Crise:O Oídio e a Filoxera na Região Oeste*,*1850—1890*,Caldas da Rainha:Património Histórico-Grupo de Estudos.

Meloni,G. and J. Swinnen (2013),'The Political Economy of European Wine Regulations', *Journal of Wine Economics* 8(3):244—84.

(2014),'The Rise and Fall of the World's Largest Wine Exporter and Its Institutional Legacy',*Journal of Wine Economics* 9(1):3—33.

Palma,N. and J. Reis (2016),'From Convergence to Divergence:Portuguese Demography and Economic Growth',Groningen Growth and Development Centre Research Memorandum 161,University of Groningen,Groningen.

Pan-Montojo,J. (2009),'Las vitiviniculturas europeas: de la primera a la segunda globalización',*Mundo Agrario* 9(1):1—29.

Pereira,G. M. (2008),'Nos 250 anos da região demarcada do Douro:Da companhia pombalina à regulação interprofissiona',*População e Sociedade* 16:175—85.

Pereira,M. H. (1983),*Livre-Câmbio e Desenvolvimento Económico*,Lisbon:Sá da Costa Editora.

Pinilla,V. and M. I. Ayuda (2002),'The Political Economy of the Wine Trade:Spanish Exports and the International Market',*European Review of Economic History* 6(1):51—85.

(2007),'The International Wine Market,1850—1938:An Opportunity for Export Growth in Southern Europe?',pp. 179—219 in *Wine Society and Globalization:Multidisciplinary Perspectives on the Wine Industry*,edited by G. Campbell and N. Gibert,New York:Palgrave Macmillan.

Pinilla,V. and R. Serrano (2008),'The Agricultural and Food Trade in the First Globalization:Spanish Table Wine Exports 1871 to 1935,A Case Study',*Journal of Wine Economics* 3(2):132—48.

Reis,J. (2016),'Gross Agricultural Output: A Quantitative, Unified Perspective, 1500—

1850', pp. 172—216 in *An Agrarian History of Portugal*. *Economic Development on the European Frontier*, *1000 — 2000*, edited by D. Freire and P. Lains, Leiden: Brill.

Ricardo, D. (1817), *On The Principles of Political Economy and Taxation*, London: John Murray Albemarle-Street (third edition 1821).

Serrão, J. V. (2009), 'Land Management Responses to Market Changes: Portugal Seventeenth to Nineteenth Centuries', pp. 47—73 in *Markets and Agricultural Change in Europe from the Thirteenth to the Twentieth Centuries*, edited by V. Pinilla, Turnhout: Brepols.

(2016), 'Extensive Growth and Market Expansion, 1703—1820', pp. 132—71 in *An Agrarian History of Portugal*, *1000 — 2000*: *Economic Development on the European Frontier*, edited by D. Freire and P. Lains, Leiden: Brill.

Simpson, J. (2000), 'Cooperation and Cooperatives in Southern European Wine Production: The Nature of a Successful Institutional Innovation, 1880—1950', pp. 95—126 in *New Frontiers in Agricultural History*, edited by K. D. Kauffman, Bradford: Emerald.

(2011), *Creating Wine: The Emergence of a World Industry*, *1840 — 1914*, Princeton, NJ: Princeton University Press.

Soares, F. B. (2005), 'A agricultura', pp. 157—83 in *História Económica de Portugal*, *1700—2000*, Volume 3, edited by P. Lains and Á. Ferreira da Silva, Lisbon: Imprensa de Ciências Sociais.

ViniPortugal (n. d.), *Plano Estratégico para a Internacionalização do Sector de Vinhos de Portugal*, Lisbon: ViniPortugal.

第八章

西班牙

19 世纪中叶,西班牙在国际葡萄酒贸易的增长中发挥了至关重要的作用,法国葡萄园被根瘤蚜虫病破坏之后,法国在其国境之外寻找深颜色和高酒精含量的葡萄酒[1],西班牙的生产和出口大大增加了。

然而,直到最近,西班牙葡萄酒产业现代化以及提高质量的激励因素依然是稀缺的。在根瘤蚜虫病之后,现代化的努力主要集中于再植,而后就是扩大生产。虽然雪利酒生产商和在拉里奥哈(La Rioja)的一些酒庄生产优质葡萄酒,但是,20 世纪 80 年代之前,绝大多数生产商主要关注的是普通葡萄酒的产量,面向的是国内市场。

西班牙的葡萄酒产业也受到了外国需求波动的影响,这造成了生产过剩和价格下跌的周期性问题。从历史上看,出口取决于法国和阿尔及利亚的收成规模,并且承受着欧洲葡萄酒进口国每一次保护主义政策浪潮所到来的后果。20 世纪 90 年代初,当西班牙获得欧洲共同葡萄酒市场的正式成员国资格时,西班牙葡萄酒出口的增长得到了提振。虽然酿酒业导入了重要的技术变革,并且最高品质的西班牙葡萄酒在出口市场和国内市场都很受关注,但是,西班牙的葡萄酒出口仍以低价葡萄酒为主。

周期性的价格下跌导致该行业动荡加剧。直到 20 世纪 30 年代,政府通过控制欺诈并且试图减少在市场上销售的葡萄酒数量来回应这样的不满。20 世纪 50 年代,当生产过剩危机变得更加严重时,政府开始干预,采取的措施包括

〔1〕 本研究得到西班牙科学与创新部的资助,项目号为 ECO2015-65582 和 ECO2015-66196-P,并且通过农产品经济史(19 世纪和 20 世纪)研究小组得到了阿拉贡(西班牙东北部)地方政府的资助。

保证最低价格、取消劣质葡萄酒、规范酒精工业，并引入鼓励地理标志的立法。葡萄种植者的反应是形成葡萄加工合作社、葡萄酒储藏合作社，以及创造各种各样地理标志的合作社。然而，合作社的扩大主要是为了储藏品质较差的葡萄酒，而西班牙的产区名称（与法国的产区名称相反）实行宽松的质量控制措施。与此同时，私人品牌仅仅对于雪利酒和里奥哈是重要的，因为西班牙的葡萄酒产业（在欧洲其他地方亦如此）的特点是大量的小规模酿酒作坊以及生产各种各样葡萄酒的酒庄。

虽然在过去20年里出口有了大幅度的增长，但占据大比例的仍然是散装出售的葡萄酒。对新市场的出口机会受到了限制，因为西班牙专长在廉价的佐餐葡萄酒方面。然而，从20世纪70年代起，生产限制和质量控制措施开始逐步应用于西班牙的产区命名之中，以应对严峻的国内消费下降和有限的廉价葡萄酒的国际需求。

在这一章中，我们探讨了两个因素，用来解释西班牙葡萄酒行业现代化进程缓慢以及对优质葡萄酒的低投资的原因：国家的市场监管措施导致了普通葡萄酒生产的扩大，而与廉价葡萄酒截然不同，高品质葡萄酒进入外国市场的障碍越来越高（被法国名品所主宰）。

19 世纪下半叶西班牙普通佐餐酒出口的黄金时代

19世纪50年代，由于国内需求的增长和西班牙日益融入演变成为全球化第一波浪潮的国际经济一体化（加利西亚和皮尼拉，1986），西班牙农业开始了一段扩张时期。随着西班牙缓慢的工业化，它开始了以地中海农业特色产品为特征的专业化出口，主要销往更加发达的欧洲国家（皮尼拉和阿尤达，2010）。直到19世纪末，葡萄酒是这些产品中最重要的产品。

像其他地中海国家那样，西班牙有着悠久的酿造葡萄酒的传统。葡萄酒通常是在农村地区供自己消费而生产的，或在附近的城镇出售。葡萄酒的消费是当地饮食不可分割的一部分[1]。一些地区长期以来一直从事出口(赫雷斯的强化葡萄酒,以及来自加泰罗尼亚海岸的烈性葡萄酒),但它们都是例外。

在19世纪下半叶,西班牙经济和社会发生了一系列变化,促进了葡萄酒生产和消费的扩张。首先,自由主义政府设计了一个市场体制框架,农民可以在其中对需求的刺激作出反应。其次,铁路加深了国内市场的一体化[海伦兹(Herranz),2016:321-328],提升了最具备能力的区域产量增长水平。随着交通成本下降,销往城市或供给不足地区的葡萄酒数量增长。最后,城市发展和人均收入缓慢而持续的增长有利于城市居民对葡萄酒的消费。其他欧洲国家也有类似的情况,西班牙的最高收入群体需要优质葡萄酒,如香槟,仿效法国消费模式,19世纪法国对西班牙有着强烈的文化影响。

然而,这一时期需求的主要驱动力是外部市场,绝大部分是法国市场,尽管英国和其他北欧国家以及美洲大陆也吸收了西班牙增长的产出的一部分(见表8.1)。

1850年,西班牙的葡萄酒出口在佐餐酒、雪利酒和其他加强型葡萄酒之间是平衡的。佐餐酒的主要市场是美洲大陆,特别是古巴,当时它还是一个殖民地并处于河床区域。就强化葡萄酒而言,大约80%的雪利酒出口到英国。这些葡萄酒已经具有很长时间的出口传统,由于它们的酒精含量高,更容易运输和保存,减少了潜在的腐败风险。

由霉病引起的法国产量下降形成了对法国出口的第一位的主要推动力。随后,葡萄酒出口一直温和增长,直到19世纪70年代中期(见图8.1)。1863年,葡萄根瘤蚜虫病传到法国,1875年后开始对法国葡萄酒生产产生严重影响。因此,为了维持出口水平并供应日益增长的国内需求,法国葡萄酒生产商需要进口大量葡萄酒。这种情况为西班牙生产商提供了黄金机遇。1877年,法国提供的优惠关税待遇有助于西班牙境内邻近法国的一些地区使用最近建成的铁

---

[1]　葡萄酒甚至成为工资的一部分。许多农业工人,特别是从事收割和收获谷物的农业生产工人,所得报酬是现金加上每日一定数量的葡萄酒。

表 8.1　1871—1935 年按照目的地划分的西班牙桶装佐餐酒出口量

单位：百万升/年

年份 目的地	1871—1875	1876—1880	1881—1885	1886—1890	1891—1895	1896—1900	1901—1905	1906—1910	1911—1915	1916—1920	1921—1925	1926—1930	1931—1935
加那利群岛/西班牙北非殖民地	81	39	24	205	823	960	1 878	2 795	5 778	5 477	11 926	13 387	8 208
法国	30 663	179 315	547 854	697 966	502 521	391 835	94 650	42 783	141 765	275 716	156 165	278 928	95 354
英国	8 187	8 985	8 769	9 880	10 685	17 696	13 513	6 933	5 148	4 743	3 645	3 376	1 750
欧洲其他国家	10 080	10 873	12 559	10 105	15 228	30 422	36 231	32 045	60 906	121 221	61 597	53 049	46 641
拉美	100 329	93 578	101 321	97 477	97 730	79 805	57 669	53 236	47 930	22 751	16 396	13 412	3 966
北美	2 558	1 980	2 697	1 961	798	339	521	362	469	731	121	181	64
亚洲	1 582	1 431	2 187	2 263	3 049	3 796	2 131	1 655	865	453	533	449	1 234
非洲	5 197	5 263	6 479	4 342	3 988	4 139	682	872	6 540	14 411	16 309	10 533	8 529
欧洲殖民地	518	748	801	1 362	1 550	1 397	1 179	272	236	54	82	1 047	2 426
未归类地区	0	0	0	0	0	4 252	0	0	0	0	0	0	44
总计	159 195	302 213	682 690	825 561	636 373	534 640	208 454	140 952	269 637	445 557	266 773	374 360	168 217
占比（%）													
法国	19	59	80	85	79	73	45	30	53	62	59	75	57
欧洲其他国家	12	7	3	2	4	9	24	28	25	28	25	15	29
拉美	63	31	15	12	15	15	28	38	18	5	6	4	2

资料来源：作者基于海关总署（1871—1935 年）的年度数据整理。

路,向法国供应葡萄酒,如阿拉贡、纳瓦雷和埃布罗河谷的拉里奥哈。西班牙地中海沿岸地区,如加泰罗尼亚或瓦伦西亚,也向法国出口葡萄酒,但都是海运。受价格上涨的鼓舞,西班牙的出口大幅增长。19世纪90年代初,对法国的出口繁荣达到顶峰,当时,普通葡萄酒出口超过10亿升。

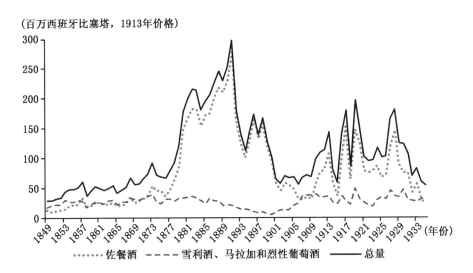

（百万西班牙比塞塔，1913年价格）

⋯⋯ 佐餐酒　　－ － － 雪利酒、马拉加和烈性葡萄酒　　—— 总量

资料来源:作者基于海关总署(1849—1935年)的年度数据整理。

图8.1　1849—1935年西班牙葡萄酒出口量

西班牙向其他欧洲目的地和拉丁美洲的出口也得益于法国出现的问题,当时,这些国家高收入群体的需求以及来自地中海欧洲的移民扩大了。西班牙的策略是在低质量、低价格市场上竞争,从而实现了出口的大幅增长。同时,雪利酒的出口也保持了良好的速度。

农场主对这种需求上升趋势以及强劲的价格上涨立即做出反应,大幅增加了他们的葡萄园面积。虽然19世纪中期可以得到的数据应该谨慎地审视,但是,我们估计,1860—1888年间,西班牙的葡萄园面积增加大约40%。这种增长主要是集中在与法国联系最紧密的地区,并且在一些地区增长是巨大的。[1]

---

〔1〕 1857—1889年间,通过铁路,阿拉贡的萨拉戈萨省与法国很好地连接起来了,葡萄种植面积从46 838公顷增加到88 544公顷(皮尼拉,1995a:65)。

在某些情况下，这种扩大是有害于其他农作物的，但在许多情况下，它把不适合作其他用途的边缘土地转变为生产用地（皮尼拉，1995a）。

不断增长的出口增加了酿酒商的收入，但是，未能激励他们提高葡萄酒质量。法国需要高酒精含量的葡萄酒和较深颜色的葡萄酒，用于混合他们自己的葡萄酒，而西班牙的生产商专注于供应这类产品。虽然在葡萄藤栽培、压榨以及酿酒的工艺和设备方面取得了一些改进，但是，技术创新并没有发挥重要作用。产量增加以满足强烈的外部需求。1891年，出口所占西班牙产量的份额达到47％，这个比例从没有被超过，直到2010年（见图8.2）。

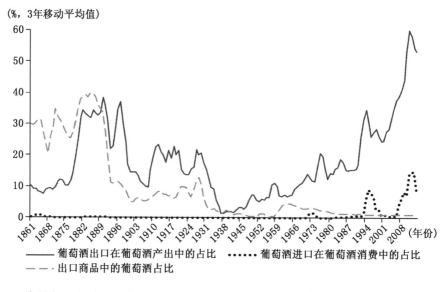

（％，3年移动平均值）

—— 葡萄酒出口在葡萄酒产出中的占比　•••••• 葡萄酒进口在葡萄酒消费中的占比
- - - - 出口商品中的葡萄酒占比

资料来源：安德森和皮尼拉（2017）。

图8.2　1860—2015年西班牙葡萄酒出口在葡萄酒产出中的占比、葡萄酒进口在葡萄酒消费中的占比和葡萄酒在所有出口商品中的占比

然而，对出口的高度需求鼓励了葡萄酒生产中的欺诈行为。最常见的欺诈是添加石膏，添加并非从葡萄中蒸馏而来的酒精以及化学制品。这在国内和国外市场中造成了许多问题［潘—蒙塔尤（Pan-Montojo），1994：160—173］。

由于出口的繁荣，葡萄酒在农业产出中所占份额增加了，1891年达到了15.6％，成为西班牙最重要的园艺业作物（农村历史研究小组，1983：244）。此外,葡萄酒成为西班牙出口的主要商品。19世纪80—90年代,它占西班牙商品出口总值的30%以上(见图8.2)。

20世纪上半叶的外部需求问题:危机和供给过剩

到19世纪末,西班牙最活跃的农业部门变为最成问题的部门之一。外部市场的一系列问题导致所有类型葡萄酒的出口大幅度下降。

问题开始于英国市场,19世纪70年代中期之前,雪利酒出口强劲增长。最初,雪利酒出口出现的下降被雪利酒在其他国家的销量增加所弥补,比如在法国的销售增长。强烈的需求导致了出口葡萄酒质量的下降和普遍的掺假行为。一场激烈的举报假冒伪劣运动严重影响了雪利酒在英国的声誉,因此影响了销售(潘—蒙塔尤,1994:110-115;辛普森,2004)。雪利酒需求特征的变化也与某种口味的改变有关。直到19世纪60年代,一直存在人们对加强型葡萄酒的偏好,通常是添加了酒精的葡萄酒。然而,英国人的口味逐渐转向所谓的天然葡萄酒,而来自波尔多的红葡萄酒显然是引领者[莫利拉(Morilla),2002;鲁丁顿(Ludington),2013]。

然而,对于西班牙出口,与巨大的困难最相关的问题是寻求进入法国市场。法国葡萄园的重新种植,以及法国在阿尔及利亚开发新的葡萄园,导致产量迅速恢复到根瘤蚜虫病暴发时的水平。相应地,造成来自酿酒商施加给法国政府的巨大压力,他们要求得到保护,以免外国葡萄酒的竞争。结果,1891年末,对西班牙进口商品的优惠关税待遇终结了,1892年新的《梅林关税法案》大幅提高了进入法国的葡萄酒关税。19世纪90年代,大量的西班牙葡萄酒仍被进口到法国,为了回应波尔多地区出口商施加的压力,配额被临时批准。这些进口葡萄酒与波尔多葡萄酒混合(高达50%),而后,其中大部分用来出口。但是,随着从价计征的进口税从1890年的不足7%上升到1901年的45%,保护主义政策逐渐扼杀了进口。

西班牙葡萄种植者的困难还不止于此。在根瘤蚜虫病后,法国生产葡萄酒的主要产区采用法国—美国品种杂交,重新种植了葡萄树。这些杂交品种产量高,酿造的葡萄酒酒精度低、颜色浅。因此,杂交品种的法国葡萄酒要与酒精含量更高、色泽更深的葡萄酒混合。虽然西班牙葡萄酒有这种特性,阿尔及利亚葡萄酒也有这种特点,但是,阿尔及利亚是法国的殖民地,从 1871 年起,享有与法国的大都市结成关税同盟的优势。这意味着阿尔及利亚的葡萄酒进口是免税的,因此,在法国国内,阿尔及利亚葡萄酒要比从其他产地进口且征收高额关税的葡萄酒便宜得多。这导致了西班牙葡萄酒被阿尔及利亚葡萄酒取代了。

葡萄酒关税上调对西班牙出口的影响是致命的。法国关税每增加 1%,就意味着从西班牙等国进口的葡萄酒在法国葡萄酒消费中所占的比例长期下降1.8%(皮尼拉和阿尤达,2002:71－75)。自 20 世纪初,与 19 世纪下半叶的水平相比,西班牙对法国的出口降到了很低的水平,并且呈现出异常不规则的变化:当法属阿尔及利亚收成不好时,出口就会增加;而当收成好时,出口就急剧下降。[1]

对法国和英国出口的下降并不是西班牙的生产商面临的唯一问题。西班牙的一些传统客户,比如阿根廷和乌拉圭,则推出保护主义政策,以利于本国葡萄酒生产商。河谷地区葡萄酒生产的扩大是非常巨大的,1900—1938 年间增长了两倍多。因此,由于从价关税超过 66%,他们的进口量大幅下降(皮尼拉和赛拉诺,2008)。当加州生产商提出并获得更高关税保护时,对新兴北美市场的出口趋势也有所减弱。[2]

在北欧国家的销售水平提高了,西班牙出口取得了一定的成功,尽管如此,这也几乎无法弥补法国和美国市场的损失。主要问题是,20 世纪初,欧洲工业化国家对葡萄酒的需求停滞不前。这个地区酒精饮料的消费模式把葡萄酒降

---

〔1〕 在短期内,法属阿尔及利亚产量下降 1%,那么,法国葡萄酒消费中西班牙的出口份额就会增长 1.9%(皮尼拉和阿尤达,2002:74)。

〔2〕 在 1919 年禁酒令颁布之前,北美的关税从价计征为 85%;1933 年禁酒令废除后,关税超过了120%(皮尼拉和阿尤达,2002:56－61)。

到了边缘地位,禁酒运动意味着这一时期那里的消费没有增长,尽管收入增长了(皮尼拉和阿尤达,2007、2008)。与法国、西班牙和意大利等葡萄酒生产国形成鲜明对比的是,在这些国家葡萄酒消费占酒精消费总量的70％—95％,而在欧洲西北部国家(英国、丹麦、荷兰和比利时),葡萄酒消费占酒精消费总量低于5％(安德森和皮尼拉,2017)。结果,尽管在葡萄酒质量较差的细分市场,西班牙的普通葡萄酒具有竞争力,但需求增长乏力,提供给西班牙出口商的机会非常有限(皮尼拉和阿尤达,2002:76—79)。

　　由于所有这些原因,西班牙葡萄酒行业面临着极大的不稳定,对其过剩葡萄酒的需求疲软。在20世纪前30年的时间里,出口产品的比例在10％—20％之间波动(见图8.2)。葡萄酒在西班牙农产品出口总额中所占的份额,从1870—1890年间53％的最高水平下降到1929—1935年间仅为12％(皮尼拉,1995b:161)。在1891年之前,葡萄酒占西班牙出口总额的1/3,相比之下,法国和意大利仅为1/10。然而,自20世纪初以来,西班牙的份额下降到低于10％的水平,尽管这一比例仍然高于法国或意大利(安德森和皮尼拉,2017)。始于1929年的经济危机更加强化了保护主义,导致西班牙葡萄酒出口跌回到19世纪70年代的水平。

葡萄酒生产商面对的问题促使优质葡萄酒的扩张

　　根瘤蚜虫病来到西班牙导致生产者遭受严重的损失,从19世纪90年代中期开始严重影响了生产。它造就了许多酿酒商的企业倒闭,离开葡萄酒产区的移民数量急剧上升。根据法国以前的经验,很明显,唯一可行的办法是,用对这种疾病有免疫力的美国葡萄树重新种植所有的葡萄园。在出口收入下降时期,这种重新种植需要大量资本投资。合乎逻辑的结果是,西班牙葡萄种植面积减少,并有一种趋势,即生产集中在拥有悠久酿酒传统且有足够的资金进行投资的人手中。

在 20 世纪前 30 年,西班牙的葡萄酒生产急剧下降,部分原因是受疾病的影响,也因为葡萄种植面积的减少。到 1915 年,产量下降到最低水平,当时,大约为 1892 年所达到产量水平的 1/3。然后逐渐恢复,但是,直到 20 世纪 60 年代才恢复到之前的峰值。葡萄种植面积在 20 世纪 30 年代有所增加,直到达到类似 19 世纪末的水平,这意味着供过于求,因此,对酿酒商来说,葡萄酒的价格和利润都很低。已经有了葡萄酒相对价格和葡萄园利润率呈下降的趋势,直到第一次世界大战,但是,1920 年后,葡萄酒价格的暴跌尤为严重,尤其是 1920—1925 年间和 1930—1935 年间。在 1931 年达到 7.8% 之前,葡萄酒生产在园艺作物总价值中所占的份额一直显著下降,大约是四十年以前的权重的一半(农业历史研究小组,1983:244)。

对于普通葡萄酒生产者来说,与所面临的困境和复杂局面形成鲜明对比的是,从 19 世纪末开始,知名品牌、高质量的西班牙瓶装葡萄酒销量增长显著。我们在西班牙发现的最早的优质葡萄酒生产案例是雪利葡萄酒。18 世纪以前,这些葡萄酒少量出口到英国市场,雪利酒的制造商倍受鼓舞,试图把他们的生产从年轻人的必需品转变为更加同质化的产品,使其质量不依赖于一年一度的收成情况。索莱拉体系(the solera system)起源于 18 世纪下半叶,葡萄酒按照不同年份混合在一起,这一体系在 19 世纪 30 年代末得到巩固和广泛传播。这一变化意味着,一个具有一丝不苟的生产技术的现代部门的发展适应了英国人的口味,并且在酿酒师、负责老化过程的仓储公司与出口公司之间有了明确的职能分工(马尔多纳多,1999)。出口公司把产品卖给英国代理商,他们在英国市场做批发商,他们把葡萄酒卖给当地的商人,而当地的商人有时用自己的品牌名称进行市场营销。因此,英国—西班牙公司,既是出口商也是代理商,在 19 世纪中期开始出现,如 1855 年出现的冈萨雷斯·比亚斯(Gonzalez Byass)(蒙塔尼斯,2000)。

1860 年起,付给生产者的雪利酒价格上涨了,并且,同一时期的 10 年里,英国的关税下降之后,出口增长强劲。更高的价格鼓励英国进口商寻找类似但更便宜的葡萄酒,他们不仅从赫雷斯附近的地区,如蒙提拉,也从其他国家,如南非和澳大利亚,获得了这样的葡萄酒。最危险的竞争对手是来自汉堡的"雪利酒",它是用甜菜根或马铃薯蒸馏酒精酿造的劣质葡萄酒。

仿冒、掺假、销售劣质葡萄酒严重影响了雪利酒在英国市场上的声誉,销量大幅下降。当英国需求恢复时,转向了其他类型葡萄酒,如波尔多红葡萄酒或品质较差的加强型葡萄酒。赫雷斯的雪利酒永远无法恢复其在英国葡萄酒市场的特殊地位(辛普森,2011:171—190)。

为了提供品牌保证并与诈骗作斗争,自1896年起,老酒庄和出口酒庄[尤其是佩德罗·多米克(Pedro Domecq)和冈萨雷斯]开始瓶装雪利酒。20世纪20年代初,这增加了对英国市场的出口。1932年制定的葡萄酒法令(Estatuto del Vino)建立了新的立法框架,在这个框架下,1933年确立了赫雷斯的原产地命名。这个法律框架建立了控制葡萄酒生产质量的一系列措施,如葡萄园的地理界限、葡萄酒的年份和最低酒精含量、产量限制和最低出口价格。然而,由于西班牙内战和第二次世界大战引起的困难环境,监管理事会只运作了6年(费尔南德兹,2008b)。

19世纪80年代的出口繁荣并没有刺激西班牙其他优质葡萄酒生产的发展,因为这类产品在法国市场上没有需求。在其他外部市场,法国主导了优质葡萄酒的出口。尽管如此,19世纪末,西班牙优质葡萄酒还是有了一个不温不火的开始,建立在19世纪60年代创建的几家酒厂的基础上,它们模仿法国的生产方法。拉里奥哈葡萄酒产区就是一个例子,那里有一系列酒庄生产波尔多风格的红葡萄酒,兴起于1858—1878年间(赫尔南德斯·马可,2002;冈萨雷斯·英乔拉嘎,2006)。与此同时,始于19世纪80年代,在加泰罗尼亚小镇圣萨杜里,试验生产起泡的香槟型葡萄酒。

1891年,与法国签订的贸易协定的结束对优质葡萄酒的扩张起到了决定性的作用。西班牙上层阶级对波尔多式红葡萄酒和香槟消费量的扩大开始是由国内生产商供给的。在西班牙,法国葡萄酒所承担的高额关税为这些国内生产者提供了机会(见图8.3)。出口法国的黄金时代结束后,这些生产商通过提高产品质量和模仿法国技术找到了机会。

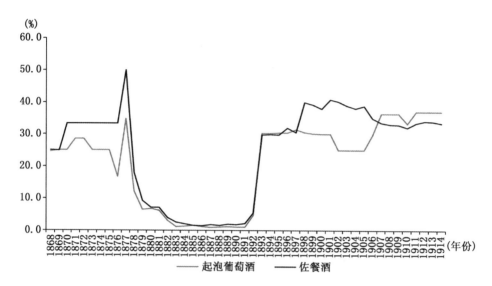

资料来源:作者基于海关总署(1868—1914 年)的年度数据整理。

图 8.3　1868—1914 年西班牙葡萄酒关税占葡萄酒进口额的百分比

在拉里奥哈,19 世纪的最后 10 年里,除了使用波尔多葡萄酒酿造技术的既有酒庄,更多的酒庄涌现了出来,并在许多年里成为该地区领先的酿酒商(冈萨雷斯·英乔拉嘎,2006:131—136)。尽管那时里奥哈地区是最成功的波尔多技术模仿者,生产了优质葡萄酒,但是,其他地区也采用了法国的技术,包括瓦尔布埃纳德杜埃罗(瓦拉多利德),在那里,1865 年建立了具有象征意义的维加西西里酒庄。

这些优质葡萄酒酒庄中,许多依赖来自法国的技术人员的支持。也有酿酒师前往波尔多学习技术,有时也有波尔多的酿酒师迁居西班牙,把他们的技术和葡萄品种带到西班牙,在阿拉贡,1894 年成立的博德加·拉兰内(Bodegas Lalanne)就是一个例子(皮尼拉,2002)。

生产模式向优质葡萄酒生产的转变,通常伴随着老化工艺过程,需要资本投入高质量的葡萄品种、设施(酒庄)以及技术资源。建立这些新企业所需资金的重要部分是由贸易商和批发商提供的,他们在对法国出口繁荣的那些年盈利了(潘—蒙塔尤,2003)。

1877 年和 1882 年,西班牙和法国之间的双边协议的终结促进了这种类型葡萄酒的发展(潘—蒙塔尤,1994)。这些协议将关税降到极低的水平,这两个国家都必须为进入对方的葡萄酒承担费用。1893 年,这些协议的终结意味着,在西班牙,法国优质葡萄酒被征收高额关税(见图 8.3),从而给予西班牙生产商在这个细分市场上更多的销售机会。

1925 年,第一个里奥哈原产地标识被确定下来,在实践中,1932 年的立法改革和战争意味着它没有开始运营,直到 20 世纪 40 年代[戈梅兹·乌尔达内兹(Gomez Urdanez),2000]。

19 世纪中期开始,加泰罗尼亚就尝试用香槟生产方法去生产起泡葡萄酒。科多纽酒庄(Codorniu)在曼努埃尔·拉文托斯(Manuel Raventos)的领导下,成为西班牙这些葡萄酒的主要生产商,当然,这是在他父亲的带领下经过了一个实验阶段之后。1893 年起,科多纽起泡葡萄酒的销售达到了一个重要的数量,并在 20 世纪头几十年生产量接近西班牙香槟进口量——1911 年超过了西班牙香槟进口量。科多纽的改进可以由曼努埃尔·拉文托斯的高水平科学训练以及先进技术应用于葡萄栽培和起泡葡萄酒生产实践加以解释[吉拉特(Giralt),1993]。

毫无疑问,对进口香槟征收的高额关税极大地促进了科多纽的销售。1891 年以前,关税是最低的。在这个日期之后,根据每个品牌香槟的价格,从价关税变动在 25％—50％之间(见图 8.3)。这些增长导致进口减少超过 50％以及国内产出大幅增长。20 世纪 20 年代,关税保护得到加强。科多纽运用了现代广告技术,不仅是为了刺激消费,而且是为了增加品牌威望(瓦尔斯,2003：153—157)。科多纽的成功导致了在圣萨杜里·达诺亚的起泡葡萄酒生产中心的出现,到 20 世纪 30 年代已经完全巩固了起泡葡萄酒生产中心的地位。

然而,这些高品质葡萄酒的发展并没有导致这些酿酒者成为主要的生产商。由于高质量的葡萄酒消费者只占人口的很小一部分,优质葡萄酒生产者在西班牙葡萄酒生产总量中只是占据着边缘地位。在这些年里,除在农村地区的传统消费外,国内市场最高需求是那些增长最快的城市地区。城市的发展与工业发展和国内迁移密切相关，这些情况自 1910 年起都有显著增加（西尔维斯特，2005）。城市工人要求廉价的葡萄酒，而对优质葡萄酒的需求很低。

无论是在国内市场还是国外市场，对低品质、较高酒精含量的低价葡萄酒的需求占主导地位，意味着西班牙的酿酒技术并没有发生显著的变化，上述新兴酒庄的例子是例外情况，它们采用现代法国酿酒技术，追求高品质葡萄酒消费者。绝大多数酿酒者选择了专注于被根瘤蚜虫毁坏的葡萄园的重新种植。这样的重新种植需要大量的投资，留下更少的资源用于改进酿酒技术。由于对高品质葡萄酒的国内需求水平低，大多数酿酒者不去改变他们的生产技术，而是把他们的投资集中在重建葡萄园。

在 20 世纪前 30 年，为了减轻该行业的严重问题，两项公共政策出现了。第一，西班牙的贸易政策寻求改善在法国市场上的恶化状况，并且寻求在其他国家开拓新市场，尽管收效甚微（潘—蒙塔尤，2003；塞拉诺，1987）。第二，采取旨在改善国内市场销售的系列政策，采取了一系列行动。这些行动涉及保护新兴的西班牙优质葡萄酒（如里奥哈红葡萄酒或佩内德斯的起泡葡萄酒）生产商免受进口竞争，实施杜绝欺诈和弄虚作假的监管政策，减少葡萄酒消费的财政压力，允许丰收年蒸馏以消除或减少与其他酒精饮料竞争[潘—蒙塔尤，1994：278－314；普尤（Pujol），1984]。在外部市场上并没有取得预期的效果，且在国内市场上的效果各不相同。通过高关税限制外部竞争，在优质葡萄酒方面取得了很小的成就，但是无助于其他葡萄酒的生产者。

1940 年后的西班牙葡萄酒产业

从 1920 年到 2014 年，西班牙的葡萄酒产量增长超过 50％，1986—1990 年间年生产能力为 3 300 百万升左右，2010—2015 年为 3 700 百万升。增长的一部分是由于到 20 世纪 80 年代初新增约 40 万公顷葡萄园种植，绝大部分在拉曼查（La Mancha），葡萄种植面积扩大了 30％。由于产量的增加，供给也增加了。在 20 世纪头 30 年保持相对停滞之后,20 世纪 50 年代末产量开始上升,80 年代末达到每公顷 2 000 升,2010—2014 年达到每公顷 3 500 升(见图 8.4)。尽管有这样的提升,但是,与法国和意大利(1986—1990 年间分别为 6 100 升和 6 500 升)相比,整个 20 世纪西班牙葡萄园的生产力依然保持在低水平。因此,虽然西班牙的葡萄园面积是世界上最大的,为 150 万公顷,但是,生产力仅排名第三,落后于法国和意大利,法国和意大利的葡萄种植面积不足 100 万公顷(费尔南德兹,2008b;安德森和皮尼拉,2017)。

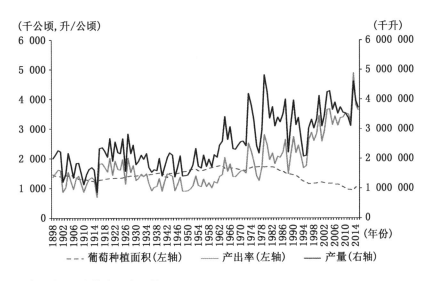

资料来源:安德森和皮尼拉(2017)。

图 8.4　1898—2015 年西班牙葡萄种植总面积、葡萄酒产量与产出率

20 世纪 40 年代末到 2013 年间,葡萄种植在西班牙的农作物种植总面积中所占的比例从 8％下降到 5.3％。这种情况与法国的情况相似,法国的葡萄种植比例从 7％下降到了 4％。然而,西班牙葡萄酒在全球葡萄酒总产量中所占的份额在 1900 年和 2014 年没有变化(分别为 12％和 13％),而法国和意大利葡萄酒的市场份额则分别从 43％和 23％降至 17％和 18％(安德森和皮尼拉,2017)。这可以用它们不断增长的产出来解释(见图 8.4)。

西班牙葡萄园生产力低下是因为葡萄种植区的土壤和气候的特点,这些特点使每公顷土地只能种植 1 400—1 500 株葡萄(相比之下,法国朗格多克地区可以达到每公顷 5 000—6 000 株)。在这些条件下,生产的葡萄酒色泽深,酒精含量高,适合与清淡的葡萄酒混合(伊达尔戈,1993)。大多数西班牙葡萄酒产区的"极端"性质也是由于 1932 年葡萄酒法规定的种植政策导致的,政策只允许葡萄园在不适宜其他用途、低肥力的旱地上种植。此外,与其他国家不同,在西班牙灌溉是被禁止的,直到 1995 年[阿尔比速(Albisu),2004]。低产量的原因还在于老藤比例高以及栽培变化有限(伊达尔戈,1993:49-59;费尔南德兹,2008b)。

西班牙主要生产高酒精含量和低附加值的普通葡萄酒,这个事实表明,葡萄酒生产变革发生的时间比法国和意大利晚。法国率先提出"葡萄酒革命"(新型压榨机、钢制容器、温控以及普遍的源头装瓶),而西班牙在 20 世纪 80 年代后才开始引进,比法国晚了 30 年。就葡萄酒产区拉里奥哈而言,酿酒工艺的现代化开始得稍早一些,因为赫雷斯酒庄和跨国公司(特别是多米克、冈萨雷斯·比亚斯、百事可乐、申利和施格兰)在该地区进行了投资。这些公司引进了新的生产方法,包括发酵温度控制、新型过滤系统、不锈钢容器,以及在瓶中陈酿而不是在橡木桶中陈酿。通过引入这些先进技术,里奥哈公司开始生产未熟的、淡雅的、果香浓郁的红、白葡萄酒,这类葡萄酒在新消费国家有较高的需求(费尔南德兹,2008b)。

因为在国内市场上优质葡萄酒需求很低,对创新的激励是有限的,而国内市场消费占 80% 以上的产量。直到 20 世纪 90 年代,普通葡萄酒仍占绝大多数国内消费,1950—1970 年间普通葡萄酒总量增长 40%(费尔南德兹,2012)。西班牙国内消费者偏好优质葡萄酒的发展非常缓慢,尽管葡萄酒消费量有所下降,从 1975—1979 年的人均 69 升下降至 1985—1989 年的 46 升和 2011—2012 年的 20 升。也就是说,在意大利和法国,人均葡萄酒消费量的下降与转向对优质葡萄酒的偏好有关,西班牙出现这种情况的时间比其他国家晚,如图 8.5 所示。20 世纪 50 年代末,优质葡萄酒在西班牙的总消费量只有 1%,20 世纪 80

年代末增长到 16%。[1]

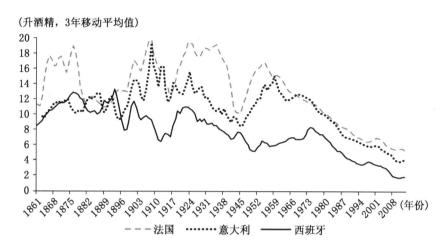

(升酒精,3年移动平均值)

- - - 法国   ⋯⋯ 意大利   —— 西班牙

资料来源:安德森和皮尼拉(2017)。

图 8.5　1862—2014 年西班牙、法国、意大利人均葡萄酒消费量

　　直到 20 世纪 80 年代,向高质量消费的缓慢转变的原因是西班牙的人均收入相对较低,以及分配体系的现代化进程缓慢。加之对瓶装葡萄酒征收较高的消费税,从而造成大多数葡萄酒是在传统商店散装销售的(费尔南德兹,2012)。[2] 近来,总酒精消费量中啤酒的份额已显著增加到这样的程度,目前高于葡萄酒的份额(见图 8.6)。

　　传统上,西班牙出口的大部分葡萄酒是普通的葡萄酒。直到 1980 年,西班牙在强化葡萄酒领域还占据了强势市场地位(雪利酒),1955—1970 年强化葡萄酒在总出口价值中占 50% 以上(费尔南德兹,2010)。20 世纪 50 年代,出口量开始增长。20 世纪 60 年代,出口葡萄酒数量几乎翻了一番,达到 300 百万升以上(见图 8.7)。然而,1934—1938 年与 20 世纪 70 年代初,西班牙出口的年增长率低于法国和意大利。温和的出口增长增加了国内市场葡萄酒的可得性,并造成葡萄酒价格下跌。海外销售量的百分比(8%—10%)仍然远远低于 20 世

〔1〕 有关西班牙自 20 世纪 80 年代末以来的葡萄酒消费模式,参见穆提梅和阿尔比速(2006)。

〔2〕 1968 年,60% 的葡萄酒是散装的,85% 以上是在传统商店和仓库买卖的。即使在城市地区,也只有 37% 的消费者购买瓶装葡萄酒(费尔南德兹,2012;费尔南德兹和皮尼拉,2014)。

(a)每个成年人消费酒精
(升)

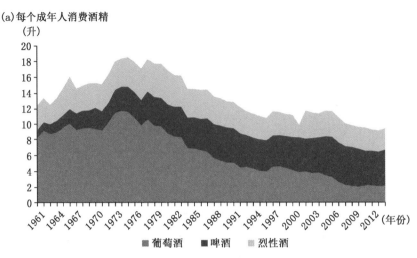

(b)在酒精消费中每种饮品所占百分比
(%)

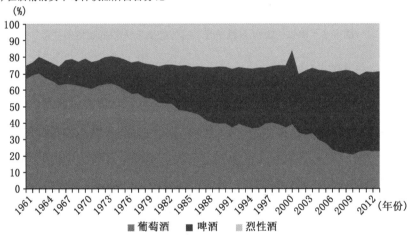

资料来源:安德森和皮尼拉(2017)。

图 8.6　1961—2014 年按照饮品类型划分的西班牙成人人均酒精消费量

纪 10—20 年代,那时约占总产量的 20%(见图 8.2)。

在美国和英国都有市场增长潜力,西班牙出口扩大了,但重点是廉价葡萄酒细分市场。在大多数情况下,西班牙葡萄酒被作为法国葡萄酒廉价的仿制品出售。在这些市场上,西班牙出口商采取的是价格竞争策略,按照《哈珀斯杂志》(Harpers)的说法,在 20 世纪 80 年代,西班牙葡萄酒是低劣产品的形象,这些产品在消费者中口碑不佳(费尔南德兹,2012)。

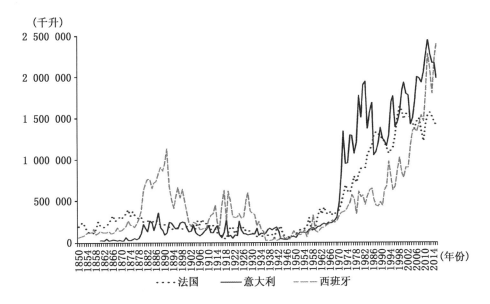

资料来源：安德森和皮尼拉(2017)。

图 8.7　1850—2015 年西班牙、法国、意大利葡萄酒出口量

西班牙的出口增长缓慢,因为它们主要集中在西欧(占总量的 75%),在那里需求量只是缓慢增长。[1] 来自阿尔及利亚葡萄酒的竞争以及大量法国和意大利的产出构成了西班牙出口的重要障碍,特别是对欧洲经济共同体的出口,占西班牙总出口的 1/3。到 2009 年,出口到欧盟的葡萄酒比例已经扩大到 51%(见表 8.2)。尽管集中在低价葡萄酒上,但是部分地区情况有所改善。例如,拉里奥哈地理标志瓶装葡萄酒的出口从 20 世纪 50 年代的 50% 增加至 80 年代末的 80%(作者基于外贸统计计算)。

表 8.2　　　　1955—2010 年按照目的地划分的西班牙葡萄酒出口量　　　单位:%

	1955 年	1965 年	1970 年	1995 年	2010 年
欧共体/欧盟	28	42	31	51	70
德国	12	19	10	15	15

---

　〔1〕　西班牙对欧共体出口的扩张提高到年增长率为 0.7%,对西欧其他地区出口的年增长率为 2.3%,远远低于东欧(10%)或美国(5%)。参见费尔南德兹(2012)。

续表

	1955 年	1965 年	1970 年	1995 年	2010 年
比利时	11	11	4	4	3
法国	0	3	6	17	19
意大利	3	1	2	1	5
英国	1	5	7	14	7
瑞士	41	28	26	5	2
美国	0	2	3	9	3
其他	24	24	32	40	25
总计	100	100	100	100	100

资料来源:费尔南德兹和皮尼拉(2014)以及西班牙外贸统计。

由于 1970 年后阿尔及利亚葡萄酒出口下降(梅洛尼和斯文内恩,2018),其后的 5 年西班牙的销量从 300 百万升上升到近 600 百万升(见图 8.6)。然而,20 世纪 80 年代出口继续呈缓慢增长,这是西欧葡萄酒产区结构性过剩的结果;在 20 世纪 80 年代中期之前,西班牙总出口稳定在每年大约 600 百万升。

造成这一停滞状态的另一个因素是,继 1980 年以后失去了雪利酒在英国的市场,西班牙葡萄酒产业适应国际消费模式的变化较差,特别是未能适应成长最快的德国、英国和美国的进口市场对高附加值产品的增长偏好(带有原产地标志和品种的葡萄酒)。结果,直到第二次世界大战,以数量计算,西班牙一直是世界上领先的出口国,但是,在 20 世纪最后 1/3 时间里下降到第三位,外销量为 800 百万升,是意大利出口量的一半,是法国出口量的 60%。

对西班牙来说,国际市场的损失具有负面后果。加之国内消费的下降,20 世纪 80 年代以后,出口增长率下降导致大量过剩,尽管葡萄种植面积减少了(见图 8.4)。应对由价格下跌和供应过剩加剧造成的行业动荡的措施是市场监管和通过封锁实现的间接补贴,以及蒸馏部分收获的果实。这项政策始于 1953 年,一次重大的生产过剩危机之后,为了购买过剩的葡萄酒并保证价格体系,建立了一个委员会(费尔南德兹,2008b)。随着对赫雷斯地区的酒精和葡萄酒的需求增加,这一政策导致了扩大拉曼查的低品质葡萄酒的深刻印象(费尔南德兹,2008b)。政府还刺激了合作社储存过剩的葡萄酒,这导致了这些协会的数量迅速扩大,从1921年的88家增加到1957年的407家,再到2000年的715家。到1969年,合作社生产了总产出的50%,2000年达到70%(费尔南德兹和辛普森,2017)。

这样的情景使我们能够得出这样的结论:为了提高葡萄酒的品质而创建的制度、地理标志(原产地标志)没有产生预期的影响。20世纪30年代,政府根据地理标志建立了立法框架,作为对拉里奥哈和赫雷斯地区优质葡萄酒生产商日益动荡的回应。对这些地区葡萄酒的需求正在下降,种植者和商人们把这种制度看作提高他们的葡萄酒国外声望的一种方式。雪利酒的地理标志创建于1933年,其他具有一定国际知名度的葡萄酒,如马拉加、蒙提拉、佩内德斯、朱米拉和里奥哈,地理标志创建于20世纪40—50年代。

在生产普通产品的地区,比如瓦伦西亚、乌迭尔—格雷纳、切斯特或阿利坎特也创建了地理标志。1964年,拉曼查地理标志也被建立起来了,覆盖超过20万公顷的葡萄种植面积,生产不同种类的葡萄酒,主要面向国内市场。在生产普通葡萄酒的地区,主要目的是为了规避限制葡萄园种植的措施,在具有地理名称的情况下,较少限制。这与法国形成了鲜明对比,法国两种类型的地理名称共存:受控的地理名称(严格质量控制)和简单的地理命名(VDQS,生产和营销标准更宽松)(费尔南德兹,2008b)。

由于将地理标志应用于普通葡萄酒,命名产区的葡萄种植面积占很大比例(20世纪70年代末为55%;费尔南德兹,2008b),与法国地理名称相反,1965—1979年间,法国命名产区仅占整个种植面积的20%—25%(切维特等,2018)。以雪利酒和里奥哈酒为例,命名造成了引进区域外葡萄酒的可能性,以保证葡萄酒的大量供应和满足需求,从而有利于商人的利益(费尔南德兹,2008a、2008b)。

20世纪60年代以后,国际葡萄酒市场发生了变化,主要是普通葡萄酒需求下降,导致了西班牙地理命名的特征转变。需求的增长加剧了欺诈行为的频繁发生，这也鼓励了雪利酒和里奥哈酒庄加强控制、限制生产，以及反欺诈行为。为了防止假酒，赫雷斯和里奥哈的地理标志鼓励在源头装瓶。由于建立装瓶厂的高成本以及商人的反对，这一义务被逐渐履行（费尔南德兹，2008b）。

然而，尽管有了新的政策，命名划界的葡萄园区种植面积有了一定的减少，一般认为，到 20 世纪 80 年代中期，原产地名称几乎还没有开始促进葡萄品种的改善与葡萄酒品质的提高[沃斯（Voss），1984：41]。在 20 世纪 80 年代初，虽然大部分出口的葡萄酒出自地理标志区域，但是，在国际市场上，西班牙不被认为是优质葡萄酒生产国。[1]

最近的进展

过去 20 年，葡萄酒行业发生了重大变化。一方面，考虑 1986 年西班牙加入欧洲经济共同体的后果至关重要；另一方面，葡萄酒需求和供给的变化已经影响了行业的演变。

西班牙加入欧洲经济共同体（目前的欧盟）有两个主要后果：首先，一旦 1992 年过渡期结束，西班牙葡萄酒就可以自由进入成员国市场；其次，西班牙的成员国身份也意味着它必须采取共同立场农业政策（CAP）。因此，欧盟的规则是适用于每个国家的政策，也被应用于西班牙葡萄酒行业。相应地，西班牙也参与了这些政策。

西班牙的欧盟成员国身份对其葡萄酒出口的影响可以描述为引人注目。1990 年后，西班牙的出口增长令人印象深刻，从 1991 年的约 600 百万升增长到 2014 年的 2 300 百万升（见图 8.7）。1975 年，西班牙葡萄酒出口占西班牙总产量的 15％，1985 年为 20％，1995 年为 30％，2005 年为 38％，2015 年为 65％（见图 8.2），与 2015 年法国（30％）和意大利（40％）相比，这是一个非常高的份额

---

〔1〕《葡萄酒与烈酒》，1980（1267）：25。

（安德森和皮尼拉，2017）。与此同时，从 20 世纪 50 年代到今天，葡萄酒贸易量专业化指数保持在接近 1 的水平（安德森和皮尼拉，2017）。过去几十年出口增长的很大一部分是由于法国对散装葡萄酒需求的增加（马丁内斯—卡里翁和梅迪纳—阿尔巴拉德约，2010），而且国外瓶装葡萄酒的销量也有所增长（梅迪纳—阿尔巴拉德约和马丁内斯—卡里翁，2013）。

葡萄酒产业的经历并非孤立的案例，因为整个西班牙农业食品行业均得益于自由进入欧盟成员国市场（克拉、赛拉诺和皮尼拉，2015）。然而，酒精饮料行业的关键组成部分是葡萄酒产业，该产业得以增长，缘于欧盟市场的自由准入，尽管许多其他的农业食品产业更具活力，不断提高产品差异化程度，适应了高度细分的市场需求并取得了规模经济优势。简而言之，大部分西班牙农业食品行业的出口增长是由于优势组合，一方面是能够进入欧盟巨大市场的优势，另一方面是所谓的国内市场效应，就葡萄酒而言，国内市场效应并没有发生（赛拉诺等，2015）。

通过将西班牙葡萄酒出口分成不同产品类型，可以用来说明这一情况。各种葡萄酒的海外销量都有了大幅增长，但是，散装葡萄酒的销量增长速度快于瓶装葡萄酒。在 21 世纪的头 10 年里，散装葡萄酒出口量占总出口量的 50% 以上。如果我们比较有地理标志的葡萄酒与没有地理标志的佐餐酒，这些年来，前者只占总出口量的 20%。当我们用价值指标代替数量指标进行比较时，情况非常不同：瓶装葡萄酒占出口总价值的 60% 左右，而具有地理标志的葡萄酒总在 40% 以上（梅迪纳—阿尔巴拉德约和马丁内斯—卡里翁，2013）。

所有这一切都说明，尽管欧盟市场准入极大地提振了西班牙各类葡萄酒的出口，但是，也增强了葡萄酒生产和贸易的分化进程。一是优质葡萄酒（有地理标志的葡萄酒）出口提升了瓶装葡萄酒的专业化，意味着葡萄种植和酿酒工艺导入了现代生产技术。二是进入这个市场以及法国和意大利等国对于散装葡萄酒的大量需求，也有助于西班牙低质散装葡萄酒生产和出口的增长。

因此，尽管努力提高出口葡萄酒的质量，但是，西班牙的平均出口价格比法国低得多，而且近几十年来呈现出价格下降趋势〔基于安德森和皮尼拉（2017），作者自己的计算]。此外，西班牙葡萄酒的显性比较优势指数大幅下降[1]，从1965年的16下降到2013年的6，而同期法国和意大利的指数分别从5和2上升至10和7(安德森和皮尼拉，2017)。

西班牙出口葡萄酒单位价值较低，反映了西班牙的葡萄酒生产两个专业化。然而，值得注意的是，这两个专业化有一个共同的特点：两种类型的西班牙葡萄酒的竞争力都主要源于它们优良的品质—价格比。卡瓦(Cava，西班牙起泡葡萄酒)就是一个很好的例子。近几十年来，它的出口大幅增长，对于西班牙葡萄酒行业来说，无疑向前迈出了一步。这种产品在国外市场上畅销不衰，是由于这样的事实：卡瓦是品质可以接受的一种产品，而与法国香槟酒相比，价格低廉[堪配斯、蒙塔洛和西蒙(Compes,Montoro,and Simon)，2014]。

葡萄酒生产还受到欧盟政策的制约，即在农产品领域的共同市场组织(COM)。1987年，西班牙被葡萄酒共同市场组织(COM for wine)接纳，第一次受到葡萄酒共同市场组织的影响，它资助清理葡萄园，资助强制蒸馏以避免过剩。1999年，共同市场组织延长了种植新葡萄园的禁令实施，并为重新改造和重组葡萄园提供奖励。这在西班牙意味着，许多葡萄园引进了灌溉方式，并转变为更多产的葡萄种植，特别是在拉曼查。这个地区的产量增加了，那里集中了西班牙葡萄园的很大份额，并且专门生产低品质的葡萄酒，代表了西班牙散装葡萄酒出口的增长。最后，最近的共同市场组织，即2008年的共同市场组织，取消了干预措施，诸如蒸馏补贴以及生产浓缩葡萄汁补贴，而保留了重建葡萄园奖励，从而为了适应市场，保证品种根本变化得以延续，另外，增加了灌溉葡萄园数量[卡斯提罗、堪配斯、格尔西亚·阿尔瑞斯—考克(Castillo,Compes, Garcia Alvarez-Coque)，2014]。所有这些措施导致了更高的产出率，因此，提高了产量，尤其是在拉曼查这样的地区。[2] 此外，当蒸馏补贴不再延续，原来用

---

〔1〕 葡萄酒在西班牙出口商品中的份额除以葡萄酒在全球出口价值中的份额。

〔2〕 在拉曼查，灌溉葡萄园面积增长了，从1986年732 000公顷中的1.2%增加到今天465 000公顷中的43%(卡斯提罗等，2014:281)。换句话说，种植面积的下降已经因产出率增加而得到了补偿，这主要是由于葡萄园引入了灌溉系统。

于蒸馏的葡萄酒又加入了散装酒的出口。

因此,在西班牙,连续几次共同市场组织措施对葡萄酒的影响是相互矛盾的。为了减少产量,清理葡萄园得到补贴,而受到支持的剩下的葡萄园提高了产出率。同样地,取消蒸馏和葡萄汁生产补贴有利于散装葡萄酒的出口。[1]

从需求的角度来看,最重要的因素是葡萄酒消费量的持续性减少,以不同的方式影响了不同类型的葡萄酒。尽管1994年以来国内消费大幅下降(1994—2009年,人均消费年均下降2.3%),但是西班牙地理标志的优质葡萄酒消费却增加了(阿尔比速和塞巴罗斯,2014)。自2000年以来,西班牙啤酒在酒精饮料的总消费量中所占的比例比葡萄酒所占比例高(见图8.6)。今天,啤酒消费量远远高于葡萄酒消费量,甚至烈性酒的消费量也高于葡萄酒的消费量。近几十年来,在西班牙,啤酒消费量增长惊人,现在的啤酒消费与传统的啤酒消费相似,比如奥地利和德国。西班牙的啤酒消费量是法国和意大利啤酒消费量的两倍,而西班牙葡萄酒的消费量低于法国葡萄酒消费量的1/3,不到意大利消费量的一半(安德森和皮尼拉,2017)。在国内市场上,酒精饮料消费的这种变化对葡萄酒的需求产生了深远的影响。啤酒在西班牙越来越受欢迎,不仅仅与西班牙温暖的气候环境有关,而且与这样的事实相关,即西班牙已经成为一个主要的夏季游客目的地。

国内消费的下降迫使生产商提高产品销量在国外市场的占有率。外国销售从1990—1992年的20%增长到2011年之后的60%(见图8.2)。由于产出率提高,产量增加了,也激励了这种不断增长的出口趋势,现在国外销量已经是国内市场销量的两倍以上。

从供应方面来说,重要的是要考虑到葡萄酒产业的技术革命滞后传到西班牙,西班牙葡萄酒产业技术的全面发展和应用发生在20世纪90年代。技术创

---

[1] 在西班牙农产品中,葡萄酒不是例外。一般而言,采用欧洲共同农业政策和进入单一市场的影响是产量的强劲增长。这种情况可以解释为在成为欧盟成员国之前,几乎不存在政府对农场主的支持;而实施共同农业政策之后,在支持政策下产量就会出现强劲增长(克拉等,2017)。以葡萄酒为例,安德森和杰森(2016)的研究表明,在欧盟,2007—2012年间,生产者支持计划带来的名义增长率是20%,并非是经合组织(OECD)针对生产者支持计划所核算出来的近乎0的增长率。

新,如控制发酵温度、制度化雇佣酿酒学家(oenologists)来监督发酵过程、使用新的储罐以及变革品种,使葡萄酒质量明显改善。一方面,这使得廉价散装葡萄酒能够按照所要求的用途具有可接受的质量。另一方面,在许多原产地标志区域,提高质量的努力是值得关注的:在国内销售中,散装葡萄酒消失了,所有的产品都是瓶装销售的,无论是新品种还是传统品种都是如此;新世界国家重视单一品种葡萄酒的趋势被仿效;正在寻找新的利基市场;以及国外销售大幅增加。因此,20世纪80年代,西班牙引入了"受控"地理标志(优秀法定产区葡萄酒标志),提高了拉里奥哈等地区葡萄酒的平均品质。在拉里奥哈,产量和销量在1983—2012年间几乎增长了两倍,这是国内市场与国际市场对这类葡萄酒的需求日益增长的结果。到2012年,大部分里奥哈葡萄酒出口到英国(34%)和德国(20%)(巴克和纳瓦罗,2014)。20世纪80年代,在地理标志立法中引入了更严格的质量控制之后,拉曼查的命名葡萄园区也减少了;到2012年,拉曼查生产的葡萄酒中只有14%是受地理标志控制的(奥尔梅达和卡斯蒂略,2014)。

结 论

传统上,葡萄酒一直是西班牙农业产出的重要组成部分。在18世纪,葡萄酒出口就已经很重要了,尤其是雪利酒。以雪利酒为例,第一波全球化浪潮期间,雪利酒经历了一个显著的增长时期。19—20世纪,西班牙的葡萄酒产量占世界产量的很大一部分(大约为10%)。

对西班牙葡萄酒生产和销售的长期分析表明,国内外需求的刺激产生了低质量葡萄酒部门的系统性专业化增长。自19世纪中叶全球葡萄酒市场形成以来(第一波全球化浪潮比第二波全球化浪潮更为重要),西班牙发挥了重要作用。然而,除了雪利酒,出口的葡萄酒属于低品质葡萄酒,主要用于与其他葡萄酒混合。在19世纪下半叶,法国的需求对提高产品质量几乎没有什么激励作用,因为人们追求高酒精含量和深颜色的葡萄酒。这种需求与西班牙人所需要的产品类型是一致的。

对法国出口的黄金时代的结束、在南美等其他市场上的问题日益突出,以及更发达的国家消费下降,给西班牙的酿酒业带来了问题。20世纪前30年,该行业遭遇困难,生产过剩和高度不规则的价格下跌。在这些情况下,最积极的特点是高品质葡萄酒的生产扩大,直到那时,几乎完全集中在赫雷斯,其他地区也使用现代法国技术。然而,大多数人口继续购买普通葡萄酒,这并没有为更长远的技术改造提供激励。

直到20世纪80年代,西班牙的葡萄酒消费和出口几乎没有变化。国内需求基本上是散装批量销售的劣质葡萄酒,直到最近,西班牙出口的葡萄酒主要是批量的普通葡萄酒。事实上,国际社会需求附加值低、酒精含量高的葡萄酒种类增加了,直到20世纪70年代。这使得西班牙能够继续专注于自己的生产,不需要为提高葡萄酒的质量而在生产或创新方面进行重大变革。然而,从20世纪80年代开始,这种专业化开始为西班牙生产商制造困难,国内外市场对普通葡萄酒的需求开始下降。

然而,西班牙加入欧盟以及一些国家如法国和意大利等国的进口需求导致低品质的散装葡萄酒的出口出现了惊人的增长。在西班牙生产的葡萄酒中,重大的技术变化提高了许多葡萄酒的质量,尤其是那些拥有原产地标志的、历史可以追溯到19世纪末的葡萄酒。但是,即使在瓶装佐餐葡萄酒或起泡葡萄酒大量出口的情况下,西班牙主要参与的还是价格相对较低的细分市场。在某些时期,似乎西班牙已经落入陷阱,其竞争力所在就是出口质量—价格比高的产品,而且每升的单价低。一些酒庄已经在高档葡萄酒领域取得了进展,获得了奖项和国际认可,但是,它们的销售在西班牙的葡萄酒出口总额中仍然只占非常小的一部分。

为人所共知的"葡萄酒全球化"现象正在整个国际市场蔓延,但是,为了从中受益,西班牙葡萄酒生产和销售方面有必要进行重大改革。对于一些规模较小的葡萄酒生产企业来说,这是一个至关重要的问题。目前,出口企业65%的销售额仅占出口总额的 1%(阿尔比速等,2017)。以合作社为例,生产和销售合作社之间的横向合并或者纵向合并可以使它们扩大规模,提高它们在外国市场上销售的可能性,就像意大利所做的那样。另一方面,西班牙生产的高品质葡萄酒必须立志在国际市场上取得更好的地位,从而进入价格较高的细分市场。这意味着不仅要非常关注确保产品质量的同时,也要强化自己的品牌,对市场和消费者的口味进行更好的定位,并导入更大的产品差异化(堪配斯等,2014)。这些策略的发展需要创造力和创新力,受到上述许多出口公司的规模很小的因素制约。如果这些公司不在规模上增长,除了最具标志性的公司成功外,对于其他所有公司都是困难的。最后,出口仍然过于集中在欧洲市场,这个市场非常成熟,西班牙公司必须与更强大的生产商竞争。出口商需要开拓新的市场,尤其要抓住亚洲市场的较大份额,未来若干年,亚洲市场是高增长潜力的市场(安德森,2018)。

【作者介绍】 爱娃·费尔南德兹(Eva Fernández):西班牙马德里的卡洛斯大学社会科学系的经济史副教授。她的研究领域包括 19 世纪和 20 世纪西班牙和法国葡萄酒行业的市场和机构、发达国家的农业政策及其决定因素、区域农业生产力、农业合作社、宗教及其对财富的影响。

文森特·皮尼拉(Vicente Pinilla):西班牙萨拉戈萨大学经济史学教授,阿拉贡农业营养研究所研究员。他的研究兴趣包括农产品国际贸易、长期农业变化、环境历史和移民。2000—2004 年,他担任萨拉戈萨大学副校长,负责财政预算和经济管理。

【参考文献】

Albisu,L. M. (2004),'Spain and Portugal',pp. 98—109 in *The World's Wine Markets. Globalization at Work*,edited by K. Anderson,Cheltenham:Edward Elgar.

Albisu,L. M. ,C. Escobar,R. del Rey and J. M. Gil (2017),'Structural Features of the Spanish Wine Sector',unpublished mimeo.

Albisu,L. M. and M. G. Zeballos (2014),'Consumo de vino en Espana:Tendencias y comportamiento del consumidor', pp. 99—140 in *La economía del vino en España y el mundo*, edited by J. S. Castillo and R. Compés, Almería: Cajamar Caja Rural.

Anderson, K. (2018), 'Asia and Other Emerging Regions', ch. 17 in *Wine Globalization: A New Comparative History*, edited by K. Anderson and V. Pinilla, Cambridge and New York: Cambridge University Press.

Anderson, K. and H. G. Jensen (2016), 'How Much Government Assistance Do European Wine Producers Receive?' *Journal of Wine Economics* 11(2): 289—305.

Anderson, K. and V. Pinilla (with the assistance of A. J. Holmes) (2017), *Annual Database of Global Wine Markets, 1835 to 2016*, Wine Economics Research Centre, University of Adelaide, posted at www. adelaide. edu. au/wine-econ/databases/global-wine-history.

Barco, E. and M. C. Navarro (2014), 'Consumo de vino en Espana: Tendencias y comportamiento del consumidor', pp. 175—210 in *La economía del vino en España y el mundo*, edited by J. S. Castillo and R. Compés, Almería: Cajamar Caja Rural.

Castillo, J. S., Compés, R. and J. M. García Alvarez-Coque (2014), 'La regulación vitivinícola: Evolución en la UE y España y situación en el panorama internacional', pp. 271—310 in *La economía del vino en España y el mundo*, edited by J. S. Castillo and R. Compés, Almería: Cajamar Caja Rural.

Chevet, J. M., Fernández, E., Giraud-Héraud, E. and V. Pinilla (2018), 'France', ch. 3 in *Wine Globalization: A New Comparative History*, edited by K. Anderson and V. Pinilla, New York: Cambridge University Press.

Clar, E., Serrano, R. and V. Pinilla (2015), 'El comercio agroalimentario español en la segunda globalización, 1951—2011', *Historia Agraria* 65: 184—96.

Clar, E., M. Martín-Retortillo and V. Pinilla (forthcoming), 'The Spanish Path of Agrarian Change, 1950—2005: From Authoritarian to Export-oriented Productivism', *Journal of Agrarian Change* [Early view at DOI: 10. 1111/joac. 12220: 1—24].

Compés, R., C. Montoro and K. Simón (2014), 'Internacionalización, competitividad, diferenciación y estrategias de calidad', pp. 311—50 in *La economía del vino en España y el mundo*, edited by J. S. Castillo and R. Compés, Almería: Cajamar Caja Rural.

Dirección General de Aduanas (1849—1935), *Estadística del comercio exterior de España*, Madrid.

Fernández, E. (2008a), 'El fracaso del lobby viticultor en España frente al objetivo industrializador del estado, 1920—1936', *Historia Agraria* 45: 113—41.

(2008b), *Productores, comerciantes y el Estado: regulación y redistribución de rentas en el mercado del vino en España, 1890—1990*, PhD Thesis, Universidad Carlos III, Madrid.

(2010), 'Unsuccessful Responses to Quality Uncertainty: Brands in Spain's Sherry Industry, 1920—1990', *Business History* 52(1): 74—93.

(2012), 'Especialización en baja calidad: España y el mercado internacional del vino, 1950—

1990', *Historia Agraria* 56:41—76.

Fernández,E. and V. Pinilla (2014),'Historia económica del vino en España 1850—2000', pp. 62—92 in *La economía del vino en España y el mundo*,edited by J. S. Castillo and R. Compés,Almería:Cajamar Caja Rural.

Fernández,E. and J. Simpson (2017),'Product Quality or Market Regulation? Explaining the Slow Growth of Europe's Wine Cooperatives,1880—1980',*Economic History Review* 70(1):122—42.

Gallego,D. and V. Pinilla (1986),'Del librecambio matizado al proteccionismo selectivo:el comercio exterior de productos agrarios y alimentos en España entre 1849—1935',*Revista de Historia Económica* 14(2):371—420 and 14(3):619—39.

Giralt,E. (1993),'L'elaboriació de vins escumosos catalans abans de 1900',pp. 37—82 in *Vinyes i vins:mil anys d'historia*,edited by E. Giralt,Barcelona:Universitat de Barcelona,Vol. I.

Gómez Urdañez,J. L. (ed.) (2000),*El Rioja histórico. La Denominación de Origen y su Consejo Regulador*,Logroño:Consejo Regulador de la Denominación de Origen Calificada Rioja.

González Inchaurraga,J. (2006),*El marqués que reflotó el Rioja*,Madrid:Lid Editorial.

Grupo de Estudios de Historia Rural (1983),'Notas sobre la producción agraria española, 1891—1931',*Revista de Historia Económica* 1(2):185—252.

Hernández Marco,J. (2002),'La búsqueda de vinos tipificados por las bodegas industriales: finanzas,organización y tecnología en las elaboraciones de la CompañíaVitícola del Norte de España S. A. (1882—1936)',pp. 153—86 in *Viñas,bodegas y mercados. El cambio técnico en la vitivinicultura española,1850—1936*,edited by J. Carmona,J. Colomé,J. Pan-Montojo and J. Simpson,Zaragoza:Prensas Universitarias de Zaragoza.

Herranz,A. (2016),'Una aproximación a la integración de los mercados españoles durante el siglo XIX',pp. 313—34 in *Estudios sobre el desarrollo económico español*,edited by D. Gallego,L. Germán,and V. Pinilla,Zaragoza:Prensas Universitarias de Zaragoza.

Hidalgo,L. (1993),*Tratado de viticultura general*,Madrid:Mundi-Prensa.

Ludington,C. C. (2013),*The Politics of Wine in Britain:A New Cultural History*,Basingstoke:Palgrave Macmillan.

Maldonado,J. (1999),*La formación del capitalismo en el marco de Jerez. De la vitivinicultura tradicional a la agroindustria vinatera moderna (siglos XVIII y XIX)*,Madrid:Huerga y Fierro.

Martínez-Carrión,J. M. and F. J. Medina-Albaladejo (2010),'Change and Development in the Spanish Wine Sector,1950—2009',*Journal of Wine Research* 21(1):77—95.

Medina-Albaladejo,F. J. and J. M. Martínez-Carrión (2013),'La competitividad de la industria vinícola española durante la globalización del vino',*Revista de Historia Industrial* 52:139—74.

Meloni,G. and J. Swinnen (2018),'North Africa',ch. 16 in *Wine Globalization:A New Comparative History*,edited by K. Anderson and V. Pinilla,Cambridge and New York: Cambridge University Press.

Montañés, E. (2000), *La empresa exportadora del Jerez. Historia económica de GonzálezByass , 1833 — 1885* ,Cádiz:Universidad de Cádiz /González Byass.

Morilla,J. (2002),'Cambios en las preferencias de los consumidores de vino y respuestasde los productores en los dos últimos siglo',pp. 13—38 in *Viñas ,bodegas y mercados. El cambio técnico en la vitivinicultura española , 1850 — 1936* , edited by J. Carmona,J. Colomé,J. Pan-Montojo and J. Simpson,Zaragoza:Prensas Universitarias de Zaragoza.

Mtimet,N. and Albisu,L. M. (2006). 'Spanish Wine Consumer Behavior:A Choice Experiment Approach',*Agribusiness* 22(3):343—62.

OECD (2016),*Producer and Consumer Support Estimates* Database,www. oecd. org.

Olmeda,M. and J. S. Castillo,(2014),'Los sistemas regionales de la vitivinicultura en España:el caso de Castilla-La Mancha',pp. 211 — 244 in *La economía del vino en España y el mundo* ,edited by J. S. Castillo and R. Compés,Almería:Cajamar Caja Rural.

Pan-Montojo,J. (1994),*La bodega del mundo. La vid y el vino en España (1800 — 1936)* , Madrid:Alianza Editorial.

(2003),'Las industrias vinícolas españolas:desarrollo y diversificación productiva entre el siglo XVIIIy 1960 ', pp. 313 — 334 in *Las industrias agroalimentarias en Italia y España durante los siglos XIX y XX* , edited by C. Barciela and A. Di Vittorio,Alicante:Publicaciones de la Universidad de Alicante.

Pinilla,V. (1995a),*Entre la inercia y el cambio. El sector agrario aragonés , 1850 — 1935* , Madrid:Ministerio de Agricultura,Pesca y Alimentación.

(1995b),'Cambio agrario y comercio exterior en la España contemporánea',*Agricultura y Sociedad* 75:153—79.

(2002),'Cambio técnico en la vitivinicultura aragonesa,1850—1936:una aproximación desde la teoría de la innovación inducida',pp. 89—113 in *Viñas ,bodegas y mercados. El cambio técnico en la vitivinicultura española , 1850 — 1936* , edited by J. Carmona,J. Colomé,J. Pan-Montojo and J. Simpson,Zaragoza:Prensas Universitarias de Zaragoza.

Pinilla,V. and M. I. Ayuda (2002),'The Political Economy of the Wine Trade:Spanish Exports and the International Market,1890—1935',*European Review of Economic History* 6:51—85.

(2007),'The International Wine Market,1850—1938:An Opportunity for Export Growth in Southern Europe?' pp. 179—199 in *The Golden Grape :Wine ,Society and Globalization. Multidisciplinary Perspectives on the Wine Industry* ,edited by G. Campbell and N. Gibert,London:Palgrave Macmillan.

(2008),'Market Dynamism and International Trade:A Case Study of Mediterranean Agricultural Products,1850—1935',*Applied Economics* 40(5):583—95.

(2010),'Taking Advantage of Globalization? Spain and the Building of the International Market in Mediterranean Horticultural Products,1850—1935',*European Review of Economic History* 14(2):239—74.

Pinilla,V. and R. Serrano (2008),'The Agricultural and Food Trade in the First Globalization:Spanish Table Wine Exports 1871 to 1935 —A Case Study',*Journal of Wine Economics* 3(2):132—48.

Pujol,J. (1984),'Les crisis de malvenda del sector vitivinícola catalá el 1892 i el 1935',*Recerques* 15:57—78.

Sánchez,J. L. (2014),'El valor social y territorial del vino en España',pp. 31—66 in *La economía del vino en España y el mundo*,edited by J. S. Castillo and R. Compés, Almería:Cajamar Caja Rural.

Serrano,J. M. (1987),*El viraje proteccionista en la Restauación. La política comercial española*,*1875—1895*,Madrid:Siglo XXI de España editores.

Serrano,R. ,N. García-Casarejos,S. Gil-Pareja,R. Llorca-Vivero and V. Pinilla (2015), 'The Internationalisation of the Spanish Food Industry:The Home Market Effect and European Market Integration',*Spanish Journal of Agricultural Research* 13(3):1— 13.

Silvestre,J. (2005),'Internal Migrations in Spain,1877—1930',*European Review of Economic History* 9(2):233—65.

(2004),'Selling to Reluctant Drinkers:The British Wine Market,1860—1914',*Economic History Review* 57(1):80—108.

(2011),*Creating Wine:The Emergence of a World Industry*,*1840—1914*,Princeton, NJ:Princeton University Press.

Valls,F. (2003),'La industria del cava. De la substitució d'importacions a la conquesta del mercat internacional',pp. 143—82 in *De l'Aiguardent al Cava. El process d'especialització vitivinicola a les comarques del Penedés-Garraf*,edited by J. Colomé, Barcelona:El 3 de vuit.

Voss,R. (1984),*The European Wine Industry:Production,Exports,Consumption and the EC Regime*,London:Economist Intelligence Unit.

第九章

英国

中世纪中后期(上溯至公元 1500 年),不列颠群岛生产一些酿酒葡萄,并且在过去 1/4 的世纪里,英格兰南部已经发现了一些新种植的葡萄,但是,现在为人所知的英国(UK)和爱尔兰的这块土地一直依赖葡萄酒进口[1]。1880 年之前,进口价值超过了任何其他国家的进口价值,近几十年来,一直是全球三大葡萄酒进口国之一。而且,自 17 世纪后期以来,大英帝国对两个与葡萄酒有关的重要现象负有责任。首先,富裕的英国消费者的需求和资金帮助了法国波尔多地区转变为奢侈品葡萄酒的生产者。其次,英国中层消费者的需求,与葡萄牙的葡萄种植者一道,激起了现代波特酒的发明,而更加富裕的英国消费者帮助最好的波特酒转变成奢侈品。

正如上述两个现象所表明的那样,在英国,葡萄酒已普遍成为精英和中产阶级的特权。而这些群体的边界不可能精确划分,因为边界总会存在一些漏洞,但是,我们可以说,大多数体力劳动者,后来被称为工人阶级,很少喝葡萄酒。事实上,今天的英国,葡萄酒仍然是相对可靠的阶级标志,仍然是视自己为或希望被视为中产阶级或高于中产阶级的阶级的象征。因此,尽管经济和社会历史学家喜欢谈论自中世纪晚期开始以来每个时代"不断壮大的中产阶级"(到某个时点,工人阶级应该消失),但是,按照人们的自我知觉来衡量社会阶层则是有帮助的。在英国,饮用葡萄酒一直是并且仍然是这种衡量的最好方法。

本章观点是,英国葡萄酒消费受到税收与战争、价格与营销、国家认同与社

---

〔1〕 这个项目的研究得到了欧盟"地平线 2020"研究和创新项目的资助,玛丽·斯克洛多夫斯卡—居里资助协议编号为 No. 660618。我还要感谢科克大学的历史学院以及卡伊姆·安德森和文森特·皮尼拉在绘图方面提供的帮助。

会阶级、性别与政党以及当然还有葡萄酒的感知意义复杂的相互作用的影响。此外，可得性、成本和对其他饮料的看法极大地影响了英国葡萄酒的消费。因此，本章将重点解释特定葡萄酒口味的历史变化，而且还会考察在各种饮料中葡萄酒的地位，并非考察所有的酒精饮料。最后，由于这是一项全球性的比较研究，将对英国与其他国家的葡萄酒消费量和进口做对比。

首先，关于正在讨论的这个国家，说一两句话是很重要的。英国是一个岛屿国家，通常被称为大不列颠，但它既不是一个单一的民族，也不是一个单一的国家。英国（Britain）由三个部分组成，即英格兰、威尔士和苏格兰，并且它们都属于联合王国（the United Kingdom），其中还包括北爱尔兰。1707 年，大不列颠（Great Britain）成为一个国家，当时，英格兰（包括威尔士）与苏格兰合并，而联合王国作为一个国家建立于 1801 年，是大不列颠和爱尔兰的联合体。然而，自 1921 年以来，联合王国只包括北爱尔兰，只占爱尔兰土地面积和人口的 1/4。考虑到这些区别，本章将重点关注英格兰，即英国和联合王国最大的组成部分，但是，也将引用统计数据并讨论包括整个英国或联合王国在内的趋势，而有时仅仅考虑单个构成的国家。然而，当使用"英格兰"这个词时，应该了解它包括威尔士，1536 年以来威尔士与英格兰在政府、法律以及宗教方面已经统一。

1700 年以前英国的葡萄酒

英国饮用葡萄酒早于罗马人在公元 43 年到达，在被罗马人征服之后，饮用葡萄酒数量增加了，但是，5 世纪初，罗马帝国在英国的统治崩溃后，葡萄酒数量较少（由于进口减少）。中世纪早期，因为英国被来自西欧的两名爱尔兰修道士和来自欧洲大陆的传教士重新基督教化了，通过圣餐仪式，葡萄酒成为附属于教会之物。但是，早期的英国国王和他们的随从，以及威尔士、苏格兰和爱尔兰的政治领袖，在世俗场合喝的葡萄酒要远远多于圣餐仪式。到了 12 世纪，英国

葡萄酒已经成为一种广泛消费的饮料,随着 1152 年阿基坦[1]的收购,进口增
长了。14 世纪初,达到人均年进口量约为 1 升,1323—1389 年间人均半升,15
世纪早期数量增加了两倍[见图 9.1(a)]。

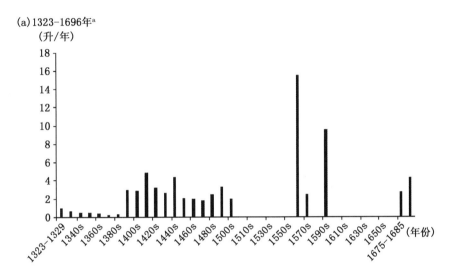

(a)1323-1696年[a]
(升/年)

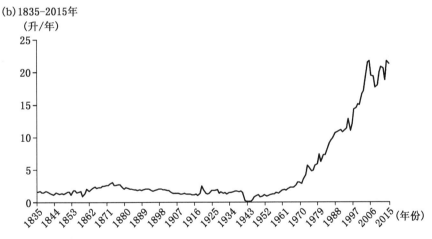

(b)1835-2015年
(升/年)

a. 没有柱形图的几十年意味着数据不可得,并非 0 进口。

资料来源:詹姆斯(1971)、安德森和皮尼拉(2017)。

图 9.1 1323—2015 年英国人均葡萄酒进口量

---

[1] 法国西南部的一个地区。——译者注

在教堂仪式上，尽管大多数新教徒反对圣餐变体论（the doctrine of transubstantiation），葡萄酒经受住了宗教改革的剧变而得以存续。到 1550 年，从灾难和黑死病中恢复，在接下来的 90 年里，英国再次成为世界领先的葡萄酒进口国之一，从 1550 年到 1640 年，每年从世界各地进口葡萄酒 15 百万升—50 百万升。

这些数据表明，在 1300—1640 年间直到 20 世纪后期，葡萄酒在对外贸易和英国人的日常生活中发挥重要的作用。但是，20 世纪晚期之前没有任何时期，葡萄酒在英国的总酒精消费量中所占的份额比现在更多。按照数量和酒精消费单位，啤酒总是更受欢迎，虽然大量的国内啤酒酿造使准确统计啤酒消费量不具有可能性。葡萄酒曾经是宫廷、贵族、士绅、专业人士和成功的城市商人的饮品，但是，例如在 19 世纪，它仅占英国酒精消费量（尽管含税零售酒类开支比例要大得多）的 2%。

1675 年，伦敦港的完整进口数据是最先可以买到的，法国葡萄酒（绝大多数是干红葡萄酒，即来自波尔多的红酒）占所有进口葡萄酒的 62%，西班牙葡萄酒占 33%，莱茵白葡萄酒（Rhenish，德国葡萄酒）占 4%，意大利和葡萄牙葡萄酒低于 1%［联合船舶委员会（JHC），1713：363］。尽管查理二世（1660—1685 年）以及他的朝臣们因喜欢大量饮酒而闻名，但是，国王和他的部长们一样喜欢对葡萄酒征税的能力，并提高收入。事实上，葡萄酒税是皇家收入的最大单一来源，并且葡萄酒是来自法国的最具价值的进口商品。因此，对于国王财富这一令人烦恼的问题来说，葡萄酒是核心问题，同时也是如何在英国保持住更多硬通货（金币和银币）的问题，后一个问题是重商主义理论首要关注的问题。因此，葡萄酒既是财政政策的工具，也是外交政策的工具，这种情况一直持续到 19 世纪中期（鲁丁顿，2013）。

到 1678 年，下议院中的法庭上的对手，他们很快被称为辉格党，希望国王公开宣布他是法国的敌人和荷兰的盟友。查理不愿意那样做，因为他秘密地从路易十四那里得到一笔补偿金，他们既是朋友又是表兄弟。作为回应，议会通过征收人头税来为战争筹集资金，并禁止所有与法国的贸易。战争从未成为现实,但是,议会中的辉格党继续禁止与法国的贸易,理由是法国的葡萄酒和服装对英国财政和英国人的生活方式具有特别有害的影响[平克斯(Pincus),1995：358-359]。因为国王在议会的支持者,现在被称为托利党,反对针对法国葡萄酒的禁运,干红葡萄酒成为法庭利益的象征,也成为主宰政治秩序的象征,即使辉格党人也喜欢他们的红葡萄酒。

虽然1678—1685年对法国葡萄酒的禁运名义上是成功的,事实上,这是一次巨大的失败。根据伦敦港口记录,1679年进口的法国葡萄酒不到4桶,1680年不到2桶,1683年仅有65加仑——这些葡萄酒被当作战争的奖项。1681年、1682年、1684年和1685年,官方没有一点葡萄酒进口到伦敦(联合船舶委员会,1713:363)。与此同时,葡萄牙葡萄酒被大量进口到英国,从官方禁运前年平均不到200桶,1682年接近14 000桶,1683年几乎达到了17 000桶。1679—1685年官方进口的西班牙、德国和意大利葡萄酒在法国葡萄酒禁运期间也有所增加,但是,与葡萄牙不同,它们的葡萄酒没能在伦敦市场上立足(见表9.1)。

表 9.1　　　1675—1940 年各来源地在英国葡萄酒进口量中的占比(10 年间数据)　　单位:%

年份 ＼ 地区	法国	意大利	葡萄牙	西班牙	德国	南非	澳大利亚	其他国家	总计
1675—1685	22	1	25	38	14	0	0	0	100
1686—1696	28	1	22	45	5	0	0	0	100
1697—1716	6	7	47	33	6	0	0	0	100
1717—1726	6	1	52	39	2	0	0	0	100
1727—1736	4	1	55	39	2	0	0	0	100
1737—1746	2	1	75	20	2	0	0	0	100
1747—1756	3	1	64	23	6	0	0	5	100
1757—1766	2	0	52	16	15	0	0	15	100
1767—1776	3	0	57	16	8	0	0	15	100
1777—1786	3	0	63	14	1	0	0	19	100
1787—1796	3	0	63	16	0	0	0	17	100
1797—1806	5	0	58	23	0	0	0	14	100
1807—1816	12	0	45	20	0	1	0	22	100
1817—1826	5	0	40	20	0	9	0	27	100

续表

地区 年份	法国	意大利	葡萄牙	西班牙	德国	南非	澳大利亚	其他国家	总计
1827—1836	4	0	32	30	0	7	0	26	100
1837—1846	6	0	31	34	0	5	0	24	100
1847—1852	6	0	30	36	0	3	0	24	100
1853—1862	11	0	26	36	0	4	0	23	100
1863—1869	19	0	18	39	0	0	0	24	100
1870—1879	26	0	17	33	0	0	0	24	100
1880—1889	33	0	18	25	0	0	1	24	100
1890—1899	32	0	20	21	0	0	3	24	100
1900—1909	27	0	21	21	0	0	5	26	100
1910—1919	16	0	36	15	0	0	4	28	100
1920—1929	17	0	39	17	0	1	8	19	100
1930—1940	7	0	25	19	0	8	20	21	100

资料来源:安德森和皮尼拉(2017)。

英国不同年份进口数据发生了巨大的变化,这是英国商人通过任何可用的渠道规避法国葡萄酒(主要是红葡萄酒)禁运的结果。葡萄酒欺诈鬼鬼祟祟的本性使得它很难被证明,尤其是 300 年后。然而,曾经的秘密可能很容易被揭示,通过比较葡萄牙波尔图市[1]的出口统计数与同时期伦敦进口葡萄牙葡萄酒的数据,很容易就能看出。根据前者,在所谓的丰收年,1682 年、1683 年和 1685 年葡萄牙葡萄酒出口到伦敦,年平均出口量为 14 272 桶,而从波尔图到英格兰出口总桶数平均每年只有 203 桶(联合船舶委员会,1713:363)。尽管这种差异可以被解释为葡萄牙葡萄酒从里斯本和其他葡萄牙城市出口,然而波尔图已经是葡萄牙葡萄酒运往英国的主要港口(国家档案,1692)。换句话说,在禁运期间,大部分在英国的葡萄牙葡萄酒根本不是葡萄牙的;相反,它是波尔多红葡萄酒。

1685 年,天主教徒约克公爵作为詹姆斯二世登基,新托利党(保守党)议会适时解除了对法国商品的禁运,从而促进托利党与红葡萄酒之间的联系。因

---

[1] 葡萄牙西北部第二大港口城市。——译者注

此,毫无疑问,1686 年,人们对红葡萄酒的喜爱"卷土重来"。法国葡萄酒再次合法进口,1686—1689 年间,伦敦进口的葡萄酒中,法国葡萄酒平均约占 70%,并且英国再一次与荷兰一道,成为波尔多葡萄酒在世界上的最大进口国(弗朗西斯,1972:99)。

尽管红葡萄酒仍然是"共同饮品"或者对于所有政治派别的英国男人(证据对女人就不那么明显了)是酒馆的首选,但对于贵族和中产阶级来说,这种情况并没有持续太久。奥兰治郡的威廉王子、荷兰军事领袖和詹姆斯二世的女婿于 1688 年 11 月 5 日率领一支所向披靡的军队来到英国。12 月底,詹姆斯二世流亡法国。1689 年 2 月 13 日,议会将王冠提供给了威廉和他的英国妻子玛丽,威廉加冕不久之后,再次对法国商品实施了禁运。结果,战争期间没有正式进口法国葡萄酒,这种情况一直持续到 1697 年。

波特酒是红葡萄酒衰落的主要受益者。根据托马斯·考克斯(Thomas Cox)的说法,"自后来的战争开始以来,波特酒就在英国建立了声誉"(考克斯,1701)。民族口味从波尔多红酒转向波特酒并非没有困难。1713 年,《英国商人》杂志回忆道,葡萄牙葡萄酒口味重而烈,起初并不讨人喜欢,我们渴望喝到波尔多的陈年红葡萄酒。但是,随着时间的推移,红酒的数量逐渐减少,商人们找到了办法,要么把葡萄牙葡萄酒带进我们的味蕾,要么习惯让我们对葡萄酒产生味觉:这样,让我们开始忘记法国葡萄酒,并足够喜欢其他葡萄酒(国王档案,1721,Ⅱ:277)。

当 1697 年战争结束时,议会取消了对法国商品的禁运。然而,与之前的禁运结束不同的是,官方的法国葡萄酒进口没有恢复到禁运前的水平。事实上,在 1697—1702 年的 6 年时间里,整个英格兰和威尔士进口葡萄酒的平均数量表明,西班牙葡萄酒占主导地位,葡萄牙葡萄酒位居第二,法国葡萄酒则远远落在第三位,与意大利葡萄酒持平(见表 9.1)。

有些西班牙和葡萄牙葡萄酒实际上是法国的葡萄酒,但重要的是,英国市场上法国葡萄酒没有回到葡萄酒的榜首位置。这种消费习惯的改变反映了第二次禁运的有效性,第二次禁运发生在战争时期,当时英国政府对贸易进行监管,并且贸易征税以惊人的速度增长(布鲁尔,1990)。这也反映了对法国的一种越来越普遍的仇恨,将法国视为英格兰的生存威胁。最后,它反映了法国葡萄酒的价格。1692—1697年间,国会投票通过了提高葡萄酒税收的三项新税,从而对法国葡萄酒的进口关税达到每桶大约51英镑,而葡萄牙葡萄酒(包括马德拉)只支付每桶21英镑关税,西班牙(包括加那利)和意大利葡萄酒关税为每桶22英镑,莱茵白葡萄酒和匈牙利葡萄酒每桶25英镑(见表9.2)。因此,无论质量如何,法国葡萄酒必然是英国市场上最昂贵的葡萄酒之一。富有的波尔多葡萄酒生产商对这种情况的反应之一是提高其葡萄酒的质量和成本,从而降低英国消费者对每瓶葡萄酒所缴纳的税款的相对数量。这是生产高档葡萄酒取代传统葡萄酒的主要动力。

表 9.2　　　　1660—1862 年按照来源地划分的英国葡萄酒进口关税　单位:英镑/千升

地区 / 年份	法国	德国	西班牙	葡萄牙	南非
1660—1665	7	9	8	8	
1666—1684	7	9	8	8	
1685—1691	14	20	19	18	
1692—1695	22	20	19	18	
1696	47	20	19	18	
1697—1702	51	25	23	22	
1703	52	27	24	23	
1704—1744	55	31	26	25	
1745—1762	63	35	30	29	
1763—1777	71	39	34	33	
1778	79	43	38	37	
1779	84	41	40	39	
1780—1781	92	49	44	43	
1782—1785	96	51	47	46	44
1786	65	51	37	37	37
1787—1794	47	51	32	32	37

地区 年份	法国	德国	西班牙	葡萄牙	南非
1795	78	64	51	51	57
1796—1797	108	92	71	71	77
1798	111	96	73	73	79
1799—1801	107	92	71	71	77
1802	112	97	74	74	80
1803	131	109	87	87	87
1804	142	117	95	95	95
1805—1824	144	119	96	96	96
1825—1830	78	50	50	50	25
1831—1859	58	58	58	58	29
1860	32	32	32	32	32
1861	16	21	21	21	21
1862	11	26	26	26	26

资料来源:鲁丁顿(2013,表 A1)加总计算。

1700 年左右高档葡萄酒的出现

奢华型红葡萄酒不同于直到 1700 年主导英国市场的传统红葡萄酒。传统红葡萄酒是通常的称谓,呈浅色、味淡,并且可能自中世纪以来几乎没有什么变化。然而,18 世纪在英国精英中流行的红葡萄酒是精心制作的,质量明显上乘而且价格昂贵,既是因为英国的进口关税很高,也是因为法国的生产成本很高[恩加尔伯特(Enjalbert),1953:457]。基于必要性判断,这种新型干红葡萄酒的消费者都是富人。并且因为消费者最终赋予了一种商品不同的含义,这种新的奢华型红葡萄酒既不是托利党(保守党)的,也不是辉格党的。相反,它是"高雅的",在 18 世纪早期的英国,高雅——支付能力、讨论和欣赏最好的物品——

是一种政治权力的表现形式（克莱因，1994；伊格尔顿，1990）。

即使是辉格党人想要的另一场法国战争与始于1704年针对法国商品的另一场禁运，也不可能将奢侈的法国红葡萄酒挡在英格兰之外。战争和禁运期间波尔多的出口数据表明，对英国没有直接贸易〔胡茨迪利普斯（Huetz de Lemps），1975：148—150〕。然而，英国进口法国葡萄酒的数据讲述了一个不同的故事：在整个战争和禁运期间，他们登记了年平均进口800桶法国葡萄酒（联合船舶委员会，1713：365）。换句话说，尽管有战争和禁运，英国每年仍然获得所有奢侈的红葡萄酒，这些酒是少数几家富有的波尔多葡萄园主可以酿造的。

西班牙继承权战争期间，英国人购买了奢侈的红葡萄酒，这些酒不是为其他客户准备的，这个证据来自《伦敦公报》（London Gazette）上的广告，而《伦敦公报》传达的是英国政府的官方声音。实际上，这些广告是通知被查封的葡萄酒将在政府主办的拍卖会上出售。在战争初期，查获的干红葡萄酒以每桶8英镑、40英镑和60英镑的不同价格拍卖，表明葡萄酒之间品质明显不同，虽然所有的葡萄酒只是简单地被称为"波尔多红葡萄酒"（《伦敦公报》，A版面）。然而，1704年，最昂贵的波尔多红葡萄酒开始被称为"新法国波尔多红葡萄酒"（《伦敦公报》，B版面）。这些告示并非表明这些干红葡萄酒的"新"之处，尽管拍卖师非常谨慎地使用一些描述待售葡萄酒的词语，不只是年代标志，因为几乎所有的干红葡萄酒——事实上，几乎所有的葡萄酒——都是新的，当它被出售的时候，存放还不到一年。相反，"新"这个词意在描述一种新型干红葡萄酒（皮甲索，1980：372—379）。

简而言之，奢华型红葡萄酒的语言使用开始追上它独特的品质。到1705年5月，这些新的干红葡萄酒是指在《伦敦公报》上以它们葡萄园的名字所写到的"精选的新红奥布里安（豪特布里昂，Haut Brion）和庞塔克奖葡萄酒……劳埃德公司（Lloyd's）拥有"，葡萄园的名字被再次提及（《伦敦公报》，C版面）。一个月后，一种名为玛歌（Margaux）的葡萄酒出现在两场不同的拍卖会上，尽管财政法庭的抄写员认为法语难懂而把它拼写为"Margoose"（《伦敦公报》，D版面）。年内，品名为拉图尔（Latour）和拉菲（Lafite）的葡萄酒也作为查获葡萄酒出现在英国。所以,决定因素是富有的英国消费者会喝这种新型红葡萄酒,这样,生产者和购买者就会安排这些豪华的红葡萄酒在海上被"查获"。

18 世纪苏格兰人对传统红葡萄酒的偏爱

在斯图亚特时代的晚期和汉诺威时代的早期,英格兰的大众口味突然从法国葡萄酒转向了葡萄牙葡萄酒,而奢侈的波尔多葡萄酒成为精英阶层的时尚葡萄酒,但是,在苏格兰却并非如此。北不列颠(North Britain),于 1707 年加入联合王国被称为苏格兰,这里,在 18 世纪的大部分时间,在贵族家中和从高地到低地的乡村酒馆,传统酿制的干红葡萄酒占主导地位。这一点很重要,因为 1707 年《联合法案》的主要特点是英国关税的均等化,对于几乎所有商品实行英格兰水平的关税,包括葡萄酒。欺诈和走私活动猖獗以及串通一气的高层官员让苏格兰人继续喝上波尔多红葡萄酒(鲁丁顿,2013,第 6 章)。

大量的证据表明,18 世纪的苏格兰存在葡萄酒欺诈和走私行为。例如,每季度海关对利斯港(Leith)(爱丁堡的港口)的核算表明,1745 年第一季度,有 19 船葡萄酒货物到岸利斯港,其中,17 船是葡萄牙葡萄酒,1 船是法国葡萄酒,1 船是莱茵干白葡萄酒(利斯港,1745)。那么,按面值计算,这个季度是以葡萄牙葡萄酒为主。然而,在葡萄牙葡萄酒货船中,6 船直接从葡萄牙运来大桶葡萄酒(波尔多酒桶),尽管葡萄牙的生产商用管道运输他们的葡萄酒,这要比大桶大一倍。另外,还有 6 船所谓的葡萄牙葡萄酒经由挪威运来,但是也装在波尔多大酒桶里。商人声称经由挪威运输葡萄牙或西班牙葡萄酒,通常是卑尔根或克里斯蒂安桑,本质上是实行一种国家认可的欺骗手段,进口法国葡萄酒(斯穆特,1963:158)。伪造的挪威货物文件使申报单看起来很真实,从而免除了苏格兰海关官员的干涉,如果葡萄酒声明被证明是假的,必然遭遇海关干涉。这种做法也使欺诈更难被起诉。对 1745 年第一季度利斯港进口重新评估后,可以看到,19 批货物中的 13 批货物都是法国波尔多葡萄酒。

1703—1750 年中产阶级转向伊比利亚强化葡萄酒

如果说 18 世纪早期和中期的苏格兰人更喜欢传统的波尔多红酒,英国精英更喜欢奢华的红葡萄酒,那么,英国中产阶级则喜欢波特酒甚于所有其他葡萄酒。1718 年,伦敦五金商号(the Ironmongers Company)(一家实力雄厚的制服公司)的成员庆祝市长节,庆祝会饮用了波特红葡萄酒 150 瓶、波特白葡萄酒 96 瓶、加那利 36 瓶和莱茵白葡萄酒 18 瓶。换句话说,那天,他们喝的葡萄酒超过 4/5 是波特酒,既有波特红葡萄酒,也有波特白葡萄酒。4 年后,五金商号的市长庆祝节活动显示出类似的葡萄酒选择,而 1725 年在狂欢节晚宴上,波特红葡萄酒占葡萄酒消费总量的 84%。

理发师—外科医生商号(the Barber-Surgeon Company)的成员——到 18 世纪,成员大多数是有执照的医生——对波特红葡萄酒表现出类似的偏好,1720—1739 年,他们将近 3/4 的葡萄酒预算花在波特红葡萄酒的购买上(西蒙,1926:74-75)。因为费用与数量不成正比,而且波特红葡萄酒通常是英国市场上最便宜的葡萄酒,所以,波特红葡萄酒消费在理发师—外科医生的葡萄酒总消费量中占比超过 3/4。从其他中产阶级专业人士那里得到的证据表明了他们对波特葡萄酒也有类似的偏好。

波特酒是中产阶级的葡萄酒,这在经济上是合理的。1703 年的《马图恩条约》保证对葡萄牙葡萄酒征收的关税至少比对法国葡萄酒征收的关税低 1/3。但是,在 1745 年、1763 年、1778 年、1779 年、1780 年和 1782 年(都是战争年代),英国政府提高了进口葡萄酒的关税;到 1783 年,葡萄牙葡萄酒关税接近每桶 46 英镑,比 1714 年的关税水平高出 84%。其他葡萄酒的关税甚至更高。法国葡萄酒每桶关税 96 英镑,莱茵(德国)和匈牙利的葡萄酒关税为每桶 51 英镑,西班牙和意大利的葡萄酒关税接近每桶 47 英镑。

英国的财政政策有助于确定葡萄酒的价格,外交政策的相关领域有助于确定可得性和声誉。葡萄牙、西班牙和意大利的葡萄酒应该在英国一样受欢迎，因为对它们的关税几乎是一样的。可是，英国和葡萄牙在 18 世纪初仍然是坚定的盟友，而当时英国和西班牙的关系很紧张。一个结果是，从 1714 年西班牙王位继承战争结束到 18 世纪 40 年代，英国葡萄酒进口总额中，葡萄牙葡萄酒从 46％上升到 70％以上（见表 9.1），其中大部分为波特红葡萄酒。与此同时，意大利葡萄酒，主要来自托斯卡纳，具有很高的运输成本，并且被认为在任何情况下都不能很好地运输。

波特酒在英国中产阶级中很受欢迎，因为它价格相对便宜，但也因为它的烈度而受欢迎。毕竟，在 18 世纪初的英格兰，各种款式的烈性酒变得越来越流行。然而，波特酒的烈度只是一定程度上回应了消费者的要求。另一个因素是自然本身，以及对发酵过程有限的科学了解。波特酒的早期版本具有天然的浓烈酒精度，因为杜罗河谷夏天相对比较热（例如，与波尔多相比），所以成熟的葡萄含有大量的天然葡萄糖。此外，葡萄牙人放慢发酵速度的方法（即冷却法）是向发酵罐中加入几加仑白兰地（蒸馏酒）。所以，尽管未强化的波特酒已经相对较烈，可能为 14％—17％的酒精含量，发酵的过程中加了白兰地而被加强，然后再为运输做准备，进一步加强。这种烈度吸引了英国的中层消费者，他们饮用更烈的、较浓的酒，他们的钱花得更值，并且现在他们发现法国红葡萄酒又薄又淡——"适合男孩饮用，而不是男人"，塞缪尔·约翰逊（Samuel Johnson）如是说（鲁丁顿，2009）。

有趣的是，最初，英国商人意在用波特酒代替传统的波尔多红葡萄酒。但是，由于葡萄牙不同的葡萄、土壤、气候和葡萄酒酿造技术，波特酒演变成了完全不同类型的葡萄酒。然而，到了 18 世纪中叶，波特葡萄酒被英国中层人士反转了。例如，1766 年，著名的伦敦印刷商和书商詹姆斯·多斯利出版了《酒窖簿记：或者，管家的助手，定期记录他的酒》一书。这本《酒窖簿记》意在既说明又描述一个有激情的绅士对葡萄酒的品位（贵族不会需要这样的指导）。在这本书的前言中，多斯利用了一个页面，指导管家或"普通仆人"如何使用这本书，以及"绅士酒窖"应当储存（瓶装酒）的清单——400 瓶波特酒、48 瓶波尔多干红葡萄酒、85 瓶白葡萄酒（未注明何种酒）、4 瓶萨克（sack）、29 瓶马德拉、19 瓶香槟、48 瓶勃艮第、235 瓶麦酒（ale）、60 瓶苹果酒、40 瓶白兰地、18 瓶朗姆酒和 34 瓶阿拉克酒（多斯利，1766）。换句话说，一个中上阶层的英国人期望饮用的波特酒是其他所有葡萄酒加起来的两倍以上。

但是，我们不应该过分强调 18 世纪葡萄酒在普通英国人中的流行性。一个估计提出，1700 年，英国人均啤酒消费量每周为 5.5 品脱，在 18 世纪的上半叶，这一数字的增长可能与实际工资增长是不均衡的。同时，在 18 世纪 40 年代杜松子酒热潮的顶峰时期，14 岁以上的伦敦人口平均每周消费 2.7 品脱杜松子酒。但是，就像大多数葡萄酒被精英和中产阶级消费一样，大部分啤酒和杜松子酒是由劳动者消费的。此外，当政府在 1751 年干预限制杜松子酒的生产时，杜松子酒消费下降的数量由增加进口的朗姆酒和阿拉克酒填补了，两种酒都用来填补空缺［詹宁斯（Jennings），2016：16］。最后，先是咖啡后是茶（1720年）成为英国社会的主要饮料，迅速地从精英阶层进入工人阶级的消费。到1780 年，加糖茶是工人阶级的必需品，18 世纪 90 年代，英国每年茶和糖的人均消费量分别为 2.1 磅和 13 磅（伯内特，1999：54－55）。就流体体积而言，没有任何含酒精饮品可以接近它。

18 世纪后期优惠进口关税与战争的作用

18 世纪下半叶，波特酒也开始被英国精英接纳了。这是因为始于 1756 年葡萄牙政府的生产监管，波特酒的质量提高了，并且因为波特酒象征着 18 世纪英国男性贵族需要的政治合法性的某些东西：朴实无华和男子气概。此外，英国精英对波特酒需求不断增加与一种技术变革不谋而合——并在一定程度上有助或推动了技术变革，从而使波特酒成为明显更好喝的葡萄酒。技术变革表现为圆柱形瓶的发展变化。显然，英国消费者享受着甜甜的、热情的、含单宁酸的波特酒，但是，他们似乎更享受陈酒的芳香醇正。在圆柱形瓶子中储存波特酒,可以存放数十年,与有能力让葡萄酒在个人地窖里存放多年相比,这是更加明显的财富宣言。因此,就像奢华的波尔多红葡萄酒一样,陈年的波特酒成为精英阶层优雅品位的象征,但是,它又增添了约翰牛[1]的阳刚之气,这是奢华的红葡萄酒所不具备的。

始于 1785 年北美的另一场战争意味着葡萄酒税收大幅增加,因此,到 1782 年底,进口法国葡萄酒的关税达到每桶 96 英镑,莱茵(德国)葡萄酒关税为 51 英镑,西班牙葡萄酒关税为 46 英镑,葡萄牙葡萄酒关税为 45 英镑(英国议会,1897:131-157)。就像自 1707 年大不列颠建国以来一直存在的情况一样,法国葡萄酒课税最高,葡萄牙葡萄酒的税率最低。然而,关税提高的结果并不一定是政府所希望的。相反,正如亚当·斯密在他的《国富论》中所说的(《国富论》发表于 1778 年关税上调前两年),"对许多不同的进口商品征收的高额关税……在许多情况下,只是起到了鼓励走私的作用;而且,在所有情况下,减少了海关的收入,减少的收入超过了温和关税的付出"(斯密,1776:476-477)。

显然,对于迫切需要财政收入的政府来说,葡萄酒欺诈和其他形式的走私是问题所在,这正是刺激年轻的首相威廉·皮特(William Pitt)采取行动的原因(阿什沃思,2003;马赛厄斯和奥布莱恩,1967)。皮特开始推动议会通过相关法律,加强税务人员的权力,加大走私难度(罗斯,1793:24)。这些法律的共同作用是立竿见影的,增加了税收。基于其背后的推动力,皮特成功地将部分烟酒税转移给税务局(the Excise Office)。这项法律简化了税务评估,并允许税务官员审讯酒商,甚至在他们的酒清关后并且已经被放在他们的地下室里。

虽然这些葡萄酒关税方面的变化发生在国内,但是,皮特政府也正在与法国就商业条约进行积极谈判。法国要求法国葡萄酒的最惠国待遇地位,然而,尽管减少对法国葡萄酒征税是一项简单的立法改革,但是,给予它们与葡萄牙

---

〔1〕 John Bull,是英国的拟人化形象,源于 1727 年由苏格兰作家约翰·阿布斯诺特所出版的讽刺小说《约翰牛的生平》。主人公约翰牛是一个头戴高帽、足蹬长靴、手持雨伞的矮胖绅士,为人愚笨而且粗暴冷酷、桀骜不驯、欺凌弱小。这个形象原来是为了讽刺辉格党内阁在西班牙王位继承战争中的政策所作,随着小说的风靡一时,逐渐成为英国人自嘲的形象。——译者引自百度百科

葡萄酒平等地位将违反 1703 年的《马图恩条约》。因此，在威廉·伊登（William Eden）率领下的英国代表团提出一个折中方案，同意进口法国葡萄酒的关税税率不高于目前葡萄牙葡萄酒支付的税率，然后降低对葡萄牙葡萄酒的关税税率，使之比改变后的法国葡萄酒关税税率低 1/3。事实上，皮特想要降低所有葡萄酒的关税，因为他们认为这会粉碎在葡萄酒贸易中的欺诈和走私，从而每年增加收入 28 万英镑（汉萨德，1815：1433）。

1786 年 9 月 26 日，《伊登条约》签订，从此，皮特开始统一所有剩余的葡萄酒关税——因此，一统海关关税和一统消费税——并降低总体关税水平，遵守与法国签订的《伊登条约》和与葡萄牙签订的《马图恩条约》（见表 9.2）。这一法案称为《合并法案》，这一行动产生的关税税率将法国葡萄酒的关税削减到 1785 年关税的近一半（达到每桶 47 英镑），将葡萄牙和西班牙葡萄酒的关税削减约为 30%（每桶 31 英镑），而对莱茵（德国）葡萄酒征收关税保持在每桶 51 英镑。

《合并法案》大幅度降低了关税税率，直接影响英国合法葡萄酒进口，尤其是苏格兰。在 1787—1792 年期间，苏格兰合法进口的葡萄酒总量平均每年为 2 172 桶，比 1764—1786 年平均水平增加了 128%。法国葡萄酒进口量增长了 241%，西班牙葡萄酒进口量增加了一倍多，葡萄牙葡萄酒进口量几乎同样增长（见表 9.1）。然而，在整个 1787—1792 年期间，苏格兰进口的法国葡萄酒仅为平均年进口总量的 13%，而西班牙葡萄酒则占到了 23%，葡萄牙葡萄酒占 60%（海关档案 14，1764—1792）。

相比之下，从 1787 年开始的 5 年时间里，英国平均每年进口 25 400 桶葡萄酒，超出 1764 年后平均水平 56%。然而，法国葡萄酒依然只占 4.3%，而西班牙葡萄酒占 17%，葡萄牙葡萄酒占 73%（熊彼特，1960）。简而言之，对葡萄牙葡萄酒压倒性的偏爱把当时的英国人绑架了。

1793 年 2 月，革命的法国对英国宣战，英国政府也做出了对等回应。所有《伊登条约》协议停止，战争国家之间的贸易急剧下降。战前，波特酒在英国的统治地位进一步加强，1795—1805 年提高了 7 种海关关税和消费税，影响了几乎所有法国葡萄酒的进口（见表 9.1 和表 9.2）。到 1806 年，法国葡萄酒的合并关税约为每桶 144 英镑,而战争开始时,每桶的关税是 47 英镑。另一方面,当时葡萄牙和西班牙白葡萄酒的关税为每桶 96 英镑,而西班牙红葡萄酒则是每桶 107 英镑。不足为奇,这样,伊比利亚葡萄酒继续在英国市场占据主导地位,而葡萄酒的饮用也越来越成为精英们的事情。买得起葡萄酒的人越来越少,可能已经创下了历史纪录。

醉酒的兴起和消亡

从 1775 年到 1815 年,几乎持续了 40 年的战争,酗酒的英国精英和中产阶级男性急剧增长,即使不能说是历史上的巅峰。有些醉酒是由于这个事实:加强型波特酒是当时最时髦的酒。1786 年《伊登条约》签订后的 10 年,英国一年一度的合法葡萄酒进口比 10 年前增加了一倍多,并在整个法国大革命和拿破仑战争时期,英国的进口总体上仍然远远超过《伊登条约》之前的水平。

在一些战争岁月,多达 1/4 的葡萄酒进口到英国后再出口了,但与 1786 年之前相比,尽管从总进口中减去这个量,用于国内消费的葡萄酒净进口量也增加了。18 世纪 80 年代,烈性酒的消费也增加了,尽管被课以重税,在整个战争期间消费仍然居高不下,这是事实(威尔逊,1940,表 2)。相反,在这 40 年中,人均啤酒消费量有所下降,虽然这对劳动阶级的影响比对中等阶级和精英的影响更大,对中等阶级和精英来说,啤酒很少是一种娱乐饮品(伯内特,1999:115—120)。

即使大量饮酒的统计证据是模糊的,但是,轶事证据是压倒性的证据。酒精引起的昏迷确实很流行。"醉得像个大人"(Drink as a Lord)是一个带有社会意味的短语,出现在 17 世纪晚期的英格兰,到 18 世纪晚期,嗜酒如命的英国贵族和绅士甚至超越了他们自己坚守的标准(波特,1982:34;亨德里克森,1997:219)。"威尔士亲王、皮特先生、登达斯、财长埃尔登勋爵以及许多名流则给社会带来了影响",年迈的格罗诺上尉(Captain Gronow)观察 19 世纪 60 年代时写道，"如果当时他们要出现在一个晚上的聚会上"，就会宣称"按照他们的习惯"，下午不适合做任何事情，只适合躺在床上睡觉。在时尚的餐桌上，喝3瓶酒的男人（每餐消费葡萄酒3瓶）是不寻常的客人；夜晚一成不变地花在喝波特酒上，达到惊人的程度（格罗诺，1862，Ⅱ：75）。格罗诺讲述的是18世纪头20年的情况。

　　但是，战后[1]，新一代的社会中层批评人士——现在自称为"中产阶级"——开始挑战统治秩序，以及武士气概帮助他们保持自己的社会金字塔顶端地位。这些新改革者拥护一种形式的男子汉气概，即崇尚努力工作、道德正直、顾家和相对清醒的自我控制。很明显，1817年12月，在一篇为《检察官》杂志写的文章中，美国出生的诗人兼散文家利·亨特（Leigh Hunt）宣称"快乐的英格兰死了"（威尔逊，2007：332）。这样的讣告发布时机过早了，但是，亨特说到点子上了。不够敏感的观察者可能还没有注意到他们国家的变化，现在回想起来，很明显，亨特是在转型过程中说这番话的。当然，"快乐的英格兰"和同样酒徒般的苏格兰不会一夜之间消失，但是，英国社会，尤其是中产阶级，正变得更高雅、更严肃、更清醒。留作英国国内消费的葡萄酒进口，从战时平均每年有近29 000桶下降到1816—1825年间23 000桶以下；滑铁卢战役后的10年，英国的烈性酒消费量下降了；英国的人均啤酒消费量已经日渐衰弱，降至每年140百万升以下（英国议会，1897：150—151；威尔逊，1940，表2；高尔维西和威尔逊，1994，表2）。

　　在一定程度上，酒精消费量的下降可以归因于战后经济萧条，以啤酒为例，到1825年或者1830年，这些下降趋势逆转了（消费）方向。而且，英国文化也在发生变化。夜幕降临，酒馆和俱乐部曾经受到许多英国人欢迎，他们醉倒在大街上，这种情况要么消失了，要么正在发生变化。酒馆和俱乐部不再是狂欢的堡垒，19世纪20—30年代的俱乐部变成了学术社团，男人们可能会在那里安静地吃晚饭、听讲座，或讨论"改善"他们的小镇、城市或他们自己的方法[陶西

---

[1] 拿破仑战争之后。——译者注

(Tosh),1999:125]。"很高兴,"著名的波特酒运输商詹姆斯·瓦雷(James Warre)说,"醉酒已经不是那个时代的恶习"(瓦雷,1823:36)。一年后,苏格兰内科医生、葡萄酒历史学家亚历山大·亨德森(Alexander Henderson)写道,"一代人几乎没有去世的,并不罕见地看到高智商的男人们,并且在其他方面也具有无可指责的品质,(过去他们)拖延晚宴的时间,直到不仅他们的忧虑而且他们的理智彻底沉醉于酒中······不受惩罚地纵情于豪饮,这曾经是许多人的骄傲"(亨德森,1824:346—347)。

当然,对葡萄酒征税也影响了消费。1815 年签订《维也纳条约》时,葡萄酒关税达到了空前的高水平,法国葡萄酒关税每桶超过 144 英镑,莱茵(德国)葡萄酒每桶 118 英镑,葡萄牙、西班牙和其他欧洲国家的葡萄酒每桶 96 英镑。换句话说,法国葡萄酒的关税几乎是每夸脱瓶装葡萄酒 3 先令,而葡萄牙和西班牙葡萄酒的关税则略低于 2 先令。在战争结束后,对国产和进口酒类依然保持战时的税收。虽然在经济萧条时期所有的酒都相对昂贵,但是,每单位葡萄酒的课税特别高(见表 9.2)。

因此,尽管和平了,但是,葡萄酒贸易并没有增加;相反,贸易继续其战时的下降。不足为奇,葡萄酒商人是心烦意乱的。1823 年,詹姆斯·瓦雷出版了一本篇幅很长的小册子,主张立即降低葡萄酒关税,因为"过量"关税是葡萄酒消费减少的主要原因。为了证明自己的观点,瓦雷着重研究了 1787—1794 年的葡萄酒贸易统计数据,在此期间皮特降低了葡萄酒关税,导致英国葡萄酒进口量翻倍。同样,多重战时关税的增加使葡萄酒进口回到了 1787 年以前的水平。"鹅被杀死了,"瓦雷说,"金蛋也失去了。"他不相信这样的观点:"有些人认为葡萄酒已经过时了,我们的习惯改变了,我们现在只要苏打水和姜汁啤酒饮料。"相反,他坚信,"是价格而不是意愿迫使禁欲"(瓦雷,1823:3、24、33—35)。价格很重要,但口味的变化也很重要,因为在 1825 年对所有的葡萄酒进口税削减了一半,同年,除了波特酒的进口短暂激增之外,西班牙葡萄酒进口是主要增长源,其中大部分是雪利酒。

雪利酒的兴起

从1817年到1846年的30年里,对于英国消费来说,西班牙葡萄酒保持增长,在总消费中占比从22%上升到了33%,再上升到38%。在同期30年里,葡萄牙葡萄酒(除去马德拉)从51%降至44%,再降至40%(见表9.1)(英国议会,1897:150—151)。到1840年,波特酒和雪利酒的消费量大致相当;而到了1850年,雪利酒稳居领先地位。

雪利酒在英国市场的崛起是由中产阶级消费者决定的。正如瓦雷在1823年写道,"然而,既不是沉溺于时而放荡的那些人,也不是'3瓶酒的男人',影响葡萄酒的一般消费趋势,因为他们的人数很少;正是社会中中产阶级日常的消费,尽管可能较少"(瓦雷,1823:36)。正如亨德森在1824年写道,中产阶级是"喝波特酒和雪利酒的人"(亨德森,1824:316)。这些酒都是中产阶级家庭的首选葡萄酒,通常也是唯一的选择。

从历史上看,英国消费者对雪利酒相当熟悉。伊丽莎白时代和斯图亚特时代,它是早期最流行的葡萄酒之一,当时它被称为"萨克"(sack)。但是,要明白为什么雪利酒在19世纪的第二季度又流行起来,人们一定要注意到波特酒的名声,波特酒作为男子汉气魄的葡萄酒与酗酒和革命时代的武士精神有关。然而,雪利酒被认为是一种女性化的酒。虽然它可以是深褐色的,但一般是苍白的或棕黄色的,雪利酒是加强型葡萄酒,但不是法国的加强型葡萄酒,女性化但不柔弱。在战后年代,它是一种神奇的长生不老药。英国的精英和中产阶级开始转向雪利酒,以表达他们的尊重,就像优雅气度一样,需要用一丝女性的雅致驯服好斗的男子汉。

但是,这并不意味着英国人突然拒绝了波特酒。相反,他们把雪利酒看成波特酒的补充。正如威廉·萨克雷在他1855年的小说《新来的人:一个最受人尊敬的家庭回忆录》中所写的,一位称职的丈夫和父亲"因他的善良而受到尊敬,因他的波特酒而出名"(萨克雷,1855:137)。但事实也是如此,在萨克雷的小说中,受人尊敬的人喝波特酒和雪利酒(还有少量波尔多红葡萄酒)。换句话说,雪利酒给予了受尊敬男人需要的优雅举止,以防止堕落到野蛮状态,这种状态显然困扰着他们乔治王时代[1]的先人。与此同时,精致(但不惊人的烈性)雪利酒是英国中产阶级女性特质的完美表达。波特酒和雪利酒如此紧密地联系在一起,作为一对特别标记的瓶装酒,串联起来销售。这表明,这两种酒,就像男人和女人、丈夫和妻子、维多利亚和阿尔伯特,是由仁慈的上帝为彼此创造的(鲁丁顿,2013,第11章)。

从 1825 年起进口关税的削减

雪利酒流行起来的财政环境就是以自由贸易名义的减税。1825年,使用新的"帝国"计量系统,财政大臣弗雷德里克·罗宾森简化并降低了所有葡萄酒的关税。首先,葡萄酒消费税被取消,并且所有葡萄酒的关税征收回到了海关。其次,葡萄牙和西班牙葡萄酒的总体关税从每英制加仑9先令1便士削减到4先令9便士,莱茵(德国)葡萄酒关税从每英制加仑11先令3便士削减到4先令9便士,法国葡萄酒关税从每英制加仑13先令9便士削减到7先令3便士。用我们一直在使用的术语,葡萄牙和西班牙葡萄酒关税从每桶96英镑左右降至50英镑,莱茵(德国)葡萄酒关税从每桶118英镑降至50英镑,法国葡萄酒关税从每桶144英镑降至78英镑。葡萄牙葡萄酒的关税比法国葡萄酒的关税仍低约36%,因此,维持了《马图恩条约》(见表9.2)。对来自南非的好望角(Cape)葡萄酒,由于来自其殖民地而被视为英国的葡萄酒,征收的关税从每英制加仑3先令减少到2先令5便士(或每桶25英镑)。虽然好望角葡萄酒的税率极低,但是,大多数中产阶级消费者认为好望角葡萄酒只适合那些任何一种葡萄酒都

---

[1] 1714—1837年的一段时期,其间4位名为乔治的国王。——译者注

很少喝的工人阶级。因此,好望角葡萄酒在总进口中仍然占很小的比例(见表9.1)。

　　1831年,葡萄酒进口税再次削减(见图9.2),部分原因是为了惩罚葡萄牙,因其维护国有控股的杜罗公司决定哪些波特酒可以运往英国。作为财政大臣和辉格党人,约翰·斯宾塞(阿尔索普子爵,后来的第三代斯宾塞伯爵)在1831年作出了回应,对葡萄牙、西班牙和莱茵葡萄酒提高一点关税,并降低法国葡萄酒的关税,从而使所有欧洲葡萄酒的关税均等化,每英制加仑5先令6便士,或每桶不到58英镑。南非葡萄酒关税只是其中的一半。127年后,英国单方面废除了《马图恩条约》,这个商业条约被一笔勾销,不像1713年在《乌得勒支条约》更广泛的框架内废除,这一次在英国没有大的反对意见。事实上,英国对《马图恩条约》结束做出的普遍反应是"终于摆脱了"。

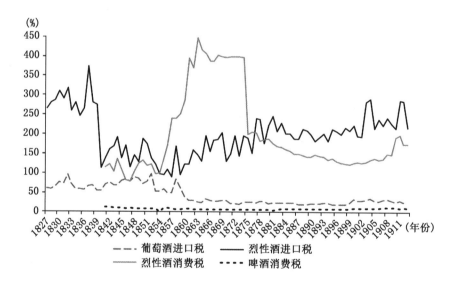

资料来源:泰纳(Tena,2006)。

图9.2　1827—1913年英国葡萄酒和烈性酒进口税、啤酒和烈性酒消费税(相当于从价税)

　　辉格党人完全改变了他们自18世纪初以来对经济保护主义的看法,他们关于英国葡萄酒消费的重大决定又一次占据了上风。然而,争论并没有结束,因为《马图恩条约》终结的另一个结果是,第一位现代葡萄酒英语作家、名叫塞勒斯·雷丁(Cyrus Redding)的记者开始公开抨击英国人对加强型葡萄酒的偏爱(雷丁,1833)。当然,这是对英国偏爱波特酒和雪利酒的直接攻击,但是,它最终引起了志在改革的中产阶级的共鸣。最重要的是,在帕默斯顿连任英国首相时期(1859—1865年)的英国财政大臣威廉·格莱斯顿(William Gladstone)接受了葡萄酒商业、政治、道德和文明层面的自由贸易,并据此制定了他的政策[布里吉斯(Briggs),1986:34]。首先,他把降低葡萄酒关税作为1860年与法国商业条约的核心条款。其次,他开始向议会推销降低葡萄酒关税的理念。结果,1860年2月29日,国会通过了维多利亚法案23号第22章,该法案立即将所有葡萄酒的关税降至每英制加仑3先令。此外,1861年1月1日,烈度新标准生效,正如格莱斯顿所建议的那样。

因此,从1861年开始,所有瓶装进口的葡萄酒,不论烈度如何,均征收每英制加仑2先令的关税。然而,绝大部分进口到英国的葡萄酒仍然是桶装的,任何酒精含量超过15%的桶装葡萄酒也征收每英制加仑2先令的关税,而酒精含量低于15%但高于9%的葡萄酒每英制加仑按1先令6便士征税,所有酒精含量低于9%的葡萄酒每英制加仑按1先令征税。另一方面,任何酒精含量超过26%的葡萄酒(包括一些波特酒和雪利酒)按白兰地征税,每英制加仑征税8先令2便士。

但到了1862年,对进口葡萄酒和白兰地征收全部关税被认为不切实际,因为这要求海关官员花大量时间测量酒精含量。因此,在1862年,葡萄酒税"简化"。对于所有酒精含量低于15%的葡萄酒,每英制加仑征税1先令;所有酒精含量在15%—22%之间的葡萄酒,每英制加仑征税2先令6便士,所有葡萄酒需瓶装;酒精含量在22%—26%之间的葡萄酒,每英制加仑征税2先令9便士;酒精含量超过26%的葡萄酒,均按白兰地征税。换句话说,没有什么是被真正简化了的。相反,未经强化的葡萄酒享有优惠税率。

最后,随着关税降低,为了让葡萄酒的口味大众化,格莱斯顿试图使葡萄酒的分销渠道大众化。从1860年开始,《茶点屋法案》(the Refreshment Houses

Act)使所有的餐馆和"饮食店"均有资格在一定前提下购买每年更新的葡萄酒销售许可证。此外,1861年的《单瓶法案》(the Single Bottle Act)使店主们有资格购买每年可续期的葡萄酒销售许可证,并且无任何前提条件,被称为"持有准许外卖酒类执照的酒店"。廉价的波尔多红酒很快就被称为"格莱斯顿的红葡萄酒",可以在杂货店买到,在街角"持有准许外卖酒类执照"的小店买到,也可以在新成立的维多利亚葡萄酒连锁商店买到,这明显迎合了中产阶级和中产阶级下层客户的需要(布里吉斯,1986)。通过所有这些方式,格莱斯顿希望将葡萄酒饮用与英国社会各阶层的饮食联系起来,并且视法国为榜样。

在财政体制改革的一年里,格莱斯顿得以庆祝收入的损失比预期的要小,因为葡萄酒进口量大大超过预期葡萄酒进口量:1860—1861财政年度的进口与前一年度相比增长了36%,并且来自法国的葡萄酒进口增长百分比是迄今为止最大的(格莱斯顿,1863:203)。1860—1861年间,就家庭消费而言,法国葡萄酒在英国家庭消费中跃升了98%(英国议会,1897:152)。对格莱斯顿来说,进口数据并不重要,西班牙葡萄酒的绝对增长率最高,雪利酒和波特酒仍然主导英国市场(见表9.1)。显然,他想,变化正在进行中。英国人很快就会喝清淡的法国葡萄酒。

1860年以来更自由的贸易和偏好的有效逆转

事实上,一个更加自由的葡萄酒市场并没有导致英国人口味的剧烈变化。此外,经济自由主义理想的自由市场并非(而且永远不会)自由。相反,1860—1862年的立法推翻了18世纪的财政政策,借助的是偏爱清淡型葡萄酒——这意味着最主要的是法国葡萄酒,而不是葡萄牙和西班牙的烈性葡萄酒。但是,也有一些变化。1873年,雪利酒在英国市场达到顶峰,销量为43百万升,占总进口的43%,同年法国葡萄酒进口占总进口的29%,而波特酒占19%。1873年以后雪利酒的下降似乎也是由18世纪中期伤害波特酒的相同周期引起的。

来自英国市场的巨大需求导致劣质的、有时完全假冒的产品充斥低端市场,这损害了葡萄酒的整体声誉(辛普森,2004)。为了对抗雪利酒的衰落,西班牙外交官成功地进行了游说,1888 年提高了英国清淡型葡萄酒的标准,酒精含量标准为 15%—18%,这使得较为清淡的雪利酒支付较低的关税。但是,即使有这样的变化,本质上,英国的财政政策是向 17 世纪中叶英格兰和苏格兰的财政政策回归:法国葡萄酒享有特权,而来自南欧的葡萄酒支付更多的关税。

　　1866 年,法国出口到英国的葡萄酒超过了葡萄牙,1876 年超过了西班牙(英国议会,1897:152),但是,雪利酒和波特酒加在一起仍然占了一半以上的英国葡萄酒进口。此外,1900 年后,法国葡萄酒的进口(主要是波尔多红葡萄酒,其次是香槟)开始急剧下降。到 1913 年,也就是第一次世界大战前夕,波特酒再次成为最受欢迎的葡萄酒,占英国进口葡萄酒的 29%,而雪利酒和法国葡萄酒各占 25%(威尔逊,1940:361—363;詹宁斯,2016:18)。正如《雷德利葡萄酒和烈性酒贸易圈》的一位撰稿人在 1908 年的直言不讳,关税的变化"给富人带来了奢侈品,而穷人难以企及,穷人却一点也喝不到葡萄酒,因为从那时起,清淡型红葡萄酒就没有成为体力劳动者的饮料"(威尔逊,1940:39)。

　　在各种酒类中葡萄酒相对受欢迎,即使在英国是世界上最大的进口国时期也是如此,这一点可以从 19 世纪 70 年代中期以来的统计中观察,那时,所有类型的酒精饮品都达到了它们在 19 世纪的顶峰(见图 9.3)。1875 年,啤酒消费量达到人均 155 升(英格兰和威尔士为 185 升);同年,烈性酒消费量达到了人均 5.9 升的峰值;而一年后,葡萄酒消费量也达到了峰值,为人均 2.5 升。19 世纪 80 年代,经济衰退以及日益重视对工人阶级的社会尊重导致各种类型酒精消费下降,但是,19 世纪 90 年代中期,经济从衰退中复苏,酒精消费没有完全恢复到以前的水平。1914 年,英国的人均啤酒消费量下降到 121 升,烈性酒消费量下降到 3.1 升。1914 年,葡萄酒消费量下降至 1.0 升(伯内特,1999:182),但是,一如既往,仅仅这些数字并不揭示葡萄酒消费的阶级差异。1926 年提交英国议会的《科尔文报告》(the Colwyn Report)强调了葡萄酒的消费随着收入增加而上升。例如,1913 年,年收入在 50—100 英镑之间的家庭葡萄酒消费量为

每年人均 4 瓶(夸脱),而年收入在 250—500 英镑之间的家庭葡萄酒消费量为
每年人均 30 瓶(伯内特,1999:153)。

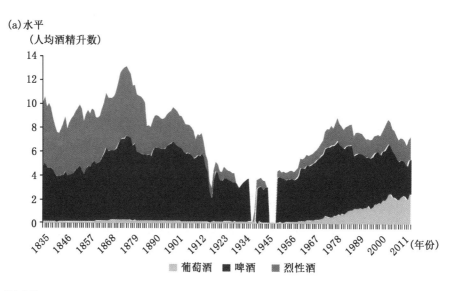

(a)水平
(人均酒精升数)

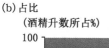
■ 葡萄酒 ■ 啤酒 ■ 烈性酒

(b)占比
(酒精升数所占%)

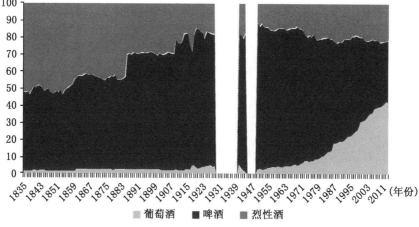
■ 葡萄酒 ■ 啤酒 ■ 烈性酒

资料来源:安德森和皮尼拉(2017)。

图 9.3 1835—2014 年英国在酒精消费量中葡萄酒、啤酒和烈性酒所处的水平和占比

两次世界大战和大萧条

1914 年 7 月第一次世界大战开始时,酒商的库存充足,因为在过去的 10 年里,需求减少了,但是进口保持稳定。为了战时经济,英国政府征收了酿酒和蒸馏产业,啤酒和威士忌的质量下降。结果,许多消费者转向消费葡萄酒,对于一些人来说,消费葡萄酒是第一次。葡萄酒战时进口是不规律的,所以,战争的总体影响是消费者喝光了现有的存货。因此,在 1919 年,也就是战争结束后的一年,英国的葡萄酒进口量飙升至 115 百万升以上,远远高于战时平均水平 54 百万升[见图 9.1(b)]。与战前相比,唯一主要的口味变化是波特酒变得更加受欢迎。1913 年波特酒在进口中占 29％,1919 年波特酒占 49％,而雪利酒占 21％,法国葡萄酒占 20％。

一旦补充库存,第一次世界大战后的 10 年(1919—1928 年)里,英国的葡萄酒进口量就达到平均约 77 百万升。这明显高于 1904—1913 年间 57 百万升的平均水平。这个变化表明,战争本身已使许多新消费者转向了葡萄酒消费。这也反映了一个事实,即 1919 年和 1927 年政府降低了"帝国葡萄酒"税。1925年,进口澳大利亚葡萄酒第一次超过 450 万升,1933 年进口南非葡萄酒也出现同样的情况。到 1935 年,"帝国葡萄酒"占所有进口葡萄酒的 1/4 以上(见表9.1)。这些葡萄酒大多是"波特酒"和"雪利酒",所以,尽管葡萄酒的原产地是新的产地,但人们对加强型葡萄酒的偏好依然未变(威尔逊,1940:45、363)。

战后,"英国葡萄酒"也开始崭露头角。这些葡萄酒由英国的水果或进口水果制成,有时是葡萄,有时是其他水果,在 20 世纪 30 年代占了葡萄酒消费总量的 1/3。免税且只有少量的消费税,对于消费者来说,它们构成了可获得的、最便宜的酒精类型(伯内特,1999:152)。它们早已过时了,但是,斯通姜酒(Stone's Ginger Wine)仍然是一个突出的例子。

20 世纪 30 年代的经济大萧条时期,"帝国葡萄酒"的到来维持了英国的进口数据,但是,葡萄酒的消费仍然不成比例,依然是富人的酒,并且很多人喝葡萄酒很节制,通常在家庭庆祝活动中喝葡萄酒,如圣诞节、生日或结婚。1935年,英国大约有4 700万人口(现在没有了爱尔兰自由州的26个县)消费了68百万升葡萄酒,其中,大部分是波特酒和雪利酒。比较而言,事实上,1935年,同样的人群消费了超过50百万升烈性酒。进一步审视,这一人群喝掉了3 860百万升啤酒。这相当于每人喝82升啤酒,或每一个男人、女人和孩子每年喝掉144品脱啤酒(威尔逊,1940:335)。当用多少升酒精来表示时,在英国酒精消费总量中葡萄酒所占的份额很小,直到20世纪70年代都是如此(见图9.3)。加牛奶和糖的茶除了作为卡路里的一种类型,不是酒精的替代品,但它是所有饮料中最受欢迎的。在整个20世纪30年代,人均年消费量接近5升,或者说,每天平均喝5杯(伯内特,1999:183)。

第二次世界大战前夕,如果不是按照数量计算,而是按照价值计算,英国仍然是一个重要的葡萄酒市场。最富有的英国人喝最好的红葡萄酒、香槟和勃艮第,以及顶级的波特酒和雪利酒,但是,不太富裕的葡萄酒饮用者坚持只喝波特酒和雪利酒,尽管这些葡萄酒并不总是来自葡萄牙和西班牙。正如人们所预期的,第二次世界大战进一步降低了本已下降的英国葡萄酒消费量。英国的葡萄酒进口总量从1940年的95百万升下降到1945年仅为20百万升,人均不足0.5升。战争结束后,这种下降的趋势得到缓慢逆转,至1953年,葡萄酒消费量攀升到人均0.9升,1960年又翻了一番,达到1.8升(伯内特,1999:154)。因此,20世纪50年代,变革就已经开始了,但是,英国葡萄酒消费的真正巨大转变开始于20世纪60年代。

最近半个世纪:从啤酒消费到葡萄酒消费

自1960年以来,英国人再次学会了喝酒。20世纪50年代末至70年代末,烈性酒的消费量增长了两倍,苏格兰威士忌位于前列,啤酒消费量几乎翻了一番。自那时以来,啤酒消费量一直在下降,而烈性酒消费量则保持稳定。但是,真正的大新闻是葡萄酒:20 年间,葡萄酒消费量增长了 5 倍以上,并且自 1980 年以来又增长了 5 倍[图 9.3(a)]。

英国葡萄酒的惊人增长也意味着酒精消费特征的巨大变化,这从图 9.3(b)右侧就能清晰地看出来:啤酒在酒精消费中所占的份额从 20 世纪 60 年代超过 80% 到最近 10 年不到 40%,而葡萄酒的占比则增长了 10 倍,从 4% 升至逾 40%。最后,在 140 年后,格莱斯顿的愿景即一个饮用葡萄酒的欧洲国家已经成为现实。

在过去半个世纪,英国转向葡萄酒的趋势比世界上任何地方都更为显著。当然,在北欧和东亚,还有其他国家在它们的消费中更为重视葡萄酒(见本卷本第十章和第十七章),但是,英国的转型是前所未有的。此外,这种情况发生在这样的时期,葡萄酒在(被记录的)全球酒精消费中所占的比例已经减半,从 20 世纪 60 年代的 32% 下降到 2010—2014 年的 15%。目前,啤酒在英国酒类消费中所占的份额低于世界平均水平,大萧条前的半个世纪里平均达到了 70%,并且,烈性酒占比现在只是世界其他地区占比的一半,这个比例在 19 世纪中后期就已接近 50%(见表 9.3)。

表 9.3 　 1835—2014 年英国与世界(其他地区)在酒类总消费中葡萄酒、啤酒和烈性酒所占比例 单位:%,酒精升数

	1835—1879 年	1880—1929 年	1950—1959 年	1960—1969 年	1970—1979 年	1980—1989 年	1990—1999 年	2000—2009 年	2010—2014 年
葡萄酒									
英国	2	3	3	4	7	14	22	35	41
世界(其他)	n. a.	n. a.	n. a.	32	28	23	17	16	15
啤酒									
英国	51	70	83	81	75	65	57	44	37
世界(其他)	n. a.	n. a.	n. a.	30	31	34	39	41	43
烈性酒									
英国	47	27	14	15	18	21	21	21	22
世界(其他)	n. a.	n. a.	n. a.	38	41	43	44	43	42

资料来源:安德森和皮尼拉(2017)。

注释:表中 n. a. 表示数据不可得。

现在,英国人喝的不仅仅是欧洲葡萄酒。最明显的是,在英国市场上澳大利亚葡萄酒销量上升,尤其是在 20 世纪 80—90 年代,紧随其后的是其他新世界葡萄酒生产国。英国的欧洲葡萄酒下降幅度中价值占比不像数量占比那么大,特别是当起泡葡萄酒被包括在内时。但是,直到 20 世纪 90 年代初,欧洲葡萄酒一直享有超过 90％的市场份额,自那时起,这一比例按照价值计算已降至 70％左右,按照数量计算已降至 50％(见表 9.4),这无疑是严重的打击。

表 9.4　　1990—2016 年按照来源地划分的英国葡萄酒进口数量和进口价值占比　　单位:％

来源地 年份	欧洲	澳大利亚 和新西兰	美国	南美	南非	世界
数量占比						
1990—1995	90	5	2	1	2	100
1996—2001	68	16	6	5	5	100
2002—2007	55	21	9	7	8	100
2008—2011	54	21	8	9	8	100
2012—2016	53	22	8	10	7	100
价值占比						
1990—1995	89	7	2	1	1	100
1996—2001	72	15	5	5	3	100
2002—2007	65	19	6	5	5	100
2008—2011	69	16	5	6	4	100
2012—2016	71	13	6	7	3	100

资料来源:安德森、尼尔根和皮尼拉(2017)。

在新饮酒者中,存在一个典型的特征,即他们喝得越多,变得越有眼光。因此,澳大利亚强调廉价的、大量生产的、色彩鲜艳的葡萄酒,正是这种酒的特点让新消费者感到亲切,最终使他们远离欧洲葡萄酒,去寻求更具挑战性口味或更多社会差异特征的葡萄酒,或两者兼而有之的葡萄酒。虽然它们的份额不再增长,但是,澳大利亚葡萄酒仍在英国市场占据着重要地位,并已成为全球化的英国口味的先驱,其中,包括大量来自新西兰、美国、南非、阿根廷和智利的葡萄酒。欧洲葡萄酒在英国仍然很受欢迎,但是,其中的波特酒和雪利酒现在只是很小部分(不到总量的 5％)。

　　英国饮料口味的这种巨大转变回避了一个问题:原因何在? 从 19 世纪 70 年代末开始,或者更长时间,自 17 世纪中期以来,这种下降趋势是如何被彻底颠覆的? 令人惊讶的是,也许影响最小的因素是税收。1949 年,斯塔福德·克里普斯(Stafford Cripps)降低了葡萄酒税,这是事实,但这对消费几乎没有直接影响。正如我们所看到的,1960 年之后酒精消费真正的上升趋势开始了。1973 年,英国加入欧洲共同体(欧共体),降低了葡萄酒关税,并于 1984 年在欧共体发出葡萄酒关税应该协调一致的指令后,再次降低关税。这些关税削减可能有助于增加葡萄酒消费量,但是,它们并不是上升趋势的唯一因素。此外,1984 年欧洲关税均等化并没有阻止英国政府通过每年每瓶酒增加几便士的方式提高税收。到 1997 年,每瓶葡萄酒征税 1.80 英镑,2016 年每瓶 2.08 英镑,现在的欧盟中,英国葡萄酒的课税位列最高者之一。但是,随着英国经济的增长和实际工资的增加,英国消费者每年都要忍受葡萄酒税的小幅上涨。

　　因此,财政政策无法解释自 1960 年以来英国葡萄酒消费量的上升,但是,生活水平的提高和随之而来的文化实践变化可以解释(詹宁斯,2016:25)。从 20 世纪 60 年代开始,英国人更多地去餐馆吃饭。餐馆本身发出的是特别场合的信号,相应地,消费者会要求喝葡萄酒。同样地,19 世纪就已经创造了度假旅游的概念,艰苦年代之后的英国人再一次养成了这个习惯,并且阳光明媚的南欧是最受欢迎的目的地。在法国、西班牙、葡萄牙、意大利和希腊,英国人学会了他们葡萄酒佐餐的习惯,并把这个习惯带回家乡。他们也认识到,葡萄酒不必昂贵、陈年并装在水晶酒瓶里。与在欧洲大陆度假有关,并且在作家伊丽莎白·大卫以及后来的尼格拉·劳森和杰米·奥利弗的指导下,他们都强调葡萄酒与食物搭配的快乐,地中海风味的食物在英国中产阶级中风靡一时。

　　零售商通过向消费者提供更多的选择和购买葡萄酒的机会来呼应更大的葡萄酒需求。1962 年,大型超市森宝利(Sainsbury's)购买了一张"准许外卖酒类执照"(off license),其他主要的零售杂货店很快就效仿其做法。1966 年,政府废除了酒类价格维持规定,继之而起的是超市之间的价格战,消费者反应热烈。同样地,作为小酒馆的替代物,葡萄酒酒吧出现了,为顾客提供专门去喝葡萄酒的地方。在女性中,葡萄酒酒吧特别时髦。部分原因是,葡萄酒尤其是白葡萄酒被认为是女性的酒,而啤酒仍然被认为是男性的酒(烈性酒可以是两种类型的酒,取决于它们是否混合在一起以及如何混合在一起)。更多的职场女性意味着更多女性的经济独立,她们会饮用更多的葡萄酒,而不是啤酒或烈性酒。

由于英国工作场所的人口结构正在发生变化,越来越多的女性也开始从采矿业和制造业工作转变为以办公桌为主的服务类工作。几乎与工资无关,这些工作均被视为"中产阶级"的工作,因为不需要从事辛苦的体力劳动。现在,那些拥有中产阶级工作的人自然开始视自己为中产阶级,从而养成了中产阶级的习惯,比如每餐必饮葡萄酒。诚然,葡萄酒的中产阶级身份象征可以从以下事实得见:20世纪70年代末和80年代英国的大规模失业对葡萄酒消费的上升趋势几乎没有产生影响,因为失业主要集中在工会工人中。

对于不涉及采矿业和制造业的英国人来说,生活水平提高了,那么,他们的中产阶级家庭条件也提高了。所以,除了更多外出在餐馆就餐,在家里也有更多的娱乐活动,晚宴聚会经常要有葡萄酒。由于英格兰、苏格兰和北爱尔兰政府均严厉打击酒后驾车,与这一事实相关,在家饮酒就更有道理了。而在家里喝酒,正因为通常是在吃饭的时候,一般饮用葡萄酒。此外,在过去的30年里,小酒馆本身也有随着时代的变化而变化,增加了食物和葡萄酒的可选择性,以扩大其吸引力,更多地吸引妇女、家庭和曾经视小酒馆为工人阶级窝点的中产阶级。

综上所有原因,英国已经不仅仅是一个饮用葡萄酒的国家,而且,自20世纪90年代以来,它经常与美国或德国展开竞争,竞争在世界主要葡萄酒进口国中排名第一的位次(见图9.4)。

(a) 数量占比

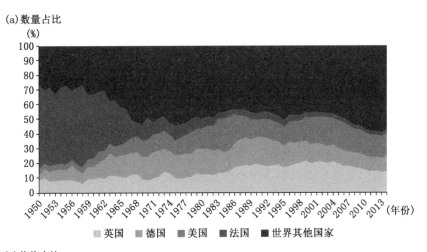

(b) 价值占比

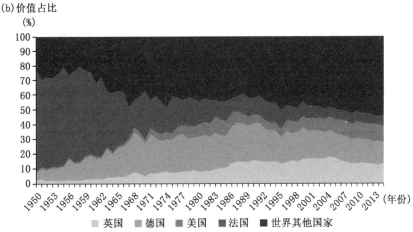

资料来源：安德森和皮尼拉（2017）。

图 9.4　1950—2014 年在全球葡萄酒进口数量和价值中主要进口国的占比

未来将如何？

　　对于英国的消费者来说，经济状况和葡萄酒价格将继续是重要的。对绝大多数英国人来说，长久以来，饮酒与美好生活联系在一起。提高实际工资与改善生活水平几乎总是意味着酒精消费支出的增加，特别是自 1960 年以来。

由于葡萄酒悠久的阶级特征和性别归属，随着经济向以服务为基础的经济转型、妇女的就业和伦敦回归全球金融主导地位，葡萄酒成为英国1960年后经济增长的主要受益者。葡萄酒长期以来与财富、中产阶级或精英阶层在英国的社会经济地位相关联，正因如此，英国不太可能不再是一个昂贵和令人垂涎的葡萄酒的重要市场。然而，和其他许多事情一样，对于葡萄酒来说，英国退出欧盟（Brexit）将造成英国葡萄酒市场长期稳定或增长的某些不确定性。

英国脱欧公投后的英镑下跌已经意味着进口葡萄酒的成本提高了，英国人的大陆休假成本也上涨了，这很可能限制那些不需要介绍葡萄酒的人们对葡萄酒的消费。如果实际工资下降，生活水平下降，英国人会少喝葡萄酒，因为历史表明，在文化上葡萄酒并非在英国根深蒂固，对于广大消费者来说，它并非无法被其他饮料取代。如果英国不再是"欧洲"的一员，它的市民可能开始认为自己处于欧洲饮用葡萄酒文化之外。特别是，如果本土主义盛行，啤酒和英国制造的烈性酒可能是大多数英国人的饮品，以表示他们新的身份，并且征税的变化也会加强饮酒特征的转变。新的优惠贸易协定也会加强英国葡萄酒进口的欧洲份额下降。

与此同时，英国国内刚刚起步的葡萄酒生产开始增长起来，并与全球变暖同步，但是，它仍处于起步阶段。它可能会受益于英国脱欧（减少国内竞争，增强海外竞争力，因为英镑贬值），但是，不太可能大幅度降低英国对进口葡萄酒的依赖，而起泡葡萄酒可能是个例外，它在数量和质量上都有了缓慢增长。事实上，在过去15年里，一些香槟公司一直在英国投资酿酒厂，但是，它们能否帮助英国转变成为主要的葡萄酒生产国，对此，还有待观察。

【作者介绍】 查尔斯·C.鲁丁顿（Charles C. Ludington）：美国北卡罗来纳州立大学历史学教学岗副教授，爱尔兰科克大学学院Marie Sklodowska Curie高级研究员。他的第一本书是《英国葡萄酒政治学：新文化史》，出版于2013年。目前他正在写一本关于18世纪波尔多葡萄酒产业发展中爱尔兰商人作用的著作。

【参考文献】

Anderson, K. and V. Pinilla (with the assistance of A. J. Holmes) (2017), *Annual Database of Global Wine Markets*, *1835 to 2016*, freely available in Excel at the University of Adelaide's Wine Economics Research Centre, www. adelaide. edu. au/wine-econ/databases.

Anderson, K. , S. Nelgen and V. Pinilla (2017), *Global Wine Markets*, *1860 to 2016*: *A Statistical Compendium*, Adelaide: University of Adelaide Press.

Ashworth, W. J. (2003), *Customs and Excise*: *Trade*, *Production and Consumption in England*, *1640—1845*, Oxford: Oxford University Press.

Brewer, J. (1990), *The Sinews of Power*: *War*, *Money and the English State*, *1688—1783*, Cambridge, MA: Harvard University Press.

Briggs, A. (1986), *Wine for Sale*: *Victoria Wines and the Liquor Trade*, *1860—1984*, Chicago: University of Chicago Press.

Burnett, J. (1999), *Liquid Pleasures*: *A Social History of Drink in Modern Britain*, London: Routledge.

Cox, T. (c. 1701), *An Account of the Kingdom of Portugal*, British Library, Add. Ms. 23736, f. 18.

Croft, J. (1787), *A Treatise on the Wines of Portugal*, *and What Can Be Gathered on the Subject and Nature of the Wines*, *Etc.*, *Since the Establishment of the English Factory at Oporto*, York: J. Todd.

Customs 14 (1764—92), *Scottish Customs Records*, National Archives (Kew).

Dodsley, J. (1766), *The Cellar-Book*: *or*, *the Butler's Assistant*, *in Keeping a Regular Account of His Liquors*, London: J. Dodsley.

Eagleton, T. (1990), *The Ideology of the Aesthetic*, Cambridge, MA: Basil Blackwell.

Enjalbert, H (1953), 'Comment Naissent les Grands Crus: Bordeaux, Porto, Cognac', *Annales*: *Economies*, *Societés*, *Civilisations* 8(3):315—28; and 8(3):457—74.

Francis, A. D. (1972), *Wine Trade*, London: A. and C. Black.

Gladstone, W. E. (1863), *The Financial Statements of 1853*, *1860—1863*, London: John Murray.

Gourvish, T. R. and R. G. Wilson (1994), *The British Brewing Industry*, *1830—1980*, Cambridge and New York: Cambridge University Press.

Gronow, R. H. (1862), *The Reminiscences and Recollections of Captain Gronow*: *Being Anecdotes of the Camp*, *Court*, *Clubs*, *and Society*, *1810—1860*, 2 volumes, London: Smith, Elder.

Hansard, T. C. (1815), *The Parliamentary History of England*, *from the Earliest Period to the Year 1803*, volume XXV, London: Longmans and Co.

Henderson, A. (1824), *The History of Ancient and Modern Wines*, London: Baldwin, Cradock and Joy.

Hendrickson,R. (ed.) (1997), *Encyclopedia of Word and Phrase Origins*, New York: Facts on File.

Huetz de Lemps,C. (1975), *Géographie du commerce de Bordeaux à la fin du règne de Louis XIV*, Paris: Ecole des Hautes étudees en Sciences Sociales.

James,M. K. (1971), *Studies in the Medieval Wine Trade*, Oxford: Clarendon Press.

Jennings,P. (2016), *A History of Drink and the English , 1500—2000*, London: Routledge.

Johnson,H. (1989), *Vintage: The Story of Wine*, New York: Mitchell Beasley.

JHC (1713), *Journal of the House of Commons , XVII , An Account Shewing the Quantity of Wines Imported in to London and the Outports of England , in Sixteen Years and One Quarter , from Michaelmas 1696 , to Christmas 1712* (report submitted by Charles Davenant,21 May 1713).

King,C. (ed.) (1721), *The British Merchant , or , Commerce Preserv'd* (1713),3 volumes, London: John Darby. Facsimile edition 1968,New York.

Klein,L. (1994), *Shaftesbury and the Culture of Politeness: Moral Discourse and Cultural Politics in Early-Eighteenth Century England*, Cambridge and New York: Cambridge University Press.

London Gazette , (A) no. 3963,4 Nov. 1703;no. 4040,31 July 1704;(B) no. 4055,24 Sept. 1704;(C) no. 4123,12 May 1705;(D) no. 4128,4 June 1705;no. 4132,18 June 1705.

Ludington,C. C. (2009),' "Claret Is the Liquor for Boys:Port for Men": How Port Became the Englishman's Wine,c. 1750—1800', *Journal of British Studies* 48(2):364—90,April.

(2013), *The Politics of Wine in Britain: A New Cultural History*, Basingstoke: Palgrave Macmillan.

Mathias,P. and P. O'Brian (1967),'Taxation in Britain and France,1715—1810', *Journal of European Economic History* 5:601—40.

National Archives (1692),'Memorial of the Portugal Merchants of London, received by the Commissioners for Trade,9 Aug. 1692', National Archives (Kew), C. O. 388/2, ff. 66—7.

Nye,J. V. C. (2010),'Anglo-French Trade,1689—1899: Agricultural Trade Policies, Alcohol Taxes, and War', ch. 5 in *The Political Economy of Agricultural Price Distortions* ,edited by K. Anderson,Cambridge and New York: Cambridge University Press.

Parliament of Great Britain (1897), *Customs Tariffs of the United Kingdom , from 1800 to 1897 , with Some Notes upon the History of More Important Branches of Receipt from 1660* ,Parliamentary Report C. 8706,London.

Pijassou,R. (1980), *Un Grand Vignoble de Qualité: le Médoc*, 2 volumes, Paris: Librairie Jules Tallandier.

Pincus,S. (1995),'From Butterboxes to Wooden Shoes: The Shift in English Popular Sentiment from Anti-Dutch to Anti-French in the 1670s', *Historical Journal*, 38(2):333—

61,June.

Port of Leith (1745),*Collector's Quarterly Accounts*,1 January 1745—31 March 1742,National Archives of Scotland,E504/22/1.

Porter,R. (1982),*English Society in the Eighteenth Century*,London:Allen Lane.

Redding,C. (1833),*A History and Description of Modern Wines*, London: Whitaker, Treacher,and Arnot.

Rose,G. (1793),*A Brief Examination into the Increase of the Revenue*,*Commerce and Navigation of Great Britain*,*Since the Conclusion of the Peace in 1783*,4th edition, London:John Stockdale.

Schumpeter,E. B. (1960),*English Overseas Trade Statistics*,*1697—1808*,Oxford:Clarendon Press.

Simon,A. L. (1926),*Bottlescrew Days:Wine Drinking in England During the Eighteenth Century*,London:Duckworth.

Simpson,J. (2004),'Selling to Reluctant Drinkers:The British Wine Market,1860—1914', *Economic History Review* 57(1):80—108.

Smith,A. (1776),*The Wealth of Nations*,edited by A. Skinner,Harmondsworth:Penguin, 1999 edition.

Smout,T. C. (1963),*Scottish Trade on the Eve of Union*,*1660—1707*,Edinburgh:Oliver and Boyd.

Tena,A. (2006),'Assessing the Protectionist Intensity of Tariffs in Nineteenth-Century European Trade Policy',pp. 99—120 in *Classical Trade Protectionism*,*1815—1914*,edited by J.-P. Dormois and P. Lains,London and New York:Routledge (cited in Nye 2010).

Thackeray,W. M. (1855),*The Newcomes:Memoirs of a Most Respectable Family*,New York:Harper and Sons.

Thomas,K. (2009),*The Ends of Life:Roads to Fulfillment in Early Modern England*, Oxford:Oxford University Press.

Tosh,J. (1999),*A Man's Place:Masculinity and the Middle-Class Home in Victorian England*,New Haven:Yale University Press.

Warre,J. (1823),*The Past,Present,and Probably the Future State of the Wine Trade: Proving that an Increase in Duty Caused a Decrease in Revenue;and a Decrease of Duty,an Increase of Revenue. Founded on Parliamentary and Other Authentic Documents. Most Respectfully Submitted to the Right Honourable the President of the Board of Trade*,London:J. Hatchard and Son and J. M. Richardson.

Wilson,B. (2007),*The Making of Victorian Values*,*Decency and Dissent in Britain*, *1789—1837*,London and New York:Penguin.

Wilson,G. B. (1940),*Alcohol and the Nation*,London:Nicholson and Watson.

第十章

欧洲其他国家、独联体国家和黎凡特地区

　　尽管法国和它的西欧邻国一直是几个世纪以来世界上占主导地位的葡萄酒生产国，但是，葡萄酒生产并非起源于那里。相反，葡萄酒起源于与法国南部处于同一纬度向东大约 3 000 公里的地方。格鲁吉亚，现在是一个独立的国家，位于黑海和里海之间，是著名的葡萄酒摇篮，尽管其邻国也提出类似的声明（阿文，1991；麦戈文，2003、2009）。世界上的这个地区也许曾经有 8 000 个葡萄园，仅格鲁吉亚就拥有超过 500 种本土葡萄品种（凯斯考维利、拉米什维利和塔彼得兹，2012）。到公元前 2500 年，从该地区，种植葡萄和酿葡萄酒逐渐向西传播到黎凡特[1]、埃及和希腊。公元前 8 世纪，伊特鲁里亚人开始在意大利中部种植葡萄，使用当地品种，这时也是希腊殖民者开始将葡萄藤带到意大利南部和西西里岛的时候。在公元前 600 年左右，罗马人将葡萄栽培法引入法国南部，并在公元前 2 世纪和公元前 1 世纪传播到法国北部。直到公元 4 世纪，在欧洲和北非，所有适合葡萄种植的地区葡萄被种植得很好。

　　在公元 7 世纪穆罕默德颁布禁酒令后，中东地区的葡萄酒生产和饮用走向了衰落（约翰逊，1989：98—101），在黎凡特东部的地中海国家，以及从乌拉尔山脉到不列颠群岛的几乎所有国家，葡萄酒是非常受欢迎的。然而，在这些国家中的大多数国家种植酿酒葡萄无法盈利（如英国；参见上一章），葡萄酒仅被最富有的家庭消费。在这些国家，葡萄酒是一种奢侈的饮料，主要与娱乐仪式有

　　〔1〕 黎凡特地区包括以色列、约旦、黎巴嫩、巴勒斯坦和叙利亚，并且在过去的时代还包括塞浦路斯、埃及、希腊、土耳其，甚至包括伊拉克。这些国家，不包括希腊，2012—2014 年间生产葡萄酒仅占全球葡萄酒产量的 0.2%，其中的一半来自土耳其。关于以色列葡萄酒的早期历史，参见沃尔希（Walsh，2000）。以色列的生产正在复苏，戈兰高地酒庄可为例证（参见 www.golanwines.co.il/en）。

关,仅限于特殊场合(帝国经济委员会,1932)。事实上,它只构成这些国家酒精消费的一小部分:这些国家倾向于把它们的消费集中在当地以最低成本生产的酒精饮料上,而且消费税和进口税的差异时常强化这种消费偏好。

直到最近几个世纪,葡萄酒的国际贸易还非常有限。普通葡萄酒的运输是没有利润的,因为不仅是这样的运输成本很高,而且同时也存在着长距离运输途中保存葡萄酒的问题。也许第一次长距离贸易是沿着底格里斯河、幼发拉底河而下,到巴比伦,再到埃及诸王国,这方面的证据可以追溯到公元前3100年以前(菲利普斯,2014:18—19)。但是,直到公元1300年,葡萄酒贸易仍然局限于相对较短距离的欧洲内部(弗朗西斯,1972;罗斯,2011)。葡萄酒通过三个网络传播:地中海贸易,通过海上和陆上到达波兰和波罗的海诸国;德国南部的贸易,通过莱茵河到达德国北部、斯堪的纳维亚半岛和波罗的海国家;以及法国西部的出口,通过海运到达英国和低地国家(菲利普斯,2000:92)。只是从19世纪中期开始,在玻璃瓶子标准化并且可以加塞密封之后,优质葡萄酒可以被运送到更远的地方而无损坏的风险。葡萄酒生产技术的进步,尤其是在发酵过程中的技术进步,通过提高葡萄酒的平均品质,也极大地促进了葡萄酒贸易的增长。

本章不能指望详细地涵盖所有前述未包括在内的欧洲国家加上苏联的所有国家和黎凡特地区。本章更为谦虚的目的仅仅在于给出一种理解,即在世界葡萄酒市场中,这些国家经济相对重要性的变化,以及这些国家在酒精消费中葡萄酒消费的变化,时间跨度是过去的15年左右或数十年。[1]

作为一个群体,1860年以来,这些国家所占全球葡萄酒产量的比例不足1/8;1860—1960年间大多数年份,它们在全球葡萄酒消费量中的占比不到1/6。然而,为什么当前它们对葡萄酒出口国感兴趣,是因为自1960年以来,它们在世界葡萄酒消费量中所占的份额翻了一番(目前略低于30%),以及到20

---

〔1〕 在本特森和史密斯(Bentzen and Smith,2004)关于北欧国家的研究报告以及诺夫和斯文内恩(Noev and Swinnen,2004)关于欧洲转型经济的研究报告中,报告了近几十年来的发展变化。

世纪 90 年代中期,它们在全球葡萄酒进口价值中所占的份额增长了两倍,达到 1/4。尽管在过去的 20 年里,北美、亚洲和其他地区的进口增长了,但是,自那时以来,这个世界葡萄酒进口份额几乎没有下降。与此同时,在全球葡萄酒出口价值中,这些国家所占的份额从 20 世纪 70 年代的逾 1/5 降至最近几年的仅 1/20。

这组国家是相当多样化的,既有温带气候的国家,温带国家在不同时期都是葡萄酒净出口国(保加利亚、希腊、匈牙利、罗马尼亚和南斯拉夫),也有其他国家,这些国家一直太冷,无法进行商业葡萄酒生产(爱尔兰加上北欧、波罗的海及低地国家和捷克共和国),还有独立国家联合体成员国(独联体,苏联加盟共和国),以及位于地中海以东的黎凡特地区诸国[1]。这些国家中有很大一部分主要是穆斯林,所以酒精并不是他们饮食的一部分,并且直到最近,市民中另一小部分人还主要喝啤酒或烈性酒。

本章的其余部分阐述了葡萄酒生产、葡萄酒和其他酒类消费以及这些不同国家葡萄酒贸易的趋势。特别关注的是,它们的酒类消费特征与世界其他地区消费模式的趋同及其对于这个国家集团葡萄酒净进口的后果。

葡萄酒生产与出口

2012—2014 年,这些国家仅占全球葡萄酒产量的 8%,与历史上的情况相比则明显下降,1992—1994 年为 13%,自 1850 年以来的峰值为 1982—1984 年间的 19%,这个时期是在抵制酒精运动之前,抵制酒精运动导致苏联大量葡萄藤被拔除。这可以解释为什么在全球葡萄酒出口中所占比例较低。20 世纪 60

---

〔1〕 这个国家群中,许多国家的长期数据无法获得,因为国家边界的变化。例如,奥斯曼帝国 (1299—1922 年)、奥匈帝国(1867—1918 年)、苏联(1922—1991 年)、南斯拉夫(1918—1991 年)和捷克斯洛伐克(1918—1992 年)的形成和解体。关于自 1816 年以来全球范围内的国家边界变化,参见葛瑞福斯和布切尔(Griffiths and Butcher,2013)。

年代末,在世界葡萄酒出口价值中最高占比为 20%,但是,也仅为 1992—1994 年和 2012—2014 年的 1/4(见表 10.1 第 1—4 列)——类似于其在 20 世纪初的份额(见图 10.1)。与 2 000 年前的情况形成鲜明对比,现在,在两种份额中黎凡特占其中很小一部分,而那时它是世界上葡萄酒主要的生产者和出口者(阿文,1991;菲利普斯,2000,第 1 章)。

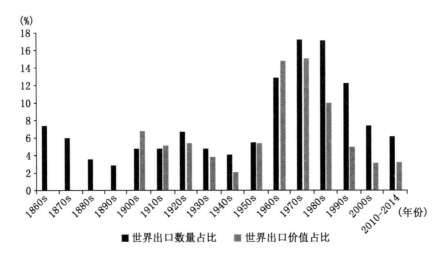

资料来源:安德森和皮尼拉(2017)。

图 10.1　1860—2014 年欧洲其他国家、独联体国家和黎凡特地区各国在世界葡萄酒出口数量和价值中的占比

　　在这组国家中,只有希腊、罗马尼亚和匈牙利曾是重要的葡萄酒生产国(另外还有苏联),而且只有一个国家(乌克兰)在 2012—2014 年提供了全世界 1% 以上的葡萄酒出口,而自 2014 年俄罗斯接管克里米亚后,出口额萎缩。帝国时期的匈牙利最重要的"出口"市场是奥匈帝国的其他地区和德国,而苏联加盟国家主要"出口"到俄罗斯和苏联的其他地区,保加利亚和罗马尼亚亦如此。在前几十年里,这些国家的全球出口价值和出口数量占比相似,但是,自 20 世纪 80 年代初以来,价值占比已经仅为数量占比的一半左右,表明这些葡萄酒质量的提高不像世界其他地区出口葡萄酒质量那样提高得快(见图 10.1)。

　　然而,希腊却能够利用法国根瘤蚜虫病暴发的机会扩大其出口。希腊没有生产更多的葡萄酒,而是于 19 世纪中叶进行专门化生产和出口葡萄干。绝大多数希腊的葡萄干是用于直接食用或制作糕点。然而,在法国的根瘤蚜虫病年月里,大量葡萄干是从希腊和土耳其进口的,并用于生产他们的葡萄酒(梅洛尼和斯文内恩,2017;切维特等,2018)。受法国需求驱动,希腊的葡萄干产量在 1860—1890 年之间增长了两倍多。几乎所有这些产品都是旨在出口,这 30 年里出口额翻了两番。19 世纪 50 年代,希腊葡萄干出口价值已经占总出口价值的 50%,到 19 世纪 80 年代中期,这一比例上升到了 70%,因此,这成为希腊经济中一项基本活动[佩特梅赛斯(Petmezas),1997]。法国葡萄干需求下降,原因是从 1890 年开始要求以葡萄干为基础的葡萄酒生产要标记出来,并且对进口葡萄干征收高额关税(19 世纪 90 年代提高了关税),从而严重影响了希腊的生产。加之,在葡萄干国际市场上,来自加州的竞争加剧,希腊面临着严重的经济危机(莫瑞拉、奥姆斯塔德和罗德,1999;佩特梅赛斯,2009;梅洛尼和斯文内恩,2017)。第一次世界大战之后,希腊葡萄干出口停滞,而美国葡萄干出口几乎增加了两倍。1903—1908 年,希腊的葡萄干出口占世界出口的 3/4,但是,到了 20 世纪 20 年代,它的出口份额已经下降到 2/5(皮尼拉和阿尤达,2009:204)。

当然,在全球葡萄酒生产和出口中所占的比例小,并不一定意味着这些国家的该产业对国家生产或出口的贡献小。尽管这个群体中的大多数国家人均年产量一直低于 5 升,但是,其中的 8 个国家葡萄种植面积在总作物土地面积中占相当高的比例,并不是无关紧要的葡萄酒生产国。1900—1970 年间,希腊人均每年生产葡萄酒约 50 升(比 1860—1899 年多 1/3),匈牙利人均每年生产葡萄酒 30—40 升。保加利亚和罗马尼亚葡萄酒生产则变化更大,人均每年生产葡萄酒从少则 10 升到多则 60 升。在过去 30 年里,这 4 个国家人均产量一直在下滑,克罗地亚、格鲁吉亚、马其顿和摩尔多瓦亦如此(见表 10.1 第 5—7 列)。

表10.1 1992—1994年和2012—2014年欧洲其他国家、独联体国家和黎凡特地区各国葡萄酒生产和出口特征

	在世界葡萄酒产量中占比(%)		在世界葡萄酒出口价值中占比(%)		葡萄种植面积占比(%)	人均葡萄酒产量(升)		人均葡萄酒出口价值(美元)		葡萄酒出口数量占比(%)		葡萄酒比较优势指数[a]	
	1992—1994年	2012—2014年	1992—1994年	2012—2014年	2012—2014年	1992—1994年	2012—2014年	1992—1994年	2012—2014年	1992—1994年	2012—2014年	1992—1994年	2012—2014年
	(1)	(2)	(3)	(4)	(5)	(6)	(7)	(8)	(9)	(10)	(11)	(12)	(13)
保加利亚	0.7	0.5	0.9	0.2	2.2	22	18	9.3	8.2	58	37	9.9	1.1
克罗地亚	0.7	0.2	0.2	0.0	3.0	44	11	3.2	3.5	13	10	1.6	0.6
格鲁吉亚	0.6	0.4	0.0	0.4	9.5	32	25	0.7	29.3	2	32	21.5	24.7
希腊	1.3	1.1	0.7	0.2	2.8	33	28	6.2	7.4	16	9	3.3	1.3
匈牙利	1.4	0.9	1.0	0.3	1.6	36	21	8.5	8.6	26	24	4.2	0.4
马其顿	0.3	0.3	1.0	1.0	4.8	47	37	9.1	33.5	51	73	7.4	9.3
摩尔多瓦	1.6	0.5	0.6	0.4	6.1	98	38	11.5	36.5	34	84	46.3	32.4
罗马尼亚	2.0	1.0	0.2	0.0	1.9	24	14	0.7	0.7	5	4	1.4	0.2
俄罗斯	1.4	1.8	0.0	0.0	0.0	3	3	0.0	0.7	1	0	0.0	0.0
乌克兰	0.7	0.5	0.6	1.7	0.2	3	3	0.9	1.2	41	43	2.6	0.5
其他[b]	2.7	1.3	1.2	1.2	n.a.	n.a.	n.a.	n.a.	n.a.	n.a.	n.a.	n.a.	n.a.
总计	13.4	8.5	6.4	5.4	n.a.	n.a.	n.a.	n.a.	n.a.	n.a.	n.a.	n.a.	n.a.

a. 比较优势指数=葡萄酒在一国商品出口价值中的占比除以葡萄酒在全球商品出口价值中的占比。

b. 其他=比利时、丹麦、芬兰、爱尔兰、卢森堡、荷兰、挪威、瑞典，以及其他东欧国家、独联体国家和黎凡特地区各国。

资料来源:安德森和皮尼拉(2017)。

注释:表中n.a.表示数据不可得。

其中,5个国家的人均葡萄酒出口价值和葡萄酒出口数量占比保持稳定,但是,对格鲁吉亚、马其顿和摩尔多瓦来说,则有显著增长(见表10.1第8—11列)。在世界上,格鲁吉亚和摩尔多瓦目前葡萄酒比较优势指数最高[1],而马其顿的指数则仅仅低于新西兰(14)和智利(13),与法国相当(见表10.1第12—13列)。这些出口葡萄酒的单位价值变化很大,2012—2014年,保加利亚、摩尔多瓦和乌克兰每升价格在1.20美元以下,匈牙利每升价格为1.55美元,希腊为2.90美元,克罗地亚和格鲁吉亚则为3.6美元。相比较之下的平均出口价格,2012—2014年,西班牙1.60美元,智利2.30美元,澳大利亚2.50美元,意大利和葡萄牙略高于3美元,奥地利3.90美元(安德森和皮尼拉,2017)。但是,回顾一下,本章所审视的国家葡萄酒出口总额仅占全球葡萄酒出口总额的5%。

葡萄酒消费与进口

1960年之前的100年间,这组国家很少在全球葡萄酒消费量中占比超过1/6,但是,到20世纪80年代中期,它们的消费量已升至1/4,之后略有回落(见表10.2第1—4列)。在20世纪60年代初至90年代中期之间,它们在全球葡萄酒进口总额中所占的份额已增长了两倍,也达到了1/4,之后有所下降,因为在过去20年里北美、亚洲和其他地区葡萄酒进口的增长。即使如此,在2012—2014年间,进口份额按价值计算仍占22%,按数量计算仍占26%。最大的进口国是比利时和荷兰,但是,在它们之间的贸易中,大约1/6的进口商品再出口到邻国,从而使得俄罗斯在2012—2014年间是这些国家中最大的葡萄酒净进口国(见表10.2第5—7列)。这并不是史无前例的:19世纪40年代,按价值计

---

[1] 巴拉萨(Balassa)的"显性"比较优势指数是指一个国家葡萄酒所占商品出口份额除以葡萄酒在全球商品贸易中的份额。

算,俄罗斯就是世界上最大的葡萄酒进口国,略领先于英国(见图 10.2)。

表 10.2　　　1925—2014 年欧洲其他国家、独联体国家和黎凡特地区
各国葡萄酒消费和进口特征

	在世界葡萄酒消费量中占比(%)				在世界葡萄酒进口价值中占比(%)			人均葡萄酒消费量(升)			
	1925—1929 年	1962—1964 年	1982—1984 年	2012—2014 年	1962—1964 年	1992—1994 年	2012—2014 年	1925—1929 年	1962—1964 年	1982—1984 年	2012—2014 年
	(1)	(2)	(3)	(4)	(5)	(6)	(7)	(8)	(9)	(10)	(11)
比利时/卢森堡	0.3	0.4	0.8	1.4	3.4	7.6	4.0	6.5	9.0	21.5	29.1
丹麦	0.0	0.1	0.3	0.7	0.9	2.9	2.0	1.4	3.3	16.9	29.4
芬兰	0.0	0.1	0.1	0.3	0.3	0.5	0.7	0.1	2.5	6.1	11.8
希腊	0.6	1.0	1.3	1.3	0.0	0.1	0.1	18.2	27.4	37.7	29.1
爱尔兰	0.0	0.0	0.0	0.3	0.4	0.6	0.6	1.0	2.2	3.3	18.3
荷兰	0.1	0.1	0.9	1.4	1.5	5.9	3.6	1.9	2.5	16.7	21.1
挪威	0.0	0.0	0.1	0.4	0.3	0.6	1.3	n.a.	1.1	1.1	1.4
瑞典	0.0	0.1	0.3	1.0	1.6	2.4	2.2	0.8	3.7	10.0	24.9
保加利亚	0.7	0.7	0.7	0.5	0.0	0.0	0.0	21.4	20.8	21.6	17.7
克罗地亚	0.0	n.a.	n.a.	0.7	n.a.	0.1	0.1	n.a.	n.a.	n.a.	41.9
格鲁吉亚	n.a.	n.a.	n.a.	0.4	n.a.	0.0	0.0	n.a.	n.a.	n.a.	21.5
匈牙利	1.6	1.3	1.2	1.0	0.2	0.1	0.1	24.1	29.0	30.7	23.8
摩尔多瓦	n.a.	n.a.	n.a.	0.5	n.a.	0.0	0.0	n.a.	n.a.	n.a.	34.3
罗马尼亚	3.7	2.2	2.1	1.7	0.1	0.1	0.1	47.2	26.9	25.5	21.3
俄罗斯	1.4	5.8	12.1	4.7		2.4	3.0	1.5	5.9	12.3	8.0
乌克兰	n.a.	2.3	2.7	0.9	n.a.	0.2	0.3	n.a.	11.7	14.8	5.2
其他[a]	2.0	2.0	2.7	2.5	1.0	1.6	3.8	5.1	8.1	13.4	12.4
总计	10.4	16.2	25.2	19.7	9.8	25.0	22.3	n.a.	n.a.	n.a.	n.a.

a. 其他=东欧国家、独联体国家和黎凡特地区的其他国家。

资料来源:安德森和皮尼拉(2017)。

注释:表中 n.a. 表示数据不可得。

　　19 世纪下半叶,俄罗斯主要进口法国香槟酒,法国香槟酒是贵族和最富有的社会群体渴望消费的饮品。生产香槟的大公司调整了它们的产品,以迎合俄罗斯消费者的口味,俄罗斯消费者喜欢更甜的香槟酒,而不是英国人要求的最干的香槟酒。主要的香槟酒公司在圣彼得堡拥有固定的商业代理机构。但是,俄国革命以及苏联和东欧的共产主义国家脱离与西方贸易之后,这组国家在全球葡萄酒进口中的份额大幅下滑。

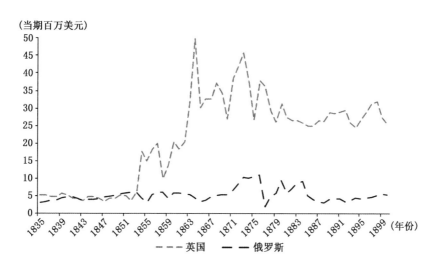

资料来源：安德森和皮尼拉（2017）。

图 10.2　1835—1900 年俄罗斯与英国葡萄酒进口价值

在西北欧，1860—1880 年间葡萄酒的消费量有所增长，但是，从那时起到 20 世纪 20 年代，消费几乎保持不变。到 1925 年，只有最大的葡萄酒生产国，如希腊、保加利亚、匈牙利和罗马尼亚，在全球葡萄酒消费中占有相当大的份额（人均消费量约为法国、意大利或西班牙的 1/3）。在斯堪的纳维亚和其他国家，直到 20 世纪 80 年代，葡萄酒的平均水平一直非常低。因此，它们加上中欧和东欧国家、独联体国家和黎凡特地区占全球葡萄酒的进口份额从 20 世纪 20 年代到 20 世纪 60 年代早期均低于 10%（见图 10.3）。

在这一组国家中，人均葡萄酒消费量的水平和变化仍然存在巨大差异[1]。表 10.2 的最后 4 列显示了西北欧国家（比利时/卢森堡、丹麦、芬兰、爱尔兰、荷兰、挪威和瑞典）过去 90 年人均消费从较低基数迅速上升，部分中高消费国家（希腊、保加利亚和匈牙利）保持稳定，在近几十年来，罗马尼亚、俄罗斯和乌克兰都在下降。为了帮助理解人均消费水平的巨大差异和变化，在它们整体酒类消费背景下加以研究是有帮助的。

---

〔1〕 图中没有显示各个小国，其中一些国家的公民是相当多的葡萄酒消费者。最引人注目的是梵蒂冈（2012—2014 年人均每年 62 升）。其他小国包括马耳他（2012—2014 年为 32 升）、塞浦路斯（15 升）、冰岛（14 升）、马其顿（10 升）、捷克（9 升）。

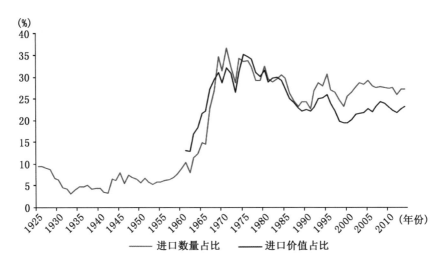

资料来源：安德森和皮尼拉(2017)。

图 10.3　1925—2014 年欧洲其他国家、独联体国家和黎凡特地区各国
在世界葡萄酒进口数量和进口价值中的占比

相对于其他酒类消费的葡萄酒消费

随着全球化和文化交流的日益深入，各国之间的消费模式正在趋同。酒精饮料消费模式各国趋同的程度正是之前许多研究的主题。霍姆斯和安德森(2017)的最新研究更新了早期的发现，覆盖了 1961 年以来世界上所有的国家和 19 世纪 80 年代以来主要高收入国家，并根据各国 20 世纪 60 年代早期对酒精的关注是否集中在葡萄酒、啤酒或烈性酒上，以及它们的地理区域与实际人均收入，对各国进行区分。

如果所有的产品都能在世界各地进行无成本的交易，并且没有政府干预，如消费或贸易税或不同司法管辖区增值税税率的差异，那么，全世界每种饮料的零售价格都是一样的。根据斯蒂格勒和贝克尔(Stigler and Becker, 1977)的观点，消费模式差异的主要原因就是人均收入的差异。如果所有的饮料都是正常商品,那么,我们就可能预期由于国家间人均收入的趋同,消费水平和消费酒类(或实际上所有的)饮料组合就会趋同。

实际上,跨境饮料交易的成本并非为零(尽管它们在过去180年里大幅下降了),这意味着各国过去倾向于集中消费以当地最低成本生产的酒精饮料。不同国家的饮料消费税、进口税、非关税壁垒和其他监管规定并非相似,不仅如此,饮料类型往往差别很大(安德森,2010、2014;比昂科等,2016);各国的增值税也各不相同(见表10.3)。此外,在不同的时间,在不同的地方,节制运动对酒精消费的社会可接受性有不同的影响。还有关心人类健康的因素:随着人均收入的提高,人们有能力承担起更多酒类消费,但出于健康原因,也选择限制它的量,有些人转向葡萄酒(尤其是无泡红葡萄酒),因为适量饮用,它被认为对健康有积极的影响。

表 10.3 **2012 年 1 月欧洲其他国家、独联体国家和黎凡特地区各国相当于葡萄酒、啤酒和烈性酒[a] 消费税的增值税(VAT)和从价税**

[占每升批发税前价格(如列首所示)的百分比] 单位:%

	按照批发税前价格计,从价税税率						
	非高端葡萄酒	大众高端葡萄酒	超级高端葡萄酒	起泡葡萄酒	啤酒	烈性酒	增值税(VAT/GST)
	$2.50	$7.50	$20	$25	$2	$15	
比利时	24	8	3	8	14	59	21
捷克	0	0	0	5	4	37	20
丹麦	72	24	9	10	27	68	25
爱沙尼亚	37	12	5	4	17	48	20
芬兰	157	53	20	16	94	146	23
希腊	0	0	0	0	21	82	23
匈牙利	0	0	0	2	15	31	27
爱尔兰	132	44	17	26	50	105	23
以色列	0	0	0	0	137	110	16
卢森堡	0	0	0	0	6	35	15
荷兰	36	12	5	12	17	51	19
挪威	343	114	43	34	179	292	25
波兰	18	6	2	2	14	37	23

续表

	按照批发税前价格计,从价税税率						增值税 (VAT/GST)
	非高端 葡萄酒	大众高端 葡萄酒	超级高端 葡萄酒	起泡 葡萄酒	啤酒	烈性酒	
斯洛伐克	0	0	0	4	11	36	20
斯洛文尼亚	0	0	0	0	32	34	20
瑞典	122	41	15	12	59	189	25
土耳其[b]	40	13	5	26	63	91	18
经合组织 (非加权平均)	40	15	8	9	43	74	**18**

a. 葡萄酒和啤酒的酒精度数分别设定为 12% 和 4.5%;烈性酒的绝对酒精含量设定为 40%。

b. 土耳其无泡葡萄酒数据是 2010 年的数据。

资料来源:安德森(2014)。

考虑上述所有可能对饮料消费模式的影响因素,如果这些消费特征缺乏收敛性,也就不足为奇了。霍姆斯和安德森(2017)绘制了 1961—2014 年 53 个国家和世界各地区人均酒类消费与实际人均收入对比图,发现消费首先随着人均收入的增加而增加,然后下降。葡萄酒、啤酒和烈性酒的消费情况都是如此。这些倒 U 形图表明,单是收入趋同(发展中国家和转型经济国家的人均收入逐步追赶高收入国家)不一定会导致基于人均消费量的酒类消费模式的趋同。

表 10.4 显示了 1961—1964 年和 2010—2014 年葡萄酒、啤酒和烈性酒的人均酒类消费总量,以及它们分别在总消费量中所占比重。为了便于同本章所关注的国家进行比较,世界各地的消费加权平均数报告于这张表的底部。

表 10.4　1961—1964 年和 2010—2014 年所选国家和世界所有地区人均酒精消费量以及啤酒、葡萄酒和烈性酒在总消费量中的占比

单位:酒精升数,%

	人均消费[a]		1961—1964 年 酒类消费占比[b]			2010—2014 年 酒类消费占比[b]		
	1961— 1964 年	2010— 2014 年	葡萄酒	啤酒	烈性酒	葡萄酒	啤酒	烈性酒
比利时/卢森堡	8.5	9.6	13	77	11	35	**51**	14
保加利亚	5.2	9.7	**48**	17	35	18	37	**44**

续表

	人均消费[a]		1961—1964 年 酒类消费占比[b]			2010—2014 年 酒类消费占比[b]		
	1961— 1964 年	2010— 2014 年	葡萄酒	啤酒	烈性酒	葡萄酒	啤酒	烈性酒
克罗地亚	n. a.	9.9	n. a.	n. a.	n. a.	**51**	39	11
丹麦	5.1	8.0	8	77	15	**47**	38	16
芬兰	1.4	6.9	13	21	**66**	21	**53**	26
格鲁吉亚	n. a.	5.8	n. a.	n. a.	n. a.	**49**	21	31
希腊	7.1	6.8	**46**	23	31	**53**	27	20
匈牙利	7.1	9.5	**48**	28	24	30	**36**	34
爱尔兰	5.1	8.2	5	**76**	19	28	**52**	21
摩尔多瓦	n. a.	8.0	n. a.	n. a.	n. a.	**43**	22	35
荷兰	3.2	7.4	9	**47**	43	35	**48**	17
挪威	6.4	7.9	3	27	**69**	29	35	**36**
罗马尼亚	4.8	7.9	**64**	13	23	31	**53**	16
俄罗斯	4.2	8.9	16	15	**69**	11	39	**49**
瑞典	4.8	6.1	9	39	**52**	**49**	37	15
土耳其	0.3	1.1	**39**	26	35	9	**58**	34
乌克兰	n. a.	7.0	n. a.	n. a.	n. a.	9	39	**52**
加权平均								
西欧	12.3	8.4	**55**	29	16	**42**	38	20
东欧	n. a.	7.2	22	22	**56**	14	42	**44**
北美	5.4	7.0	8	49	43	18	**49**	33
拉美	6.5	5.1	**48**	34	18	11	**60**	29
澳大利亚＋新西兰	6.5	7.1	10	**76**	14	39	**46**	15
亚洲 （包括太平洋地区）	1.9	3.2	1	12	**87**	4	34	**62**
非洲与中东	1.0	1.7	27	**38**	35	14	**67**	19
世界	**2.5**	**2.7**	**34**	**29**	**37**	**15**	**43**	**42**

a. 这些数据是基于数量的数据,每年酒精升数,4 年或 5 年的平均值。

b. 粗体数字表示在所示时期该种饮品在酒精消费总量中占最高比例。

资料来源:霍姆斯和安德森(2017)。

注释:表中 n. a. 表示数据不可得。

人均酒精消费量一直在上升,直到 20 世纪 80 年代,此时,在高收入国家的消费量开始下降,随着时间的推移,呈倒 U 形趋势。即使对于整个世界来说,2010—2014 年的加权平均值几乎与 1961—1964 年相同(见表 10.4 最后一行)——在干预的几十年的每一个 10 年里,世界加权平均值高于这两个时期的加权平均值。在表中列出的国家中,与 2010—2014 年相比较,20 世纪 80 年代消费水平更高的国家包括比利时、丹麦、希腊、匈牙利和荷兰。

至于各种酒类组合,表 10.4 显示出了所列国家之间很大的不同,尤其是在葡萄酒方面,1961—1964 年间,葡萄酒占所有国家酒类销售额的 3%—64%。但是,到 2010—2014 年,变化范围有所缩小。在过去的 50 年里,就全球范围而言,葡萄酒在酒精消费中的占比减少了一半以上,从 34% 降到 15%;而啤酒消费占比则上升了 1/3 以上,从 29% 上升到 43%(烈性酒的占比仅有小幅上升,从 37% 上升到 42%,见表 10.4 的最后一行)。与全球趋势一致,在表中列出的 17 个国家中,1961—1964 年,葡萄酒是其中 8 个国家的主要酒精饮料,而 2010—2014 年只有 6 个国家;同期初,啤酒作为主要酒精饮料的国家只有 4 个,但是同期末有 6 个国家;同期初,烈性酒所占份额最大的是 5 个国家,而同期末则是 4 个国家(见表 10.4 中的粗体数字)。值得注意的是,2012—2014 年与 1962—1964 年相比,葡萄酒在国家酒精消费中占比较大的国家为 60%。

另一种检验消费者饮品组合变化的方法是计算饮料消费强度指数。霍姆斯和安德森(2017)将该指数定义为一种饮料在全国酒精消费总量中的占比除以该年度该饮料的全球占比。也就是说,不仅要考虑到某一特定饮料在全国所占比例的变化,还要考虑这种饮料在世界其他地区受欢迎程度正在发生的变化。截至 2014 年的半个世纪的这些指数报告于表 10.5 中,表中所列示的 16 个国家的葡萄酒该指数呈现出增长趋势,70% 的烈性酒该指数呈增长趋势,而啤酒该指数呈上升和下降趋势则一半对一半。也就是说,与世界上其他国家相比,在此期间,这组国家已经变得更加注重葡萄酒(或者更准确地说,摆脱了对葡萄酒的低关注度)。

表 10.5　　　　　1962—2014 年欧洲其他国家和独联体国家葡萄酒、
啤酒和烈性酒消费强度指数[a]

	葡萄酒			啤酒			烈性酒		
	1962—1964 年	1992—1994 年	2012—2014 年	1962—1964 年	1992—1994 年	2012—2014 年	1962—1964 年	1992—1994 年	2012—2014 年
比利时/卢森堡	0.36	1.52	2.22	2.57	1.53	1.19	0.31	0.29	0.34
丹麦	0.22	1.53	2.90	2.60	1.55	0.88	0.43	0.26	0.40
芬兰	0.62	0.96	1.35	1.09	1.69	1.23	1.30	0.39	0.62
德国	0.54	1.22	1.81	1.92	1.46	1.23	0.68	0.48	0.45
希腊	1.32	2.39	3.40	0.79	0.62	0.64	0.86	0.75	0.47
爱尔兰	0.15	0.39	1.77	2.56	1.89	1.19	0.53	0.44	0.51
荷兰	0.26	1.42	2.21	1.60	1.30	1.12	1.21	0.54	0.42
瑞典	0.27	1.26	3.14	1.33	1.34	0.84	1.44	0.58	0.35
保加利亚	1.32	1.68	1.34	0.60	0.88	0.86	1.00	0.82	1.02
克罗地亚	n.a.	2.81	3.25	n.a.	0.81	0.89	n.a.	0.40	0.27
格鲁吉亚	n.a.	4.45	2.97	n.a.	0.03	0.48	n.a.	0.42	0.80
匈牙利	1.39	1.71	1.93	0.96	0.96	0.83	0.66	0.73	0.83
摩尔多瓦	n.a.	n.a.	3.08	n.a.	n.a.	0.48	n.a.	n.a.	0.76
罗马尼亚	1.85	2.20	2.00	0.42	0.81	1.27	0.66	0.66	0.34
俄罗斯	0.47	0.39	0.71	0.49	0.37	0.94	1.94	1.84	1.17
乌克兰	n.a.	0.39	0.57	n.a.	0.61	0.90	n.a.	1.62	1.27

a. 该强度指数定义为一种饮料在国家酒精消费总量中所占的份额相对于其全球份额。
资料来源:霍姆斯和安德森(2017)。
注释:表中 n.a. 表示数据不可得。

总结和展望

这组国家非常复杂。它包括被认为在 8 000 年前最早生产葡萄酒的国家,
包括最早从事国际贸易的国家,不仅是开始于公元前的葡萄藤扦插和技术方面
的贸易,而且是葡萄酒最终成品的贸易。它还包括其他两个组别国家:葡萄种
植密集的东欧和东南欧国家以及几乎没有国内葡萄酒生产的东北欧葡萄酒进

口国。第一分组包括黎凡特地区各国,在过去的 180 年中,它们已经成为全球葡萄酒市场中非常小的参与者。

第二分组主要关注葡萄酒的数量而不是质量,尤其是在它们的社会主义制度下。在这个地区,葡萄酒是一种传统产品,因此,不太受当地年轻一代消费者的欢迎。就像西欧的一些主要葡萄酒出口国家发生的情况一样,那里的啤酒越来越受欢迎。情况可能会出现逆转,如果自 20 世纪 80 年代末以来,国内的葡萄酒产业效仿新世界(和奥地利)的葡萄酒产业,提高当地产品质量,以出口市场为重点促进增长,包括瞄准以超级市场为主的商业溢价空间。[1]

第三分组的消费者要么以啤酒为消费重点,要么以烈性酒为重点,直至最近一波葡萄酒全球化浪潮。它们越来越倾向于"拥抱"葡萄酒,驱动力与在英国的驱动力相似。在需求方面,驱动因素包括实际工资的增加和生活水平的改善提高了酒类支出和消费多样化的愿望;在供应方面,作用力包括增加进口葡萄酒的数量、口味具有一致性、易于发现的进口葡萄酒技术故障、价格合理。在一些西北欧国家,气候变化可能使之国内葡萄酒产业崛起,就像在英国发生的情况那样,这将加强这些国家的消费者倾向于并更专注于葡萄酒的趋势(安德森,2017)。

【作者介绍】 卡伊姆·安德森(Kym Anderson):乔治·格林(George Gollin)经济学教授,南澳大利亚位于阿德莱德的阿德莱德大学葡萄酒产业经济研究中心执行主任,位于堪培拉的澳大利亚国立大学经济学教授,伦敦经济政策研究中心的研究员。他的研究兴趣包括国际贸易和经济发展,以及农业经济学、食品经济学和葡萄酒产业经济学。

文森特·皮尼拉(Vicente Pinilla):西班牙萨拉戈萨大学经济史学教授,阿拉贡农业营养研究所研究员。他的研究兴趣包括农产品国际贸易、长期农业变化、环境历史和移民。2000—2004 年,他担任萨拉戈萨大学副校长,负责财政预

---

[1] 涉及格鲁吉亚的相关分析,参见安德森(2013)。

算和经济管理。

【参考文献】

Anderson, K. (2010), 'Excise and Import Taxes on Wine vs Beer and Spirits: An International Comparison', *Economic Papers* 29(2): 215—28.

(2013), 'Is Georgia the Next "New" Wine-Exporting Country?' *Journal of Wine Economics* 8(1): 1—28.

(2014), 'Excise Taxes on Wines, Beers and Spirits: An Updated International Comparison', Working Paper No. 170, American Association of Wine Economists, October.

(2017), 'How Might Climate Change and Preference Changes Affect the Competitiveness of the World's Wine Regions?' *Wine Economics and Policy* 6(2): 23—27, June.

Anderson, K. and V. Pinilla (with the assistance of A. J. Holmes) (2017), *Annual Database of Global Wine Markets, 1835 to 2016*, freely available in Excel at the University of Adelaide's Wine Economics Research Centre, www. adelaide. edu. au/wine-econ/databases.

Bentzen, J. and V. Smith (2004), 'The Nordic Countries', ch. 8 (pp. 141—60) in *The World's Wine Markets: Globalization at Work*, edited by K. Anderson, Cheltenham, UK: Edward Elgar.

Bianco, A. D., V. L. Boatto, F. Caracciolo and F. G. Santeramo (2016), 'Tariffs and Nontariff Frictions in the World Wine Trade', *European Review of Agricultural Economics* 43(1): 31—57, March.

Chevet, J. M., E. Fernández, E. Giraud-Héraud and V. Pinilla (2018), 'France', ch. 3 in *Wine Globalization: A New Comparative History*, edited by K. Anderson and V. Pinilla, Cambridge and New York: Cambridge University Press.

Francis, A. D. (1972), *The Wine Trade*, London: Adams and Charles Black.

Griffiths, R. D. and C. R. Butcher (2013), 'Introducing the International System(s) Dataset (ISD), 1816—2011', *International Interactions* 39(5): 748—68. Data Appendix is at www. ryan-griffiths. com/data/.

Holmes, A. and K. Anderson (2017), 'Convergence in National Alcohol Consumption Patterns: New Global Indicators', *Journal of Wine Economics* 12(2): 117—48.

Imperial Economic Committee (1932), *Wine. Reports of the Imperial Economic Committee. Twenty-third Report*, London: Imperial Economic Committee.

Johnson, H. (1989), *The Story of Wine*, London: Mitchell Beasley.

Ketskhoveli, N., M. Ramishvili and D. Tabidze (2012), *Georgian Ampelography*, Tbilisi: Ministry of Culture and Monument Protection of Georgia. (First published in Georgian in 1960.)

McGovern, P. (2003), *Ancient Wine: The Search for the Origins of Viticulture*, Princeton,

NJ：Princeton University Press.

(2009),*Uncorking the Past：The Quest for Wine*,*Beer*,*and Other Alcoholic Beverages*, Berkeley：University of California Press.

Meloni,G. and J. Swinnen (2017),'Standards,Tariffs and Trade：The Rise and Fall of the Raisin Trade Between Greece and France in the Late 19th Century and the Definition of Wine',American Association of Wine Economists (AAWE) Working Paper 208,January.

Morilla,J.,A. L. Olmstead and P. Rhode (1999),'Horn of Plenty：The Globalization of Mediterranean Horticulture and the Economic Development of Southern Europe,1880—1930',*Journal of Economic History* 59(2)：316—52.

Noev,N. and J. F. M. Swinnen (2004),'Eastern Europe and the Former Soviet Union',ch. 9 (pp. 161—84) in *The World's Wine Markets：Globalization at Work*,edited by K. Anderson,Cheltenham,UK：Edward Elgar.

Petmezas,S. D. (1997),'El comercio de la pasa de Corinto y su influencia sobre la economìa griega del siglo XIX (1840—1914)',pp. 523—62 in *Impactos exteriores sobre el mundo rural mediterráneo*,edited by J. Morilla-Critz,J. Gómez-Pantoja and P. Cressier,Madrid：Ministerio de Agricultura,Pesca y Alimentación.

(2009),'Agriculture and Economic Development in Greece,1870—1973',pp. 353—74 in *Agriculture and Economic Development in Europe since 1870*,edited by P. Lains and V. Pinilla,London：Routledge.

Phillips,R. (2000),*A Short History of Wine*,London：Penguin. Revised edition published in 2015 as *9000 Years of Wine (A World History)*,Vancouver：Whitecap.

(2014),*Alcohol：A History*,Chapel Hill：University of North Carolina Press.

Pinilla,V. and M. I. Ayuda. (2009),'Foreign Markets, Globalisation and Agricultural Change in Spain,1850—1935',pp. 173—208 in *Markets and Agricultural Change in Europe from the 13th to the 20th Century*,edited by V. Pinilla,Turnhout：Brepols.

Rose,S. (2011),*The Wine Trade in Medieval Europe 1000—1500*,London and New York：Bloomsbury.

Stigler,G. J. and G. S. Becker (1977),'De Gustibus non est Disputandum',*American Economic Review* 67(2)：76—90.

Unwin,T. (1991),*Wine and the Vine：An Historical Geography of Viticulture and the Wine Trade*,London and New York：Routledge.

Walsh,C. E. (2000),*The Fruit of the Vine：Viticulture in Ancient Israel*,Harvard Semitic Monographs,No. 60,Winona Lake,IN：Eisenbrauns.

第三部分

新市场

第十一章

阿根廷

从 20 世纪初开始,阿根廷就是世界上最大的葡萄酒生产国之一,多年来排名变动在第五和第六位之间。从 19 世纪 80 年代开始,曾经少数小规模手工酿酒厂关注的是在葡萄种植区有限的区域市场——主要是位于安第斯山脉山脚下的门多萨和圣胡安,迅速发展成为一个巨大的产业。最早出现葡萄酒产业之后,头 30 年里建立的产业增长模式持续了一个世纪。它的形成是自 19 世纪 70 年代以来阿根廷所经历的全球化不同影响和使该行业与世界其他地方隔绝的官方政策相互作用的结果。

就全球化本身而言,全球化为阿根廷提供了迅速扩大的来自南欧的移民人口,其中包括消费者,他们带来了地中海文化,从葡萄酒的意义到装酒的罐子,主要来自意大利和西班牙的酿酒师、酒庄主和工人,以及大量用于生产的机械。同时,促进了新兴产业的发展,连续多届政府采取了高关税的保护政策,避免外国对手竞争,为促进经济成功而提供慷慨的补贴。结果是,几乎完全与葡萄酒世界的其他国家隔绝,直至 20 世纪 80 年代中期,那时有史以来最严重的危机迫使该产业第一次向外看,以求生存。

为了说明全球化与隔离政策之间的相互作用,本章着重分析该国葡萄酒历史上的三个分水岭时期:1885—1915 年的创建年代;1945 年[1]开始的大规模增长时期,1980 年以重大危机而告终;20 世纪 90 年代至今阿根廷的葡萄酒革命。

---

[1]　原文为 1950 年,疑有误。根据下文表述的情况,应为 1945 年。——译者注

创建年代:1885—1915 年

在提到任何产业早期发育的时候,常用的形容词是"幼稚"。对于阿根廷来说,该产业成熟之快令人震惊,无论是用葡萄园增长指标来衡量(从 1873 年的 1 500 公顷到 1910 年的 122 000 公顷)、用酒庄数量来衡量(1884 年为 334 家,1914 年为 3 409 家),还是用显性的产量指标来衡量,产量每年增长 11%—17%。仅在 1901—1915 年间,产量就飙升了 90%,使阿根廷抢占了世界第五大生产国的位置。在寻求这种扩张的推动力时,全球化是一个有价值的概念(费尔南德兹,2004)。

对阿根廷来说,参与全球化的一个关键构成就是大量地中海移民人口的巨大浪潮般涌入:仅 1880—1910 年间,就有超过 320 万人抵达阿根廷,占那个 30 年间全国人口增长的 3/4。正如移民流动中常见的现象那样,吸引力和排斥力同时并存。在"拉动"的一侧,该国 1853 年的宪法从序言到其中的几个条款,向任何想在阿根廷定居的人承诺公正、和平、福利和自由,大胆推动欧洲移民,向可能的入境者保证他们可以自由入境,享受公民所有权利。同一份文件清楚地说明了这一政策的理由:这些移民将耕种土地、改进产业,并教授人们文化和科学。20 多年后,政府通过提供免费的临时住房,帮助找工作,对移民们选择居住在这个国家的任何地方都提供免费交通,从而增加对移民的吸引力。当 19 世纪就快结束时,对那些感到被"赶出"经济和政治不稳定地区的欧洲人来说,这些措施是一种有吸引力的激励措施。

大规模移民对阿根廷新兴的葡萄酒经济的各个方面都产生了变革性的影响。移民主要来自意大利和西班牙,它们是有着悠久葡萄酒传统的国家,来自南欧的大量移民导致了消费的大幅增长。在开始于 19 世纪 70 年代人口的大量涌入之前,每年的人均葡萄酒消费量为 23 升。到 1910 年,外国人占阿根廷人口的 29%,人均消费量已上升到 62 升(见图 11.1)。这使葡萄酒成为仅次于面包和肉类的全国第三大消费品,占家庭平均食物和饮料支出的 8.7％(玛陶,2002)。

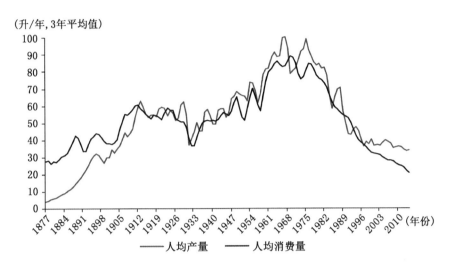

资料来源:安德森和皮尼拉(2017)。

图 11.1　1876—2014 年阿根廷人均葡萄酒产量和人均葡萄酒消费量

　　尽管希望新来的人能在全国各地的"处女之地"居住,但是,其中数量最多的人仍留在布宜诺斯艾利斯,使布宜诺斯艾利斯成为这个国家的主要人口中心,同时也是最大的葡萄酒市场。这些移民是首都扩张的关键因素,1869—1910 年间从 177 000 个居民增加到 120 万个居民。到 1895 年,40％的居民是在国外出生的;到 1910 年,这一比例上升到 50％。起初,这个城市饥渴的移民并不喝当地的葡萄酒产品。尽管从 16 世纪中叶开始葡萄酒就在安第斯山脉脚下的门多萨酿造,但是,需要 1—2 个月在骡子背上运送到布宜诺斯艾利斯,这意味着超额成本,品质很糟,绝大部分在途中被毁坏了。因此,以欧洲进口的葡萄酒为主,使阿根廷在整个 19 世纪 80 年代成为继法国和瑞士之后的世界第三大葡萄酒进口国(阿根廷共和国,1898;马丁内斯,1910;安德森和皮尼拉,2017)。

　　国内运输成本不是国内葡萄酒行业发展的唯一障碍。早年间有一段尴尬的插曲,杰出的阿根廷政治家、未来的总统和葡萄酒爱好者多明戈·福斯蒂诺·萨米恩托(Domingo Faustino Sarmiento)在一次欧洲之行中,带来了另一个制约因素。"我突然想到要拿出一瓶圣胡安酒。他们表现得好像我想毒死他们一样,这是我们最好的酒,但是,与波尔图、波尔多、勃艮第的葡萄酒相比,显得如此糟糕"(哈纳威,2014:5)。被激怒的萨米恩托说服了法国葡萄酒专家米歇尔·艾梅·普杰(Michel Aimé Pouget)从智利前往阿根廷,负责在门多萨的全国葡萄栽培/葡萄酒学校。普杰穿过了安第斯山脉,不仅带着他的酿酒知识,最重要的是带着法国葡萄藤,迅速取代现有的藤蔓,覆盖了乌瓦克里奥拉乡村的葡萄园。从加那利群岛而来的西班牙传教士将克里奥拉品种介绍到新世界,克里奥拉品种被称为"高产的、质朴的作物……生产出黄色伴有粉红色的葡萄酒,并带有令人讨厌的气味和味道"(阿拉塔,1903:122)。结果,在有国家支持的普杰和其他人的努力之下,最晚到1885年,大量的乌瓦克里奥拉葡萄树仍占所有种植葡萄的99%,它们被连根拔除,代之以马尔贝克、卡伯内特、苏维翁、塞米利翁和其他法国品种。

正是在1885年,门多萨的葡萄酒前景发生了根本性的变化:铁路可达,连接了这个国家重要的葡萄酒产区及其主要消费市场。铁路可以将运输时间减少到两三天,在新铁路正式通车的官方开幕式上,胡利奥·阿根蒂诺·罗卡(Julio Argentino Roca)总统热情地描述说,门多萨是悬挂在安第斯高峰下的一个巨大的水果聚宝盆。两年后,尽管用不那么华丽但同样激情的措辞,著名门多萨政治家、未来的州长埃米利奥·西维特(Emilio Civit)向他的同僚保证,"门多萨的未来一定会辉煌,任何人都可以在他的收入中储蓄一个比索,或者获得一个比索的信贷,并对未来充满信心"。[1] 门多萨人明确响应了这一号召:在第一列火车到达后的30年内,该地区生产总量的76%均与葡萄酒有关(邦奇,1929;马丁,1992;玛陶,2003)。

诚然,这些火车的存在,全球化的产物,刺激了阿根廷葡萄酒生产从手工业到工业的转变。火车不仅使装运可行,而且还将人力和物资运输到门多萨,这

[1] 西维特(1887:236)。罗卡评论可见沙普利(1988:274)。

些对产业的爆炸性增长至关重要。

显然,这一过程的必要条件就是,充足且在葡萄种植和酿酒方面有经验的劳动力。所以,由于铁路即将到来,1884 年门多萨的立法者通过了一项法律,对于每个被送到该地区的移民,授权给付位于欧洲的招聘代理机构。对于移民,所追求的品质是道德的和健康的,具有在葡萄种植和酿酒方面的经验,最好全家人能够一起分担任务。对于生活在政治不确定时代中的南欧农民以及对于那些从葡萄酒产区来的人们来说,他们看到的是,由于严重的根瘤蚜虫病,整个地中海地区的葡萄藤蔓枯萎了。可是,这些招聘人员给出的承诺是,在大片未开发的土地上迅速取得经济进步。

20 年前,门多萨的移民大多来自智利,并且只达到总人口的 9%。随着葡萄酒产业的增长,到 1913 年,移民的比例上升到 37%,几乎全部来自意大利和西班牙。大多数人献身于葡萄和葡萄酒生产,他们很快就达到了整个行业的主导地位。特别值得注意的是这样的事实,到 1900 年,移民已经占了业主的 50%,而且,仅仅 3 年后就提高到 79%。与在布宜诺斯艾利斯的亲友一起,他们能够建立跨越生产和消费市场的网络(巴里奥,2010)。[1]

正如欧洲人在阿根廷的出现是葡萄酒生产和消费的里程碑一样,把葡萄酒作为日常饮食的必要组成部分的地中海传统对于葡萄酒产业的形成起到关键作用。对于大部分穷人来说,即对于意大利和西班牙农民背景的男性移民来说,葡萄酒的质量和味道并不是酒的"含义"的根本。相反,饮酒主要被视为热量的来源或乡村家园非饮用水的健康替代品。他们的"葡萄酒文化"很快就成为其所采用的该国生产者策略中的一个决定性特征。具体地说,主要葡萄酒庄都认同博德加斯·阿里图——该地区第三大酒庄——的观点,阿根廷未细分的消费者市场"没有品位"。正如一位当代评论家所说,目标是"'给工人喝'的普通葡萄酒……他们想到的是干涩的喉咙,而不是味觉"(玛陶,2009:158)。对于

---

〔1〕 同样地,从推动葡萄和葡萄酒生产开始,门多萨省政府就认识到灌溉是绝对必要的,因为该区域是事实上的沙漠地区。所以,吸引欧洲专家做规划、建沟渠并且制定分配章程。

这样的味觉，通常每日 1 升葡萄酒被认为是不可或缺的。在这样的背景下，生产显然是由一个简单的核算驱动：更低的价格，更多的饮用，更高的利润。

对大量快速制作的饮料的描述包括"被提高的酒精含量"、"浓厚"、"不透明"、"不一致"、"没有区别"（阿拉塔，1903：202、254）。尽管这些葡萄酒没有表现出特定口感，但是，它们的厚度、不透明、深色可能非常受对成本和供给敏感的消费者和生产者的青睐，因为对于所谓的"纠正过程"、"清除"、"洗礼"，这些葡萄酒使之完美——换句话说，他们用水加以稀释，这个过程习惯性地使葡萄酒产量增加一倍。包括生产商、零售商、顾客在内的所有人都觉得自己是葡萄酒的赢家，与更精细的葡萄酒产品相比，这样的葡萄酒更多地被注水。由于国内对廉价葡萄酒的需求迅速增长，需求常常超过供给，酿酒酒庄意识到在酒精含量高的葡萄酒中加水能够使它们"制造大量的葡萄酒，最主要的是速度快"（阿拉塔，1903）。对于批发分销商及销售点来说，向从门多萨那里拿到的酒桶中多注水是特别有效的增加利润的策略。

在这样的背景下，必须指出，到 20 世纪初，同样的马尔贝克已经成为阿根廷品质的象征，在 21 世纪成为全国种植最广泛的葡萄品种，占所有葡萄的80%，正是因为它浓重的颜色成分有助于被稀释的饮料依然像葡萄酒。并且，价格驱动的消费者的葡萄酒体验将葡萄酒定义为日常主食，经过稀释的最终产品非常适合家庭预算，葡萄酒购买通常不到 3%［博塔罗（Bottaro），1917；格兰迪（Galanti），1900、1915］。

就像地中海移民开始支配门多萨的产业以及布宜诺斯艾利斯和其他大城市的主要市场一样，从意大利、法国和西班牙进口的过滤器、手动水泵和葡萄压榨机也是如此，19 世纪 80 年代中期在该国的大型酒庄中随处可见。在接下来的几十年里，最著名的是为酒庄增加了来自国外的葡萄压榨机、液压机和巴氏杀菌器，以满足国外对葡萄酒的巨大需求。在法国旅行家和葡萄酒专家于勒·胡里特（Jules Huret）看来，他们令人印象深刻的设施胜过一些欧洲最好的设施。除了确保迅速和大规模生产，最伟大的企业能够证明"系统的现代化"与它们的任何欧洲对手处在同样最新的水平上（哈里特和戈梅兹卡里罗，1913）。就自己的观点而言,著名批评者佩德罗·阿拉塔(Pedro Arata)认为进口设备商的巨大支出"是巨大的浪费",因为它制造了"最糟糕的结果,即糟糕的葡萄酒"。与此同时,他不得不承认,"任何参观过门多萨酒庄的人都会欣赏葡萄酒容器的奢华以及那些巨大的建筑……钱,很多的钱花在储存酒的容器上,贵如黄金,其价值就是黄金的价值"(阿拉塔,1903:202)。

无论是为了效率还是为了展示,1906年,全国葡萄酒庄协会通过吹嘘"伟大的工厂"来描述这个过程的结果,"在那里,惊人的大桶(vats)运动着它们膨胀的腹部,释放着珍贵的果汁,深色的葡萄汁涌流出来,像不竭的财富和健康的洪流……这个丰富的葡萄酒的海洋有它的目的地;沿海(布宜诺斯艾利斯)市场是我们的"(阿农,1906:565)。最新的机器与高需求的结合导致了其中的一家工厂——博代戈·汤巴(Bodega Tomba)——被称为世界上最大的酒庄。很明显,汤巴只是几个酒庄中的一个,一天的葡萄酒产量相当于西班牙最重要的酒庄一年的产量。与西班牙对比,以及与其他旧世界对比,世界上小酒庄是正常的,表明阿根廷可能确实是这一类酒厂的鼻祖(理查德—约巴和裴瑞兹·拉马格诺丽,1994)。

到20世纪10年代,这些企业已发展到完全控制阿根廷葡萄酒市场的地位。在创造生产垄断方面,大量移民经营的葡萄酒厂具有关键的联盟:既有阿根廷全国层面的联盟,也有各省层面的联盟。1909年,门多萨省总督埃米利奥·西维特很好地总结了政府与业界关系的基本特征,他使用了一些术语,比如"保护"、"保卫"、"刺激"、"照顾"(玛陶,2002)。政府支持包括对种植葡萄树的大量税收奖励,以及对酒厂设备和建筑提供慷慨贷款。

最重要的是,在国家一级颁布的法律对进口葡萄酒实行高关税壁垒,以阻止外国竞争。正如在布宜诺斯艾利斯的西班牙使节在铁路交通开通一年后自信地预言那样,当地葡萄酒永远不会挑战地中海产品的主导地位(费尔南德兹,2008),西维特坚持政府使用进口税,对进口"完全关闭国内市场"。在得到业界支持的前提下,他的建议被认真采纳了。在19世纪的最后25年里,进口葡萄酒的关税从40%提高到了125%。

回顾过去，由于这个国家庞大且不断增长的南欧移民人口，阿根廷以前是世界上第三大进口葡萄酒的国家。进口商从消费人口扩大和19世纪急剧下降的较低的国际海运费率中受益（皮尼拉和阿尤达，2002）。直到19世纪90年代，葡萄酒一直是阿根廷最大的进口产品。早些时候，法国、意大利和西班牙是主要的供应国，但是，从19世纪80年代开始，部分原因是受根瘤蚜虫病流行的影响，除了1/5的贸易来自其他国家外，西班牙占有了其余的贸易量。然而，由于关税壁垒的实施，正如图11.2所示，进口逐步减少，从进口占葡萄酒消费量的80％下降到1918年的1％（费尔南德兹，2004、2008）。

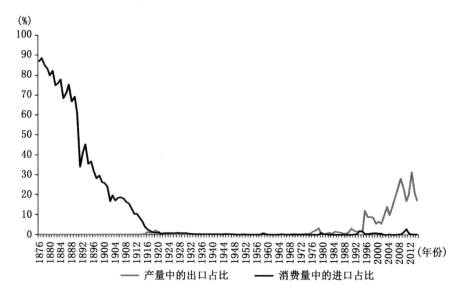

资料来源：安德森和皮尼拉（2017）。

图 11.2　1876—2014 年阿根廷葡萄酒消费量中的进口占比与产量中的出口占比

阿根廷的行业领袖越来越视自己为"市场的主人……对未来更大程度的保护充满信心"（西维特，1887：28），他们建立了生产模式，这个模式将持续一个世纪。总结产业早期发展的当代专家 A. N. 盖兰特（Galante）简洁明了地概括了当时的情况："考虑到葡萄生产的形式和目标，很容易使酿造葡萄酒成为一种制造业活动，并且几乎肯定成功"（盖兰特，1900：94）。尽管它们的质量普遍低下，排除了任何国际竞争,只要阿根廷的葡萄酒工厂能够生产出人们所认为的不断扩大的垄断国内市场的葡萄酒,它们就没有激励去改变它们的做法或标准。

增长危机:1945—1980 年

19 世纪后半期,与欧洲的一体化程度不断提高——人口、文化、技术——推动了阿根廷的葡萄酒产量从微不足道的手工生产的产量上升到 1915 年的世界第五大产能。那么,具有讽刺意味的是,这个国家近乎完全隔离于外面的葡萄酒世界,非竞争环境的结果是由高关税创造的,而高关税实质上消除了进口,在接下来的几十年直到 20 世纪出现衰退之前,强烈影响了酿酒业的发展。然而,尽管生产者基本上不在意全球葡萄酒的发展,但对于整个国家而言,肯定不是这样的。大萧条和第二次世界大战对阿根廷产生了深远的影响,如果不是改变了葡萄酒产业发展模式的支柱,也是改变了葡萄酒产业模式的内涵。

大萧条初期实际收入的下降导致了最初葡萄酒消费量急剧下降,从 1929 年的人均 54 升下降至 1932 年的 33 升。无法销售给承受当时经济困难的消费者,酒厂有大量过剩产品,造成过剩的部分原因是 20 世纪 20 年代葡萄园种植土地增加了 20 000 公顷。作为应对措施,该产业采取了几种策略来解决危机。种植者开始拔除葡萄藤,并且葡萄酒厂开始削减产量,1929—1932 年之间产量从 840 百万升削减到 220 百万升。后来,他们走向了极端,把"过量"的葡萄酒倒进灌溉沟渠。

这些行动得到了阿根廷国家的支持,运用保护关税持续介入葡萄酒经济的做法始于 19 世纪 80 年代。但是,这一次,生产限制是目标,而不是促进生产。作为对持续需求减少导致的"集体绝望"[1]的反应,1934 年,政府建立了军事管制机构。它的目的是进一步减少葡萄和葡萄酒,并进行价格的调节。作为行业

---

〔1〕 "集体绝望"一词出现于 1945 年 4 月 30 日的《安第斯山脉日报》上。

对市场的反应行动已经开始成为政府的政策。

　　到20世纪30年代末,这些策略似乎适得其反。面对出口需求减少和进口供应减少的局面,历届阿根廷政府都推行进口替代工业化政策。一个主要后果是,大量阿根廷农村人口流动到国内不断发展的工业中心,特别是布宜诺斯艾利斯,在那里,他们找到了工作并经历了收入不断增长,收入增长的一部分可以用于购买葡萄酒。所以,在20世纪40年代中期,人均消费量反弹至55升,超过大萧条前的水平,生产滞后了(见图11.3)。为了满足不断增长的葡萄酒需求,在1946年民粹主义政治家胡安·庇隆(Juan Domingo Perón)的选举后,生产商们承受的压力提高了。在他总统任期的头两年里,政府政策支持充分就业和显著的收入再分配,主要有利于下层和中产阶级城市人口,工人实际工资提高了近70%。

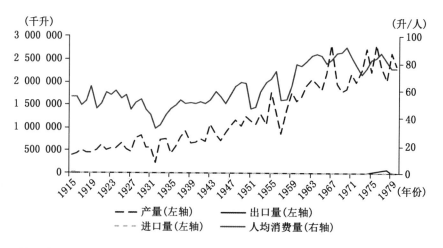

资料来源:安德森和皮尼拉(2017)。

图11.3　1915—1980年阿根廷葡萄酒产量、出口量、进口量与人均消费量

　　考虑到生产放缓的年代,准备将部分增加的收入用于购买更多葡萄酒的激情饮酒者发现根本没有足够的钱。那时,阿根廷第一夫人伊娃·庇隆(Eva Perón)介入并推动相关措施,以确保"她的工人"桌上有足够的葡萄酒。据报道,"天啊! 我们能做什么? 唯一的办法就是和酒厂主谈一谈",于是,第一夫人迅速召集了一次国内最大公司领导参加的会议,并且她有一个解决方案。伊娃坚持认为,他们要加点水。结果是:政府提倡将葡萄酒加水,以增加供应。具体地说,要求酒厂加足够的水,使葡萄酒的酒精含量从通常的 13% 降低到 11%。[1]

伊娃的注水解决方案最终只是短期解决方案,因为按照人均消费量衡量,在阿根廷接下来的 20 年葡萄酒需求继续增长。到 1949 年,它已增长到人均超过 66 升,并且总体趋势继续加强,1970 年达到历史最高水平,为人均 92 升(见图 11.3)。在那些年里,阿根廷各届政府回应来自城市的中产阶级和下层阶级主要政治选民的压力,与生产者结成联盟,提出了一系列倡议,旨在确保提供充足的廉价葡萄酒。正如著名葡萄酒生产商坤托·普伦塔(Quinto Pulenta)所证实的那样,这些就是葡萄酒,即使是最贫穷的阿根廷人也有能力购买,“补充我们绝大多数家庭的日常饮食”(普伦塔,1966:9)。

1959 年,第一个促进增产的新措施出台。一项法律不仅推翻了以前禁止种克里奥拉品种的规定,而且鼓励广泛采用这个品种。从 20 世纪 60 年代开始,葡萄种植者拔除那些法国葡萄藤,而在 19 世纪末该品种帮助启动了这个产业,只允许种植一个世纪前就被取代了的品种。尽管颜色、香气和味道很明显不是克里奥拉品种的强项,但是,它在各种土壤上生长的能力以及巨大产量——与流行的马尔贝克相比,每公顷生产的葡萄超出 3—4 倍——使它成为一个引人注目的选择。到 20 世纪 70 年代,克里奥拉再次成为阿根廷酿酒葡萄的主导品种,大大地超过马尔贝克品种种植,是其 15 倍多。一些马尔贝克品种幸存了下来,只是因为这个品种继续展现了它最初的吸引力:可以大量注水于红葡萄酒,依然保持可识别的颜色。正如著名的葡萄园艺家阿尔伯特·阿尔卡尔德(Alberto Alcalde)痛苦地承认的那样,“生产商们拼命地种植克里奥拉,我们的葡萄

---

[1] 会议记录来自一位会议参加者,叫洛黛拉马特。行业的回应来自酒庄大亨安东尼奥·普伦塔的描述(作者访谈,2004.8)。

被那些该死的葡萄藤闷死了"。[1]

在接下来的几年里,更加意义深远的法律为葡萄酒生产的扩张提供了大规模的税收激励措施。在新葡萄园、农业机械、运货卡车、水井、灌溉设备、化肥、杀菌剂和杀虫剂、酒厂建筑甚至经理、工人及其家庭住房等方面,投资者可以扣除掉100%的全部开支。加之,利润税减免70%。在某些情况下,这些好处达到投资总额的200%。然后,历届政府进一步通过国有银行提供极低的、固定利率的信贷来鼓励增长。直至20世纪70年代中期,大型酿酒企业在政府银行发放的全部贷款中获得80%—90%(帕戴斯塔,1982)。[2]

在阿根廷葡萄酒经济中,国家干预的另一项措施是政府收购了这个国家最大的酿酒厂——希奥尔葡萄酒酒庄(Giol)。最初购买于1954年,希奥尔葡萄酒酒庄的职能是通过大量购买和销售葡萄和葡萄酒,规范整个葡萄酒产业链的价格。克里奥拉品种和税收的激励性立法的重要后果是大量新公司的出现,它们种植和购买葡萄、酿酒,然后将产品卖给用于装瓶和分销的大酒厂。希奥尔公司大部分买进的葡萄酒来自这些"转手酒庄"。到20世纪70年代中期,该公司加工了门多萨葡萄酒的18%,而门多萨是全国最大产区,因此,建造了世界上最大的葡萄酒储存设施。尽管价格控制可能是其最初的目的,但是,希奥尔公司的活动主要是为了刺激葡萄酒供应的进一步扩大(奥尔古因和梅拉多,2010)。

总之,这些行动共同导致了阿根廷葡萄酒产业的进一步大规模扩张。葡萄种植面积从1943年的10.3万公顷增加到30年后的25万公顷。葡萄产量每年以3.5%的总增长率增长,30年里葡萄酒产量增长了3倍多(见图11.3)。结果,每公顷的葡萄产量是法国和意大利的两倍,使阿根廷成为全球的领头羊,使

---

[1] 阿尔伯特·阿尔卡尔德(作者访谈,2004.8)。行业领袖安东尼奥·普伦塔承认,他保留少量马尔贝克品种的唯一原因是保证他不可避免的注水红葡萄酒的可接受性(作者访谈,2004.8)。

[2] 具体法律为以下编号的法律:14.878、11.682、18.372、18.905、20.628和20.954。为什么几届政府推崇这些法律?这是一个复杂的问题。20世纪50年代,供应短缺是早期业界开始推动实施低成本贷款的背后原因。但是,到了20世纪60年代中期和70年代初,大规模产出实际上已经超过了需求,甚至整个行业也开始担心葡萄酒供应过剩。其他可能性包括促进区域农业发展或仅仅是特殊政治利益,也许特定政治利益集团存在幕后交易。

该国提升到世界第三大葡萄酒生产国。业界的主角们都为这一行业的成功而骄傲,因为该地区的克里奥拉品种驱动的产量创纪录。他们的官方出版物《葡萄与葡萄酒》(*Vinos Y Viñas*)热情地将"显著"的成就与"无法同阿根廷的佐餐酒竞争的……相对效率低下的欧洲酒业"进行对比。阿根廷总统府在对葡萄酒行业的赞扬中说,不仅葡萄园土地的数量一直在不断增长,而且更重要的是,取得了比欧洲生产国更大的产出(阿根廷总统府官网,1970)。

对于酒庄来说,由于它们拼命种植越来越多的葡萄园和生产越来越多的葡萄酒投机,在销售增加的同时,收获政府所给予的利益,投机则成为关注点。盈利能力显然是最重要的,但是,这样的情况并非没有障碍。其中的一个因素是扩大产量与每升利润下降之间的反向关系。价格水平被不断增长的供应和确保每个人的餐桌上有充足的葡萄酒的政府价格控制所压制。在这段时间里,行业领袖长期抱怨他们进行了大量的投资——尽管通常情况下,大部分得到了税收减免,但这些控制措施意味着,即使有利润,也是微不足道的。那么,葡萄酒生产商做了什么加以补偿呢?更大的产出以降低每升成本。随着激励措施导致生产更多、更低质量的葡萄酒以增加销售量,进而增加利润,出现了恶性循环。

葡萄酒全景中一个特别显著的现象是所谓的干或甜雪利酒(vinos finos),这种葡萄酒占总量微不足道的3%。由于一系列关键的压制,在未来几十年里,在阿根廷国际声誉的顶峰时期,几乎没有这些葡萄酒。其中的原因之一是,市场对葡萄酒的偏好已经习惯了甜的、粉红色的克里奥拉葡萄酒饮品,由阿根廷的大众生产商来满足所谓的"阿根廷热"。此外,正常的加冰和苏打水的做法确保了所有葡萄酒的根本特征都被隐藏起来了。在任何情况下,相对干的和具有潜在复杂性的马尔贝克或者赤霞珠根本没有达到消费者的期望,由于阿根廷的国家监管和封闭的经济,几十年来消费者与国外任何类似的葡萄酒风格相隔绝。作为全国最大的酿酒厂之一的老板卡洛斯·普伦塔(Carlos Pulenta)解释说,"所有像我们这样的大公司,就像我父亲和他的兄弟们所做的一样,在绝对没有外部竞争的环境下成长起来"。[1]

　　尽管葡萄酒的隔绝于世使该行业得以在国内销售其低质量产品，但也封锁了出口的机会。从 19 世纪末的早些年开始，阿根廷葡萄酒的国际销售充其量只能算是微不足道的，而且在许多年里几乎不存在国际销售（见图 11.3）。在 1900—1910 年间，情况是几乎不存在国际销售，因为 1904 年最高出口量仅为 26 千升。即使在 20 世纪 60 年代中期到 70 年代中期产量最高的年份，出口从未超过 11 000 千升，在大多数年份里满打满算也不超过 3 000 千升。为"阿根廷人的味道"而酿造的葡萄酒惊人的质量低劣显然抑制了这种酒在国外的接受程度。正如产业巨头坤托·普伦塔宣称的，"我们认为，期望引进海外的优质葡萄酒以取代传统的欧洲供给是乌托邦式的，并且几乎是幼稚的"（普伦塔，1966：10）。

　　但是，还有另一个重要因素阻止了该国葡萄酒庄寻求国际销售：对持续增长的信心和如饥似渴的国内市场。1966 年，一篇社论发表于葡萄酒协会的官方刊物《葡萄、葡萄酒与果汁》，直言不讳地说相关产品增长以应对需求扩大，宣称"市场是产业的同义词"（梅凯多斯，1966：281）。诚然，数字似乎支持了这一观点。20 世纪 40 年代中期，阿根廷的人均消费量为 55 升；到 1970 年，人均消费量达到了 92 升的历史最高纪录。布宜诺斯艾利斯人均 99 升，几乎比肩巴黎和罗马，成为世界上最重要的葡萄酒饮用城市之一。如此高的消费水平与阿根廷葡萄酒协会的出版物工作人员的建议是一致的，他们曾给出每日饮酒指南：工人每日 0.75—1.5 升；雇员和知识分子每日 0.75 升；所有成年人每餐至少 0.5 升；对于孩子们而言，根据他们的年龄，一天最多可以喝一杯葡萄酒（里维奥斯，1954；罗德里格斯，1973）。

　　相信可以无限扩张，阿根廷酿酒商几乎没有动力尝试将劣质葡萄酒出售到外部竞争市场。相反，他们的长期关切是确保生产与国内消费增长保持同步。全国葡萄酒学院经济和发展系主任的评论自信地支持葡萄酒产业近百年之久

---

[1] 作者访谈，2003.8。

的内向型模式。1973 年,他大胆地宣布阿根廷继续享有一个统一和无限的国内市场,"没有指标显示战后的增长率将会改变"(罗德里格斯,1973:39)。

从危机中而来的革命(1990 年以来)

尽管产业界和国家行为者在口头和行动上均持乐观态度,就在他们言之凿凿的时刻,这个国家一个世纪之久的产业即将进入历史上最严重的危机。20 世纪 40 年代末至 80 年代初,刺激生产扩张的因素也抑制了好酒的酿造。尽管在它的第一个世纪里,质量从来就不是该行业的一个重要的优先事项,但是,政府对数量的提倡导致 1950—1980 年间质量的显著下降。此外,国家继续维持关税壁垒把消费者和生产者与葡萄酒隔离开来,已经威胁到了产业模式。但是,到了 20 世纪 70 年代末,低劣的葡萄酒产量过剩最终促使人们质疑他们喝的是什么东西。结果是,由于接下来的 20 年消费量显著下降 2/3,触发了该产业历史上最深刻的危机。

自 20 世纪 60 年代中期起,许多产业内外的观察家开始对即将到来的灾难有所觉察,意识到供求平衡的连续性问题。以 1962—1963 年特别是 1967—1968 年的短暂危机为例,当时,创纪录丰收产生的葡萄酒比消费者准备喝的葡萄酒多得多,他们警告说,传统的模式是不可能持续的,因为人口和人均收入增长显著滞后于不断增长的葡萄酒产量。葡萄与葡萄酒国际组织(OIV),世界上最有影响力的外部观察家们发出了警告,宣称在 1974 年阿根廷生产与消费之间的平衡已经被彻底摧毁(马丁内斯和佩罗内,1974)。甚至,在葡萄酒工业的官方出版物中,这样的关注都变得司空见惯了。到 20 世纪 60 年代末,大量的文章和社论告诫说,"我们工业的上帝的平衡之手现在因为生产过剩而严重受到威胁"(拉哈啦尤妮塞,1967:477)。这些警告的表达并没有夸大其词。在接下来的 10 年结束前,阿根廷生产的葡萄酒中 75%—80%仍未售出。

为什么酿酒厂没有注意到这个行业的传统模式正处在崩溃边缘的明显信

号?为了得到答案,你只需要记住最近的驱动力:那些减税和信贷激励措施使葡萄酒的制造和销售在很大程度上通过政府补贴来实现利润最大化的核心商业目标。尽管不考虑这些诱惑,而实际上就是因为它们,1980 年阿根廷葡萄酒经济陷入全面崩溃。崩溃很明显是因为从 1970 年开始的国内葡萄酒价格和消费的急剧下降。从该年至 1982 年,名义价格缩水了近 75%,每升 10 比索降至 2.5 比索。同期,人均消费量下降了 23%,从 92 升降至 71 升,这一趋势持续数年,达到 2014 年 20 升的低点(见图 11.4 和图 11.5)。

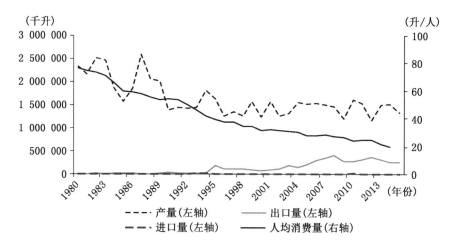

资料来源:安德森和皮尼拉(2017)。

图 11.4　1980—2015 年阿根廷葡萄酒产量、出口量、进口量与人均消费量

这些现象同时发生的这一事实似乎是矛盾的。然而,更详细的情况分析可以解释这一明显不一致的原因。对葡萄酒价格下降的解释是相当直白的。葡萄酒生产者多年来一直在提高产量,而面对的是停滞不前的市场,生产过剩不可避免地导致价格下降。但是,尽管价格呈下降趋势,事实是,人们正在喝越来越少的葡萄酒。在某种程度上,阿根廷的消费下降与欧洲传统饮用葡萄酒的国家是同向而行的,尽管欧洲在 10 年后开始消费下降,并呈现出几个不同的特征。在军政府期间(1976—1983 年)实际收入的减少是早期重要的因素,特别是对于传统上购买葡萄酒最多的工人和阿根廷中产阶级来说。然后,在接下来的

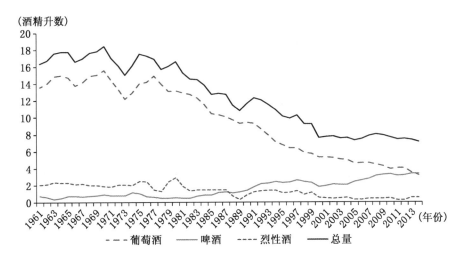

资料来源：安德森和皮尼拉(2017)。

图 11.5　1961—2014 年阿根廷葡萄酒、啤酒、烈性酒人均消费量

几年，消费者面临着几乎世界纪录的恶性通货膨胀，根本不知道他们越来越贬值的比索从今天到明天能够买到多少东西。与此同时，城市居民的饮食习惯也在发生变化，家庭传统午间主餐——佐以丰富的葡萄酒和随后的午睡——被法定作息时间取代了，一天工作八小时，加之短暂的午餐休息时间。里奥德拉莫特(Raúl de la Mota)巧妙地总结了其影响："正餐消失了，随之而来的是家庭正餐中的一个主要构成部分的消失——葡萄酒。一个人在工作过程中不能喝葡萄酒，因为葡萄酒使他睡去。"[1]

同一时期，其他饮料逐步开始将葡萄酒从阿根廷人午餐和午餐之后的饮食中驱逐出去，并且其他饮品的低酒精含量很可能是它们越来越受欢迎的一个原因。军队和随后的政府打开了软饮料的大门，实行了贸易自由化。由于推出了资金充足的宣传推广运动，他们迅速提升了瓶装水和低酒精啤酒的接受程度。到 1982 年，苏打水的消费量达到了葡萄酒的消费量，1985 年及其后苏打水的消费量已超过了葡萄酒的消费量。所以，酒精含量和公共关系当然是很重要的因

---

〔1〕 作者访谈，2005.8。

素。同时,考虑到葡萄酒的极低价格水平,另一个因素就是几乎可以肯定在过去20年里质量的下降。对许多人来说,可靠的汽水、啤酒和瓶装水可能只是一个更好的选择,而不是在那个时期大多数酒杯里"乏味的"、"甜得要命的"的"液体"。

由于葡萄酒消费量开始急剧下降,对葡萄园的影响和对酒庄的影响是巨大的。尽管最初一些人把提高产量作为一种生存手段,但是,产业百年历史上的最大危机很快就导致了产量大幅削减。随着20世纪80年代10年的演进,超过1/3的企业破产并被废弃。在这些年里,中小规模的葡萄酒酒庄尤其脆弱。那些根本负担不起更新和升级的酒庄大多关门了。只有那些规模更大、资本更雄厚的公司存活下来了。与此同时,大片的葡萄园被铲除,空间让给了其他项目,特别是城市和郊区开发。不仅仅是在过去20年里蓬勃发展的(乌瓦)克里奥拉品种被铲除,而且马尔贝克——这种葡萄最终变成阿根廷葡萄酒复兴的象征——几乎被清除殆尽,从1970年的50 000公顷下降到1990年的只有10 000公顷。尽管如此,与其他优质品种相比,马尔贝克的情况要好一些。赤霞珠减少到3 500公顷,梅洛减少到1 000公顷,霞多丽减少到仅有80公顷(阿斯皮亚褚和巴苏阿尔多,2003;梅里诺,2004)。

在这个产业的生存能力受到威胁的时刻,少数有远见的行业领袖警告说,生存依靠的是实现深刻而根本的变革。尼古拉斯·卡特纳·萨帕塔(Nicolás Catena Zapata)是少数在危机中幸存的酒庄老板之一,他所有的资源完好无损。在尼古拉斯·卡特纳·萨帕塔领导下,在20世纪80年代末,生产商们开始了一个被称为阿根廷葡萄酒产业"恢复"的过程。这一过程的三个基石分别是:(1)追求国际消费者,鉴于当地消费者需求的收缩;(2)重新定位葡萄酒生产,达到足以在国际上竞争的质量;(3)在酒庄和葡萄园里,采用全面的技术和诀窍升级,注重品质改进。简而言之,阿根廷葡萄酒革命的目标是质量改进。[1] 通过

---

〔1〕 在阿根廷的升级类似于在整个葡萄酒世界的趋势,无论是新世界还是旧世界,从意大利的超级托斯卡纳运动到加利福尼亚的品种关注。在现代全球化背景下,强调质量和独特性,这些现象已经成为农业发展的内在要素。

彻底重构酒庄和葡萄园的做法、激励以及蓝图,向出口迈进的目标实现了。

20 世纪 90 年代,越来越多的行业领袖已经坚信,指导原则不再是受控的国内市场的数量,而是以国际消费者为目标群体的优质葡萄酒。国际市场构成拯救产业的共识反映在 1999 年葡萄酒协会杂志发表的一篇文章的大胆标题上,标题是《要使产品适应国际消费者的口味》。2004 年,葡萄酒产业协会主席安吉尔·维斯帕(Angel Vespa)再次提及产业的曾经过往,他说:"阿根廷葡萄酒行业面临着一个伟大的使命——巩固其地位,使之成为广受信赖的国际市场葡萄酒供应商"(《酒庄与葡萄酒》,1999:18—19,原文标题有着重号;维斯帕,2004:11)。

直到 20 世纪 90 年代,出口增长的前景得到了前所未有的改善,阿根廷的出口几乎是从零开始的。这个国家已有一个百年历史的葡萄酒产业,拥有众多的葡萄园与各种规模和形态的酒庄,并且从葡萄园的工人到葡萄酒厂的高级经理人都积累了大量的经验。而在所有这些领域,至关重要的是要提升并实现生产具有国际竞争力的葡萄酒,该国长期的葡萄酒生产传统为这样的建设目标提供了宝贵的基础。另外,在长期的"危机文化"约束条件下,阿根廷人吸取他们的历史教训,学会了驾驭环境,为了尽量减少损失或在一个不确定的环境下获得最大的利益。这导致了一种平行的"敏捷性文化"的出现,这在再造产业的主要角色的决策过程中显而易见。他们的战略得益于一个世界上葡萄园土地面积最大的国家,在这个国家具有显著的、适宜的地域灵活性,从北到南跨越 1 700 多公里,从而提供了丰富的温度变化和高度落差。因此,与旧世界的绝大多数竞争对手相比,阿根廷人有更多的选择。甚至与邻国智利相比,他们的葡萄园区位更像地中海地区。因为他们的葡萄酒几乎没有监管限制,阿根廷的生产者可以自由种植葡萄、采用制作工艺和销售产品,从而使他们的葡萄酒符合他们认为的最重要的类型、质量以及市场偏好。[1]

(产业)"恢复"的决定是在阿根廷历史上既幸运又罕见的时刻做出的:为完

---

〔1〕 国家规定是存在的,包括收获季节结束的日期、新酒出售的最短时间,以及达到产品酒精含量的最小百分比方可视为葡萄酒。

成这项任务,在经济稳定的同时,大量财政资源具有可得性。就在这个时候,出口领导者最终开始做出升级的决定,阿根廷的宏观经济环境有利于大量私人投资。20世纪90年代初,作为放松经济管制的一部分,卡洛斯·梅内姆政府(1989—1999年)取消了限制外国投资的规制,货币兑换市场自由化,终结了出口关税,放宽了对进口的限制,特别是放松了对行业升级至关重要的资本和服务的限制。此外,低通货膨胀和法定的美元—比索平价汇率创造了一个稳定的环境——稳定的国内成本,对潜在的投资者具有吸引力。在这些条件下,外国银行尤其渴望放贷,并且相当主动地向葡萄酒企业家提供低息长期贷款。

过高估值的阿根廷货币使进口关键设备的价格非常具有吸引力。令人惊讶的是,强劲的比索并没有阻止在这个国家的土地和劳动力成本仍然很便宜。非常好的门多萨葡萄园出售的价格仅为在智利可能售价的一半、澳大利亚可能售价的1/3,以及纳帕[1]或法国可能售价的1/10。

在产业恢复过程中,阿根廷该产业的投资实在是太惊人了。仅在1991—2001年间,来自国外的投资估计达到了10亿美元,当地投资达到了5亿美元。出口渠道建筑的重要性是显而易见的:70%的投资流向了为国际市场生产提供资金(阿斯皮亚褚和巴苏阿尔多,2000、2006;梅里诺,2007)。

该产业利用强劲的比索购买了优质进口葡萄品种、尖端的酿酒设备,以及世界上最负盛名的飞行顾问服务。除了进口高质量的仿制品外,其中大部分来自法国和意大利,对当地苗圃的投资提供了适应当地条件的葡萄树。葡萄园也受益,逐步从漫灌改变为滴灌。对于酿酒厂来说,技术创新意味着进口海外各种设备,在过去阿根廷产业中这些设备是缺乏的,包括小橡木桶、不锈钢发酵罐和储罐、囊状压力器、定量器以及装瓶设备。

最重要的技术革新之一是引进现代冷却系统。例如,卡特纳是第一个建造大型冷室进行白葡萄酒低温发酵的。到20世纪90年代末,阿根廷共有40—50家酒庄升级了它们所有的设备,使它们的技术达到了全球任何地方最先进的同

---

〔1〕 Napa,位于美国旧金山。——译者注

行水平。正如国际葡萄酒顾问苏菲·江浦（Sophie Jump）在 2006 年宣称的，"大部分酒庄得到的设备是让法国人羡慕死的"。[1]

随着新设备的使用，该产业在通往具有国际竞争力的葡萄酒之路上已经迈出了至关重要的一步。然而，依然有一个主要的障碍：缺乏葡萄酒工艺学的技术诀窍。通过对葡萄酒工艺学家培训的真正改进，这个问题解决了。在阿根廷国内，产业对受过训练的专家的需求不断增长，使区域大学项目和毕业生呈指数增长。但是，最明显的发展来自外部世界。对该行业的新投资为当地酿酒商到国外著名酒庄出国学习旅行提供了担保，也提供了正规的学习项目。同时，著名葡萄酒专业人士来到阿根廷指导创新。咨询不仅限于产区生产，也延伸到营销和品牌。

到 20 世纪 90 年代末，阿根廷那些"恢复了的"酒庄准备迎接出口挑战，却发现自己与国际竞争对手相比处于明显的劣势。同样，高估的货币为工业转型提供了补贴，但是，很难在价格上与世界其他地区的葡萄酒竞争。2001 年，情况发生了根本的变化，当时该国遭受了当代历史上一次最严重的经济危机。很多阿根廷人的贫困达到了难以想象的水平，中产阶级和工人阶级深深地陷入贫困。但是，危机的一个附带影响就是打破了比索—美元平价体系。2001 年底，比索对美元 1 比 1 平价贬值了 2/3。对阿根廷的葡萄酒行业来说，货币价值的变化不可能出现在更好的时间。借助强劲的比索，获得了最先进的设备和技术诀窍，2002 年后的行业领袖们得以占据货币大幅贬值、土地和劳动力价格不断下降优势，以价格—质量比计，将他们的葡萄酒置于世界领先地位。

在 21 世纪的第一个 10 年，阿根廷的汇率与主要出口竞争对手的汇率相比，优势超过 3—4 倍，这些对手包括法国、意大利、西班牙和澳大利亚，从而使它成为最具竞争力的葡萄酒生产国。正如门多萨诺顿酒庄首席执行官刘易

〔1〕 韦林引用的苏菲·江浦的话（2006：25）。关于技术总体进步的水平和速度，参见阿斯皮亚褚和巴苏阿尔多（2000、2003）。另外，信息还来自作者的访谈，访谈对象分别是 Angel Mendoza（2005.6）、Paul Hobbs（2004.8）、Jeff Mausbach、Cecilia Razquin、Leandro Juárez、José Galante、Francisco Martinez 以及 Eduardo López（2003.8）。

斯·斯坦因戴尔(Luis Steindl)在 2007 年解释的："你可以得到与其他地区一样品质的(葡萄酒)。生产的直接成本可能相当于它在美国的 1/4,而与法国相比,直接成本甚至更低。"葡萄酒企业家迈克尔·伊文斯毫无保留地断言："与世界上其他任何地方相比,你在这里用更少的钱就能酿造出更好的葡萄酒。"即使只是故事的一部分,记者大卫·J. 林奇(David J. Lynch)的结论特别能说明问题："它不是复杂的鼻子或辛酸的花束,这就解释了阿根廷最近在全球葡萄酒市场的崛起,值得注意的是,包括美国在内。这是基本的经济学"(林奇,2007)。泽维尔德尔维诺地区的杰夫尔·梅里诺(Javier Merino)则更加强调了这一点,他肯定,"如果没有竞争性汇率的优势,阿根廷葡萄酒的'奇迹'是不可能的"[韦斯利维斯基(Wasilevsky),2013b]。

货币优势的重要性清楚地反映在 2001 年后阿根廷的葡萄酒出口起飞上。在 2001 年,阿根廷的葡萄酒出口总数仅超过 88 000 千升,到 2007 年,阿根廷的葡萄酒出口就上升到 414 000 千升,年增长率为 22%,是同期全球葡萄酒出口增长率的 4 倍,是澳大利亚、智利和西班牙同期增长率的 2 倍。它们对这个行业的重要性很明显,因为国际销售超过了葡萄酒生产量,在产量持平甚至下降的年份里,国际销售显著上升(见图 11.4)。在阿根廷最重要的市场——美国,增长幅度尤其引人注目:2002 年,进口阿根廷葡萄酒在美国进口总额中仅占 1.4%,而到 2009 年,这一比例已扩大到 6.2%,在排名中从第 9 位上升到第 5 位。

在考虑价格/价值比率时,价值一直是更加重要的部分。阿根廷的酒庄并不是主要被驱动着生产低价产品,如果考虑到 2003—2010 年之间的情形,则是显而易见的,它们出口的葡萄酒平均价格从每升 88 美分上升到每升 2.67 美元(梅里诺和埃斯特雷拉,2010;梅里诺,2015)。观察到阿根廷葡萄酒自革命以来的单位价值变化,并与新、旧世界最重要的竞争对手比较时,这一战略的成功特别令人印象深刻。1995—2015 年间,阿根廷葡萄酒出口的单位价值提高了 565%,比较而言,智利提高了 21%,澳大利亚下降了 4%,西班牙下降了 16%(见图 11.6)。

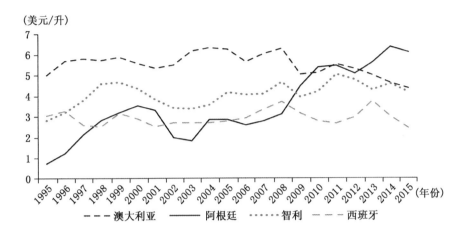

（美元/升）

- - - 澳大利亚　——— 阿根廷　······ 智利　– – – 西班牙

资料来源：安德森和皮尼拉（2017）。

图 11.6　1995—2015 年阿根廷、澳大利亚、智利和西班牙葡萄酒出口的单位价值

　　成本低、比索相对疲软，加之质量的飞跃，明显促进了出口增长，在 2008 年以来国际金融萧条的年代尤其显著。正如 2009 年葡萄酒专家杰伊·米勒（Jay Miller）解释的，"经济危机期间，美国人民（阿根廷最强劲的出口市场）并没有喝少，他们喝得更多，但是，他们喝更便宜的酒，他们买更便宜的葡萄酒，于是，阿根廷葡萄酒销路很好……"（麦金太尔，2009）。实际上，2008—2009 年期间比前一年消费的葡萄酒更多，阿根廷是世界上唯一的葡萄酒产区。

　　尽管在价格/质量比的争斗中，他们中等价位的葡萄酒处于领先地位，但是，阿根廷人没有忽视更高水平的产品。意识到标志性葡萄酒对个体酒庄品牌识别的影响以及对整个阿根廷品牌声誉的影响，各个酿酒商都投入了大量的精力，生产瓶装葡萄酒，这样既能在国际葡萄酒比赛中获得最高奖项，也能够获得来自有影响力的评论家罗伯特·帕克（Robert Parker）等人的赞美。出售价格最高可达 200 美元，因为他们采用了各种各样涉及葡萄园管理以及酿酒的做法，包括在海拔越来越高的地方种植葡萄、依靠传统的葡萄园里 40—80 年的葡萄树、高度控制的修剪和树冠管理、选择最佳的收获时节、按照特殊分类表手工分离葡萄、使用特殊酵母进行发酵，以及为延长储存时间使用新的法国橡木桶。结果被定量地反映出来，在声望很高的出版物中获得越来越高的分数，这些出版物如《葡萄酒倡导者》、《葡萄酒观察者》、《葡萄酒爱好者》等。同样,在多个奖项竞赛中,阿根廷的顶级葡萄酒都获得了成功。在 2009 年布鲁塞尔世界葡萄酒锦标赛上,阿根廷的瓶装酒被宣布为世界上最好的红葡萄酒。两年后,在 2011 年伦敦举行的世界葡萄酒锦标赛上,阿根廷赢得了自 2004 年开始比赛以来比任何其他国家都多的国际奖杯。[1]

人们普遍认为阿根廷只是采取了成功的出口战略,而近 20 年前,邻国智利就推出了出口战略。然而,阿根廷酿酒商将澳大利亚作为他们的榜样。高度成功的葡萄酒专家苏珊娜·巴尔博(Susana Balbo)和佩德罗·马切维斯基(Pedro Marchevsky)呼应道,这是业界普遍持有的观点,认为澳大利亚在促进希拉兹发展为"一个真正打开我们思维的范例"[宫差莱斯(González),2004:43]。实际上,希拉兹案例与马尔贝克案例既有不同之处,也有相似之处。希拉兹不是一个"新"品种,而是一个新的名字和一种旧世界广为人知的葡萄——西拉(Syrah)——新的类型。在阿根廷的案例中,马尔贝克是来自法国西南部的一种几乎不为人知的葡萄(卡霍斯),这种葡萄的使用和成功都非常有限,尤其是与其他法国主要的红葡萄品种作比较,如西拉或赤霞珠、梅洛、黑皮诺,甚至嘉本纳弗朗。另一个类似的模式并且与阿根廷的马尔贝克同时期的是新西兰的白苏维翁[2]。但是,再次,它更加密切地关注澳大利亚对已经建立和非常成功的法国品种的推广案例,而这在其他新世界地区并不怎么成功,比如在加利福尼亚。

强调马尔贝克是一个有意识的战略决策,著名酿酒师安吉尔·门多斯(Angel Mendoza)做出了最好的解释。看到澳大利亚在 21 世纪初希拉兹的成功,他和他的同伴们一起努力成就马尔贝克,把它作为阿根廷的标志性葡萄,意在酿制具有类似特征的葡萄酒。"我们确定挑战所有的葡萄酒博览会。我们品尝了

[1] 在阿根廷葡萄酒行业的转型过程中及之后,阿根廷葡萄酒的评级大幅飙升,令人印象深刻。例如,在 1993 年,得到《葡萄酒观察者》的最高评分是 89 分,2006 年上升到 95 分。1996 年,《葡萄酒爱好者》的最高评分是 87 分,2007 年则是 94 分。在随后的几年里,顶级瓶装葡萄酒一直得分在 95 分。也许最辉煌的成就来自罗伯特·帕克的《葡萄酒倡导者》的评级,马尔贝克葡萄酒两次获得 99 分,第一次是在 2009 年(考波斯马尔贝克葡萄酒,马尔乔力葡萄园 2006 年生产),然后是在 2011 年(安祺瓦尔费利葡萄园 2009 年生产)。

[2] 中文常称为"长相思"。——译者注

澳大利亚葡萄酒,我们说,'我们必须改变。如果我们想采用那样的模式,我们必须改变'。我们的酿酒师会从一个展台到另一个展台品尝葡萄酒,我们会说,'看果汁,看颜色,看看,这就是葡萄酒应该表达出来的方式'。"[1]葡萄酒庄执行官索菲亚·帕斯卡莫纳(Sofia Pescarmona)总结了行业对该品种的信心,"没有其他人像我们一样拥有马尔贝克。新颖而独特,阿根廷的马尔贝克成功吸引了不断增长的、寻求多样化葡萄酒体验的国际市场"[梅德斯(Meads),2004]。

　　作为阿根廷的出口领导者,马尔贝克占了 50%以上它的国际销售额。在2006—2015 年的 10 年间,该国标志性葡萄酒的国际销售量从 30 百万升上升到134 百万升,销售价值从 1 亿美元增加到 5 亿美元。仅在 2009 年,美国销售增长了 60%,成为阿根廷重要市场上增长最快的品类[布隆代尔(Blondel),2016]。毫不奇怪,其优势的一个主要原因在于大量消费者把马尔贝克作为他们的"最高价值选择",清楚地表明了该行业对有吸引力的葡萄酒的定价能力。但是,价格/质量比和独特性并不是该品种出口成功的唯一因素。马尔贝克的描述者在葡萄酒媒体上和消费者面前所表述的,解释了它受欢迎的原因:"马尔贝克受欢迎,部分原因是它提供了水果与没有受到过分挑战的结构的完美组合……"和"喝起来,马尔贝克柔软而且容易上口,它具有平易近人、多汁、水果使然的形象以及 15 美元或更低价格一瓶的物美价廉的形象"。这位葡萄酒商总结得很好,这种葡萄酒具有特别吸引力的各种要素是,"我可以全天卖出马尔贝克酒。人们就是不满足。他们就喜欢成熟果实的层叠,并且最后还要加点香料。而且还有更多的,绝大多数的葡萄酒很便宜"(霍布斯,2009;麦金太尔,2009;赛格,2010;惠特利,2010)。

　　尽管取得了这些成功,但马尔贝克的优势既不明显,也不容易获得。直到2000 年,大多数酿酒商仍然认为,这个品种不如赤霞珠、西拉那样被看好,甚至

---

　　[1]　安吉尔·门多斯(作者访谈,2005.6)。阿根廷可能没有复制智利的战略,但是,在建立阿根廷国际身份方面,马尔贝克的成功却没有输给安第斯山脉对面的邻居。智利曾试图推销卡梅内尔(Carmenere),把它作为对葡萄酒消费者的独特奉献,正如南非所尝试的那样,基于皮诺塔吉(Pinotage)建立南非的身份。

他们很少种植黑皮诺。更糟的是，还是在 2000 年，马尔贝克葡萄树被拔除，为新建的公路和住房开发让路。尽管仍然是最广泛种植的酿制优质红葡萄酒的红葡萄，但是，许多人拒绝将其作为阿根廷的象征性葡萄酒。甚至行业领袖尼古拉斯·卡特纳最初也忽视了马尔贝克，取而代之的是，为他最早的高端葡萄酒选择了最成熟的法国品种：霞多丽和赤霞珠。毕竟，1995 年他解释说，"国际质量标准……是由最好的法国葡萄酒定义的。最昂贵的葡萄酒波尔多和勃艮第赢得了这个特权"（福斯特，1995）。

卡特纳对马尔贝克抱以沉默并没有持续下去，因为在接下来的几年里，马尔贝克成为国际上成功的推动力，并在葡萄园种植面积中的占比继续增长，从 2006 年的 10.5％上升到 2015 年的 17％。早在 2004 年，这个品种就从有影响力的评论家罗伯特·帕克的声明中得到了巨大的推动，他声明马尔贝克已经"在质量上达到了惊人的高度"，并且他同时预测——在接下来的 10 年里，他所做的 12 件作品中——马尔贝克会进入"高贵葡萄酒的圣殿"。不久，这个国家的顶级酒庄，包括卡特纳的酒庄，开始在包括波尔多著名的葡萄酒博览会在内的国际葡萄酒展会上自豪地上演了专家品尝他们最好的马尔贝克瓶装葡萄酒的戏码（帕克，2004）。

具有讽刺意味的是，阿根廷葡萄酒革命的一个关键因素，特别是在新千年，一直表现出来的是一个庞大的当地消费者数量，即使减少了一些，但一直是庞大的。诚然，人均 90 多升高消费水平早已成了一种模糊的记忆，而且，它们的长期下降趋势显然是决心出口的背后推动力。即使下降到人均 25 升，阿根廷仍然是世界上第五大葡萄酒饮用国。事实上，对出口的重视掩盖了一个重要的真实性：在出口繁荣的过程中，国内消费仍然是重要的。全国市场仍然喝掉了生产出来的所有葡萄酒的 77％。另外，在阿根廷大约有 1 300 家酒庄，20％从事国际市场经营，20 家酒庄占出口总额的 60％。简而言之，在全国葡萄酒产业核算中，国内市场继续占有重要地位。阿根廷所有主要生产商共同意识到了国内市场的持续权重。阿根廷国内呈现出的仍然庞大甚至不断增长的饮酒公众，使得为促进出口增长而做出投资和结构调整决策非常艰难。矛盾的是，正是存在大量的国内消费者,能够让生产者承受在出口领域相对较大的风险,因为他们在自己的国家拥有强大的后备力量(INV,2016)。

阿根廷葡萄酒饮用者口味偏好的明显转变与出口战略同向而行。低收入群体远离葡萄酒,转向啤酒和软饮料,而那些较富裕的消费者和中产阶级消费者,在20世纪90年代,他们中的许多人使用本国的强势货币从事国际旅行,开始坚持要品尝味道与国外发现的"一样好"的葡萄酒。近100年来第一次,估值过高的比索推动了欧洲和加州葡萄酒的进口,其中的一些葡萄酒成了味觉标杆。因此,阿根廷的总体消费不断下降,但是,对本地生产的、出口模式的高档葡萄酒的需求不断增加;总体而言,低价葡萄酒的销售每年下降10%,与之相对应,以国际市场为目标的超高端瓶装葡萄酒增长了10%。最成功的出口酒庄之一的朱卡迪家族酒庄老板约瑟·阿尔伯特·朱卡迪(Jose Alberto Zuccardi)解释了这些重要的互补性。"我们从1991年开始出口。在那一刻,我们意识到最大的增长将发生在国外,但是,这并不意味着我们不去关注国内市场。相反,我们在国外学到了很多,我们在这里加以应用,包括口味、设计和包装"(马丁内斯,2006)。

阿根廷葡萄酒的未来

20世纪90年代初,阿根廷的葡萄酒工业经历了一次名副其实的革命,从葡萄园和许多酒庄的彻底提升到产品质量的显著改善。对这些发展变化产生重要影响的是从重点在国内消费者到出口市场的决定性转变。在19世纪80年代建立葡萄酒产业后的整整一个世纪里,基于无差别的当地消费者的观念,葡萄酒产业确立了自己的商业计划。相比之下,近年来,该国的领先企业对国内和国际新市场的挑战表现出了敏捷的反应,表明它们对消费细分市场的多样性是很敏感的。但是,阿根廷葡萄酒产业能否以同样的敏感性应对一直变化的未来挑战?为了回答这个问题,值得简要概述下决定阿根廷葡萄酒未来的主要问题，并发现主要的产业参与者正在想些什么。总结性的讨论重点是该部门最近面临的三个主要挑战：政府宏观经济政策的影响，特别是通货膨胀和货币价值对产业盈利能力的影响；寻求新的国际市场；通过寻求多样化，如果不能提高阿根廷葡萄酒的知名度，也要努力保持知名度，同时继续提高葡萄酒质量。

2002年以后，受到高度推崇的阿根廷葡萄酒的价格/质量比当然是出口成功的关键组成部分。但是，艰苦奋斗获得的阿根廷葡萄酒价格竞争力使其在经济衰退期间如此受欢迎，而2011年开始出现了逆转。由于比索以每年约20%的速度贬值，在主要葡萄酒出口国中，就货币成本方面而言，阿根廷排名最后。此外，货币贬值也跟不上通货膨胀率为25%—30%的不断提高的步伐，使维持具有高度竞争力的价格/质量比越来越困难。显然，葡萄酒行业承受的生产成本——从劳动力价格到葡萄价格，再到能源价格——在2009—2013年期间大约翻了一番。

该部门的痛苦有几个指标：在2011—2015年期间，阿根廷葡萄酒的国际和国内竞争力水平估计已经下降了40%；与此同时，总体来看，从2011年到2014年，葡萄酒行业的利润从6.4%下降到0.8%；就阿根廷标志性的马尔贝克而言，每公顷种植面积的利润水平从2011年的52%下降到2014年的仅为4%。为了保持一定的利润水平，酒庄发现有必要提高价格。结果是，经过一段时期的显著增长，在接下来的几年里，瓶装葡萄酒的出口趋势发生了逆转，2010—2014年间出口下降了2 000千升，因为在主要的国际市场上，消费者继续显现出他们极具价格敏感性，而这正是早期成功的基础（阿兹纳尔，2013；维赛斯，2013；梅里诺，2015；INV，2016）。

尽管进行了强有力的游说活动，但是，政府对货币贬值保持沉默，面对持续的通货膨胀，阿根廷的葡萄酒行业处于守势。随着第一个更有利于自由市场方略的行政官员的当选，新的复苏似乎即将到来。2015年12月，总统毛里西奥·马克里（Mauricio Macri）就职典礼后的一周内，发布了旨在刺激出口增长的政策，特别是在农业方面的政策。对于葡萄酒行业来说，比索的急剧贬值一直是恢复盈利水平的最重要措施，而2011—2015年期间这个措施无法形成该行业的国际竞争力。

即使在 2011 年后的困难时期之前,最重要的面向国际的酒庄就开始寻求新的市场,不只是它们已经在北美和欧洲建立的市场,特别关注的是亚洲市场。早在 2003 年,尼古拉斯·卡特纳和其他一些人就研究了亚洲地区,并将该地区作为一个重要的出口目的地。例如,2011 年,该国最重要的葡萄酒协会——阿根廷葡萄酒协会——在北京开设了一个中国办事处,其目标是"5 年内在市场上站稳脚跟"。总经理马里奥·吉奥尔达诺(Mario Giordano)解释说,该办事处将"协助、建议并帮助阿根廷的葡萄酒酒庄在这个市场中销售它们的葡萄酒。就复杂性、文化和物流壁垒方面而言,这个市场是任何其他市场都不可比的"(阿根廷葡萄酒协会,2011)。为此,办事处组织了阿根廷顶级酒庄前往亚洲旅行,中途经停北京、广州、中国香港、中国台北、新加坡和首尔。这个措施和类似努力的成功的衡量标准包括:向中国出口的酒庄数量从 2002 年的 6 家增加到 2013 年的 72 家;在 2014—2015 年期间,运往中国的产品价值增长最快,增长了 38%,而同期阿根廷最大的出口市场美国仅增长了 1%;并且马尔贝克成为中国新的葡萄酒消费者的第一选择(韦斯利维斯基,2013a、b;《葡萄酒观察》,2015)。

阿根廷葡萄酒最新变化的第三个因素是,随着新的次区域的发展、土地利用方式的发展以及葡萄新品种的发展,寻求多样性。当提到 20 世纪 90 年代开始的大规模行业转型时,"葡萄酒革命"一词是一个恰当的描述。但是,更仔细地观察这个过程,实际上发生了三次革命。第一次革命,大约从 1990 年到 2000 年期间,是酿酒技术、葡萄栽培知识和技术诀窍的升级,以及用法国品种替代了乌瓦克里奥拉品种。从 2000 年到 2012 年的第二次革命,确立了马尔贝克作为阿根廷象征性品种的地位,因为出口领导者开始在多个价格点位上提供各种各样的马尔贝克葡萄酒,从入门级到偶像级应有尽有。与此同时,生产者选择减产 30% 或更多,并探索新的葡萄园选址,以继续提升质量。其中,两个最受欢迎的探索方向是将葡萄园移动上升到更高的海拔高度,以及葡萄种植从历史产区向较新的产区转移。门多萨的乌克山谷(Uco Valley)及其周边区域以及北部萨尔塔省的卡法亚特就是把这两种方向结合起来的最好例子。至关重要的努力是引进了滴灌技术,从而可以对水稀缺的地区加以利用,可以对陡坡限制洒水器使用的一些地区加以利用,这些以前被视为葡萄种植中的问题。

在高通胀和货币估值过高的情况下,第三次葡萄酒革命出现了。葡萄酒酒庄,从大而强的酒庄到精品酒庄,都开始试验特殊小气候下的单品葡萄园种植,甚至单包种植。当它们还在调查凉爽干燥的高海拔地区的种植效果时,一些昆虫学家和葡萄栽培学家开始了更进一步研究,分析土壤的复杂性。《纽约时报》葡萄酒作家艾瑞克·阿西莫夫(Eric Asimov)描述了乌克山谷的这样一个单包种植区。看到所谓的"测试坑",他解释道:"它显示出一层一层苍白的米色石灰岩土壤中穿插着大而光滑的白色岩石。附近是另一个坑,但土壤完全不同:注入比鹅卵石大的白垩质石灰岩,别无其他东西。那一排还有另一个坑,没有石灰岩,只是肥沃的黄土。"就像"从一排葡萄藤到下一排葡萄藤下的土壤发生了根本性的变化,有时超过几米远⋯⋯每一种土壤条件下生产出来的葡萄酒完全不同"(阿西莫夫,2016)。这项研究的目的是为酿造马尔贝克葡萄酒得出不同的条件选择,同时寻找在这些环境下引进能够生产得很好的新品种。主要的例子是门多萨不断增长的独特的嘉本纳弗朗(Cabernet Francs)和伯纳达(Bonardas)瓶装葡萄酒、巴塔哥尼亚的黑皮诺,以及卡法亚特的特浓情(Torrontes)。正如阿根廷葡萄酒评论家吉尔吉奥·贝内戴迪(Giorgio Benedetti)最近所确信的,"最终,土地胜利了"(米歇尔利尼,2014:120)。

【作者介绍】 史蒂夫·斯坦因(Steve Stein):斯坦福大学历史学博士,佛罗里达州迈阿密大学的历史学高级教授。他与爱娜·玛利亚·玛陶联合编辑了《世界革命:阿根廷葡萄酒产业发展史》(门多萨,2008),第一次对阿根廷葡萄酒产业进行了综合的历史分析。

爱娜·玛利亚·玛陶(Ana María Mateu):阿根廷国家科学技术委员会研究员,门多萨库约国家大学历史学教授。她出版了《阿根廷工业发展史》(2008),与史蒂夫·斯坦因共同编辑出版了《农业工业:一个缓慢的进程》(2011)。

【参考文献】

Anderson,K. and V. Pinilla (with the assistance of A. J. Holmes) (2017),*Annual Database of Global Wine Markets*,*1835 to 2016*,freely available in Excel files at the University of Adelaide's Wine Economics Research Centre,www. adelaide. edu. au/wine-econ/databases.

Anon. (1906),*Boletín del Centro Viti-Vinícola Nacional*,July.

Arata,P. (1903),*Investigación vinícola：Informes presentados al Ministro de Agricultura por la Comisión Nacional*,Buenos Aires：Talleres de Publicaciones de la Oficina Meteorológica Argentina.

Asimov,E. (2016),'To Move Beyond Malbec,Look Below the Surface',available at：www. nytimes. com/2016/02/17/dining/malbec‐mendoza‐wine. html? emc＝edit_tnt_20160211&nlid＝60380288&tntemail0＝y (accessed 17 February 2016).

Aspiazu,D. and E. Basualdo (2000),*El complejo vitivinícola argentino en los noventa：potencialidades y restricciones*,Buenos Aires：CEPAL.

  (2003),*Estudios sectoriales. Componente：industria vitivinícola*,Buenos Aires：CEPAL-ONU.

Aznar,M. (2013),'Exports of Wine in Bottle Surged by 5%',available at：www. winesur. com/top-news/export-turnover-surged-by-4-in-the-first-four-months-of-2013 (accessed 11 June 2015).

Barrio,P. (2010),*Hacer vino*,Rosario：Prohistoria Ediciones.

Blondel,G. (2016),'El vino argentino',available at：www. cartafinanciera. com/pymes/el-vino-argentino? utm_source＝newsletter (accessed 15 May 2016).

Bottaro,S. (1917),*La industria vitivinícola entre nosotros*,Buenos Aires：Universidad de Buenos Aires,Facultad de Ciencias Económicas.

Bunge,A. (1929),*Informe del Ing. Alejandro E. Bunge sobre el problema vitivinícola*,Buenos Aires：Cia. impresora argentina,s. a.

Civit,E. (1887),*Los viñedos de Francia y los de Mendoza*,Mendoza：Tip. Los Andes.

Fernández,A. (2004),*Un 'mercado étnico' en el Plata*,Madrid：Consejo Superior de Investigaciones Científicas.

  (2008),'Los importadores españoles,el comercio de vinos y las trasformaciones en el mercado entre 1880 y 1930',pp. 129－40 in *El vino y sus revoluciones：Una antología histórica sobre el desarrollo de la industria vitivinícola argentina*,1st edition,edited by A. Mateu and S. Stein,Mendoza：EDIUNC.

Foster,D. (1995),*Revolución en el mundo de los vinos*,Buenos Aires：Ennio Ayosa Impresores.

Galanti,A. (1900),*La industria vitivinícola argentina*,Buenos Aires：Talleres S. Ostwald.

  (1915),*Estudio crítico sobre la cuestión vitivinícola：Estudios y pronósticos de otros tiem-*

pos, Buenos Aires: Talleres Gráficos de Juan Perrotti.

González, M. (2004), 'Bodega Dominio del Plata: Dos sueños, dos estilos, una familia', *Vinos y viñas*, April: 900.

Hanaway, N. (2014), 'Wine Country: The Vineyard as National Space in Nineteenth Century Argentina', pp. 89—103 in *Alcohol in Latin America: A Social and Cultural History*, 1st edition, edited by G. Pierce and A. Toxqui, Tucson: University of Arizona Press.

Hobbs, P. (2009), 'We Are Growing by Leaps and Bounds. We Cannot Compare Present-Day Argentina with the One From Ten Years Ago', available at: www. winesur. com/ news/awards/%E2%80%9Cwe-are-growing-by-leaps-and-bounds-we-cannotcompare-present-day-argentina-with-the-one-from-ten-years-ago%E2%80%9(accessed 6 August 2013).

Huret, J. and E. Gómez Carrillo (1913), *La Argentina*, Paris: E. Fasquelle.

INV, I. (2016), *Informes Anuales*, available at: www. inv. gov. ar/index. php/informesanuales (accessed 15 September 2016).

'La hora de los mercados' (1966), *Vinos, vinas y frutas*, November: 281—82.

'La hora de unirse' (1967), *Vinos, viñas y frutas*, March: 477.

Lynch, D. J. (2007). 'Golden Days for Argentine Wine Could Turn Cloudy', *USA Today*, available at: www. usatoday. com/money/world/2007-11-15-argentina-wine_ N. htm. Newspaper article.

Martín, J. (1992), *Estado y empresas*, Mendoza: Editorial de la Universidad Nacional de Cuyo.

Martínez, A. (1910), *Censo general de población, edificación, comercio é industrias de la ciudad de Buenos Aires*, Buenos Aires: Compañia Sud-Americana de Billetes de Banco.

Martínez, M. and J. Perone (1974), 'Comentarios sobre la organización del mercado vitivinícola argentino,' *Cuadernos, Sección Economía* (*Universidad Nacional de Cuyo*) (144): 18.

Martínez, O. (2006), 'Vino argentino: exportar más para seguir creciendo', *Clarin* [online]. Available at: edant. clarin. com/suplementos/economico/2006/09/17/n-00701. htm (accessed 15 October 2009).

Mateu, A. (2002), 'De productores a comerciantes: Las estrategias de integración de una empresa vitivinícola', mineo, Jornadas de Productores y Comerciantes, Buenos Aires.

—— (2003), 'Mendoza, entre el orden y el progreso 1880—1918', pp. 200—31, in *Historia de Mendoza. Aspectos políticos, culturales y sociales*, 1st edition, edited by A. Roig and P. Lacoste, Mendoza: Editorial Cavier Bleu.

—— (2009), *Estudio y análisis de la modalidad empresarial vitivinícola de los Arizu en Mendoza*, Ph. D. thesis, Universidad Nacional de Cuyo.

McIntyre, D. (2009), 'Argentinian Wines, Especially Malbec, Are Highly Popular Among US Wine Drinkers', available at: www. winesur. com/news/awards/argentinianwines-especially-malbec-are-highly-popular-among-us-wine-drinkers (accessed 4 April 2011).

Meads,S. (2004),'More than Malbec',*Wine International Tasting*,May.

Merino,J. (2004),'Reconversión agrícola:nuestros viñedos comienzan a parecerse a los del mundo',*Vinos y vinas*,pp. 1—14,April.

(2007),'¿Fincas baratas? —Los Andes Diario',available at:new. losandes. com. ar/article/ fincas-224823 (accessed 5 February 2015).

(2015),'Costs and Profitability:the Main Challenges of Argentina's Wine Industry',paper presented at the Annual Conference of the American Association of Wine Economists, Mendoza.

Merino,J. and J. Estrella (2010),'Competitiveness of Argentinean Wineries',paperpresented at the Annual Conference of the American Association of Wine Economists,University of California,Davis.

Michellini,M. (2014),*Todo lo otro*,Buenos Aires:Master Driver.

Observatorio Vitivinícola Argentino (2015),'China es el destino que más crece para los vinos argentinos',available at:observatoriova. com/2015/09/china-es-el-destinoque-mas-crece-para-los-vinos-argentinos/(accessed 8 April 2016).

Olguín,P. and M. Mellado (2010),'Fracaso empresario en la industria del vino. Los casos de Bodegas y Viñedos Giol y del Grupo Greco,Mendoza,1974—1989',Anuario Instituto de Estudios Histórico-Sociales,Universidad del Centro,Tandil,pp. 463—78.

Parker,R. (2004),'Parker Predicts the Future',available at:www. foodandwine. com/articles/parker-predicts-the-future (accessed 8 May 2005).

Pinilla,V. and M. Ayuda (2002),'The Political Economy of the Wine Trade:Spanish Exports and the International Market,1890—1935',*European Review of Economic History* 6(1):51—85.

Podestá,R. A. (1982),'La intervención del estado en la vitivinicultura',pp. 49—72 in *Crisis vitivinicola*,edited by Edgardo Diaz Araujo,G. Petra Rcabarren,Angel H. Medina, Carlos Magni Salmón, Ricardo A. Podestá, O. Molina Cabrera, Vicente Ramirez, A. Gonzalez Arroyo,Jorge Taccini,R. Reina Rutini,Jorge Perone,and Aldo Biondillo. Mendoza:Editorial Idearium.

Presidencia de la Nación,R. (1970),*Vitivinicultura*,Buenos Aires:Secretaria General.

Pulenta,Q. (1966),'Exportación de vinos y lo que puede hacer la industria privada',*Vinos*, *vinas y frutas*,July:9—12.

República Argentina (1898),*1895—Segundo Censo de la República Argentina*,available at: www. santafe. gov. ar/archivos/estadisticas/censos/C1895‐T2. pdf (accessed 10 March 2016).

Richard-Jorba,R. and E. Perez Romagnoli (1994),'Una aproximación a la geografía del vino en Mendoza:Distribución y difusión de las bodegas en los comienzos de la etapa industrial,1880—1910',*Revista de estudios regionales* 2:151—73.

Riveros,J. (1954),'El vino,sus propiedades y su consumo',*Vinos*,*vinas y frutas*,May:531.

Rodríguez,M. (1973),'El "Gran Buenos Aires," extraordinario consumidor de vino',*Anuario vitivinícola argentina*,88—40.

Saieg,L. (2010),'Malbec Consumption Triples',available at:www. winesur. com/topnews/malbec-consumption-triples (accessed 6 April 2012).

Supplee,J. (1988),*Provincial Elites and the Economic Transformation of Mendoza*,*Argentina*,*1880—1914*,Ph. D. thesis,University of Texas,Austin.

Veseth,M. (2013),'Stein's Law and the Coming Crisis in Argentinean Wine',available at:wineeconomist. com/2013/05/14/steins-law/(accessed 11 June 2015).

Vespa,A. (2004),'El desafío competitivo',*Vinos y viñas* 991:11,August.

Wasilevsky,J. (2013a),'Over 70 Argentine Wineries Export Wine to China',available at:www. winesur. com/news/over-70-argentine-wineries-export-wine-to-china (accessed 8 June 2015).

(2013b),'Refuerzan su presencia en Singapur y Taiwán. Asia reemplaza una parte de las ventas a Europa',available at:www. areadelvino. com/articulo. php? num＝25220 (accessed 8 June 2015).

(2016),'El vino argentino en la era K:10 años intensos y marcados a fuego por claros y oscuros',available at:www. iprofesional. com/notas/161442-El-vino-argentinoen-la-era-K-10-aos-intensos-y-marcados-a-fuego-por-claros-y-oscuros (accessed 5 March 2014).

Wehring,O. (2006),*Argentina Wine Industry Review*,Bromsgrove:n. a.

Whitley,R. (2010),'The Long,Strange Trip of Argentine Malbec',available at:www. creators. com/lifestylefeatures/wine/wine-talk/the-long-strange-trip-of-argentinemalbec. html (accessed 8 March 2013).

Wines of Argentina (2011),'Wines of Argentina Opens China Office',available at:www. winesofargentina. org/en/noticias/ver/2011/12/28/wines-of-argentina-pone-unpie-en-china-para-promocionar-el-vino-nacional (accessed 13 March 2013).

第十二章

澳大利亚和新西兰

　　欧洲人在澳大利亚定居始于 1788 年,英国人最初目的是把它当作监狱,这是 5 年前在美国独立战争中战败后的事情。[1] 在接下来的半个世纪里,这块大陆的白人人口主要是来自英国和爱尔兰的贫穷的成年男子和青年人。他们和负责管理的英国军官都是酒鬼,主要喝朗姆酒(rum)。在接下来的几十年里,这种偏好逐渐转向啤酒,而葡萄酒仍然是澳大利亚饮料消费中一个很小的构成部分,一直持续到 20 世纪的最后 25 年。

　　消费者对葡萄酒缺乏兴趣,这反映在供给方面。直到 19 世纪 90 年代,澳大利亚的人均年葡萄酒产量才达到 5 升,1920 年仍低于 7 升,第二次世界大战后仍低于 15 升。在新西兰[1840 年《怀坦吉条约》(the Treaty of Waitangi)的签署,英国人正式开始定居在那里],20 世纪 50 年代中期人均葡萄酒消费量才达到 1 升,60 年代末超过 5 升,新千年之后超过 15 升。相比之下,法国、意大利和西班牙在 1860—1890 年期间人均葡萄酒产量通常超过 100 升。

　　然而,在 20 世纪 80 年代中期之后的短短 20 年里,澳大利亚的人均葡萄酒消费增长了近 2 倍,新西兰的人均消费增长了 1 倍,澳大利亚葡萄酒产量翻了两番,新西兰产量翻了 5 倍,两个国家出口产品占比从不到 2％增加到 60％以上——那时,澳大利亚占全球葡萄酒出口额的 1/10(2012 年起,新西兰占比超过了 3％)。

　　本章试图解释为什么两国为了消费者利益以及葡萄酒生产者的相对优势

　　[1]　我要感谢澳大利亚葡萄酒公司为我的旅行和本章、本书以及随后的论文的早期研究提供的资助(安德森,2015、2013b、2013c)。

花了这么长时间,以及为什么20世纪80年代后这两个国家的该产业如此迅猛起飞。本章还试图揭示澳大利亚葡萄酒产业另一个显著特征的原因:围绕其长期增长路径的非常清晰的5个周期,最近的一次周期显现出在新千年的头几年之后惊人增长的逆转,而新西兰继续走向繁荣。

这样的解释需要一个比较视角,这是在两种意义上的比较视角:部门间[因为在这些移民经济体(the settler economy)中,其他产业也在扩张]和国家间。后者是很重要的,从中可以看到两国葡萄酒产业增长的一些推动因素以及与其他国家共有周期的背景(哈顿、奥鲁克和泰勒,2007),也可以从中得出这两个国家经验的差异。新的比较数据显示,在当前的全球化进程中,澳大利亚葡萄酒酒庄在新世界葡萄酒出口国中处于领先地位,而在100多年前就已经结束了的第一次全球化浪潮中,它们几乎不受关注,尽管在早期的全球化浪潮中欧洲的葡萄园被根瘤蚜虫病毁掉了。

本章使用了一个简单的经济框架,用于概念化葡萄酒产业增长和周期的驱动因素,并且基于两个新整理的、回溯至19世纪中期的年度产业和宏观经济数据的数据库:一个是详尽的澳大利亚数据库,具有地区和品种数据(安德森和阿亚尔,2015);另一个是全球数据库,只有国家数据(安德森和皮尼拉,2017)。[1]本章首先简要回顾国内酒精消费和进口特征的演变,而后更详细地分析澳大利亚葡萄酒生产和增长周期以及出口,最后分析新西兰(葡萄酒产业)最近的繁荣。

国内葡萄酒需求和进口

澳大利亚拥有原生的灌木丛,但其浆果非常小且产量稀少,因此,不足为奇

---

〔1〕 本章大量采用了这两个数据库的数据,为了简明起见,当引用数据时,不再提及对它们的引用。

的是,1788 年欧洲殖民者到达时,没有证据表明那里存在葡萄酒消费。[1] 在最初定居的 50 年里,新南威尔士的一些移民确实做过引进葡萄藤的实验,并酿酒以满足自己的需求(麦金太尔,2012)。他们得到《种植者手册》的帮助(布什巴依,1830),并且拥有涵盖众多葡萄品种的几百种葡萄藤枝,这些都是 1831 年底詹姆斯·布什巴依(James Bushby)从欧洲带回来的(1832 年,他又从欧洲把葡萄藤枝带到了新西兰)。然而,实际上,几乎没有一个种植者达到了存在经常过剩而用于商业销售的阶段,这种情况在澳大利亚直到 19 世纪 40 年代,在新西兰直到 19 世纪 60 年代。在此之前,国内酒精消费主要依赖进口葡萄酒,同时进口烈性酒和啤酒,仅有少量合法生产的烈性酒和啤酒以及较大量的自制啤酒加以补充。

欧洲人定居的头几十年没有确切的消费数据,但是,估计数据已经形成。布特林(1983)提出,葡萄酒、烈性酒和啤酒的组合以及 1800—1820 年间新南威尔士的人均消费总量大约与当时英国的情况类似,人均酒精消费大约 13 升。这与许多评论人士先前的说法相反,他们认为作为流放地的新南威尔士比欧洲国家更酗酒。在 19 世纪 30 年代,澳大利亚的人均消费估计有 15 升酒精,包括 12 升烈性酒、2 升葡萄酒和 1 升啤酒(丁格尔,1980)。19 世纪 50 年代后期的新西兰与英国类似,约为 7 升,其中,80% 为烈性酒,其余大部分是啤酒(赖安,2010)。

19 世纪 40 年代初大萧条时期,澳大利亚的消费大幅下降。19 世纪 50 年代,随着男性的大量涌入和人均收入的增长,消费大幅上升,归因于这 10 年维多利亚的黄金矿业繁荣。在人口中占主导地位的成年男性数量随后下降,人均酒精消费量也随之下降——受到戒酒运动的刺激,与当时在美国和新西兰开展的戒酒运动类似。到 19 世纪 90 年代,这两个国家的消费量都下降到人均 5 升酒精,20 世纪 20 年代末下降到 4 升,20 世纪 30 年代初大萧条时期低于 3 升。

---

[1] 澳大利亚的土著人口确实从当地山龙眼灌木的花蜜中生产了一种类似啤酒的产品,从桉树的树液中提取出一种类似苹果汁的饮料,两者都有适度的酒精含量(布雷迪,2008;吉拉尼卡,2017)。据说,在欧洲人到来之前,新西兰的毛利人没有喝过酒。

此后,20世纪70年代中期稳步上升,达到了10升的峰值水平,最主要的是啤酒。然后,澳大利亚又回落到约8升,新西兰约6升(见图12.1)。

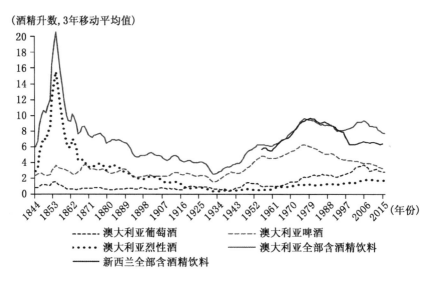

（酒精升数,3年移动平均值）

- - - - 澳大利亚葡萄酒　　　　- - - - 澳大利亚啤酒
· · · · · · 澳大利亚烈性酒　　　　——— 澳大利亚全部含酒精饮料
——— 新西兰全部含酒精饮料

资料来源:安德森和皮尼拉(2017)。

图12.1　澳大利亚1843—2016年与新西兰1955—2015年按照葡萄酒、啤酒和烈性酒分类的人均酒精饮料消费

在欧洲移民定居这两个国家的前100年里,烈性酒占主导地位,部分原因是从英国和爱尔兰回来的殖民者的同僚们都喝得醉醺醺的,部分原因是它是每单位酒精含量在世界各地运输费用中最便宜的饮料,而且最不可能在旅途中坏掉。此外,在国内生产啤酒很昂贵:数十年来,谷物和面粉都是进口的,因为对当地农民来说,种植农作物不如放牧那么有利可图。在19世纪60年代,人均耕地面积仍然只有2/3公顷,在澳大利亚,其中大约一半的面积种小麦。在接下来的40年里,人均耕地面积上升到1公顷多一点,但是,即使如此,人均啤酒消费量也逐渐下降,直到20世纪20年代开始禁酒运动的压力得到了缓解。

与此同时,葡萄酒只是一小部分澳大利亚人的首选饮料。在19世纪50年代维多利亚的淘金热期间,澳大利亚人均消费量提高了。然而,两次世界大战期间,粮食作为食物而不是用来酿制啤酒,人均消费趋势几乎没有变化,表现平平,直到 20 世纪 60 年代(见图 12.1)。那时,在战争引起的啤酒厂粮食配给制和啤酒与烈性酒消费配给制被取消后,啤酒再次构成了所有酒类消费量的 3/4,比较而言,葡萄酒(并且多数是强化型葡萄酒)的消费量低于 1/8。

　　然而,自 20 世纪 60 年代初以来,两个国家的人均葡萄酒消费量的经济增长速度超过了人均收入的增长速度,从 20 世纪 70 年代中期到 80 年代中期,啤酒消费支出在酒类消费总支出中占比增长平平,并且而后呈下降趋势。除了实际收入增长因素之外,还有若干影响因素。一个因素是品牌广告,加上澳大利亚葡萄酒管理局在国内的普遍推广。另一个因素是首选葡萄酒消费的来自南欧的移民大量流入,他们也影响了非酒精饮料的人均消费量:20 世纪下半叶,在澳大利亚,饮茶量缩减了 3/4,而咖啡饮用量增加了 6 倍(安德森,2017b,图 2)。还有一个因素是航空旅行的实际费用下降以及对 25 岁以下年龄的航空旅行顾客费用折扣。这鼓励了年轻人到欧洲旅行,在那里,他们接触到了不可或缺的葡萄酒文化。此外,澳大利亚 1974 年的《贸易惯例法》规定操纵零售价格是非法的,刺激了酒类连锁店的出现及其逐渐扩张,并出现了全国范围内葡萄酒打折销售。到 20 世纪 70 年代中期,澳大利亚每年人均葡萄酒消费量是 20 世纪 60 年代初人均 7 升的 2 倍,到本世纪之交,达到了这个水平的 3 倍。在新西兰,人均消费水平上升得甚至更快,1960 年前后仅 2 升,2005 年增加到 20 升。现在,两国的人均消费水平都高于大大降低的阿根廷、智利、乌拉圭和西班牙的人均消费水平,相当于德国的人均消费水平,并且超过法国和意大利人均消费水平的一半。

　　直到 19 世纪 90 年代,进口到澳大利亚的葡萄酒一直是澳大利亚出口的主要来源,并且在 1976—1986 年期间再次出现这样的情况,而直到 21 世纪初,新西兰还是葡萄酒的净进口国。20 世纪 70 年代中期至 80 年代初以及 2005 年左右以来,澳大利亚的葡萄酒进口大幅增长(而出口减少),这是这个国家出口需求驱动的矿业繁荣时期,该国的实际汇率暂时大大提高。21 世纪中期以来,澳大利亚大约一半的进口来自新西兰(主要是白苏维翁),在此期间,澳大利亚吸收了 1/4—1/3 的新西兰葡萄酒出口,而供应了新西兰绝大部分(主要是红葡萄酒)的进口。在 20 世纪 90 年代,新西兰葡萄酒消费量中的进口份额增长与其产量中的出口份额增长是相当的,但是,从那时起,由于葡萄酒产业的比较优势加强,以及国内葡萄酒生产在品种、风格和区域上的多元化,进口所占份额下降了(见图 12.2)。

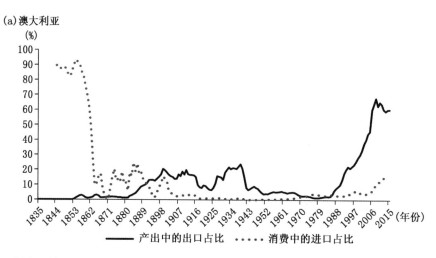

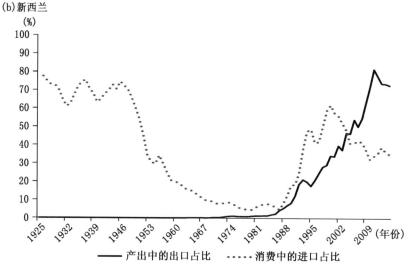

资料来源:安德森和皮尼拉(2017)。

图 12.2 澳大利亚 1835—2015 年与新西兰 1925—2015 年葡萄酒产出中的出口占比和葡萄酒消费中的进口占比(显示年度前后 3 年移动平均值)

国内葡萄酒生产和出口

联邦政府于 1908 年出版了第一本《澳大利亚年鉴》,非常相信澳大利亚的葡萄酒产业将迅速扩大产量和出口。事实上,16 年前就有人声称,"伦敦和其他重要的商业中心的著名葡萄酒商承认,在世界市场上,澳大利亚有望成为欧洲老葡萄园的一个强大的竞争对手"(欧文,1892:6)。[1] 同时,在新西兰,从维多利亚访问回来之后,罗密欧·布拉加托提交了一份报告(1895 年),同样热情洋溢地叙述了澳大利亚许多地方生产高产葡萄和优质葡萄酒的前景。

然而,澳大利亚和新西兰两国的葡萄酒产业已经有了很长时间的孕育期。19 世纪末,在维多利亚和新西兰都出现了根瘤蚜虫病,在接下来的 40 年里,澳大利亚的出口大约为葡萄酒产量的 20%,此后的 40 年里,这一比例下降到 5% 左右,而新西兰仍接近于零。这种情况一直持续到 20 世纪 80 年代末,也就是出口带动的产业繁荣发展之前(见图 12.3)。事实上它们的葡萄生产管制相对较少——不像欧洲那样,且种植者可以自由地选择他们的葡萄品种、每公顷产出量、如何灌溉等。此外,葡萄酒庄也面对很少的监管,因此,它们可以混合各地区的葡萄酒,混合它们想要的任何品种并在酒瓶标签上宣传这些品种。

1788 年以来澳大利亚产业增长和结构变化

1791 年,在帕拉马塔(Parramatta)有 4 英亩的葡萄种植,到 1816 年,在布

---

　　[1]　然而,法国尚未承认这一点。例如,在 1873 年维也纳国际展览会的葡萄酒比赛中,裁判官负责葡萄酒盲评,当法国裁判官得知获奖的西拉不是法国的葡萄酒而是来自维多利亚本迪戈的葡萄酒时,据报道称,他们集体宣布辞职[比斯顿(Beeston),2001:62]。

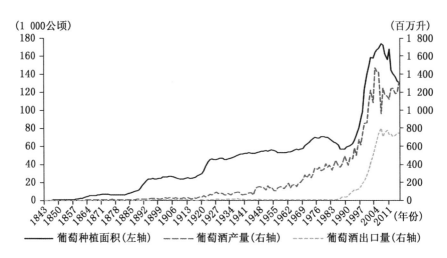

资料来源：安德森和皮尼拉（2017）。

图 12.3　1843—2016 年澳大利亚葡萄种植面积、葡萄酒产量和葡萄酒出口量

莱克斯兰（Blaxland）种植更多的葡萄。[1] 到 1820 年，麦克阿瑟公司在卡姆登（Camden）还有 20 英亩葡萄，1822 年布莱克斯兰出口了很少的样品，1828 年在亨特河谷建立了温德姆庄园，到 1832 年有了 2 英亩地的葡萄园。1831 年法国和西班牙南部之行后，詹姆斯·布什巴依在悉尼植物园种植欧洲葡萄，从而加速了澳大利亚葡萄酒产业的早期发展（麦金太尔，2012）。即使他在植物园的葡萄种植被忽视了，他具有先见之明，将副本寄给了麦克阿瑟、墨尔本和南澳大利亚，并且当他 1832 年移居新西兰时，带去了葡萄藤，从此葡萄种植开始传播。

19 世纪 30 年代末，随着新移民开始在维多利亚、南澳大利亚和西澳大利亚定居，葡萄酒的需求开始增长。当 19 世纪 40 年代初严重的经济衰退冲击英国并使澳大利亚殖民投资和支出不足的时候，供给扩大停顿了。19 世纪 40 年代后期，南澳大利亚可能做出了更多贡献，如果没有巴罗萨谷（Barossa Valley）北

---

　　〔1〕 非常具有可读性的澳大利亚葡萄酒行业的历史可以见之于拉弗（1949）、哈立德（1994）、兰金（1996）、邓斯坦（1994）、比斯顿（2001）、塞德（2003）、麦金太尔（2012）和艾伦（2012）。贝尔（1993、1994）和格里菲斯（1966）记载了 19 世纪南澳大利亚产业历史的各个方面。阿文（1991）在他对追溯到公元前的世界葡萄酒产业的开创性历史研究中，将澳大利亚历史置于全球视角之下审视，正如辛普森（2011）在对第一次世界大战开始时就结束的第一次全球化浪潮的深度历史研究中所做的那样。安德森（2015）开发的自 1843 年以来的年度数据有助于对产业完整发展时期的分析。新西兰葡萄酒产业的历史记录于库珀（1996）、斯图尔特（2010）和莫兰（2017）的文献中。

部铜矿的早期发现,就不会有 19 世纪 40 年代晚期生产和出口的蓬勃发展(该大陆的第一次矿业繁荣)。

1840 年以前,每年的葡萄酒产量(包括蒸馏制成的白兰地)都远低于 100 千升。当时,澳大利亚和新西兰的殖民地只有不到 200 公顷的葡萄种植面积,其中,大部分葡萄是作为鲜果或干果消费的。

在整个 19 世纪里,如果英国蓬勃发展的纺织厂羊毛需求不是那么强烈,葡萄和葡萄酒的产量就会增加得更多。[1] 羊毛的高价格和相对较低的每美元产品的运输成本意味着羊毛(以及 19 世纪 80 年代以来的羊肉)在每个 10 年里均主导着澳大利亚和新西兰的出口,直到 20 世纪 60 年代初,除了黄金主导的短期内,即 19 世纪 50 年代维多利亚和 19 世纪 90 年代西澳大利亚的淘金热时代,以及从 19 世纪 60 年代起时常在新西兰出现的淘金热时期。因此,澳大利亚葡萄酒出口商既面临着强大的国际竞争,来自向英国和其他葡萄酒市场出口的旧世界葡萄酒生产商的国际竞争,还面临着行业之间的竞争,来自牧场主和相关农业企业在国内劳工和资本市场的竞争以及来自金矿的竞争。尽管如此,在过去两个世纪中的绝大部分时间里,澳大利亚的葡萄种植区、葡萄酒生产和葡萄酒出口一直在上升(见图 12.3)。1843—2016 年的 170 多年里,其各自的年复合增长率分别为 2.8%、4.3% 和 5.0%。比较而言,半个世纪之前,新西兰的葡萄酒产量尚未达到 10 百万升,直到 21 世纪初才达到 60 百万升,但是,从那时起,产量已经增加了 5 倍。

在澳大利亚长期增长的道路上,有 5 个不同长度的多年周期(见表 12.1),此外,还有每年的波动,原因是季节性因素以及酒庄的葡萄与干鲜市场的葡萄多用途的相对盈利能力的变化。平均周期时长几乎是 30 年,并且变化幅度从 19 年到 52 年不等。平均来说,繁荣期比继之的利润下降或为负的低谷期要短,最近的繁荣是例外,它持续的时间几乎是随后刚刚结束的萧条期的 3 倍时长。

---

[1] 19 世纪 20 年代至 20 世纪初,英国约 1/4 的进口是羊毛和棉花,以满足蓬勃发展的纺织业的需要,并且该份额从未低于 1/10,直到 20 世纪 50 年代(安德森,1992,表 2.5)。

表 12.1　1855—2015 年澳大利亚葡萄酒产业发展中繁荣期与高原期时间表

葡萄收获年份	繁荣期/高原期/周期	年度数	每年增长比例(%/年)									葡萄酒在全部商品出口中占比(%)
			葡萄种植面积	葡萄酒产量	葡萄酒出口量	人均葡萄种植面积	葡萄种植面积/农作物总面积	人均葡萄酒产量	每美元GDP中葡萄酒产值	人均葡萄酒出口量	葡萄酒产量中出口占比	
1855—1871	第一次繁荣期	16	13.9	17.3	16.7	9.9	5.8	13.4	12.6	12.7	1.9	n.a.
1871—1882	第一次高原期	11	-1.2	-0.3	-5.0	-4.3	-9.4	-3.4	-5.4	-8.1	1.5	n.a.
1855—1882	第一个周期	27	6.3	8.9	7.8	2.8	-0.4	5.4	3.9	4.3	1.7	n.a.
1882—1896	第二次繁荣期	14	11.2	7.9	19.7	8.4	9.4	5.6	6.9	17.3	9.5	n.a.
1896—1915	第二次高原期	19	-0.3	0.1	0.4	-1.8	-3.6	-1.2	-3.0	-1.5	17.1	0.20
1882—1915	第二个周期	33	3.6	3.0	7.0	1.7	0.4	1.2	0.9	5.1	13.9	n.a.
1915—1925	第三次繁荣期	10	7.3	10.6	5.2	5.8	7.0	8.3	7.0	2.6	8.4	0.16
1925—1967	第三次高原期	42	0.5	2.6	-1.7	-1.1	-0.6	0.9	-0.9	-3.4	10.6	0.33
1915—1967	第三个周期	52	1.1	3.1	1.0	-0.5	-0.1	1.6	0.0	-0.7	10.2	0.30
1967—1975	第四次繁荣期	8	4.0	6.1	-1.4	0.0	5.1	4.2	1.9	-3.7	2.8	0.08
1975—1986	第四次高原期	11	-1.0	1.5	7.8	-2.9	-4.4	0.1	-1.2	5.8	2.3	0.06
1967—1986	第四个周期	19	0.5	3.2	1.2	-1.3	-1.2	1.7	0.1	-0.4	2.5	0.07
1986—2007	第五次繁荣期	21	6.4	6.4	17.5	5.5	4.0	5.9	3.5	16.4	28.2	1.02
2007—2016	第五次高原期	9	-3.1	-0.3	-0.7	-4.5	-3.4	-1.7	-3.4	-2.2	63.3	0.92
1986—2016	第五个周期	30	2.7	4.0	15.7	1.2	2.2	2.5	0.7	14.1	37.4	0.99
	前四次繁荣期均值	12	9.1	10.5	10.1	6.0	6.8	7.9	7.1	7.2	8.3	
	前四次高原期均值	21	-0.5	1.0	0.4	-2.5	-4.5	-0.9	-2.6	-1.8	7.9	
1843—2016		173	2.8	4.3	5.0[a]	0.6	-0.1	2.2	0.8[a]	3.1[a]	12.9[a]	

a. 包含 1855—2016 年的 161 年。

资料来源:安德森(2017b)。

注释:表中 n.a. 表示数据不可得。

需要谨记于心的是,人口和收入增长率也是波动的,并且在过去的两个世纪里,澳大利亚农作物种植总面积大幅增长,这不仅有助于研究广泛增长指标,也有助于研究密集增长指标。

就葡萄种植区而言,在每一个快速扩张阶段之后,人均葡萄园(种植)面积往往会出现较长一段时间的下降。尽管在跨越新千年的 20 年里,葡萄种植面积几乎翻了三番,但是,在 2007 年之后又开始下降,人均面积未达到 1924 年之前的创纪录水平。当葡萄种植面积与农作物总面积加以比较时,急剧增加和随后的缓慢下降也是相当明显的(见图 12.4)。19 世纪末以来,这个指标围绕长期下降趋势波动。尽管如此,当葡萄被灌溉的比例扩大或更多的葡萄开始用于葡萄酒酿造而不是干鲜食用时,由于每公顷产量的增加,人均葡萄酒产量和人均国内实际生产总值(GDP)呈上升趋势。[1]

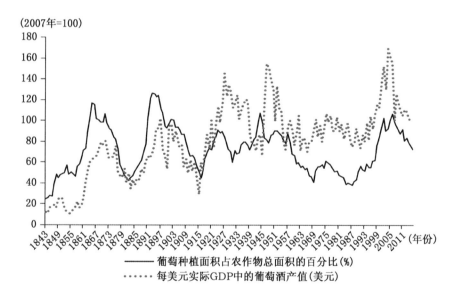

资料来源:基于安德森(2015)的资料加以更新。

图 12.4　1843—2016 年澳大利亚葡萄种植面积占农作物总面积的百分比
以及每美元实际 GDP 中的葡萄酒产值

〔1〕　第二次世界大战期间用于酿酒的葡萄所占比例不到 30%;在接下来的 30 年里,平均约为 40%;此后,1975—1990 年间为 60%。从 20 世纪 90 年代到目前为止,这一比例不断增加,已超过 90%(安德森,2015,表 8)。

显然,澳大利亚葡萄酒行业的长期增长道路并不像图 12.3 所示的那样平坦。在过去出口曾几次出现繁荣,但是,每次繁荣后都会出现一个高原期,因为扩张的种植面积、种植者数量又恢复到低位,有时会出现负收益。[1] 实际上,在 1976—1986 年期间结束时,出口是如此之低,以至于澳大利亚再次成为葡萄酒的净进口国。澳大利亚联邦政府和南澳大利亚政府出台了一项拔除葡萄的补偿计划,从而鼓励种植者转向其他农作物,当时对葡萄酒产业前景的看法是如此悲观。但是,就像凤凰涅槃一样,在 20 世纪 90 年代和 21 世纪初,这个产业再次崛起,重新蓬勃发展。酿酒葡萄和葡萄酒产品的实际价值每年增长超过 10%,在出口市场中的葡萄酒销售份额从 20 世纪 80 年代中期只有 2%—3% 提高到超过 60%(见图 12.2)。

澳大利亚的第一个周期:1855—1882 年淘金热及之后

19 世纪 50 年代的淘金热使得澳大利亚的白人人口几乎在这 10 年里翻了三番,大大提高了国内对酒精饮料的需求,这些饮料包括葡萄酒。尽管劳动力供给扩大了,但是,由于许多男人前往维多利亚金矿,工资显著增长了(麦克多克和麦克雷恩,1984)。这样压制了葡萄和葡萄酒生产及其盈利能力,1855 年葡萄酒产量仅为 1851 年的 70%。然而,到了 19 世纪 50 年代中期,这块大陆的人口和收入的巨大增幅注定导致对包括葡萄酒在内的许多产品的需求扩大。结果,葡萄种植面积开始迅速增加,19 世纪 50 年代的后半期,南澳大利亚葡萄种植面积增加了 3 倍,葡萄酒产量翻了两番。到 1871 年,整个澳大利亚的葡萄种植面积已经扩大了 10 倍,葡萄酒产量增加了 16 倍。

相应地,葡萄酒供给增长如此之快,以至于超过了每个殖民地的国内需求的增长,因此,需要寻找出口渠道。该大陆内部殖民地间的贸易是一种选择。

---

[1] 澳大利亚葡萄酒出口在产量中的占比超过世界葡萄酒出口在产量中的占比仅有三次:第一次世界大战之前、20 世纪 30 年代以及 20 世纪 90 年代末以来。除了在 20 世纪 30 年代和第二次世界大战期间,澳大利亚葡萄酒在商品出口总额中的占比一直低于整个世界的水平,直到 20 世纪 90 年代。也就是说,20 世纪 90 年代之前的数十年里,澳大利亚葡萄酒不具有比较优势(安德森,2017b)。

然而,运输成本很高,并且每个殖民地也都征收高额进口关税,试图保护其当地生产商。[1] 幸运的是,在这一时期,英国进口关税和海运成本开始下降。尤其是1860年英国废除了对南非葡萄酒的进口关税优惠(当时的关税税率仅为其他国家葡萄酒关税税率的一半),到了1862年,所有葡萄酒的关税都降低了,低于26度校准酒精含量的(相当于14.9%的酒精度数)由每加仑5先令9便士降为1先令。这使干葡萄酒的关税只有葡萄牙和西班牙的酒精含量更高、加强型葡萄酒关税的2/5——已经是过去160年中大部分国家加强型葡萄酒关税的翻番(凯利,1867:6;鲁丁顿,2018)。干葡萄酒关税的削减,加之无许可证零售业的创立(多亏了1861年格莱斯顿的立法变化),使得19世纪60年代澳大利亚对英国的出口翻了两番,到19世纪70年代中期又翻了一番。然而,这是最初建立在19世纪50年代中期的一个非常低的水平,整个19世纪60—70年代,澳大利亚适度的葡萄酒出口量不到其产量的3%(见图12.2)。

澳大利亚的出口受到抑制,不仅是因为它生产的葡萄酒普遍质量极低(多数为干红,在葡萄被碾碎后的几个星期里大桶散装运输),而且因为,在此之前,在保证质量的包装、在英国的营销和分销安排方面投入很少(欧文,1892;贝尔,1994)。与此同时,从19世纪60年代末开始,由于供给迅速扩大,超过了需求增长,生产者遭受了回报率低的巨大损失。凯利(1867:1)在他的书的开篇中声称,当时南澳大利亚没有哪一个产业像葡萄酒产业一样萧条。收益太不堪了,在全国范围内葡萄种植面积下降了10%,19世纪70年代南澳大利亚下降了近30%。

到19世纪70年代末,出口业绩糟糕,但并不是没有一些亮点。1873年维也纳国际展览会之后,提交给海关专员的官方报告赞扬了澳大利亚的葡萄酒,并且1882年的国际展览中出现类似的赞誉(以及一些批评报告),这次展览会

---

〔1〕 1858年,进入南澳大利亚、维多利亚和新南威尔士的葡萄酒的关税已经相当高了,分别为每升2.2美分、4.4美分和6.6美分。到1876年,关税已经提高到每升近9美分,到19世纪90年代初几乎达到了令人望而却步的水平,无泡葡萄酒每升11美分,起泡葡萄酒关税则是无泡葡萄酒的两倍(安德森,2015)。

恰好在波尔多。这样的关注为未来带来了一些希望,尤其是当根瘤蚜虫病在欧洲蔓延并因此导致欧洲大陆产量逐渐减少的时候。

澳大利亚的第二个周期:1882—1915 年

国际展览的成功,以及预见在世纪之交形成澳大利亚联邦,并将取消严格的殖民地间贸易限制,从而鼓励了种植者将葡萄种植面积大幅扩大。诚然,19世纪 70 年代后期在吉朗暴发了根瘤蚜虫病,维多利亚其他地方逐渐传播开来(波普,1971),然后,在 19 世纪结束前传播到新西兰。但是,维多利亚政府以赔偿作为回应,强制清除患病植物,并于 1890 年提供每英亩 2 英镑补贴(每公顷10 澳元),在随后的 3 年重新种植抗病品种。结果,1889—1894 年,维多利亚的葡萄种植面积增加了一倍多,从 5 200 公顷增加到 12 300 公顷。很不幸,发生了 19 世纪 90 年代大萧条的冲击,国内酒精的销售急剧下降。维多利亚的路斯格兰地区尤其扩大了种植面积,与南澳大利亚的进口无泡红葡萄酒展开竞争。扩大种植意味着,在 19 世纪 80 年代到 90 年代初,澳大利亚整个葡萄园面积和葡萄酒产量大幅增长,每年增长分别约为 11％和 8％(见表 12.1)。

随着澳大利亚葡萄园的扩张,很快就出现了酿酒能力的扩张和酿酒技术的改进。给定高质量酿酒的资本密集度,那么,随着新世纪的临近,与之相关的就是酒庄所有权的集中,而酒庄所有权的集中有助于该产业出口取得成功。在世纪之交,产量是 1880 年产量水平的 3 倍,并且该国葡萄酒产量的 1/6 被用于出口(见图 12.2)——尽管当时的澳大利亚存在与出口有关的重大困难(欧文,1892)。在这个周期早期,澳大利亚出口成功一定程度上得益于来自法国和其他国家的竞争减弱。在 19 世纪 70—80 年代,根瘤蚜虫病到达欧洲及其毁灭性扩散,削弱了法国和其他国家对英国的出口竞争力。

在 1885—1895 年最初的产业增长之后,在第一个出口繁荣期间出口的增加持续了 20 多年,主要出口包括散装酒体丰满的红葡萄酒,而第一次世界大战中断了出口。尽管对新世界葡萄酒的强烈偏见依然长期存在,但是,澳大利亚干葡萄酒的声誉在欧洲已经确立,至少在一般意义上,即使品种、区域和葡萄酒品牌标签仍然缺乏（直到 20 世纪 50 年代）。

　　然而，到 1895 年，法国 2/5 的葡萄种植面积已经被移植改为美国葡萄根茎，并且随着根瘤蚜虫病被消除，每公顷土地的产量迅速上升。同时，法国生产者还大量投资于北非的葡萄园，尤其是在阿尔及利亚，而且这些葡萄园很快成熟，提高对所有其他进口产品的壁垒帮助了它们进入法国市场（皮尼拉和阿尤达，2002；梅洛尼和斯文内恩，2014、2018；切维特等人，2018）。贸易政策的发展变化压制了欧洲葡萄酒价格，导致了澳大利亚的葡萄种植面积扩大和生产增长中断，直到第一次世界大战开始。

　　除了上述高原期之前第二次产业扩张的两个主要国内决定因素（预期澳大利亚的联邦形成、酒庄现代化和所有权集中），还有另一个因素：实行关税保护，以避免许多进口制成品和一些加工农产品的竞争。干果是最早的、最受保护的这类产品之一，1904 年首次实行时，当地价格翻了一番。那一年，澳大利亚成立了干果协会，通过控制 90％以上的国内生产，从而借助将供应转向酿酒厂或在政府出口补贴的帮助下进入出口市场，提高国内价格［希伯尔（Sieper），1982］。这也提高了酿酒葡萄的价格，进而提高了葡萄酒生产成本。这一成本或多或少地被进口葡萄酒的税收所抵消，它一直流行到现在（尽管当前最惠国关税税率只有 5％）。

　　在这一周期中出口起飞的另一个国际决定因素是洲际海洋运输成本的降低。在洲际贸易成本下降过程中，轮船起到了关键作用。哈雷（1988）的英国海运费率指数表明，在 1740—1840 年间，英国海运费率指数保持相对不变，然后在 1840—1910 年间下降约 70％——这一急剧下降在全世界海运路线上均有反映（哈雷，1988；穆罕默德和威廉森，2004；芬德利和欧鲁克，2007）。大约从 1860 年到第一次世界大战期间，运输成本下降幅度特别大。更重要的是，海洋运输的速度越来越快，意味着除了运价数据，还节约了成本，尤其是对易腐产品来说。对于遥远的澳大利亚和新西兰，在欧洲移民最初的几十年里，交通运输成本尤为高昂。但是，对新西兰来说，第一次世界大战前夕，它的葡萄酒产量仍然未达到 200 百万升或人均 0.2 升，所以，仍然看不到有盈余可供出口的前景。

澳大利亚的第三个周期:1915—1967 年来来去去的出口支持

在第一次世界大战结束时和之后,澳大利亚葡萄种植地区快速扩张(见表 12.1、图 12.3 和图 12.4)。这是受以下因素鼓励的结果:退伍军人农场补贴安置,特别是在新南威尔士新开发的马兰比吉灌溉区和墨累河沿岸的农场(戴维森,1969,第 4 章)。在 1925 年之前的 10 年里,每年葡萄酒产量翻了一番还要多,导致了供应过剩,尤其是多拉迪洛葡萄,1924 年其价格下降了 2/3。已经受到土地开发和水利基础设施方面支援的助推,澳大利亚政府决定进一步支持新种植区的生产者,向至少达到校准酒精含量 34 度的葡萄酒提供出口赏金(即酒精度数超过 19%的强化葡萄酒,对此,非高端的多拉迪洛品种是比较适合的)。

1924 年通过的《葡萄酒出口赏金法案》对强化葡萄酒提供了相当于每升 6 美分的奖金加上消费税退税,共计每升 8.8 美分的奖金(拉弗,1949:78、134)。澳大利亚葡萄酒出口的平均单位价值每升不到 10 美分的时代到来了。这样慷慨的出口补贴旨在使澳大利亚更有能力在英国市场上与更近的葡萄牙和西班牙展开强化甜葡萄酒的竞争。

既然出口补贴相当于生产补贴,并且相当于一种国内消费税,这种奖励降低了国内强化葡萄酒的销售和佐餐酒的产量,同时促进了强化葡萄酒的生产和出口(尤其是低价值的葡萄和强化葡萄酒,因为出口奖金是一种特殊的税收,而不是从价税)。在两次世界大战期间,澳大利亚的佐餐葡萄酒产量大大减少,到 20 世纪 30 年代末降到了 1923 年水平的 1/5。20 世纪 30 年代,啤酒的生产和消费迅速增长,据推测,当葡萄被用于强化葡萄酒出口生产时,啤酒便成为国内消费者的廉价替代品。

从 20 世纪 20 年代中期开始,强化葡萄酒出口奖励政策并不是对种植者援助的全部政策。在 1925 年 6 月的预算中,作为对战争贡献的感谢,英国政府推出对来自大英帝国的葡萄酒的关税优惠。结果,澳大利亚的佐餐酒面对的是每加仑 2 先令的英国关税,强化葡萄酒每加仑 4 先令,相比之下,英国从欧洲进口葡萄酒的关税税率要高出一倍。

此外,该产业还继续得到葡萄酒和白兰地进口关税的帮助,对进口但非国内生产的葡萄酒征收 15％ 的销售税[1],对啤酒和烈性酒但不包括葡萄酒征收消费税,白兰地的消费税低于其他烈性酒的消费税。葡萄酒的进口税并非无关紧要,它有助于解释国内消费中进口葡萄酒的低占比以及在这个周期中为什么葡萄酒消费总体水平相对较低(见图 12.1 和图 12.2)。这些支持措施提高国内葡萄和葡萄酒价格的程度可以通过估计的名义支持率(NRAs)显示出来。在两次世界大战期间,干葡萄(drying grapes)的名义支持率平均为 25％,此后的 20 年为 10％。与此同时,20 世纪 50—60 年代进口关税形成的葡萄酒名义支持率平均为 24％,略高于其他制造业的平均值,是农业部门平均名义支持率水平的两倍(安德森,2015,表 A9)。

这些政策加在一起极大地激励了那些在两次世界大战期间对澳大利亚低价值葡萄和强化葡萄酒的信心受到压制的生产者。它们还鼓励了英国的葡萄酒进口商提前扩大采购,当时,在 1927 年澳大利亚政府给出 6 个月的关注期,告知它将把出口补贴减少 1/4:出口出现了一次大规模的激增,然后 20 世纪 20年代末出口暂时下滑(此后,20 世纪 30 年代的出口水平平均达到了 16 百万升)。[2] 1927 年匆忙运来许多葡萄酒,都是为了在奖金减少之前有资格获得奖金,在某种意义上这些葡萄酒没有足够的时间成熟。加之,在英国还存在储存处理不当的问题,到了这些葡萄酒在那里被出售时,这些葡萄酒确实都是低质量的。这意味着它们不仅价格低廉,而且还为澳大利亚赢得了声誉,即品质低劣的强化葡萄酒的新供应国——对于无泡干红葡萄酒来说,这取代了在过去几

————————

　〔1〕 1930 年实行了多种销售税,但对国内生产商实行了免税,因此它们具有与进口关税相同的保护作用(劳埃德,1973,第 7 章)。
　〔2〕 这些变化加总起来,意味着在 1926—1940 年间澳大利亚比法国向英国出口了更多的葡萄酒(拉弗,1949:125)。从 19 世纪 60 年代到 20 世纪 20 年代,法国、葡萄牙和西班牙分别提供了英国 20％ 以上的葡萄酒进口,每 10 年这三国的总进口占比超过 80％。20 世纪头 20 年,澳大利亚在英国葡萄酒进口中所占的比例只有 5％,20 世纪 20 年代这一比例为 9％,但到了 20 世纪 30 年代,上升到了 24％(安德森和皮尼拉,2017,表 73)。这与 20 世纪 30 年代帝国的优惠政策对贸易格局产生了重大影响的新证据一致(德布洛姆海德等,2017)。

十年里已经赢得的相当高的声誉。[1]

作为进一步的应对举措,1929 年,澳大利亚政府成立了海外葡萄酒市场推广委员会(后来以简称"澳大利亚葡萄酒委员会"为人所知,它的推广任务扩大到将国内葡萄酒市场包括在内)。就像当时的许多市场推广委员会一样,1930—1936 年间,它试图设定出口葡萄酒的最低限价,但是,因为市场价格仅为设定价格的一半,不得不放弃最低限价。

随着 20 世纪 20 年代末回报率的下降,酿酒商希望将他们向种植者支付的葡萄价格减少 25%。一种回应是,南澳大利亚的葡萄种植者合作社建立了,成为具有竞争力的酿酒商,但是,这并没有阻止回报的减少。1936 年,澳大利亚政府发起了一项葡萄藤清除计划,库纳瓦拉地区 2/3 的葡萄藤被连根拔起了。同时,在维多利亚的亚拉山谷,农场主开始转向奶牛场;在新南威尔士的猎人山谷,葡萄种植面积最终减半。不足为奇的是,这一时期,澳大利亚的葡萄种植总面积几乎没有增长。20 世纪 30 年代末再次达到了 50 年之前的葡萄酒出口水平(英国人为地增加了库存,成为战争的预兆)。

第二次世界大战期间,国内葡萄酒消费量上升。部分原因是,啤酒和烈性酒的销售是配给制的,以增加粮食的可得性。在战争期间,州际酒类贸易也被禁止,以节约运输燃料。从 1941 年 1 月开始,英国对进口葡萄酒施以严格的限制,只向澳大利亚提供了少量的配额(拉菲尔,1949:87—94)。加之在获得运输船装货空间方面的困难,意味着 1940—1945 年间澳大利亚每年向英国出口葡萄酒的数量只有 20 世纪 30 年代的 1/5。

第二次世界大战后,战时对用于啤酒生产的谷物实行配给制被取消了,英国的消费者就开始远离葡萄酒消费。部分原因是长期存在的消费者偏好,但是,两项政策的改变起到了帮助作用。一项政策是,在 1947 年,英国将强化葡萄酒关税提高了 5 倍,并且直到 20 世纪 50 年代末一直保持很高的水平(50 年

---

[1] 在 1920—1960 年间,不到 1/5 的葡萄酒产量变成了佐餐酒,超过 2/5 被蒸馏,剩下的 2/5 被强化(安德森,2015,表 29)。

代末降低了,但仍然是两次世界大战期间的两倍)。另一项政策是,1947—1948年之后,在澳大利亚,葡萄酒出口优惠政策不再提供。

就供应方面而言,尽管在南澳大利亚的罗斯顿和维多利亚的罗宾韦尔有了新的灌溉计划,但是,从20世纪40年代中期到60年代中期,葡萄种植面积和葡萄酒产量增长缓慢(见图12.3)。在这段时期,朝鲜战争导致羊毛价格暴涨,并且当时其他农产品比如小麦、牛奶和烟草等产品补贴更吸引农场主。同时,对制成品实行更严格的进口限制,促进了进口竞争产业部门的增长,20世纪60年代初,取消铁矿石出口的禁令引发了矿业繁荣。这两个贸易政策的变化间接地抑制了其他可贸易行业的激励措施,包括葡萄酒在内(安德森,2017a)。结果,1946—1966年间,葡萄酒产量每年只增长了3%,葡萄酒出口依然表现平平(见表12.1)。

澳大利亚的第四个周期:1967—1986 年的国内需求变化

20世纪60年代末,英国再次提高了强化葡萄酒的关税,然后,在1973年,加入欧洲经济共同体(EEC),提供欧盟其他成员国的葡萄酒免税准入待遇。与此同时,国内的采矿业繁荣削弱了澳大利亚非矿产出口商的竞争力。因此,出于供需两方面的原因,葡萄酒出口从20世纪60年代中期到80年代中期一直表现平平,对英国(联合王国)的出口缩减了9/10。[1] 葡萄和葡萄酒的价格仍然很低,尤其是红葡萄酒。红葡萄酒的低价格引起了国内的注意,消费者口味的摇摆随之而来。相应地,大量的公司——其中许多公司没有葡萄酒的生产和销售经验——通过公司并购获得了拿到品牌的机会。20世纪60年代后期以来,对国内优质红葡萄酒的需求激增,刺激了它们的生产扩大。接着,20世纪70年代中期以来,国内消费者对高档白葡萄酒的兴趣也突然高涨起来,随后,在接下来的周期循环中,又引起了对红葡萄酒的新的兴趣。在这两个周期中,国

---

〔1〕 20世纪60年代中期,葡萄酒出口水平如此之低,以至于澳大利亚葡萄酒局关闭了其在伦敦的葡萄酒中心。

内销售的强化葡萄酒占比缩减了,从 53% 下降到仅有 7%。

在此期间,有许多大公司收购了古老的家族酒庄[安德森,2015,表 23(a)]。在某些情况下,这为生产、研究与开发(R&D)以及市场营销增加了更突出的商业优势,主要是因为在证券交易名册上的公司必须定期向股东报告它们的净收益。一个结果是 2—4 升的桶装酒或“盒装葡萄酒”的商业开发,这大大增加了国内市场终端对低质量葡萄酒的需求。到了 1976 年,白葡萄酒在国内市场上使红酒黯然失色,它们的销量继续飙升:在澳大利亚,1978—1984 年间,每年装在盒子里的塑料袋中出售的白葡萄酒数量从 33 百万升上升到了 152 百万升,而瓶装红葡萄酒和瓶装白葡萄酒销售从 73 百万升降至 55 百万升。但是,这还不足以让这个产业在国际上具有竞争力,特别是随着澳元在 20 世纪 70 年代中期和 80 年代初的升值,原因是澳大利亚一些主要出口产品的国际价格上涨(安德森,2017a)。

一定程度上,离开红葡萄酒消费的原因是组胺(histamine)引起的健康恐慌,而组胺与红酒消费相关(后来被证明是虚构的)。部分原因还在于,20 世纪 60 年代中期以来,为满足国内的需求增长而生产的红葡萄酒质量相对较低,或出售时酒龄不够。质量差的一个原因是,歌海娜(Grenache)葡萄的需求量随着波特酒销售量的下降而下降,于是,没有很好的技巧将之用于干葡萄酒生产中。与此同时,涉及制冷和不锈钢压力罐的新生产技术为白葡萄酒带来了更多水果的味道和香气。特别是对新消费者的佐餐酒消费来说,相对更有吸引力(尤其对于女性)。随后,加之在 20 世纪 80 年代出现的新技术,以低廉的成本生产起泡白葡萄酒,20 世纪 80 年代中期以来,葡萄酒消费者的时尚转向了霞多丽[一种葡萄品种,在早期消费转向白葡萄酒的过程中没有发挥作用(安德森,2016)]。允许在超市销售葡萄酒助长了国内消费者取向白葡萄酒的消费趋势,因为那时妇女大部分在那些商店购买食品和饮料,并且她们喜欢白葡萄酒而不喜欢色彩较重的红葡萄酒。

在过去的 20 年到 20 世纪 80 年代中期的时间里,首先是红葡萄酒消费飙升,然后是白色佐餐葡萄酒,但没有一次是出口驱动的。相反,在这 20 年和之前的 20 年里,出口仍然微不足道,重要性不断下降。因此,当 1984 年政府推出 10％的葡萄酒批发销售税并且 2 年后提高到 20％时,大部分生产受到了不利影响。加之,20 世纪 80 年代中期尤其红葡萄酒被认为出现了供过于求的情况,种植者和酿酒商的前景看上去很黯淡,以至于南澳大利亚和联邦政府在 1985—1986 年间资助了一个清除葡萄藤计划。通过支付种植者每公顷 3 250 美元,资助他们清除葡萄藤,这导致了 1985—1987 年间葡萄园种植面积净减少了 1/9。那时,在大多数观察家看来,再次繁荣即将到来似乎是不可想象的。

澳大利亚的第五个周期:从 1986 年开始的出口起飞

最近一次的繁荣始于 1986 年,但并没有出现葡萄种植扩大。相反,利用了历史上澳元低估值的优势,出现了出口的稳步增长。出口增长是可能的,一定程度上是因为,除了 20 世纪 80 年代到 90 年代初国内人均葡萄酒消费量没有增长之外,用于蒸馏提纯的葡萄酒产量占比继续下降以及 20 世纪 90 年代初以来用于酿造葡萄酒的葡萄产量占比迅速增加。尽管澳大利亚的可支配收入有了相当大的增长,但是,国内消费量增长缓慢。部分原因是消费者从数量转向高质量葡萄酒消费[即远离非优质葡萄酒(特别是强化葡萄酒和大壶装葡萄酒),取向优质瓶装无泡葡萄酒],部分原因是 1984 年实施并于 1986 年提高以及 1993 年再次提高的国内葡萄酒消费税。

1999 年出口的繁荣如此之大,以至于将葡萄酒在澳大利亚全部商品出口价值中所占的份额第一次提高到超过 1％。前一次峰值出现在 1932 年,当时其他出口产品受到严重压制,当时的峰值略低于 0.9％。正如矿产出口开始起飞那样,2004 年达到了 2.3％的新高。澳大利亚的葡萄酒出口量和出口价值持续增长,直到 2007 年。

与这些变化相关的是,澳大利亚葡萄酒价格上涨。在此期间,澳大利亚葡萄酒国内消费价格和出口价格均上升了大约 50％。价格变化刺激了葡萄种植、葡萄酒生产和葡萄酒出口:葡萄酒产量和出口量增长了 25％,1992—1994 年与 1984—1986 年相比增长超过 1 000％。

葡萄种植者是澳大利亚葡萄酒价格提高的主要受益者。对于葡萄种植者来说,1999 年葡萄的平均价格是 20 世纪 90 年代开始时的 3 倍,尽管出口价格仅上升了 60%(见图 12.5)。

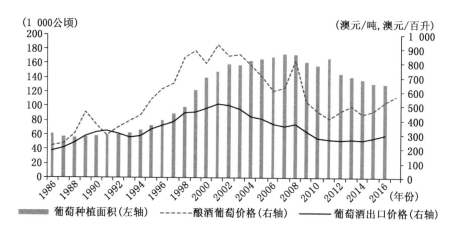

资料来源:安德森(2015)。

图 12.5 1985—2017 年澳大利亚葡萄种植面积、酿酒葡萄与葡萄酒出口的均价

生产和出口增长的一个重要因素是所有权的集中。澳大利亚葡萄酒生产商的数量有了巨大的增加(2014 年达到顶峰,为 2 573 家,相比之下,20 世纪 70 年代初不超过 200 家,20 世纪 80 年代初为 300 家,1988 年为 530 家)。在第五次繁荣期里,大多数新酿酒酒庄的规模很小,大公司大量合并和收购,形成了更大的企业集团。按照销售额,其中三个最大的公司是富邑葡萄酒集团(Treasury Wine Estates)、美誉葡萄酒业(Accolade Wines)和保乐力加(Pernod Ricard);同时,按产量或出口量计算,卡塞拉酒庄(Casella)(黄尾袋鼠品牌制造商)取代了该名单中保乐力加的位置。2014 年,三大生产商占年度瓶装葡萄酒销售量和国内销售价值的 40% 以上。它们还占了澳大利亚葡萄酒出口的大部分。

这样的所有权集中提供了收获大规模经济的机会,不仅在酿酒方面,而且在分销和品牌宣传推广方面,包括通过在国外设立自己的销售办事处,而不是依赖经销商。[1] 这些公司在许多地区种植和购买大量的葡萄,使它们能够为国外特定市场生产大量一致的、受欢迎的葡萄酒。那些来自几个地区的葡萄酿造的低端优质葡萄酒可以确保每年的变化不大。这很适合英国大型超级市场销售。到 20 世纪 80 年代中期,这些超市占英国葡萄酒零售额的一半以上(阿文,1991:341)。由于澳大利亚与英国有着密切的历史关联,在澳大利亚该产业最近繁荣的第一个 10 年里,英国市场是主要目标市场。

　　20 世纪 80 年代中期澳元出口贬值对这次出口激增起到了催化作用(见图 12.6),澳元贬值是由于澳大利亚煤炭、谷物和其他初级出口产品价格下跌导致的。澳元贬值,加上优质红葡萄酒的国内低价,当时大大提高了开发澳大利亚葡萄酒海外市场的投资激励。当时,扩大国外对澳大利亚葡萄酒需求的其他因素是与 1986 年 4 月切尔诺贝利事故相关的食品安全恐慌,以及奥地利和意大利葡萄酒涉及添加剂的丑闻(兰金,1996)。还有助于提高澳大利亚在海外形象的是 1983 年美洲杯赛上澳大利亚帆船队赢得冠军、1984 年葡萄酒专业硕士毕业生访问团首次到访澳大利亚,以及 1986 年流行喜剧电影《鳄鱼邓迪》(Crocodile Dundee)的发行放映。与此同时,当时来自其他新世界国家的竞争很小:因为南非的反种族隔离情绪,所以来自南非的竞争很小;因为地区的宏观经济和政局不稳,所以来自南美的竞争很小;因为美国的美元高估值使它的出口很少,所以来自美国的竞争很小。澳大利亚葡萄酒出口理事会实施的澳大利亚葡萄酒一般营销策略,有助于建立这个国家知名的商业优质酿酒葡萄种植、酿酒和葡萄酒营销的国际声誉。

　　第五次繁荣主要是由市场驱动的,也受到政府干预政策变化的影响。澳大利亚制造业保护和对其他一些农业部门援助的稳步减少始于 1972 年,并在 20 世纪 80—90 年代提速,平衡了并从而抵消了价格水平下降效应,该效应是由葡萄和葡萄酒生产商的名义支持率降低引起的,在这 20 年里名义支持率从

---

　　〔1〕 20 世纪 90 年代及此后企业的公司化有助于筹集快速扩张所需的巨额资金。20 世纪 90 年代末,葡萄种植的资本密集度高出其他农业部门约 50%,并且酿酒行业的资本密集度比其他制造业高出 1/5 以上。

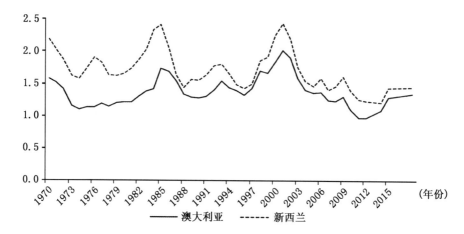

a. 单位本币对美元,针对本国消费物价指数与美国消费物价指数加以调整。
资料来源:安德森和皮尼拉(2017)。

图 12.6   1970—2015 年澳大利亚和新西兰的实际汇率[a]

20%—32%降到5%以下。从1984年开始强制执行对葡萄酒的批发销售税抑制了国内销售,因而鼓励了出口,而20世纪80年代中期政府的葡萄藤清除计划导致了一些有价值的老葡萄园的损失,但是,被更有利可图的其他品种取代了。1993年,通过安慰方式再次提高了批发销售税,政府支持新种植的葡萄园,对葡萄园建筑成本的加速折旧提供资助,但是,出于税收目的,仅4年资助(尽管所涉投资的平均寿命接近30年)。该政策无疑导致了葡萄园种植面积的加速增长,在繁荣时期几乎翻了三番(见表12.1和图12.5)。

1994—1995年,葡萄酒产业制定并公布了《2025年战略》文件,列出了30年目标(澳大利亚葡萄酒协会,1995)。当时,这些目标被认为是相当乐观的,因为葡萄酒生产的实际价值增长了3倍,其中,55%是在出口市场上的增长。在达到这些目标的过程中,需要80 000公顷的葡萄种植面积,足够压榨1 100千吨葡萄汁,从而生产750百万升葡萄酒,按照1995—1996年葡萄酒澳大利亚元计算,批发税前价值30亿美元(每升4美元)。到了世纪之交——也就是仅仅在5年中,该产业30年目标就已经实现了一半。

葡萄园种植的大规模扩张不可避免地导致了大约3年后的葡萄产量剧增,

因此,不久之后,葡萄酒产量也剧增。许多新种植的葡萄是红色品种,所以,与大多数未桶装的白葡萄酒相比,这些葡萄酒在酒桶里放了1年或1年以上,但是,即便如此,可供出售的葡萄酒数量也是2005年之前10年的3倍多。

在时间过一半的时候,政府推出了旨在取代所有批发销售税的一般商品和服务税(GST),但是,就葡萄酒而言,销售税被替换为29%的葡萄酒均衡税(即所谓WET,由于与商品和服务税结合在一起,它相当于之前41%的销售税)。这就确保了澳大利亚葡萄酒产业仍然受制于世界葡萄酒出口国最高的消费税税率,以及唯一要缴纳从价税而不是从量税的国家,这对优质葡萄酒造成了更大的歧视待遇(安德森,2010)。例如,2012年,澳大利亚对葡萄酒消费征收29%的批发税,相比之下,新西兰为11%的税收,所有经济合作与发展组织(OECD)国家的平均税率为8%,购买一瓶顶级葡萄酒税前价格为15美元(或每升20美元;见表12.2)。虽然一些救助已经提供给了一些小的酒庄,以回扣葡萄酒均衡税的形式,但是,每年每个酒庄仅限于500 000澳元。

表12.2　2012年澳大利亚和新西兰不同价位下国内酒类消费的相当于批发销售税的从价税　　　单位:%

	非高端无泡葡萄酒(2.5美元/升)	商业高端无泡葡萄酒(7.5美元/升)	超级高端无泡葡萄酒(20美元/升)	起泡葡萄酒(25美元/升)	啤酒(2美元/升)	烈性酒(15美元/升)	商品和服务税(GST)/增值税(VAT)
澳大利亚	29	29	29	29	107	184	10
新西兰	86	29	11	9	52	352	15
所有OECD国家(未加权平均数)	40	15	8	9	43	74	18

注:所显示的价格指的是每升税前批发销售价格,乘以0.75得到每瓶价格,大约再加25%的零售商溢价,加上商品和服务税(GST)/增值税(VAT)得出零售价格。
资料来源:安德森(2014)。

与此同时,一些新世界国家开始效仿澳大利亚出口导向的经验,导致它们的葡萄酒出口快速增长,仅比澳大利亚晚了几年而已。同时,国内消费下降导致几个旧世界的供应商加上阿根廷和智利扩大出口。因此,澳大利亚出口商开始面临越来越激烈的出口竞争,又恰逢2001年后澳元从历史低位开始出现10

年之久的升值(图 12.6 显示有所下降)。后者在很大程度上导致了澳大利亚出口的葡萄酒在当地价格的下跌(见图 12.5)。出口数量每年都在扩张,直到2007 年之前,这就需要处置快速增长的存货。因此,当出口量稳定后,由于国际贸易条件前所未有的改善和大规模采矿投资热潮的到来,澳元继续升值,所以出口能够获得的澳元价值急速下降。2001 年以来,葡萄酒出口平均价格下降的程度与前 10 年的上涨一样惊人:到 2011 年,葡萄酒的平均价格已回到了 1989年的名义价格水平(见图 12.5)。

澳元标价的葡萄酒出口价格的下降,酿酒葡萄价格也随之相应下降,这个趋势只是被 2008 年的短暂上涨打断了,这是 2007 年干旱导致的葡萄短缺的结果。国内消费者从中受益,因为葡萄酒零售价格指数的增长远远低于总体消费者价格指数增长,从 2003 年开始的 10 年里每年如此。

澳元的升值也助长了葡萄酒的进口,自世纪之交以来,进口急剧增长(见图 12.2)。新西兰在供应这些进口产品方面处于领先地位,紧随其后的是法国。大部分来自法国的葡萄酒是相对高价的香槟,而来自新西兰的葡萄酒一直主要是白苏维翁,头 10 年其单位进口价值为每升 8 美元左右,对比而言,来自意大利和西班牙的进口葡萄酒的价格只有 5 美元。进口价格水平远高于澳大利亚的出口价格水平,2000—2010 年和 2011—2013 年出口平均价格仅为 2.80 美元,第一次被智利赶上,并被美国超越。新西兰的白苏维翁已成为在澳大利亚销售最多的白葡萄酒,在本世纪第一个 10 年的后半期使澳大利亚的霞多丽相形见绌,并是澳大利亚白葡萄酒和酿酒葡萄价格下降的一个重要因素。从 2005年开始来自新西兰的进口激增,当时澳大利亚政府同意新西兰的酒庄可以得到与澳大利亚葡萄酒生产商同样的销售葡萄酒税率 29%中的退款(最高限额为每家酒庄每年 500 000 澳元的销售额)。

葡萄酒和葡萄价格暴跌的直接后果是,2007 年后葡萄园和酒庄的资产价格暴跌,一些葡萄园的出售价格不超过未经改善的土地价格(低至每公顷 12 000澳元),尽管种植葡萄园的平均成本是每公顷 30 000 澳元。价值崩溃的部分原因是银行对这种购买融资无兴趣,部分原因是上市公司寻求摆脱生产力最低的葡萄园和酒庄资产,以提高剩余资本公告回报率。从 2010 年到 2015 年,葡萄种植企业的数量下降了 1/4。急剧下滑与美国和西欧该产业资产价格的增长形成鲜明对比,新千年的第二个 10 年开始时,以(美国和西欧)当地货币计算,该产业资产价格的增长达到了历史上的最高水平,原因是美元、欧元疲软以及中国买家对标志性葡萄酒和葡萄酒庄的购买需求增长。

新西兰葡萄酒产业的繁荣

并非与在澳大利亚的情况不同,自 1819 年葡萄树第一次在那里种植的两个世纪以来,新西兰的葡萄酒工业已经有了很多次起起落落[塞缪尔·马斯登(Samuel Marsden)第一次在岛湾种植葡萄]。库珀(Cooper,1996)把这段历史比喻为"过山车之旅,一路飙升,一路跌跌撞撞,增长和乐观、衰退和幻灭相互交替的时期"。19 世纪晚期的挫折包括:在供应方面,白粉病以及而后根瘤蚜虫病的侵袭;在需求方面,越来越激烈的反对饮酒运动,直到 20 世纪 20 年代,反对酒类消费运动几乎和美国一样激烈。

1935 年工党掌权,在工党成立政府后,葡萄酒产量扩大了。工党政府提高了葡萄酒进口关税,并将进口许可证数量减半,要求商家每进口 1 升葡萄酒,需要购买 2 升新西兰葡萄酒。第二次世界大战期间,葡萄酒产业继续增长(招待休假时的美国军人),以及在随后的 20 年中,随着政府放宽了对酒庄地窖门口的销售、零售商店许可证的发放以及餐馆随餐出售葡萄酒的监管,葡萄酒产业持续增长。20 世纪 40 年代末,在战时进口限制放宽后,葡萄酒进口就增加了。仅当 1957 年工党重新回到政府并因应业界的游说而再次收紧对进口的限制时，葡萄酒进口再次下降。[1]

1984 年，生产者遭受了一次打击，当时政府将国内销售的无泡葡萄酒征收的消费税提高了 83％，然后开放对外贸易和投资。贸易政策变化包括消除来自澳大利亚进口葡萄酒和外来直接投资的障碍，这是在《澳大利亚—新西兰更紧密的经济关系贸易协定》（ANZCERTA）框架下的政策安排。这些政策的改变导致了当地生产者价格下跌，利润消失。作为应对措施，政府决定资助一个旨在减少 1/4 葡萄种植面积的葡萄藤清除计划。每移除 1 公顷葡萄，种植者可以得到 6 175 新元（约合 3 230 美元）。更加精明的种植者清除了不太理想的品种［米勒—图高（Müller-Thurgau）是被剔除最多的品种］，并利用补贴将它们替换成更具有市场价值的品种，如白苏维翁和霞多丽，因为政府没有限制新种植面积。[2] 所以，尽管全国有近 30％的葡萄园被清除，但是，这却成为该产业现代化的催化剂。

从 20 世纪 80 年代中期开始，新西兰葡萄酒产业发展的抵消性推动力是该国的实际汇率比澳大利亚的实际汇率还要疲软（见图 12.6）。加之国内销量平平，使出口突然对新西兰生产商有了吸引力，就像当时澳大利亚生产商一样。从那时开始的起飞是耀眼的：在接下来的 30 年里，新西兰葡萄园面积和葡萄酒产量指标大约增长了 6 倍。葡萄酒庄的数量从 1990 年的 130 家（早在 1932 年

---

〔1〕 为了进一步提高自己的利益，1975 年该产业成立了一个联合葡萄酒学会。直到那时，大多数酿酒商自己种植葡萄，但是，慢慢地，独立种植者出现了，到 20 世纪 90 年代中期，酒庄自己生产的葡萄只占其碾碎酿酒葡萄的 1/3。即便如此，那些种植者还是看到了与酿酒商合作的本质，并于 2002 年组建了新西兰酿酒葡萄种植者协会。

〔2〕 从克隆白苏维翁开始，1906 年，罗密欧·布伽图将白苏维翁进口到新西兰并保留在特考瓦塔葡萄文化研究中心，罗彭·斯彭斯将一些藤蔓嫁接到 1 202 个根茎上，通过他的精心护理，1968 年在西奥克兰的马腾路葡萄园里种了 250 棵藤蔓。尽管出现了叶卷病毒感染，但是，从小量果实生产的葡萄酒样本来看，是很有希望的，1974 年，斯彭斯为他的马腾山谷酒庄生产了一个商业级数量。那个克隆品种的产量低于每公顷 0.6 吨，因此，斯彭斯寻找一种无病毒的新克隆。他在农业部的一个试验区发现了一个品种（TK 05196，后来被称为 UCD1），1970 年在科班的库姆葡萄种植的是从加州大学戴维斯分校引进的品种。1978 年，在马腾怀麦库葡萄园一块不足 3 公顷的种源地种植了这个克隆品种，从 1980 年开始马尔堡的种植从那里开枝散叶（斯彭斯，2001）。然而，最近新西兰 Pernot Ricard 酒庄的档案已经透露该公司是在马尔堡种植白苏维翁的先驱，1975 年首先在布兰卡特酒庄的葡萄园种植 20 公顷的 UCD1（库珀，2008）。

就已经有 100 家)增长到 2012 年的 700 家。然而,人均消费量仅增长了约 50％,因此,产出增长的绝大部分的目标是出口——到 2010—2015 年间,出口从几乎为零增加到产出的 3/4 以上(见表 12.3),使新西兰成为世界上最依赖出口的葡萄酒生产国。尽管新元实际升值,但是,由于乳制品出口繁荣,2001—2014 年期间发生了与澳大利亚相似的情况。2015 年,新西兰葡萄酒出口的美元标价略有下降,但是,所有新世界的出口国都是如此,因为美元升值了(见本书第二章中的图 2.9)。

表 12.3　　1956—2016 年新西兰葡萄园种植面积中各品种所占比例　　单位:％

	1956 年	1966 年	1976 年	1986 年	1996 年	2006 年	2015 年
(a)澳大利亚							
西拉(Syrah)	13	12	19	14	14	27	29
赤霞珠(Cabernet Sauvignon)	0	1	6	9	13	19	18
霞多丽(Chardonnay)	0	0	0	5	15	19	16
梅洛(Merlot)	0	0	0	0	2	7	6
白苏维翁(Sauvignon Blanc)	0	0	0	1	2	3	5
黑皮诺(Pinot Noir)	0	0	0	1	3	3	4
赛美蓉(Semillon)	3	7	5	7	6	4	3
灰皮诺(Pinot Gris)	0	0	0	0	0	1	3
雷司令(Riesling)	3	2	4	11	7	3	2
麝香葡萄品种(Muscat varieties)	16	15	9	11	7	2	2
歌海娜(Garnacha)	19	15	12	7	4	1	1
多拉迪洛(Doradillo)	11	7	4	3	1	0	0
佩德罗—希梅内斯(Pedro Ximenez)	9	9	0	0	0	0	0
苏丹娜(Sultana)	5	4	21	7	11	0	0
其他品种	12	28	20	24	15	11	11
总计	100	100	100	100	100	100	100
				1986 年	1996 年	2006 年	2016 年
(b)新西兰							
白苏维翁(Sauvignon Blanc)				7	17	39	58
黑皮诺(Pinot Noir)				3	7	18	15
霞多丽(Chardonnay)				10	22	17	9
梅洛(Merlot)				1	5	6	4
灰皮诺(Pinot Gris)				0	1	3	7

续表

				1986 年	1996 年	2006 年	2016 年
雷司令(Riesling)				6	4	4	2
米勒—图高(Müller-Thurgau)				31	11	1	0
赤霞珠(Cabernet Sauvignon)				8	8	2	1
西拉(Syrah)				0	0	1	1
麝香葡萄品种(Muscat varieties)				6	3	1	0
白诗南(Chenin Blanc)				6	2	0	0
其他品种				22	20	8	3
总计				100	100	100	100

资料来源:安德森(2015)与新西兰葡萄种植者协会《年报》各期。

新西兰种植作物面积很大的农场几乎没有,农场面积相对较小,因此,现在葡萄园在其总作物面积中所占比例是澳大利亚的 10 倍,超过了法国、西班牙和摩尔多瓦,几乎与意大利、葡萄牙和格鲁吉亚的占比一样高(安德森和皮尼拉,2017,表 3)。

2015 年,葡萄酒占新西兰所有出口商品价值的 3%(见表 12.4),比较而言,澳大利亚略低于 1%。这个比例除以全球葡萄酒在所有商品出口中所占的比例被称为葡萄酒"显性"比较优势指数(RCA)。2007 年,新西兰的葡萄酒"显性"比较优势指数首次超过澳大利亚,从那时起,差距就越拉越大;到 2014 年,葡萄酒"显性"比较优势指数已经接近其邻国的 4 倍,并且远高于法国,仅被格鲁吉亚和摩尔多瓦超过(见图 12.7)。

新西兰的大部分葡萄酒出口到了英国和美国,但是,在 2005 年之后,其中的 1/4—1/3 则是由澳大利亚进口的。对澳大利亚的销售增长不仅受到双边实际汇率波动的刺激,而且受到新西兰葡萄酒庄成功地在澳大利亚游说的影响。在《澳大利亚—新西兰更紧密的经济关系贸易协定》框架下,要求退还在澳大利亚的葡萄酒消费税,每年每个酒庄的最高限额可达到 50 万澳元。几乎所有的销售都是白葡萄酒(主要是马尔堡地区的白苏维翁葡萄酒)。因为中国进口的葡萄酒大多是红葡萄酒,所以,并不奇怪,新西兰对亚洲的出口占比低于全球平

表 12.4 1960—2015 年新西兰葡萄酒产业发展状况

	葡萄种植面积（千公顷）	葡萄酒产量（百万升）	葡萄酒出口量（百万升）	每万人葡萄种植面积（公顷）	葡萄种植面积/农作物总面积（%）	人均葡萄酒产量（升）	人均葡萄酒出口量（升）	葡萄酒出口在生产中占比（%）	人均葡萄酒消费量（升）	葡萄酒进口在消费中占比（%）	葡萄酒在全部商品出口中占比（%）
1960—1964 年	1	5	0	2	0.1	2	0	0	2	18	0.0
1965—1969 年	1	12	0	2	0.1	4	0	0	4	12	0.0
1970—1974 年	2	26	0	5	0.4	9	0	0	8	8	0.0
1975—1979 年	3	34	0	10	0.6	11	0	0	10	6	0.0
1980—1984 年	5	48	1	16	1.0	15	0	1	13	7	0.0
1985—1989 年	4	45	2	14	1.0	14	0	4	14	8	0.1
1990—1994 年	6	44	7	17	1.2	12	2	17	14	30	0.2
1995—1999 年	9	56	13	25	1.9	15	4	24	16	47	0.4
2000—2004 年	14	75	31	35	2.8	19	8	43	18	61	0.9
2005—2009 年	26	159	85	63	5.2	38	21	54	20	45	2.0
2010—2014 年	35	237	174	78	5.9	54	39	75	21	39	2.5
2015 年	36	235	212	79	5.8	52	47	90	19	42	3.2

资料来源：安德森利皮拉（2017）。

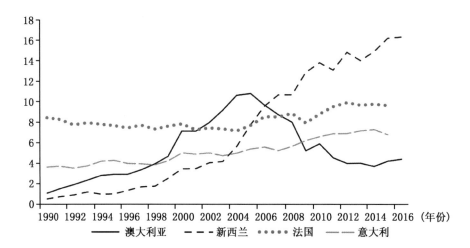

a. 一国葡萄酒在出口商品中所占的比例除以全球葡萄酒在所有商品出口中所占的比例。

资料来源:安德森和皮尼拉(2017)。

图 12.7　1990—2016 年澳大利亚、新西兰、法国和意大利葡萄酒"显性"比较优势指数ᵃ

均份额,并且在过去的 10 年里远远低于澳大利亚对亚洲的出口占比。现在,对美国的葡萄酒出口占比,新西兰赶上了澳大利亚(见表 12.5)。实际上,2016年,新西兰对美国的葡萄酒出口价值首次超过了澳大利亚(4 亿美元对 3.51 亿美元)。诚然,美国从澳大利亚进口的葡萄酒数量是从新西兰进口的葡萄酒数量的 2 倍多,但是,平均而言,2016 年新西兰的到岸价是澳大利亚价格的 2.5 倍以上。

表 12.5　1990—2015 年澳大利亚和新西兰按价值核算的葡萄酒出口方向　　单位:%

	西欧	北美	亚洲	新西兰	其他	总计
(a)澳大利亚						
1990—1995 年	60	23	8	9	1	100
1996—2001 年	58	29	7	5	1	100
2002—2006 年	48	41	6	4	1	100
2007—2012 年	41	37	17	4	2	100
2013—2015 年	29	33	31	4	2	100

续表

	西欧	北美	亚洲	新西兰	其他	总计
(b)新西兰						
1990—1995 年	79	6	6	9	0	100
1996—2001 年	64	17	5	14	0	100
2002—2006 年	44	29	4	22	1	100
2007—2012 年	34	27	6	31	1	100
2013—2015 年	32	32	6	27	3	100

资料来源:安德森和皮尼拉(2017)。

与此同时,新西兰的大部分葡萄酒进口一直是无泡红葡萄酒,其中的 2/3 来自澳大利亚。对于许多其他产品来说,澳大利亚和新西兰的葡萄酒市场已经高度一体化并具有互补性,同样的大公司在塔斯曼海(the Tasman Sea)的两岸经营着。促进市场一体化的不仅仅是相邻性,而且是自 1983 年《澳大利亚—新西兰更紧密的经济关系贸易协定》以来经贸关系的逐步深化。

数年来,新西兰一直是世界上无泡葡萄酒出口平均水平最高的国家,并且所有葡萄酒(包括起泡葡萄酒)单位出口价值仅次于法国。2013—2015 年期间,平均出口价格是澳大利亚葡萄酒平均出口价格的两倍多,但是,可能与澳大利亚同样凉爽的地区出口葡萄酒平均价格相似,如塔斯马尼亚、南维多利亚的部分地区以及阿德莱德山区。在过去 20 年里,由于新西兰土地和劳动力成本低于澳大利亚,并不令人惊讶的是,跨国葡萄酒公司被吸引到新西兰。相应地,加强了该国在国际葡萄酒市场中的竞争力,因为这些公司带来了最新的知识,不仅在葡萄栽培和葡萄酒酿造方面,而且在葡萄酒营销和出口市场定位信息方面。这就促成了这样一个事实:在 2006—2014 年的所有年份,除了最小规模的一类生产者外,除了 2010 年一些公司出现下跌之外,其他所有生产者都获得了丰厚的盈利(德勤——四大会计师事务所之一,以及新西兰葡萄酒协会,2014)。新西兰的情况与美国的情况并无二致,2009—2014 年期间,生产商的财务状况相对良好(硅谷银行,2016);但是,与澳大利亚形成鲜明对比,在 2012—2015 年间,据报告显示,澳大利亚绝大多数生产者甚至没能够收回其生产的可变成本

（澳大利亚葡萄酒产业协会，2015）。

【作者介绍】 卡伊姆·安德森（Kym Anderson）：乔治·格林（George Gollin）经济学教授，南澳大利亚位于阿德莱德的阿德莱德大学葡萄酒产业经济研究中心执行主任，位于堪培拉的澳大利亚国立大学经济学教授，伦敦经济政策研究中心的研究员。他的研究兴趣包括国际贸易和经济发展，以及农业经济学、食品经济学和葡萄酒产业经济学。

【参考文献】

Allen,M. (2012),*The History of Australian Wine：Stories from the Vineyard to the Cellar Door*,Melbourne：Victory (Melbourne University Publishing Ltd).

Anderson,K. (ed.) (1992),*New Silk Roads：East Asia and World Textile Markets*,Cambridge and New York：Cambridge University Press.

(2010),'Excise and Import Taxes on Wine vs Beer and Spirits：An International Comparison',*Economic Papers* 29(2)：215—28,June.

(2014),'Excise Taxes on Wines,Beers and Spirits：An Updated International Comparison',*Wine and Viticulture Journal* 29(6)：66—71,November/December. Also available as Working Paper No. 170,American Association of Wine Economists,October 2014.

(with the assistance of N. R. Aryal) (2015),*Growth and Cycles in Australia's Wine Industry：A Statistical Compendium*, *1843 to 2013*, Adelaide：University of Adelaide Press. Also freely available as an e-book at www. adelaide. edu. au/press/titles/austwine.

(2016),'Evolving Varietal and Quality Distinctiveness of Australia's Wine Regions',*Journal of Wine Research* 27(3)：173—92,September.

(2017a),'Sectoral Trends and Shocks in Australia's Economic Growth',*Australian Economic History Review* 57(1)：2—21,March.

(2017b),'Australia's Comparative Advantage in Wine：Why So Slow to Emerge?',Wine Economics Research Centre Working Paper 0317,University of Adelaide,November.

(2017c),'Evolving from a Rum State：A Comparative History of Australia's Alcohol Consumption',Wine Economics Research Centre Working Paper 0617,University of Adelaide,December.

Anderson,K. and N. R. Aryal (2015),*Australian Grape and Wine Industry Database*, *1843 to 2013*. Freely available at the Wine Economics Research Centre,University of Adelaide,Adelaide,at www. adelaide. edu. au/wine-econ/databases.

Anderson,K. ,S. Nelgen and V. Pinilla (2017),*Global Wine Markets*,*1860 to 2016*:*A Statistical Compendium*,Adelaide:University of Adelaide Press.

Anderson,K. and V. Pinilla (with the assistance of A. J. Holmes) (2017),*Annual Database of Global Wine Markets*,*1835 to 2016*. Freely available in Excel files at the University of Adelaide's Wine Economics Research Centre,www. adelaide. edu. au/wine-econ/databases.

AWF (Australian Wine Fund) (1995),*Strategy 2025*:*The Australian Wine Industry*,Adelaide:Winemakers' Federation of Australia (WFA) for the Australian Wine Foundation.

Beeston,J. (2001),*A Concise History of Australian Wine*,3rd Edition,Sydney:Allen and Unwin.

Bell,G. (1993),'The South Australian Wine Industry,1858—1876',*Journal of Wine Research* 4(3):147—63.

(1994),'The London Market for Australian Wine,1851—1901:A South Australian Perspective',*Journal of Wine Research* 5(1):19—40.

Brady,M. (2008),*First Taste*:*How Indigenous Australians Learnt About Grog*,Canberra:Alcohol Education and Rehabilitation Foundation.

Bragato,R. (1895),*Report on the Prospects of Viticulture in New Zealand*,*and Instructions for Planting and Pruning*,Wellington:Government Printer.

Busby,J. (1830),*A Manual of Plain Directions for Planting and Cultivating Vineyards and for Making Wine in New South Wales*,Sydney:R. Mansfield.

Butlin,N. G. (1983),'Yo,Ho,Ho and How Many Bottles of Rum?'*Australian Economic History Review* 23(1):1—27,March.

Chevet,J.-M. ,E. Fernandez,E. Giraud-Héraud and V. Pinilla (2018),'France',ch. 3 in *Wine' Globalization*:*A New Comparative History*,edited by K. Anderson and V. Pinilla,Cambridge and New York:Cambridge University Press.

Cooper,M. (1996),'A Brief History of Wine in New Zealand',pp. 8—11 in *The Wines and Vineyards of New Zealand*,edited by M. Cooper,Auckland:Holder Moa Beckett. Updated and expanded in pp. 8—13 of his *Wine Atlas of New Zealand*,Auckland:Holder Moa,2008.

(2008),'Discovering the Roots of Sauvignon Blanc in New Zealand',*New Zealand Listener*,1 March.

Davidson,B. R. (1969),*Australia Wet or Dry*? Melbourne:Melbourne University Press.

Dingle,A. E. (1980),'"The Truly Magnificent Thirst":An Historical Survey of Australian Drinking Habits',*Historical Studies* 19(75):227—49.

de Bromhead, A. , A. Fernihough,K. O'Rourke and M. Lampe (2017),'When Britain Turned Inward:Protection and the Shift Towards Empire in Interwar Britain',NBER Working Paper 23164,Cambridge MA,February.

Deloitte and NZW (2014),*Vintage 2014 New Zealand Wine Industry Benchmarking Sur-*

vey,Auckland:New Zealand Winegrowers,December.

Dunstan,D. (1994),*Better Than Pommard*! *A History of Wine in Victoria*, Melbourne: Australian Scholarly Publishing and the Museum of Victoria.

Faith,N. (2003),*Australia's Liquid Gold*,London:Mitchell Beazley.

Findlay,R. and K. H. O'Rourke (2007),*Power and Plenty:Trade,War and the World Economy in the Second Millennium*,Princeton,NJ:Princeton University Press.

Griffiths,J. M. (1966),*The Wine Industry of South Australia 1880—1914*,unpublished B. A. Honours Thesis,Department of History,University of Adelaide,Adelaide.

Halliday,J. (1994),*A History of the Australian Wine Industry:1949—1994*,Adelaide:Winetitles for the Australian Wine and Brandy Corporation.

Harley,C. K. (1988),'Ocean Freight Rates and Productivity,1740—1913:The Primacy of Mechanical Invention Reaffirmed',*Journal of Economic History* 48:851—76,December.

Hatton,T. J. ,K. H. O'Rourke and J. G. Williamson (eds.) (2007),'Introduction',pp. 1—14 in *The New Comparative Economic History:Essays in Honor of Jeffrey G. Williamson*,Cambridge,MA:MIT Press.

Irvine,H. W. H. (1892),*Report on the Australian Wine Trade*,Melbourne:R. S. Brain, Government Printer for the Victorian Minister of Agriculture.

Jiranek,V. (2017),Personal communication,6 January.

Kelly,A. C. (1867),*Wine-growing in Australia*,Adelaide:E. S. Wigg.

Laffer,H. E. (1949),*The Wine Industry of Australia*,Adelaide:Australian Wine Board.

Lloyd,P. J. (1973),*Non-tariff Distortions of Australian Trade*,Canberra:Australian National University Press.

Ludington,C. (2018),'United Kingdom',ch. 9 in *Wine Globalization:A New Comparative History*,edited by K. Anderson and V. Pinilla,Cambridge and New York:Cambridge University Press.

Maddock,R. and I. McLean (1984),'Supply-Side Shocks:The Case of Australian Gold', *Journal of Economic History* 64(4):1047—67,December.

McIntyre,J. (2012),*First Vintage:Wine in Colonial New South Wales*,Sydney:University of New South Wales Press.

Meloni,G. and J. Swinnen (2013),'The Political Economy of European Wine Regulations', *Journal of Wine Economics* 8(3):244—84,Winter.

(2014),'The Rise and Fall of the World's Largest Wine Exporter—and Its Institutional Legacy',*Journal of Wine Economics* 9(1):3—33,Spring.

(2018),'Algeria,Morocco and Tunisia',ch. 16 in *Wine Globalization:A New Comparative History*,edited by K. Anderson and V. Pinilla,Cambridge and New York:Cambridge University Press.

Mohammed,S. I. and J. G. Williamson (2004),'Freight Rates and Productivity Gains in

British Tramp Shipping 1869—1950', *Explorations in Economic History* 41(2):172—203.

Moran,W. (2017), *New Zealand Wine: The Land, the Vines, the People*, London and Melbourne: Hardie Grant.

Pinilla,V. and M. I. Ayuda (2002), 'The Political Economy of the Wine Trade: Spanish Exports and the International Market, 1890—1935', *European Review of Economic History* 6:51—85.

Pope,D. (1971), 'Viticulture and Phylloxera in North-East Victoria', *Australian Economic History Review* 10(1).

Rankine,B. (1996), *Evolution of the Modern Australian Wine Industry: A Personal Appraisal*, Adelaide: Ryan Publications.

Ryan,G. (2010), 'Drink and the Historians: Sober Reflections on Alcohol in New Zealand 1840—1914', *New Zealand Journal of History* 44(1):35—53, April.

Sieper,E. (1982), *Rationalizing Rustic Regulation*, Sydney: Centre for Independent Studies.

Silicon Valley Bank (2016), *State of the Wine Industry 2016*, Santa Clara, CA: Silicon Valley Bank.

Simpson,J. (2011), *Creating Wine: The Emergence of a World Industry, 1840—1914*, Princeton, NJ: Princeton University Press.

Spence,R. (2001), 'The History of Sauvignon Blanc', *New Zealand Winegrower*. Reprinted 16 June 2017 at www. ruralnewsgroup. co. nz/item/12075-the-historyof-sauvignon-blanc.

Stewart,K. (2010), *Chancers and Visionaries: A History of New Zealand Wine*, Auckland: Godwit.

Unwin,T. (1991), *Wine and the Vine: An Historical Geography of Viticulture and the Wine Trade*, London and New York: Routledge.

WFA (2015), *Vintage Report 2015*, Adelaide: Winemakers Federation of Australia, July.

第十三章

智利

　　智利葡萄酒的历史可以追溯到 475 年前西班牙征服者的到来。[1]尽管这个国家地中海般的气候和良好的土壤意味着葡萄园种植的早期扩张具有可能性,但是,直到 19 世纪下半叶,从殖民传统中葡萄酒的生产和饮用习惯才开始慢慢演进,基于稳健的但未经改良的派斯(País)葡萄品种,发展成为当今产业的全球定位和复杂性。本章从对葡萄酒行业长期发展趋势以及围绕这些趋势的周期概述开始,然后转向关于现代产业和国内葡萄酒消费的更多细节分析。

　　法国葡萄酒品种和技术的缓慢引进启动了智利葡萄酒产业向着当前特征的演变。然而,这一进程被快速增长与停滞的时期交替所打断,在很大程度上这是由于政府管制——其动机是两个方面的关注,即担心酗酒率过高,以及业界希望通过生产控制来提高价格。随着 20 世纪 80 年代实施了重大经济政策改革,葡萄酒产业重新焕发活力,开始向国外市场寻求增长。我们讨论自 20 世纪 90 年代向文官政府过渡以来产业巨大发展、产业的现代化并将该产业定位于外国消费者。然后,我们把注意力从供给转向需求,探讨国内葡萄酒和其他酒精饮料的消费模式,最后总结和归纳出一些关于智利葡萄酒未来的结论。

长期葡萄酒趋势、周期和转折点

　　当我们提炼智利葡萄酒的历史时,重视葡萄酒产业发展的四个阶段是有用

---

〔1〕 作者是智利天主教大学教皇学院农业经济系的教授。感谢薇薇娜·瑞布费尔(Viviana Re-bufel)在收集数据方面所提供的协助。

的,这四个发展阶段导致葡萄酒产业于 20 世纪末的最终起飞并进入国际市场。这些阶段是 1850 年以前的殖民地时期、1850—1880 年的法国革新时期、1880 年—20 世纪 30 年代的扩张时期,以及从 20 世纪 30 年代末开始一直持续到 20 世纪 70 年代中期的限制时期。

殖民地的关联性:1850 年以前

1540 年,佩德罗·德·瓦尔迪维亚(Pedro de Valdivia)带领西班牙探险队从现代的秘鲁南下探索和征服成为智利国家的这个地区后不久,在位于太平洋海岸的拉瑟雷纳(La Serena)的新定居点,葡萄酒生产便开始了。[1] 到 16 世纪 50 年代中期,圣地亚哥的小镇周围的大片葡萄园种植着名叫派斯的葡萄品种,这个品种最初衍生自黑丽诗丹,或普列托(Prieto),并与加利福尼亚的传教团体以及阿根廷的克里奥拉品种有关(罗宾逊、哈丁和弗夷拉莫斯,2012)。此后不久,牧师们带着葡萄藤条向东穿过安第斯山脉到达今天阿根廷的圣地亚哥—德尔埃斯特罗[2]。这种耐寒的、适应性强的派斯品种可能源于西班牙,并通过墨西哥,然后秘鲁,成为 400 年来智利大众消费的最重要的品种,并且至今仍占据种植葡萄的土地的相当大部分。

从圣地亚哥周边扩展开来,葡萄酒生产遍布智利全国各地,从半干旱的北部到多雨、凉爽的康塞普西翁殖民定居周围的南部海岸。到 1594 年,产量可能达到了 1.6 百万升。即使那只是当时秘鲁产量的大约 1/10,但是,考虑到智利殖民人口较少,这个产量也是值得推崇的。

南美葡萄酒生产的成功,重要的是秘鲁,导致西班牙皇家限制,旨在减缓新种植,限制美洲内部的葡萄酒贸易,以提高西班牙葡萄酒出口量。到了 1654 年,新葡萄园需要政府批准。

---

〔1〕 关于智利葡萄酒早期历史的最完整的集大成者是德波佐(1998),本节有大量的引用。关于 1870—1930 年期间的另一个资料来源是费尔南德兹·拉贝(Fernandez Labbe,2010)。关于智利葡萄酒的起源并强调南部地区的起源的综述参见埃尔南德斯和莫雷诺(2011)。其他相关资料来源:阿尔瓦拉多(2004)、西斯特纳(2013)、库由姆德吉安(2006)和埃尔南德斯(2000)。

〔2〕 Santiago del Estero,阿根廷北部城市。——译者注

相比之下,智利政府干预国内葡萄酒市场,表面上是站在消费者立场上的。葡萄酒被认为是这样重要,以至于当局宣布它为必需品(就像面包、盐、土豆和其他主食一样),并试图强制执行固定价格。官方对葡萄酒价格的控制一直持续到 18 世纪。在一定程度上受到土著文化影响的一般民众还重视其他令人陶醉的饮料,如奇查(chicha)和用甘蔗做的潘趣酒(punches)。因此,在殖民地时期,国内葡萄酒消费量并没有迅速增长。

尽管西班牙极力限制,但是,在殖民地时期,国内葡萄酒的产量确实增长了。智利产出有盈余的酒庄将葡萄酒销售给北方国家的消费者,有证据表明,智利很早就开始出口葡萄酒。1578 年,弗朗西斯·德雷克爵士俘获了殖民地首次出口的葡萄酒(约翰逊,1989:174)。诚然,从 17 世纪开始,秘鲁就进口一些智利的葡萄酒,虽然存在一些保护主义的控制措施。关于葡萄酒出口最早的可靠统计数据始于 18 世纪的最后 25 年。例如,在 1795 年,智利向利马运送的葡萄酒价值约为智利对秘鲁所有出口价值的 5%。智利对秘鲁的出口中包括最重要的小麦,还有铜。

法国人的葡萄酒产业革新:1850—1880 年

智利现代葡萄酒产业发展的早期重要里程碑是 1830 年在圣地亚哥附近建立的第一个国家农业试验站,这个国家农业试验站是法国植物学家、博物学家克劳德·盖(Claude Gay)建立的。[1] 在很短的时间里,这个试验站有了 60 种不同的酿酒葡萄和 40 000 株葡萄树。但是,全国的葡萄酒生产并没有立即受到影响。根据盖的估计,1850 年大约有 30 000 公顷的葡萄园,其中一半在凉爽的、雨水充沛的南方城市康塞普西翁附近,今天这里的葡萄酒产量相对较少。后来,随着法国对智利生产商的影响逐渐确立,并在灌溉系统开发的帮助下,酿酒葡萄生产转移到更干旱的北部的圣地亚哥周边。

---

〔1〕 1830 年,在法国人克劳德·盖的倡议下,智利政府设立了国家农业试验站,之后引种了大量的法国、意大利葡萄品种,至 1850 年已有 70 多个葡萄品种。——译者注

从 19 世纪 50 年代初开始，新的酒庄转向欧洲风格的葡萄酒，当时，智利社会和政治生活中的一个重要角色施维斯特·奥卡加威（Silvestre Ochagavía Echazarreta）[1]开始将他的葡萄园转换为欧洲品种。不久，政治家们、富有的商人和矿业巨头拥有的其他大片葡萄园紧随其后，种植梅洛、赤霞珠、马尔贝克、赛美蓉、雷司令以及其他品种。一直延续到现在的大部分大酒庄就是这样开始发展起来的，它们的名字有康查·Y. 托罗、厄拉祖里斯和库西尼奥。随着欧洲专家和经验的引进，葡萄酒质量得以大大改善，以至于智利葡萄酒的新风格在各种国际博览会中得到了认可，开始于 1873 年维也纳国际博览会。

尽管靠近圣地亚哥的新酒庄专注于欧洲品种，就技术而言，旧的葡萄园保持了传统的生产模式和使用派斯品种。从 1861 年开始到 19 世纪 80 年代以前可得的统计数据表明，每年的葡萄酒产量大约 30 百万升，并且在此后的数量稳步增加之前，没有显示出明显的趋势[见图 13.1(a)]。

在此期间，除了传统上被认为本质上就是葡萄酒的饮品之外，出现了两个由葡萄衍生的饮料——奇查和查科里（chacoli），被大量消费，非常流行。奇查是一种必须部分发酵制成的甜饮料——通常是由葡萄制成的、类似苹果酒的、低酒精的饮料，也可以由其他水果制成，比如南方寒冷地区的苹果。奇查被消费的形态有两种。一种是从仍在发酵中提取的"原始"形态，通常是在葡萄酒生产开始后就快速消费，不再存放数个月。另一种是熟透了的、停止发酵的形态，对产品作卫生处理并浓缩得到额外的甜味。智利的查科里（不完全相似但接近巴斯克或西班牙查考利）是一种干的、低酒精和高酸度的葡萄酒饮品。在 19 世纪的最后 1/3 时间里，由于对标准葡萄酒的生产（和需求）增加了，奇查和查科里的绝对数量略有下降，相对于葡萄酒，它们的占比显著下降。在 19 世纪 70 年代中期，奇查的产量约为葡萄酒产量的 90%，而查科里的产量约为葡萄酒产量的 80%。在 20 世纪 20 年代中期，奇查的产量大约为葡萄酒产量的 17%，查

---

[1] 19 世纪中期著名的政治家和农学家，将法国的葡萄品种和酿酒师带到智利，并酿造出了智利风格的葡萄酒，被誉为现代智利葡萄酒之父。——译者注

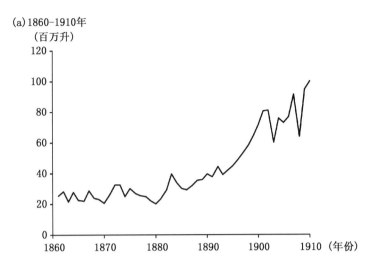

(a) 1860-1910年
（百万升）

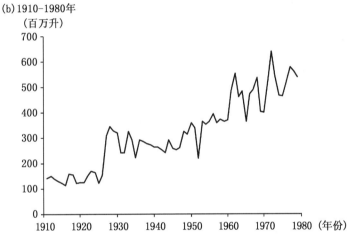

(b) 1910-1980年
（百万升）

资料来源：智利共和国：《智利共和国统计年鉴》，各个年度。

图 13.1　1860—1980 年智利葡萄酒产量

科里的产量为葡萄酒产量的 11％，之后这两种饮料的统计数字不详。[1]

---

[1]　在 1861 年前，没有关于奇查和查科里的数据。同样，在 20 世纪 20 年代中期之后，这些饮料的消费量开始下降，似乎也没有数据。今天，奇查依然为农村家庭和当地市场手工生产，并且因具有象征意义的偏爱，故而为了爱国节日活动而大量生产。

扩张时期：1880—1938 年

19 世纪 80 年代初开始，葡萄酒产量迅速增长，1885—1905 年期间大约增加了 3 倍[见图 13.1(a)]。1905—1908 年间的一次重大冲击之后（销售量下降了 45％，也许是受 1902 年开始对葡萄酒消费征收新税的影响），生产恢复到冲击前的水平，但保持相对稳定，直到 20 世纪 20 年代末期。如图 13.1(b)所示，从 1927 年开始，产出水平出现了另一次激增，产量翻了一番，但是，随后保持长达 20 年的相对稳定。

从 1877 年开始，智利葡萄酒有了一些出口，并且成为南美主要的葡萄酒出口国，将葡萄酒运往邻国，并断断续续地运往加利福尼亚。可是，相对于国内生产，出口量仍然很小，通常大约占国内产量的 1％。从 19 世纪中期到 20 世纪 70 年代末，智利绝大多数出口是采矿业产品的出口：铜、钾以及其他矿物。从 1880 年开始的近一个世纪里，采矿业占年度出口总额的 80％以上，吸引其他部门的劳动力和原材料并提高了其他部门的生产成本。一个行业的出口成功趋势削弱了其他行业的国际竞争力并减缓了其他行业的出口增长，比如智利葡萄酒行业。这种情况在澳大利亚羊毛和黄金出口案例以及新西兰羊毛和肉类出口案例中也可以看到。直到 20 世纪 20 年代末，智利葡萄酒出口量才超过产量的 2％。这一增长在一定程度上受到政府出口补贴的刺激，类似于 20 世纪 20 年代中期澳大利亚实施的出口政策（安德森和皮尼拉，2017）。

在智利现代葡萄酒产业的前 50 年，出口从来就没有一个重要的渠道，并且虽然人均消费确实增加了，但是，葡萄酒产量的迅速增长超过了人口的显著增长。与 1885 年相比，1935 年人口增长了 77％，葡萄酒产量减掉出口则增长了 600％。智利不仅有极好的葡萄生长条件，而且没有任何因素阻止酿酒商、技术和酿酒诀窍的进口。很快，竞争就创造了生产者所说的"生产过剩危机"，也就是说，葡萄酒价格低，消费者很高兴。人均年葡萄酒消费量从 1900 年以前的不足 20 升增加到 20 世纪 30 年代的 60 升以上。在饮酒习惯方面，价格引起的变化让立法者感到很沮丧，立法者害怕他们的选民倾向痴迷于醉酒会带来毁灭性的社会后果。政客们选择征税来阻止葡萄酒消费，从而进一步抑制了该产业。

　　毫不奇怪，葡萄生产商和酿酒商中的许多人出自这个国家有影响力的贵族，他们寻求政府援助，以应对他们所坚持而为之的生产过量的后果。产业内的各种利益集团已经开始组织起来了。既抱怨几十年来"价格低于成本"的艰难求生，也在 1933 年第一届全国葡萄酒大会上抱怨新的歧视性税收。所以，不久，"私酒贩子和浸信会教徒"（bootlegger and Baptist）勾结的现象出现了，这是狭隘的商业利益集团与追求社会改革的利益集团之间的政治联姻现象。[1]

限制和衰落：1938—1973 年

　　在政治上举足轻重的葡萄酒生产商关注他们的底线，干预主义的政客们担心葡萄酒成为人民的毒药（un veneno para el pueblo）——从字面意思来看，就是"一剂人民的毒药"。1939 年，他们联合起来，他们走到了一起，禁止新的葡萄园、管制移植、限制生产。由此产生的政府限制的表面目标是将国内年消费量维持在人均 60 升。它成功地将葡萄园的数量减少了 10%，并控制用于葡萄酒生产的土地公顷数。尽管每年都有很高的波动幅度，但是，生产者获得的平均价格增长着实相当可观，与 1933—1939 年间相比，20 世纪 40 年代平均价格增长了 33%，而人均消费量确实有所下降。尽管如此，该行业还是进入了几十年的停滞状态。此外，造成对葡萄酒产业干预的可能性的同样的政治氛围也助长了更一般意义上的经济保护主义。

　　回顾这个政府限制的时代，业界人士认识到，在 20 世纪 40 年代，"与世界其他国家的发展情况比较，智利葡萄酒产业开始衰退。除必需品外，其中显然不包括葡萄酒行业的投入，我们国家的边界对所有进口货物都关闭了"（埃尔南德斯，2000：11，作者译文）。这种情况又耗去了 35 年，然后，智利改革其经济政策，使经济活动能够获得贸易和市场自由化的好处，葡萄酒行业的活动尤

---

　　[1]　这个想法的最初表述见于彦得乐（Yandle，1983）。关于这个论题，在史密斯和彦得乐（2014）的著作中有更透彻的论述。

其引人注目。

现代产业：从停滞到增长和国际上的成功

  一般而言，从 20 世纪 40 年代到 70 年代中期的时期是大部分经济体加强政府干预的时期。粗略地说，农业政策的三个主要目标是控制价格上涨、避免增加预算赤字以及改善外汇收入（瓦尔德斯和福斯特，2006）。所以，有过几个时段的温和干预主义，政府倾向于依靠价格控制，通过锁定农场名义价格和零售一级的基本必需品（工薪购买的商品）的市场利润率。限制进口的产业政策——通过关税、进口许可证和其他贸易壁垒来刺激国内产业，实际上是对潜在出口商品的一种隐性税收。葡萄酒产区和葡萄种植区就是受此政策不利影响的地区，智利的大部分水果和园艺区就是这样的地区。

  与葡萄生产者和葡萄酒产业更加直接相关的政策是有差别的关税、提前存款以及其他阻碍进口农用化学品和机械的政策。此外，还有为避免货币超估值而实施的汇率控制。

  考虑到进口替代的产业战略促发了大量的边境和农业政策，20 世纪 50—60 年代，农业的整体投资环境是令人沮丧的。由于这两种原因，葡萄酒不被认为是一种必不可少的商品，而且虽然规模不大，但可以获得出口收入，葡萄酒产业并不是干预的主要目标，尽管如此，葡萄酒产业还是遭受痛苦。在边境和其他地方提高生产力的投资方面存在障碍的一个指标是，直到 20 世纪 70 年代，该行业才引进了现代化的过滤和装瓶机械。

  1967 年，大规模的政府土地改革方案开始展开，农业投资环境的不确定性显著增加。将大农场转变为合作社和集体农庄，这个雄心勃勃的计划不仅旨在重新分配土地，而且是为了对被认为与保守且落后的土地所有者和低技能劳动力相关的过时又效率低下的体制进行经济合理化。土地改革以征收大型农场（以生产等价物计算，超过 80 公顷）以及"低效"运作的农庄（有些是随意决定的)为基础,并给予部分补偿。目标是,至少短期目标是,建立大型合作农场,在一定程度上是为了农场劳动者的利益,改革在政府专家的指导下进行。[1]

葡萄酒产业的业界代表们设法说服当时的治理联盟,使他们相信,无一例外地实行土地征收的制度改革势必威胁到较大规模的、更一体化的且具有一定出口潜力的葡萄园实体的生存。葡萄酒利益集团获得农场规模限制的例外,也被允许使用有限责任公司的组织安排,在其他农业部门这是被禁止的。这些例外有助于保持葡萄园、酿酒、装瓶和营销内在的垂直一体化,直到20世纪70年代中后期的市场自由化改革,从而保持了已经建立的葡萄酒产业基础;20世纪80年代,葡萄酒行业才能增加出口,并最终随着1988年后向文官政府的转变,葡萄酒产业才能迅速打入国际市场。

过渡和结构调整:20世纪70年代中期至90年代初期

在20世纪70年代初,经济模式成为更加干预主义的模式,农业土地的征收力度加大,被征收的土地达到40%—50%(按生产当量计算)。贸易保护主义加强了,政府的进口垄断和出口管制变得更加严格。社会秩序恶化和政治事件很快导致了军事接管,此后,迅速开始经济政策的激进转变。

从1973年后期开始,军政府面临着恶性通货膨胀、巨额财政赤字和外债,并且绝大部分经济(包括农业)被置于国家控制之下。政府实行了自由化市场模式,减少对经济的干预,开放贸易,加强产权。1973—1983年期间为改革的第一阶段,相对快速地实施了一般宏观经济改革,但是,许多针对具体部门的改革尚需要一些时间。对于农业而言,到1978年,曾经在国家控制下的大型农场实体被拆分成“家庭规模大小”的小农场,并且个人土地所有权被分配给先前的农场工人/前期土地改革计划的受益人。政府慢慢地减少了对这一部门采取的干

---

[1] 20世纪60年代末,一位基督教民主党人总统发起的改革的支持者确实认为,最终,在政府扶持的大规模合作社模式下接受培训和获得经验后,有能力的农民将得到少量的、个性化的综合收益。如果曾经有这样坚定的意图,这个计划就会被接下来萨尔瓦多·阿连德民革联领导的更具激进改革思想的政府的改革措施所取代。对于智利土地改革试验的深入讨论,参见威尔德斯和福斯特(Valdes and Foster,2015)。

预,并在几次延迟之后,实行了劳工市场、投入品市场和产品市场的自由化。

虽然不是直接意义上的,但是,农业领域的市场自由化导致 1977 年政府废除了历时 38 年限制种植新葡萄园并要求事先批准方可重新种植的法律。对于葡萄酒行业及其潜力在出口方面,更重要的是,有了一个早期和重要的贸易自由化方案:几乎所有非关税壁垒都被取消,关税也降低了。1975 年开始实施统一关税,税率为 90％,然后,最终在 1979 年下降到 10％。但是,出口农业的私人投资由于汇率升值和世界商品价格下跌而受到挫伤。在这 10 年期间,直到 20 世纪 80 年代初开始进一步改革的又一个阶段,葡萄园的土地保持稳定,略多于 10 万公顷,葡萄酒产量逐年变化,平均约为 550 百万升。葡萄酒出口在产量的 2％左右波动,并开始出现增长趋势。自 1960 年以来,人均消费量下降了 1/3,但一直没有出现加速下降。更重要的是,在改革初期,每升出口葡萄酒的平均价值开始上升。

在 20 世纪 80 年代初的金融危机和严重衰退之后,1984 年开始实施进一步经济改革。葡萄酒行业以及其他部门的总体方向发生了重大变化,产业全面转向出口市场。1978 年开始在智利运营的西班牙大酿酒商桃乐丝酒庄(Miguel Torres)引进了最新酒庄技术和管理,并因此为创新树立了榜样,此后不久,创新得到了进一步鼓励。

危机导致智利货币大幅贬值,1982—1988 年间潜在的出口商见证了实际汇率贬值 90％,为智利的出口竞争力带来积极的影响。由于外国消费者以美元支付的实际费用降低,葡萄酒行业开始重组,大幅减少面向大众市场的、价格低廉的派斯品种种植面积(公顷)和总产量,增加种植法国品种的面积和产量,尤其是赤霞珠。20 世纪 80 年代每年葡萄种植面积(公顷)大约下降 6％,人均葡萄酒消费平均每年下降 4.5％。

正如表 13.1 详细列出的,表中显示自 1980 年以来行业绩效的演变情况。葡萄酒行业开始转型,20 世纪 80 年代初的金融危机后,葡萄种植的公顷数显著下降。1992 年产量达到 30 年来的最低水平,与 10 年前相比产量低了 35％。两年后,种植面积达到了最低水平,此后,由于种植以出口为目标的品种,种植面积开始迅速增加。1990 年恢复文官政府之前,出口略有增长,而后开始飙升,从 1989 年占产出的 7% 上升到了 10 年后占全部产量的一半。在这一激进转型时期,葡萄酒行业的外国投资也扩大了。

表 13.1 1980—2013 年智利葡萄酒产业演进

年份	酿酒葡萄种植面积(千公顷)	产量(百万升)	人均消费(升/人)	出口价值(百万美元)	出口量(千升)	出口占总产量比例(%)	出口占世界出口比例(%)	出口价格(美元/升)
1980	104	586	47	20	14	2.4	0.3	1.43
1985	68	320	36	11	11	3.4	0.2	0.98
1990	59	328	22	52	43	13.1	1.0	1.21
1995	54	291	10	182	129	44.3	2.3	1.41
1996	56	337	7	293	184	54.6	3.7	1.59
1997	64	382	8	412	216	56.7	5.3	1.91
1998	71	444	10	528	230	51.8	5.3	2.30
1999	85	371	14	537	230	61.9	5.5	2.34
2000	104	570	7	581	265	46.4	6.6	2.19
2001	107	504	17	595	309	61.3	7.4	1.93
2002	109	526	10	608	355	67.5	5.2	1.71
2003	110	641	8	678	403	62.9	5.5	1.68
2004	112	605	11	830	466	77.0	6.1	1.78
2005	114	736	12	872	416	56.5	5.2	2.10
2006	117	802	16	956	472	58.8	5.6	2.03
2007	118	792	12	1 246	607	76.6	6.7	2.05
2008	105	825	12	1 361	584	70.9	6.5	2.33
2009	112	982	8	1 365	690	70.2	7.9	1.98
2010	117	841	15	1 528	728	86.5	7.4	2.10
2011	126	947	11	1 669	659	69.6	6.4	2.53
2012	129	1 188	12	1 767	743	62.6	7.6	2.38
2013	130	1 211	18	1 859	874	72.2	9.0	2.13

资料来源:安德森和皮尼拉(2017)。

智利水果和葡萄酒闯入世界市场

根据 1980 年经公民投票通过的智利宪法,1988 年举行了关于军政府延长 8 年任期的公民投票。拒绝选举的结果是对正规化的总统选举以及过渡为文官政府进行了投票。鉴于智利参与国际贸易的可能性,这也是对"恢复正常"的投票。到 1990 年,智利新总统上任后,智利的国际地位得到了加强,开始吸引更多外国投资者和潜在买家对智利产品的关注。由此,在 20 世纪 90 年代,智利的水果和葡萄酒进入世界市场的浪潮开始了。尤其是在葡萄酒产业,外国投资大幅增长,与国际公司结成了各种联盟。

尽管没有一系列确凿和明确的驱动因素推动智利葡萄酒产业的成功,但是,有多种因素共同作用,解释了智利的葡萄栽培是如何发展的,以前智利的葡萄栽培是如此注重国内市场,从而在很短的时间内能够获得在世界市场中的重要作用。

第一个因素是经济改革冲击、自由化和宏观经济的稳定,这些始于 20 世纪 70 年代中期并在 20 世纪 80 年代初的危机后得到巩固。这些使投资者获得新企业成功的回报,减少了政治和宏观经济不确定性,几十年来,避免了私人风险承担。

第二,在开放贸易环境下,货币大幅贬值有效地降低了国内实际工资并提升了包括葡萄酒在内的所有出口行业的竞争力,同时,投资者的乐观情绪不断增长。

第三,其他潜在的非采矿出口部门必须从一个适度的基础(有时从零)开始,但是,智利葡萄酒产业的现有规模可以使资源从服务国内市场迅速转移到寻找和迎合外国买家。

第四个因素与第三个因素相互作用,在本章后面会有更详细的讨论。这个因素是,随着收入的增加和劳动力的构成发生变化,20 世纪 80 年代消费者口味迅速变化,转向了其他酒精饮料。葡萄酒行业的经理人预计国内需求将下降,因此,迫切需要转向,去开拓国外市场。

第五个因素是补充这个行业已有的能力,20 世纪 70 年代末外国投资者(最著名的是桃乐丝酒庄)就已经开始引入现代技术以及明确针对欧洲消费者的风格设计。在经济上有利的情况下,这些技术和风格很容易被模仿。在一个几乎没有创新者的高度集中的行业,这种形式的知识溢出意味着理念的传播是迅疾的。

第六个因素是后来出现的,即对贸易协定的政策承诺(在本章的后面加以讨论)以进一步削弱出口壁垒。

根据酿酒能力的提高和新葡萄园的经营情况,该行业总体生产力显著发展,也反映在新种植的非传统品种的构成变化上。到 1994 年,酿酒葡萄的总公顷数已经下降触底,开始扩大种植。6 年后,也就是到了 2000 年,总面积几乎翻了一番,恢复到 1980 年的水平。赤霞珠的种植面积增长了 220％以上,梅洛的种植面积增长了 440％以上,霞多丽增长了 85％,黑皮诺增长了 1 000％以上。1994 年,实际上不存在的品种开始涌现起来,特别是卡梅内尔、西拉和嘉本纳弗朗(见表 13.2)。1994 年,派斯品种的种植面积(公顷)依然占 30％,但是,在接下来的 20 年里减少了一半以上,到 2014 年,仅占全国酿酒葡萄种植面积的 6％。

表 13.2　　　　　1994—2014 年按照品种划分的智利酿酒葡萄园面积　　　　单位:公顷

年份 品种	1994	2000	2005	2010	2014
赤霞珠	11 112	35 967	40 441	38 426	44 176
梅洛	2 353	12 824	13 142	10 640	12 480
霞多丽	4 150	7 672	8 156	10 834	11 634
白苏维翁	5 981	6 790	8 379	13 278	15 142
白诗南	103	76	73	56	56
黑皮诺	138	1 613	1 361	3 307	4 196
雷司令	307	286	305	400	420
赛美蓉	2 708	1 892	1 708	930	968
派斯	15 990	15 179	14 909	5 855	7 653

年份 品种	1994	2000	2005	2010	2014
卡梅内尔	—	4 719	6 849	9 502	11 319
西拉	—	2 039	2 988	6 887	8 432
嘉本纳弗朗	—	689	1 099	1 345	1 661
其他	10 251	14 130	15 038	15 372	19 444
合计	53 093	103 876	114 448	116 831	137 582

资料来源:(智利)农业政策研究所,www.odepa.gob.cl。

在同样短暂的时期内,智利开始了其长期制度化承诺的进程,承诺通过谈判达成的贸易协定实现国际开放,与加拿大、南方共同市场(阿根廷、巴西、巴拉圭和乌拉圭)、墨西哥、秘鲁和中美洲达成了贸易协定。

在新世纪的第一个 10 年里,智利继续增加了与欧盟、韩国、美国、中国、所谓 P4(智利、新西兰、新加坡和文莱)、日本、澳大利亚和土耳其之间的贸易协定〔见附录表 A13.1 所列的许多自由贸易协定(FTAs),这些都是在过去的 20 年里智利已经签署的自由贸易协定〕。其中的一些协议,值得注意的是,与美国的协议,要求一段时间内慢慢降低智利葡萄酒关税,但是,无论如何,它们表明了未来可进入有利可图市场的一种可信承诺。[1]

智利酿酒商开始瞄准欧洲和北美价格水平较高的市场,欧洲和北美市场达到了总销售额的 80%。自 20 世纪 90 年代以来,出口总量和销售收入大幅增长,最近几年达到 18 亿美元以上。图 13.2 显示了自 1980 年以来世界上最大的葡萄酒出口国的出口价值变化。目前世界主要的葡萄酒出口国是澳大利亚、智利和美国,三国每年的出口额超过 15 亿美元,其次是新西兰、阿根廷和南非。到 20 世纪 90 年代末,按照葡萄酒出口价值核算,智利和澳大利亚已经超过了美国。此后,在 2007 年之前,智利的出口增长略慢于世界上最大的竞争对手澳大利亚的出口增长,此后,澳大利亚的出口量下降,出口总价值也开始下降,而

---

〔1〕 智利和美国之间葡萄酒贸易的关税在 12 年内下降了,并最终在 2016 年初被取消。

智利出口继续以接近以前的速度增长。2012 年,在数量上,智利成为新世界最
大的出口国,1 年后,在价值上也成为新世界最大的出口国。

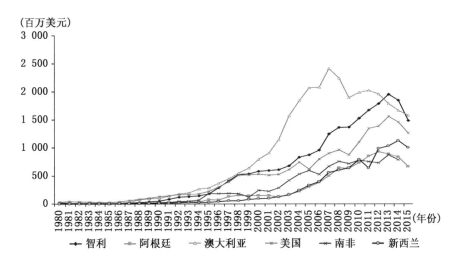

资料来源:安德森和皮尼拉(2017)。

图 13.2 1980—2015 年新世界生产国葡萄酒出口价值

在突破(过去制度框架约束的)阶段,智利葡萄酒出口价格也迅速上涨,从
20 世纪 80 年代略高于每升 1 美元增加到 20 世纪 90 年代末高于每升 2 美元。
价格上升在很大程度上是由于在这一时期散装葡萄酒出口的比例下降,并相应
增加了价值较高的瓶装产品的出口(见图 13.3)。智利的葡萄酒价格水平得到
了葡萄酒出版物和关于口味评分的其他宣传资源的帮助,表明与相近价格的加
利福尼亚和澳大利亚葡萄酒相比,智利葡萄酒向购买大众展示了高质量。到 21
世纪初,每箱价格超过 30 美元(每瓶 750 毫升,价格 2.50 美元)的葡萄酒收入
已达到约 1/5 的所有出口收入。在过去的 15 年里,出口单位价值在不同年份
之间波动,波动幅度在 1.60—2.50 美元,一般趋势是随着时间的推移而提高,
并且最近散装葡萄酒出口也扩大了。尽管如此,智利的出口单位价值与其主要
竞争对手相比仍然低得多,新西兰和法国葡萄酒的价格提高速度要比智利快得
多。

最近,散装葡萄酒的销售一直在增加。尽管新西兰和智利似乎将类似的土

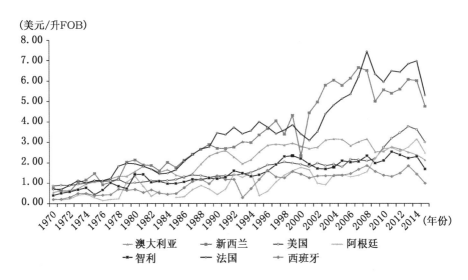

（美元/升FOB）

资料来源：安德森和皮尼拉（2017）。

图 13. 3　1970—2015 年主要出口国的葡萄酒出口价格水平

地资源投入酿酒葡萄种植，但是，两国的出口构成各不相同，新西兰专业化于白葡萄酒和高价产品，而智利集中精力发展红葡萄酒，其出口的很大一部分是价格较低的瓶装葡萄酒和散装葡萄酒。2015 年，散装葡萄酒占智利葡萄酒出口量的 47%。相比之下，散装葡萄酒仅占新西兰出口量的 34%。

图 13.4 显示了自第二次世界大战结束以来智利和几个可比国家的巴拉萨（Balassa，1965）显性比较优势指数的演变。智利经济改革之前的指数与之后的指数形成了鲜明的对比。从 1988 年向民主制度过渡开始，智利的指数迅速上升。在过去 20 年里，智利的指数超越了法国、西班牙、阿根廷和澳大利亚的指数。智利指数的波动性，特别是在 2001—2006 年期间的大幅下跌，是由于铜（迄今为止该国的主要出口产品）的国际价格大波动对该国实际汇率的影响。尽管该指数波动很大，但是，智利葡萄酒的相对优势要比那些可比葡萄酒出口国的相对优势增长得快，尤其是在过去的 10 年里。智利葡萄酒产业对全国出口总值的贡献一直在增长，增长速度快于该国在全球葡萄酒出口总额中占比的增长速度。

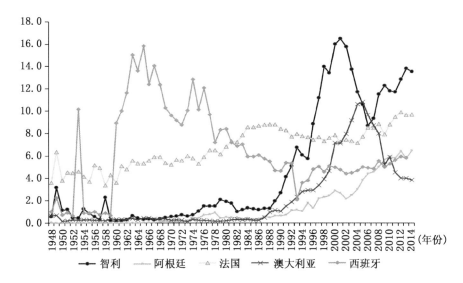

a. 在全国商品出口中葡萄酒占比除以全球葡萄酒出口中该国葡萄酒占比。

资料来源：安德森和皮尼拉（2017）。

图 13.4　1948—2014 年智利与所选竞争对手的葡萄酒"显性"比较优势指数[a]

让我们进一步说明 20 世纪 80 年代中期至 90 年代中期产业重心由国内转向国际市场的重大变化，图 13.5 显示了智利、阿根廷和西班牙人均葡萄酒生产和消费之间的差距。始于 20 世纪 80 年代初，智利人均消费显著下滑（见图 13.6），伴之以产量的急剧下降。只是在 20 世纪 90 年代初，产量开始回升，但是，速度如此之快，以至于人均产量最近达到了 20 世纪 60 年代以来前所未有的水平。同时，人均消费趋于稳定，然后开始缓慢上升。大约在同一时间内，像智利一样，人均消费水平一直相对较高的西班牙和阿根廷也经历了国内需求大幅下降。与智利相比，西班牙的出口增长始于 20 世纪 70 年代中期，如图 13.5所示，人均产量与人均消费之间的差额增加了。然而，如果按比例，这一差距的增长要比智利小得多，智利的差距增长是在更小的基数上开始的。然而，直到 20 世纪 90 年代末，阿根廷的葡萄酒产业并没有开始重新定位于出口，并且人均产量与人均消费之间差距的增长速度要比西班牙和智利慢得多。

在出口繁荣时期，行业领导者是最大的生产商。4 个最大的葡萄酒酒庄占

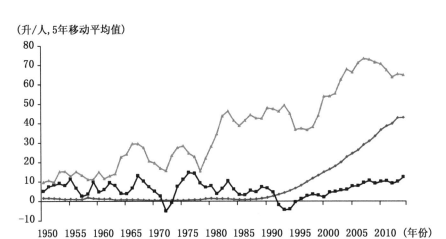

(升/人,5年移动平均值)

资料来源:基于安德森和皮尼拉(2017)的数据,作者自己核算。

图 13.5 1950—2014 年阿根廷、智利和西班牙人均葡萄酒产量与人均葡萄酒消费量之间的差距

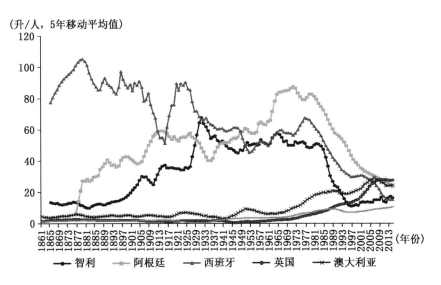

(升/人,5年移动平均值)

资料来源:安德森和皮尼拉(2017)。

图 13.6 1861—2014 年智利与所选国家人均葡萄酒消费量

国内销售的 80%,占智利所有葡萄酒出口的 2/5 以上,但是,与规模较小的葡萄酒酒庄相比较,它们倾向于将出口重点放在价格较低的葡萄酒上。就储备和品种而言,4 家最大的公司平均出口约占 60%。相比之下,小型出口酒庄的订单产量只有 10 百万升,并且国内份额相对较小,通常在储备和品种方面从来没有少于 90%。

最近几年:巩固并持续增长

近年来,尽管在 2008—2009 年金融危机之后存在一些担忧,但是,产业增长并未明显放缓。2008—2012 年间产量增长了约 45%,在不久的将来葡萄酒出口可能会超过 19 亿美元。目前,出口占整个产业(国外与国内)销售价值的75%。就葡萄酒行业持续发展的一个显著动态指标而言,最近,智利超过澳大利亚,成为第四大葡萄酒出口国,紧随法国、意大利和西班牙之后。智利现在是新世界主要出口国。葡萄酒仅占智利出口总值的 3%—5%(铜和矿物出口占主导地位),但是,农林业和粮食部门出口接近 15%。

2016 年,智利葡萄酒出口公司的数量约为 350 家,虽然不是所有公司每年都出口。10 家葡萄酒公司的出口占主导地位,占出口总额的 50% 以上。大多数出口商的特点是小型或中型公司。采用公司之间的简单平均值,葡萄酒生产商平均收入的大约 2/3 来自国际市场,许多公司非常依赖国外销售。随着时间推移,全国的葡萄酒出口已经多样化,并且最近在数量上的增长快于总价值的增长,表明多样化意味着价格较低的产品和散装葡萄酒进入新市场或正在成长的市场。今天,散装葡萄酒占智利葡萄酒出口总值大约 17%。

近几十年来,智利出口葡萄酒的主要国家名单发生了显著变化。表 13.3 显示了按照国别列出的智利优质葡萄酒(具有原产地标志或 DO 标志的葡萄酒)出口的价值,这大约占葡萄酒出口总价值的 75%。[1] 2000 年,主要出口目的地是欧洲(占总出口的 48%)和北美(占 23%)。亚洲——几乎全部去向日本——占 7% 的份额,低于去向拉丁美洲国家(不包括墨西哥)占 10% 的份额。

---

〔1〕 在最近的监管变化之后,智利现有 14 个官方原产地标志,从干旱的北部埃尔基河谷延伸到较为寒冷的南方马莱科河谷。就酒庄的数量而言,最大的原产地是位于该国酿酒葡萄种植区中部、圣地亚哥以南的迈坡谷。

到目前为止,英国和美国是智利葡萄酒最大的进口国,分别占智利总出口的22%和18%。

表 13.3　2000 年、2014 年和 2015 年智利原产地标志葡萄酒的排名前 20 出口目的地

2000 年			2014 年			2015 年		
国家	出口价值（千美元）	占总出口比例（%）	国家	出口价值（千美元）	占总出口比例（%）	国家	出口价值（千美元）	占总出口比例（%）
英国	95 631	20	英国	177 486	11	中国	163 099	10
美国	76 091	16	美国	148 892	9	英国	162 527	10
日本	25 836	5	日本	124 704	8	美国	157 687	10
加拿大	23 488	5	中国	110 577	7	日本	147 486	9
德国	22 719	5	巴西	109 207	7	巴西	111 594	7
丹麦	19 514	4	荷兰	98 637	6	荷兰	82 720	5
荷兰	18 274	4	加拿大	65 713	4	加拿大	62 938	4
爱尔兰	17 075	4	丹麦	44 695	3	丹麦	43 162	3
瑞典	14 896	3	爱尔兰	43 173	3	爱尔兰	39 374	2
巴西	14 110	3	德国	39 996	2	韩国	38 003	2
墨西哥	12 207	3	俄罗斯	38 709	2	墨西哥	35 708	2
瑞士	9 085	2	韩国	37 055	2	德国	34 698	2
比利时	8 949	2	墨西哥	32 438	2	比利时	29 195	2
芬兰	8 095	2	比利时	29 219	2	俄罗斯	21 486	1
委内瑞拉	7 113	1	芬兰	23 627	1	哥伦比亚	20 817	1
挪威	7 011	1	瑞典	21 864	1	法国	19 649	1
法国	5 640	1	哥伦比亚	19 448	1	芬兰	17 805	1
哥伦比亚	5 113	1	委内瑞拉	18 057	1	瑞典	16 817	1
其他	43 816	9	其他	238 755	14	其他	223 756	14
总计	478 478		总计	1 661 004		总计	1 652 277	

资料来源:(智利)农业政策研究所,www.odepa.gob.cl,基于智利海关机构的数据。

15 年后,虽然出口到英国的价值已经上升了 70%,出口到美国的价值翻了一番,但是,智利对这两个国家的葡萄酒总出口量都下降到只有 11%。作为一个重要出口市场的亚洲崛起是显而易见的。2015 年,智利葡萄酒出口中的日本占比为 10%,中国为 11%,韩国为 3%。亚洲各出口目的地的总计显示,太平洋市场目前占智利出口的优质葡萄酒的 1/4。尽管拉美的份额依然保持大约10%,但是,在过去的 15 年里,对巴西的出口增长了近 8 倍,现在它的价值占智利出口的原产地标志葡萄酒价值的 8%。

尽管智利的公司越来越特别强调对亚洲和非洲的出口,但是,并不像它们的竞争对手那么成功,尤其是没有澳大利亚那么成功。在过去的几年里,在中国的供应商中,智利排名最高,并在 2015 年按照价值核算,成为排名第三的进口来源(1.7 亿美元),仅次于澳大利亚(4.4 亿美元)和法国(8.63 亿美元)。然而,智利正在失去中国总进口中的一些份额,这些份额被澳大利亚获得,澳大利亚一直在提高向中国出口葡萄酒的价值,提高速度是智利的两倍。此外,2015年,从智利进口的葡萄酒每瓶的单位价值(3.49 美元)还不到来自澳大利亚葡萄酒价值(7.76 美元)的一半,大约为法国葡萄酒价值(5.19 美元)的 2/3。更有趣的依然是这样的事实:智利对中国的葡萄酒出口中,大约有 2/3 是散装的,平均单位出口价值仅 0.55 美元,这样,出口到中国的全部葡萄酒的单位出口价值略低于 1.5 美元。

关于皮斯科(Pisco)的说明

在离开葡萄酒生产和出口的话题之前,需要对另一个重要的含酒精葡萄产品即皮斯科[1]做一些评论。在最早的殖民时代,智利就开始从葡萄酒中提取生产白兰地,特别的产品——皮斯科——在秘鲁和智利干旱的北方定居点有着深厚的历史根源。事实上,智利皮斯科拥有南美洲最早的原产地名称,可追溯到 1931 年。根据法律,皮斯科仅指从阿塔卡马和科金博北部地区干旱的河谷出产的麝香葡萄藤品种中蒸馏出来的烈性酒。长期以来,国内大部分的皮斯科生产以智利市场为导向,但是,自 1990 年以来,这种烧酒的出口量增长了 150%以上,价值增长了 10 倍以上,2015 年达到约 350 万美元。尽管最近有增长,但是,皮斯科出口仅占全国总产量大约 50 百万升的 1%左右。

就国内消费而言,皮斯科目前约占人均 2.5—3 升。由于国内人均消费较

20 世纪 90 年代中期的最高水平下降了约 50％,皮斯科产业试图发展市场价值较高的产品,增加国外销售。在最大销量上,皮斯科通常作为 30％—35％酒精含量的混合饮料出售,与进口威士忌以及相对便宜的朗姆酒和其他蔗糖提纯的烧酒竞争。自 2000 年以来,威士忌的进口增长了大约 250％,达到 8.5 百万升,朗姆酒和类似产品如甘蔗烧酒(cachaca)的进口量已经上升了 30 倍以上,约 50 百万升,达到了国内皮斯科生产总量水平。最近,智利皮斯科总价值中约 20％销往南方共同市场伙伴国(主要是阿根廷),大约 40％销往美国。

葡萄酒和其他酒精饮料的国内消费

在过去的半个世纪里,智利的葡萄酒消费量显著下降,从 20 世纪 60 年代初每年人均 60 升左右到近年来低至 15—17 升。从饮用葡萄酒中获得的酒精消费下降了 75％以上,智利人的消费水平低于英国人的消费水平。这种消费量的下降与说西班牙语、喝葡萄酒的其他国家的情况类似。如图 13.6 所示,在 20 世纪 30 年代至 60 年代初,西班牙、阿根廷和智利消费者的口味似乎趋于一致,人均年度消费 50 升左右。因此,这三个国家的人均消费量开始与富裕的英国口味趋同。

到 21 世纪 10 年代,随着美国消费者人均葡萄酒消费量的逐步增加,而智利消费者的消费量保持在人均 12—15 升,智利和美国的酒精消费状况正在逐渐趋同。2014 年,智利的人均消费略有增长,达到约 17.5 升的消费水平,但是,由于这个行业总存量信息不充分,所以存在很大的变数。尽管对葡萄酒产业来说,国内人均消费的明显增长是个好消息,但是,智利的消费仍明显低于收入水平相当的两个南锥邻国:阿根廷每年人均葡萄酒消费 23.5 升,乌拉圭为 29.2 升。在 20 世纪中叶,与其他国家比较,消费水平也相当高,随着时间的推移,智利葡萄酒消费量本质上下降了,这并不令人惊讶。值得注意的是,智利下降的速度快而且迅猛。1980 年,智利在最爱饮酒的国家中排名第 6。今天,加利福尼亚葡萄酒研究所(2016 年)报告说,智利在最爱饮酒的国家中排名 41 位。

人均消费量的下降与智利 20 世纪 70 年代中期以来经历的快速经济发展、就业性质的相关变化和家庭收入水平的提高直接相关。发展意味着对非农业劳动力的需求迅速增长,特别是在服务行业。此外,对纺织业和重型制造业保护的整体转变意味着蓝领工人工作岗位的下降。劳动力需求变化了,办公室的职员需求提高了,中产阶级扩大了,从而改变了绝大多数智利人工作日的性质。随着劳动力转向了这样的工作,即守时和专注得到奖励,节制变得更加重要,至少在每周的工作日。

在经济改革阶段,全国最大啤酒厂的私有化也起到了作用:它导致了有吸引力价格的优质啤酒的可得性,也导致了针对消费者的关于酒精含量较低的葡萄酒替代品的宣传活动。此外,特别是对于那些主要对酒精含量感兴趣的消费者来说,主要蒸馏烈性酒皮斯科的生产规模扩大导致其相对于葡萄酒的价格大幅下跌。

到 21 世纪中期,人均啤酒消费量翻了一番,从 20 世纪 80 年代初的低基数增长到人均约 30 升,尽管啤酒相对于葡萄酒的价格仍然相当稳定。啤酒消费量持续上升,2013 年达到人均 40 升以上。目前,按照纯酒精当量,15 岁以上的智利人年均消费量约为 7.7 升,其中,约 31%来自葡萄酒,36%来自啤酒,23%来自皮斯科和其他蒸馏酒(见表 13.4)。[1]

表 13.4 2013 年智利酒精消费情况

	数量(百万升)	酒精百分比(%)	纯酒精数量(百万升)	在纯酒精总量中所占百分比(%)	每个成人的纯酒精消费量(升)
烈酒和其他蒸馏酒	36	38.0	13.7	13.2	1.0
皮斯科和皮斯科酸味混合酒	36	30.0	10.8	10.4	0.8
啤酒	680	5.5	37.4	36.1	2.8
葡萄酒	221	12.5	32.3	31.1	2.4

[1] 世界卫生组织(WHO)发表了一份关于智利酒精消费的简要概述,给出了 2008—2010 年的平均值。没有支持性参考文献,也没有引证,世界卫生组织提出,"未记录"的酒精消费量达到人均每年增加 2 升纯酒精(15 岁以上人口),人均纯酒精的年总消费量提高到了 9.6 升,这一比率将为拉丁美洲最高的比率。在本文作者看来,世界卫生组织统计的 15 岁以上人口人均 2 升纯酒精消费增量似乎具有高度的推测性,没有太多的证据支持。

续表

	数量 (百万升)	酒精 百分比 (%)	纯酒精 数量 (百万升)	在纯酒精 总量中所 占百分比 (%)	每个成人 的纯酒精 消费量 (升)
其他	90	10.0	9.0	9.1	0.7
总计			98.5	100.0	7.7

注:2013 年 15 岁及以上人口估计为 1 350 万。"其他"类型是一个简单估计数,基于所列项目的纯酒精消费的 10%加以简单估计。

资料来源:作者基于(智利)农业政策研究所的数据估算,www. odepa. gob. cl。

政策制定者最近关心酒精消费对健康的影响,导致对酒精饮料征收更高的税。具有讽刺意味的是,通过提高消费者承担的所有酒精来源的最终价格,相对于蒸馏酒而言,新的酒税制度提高了啤酒和葡萄酒的价格。除了对所有交易征收 19%的增值税,对于啤酒和葡萄酒,酒税从 15%增加到 20.5%;对于蒸馏酒,酒税从 27%增加到 31.5%。到目前为止,还没有明确的证据表明税收的增加导致了酒精饮料或混合饮料消费量的明显下降。

结 论

19 世纪后期经济大幅扩张之后,以及 20 世纪 20 年代消费者的口味从其他含酒精的葡萄饮料转变到葡萄酒之后,上个世纪的大部分时间直到近 40 年经济改革之前,智利葡萄酒产业的演变是由国内市场发展驱动的。葡萄酒行业,从葡萄生产到营销,受到酿酒葡萄种植的土地使用限制、国家的管制倾向以及税收的直接影响,并且受到贸易、汇率和产业政策的间接影响,所有这些因素都削弱了竞争力,并挫伤了风险投资,而风险投资能够激发更大的产业活力。

此外,智利所有潜在的出口活动都因采矿业的规模而黯然失色,采矿业几乎完全是针对出口,往往从其他行业获得生产资源,包括农业和葡萄酒行业。在整个 20 世纪 80 年代,就绝对美元出口收入而言,采矿业的重要性没有明显变化,与葡萄酒出口有关的经济环境的其他方面亦如此。一度集中于国内市场的葡萄酒行业重新聚焦国际扩张的潜力,并在1988—1990年间,即实现文官治理的政治转变之后,国际扩张非常迅速。

通过全面自由化和确立宏观经济稳定性,20世纪70年代中期开始,经济增长的基础更加普遍地建立起来。通过货币贬值,而货币贬值实际上降低了国内实际工资水平,葡萄酒行业的潜在国际竞争力得以增进。随着20世纪80年代国内人均葡萄酒消费量开始快速下降,葡萄酒产业迅速将资源从国内市场转移到国际市场。首先,减少最初投入大规模消费的派斯品种种植的土地,然后,扩大生产那些针对外国买家消费的品种。此外,通过外国投资者引进了现代技术和很容易模仿的风格,这个产业的出口潜力得到了提高。因此,在20世纪90年代初,随着智利单方面进一步经济贸易开放并着手签订一系列双边贸易协定,葡萄酒产业做好了准备,在国际市场上竞争和成长。

在过去的25年里,智利葡萄酒产业增长保持稳定。最近,智利成为世界第四大葡萄酒出口国。在两个广泛的、互补的进程的背景下,近来,智利整体非矿业出口呈现显著收益:继几十年的进口替代产业政策之后,边干边学,发现国家比较优势;单边和双边贸易自由化促进了竞争产业向发达世界的外国市场扩张。但是,这些变化所引起的出口增长最终是有限度的,因为比较优势的快速发现时期已经结束,并且世界上只有这么多国家与智利可以签署自由贸易协定。

最近,第三个因素一直在推动和决定葡萄酒出口的方向:收入的总体增长和以前不被认为可以提供大规模市场的各国潜在葡萄酒饮用者的偏好演变。现在,太平洋地区市场,尤其是中国,吸收了智利瓶装和散装葡萄酒出口的大量份额。中国、印度和其他亚洲大规模市场的收入增长很可能继续提供葡萄酒需求扩大的潜力,但是,竞争对手,尤其是来自法国和澳大利亚的竞争,将仍然是智利酒庄潜力实现的一个挑战。

表 A13.1 1996—2015 年智利自由贸易协定

协定/合作伙伴	签署日期	生效日期
太平洋联盟	2014 年 2 月 10 日	2015 年 7 月 20 日
泰国	2013 年 10 月 4 日	2015 年 11 月 5 日
中国香港	2012 年 9 月 7 日	2014 年 11 月 29 日
越南	2011 年 11 月 12 日	2014 年 2 月 4 日
马来西亚	2010 年 11 月 13 日	2012 年 4 月 18 日
土耳其	2009 年 7 月 14 日	2011 年 3 月 1 日
澳大利亚	2008 年 7 月 30 日	2009 年 3 月 6 日
日本	2007 年 3 月 27 日	2007 年 9 月 3 日
哥伦比亚	2006 年 11 月 27 日	2009 年 5 月 8 日
秘鲁	2006 年 8 月 22 日	2009 年 3 月 1 日
巴拿马	2006 年 6 月 27 日	2008 年 3 月 7 日
中国内地	2005 年 11 月 18 日	2006 年 10 月 1 日
P4：新西兰、新加坡、文莱（欧洲自由贸易联盟，EFTA）	2005 年 7 月 18 日 2003 年 6 月 26 日	2006 年 5 月 1 日 2004 年 12 月 1 日
美国	2003 年 6 月 6 日	2004 年 1 月 1 日
韩国	2003 年 2 月 15 日	2004 年 4 月 1 日
欧盟	2002 年 11 月 18 日	2003 年 2 月 1 日
中美洲（哥斯达黎加、萨尔瓦多、危地马拉、洪都拉斯、尼加拉瓜）	1999 年 10 月 18 日	2012 年 10 月 19 日
墨西哥	1998 年 4 月 17 日	1999 年 8 月 1 日
加拿大	1996 年 12 月 5 日	1997 年 7 月 5 日
南方共同市场	1996 年 6 月 25 日	1996 年 10 月 1 日

资料来源：对外贸易信息服务，美洲国家组织，www. sice. oas. org/。

【作者介绍】 威廉姆·福斯特（William Foster）：加利福尼亚大学伯克利分校美国农业和资源经济学博士，位于圣地亚哥（Santiago）的智利天主教大学农业经济学系教授。他的研究兴趣是农村发展、经济地理、农业和粮食政策的福利影响以及智利葡萄酒产业。

奥斯卡·梅洛（Oscar Melo）：智利天主教大学农业经济学系副教授。他拥有位于大学园区的马里兰大学农业与资源经济学硕士和博士学位。他的研究兴趣是水资源经济学、气候变化、质量和监管、经济估值以及农业贸易与发展。

【参考文献】

Alvarado, D. P. (2004), 'De apetitos y de cañas: El consumo de alimentos y bebidas en Santiago a fines de Siglo XIX', *Historia-Santiago* 37(2): 391—417.

Anderson, K. and V. Pinilla (with the assistance of A. J. Holmes) (2017), *Annual Database of Global Wine Markets, 1835 to 2016*, freely available in Excel at the University of Adelaide's Wine Economics Research Centre, www. adelaide. edu. au/wine-econ/databases.

Balassa, B. (1965), 'Trade Liberalisation and Revealed Comparative Advantage', *Manchester School* 33: 99—123.

Cisterna, N. S. (2013), 'Space and Terroir in the Chilean Wine Industry', ch. 3 (pp. 51—66) in *Wine and Culture: Vineyard to Glass*, edited by R. E. Black and R. C. Ulin, London and New York: Bloomsbury Academic.

Couyoumdjian, J. R. (2006), 'Vinos en Chile desde la independencia hasta el fin de la Belle Époque', *Historia-Santiago* 39(1): 23—64.

Del Pozo, J. (1998), *Historia del Vino Chileno desde 1850 hasta Hoy*, Santiago: Editorial-Universitaria.

Fernandez Labbe, M. (2010), *Bebidas Alcohólicas en Chile*, Santiago: Ediciones Universidad Alberto Hurtado.

Foster, W. and A. Valdés (2006), 'Chilean Agriculture and Major Economic Reforms: Growth, Trade, Poverty and the Environment', *Région et Développement* 23: 187—214.

Hernández, A. (2000), *Introducción al Vino de Chile*, 2 ed., Santiago: Colección en Agricultura de la Facultad de Agronomía e Ingeniería Forestal, Pontificia Universidad de Chile.

Hernández, A. and Y. Moreno (2011), *The Origins of Chilean Wine: Curico, Maule, Itata and Bíobío*, Santiago: Origo Ediciones.

Johnson, H. (1989). *Story of Wine*, London: Mitchell Beasley.

Robinson, J., J. Harding and J. Vouillamoz (2012), *Wine Grapes: A Complete Guide to 1,368 Vine Varieties, Including Their Origins and Flavours*, London: Allen Lane.

Smith, A. and B. Yandle (2014), *Bootleggers and Baptists: How Economic Forces and Moral Persuasion Interact to Shape Regulatory Politics*, Washington, DC: Cato Institute.

Valdés, A. and W. Foster (2015), *La Reforma Agraria en Chile: Historia, Efectos y Lecciones*, Santiago: Ediciones Universidad Católica.

Wine Institute of California (2016), 'World Per Capita Wine Consumption, 2014', available at www. wineinstitute. org/resources/statistics.

Yandle, B. (1983), 'Bootleggers and Baptists: The Education of a Regulatory Economist', *Regulation* 7(3): 12.

第十四章

南非

　　就葡萄酒升数而言,南非是世界第七大出产国;就葡萄酒出口数量而言,南非是第六大出口国。[1] 本章探讨南非葡萄酒产业的演变过程,历经 300 多年达到了(今天)这个地位。由于南非是新世界葡萄酒产区中最老的葡萄酒产区之一,我们强调位于非洲南端的葡萄酒生产的深厚渊源。本章的叙述得到了该国葡萄酒生产、贸易和国内生产总值(GDP)的新数据集支持。我们整理了几个现有但零散的数据来源,从而给出了 1657—1909 年开普敦殖民地丢失的产量数据,以及 1910—2015 年南非丢失的产量数据。

　　本分析开始于产业最初的叙述性描述,从新数据中汲取一些观点,继而对南非与南半球的新世界其他主要生产国(阿根廷、澳大利亚、智利和新西兰)进行比较分析,最后一节做出总结。

南非葡萄酒生产的趋势

　　关于南非葡萄酒产业的标准观点是,丰富多样种植的历史进步达到了这个时点,现在那里的葡萄酒产业能够取得其在全球葡萄酒界的恰当地位。一如既往地,真实世界是不同的,本部分的目的是对造成葡萄酒产业长期趋势提供一

---

　　〔1〕 2015 年,南非生产了 12 亿升葡萄酒,出口葡萄酒达 415 百万升,价值达 7.86 亿美元(安德森和皮尼拉,2017)。作者要感谢曼迪·凡·戴尔·麦尔维(Mandy van der Merwe)和汤姆·肯伍德(Tom Keywood)对研究的支持,感谢克里斯蒂·斯文鲍尔(Christie Swanepoel)提供汇率数据,并感谢罗伯特·罗斯(Robert Ross)在数据来源方面提供有价值的建议。

个更详细的、更细致的叙述,可见图 14.1 中的描绘。

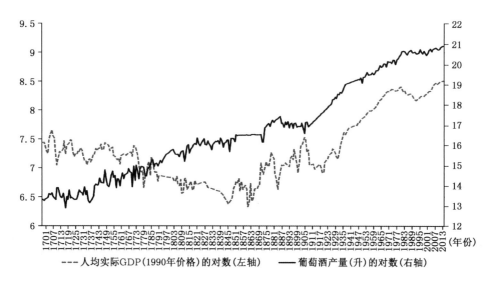

资料来源:基于安德森和皮尼拉(2017)的数据。

图 14.1　1700—2014 年南非葡萄酒产量与人均实际 GDP(取对数)

在 17 世纪中期,在非洲南端,欧洲人定居后不到 10 年时间,好望角用首任总督让·凡·里贝克(Jan van Riebeeck)带来的葡萄藤结出的葡萄酿造了葡萄酒。这是用新鲜的农产品进行实验的一部分,在新定居点寻找食物和饮料,这样可以保证水手和乘客从欧洲到东印度群岛漫长的海上航行期间的良好健康状况。由于欧洲移民数量少,并且需要大量的创业资本以及优先考虑为过往船只提供食品的生产,所以最初的产量很小。但是,好望角宜人的气候和水土条件很快使葡萄栽培成为蓬勃发展的产业,随着 1688 年法国胡格诺派教徒[1]的到来,葡萄酒产量增加了(福瑞和冯·芬特尔,2014)。

一种描述性地研究接下来几个世纪的葡萄酒产量长期趋势的方法是并列呈现产量和人均 GDP(见图 14.1)。该图显示了两个系列之间的负相关性,直到 19 世纪 50 年代,当时美利奴羊毛的出口和 19 世纪 70 年代第一次钻石繁荣推动了经济向前进步。这与历史学家认为的重要性是一致的,历史学家认为,

──────────

〔1〕　尤指 16—17 世纪的法国基督教新教加尔文教徒。——译者注

葡萄酒产业是好望角繁荣的重要推动力,然而人均 GDP 的下降是快速扩张边疆经济的结果,而边疆经济扩张的做法是发展非常昂贵的畜牧业,以至于分母(人口规模)比分子(总产量)增长得更快。

19 世纪前(葡萄酒)产业的建立

1658 年,第一次在好望角酿造葡萄酒,那是在欧洲人到达非洲南端仅仅 5 年之后的事情。好望角的指挥官让·凡·里贝克是被派来建立补给站的,向往来欧洲和东印度群岛之间的荷兰东印度公司提供补给,他随身带来了一些法国葡萄藤,即使他把它们种在了被风吹的桌山(Table Mountain)山坡上,但依然茂盛。葡萄酒是一种急需的商品:在几个月的航行之后,凡·里贝克知道,每年停泊在桌湾(Table Bay)的船上大约 6 000 名士兵和水手会对葡萄酒如饥似渴(包夏福和福瑞,2010)。[1] 在定居后不久,与土著农民科伊人(Khoe)和狩猎采集者桑人(San)的交易中,他还发现,酒精将是一种有价值的商品。

然而,尽管这两个市场有潜在的需求,葡萄栽培还是起步缓慢。得到东印度公司服务的定居者被鼓励的生产几乎完全集中于养牛和种小麦,这两种商品不用花很长时间就能获得投资回报。直到在 18 世纪早期,葡萄栽培主要是在东印度公司官员建立的大型庄园里。

1685 年,指挥官西蒙·凡·戴尔·斯塔尔(Simon van der Stel)获得了位于桌山东坡的土地,变成了康斯坦提亚山谷酒庄,并且在 1700 年,他的儿子、当时的总督维利姆·安德里亚安·凡·戴尔·斯塔尔(Willem Adriaan van der Stel)获得了伐黑列亘(Vergelegen),那是位于霍滕托特霍兰山脉山坡上的 3 万公顷土地。这两个农场生产了大量的好望角葡萄酒,并为它们的主人获得了非凡的回报,主要是因为它们可以雇用东印度公司的奴隶,并为公司的采购保留大量的产品。

---

[1] 到 1690 年,好望角的定居者和奴隶人口总数还没有达到 1 000 人,因此,船上的"出口"市场构成中,最大组成部分是农民的产品市场,包括葡萄酒市场。

这种不公平的优势使越来越多的定居者感到沮丧,1688 年,几十个法国胡格诺教派家庭的到来促进了这种不公平优势,他们中的许多人精通酿酒技艺。维利姆·安德里亚安·凡·戴尔·斯塔尔的放肆和他单方面决定谁能参与酒和肉在好望角垄断市场的能力最终引发了定居者的反抗。在 1706 年,三个农场主向荷兰东印度公司的股东、阿姆斯特丹的十七世君主(the Lord ⅩⅦ)提交了一份请愿书,反对他的行为。请愿书由在好望角的大约 550 名定居者中的 63 人签名。尽管请愿首先遭到拒绝,但是,由于害怕殖民地的不满情绪,十七世君主最终将维利姆·安德里亚安召回荷兰。在他离开 3 年后,伐黑列亘被分成 4 个农场,卖给定居的农场主。随后,荷兰东印度公司的雇员不被允许在好望角拥有土地。正是在那时,葡萄酒生产起飞了。

葡萄酒的生产还受到好望角市场机构的影响。在每年 8 月底,东印度公司在好望角拍卖酒类的销售权。在这些拍卖会上,出售了 7 项专营权(或牌照),其中,最赚钱的是拍卖在开普敦出售好望角葡萄酒的权利,占东印度公司总收入的很大一部分。整整一个世纪里,定居的农场主向东印度公司股东抱怨他们认为不公平的制度;价格是固定的,农场主被迫以低价将产品出售给公司,只能眼睁睁地看着公司(和特许经营者)以大幅上涨的价格对过往船只和船员出售产品。正是由于这个原因,大多数历史学家认为早期的好望角葡萄酒产业效率是低下的和停滞的,并且生产质量差的葡萄酒(由于固定价格的弱激励),还往往容易生产过剩,因为农民试图通过提高销售量来弥补低价格的损失,希望未来价格的上涨能够保护他们的投资。

凡·杜因和罗斯(Van Duin and Ross,1987)对这种表现不佳的行业的认识提出了质疑。相反,他们描绘了一个在整个世纪里不断扩张的行业,尽管在某些时期比其他时期扩张得快。例如,在 1739—1743 年到 1789—1793 年的半个世纪里(取均值以减少离群值),葡萄酒产量的年增长率为 3.1%,增速远比福瑞和凡·詹登(2013)测度的 GDP 增速要快得多。尽管 1743 年以后有记录的葡萄酒数量迅速增加可能与收集统计数据的基础变化相关,但是,在整个世纪里,有几个显著扩张的时期(18 世纪 60 年代末、18 世纪 70 年代初、18 世纪 80

年代末)。通过葡萄酒产量增长与葡萄种植数量的对比,凡·杜因和罗斯(1987)认为,一系列的波动下滑趋势主要是收获不佳的结果,而不是投资不足的结果。

对于产量增进的原因之一,福瑞和冯·芬特尔(2014)的研究表明,是在胡格诺教派家庭群体中熟练的葡萄栽培师的出现。福瑞和冯·芬特尔(2014)追踪了每一位胡格诺教派移民的来源地,然后,测度他们在好望角几十年来的生产力(基于奥普加弗罗微观数据)。他们的研究显示,在好望角,来自法国葡萄栽培区的胡格诺派教徒有可能是更有生产力的酿酒商。这些移民(以及他们的后代)能够生产出更好的优质葡萄酒——可以保存6个月以上的葡萄酒,从此船长们有更大量的需求,因此,他们会成为葡萄酒精英,有时也被称为好望角绅士(古尔克和谢尔,1983;威廉姆斯,2016),在许多代人里,他们都领导了葡萄酒产业。

这个特点也可以从18世纪葡萄酒生产的地区差异中看出来。虽然葡萄酒是在桌山山坡上首先被酿造出来,而第一山脉以西的地区斯特兰德(Stellen-bosch)和德拉肯斯(Drakenstein)[现代帕尔(Paarl)及其周边地区]成为好望角殖民地的酒桶。这个地方也是大多数胡格诺派教徒定居的地方。1760年后,好望角地区葡萄酒产量停滞不前,但是,斯特兰德和德拉肯斯地区则显著增长。到18世纪80年代末,德拉肯斯产出全部好望角葡萄酒的60%。

正如我们的研究结果所表明的,整个世纪里,葡萄酒产量的增长速度并不一致。早在17世纪末,即胡格诺派教徒到来之后不久,由于庄园的迅速扩张,比如,康斯坦提亚和伐黑列亘庄园,葡萄酒产量显著增加。由于阻止东印度公司官员拥有庄园的决定,生产繁荣中断了,这意味着,由于最大的庄园被分割出售给定居农户,失去了规模经济优势。1713年,天花流行病也摧毁了科伊桑人和依赖奴隶劳动力的农场主。18世纪20年代和40年代,产量再度回升。后者(18世纪40年代产量回升)可能是由于进入好望角的葡萄酒产量的衡量规则改变的结果,也可能是由于1744—1748年英法战争造成的结果,当时,东印度公司被迫提高了买入葡萄酒的固定价格。

在 18 世纪 50 年代,经济停滞和低价格是很常见的,可见之于商业周期的糟糕表现。但是,18 世纪 90 年代,特别是在 18 世纪 70—80 年代,增长又回来了,尽管存在短暂的衰退,当时对好望角葡萄酒的需求显著增加,开普敦的消费和出口都增长了。在考虑这段时间里垄断特许权的价值增加时,这是一个葡萄酒销售预期利润上升的明显指标,从中可以得到证明。

到 18 世纪 80 年代末,殖民地已经达到了商业周期的高涨阶段。18 世纪 90 年代,金融危机冲击了殖民地(哈夫曼和福瑞,2015),降低了当地需求。此外,荷兰东印度公司正努力支持前两个世纪建立起来的庞大的贸易网络。较少荷兰船只抵达桌湾,尽管它对葡萄酒产业的削弱作用在一定程度上被其他国家的船只增加消除了。然而,当 1795 年法国占领荷兰的 7 个省之后,为了控制到达东方的海域和航线,英国决定占领好望角。尽管按照 1803 年签署的《亚眠条约》(the Treaty of Amiens),好望角被交还给了巴达维亚共和国,但是,1806 年,英国再次占领了好望角。1814 年,好望角正式成为英国殖民地。

动荡的 19 世纪和 20 世纪初期

19 世纪好望角殖民地的葡萄酒生产的故事可以被分成两段。两个时期的划分既是依据产业的特点和背景,也是依据可用的资源。第一个时期从英国于 1806 年第二次占领好望角开始,到 1860 年英法贸易条约的缔结而结束。第二个时期结束于 1910 年 4 个殖民地的统一。葡萄酒的生产涉及管理奴隶,然后,在奴隶解放后,则涉及管理自由工人;找到足够的可靠劳动力是一个长期存在的问题。酒的质量很低,只有少数例外。在一定程度上,这是因为酿酒葡萄的价格是统一的,所以,农民们试图使产量最大化。贸易条约和关税对出口市场的影响最大。

由于葡萄酒一直是荷兰东印度公司经营的,或在南非葡萄酒农场主协会合作有限公司(KWW)控制下,葡萄酒的生产没有受到直接管制,以至于与 19 世纪前后几个世纪相比,19 世纪的周期更复杂。这些都是很多条件相互交叉作用的结果,其中,一些以事件的日期为标志,其他则通过累积变化表现出来。除了其他条件之外,这些条件的清单包括:贸易条约和关税协定;关于奴隶制的法律;主人和仆人之间关系的法律;劳动力的永久短缺;工人名义的和"真实的"工资;钻石和黄金的发现;根瘤蚜虫流行病;南非战争(1899—1902 年)及其后果;1910 年的联合法案。下文各部分将进一步讨论这些问题。

1806—1831 年:废除和关税

好望角的英国政府继承了一个社会和经济建立在奴隶劳动之上的制度。葡萄酒是最重要的税收来源和出口收入来源。1821 年,绿葡萄(赛美蓉)无处不在。17 世纪,除邦达克(Pontac)品种外,所有其他常见品种[哈尼普特或亚历山大麝香(Muscat of Alexandria)、密斯卡德(Muscadel)、施特恩(Steen)或白诗南,以及可能是白法国人(Fransdruif)或帕洛米诺(Palomino)]到达了殖民地,并且 1980 年仍然是 7 种最广泛种植的酿酒葡萄。用 W. W. 伯德(W. W. Bird)的话说,在伦敦销售的葡萄酒"是出了名的糟糕",就像在殖民地出售的一样,食用醋和白兰地是"不太好描述"的,它们是用"葡萄垃圾"酿造的。它的消费者首先关心的是数量与酒精烈度。

从 1778 年到 1815 年英法战争和拿破仑战争期间,对好望角葡萄酒出口的需求增加了,同时,1815—1821 年大西洋圣海伦娜岛的驻军提振了葡萄酒需求。1815—1824 年间持续以出口为主导的关税优惠支持了葡萄酒产量的扩张,加速了对英国的出口,价格上涨,进一步刺激了生产的扩张。好望角农场主继续种植更多的葡萄,并将更多的葡萄制作成葡萄酒,以满足来自国外和殖民地内部不断增长的需求,即使在 1815—1821 年间开普敦葡萄酒价格下跌了 2/3 之后,情况依然如此。

1813 年,英国政府将好望角葡萄酒的进口关税降低了 38%。好望角的关税优惠出现逆转,1825 年被削减了,1830 年再次被削减,从而与对英国出口强化葡萄酒的主要出口国葡萄牙保持一致。1829 年,好望角葡萄酒出口达到顶峰,当时,9 000 千升葡萄酒中的 2/3 被用来出口。19 世纪 30 年代的 10 年间,出口在 2 500 千升—4 700 千升。

1808 年废除了奴隶贸易,从而减少了奴隶的供给。与预期相反,在接下来的若干年里,生产扩张,直到 1838 年奴隶获得解放。芮伊纳(Rayner,1986)告诉我们,葡萄种植和酿酒的扩张主要是由年老的奴隶完成的。

1809 年《卡利登宣言》(the Caledon Proclamation)(埃尔本,2003)提出了权利与社会秩序相结合的概念。它界定了科伊族人的地位,作为"自由人,他们不仅应该在自己的地方和职业中受到恰当的约束,而且应受到某种鼓励,使他们倾向参与居民服务,而不是引导他们过懒散的生活"。1828 年第 50 号法令废除了对科伊族人的通行限制,以及取消了未经审判即可因"流浪"而受惩罚。科伊族人选择了以月度或年度合同进行日常或季节性工作。他们不希望与"生活合同"联系在一起。任务站(Mission Station)为农村居住者提供了其他选择。农场主和官员们指责这些任务站"流失了劳动力"——事实上,它们提供了"临时劳工储备"[马瑞斯(Marais),1968:168]。

《卡利登宣言》在法律上明确确立了以下原则:葡萄酒不能成为工人报酬的一部分。这一项原则在 1828 年第 50 号法令中被再次重申。

解放与自由

1838 年 12 月 1 日,奴隶获得解放。所有奴隶都不赞成殖民地大臣格伦内尔格勋爵的设想,他设想他们的地位是"自由人,依靠工作获得食物并依靠性格获得工作"(罗斯,1983:82)。土地所有者的首要任务是让工人回到他们的农场。酿酒农场主想要的且不容易得到的是,全年雇用农场工人家庭,而尽可能减少现金支出。毫不奇怪,奴隶解放后,农场主抗议了。奴隶们"涌到开普敦,过着安逸的生活"[《南非人》(De Zuid Afrikaan),引自凡·扎伊尔(Van Zyl),1975:14]。他们把自由后的奴隶看作不受正规就业和固定住所的道德和经济约束的流动者。

从前的奴隶需要钱和住的地方,就像以前的科伊族人,他们更愿意从事白天的工作,而不是每月获得收入的工作,因为这样他们的妻子必须住在远离农场的地方。有能力的那些人去了任务站,其他一些人去了开普敦或博兰镇或发现他们能找到季节性工作的小地方。只有当他们几乎没有选择时,工人及其家人才会按照低现金工资的月度或年度合同和"园地"合同,在农场上定居下来。

解放奴隶的经济后果是什么？1830—1846 年期间,葡萄酒产量紧随其后,形成上升趋势(见图 14.1),达到了 12 000 千升以上,1841 年达到了历史上的最高水平。另一方面,葡萄酒出口下降,从 1839 年的大约 4 265 千升到 1842 年的减少一半,并继续下降,1852 年降至低于 1 000 千升。1859 年,恢复到约为 4 200 千升,这一年是英法贸易条约削减进入英国市场优惠的前一年(凡·扎伊尔,1993)。

生产回报得到了系列葡萄酒价格的补充。葡萄酒价格从 1832—1838 年每里克尔(per leaguer)的均价为 75 先令提高到 1840 年的 93 先令[1],到 1852 年再降到 48 先令。在同一时期,农场主不得不提高日间工人的工资,特别是在收获的季节,在斯特兰德和帕尔地区,月工资从 10 先令提高到了 15 先令。19 世纪 50 年代,葡萄酒产量增加了 50%,并且价格翻了一番,从 1852 年的 72 先令提高到 162 先令(当时,1 先令＝0.41 美元)。他们得益于需求的扩大,而需求扩大是由于东好望角地区羊毛出口的增加,1853 年羊毛出口超过了所有葡萄产品的价值(威廉姆斯,2016)。

主人和仆人

在整个 19 世纪及以后,农场主继续抱怨劳动力短缺。殖民地大臣否决了《1834 年流浪法令草案》,但是在 1842 年批准了《主人和仆人条例》。1856—1909 年间,殖民地政府和议会启动了调查委员会,编写了官方报告,并建立了劳动力供给特设委员会(共 10 位委员)。他们通过和修订了《主人和仆人法案》以及它的双胞胎《流浪法案》,法案修订了 13 次。这些法案界定了服务合同的条款和对违背合同条款的惩罚,而惩罚对于仆人比对于主人更加严重。仆人有义务服从主人,听从主人的命令,不得酗酒,"不得对主人和主人的妻子说脏话",并且允许主人分别与不同的仆人达成就业条件。

---

〔1〕 相当于 1832 年每千升 5.20 美元,或 2014 年每千升 43 美元(欧菲瑟尔和威廉森,2017)。

信用预付款使农场主有可能招募和捆绑工人为他们自己工作，但未必是强制性债务。《主人和仆人法案》的主要用途是对抛弃了他们的工作的工人进行追索。葡萄酒的价格越低或越高，依据两项法案定罪的案件就越少或越多。1888年不成功的"鞭打提案"(Lash Bill)最终导致这些法案终结，"鞭打提案"目的在于使农场主向法院移交罪犯，并在同一天将其送回，以便主人的劳动并没有被剥夺。

殖民政府在北方和北方以外地区以及殖民地的东部边境广泛撒网，那里有"大量的劳动力来源"，正如1879年特别委员会的主席所指出的那样。移徙工人不想工作，或不想在最需要他们劳动且报酬更好的季节之外的季节工作。1890年贯通伍斯特的铁路修建时，对于酿造葡萄酒的农场主来说，劳动力短缺的情况更加严重。与此同时，工人被要求从葡萄藤上清除根瘤蚜虫。农场主要求的且政府使用的不完善的解决方案是雇用罪犯劳工，从公共工程和戴比尔斯钻石矿，扩大到私人雇主。罪行现象越来越广泛出现，更加严厉的惩罚和对劳动力来源更广泛的搜寻就是这些法案效力有限的证据。

多普制度(the dop system)是在工作日5—6次提供几杯天然葡萄酒即大约1升葡萄酒的制度(威廉姆斯，2016)。那时，男性工人和女人则会在周末喝烈性酒。在这个殖民地的西部地区，红色葡萄酒是主要消费的葡萄酒，并且消费者构成是大部分占主导地位的居民和临时劳动力。W. T. 海尔兹措格(W. T. Hertzog)先生向特别委员会解释说，"这是这个国家的传统"。1715年，有一些农场主将葡萄酒作为奴隶的口粮分配给他们。在英国的统治下，一些大规模的农场主确实这样做了。在奴隶解放之后，向解放后的奴隶提供葡萄酒被作为一个激励措施，并且成为居民和当地日间工人中的普遍现象。这种情况在19世纪70年代很常见，到了1893—1894年酒业委员会时期，这种情况无处不在。J. H. 豪夫迈尔(J. H. Hofmeyr)成功地对委员会的调查结果进行了定性，这一习俗迫使农场主从新的一天开始便向工人提供葡萄酒，并刺激工人对酒精的渴望。工人转换雇主，但是，通常在同一地区。就信用预付款而言，这个制度激励劳动者为特定的农场主工作。这个制度可能降低了工资，但是，不太可能提高劳动生产力。

简而言之,在奴隶解放后的 60 年里,相互关联的制度应运而生。一些制度成为法律,其他一些是法外的制度。它们都表明了农村家庭保持在有限制的范围内,拥有了一定程度的不受地主控制的自主权。

钻石和黄金

19 世纪 40—60 年代,好望角经济体的繁荣依赖于羊毛的出口,所以它的葡萄酒生产商受到了 1774 年美国物价暴跌的影响。好望角的葡萄酒和白兰地产量落后于长期趋势的唯一一段漫长时期是 1883—1909 年期间。19 世纪的最后 25 年是美国和南非投资铁路、技术、黄金和移民的一个时期,也是一个贸易条件对国内的和国际的农业生产者不利的时期。

开普敦政府在 1878 年实施征收的消费税似乎对生产和价格没有什么影响。但是,它有一个深远的政治后果,即在 J. H. 豪夫迈尔的领导下南非白人联合体的形成,其政治基础是会说荷兰语的农场主。

1866 年,在霍普镇(Hoperown)发现了一颗钻石。1870 年的"钻石热潮"和英国对钻石开采地的吞并,使英国在短时间内(1870—1872 年)实现了非常高的出口收入。开普敦殖民地经济体直接受益于钻石出口,以及挖掘者和当时戴比尔斯钻石珠宝公司的支出。毫不奇怪,从钻石开采中,白兰地产品的需求比葡萄酒的需求受益更大。1875 年,"普通"葡萄酒的产量上升到 20 000 千升以上,而"劣质"白兰地几乎达到了 5 000 千升,但是,从 1856 年和 1865 年的普查中可见,"普通"葡萄酒的产量分别为 16 500 千升和 15 500 千升(而白兰地大约分别为 1 400 千升和 2 000 千升)。

1886 年在威特沃特斯兰德发现金矿可能形成了好望角葡萄酒生产商所知的最大市场。然而,葡萄酒和白兰地从好望角出口到南非共和国(ZAR)限于海湾地区,因为受到了南非共和国与葡萄牙(莫桑比克的殖民者)1875 年的一项贸易条约的阻止,该条约使莫桑比克甘蔗酒和德国马铃薯酒(重新用葡萄牙语标识)自由出口至南非共和国成为可能。在 1881 年,南非共和国新议会授予"用

谷物、土豆和其他烈酒独家制造权的特许权,以及无执照散装和瓶装销售这些
烈性酒的特许权"。1883 年,萨米·马克斯的第一酿酒厂(De Eerste Fabriek-
en)拿到了这个特许权。这家酿酒厂在高关税的保护下避免受到好望角白兰地
的竞争,并且由于在兰特的矿工数量迅速增加,能够获得丰厚的利润。

生产、价格和工资

我们如何解释 1874—1899 年南非战争开始的这一时期的生产和价格数
字? 如果在 19 世纪 50—60 年代,羊毛出口增加了殖民地的收入,那么,19 世纪
70 年代的前 4 年,钻石亦如此(从而扩大了对葡萄酒的需求),而 19 世纪 80 年
代初较为平稳(见图 14.1)。在 1887 年,葡萄酒产量达到那个世纪的最高水平,
差不多为 36 000 千升。此后,葡萄酒产量大幅下降至 1888—1894 年之间的平
均水平为 25 000 千升。

在这 10 年里,葡萄酒价格暴跌。在 1880—1881 年间,葡萄酒和白兰地的
价格达到世纪最高纪录,分别为每千升 99 美元和 285 美元,然后一路下跌;到
1886—1888 年间,葡萄酒跌到 33 美元,白兰地跌到 99 美元。当 1884—1886 年
在威特沃特斯兰德发现黄金时,葡萄酒出口实现复苏,但是,在南非共和国的黄
金发现可能太早了,以至于无法解释好望角的出口增长。

无论是黑人还是白人,淘金者都喜欢喝烈酒,而且,在这个过程中保护了葡
萄种植者免受大萧条的最严重的后果。白兰地的产量与以前基本持平,但是价
格迅速上涨,尽管上涨速度不是一致的,从 1888 年的每千升 73 美元到 2 年后
的每千升 245 美元,再到 1895 年和 1896 年的每千升 344 美元。出口,主要向南
非共和国的出口,是对 1871—1874 年和 1879 年钻石热潮以及 1883 年开始在
东德兰士瓦开采金矿的响应。兰特金场的影响要大得多。1895—1899 年黄金
的产出、等级和价值的增长扩大了"普通"好望角葡萄酒和葡萄白兰地的市场规
模,通过纳塔尔进行出口,以规避南非共和国的关税。现有数据(见表 14.1)显
示,1889 年后,好望角出口到南非共和国的葡萄酒出口比例大幅上升,1897 年
达到 10%以上,战争期间达到 25%以上,尽管事实上,1900 年和 1901 年出口总

量分别为 50 千升和 46 千升,1894—1904 年的 10 年间平均出口量为 42 千升。[1]

表 14.1　　　　1878—1904 年好望角对南非共和国(ZAR)葡萄酒出口

年　份	好望角殖民地葡萄酒出口总量(千升)	纳塔尔和德拉戈亚海湾的出口量(千升)	好望角、纳塔尔和德拉戈亚海湾的出口总量(千升)	纳塔尔和德拉戈亚海湾的出口量在总出口量中占比(%)
1878	83	1.8	85	2.1
1879	52	3.6	56	6.8
1880	56	2.0	58	3.6
1881	45	1.8	47	3.9
1882	47	1.0	48	2.1
1883	226	1.1	227	0.5
1884	289	1.2	290	0.4
1885	212	0.8	213	0.4
1886	311	3.5	315	1.1
1887	220	2.6	223	1.2
1888	170	1.5	172	0.9
1889	103	0.3	103	0.3
1890	64	5.0	69	7.8
1891	60	4.8	65	8.1
1892	73	3.8	77	5.2
1893	74	3.5	78	4.7
1894	56	3.8	60	6.8
1895	55	4.8	60	8.7
1896	45	5.4	50	12.0
1897	46	4.0	50	8.6
1898	29	4.3	33	15.0
1899	35	6.9	42	19.4
1900	50	13.4	63	26.7
1901	46	14.1	60	30.8
1902	39	11.0	50	28.3
1903	37	9.5	47	25.8
1904	34	7.7	42	22.9

注:大多数好望角的葡萄酒是通过纳塔尔和德拉戈亚海湾出口的,从而逃避从好望角向南非共和国直接出口征收的高关税。

资料来源:安德森和皮尼拉(2017)。

白兰地和葡萄酒生产之间不断变化的平衡开启了好望角葡萄栽培的地理

[1]　这些计算是基于这样的假设,即绝大部分南非共和国来自好望角的葡萄酒要么经由纳塔尔,要么经由德拉戈亚海湾,不是直接进口,因为对来自好望角的进口葡萄酒征收高关税。

变迁之路。葡萄酒和白兰地的生产在最大的葡萄酒产区——帕尔和斯特兰德——收缩了。在伍斯特尤其是在罗伯森的山区,农场主充分利用了对白兰地的需求以及白兰地销售范围的机会,扩大了自己的生产。

斯库利(Scully,1990)阐述了帕尔和斯特兰德葡萄酒的年价格与殖民地农场工人的平均日工资之间的关系。这些数据表明,在直到19世纪90年代酿酒葡萄价格下降而后上升的一段时间内,工资水平保持相对稳定,彼此成正比。在前几十年的大萧条时期,农场主无法强迫降低工资以弥补酿酒葡萄价格的下跌。这不能用劳动力短缺来解释,这与李嘉图的"工资铁律"是一致的。

葡萄藤疾病

在19世纪,好望角的葡萄藤受到三次重叠的疾病事件的影响。1819—1821年间,炭疽病("腐烂病")达到了流行病水平,而白粉病(粉孢子病)在1859—1860年间到达,按照法国的样子每天喷洒二硫化碳,1861年得以控制。这些真菌改变了葡萄种植的地理分布。"腐烂病"驱动着甜葡萄藤、密斯卡德和哈尼普特品种越过山脉(翻山越岭了)。在帕尔地区,最大的生产地区,粉孢子病攻击施特恩和邦达克葡萄品种。只有绿葡萄能很好地抵抗这两种疾病。

在威特沃特斯兰德发现黄金之前,所有严重的事件都发生了,首先是1886年1月在莫布雷和莫德加特鉴定出了根瘤蚜虫。根瘤蚜虫病的传染不分品种。当时,殖民地政府采用了法国采取的措施,即淹没、根除和隔离、注射化学品,以及嫁接,按此顺序进行。第一个措施只有些许效果,就像在沙子里种植葡萄一样;第二个措施使农场主不满,并可能助长了该疾病的传播;二硫化碳是首选的官方解决办法,而人们对嫁接方式持怀疑态度。这些补救办法都需要农场工人,而农场工人是短缺的。如果自由劳工不可得,政府不得不命令罪犯、未成年犯去做这项工作。政府需要找到育种者,获得根茎并将它们分配到各个地区和农场主手中,然后,农场主和工人不得不嫁接美国的葡萄根茎。

蚜虫摧毁了整个葡萄园。在19世纪最后20年,它在葡萄酒产区蔓延开来,直到南非战争之后种植和嫁接了美国的葡萄根茎,取代了好望角患病的葡萄树。尽管在农场主看来,速度缓慢、效率低下,但是,开普敦附近和其他葡萄种植区根茎的种植弥补了蚜虫对葡萄树的毁坏。然而,在 19 世纪 90 年代,病虫害对葡萄酒和白兰地的总产量没有明显影响。生产水平在更大程度上受关税的需求效应的影响,而非"腐烂病"和白粉病的供给效应的影响。只是在南非战争之后,农场主面临价格暴跌,他们与葡萄酒生产商共同分担。

最近 100 年:种族歧视、种族隔离、制裁和改革

南非经济经历了大萧条后的长期扩张,持续了 20 世纪的大部分时间,伴随着同样长期的农业生产扩张[柯尔斯顿、爱德华兹和温克,2009;利本贝格(Liebenberg),2012],特别是葡萄酒生产的扩张(见图 14.1)。葡萄酒产业扩张的故事是葡萄种植者合作社(KWV)的故事:葡萄种植者合作社于 1918 年成立,在接下来的几十年里,其对葡萄酒产业各方面的控制范围不断扩大,并于 1997 年最终丧失其法定权力。很明确,葡萄种植者合作社的设立是为了应对葡萄酒产业时常遇到的劣质葡萄酒的过剩问题。即使到了 1990 年,这个行业也只有 30% 左右的葡萄榨汁的质量适合酿制葡萄酒;在早些时候,比例要低得多(埃斯特赖歇,2013)。

1916 年,政府打算提高葡萄酒的消费税。随着葡萄酒价格的下跌,导致了一次葡萄酒农场主大会,这个行业的领军人物查尔斯·W. H. 科勒(Charles W. H. Kohler)在大会上鼓动成立葡萄酒和白兰地农场主合作社。这个机构的目的是成为"贸易商"(按照今天的说法,就是"生产者的批发商",他们从单个葡萄种植者那里购买葡萄,从酿酒农场主那里购买葡萄或葡萄酒,或从农场主合作社那里购买葡萄酒)的市场力量的反击者。为了达此目的,科勒提出如下建议[1]:

- 葡萄种植者合作社将设定最低或"地板"价格。
- 成员必须通过该组织销售产品。

---

[1]　本分节的其余部分沿用凡·扎伊尔(1993)的看法。

- 每年的剩余葡萄酒将被公布,并无偿交由葡萄种植者合作社负责处置。
- 这些剩余的葡萄酒将由葡萄种植者合作社酌情蒸馏处理。
- 任何产品(葡萄酒或蒸馏产品)不得在国内市场低于最低价格出售。
- 葡萄种植者合作社从这一计划中获得的收入将用于为蒸馏设备、酒桶和建筑物的购买提供资金,而利润将按比例分配给会员。

1917 年,在一系列的会议上,这个计划在葡萄酒农场主中进行了宣传,9 月 27 日通过了葡萄种植者合作社宪章,第一次有组织的会议于 11 月 2 日举行。于是,葡萄种植者合作社于 1917 年 12 月 15 日成立了,并根据 1892 年好望角公司法案第 25 号,于 1918 年 1 月 8 日正式注册。在好望角,到 1917 年底,除了 5% 的葡萄酒农场主之外,其余所有葡萄酒农场主最后都在宪章上签字,也有一些例外,包括斯特兰德产区的几位农场主以及大多数康斯坦提亚产区的农场主,他们生产的是超高端葡萄酒。

贸易商从一开始就反对这个计划。然而,这个行业在西部省份的酒商和酿酒师协会的重新组织下[1],与葡萄种植者合作社达成了一项“君子协议”,前者同意以葡萄种植者合作社的名义蒸馏及储存剩余产品,并且生产商—批发商同意只向葡萄种植者合作社购买产品。这被用来换取葡萄种植者合作社不在国内市场竞争的承诺,以及不直接与客户打交道。这些协议最终被 1924 年的立法所吸收,该立法将“剩余”葡萄酒进口和出口的垄断权授予了葡萄种植者合作社(今天的散装酒的前体)。通过常规修订相关立法,1940 年,葡萄种植者合作社被进一步授予法定权力。

1922 年,制订了将剩余产品生产转化为汽车燃料的计划。尽管如此,其中 1/4 的产品在 1920—1923 年间被废弃掉了,剩余占产量的 50%。葡萄种植者合作社几乎失去了阻止其成员以低于最低价格向贸易商行业出售产品的能力,从而推动法定权力来限制他们认为的“自由骑士”现象。尽管认识到了葡萄酒生产过剩的原因是产品质量低劣,但是,1924 年还是授权管控蒸馏酒。正如所

---

〔1〕 “抗衡力量理论”(加尔布雷斯,1952)的一个典型例子。

料,这些举动遭到了优质葡萄酒生产商和贸易商的反对,因此,1924 年的《葡萄酒和烈酒管制法》向贸易商和优质葡萄酒生产商作出重要让步,把他们的产品排除在外,但是,在 1940 年的立法中,这一让步被撤销了。

这些措施带来了稳定,在 1924 年帝国优惠水平提高的帮助下,葡萄种植者合作社得以转向出口推动措施。优质葡萄酒生产商能够增加出口,同时,葡萄种植者合作社开始自 1861 年以来首次大规模出口强化葡萄酒。从 1925 年到 20 世纪 30 年代末,尽管出现了全球大萧条,但是,出口增长速度超过该产业的产出增长速度。然而,出口却消除不了全部剩余,1935 年组建了调查委员会(葡萄酒委员会),该委员会于 1937 年发表报告,导致了葡萄种植者合作社更加严格的控制。在这种情况下,目的是对产出水平实行控制,在 1940 年的立法中,通过配额制度实现了产出水平控制。在随后的几十年里,需求不断增长,导致了生产配额的增长,但是,这并不能避免 20 世纪 60—70 年代的大部分时间里葡萄酒长期短缺。葡萄种植者合作社解决这个问题的办法是向奥勒芬兹河产区和橘河产区分配配额,这些地区在 1977 年和 1978 年开设了新的酿酒厂。这些措施导致产出扩张,产量远远超过消费。

第二次世界大战期间及之后城市劳动力需求的扩大,以及直到 1976 年非洲向西好望角移民的限制造成了农业劳动力短缺。一个后果是扩大了对监狱劳动力的使用,并建立了“农场监狱”(马卡斯,1989)。

1966 年,南非的葡萄酒出口首次受到制裁,当时,芬兰贸易工会拒绝在芬兰港口处理南非葡萄酒(海诺,1992)。20 世纪 70 年代末,在英国 1973 年加入欧洲经济共同体(EEC)之后以及 1977 年采用欧洲经济共同体的关税之后,出口再次下滑。然而,实际上,制裁只是在 20 世纪 80 年代中后期影响了该产业,出口从 1959—1961 年的产量占比 7%下降到 20 世纪 80 年代末的产量占比 1%。从那时起,葡萄种植者开始预测即将到来的政治变化。

20 世纪 70 年代初,实施了“原产地葡萄酒”认证制度,根据 1957 年第 25 号法令,于 1973 年生效。这项制度规范了葡萄酒的产地描述、品种和年份。差不多 20 年后,这项制度有了一个伴随案,即 1989 年的《酒类产品法案》,该法案制定了酒类产品标准,规范了进口与出口标准。该法案还创设了一个新的葡萄酒和烈酒理事会来管理这些规定。

1985—1991年期间,对生产配额制度进行了多次修改。但是,普遍认为这些修订并没有使制度系统具有足够的灵活性,从而对市场信号作出反应。南非的政治变化、浓缩葡萄汁的市场开发、多样化产品如调味葡萄酒和含酒精水果饮料("随时随地可以饮用的饮料"或RTDs)的开发以及出口的不断增长,意味着生产的增长速度不及需求的增长速度。因此,配额制度系统于1992年停止采用。

20世纪70年代初,南非经济开始衰退,通货膨胀首次达到两位数,1974—1994年期间人均收入开始转向负增长。在这段时间里,通货膨胀保持在两位数,伴随而来的是人均实际GDP的收缩,直到1994年(见图14.1)。

在20世纪80年代的经济收缩时期之后,自1994年第一次民主选举以来,葡萄酒产业一直持续繁荣,仅出现几次中断。1990—1994年产出的5年萎缩可能令人惊讶,因为这是在民主选举的准备阶段发生的,当时,南非葡萄酒重新回到了国际市场。在这一时期,发生的事情是迅速地重新种植葡萄。例如,在1990年,只有12%的葡萄树是6个"高贵"(以及产量相对较低的)品种之一,即赤霞珠、西拉、皮诺塔吉(Pinotage)、梅洛、白苏维翁和霞多丽。到2000年,这一份额增加到超过一半,而在斯特兰德,这一比例从30%增加到83%。农场主通过转向价值更高的葡萄种植来增加收入,以至于达到葡萄酒生产总量停滞的程度。

1994年以来关于该葡萄酒产业竞争力的研究[例如,艾斯塔哈伊森(Esterhuizen),2006;凡·罗伊恩、艾斯塔哈伊森和斯特罗贝尔,2011]支持这个分析,正如图14.2中的"显性"比较优势指数(RCA)所显示出的那样。20世纪90年代"显性"比较优势指数的下跌趋势是在此期间澳大利亚和智利葡萄酒行业强劲表现加上兰特(采矿业的)相对强势的结果。

表14.2更详细地说明了这一情况。酿造葡萄酒的农场主数量下降了1/3,从1995年的4 634人减少至2015年的3 314人。同时,拥有自己的地窖(生产

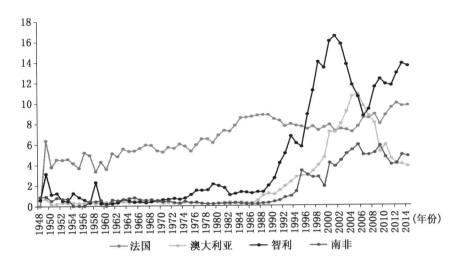

a. 葡萄酒在全国商品出口中的占比除以该国葡萄酒出口在全球葡萄酒出口中的占比。

资料来源:安德森和皮尼拉(2017)。

图 14.2　1948—2014 年南非和其他国家葡萄酒产业的"显性"比较优势指数(RCA)[a]

商地窖)的农场数量从 1995 年的 183 家增加到 10 年后的 495 家,在接下来的 10 年基本稳定(这意味着,1995 年有 4 451 名葡萄种植者,而 2015 年为 2 829 名,下降了 37%)。同时,生产商地窖数量,最初全部属于合作社,从 71 个减少到不足 50 个,预计还会进一步减少。新的地窖大部分很小(2005 年之前的 10 年里,能够放进不足 100 吨葡萄的地窖的比例从 30% 上升到 51%),此后,地窖的平均大小增加了。表 14.2 的第一行暗示了产业内合并的某些措施,随着较大的与较小的农场的合并,近 10 年来,地窖平均面积不断增大。

表 14.2　1995—2015 年南非葡萄酒产业的结构变化

	1995 年	2000 年	2005 年	2010 年	2015 年
葡萄酒农场主数量	4 634	4 501	4 360	3 596	3 314
私人地窖数量	183	277	495	493	485[a]
葡萄种植者数量	4 451	4 224	3 865	3 103	2 829
生产商地窖数量	71	69	65	54	49[a]
生产批发商数量	5	9	21	26	25[a]

	1995 年	2000 年	2005 年	2010 年	2015 年
每年榨汁少于 100 吨的地窖占比(%)		30	51	46	40[a]
酿酒葡萄种植面积(千公顷)	84	94	102	101	99
平均农场规模(公顷)	18.1	20.8	23.3	28.1	29.8
少于 4 年的葡萄树占比(%)		19.4	14.1	7.7	6.5
优质葡萄酒占比(%)	62	65	69	79	81[a]
国内销售量(百万升)	371	389	345	346	383
葡萄酒产品中的出口占比(%)	15	20	39	40	35
红色葡萄占比(%)	10	15	31	35	37[a]

a. 2014 年。

资料来源:SAWIS(2015)、安德森和皮尼拉(2017)。

在此期间,酿酒葡萄的种植面积从 84 000 公顷增长到略超 100 000 公顷,并且自那时以来一直保持相对稳定。结果,葡萄园的平均面积从 18 公顷增加到将近 30 公顷。收成的总体质量也有所提高:更高比例的优质葡萄酒是从全榨汁中提取的(从 62% 提高到 81%),出口增长更快,约 2/5 的产量用于出口,而基于酿酒白葡萄蒸馏成的白兰地的比例下降了(红葡萄酒的比例从 10% 增加到 37%)。然而,还是存在有麻烦的迹象:这 20 多年来,国内的葡萄酒销售几乎没有前进,并且农场主没有跟上种植新葡萄园的步伐。如果按照 20 年的重新种植计划,预计将有 20% 的葡萄园应该不到 4 年时间,但是,在南非,这个比例从 2000 年的近 20% 下降到 2015 年的不到 7%。

然而,产业结构仍然相对分散,如表 14.3 所示,图中南半球 5 个新世界的生产商是按 4 家最大公司的总市场份额递减顺序加以排列的。尽管在南非竞争对手中最大的公司是智利的公司,智利的总体市场份额最高,而如果把四大公司考虑在内,南非仍然拥有最低的集中程度。在南非,没有一家公司主导葡萄酒的生产或出口销售,与美国(霍华德等,2012)和澳大利亚(澳大利亚议会,2016)的控制程度不同。

表 14.3 **2014 年南非和其他新世界国家 4 家最大公司在国内无泡葡萄酒销售量中所占份额** 单位：%

	智利	阿根廷	新西兰	澳大利亚	南非
最大酒庄	31	27	23	16	31
第二大酒庄	30	14	11	9	3
第三大酒庄	29	12	10	9	2
第四大酒庄	1	7	9	7	1
合并占比	91	60	53	41	36

资料来源：安德森和皮尼拉(2017)。

南非与南半球其他葡萄酒生产国的比较

当对南半球新世界葡萄酒生产国的经济和葡萄酒产业的规模作比较(见表14.4)时，显然，新西兰是个异类，葡萄酒产业规模虽小，却成功地建立了高品质葡萄酒的声誉，这不仅反映在产品出口的高占比，而且反映在出口产品的高单位价值——无泡葡萄酒在世界上的单位价值最高，仅次于将起泡葡萄酒包括在内的法国。在这些国家中，以每公顷种植面积产出的葡萄酒升数来衡量，南非的产出率是最高的。

南美洲国家和南非的共同特点是进口倾向低，这与澳大利亚和新西兰形成鲜明对比，这两个国家的产业内部贸易是相当可观的。名义上，南非的葡萄酒进口关税是25%，但根据与欧盟(EU)的贸易协定，这些关税已经取消。即便如此，葡萄酒进口量还是很小，这反映了南非葡萄酒在国内市场上销售的价格相对较低的事实。不像南美国家，这些国家之间没有葡萄酒贸易，澳大利亚和新西兰之间存在贸易，这在一定程度上解释了它们的高进口倾向。澳大利亚、智利和新西兰出口量占其产量的60%以上，相比较而言，南非仅大约40%(见表14.4)。

表 14.4　　　　　　2014 年新世界背景下的南非葡萄酒产业

	澳大利亚	新西兰	阿根廷	智利	南非
葡萄种植面积(千公顷)	137	36	226	138	124
产量(百万升)	1 186	320	1 518	1 214	1 146
平均产出(千升/公顷)	8.7	8.9	6.7	8.8	9.2
消费量(百万升)	553	94	861	226	428
产量中的出口占比(%)	61	60	17	66	41
消费中的进口占比(%)	21	37	0.1	0.9	2.0
出口的单位价值(美元/升)	2.31	5.78	3.19	2.30	1.68
总人口(百万)	2.6	4.5	43.0	17.8	54.0

资料来源:安德森和皮尼拉(2017)。

　　图 14.3 显示了 1962 年以来南非有记录的人均葡萄酒、啤酒和烈酒的消费量,在这里,每种产品的消费量以酒精含量来衡量。因此,例如,尽管该国实际葡萄酒消费量人均约为 8 升,而啤酒人均 50 升以上,考虑到啤酒的酒精含量低,按酒精含量调整后,则啤酒的人均消费不超过 3 升。数据显示,在这一期间,有记录的人均啤酒消费量大幅增加,从每人 0.25 升增加到超过 3 升,即超

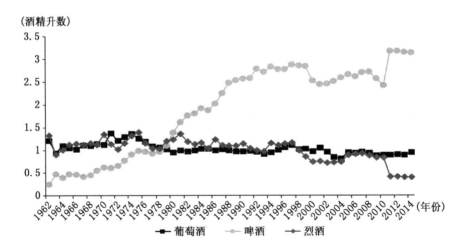

资料来源:安德森和皮尼拉(2017)。

图 14.3　1961—2014 年南非人均葡萄酒、啤酒和烈酒的消费量

过12倍的增长幅度。另一方面,在此期间,人均烈酒消费量实际上已经减少了将近一半,主要是因为白兰地的消费量急剧下降,足以抵消威士忌消费量的增加(SAWIS,2014)。

然而,在整个时期,人均葡萄酒消费量一直停滞不前。20世纪70年代初略有增加,同时确立了第一批葡萄酒发展路线并推广庄园葡萄酒,并且在20世纪90年代前半期民主化时期再次出现,但这些都是沿着一个相当平坦的消费趋势的小变动。

这些数据应谨慎解读。南半球新世界国家人均葡萄酒消费量(以人均升计量)如图14.4所示。对阿根廷和智利的测量在右轴上显示,阿根廷的人均消费量从90升以上降了下来,智利的人均消费量降到了70升左右[1],达到与其他南半球国家相似的水平。南非是个例外:过去曾高达人均11—12升,但是,现在已少于10升。注意,随着1929年大萧条的到来,阿根廷、澳大利亚和智利的

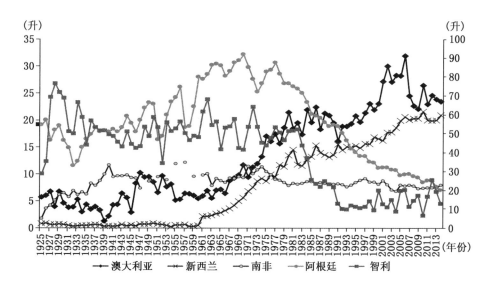

资料来源:安德森和皮尼拉(2017)。

图14.4 1925—2014年南半球新世界国家人均葡萄酒消费量

---

〔1〕 法国、意大利、葡萄牙和西班牙的人均消费量已远远超过过去的人均100升。

人均消费量迅速下降,与之形成对比的是南非,20 世纪 20 年代中期至第二次世界大战时期,南非经历了一个上升的趋势,而新西兰人均消费量低于 1 升,直至 1962 年。

结 论

南非的葡萄酒产业有着悠久而丰富的历史,遗憾的是,因与糟糕的劳资关系有关而遭到损害:诞生在奴隶制中,受到主人和仆人关系法律的约束,邪恶的多普制度系统,甚至今天人们依然批评的低工资和恶劣的工作条件,尽管在种族隔离后的时代取得了巨大的进步。

对葡萄酒实际产量趋势的分析是困难的,这个产业在其存在的大部分时间里因质量低劣的葡萄酒生产过剩而受到损害,但是,这个产业又从较高质量产品的销售中获利,这些优质葡萄酒产品是从低产出率葡萄中压榨出来的,并以强烈的空间感进行市场营销。

然而,很明显,整个产业一直是高度依赖出口市场的,在其漫长的历史中仅经历过 3 次持续的繁荣时期,全部是出口增长的结果。这些时期分别是:最初的时期,当时,在给定的年份里,停靠在好望角的船只上的人口是定居者加上他们的奴隶的 6 倍;拿破仑战争时期和之后直到英国殖民者取消了他们的优惠进口关税;自 1994 年种族隔离制度结束以来。因为这个原因,在南非葡萄酒产业中,商业周期与葡萄酒生产之间几乎没有明显的关联。显而易见的是,在经历了 130 年几乎很少出口之后,甚至在 20 世纪转折点的第一次全球化浪潮时期,出口也很少,但是,出口市场的重要性再次显现出来。

在这方面的分析中,文克、威廉姆斯和柯尔斯顿(2004:42)做出了较早的贡献,他们重述了 1918 年一个酿酒农场主警告的故事,这是在这个行业的繁荣时期开始的故事,他"……不是可爱的家伙。剩余产品将成为种植者的诅咒",他"害怕事情进展得太顺利了。剩余会到来,因为农场主追逐价格而种植"。然而,有些剩余比其他情况更好。图 14.5 显示了从 1960 年起南非农场直售的平均每升葡萄酒的实际价格。整个 20 世纪 70 年代,"好葡萄酒"的真实价格稳步增长,相对于蒸馏酒和返利酒而言,1977—1981 年葡萄酒的价格急剧增长,从而鼓励了优质葡萄酒生产。在此之后,是一个停滞的时期,一个抵制和制裁的时代,接着在民主化之后,有一个增长时期。然而,在本世纪的第一个 10 年里,按实际价格,所有这些价格都下降到 1/3,并且,2012 年的实际价格只有 1983 年实际价格的 80%。另一方面,超高级及以上部分的葡萄酒价格则向相反的方向变动。1980 年的一瓶美蕾卢比刚干红葡萄酒(Meerlust Rubicon),可以说是最早在南非生产和销售的标志性葡萄酒之一,并于 1983 年第一次在市场上发售(普拉特,1982),零售价格为 4.86 兰特(合 4.38 美元),而 2012 年零售价格估计为 300 兰特(合 36.58 美元)。按实际价格计算,在这段时间里价格上涨超过 4 倍。如果供给反应如我们的记者在 1918 年预测的那样,从过去几十年的价格趋势来看,数量和质量之间的平衡可能进一步有利于提高质量——即使这意味着,对普通南非人来说,许多葡萄酒将成为负担不起的产品。

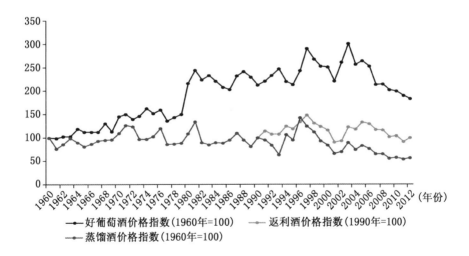

资料来源:文摘(2012)。

图 14.5　1960—2012 年南非葡萄酒的实际农场直售价格指数

【作者介绍】 尼克·文克(Nick Vink):自 1996 年以来一直在南非斯泰伦博什大学担任农业经济学教授和系主任。他的研究兴趣包括南非和非洲农业结构变化、土地改革、贸易和葡萄酒产业经济学。他还担任南非储备银行董事会的非执行董事。

维乐姆·H. 包夏福(Willem H. Boshoff):南非斯泰伦博什大学经济学副教授。他的研究兴趣是商业周期和产业组织。他发表了关于农业生产长周期和农业竞争政策问题的论文。他还是总部位于斯泰伦博什的一家经济咨询公司的董事。

盖文·威廉姆斯(Gavin Williams):英国牛津大学圣彼得学院的荣誉研究员。他的研究兴趣在于社会理论以及对政治、政治经济学、社会和历史进行经验研究。他是 2014 年非洲研究协会英国杰出非洲人奖的获得者。

乔安·福瑞(Johan Fourie):南非斯泰伦博什大学经济学副教授。在 2015 年世界经济史大会上,他被授予最佳博士学位论文奖。福瑞是《发展中地区经济史》的编辑,是非洲经济史网络的共同发起人,并且是非洲历史经济实验室主任。

刘易斯·S. 麦克利恩(Lewis S. McLean):南非斯泰伦博什大学经济系的研究生。他从事南非社会和经济问题的微观计量经济研究,特别是发展、教育、健康和劳动力问题的研究。他还从事过商业循环经济学与政策不确定性度量方面的研究。

【参考文献】

Abstract (various years), *Abstract of Agricultural Statistics*, Pretoria: Department of Agriculture, Forestry and Fisheries.

Anderson, K. and V. Pinilla (with the assistance of A. J. Holmes) (2017), *Annual Database of Global Wine Markets*, *1835 to 2016*, freely available in Excel at the University of Adelaide's Wine Economics Research Centre, www. adelaide. edu. au/wine-econ/databases.

Boshoff, W. H. and J. Fourie (2010), 'The Significance of the Cape Trade Route to Economic Activity in the Cape Colony: A Medium-Term Business Cycle Analysis', *European Review of Economic History* 14(3):469—503.

Elbourne, E. (2003), '"The Fact So Often Disputed by the Black Man": Khoekhoe Citizenship at the Cape in the Early to Mid-nineteenth Century', *Citizenship Studies* 7(4): 379—400.

Esterhuizen, D. (2006), *An Evaluation of the Competitiveness of the South African Agribusiness Sector*, Unpublished PhD, University of Pretoria, Pretoria.

Estreicher, S. K. (2013), 'A Brief History of Wine in South Africa', *European Review* 22 (3): 504—37.

Fourie, J. and J. -L. Van Zanden (2013), 'GDP in the Dutch Cape Colony: The National Accounts of a Slave-Based Society', *South African Journal of Economics* 81(4): 467—90.

Fourie, J. and D. von Fintel (2014), 'Settler Skills and Colonial Development: The Huguenot Wine-Makers in Eighteenth-Century Dutch South Africa', *Economic History Review* 7 (4): 932—63.

Galbraith, J. K. (1952), *American Capitalism: The Theory of Countervailing Power*, New Brunswick: Transaction Publishers (1993 Edition).

Guelke, L. and R. Shell (1989), 'An Early Colonial Landed Gentry: Land and Wealth in the Cape Colony, 1681—1732', *Journal of Historical Geography* 9(3): 265—86.

Havemann, R. and J. Fourie (2015), 'The Cape of Perfect Storms: Colonial Africa's First Financial Crash, 1788—1793', ERSA Working Paper, Economic Research Southern Africa, Cape Town.

Heino, T. -E. (1992), *Politics on Paper: Finland's South Africa Policy, 1945—1991*, Uppsala: Nordiska Afrikainstitutet.

Howard, P. , T. Bogart, A. Grabowski, R. Mino, N. Molen and S. Schultze (2012), 'Concentration in the US Wine Industry', Michigan State University. Available at www. msu. edu/~howardp/wine. html (accessed 1 November 2013).

Kirsten, J. , L. Edwards and N. Vink (2009), 'South Africa', pp. 147—74 in *Distortions to Agricultural Incentives in Africa*, edited by K. Anderson and W. A. Masters, Washington, DC: World Bank.

Liebenberg, F. (2012), *South African Agricultural Production, Productivity and Research Performance in the 20th Century*, Unpublished PhD thesis, University of Pretoria, Pretoria.

Marais, J. S. (1968), *The Cape Coloured People, 1652—1937*, London: Witwatersrand University Press.

Marcus, T. (1989), *Modernizing Super-exploitation: Restructuring South African Agriculture*, London: Zed Books.

Officer, L. H. and S. H. Williamson (2017), 'Computing "Real Value" over Time with a Conversion Between U. K. Pounds and U. S. Dollars, 1774 to Present', available at www. measuringworth. com/exchange (accessed 11 February 2017).

Parliament of Australia (2016), *Report of the Senate Standing Committees on Rural and Regional Affairs and Transport on the Australian Grape and Wine Industry*, Canberra:

Parliament of Australia, 12 February. Available at www. aph. gov. au/Parliamentary_ Business/Committees/Senate/Rural_and_ Regional_Affairs_and_Transport/Australian_ wine_industry/Report (accessed 19 October 2016).

Platter, J. (1982), *John Platter's Book of South African Wines*, Revised 1982 edition, Franschhoek: Johan Platter.

Rayner, M. I. (1986), *Wine and Slaves: The Failure of an Export Economy and the Ending of Slavery in the Cape Colony, South Africa, 1806 — 1834*, Unpublished PhD dissertation, Duke University, Durham, NC.

Ross, R. (1983), *Cape of Torments: Slavery and Resistance in South Africa*, London: Routledge.

SAWIS (various years), *SA Wine Industry Statistics*, available at www. sawis. co. za(accessed 7 May 2015).

Scully, P. (1990), *The Bouquet of Freedom: Social and Economic Relations in the Stellenbosch District, South Africa, c1870 — 1900*, Cape Town: Centre for African Studies, University of Cape Town.

Van Duin, P. and R. Ross (1987), *The Economy of the Cape Colony in the 18th Century*, Leiden: Centre for the Study of European Expansion.

Van Rooyen, J., D. Esterhuizen and L. Stroebel (2011), 'Analyzing the Competitive Performance of the South African Wine Industry', *International Food and Agribusiness Management Review* 14(4):179—200.

Van Zyl, D. J. (1975), *Kaapse Wyn en Brandewyn*, 1795—1860, Cape Town: HAUM.

 (1993), *KWV 75 Jare* [KWV 75 Years], Bound typescript, Africana Library, University of Stellenbosch, Stellebosch.

Vink, N., G. Williams and J. Kirsten (2004), 'South Africa', pp. 227—51 in *The World's Wine Markets: Globalization at Work*, edited by K. Anderson, London: Edward Elgar.

Williams, G. (2013), 'Who, Where, and When Were the Cape Gentry?' *Economic History of Developing Regions* 28(2):83—111.

 (2016), 'Slaves, Workers and Wine: the "Dop System" in the History of the Cape Wine Industry, 1658—1894', *Journal of Southern African Studies* 42(5):893—909.

第十五章

美国

　　美国的葡萄酒产业既是新产业,也是老产业:按照旧世界的标准来衡量,是新产业;按照新世界的标准来衡量,是老产业。殖民地和后殖民地时期直到整个 19 世纪中叶,美国葡萄酒产业是一个很小的产业,进口几乎占了有记录的、依然很低的美国葡萄酒消费的全部。19 世纪后半期,美国的葡萄酒生产发展缓慢;20 世纪初,随着加利福尼亚州产业的扩张,葡萄酒产业开始出现显著发展(卡罗索,1951;赫钦森,1969)。1920—1932 年的禁酒时代之后,这个产业不得不重建。半个世纪前,该产业的一部分又重生了,朝更高质量的方向迈进。在此之后的几十年里,在一个全球和国内市场日益相互关联和协同演进,以及技术、气候与政府政策变化的背景下,该产业继续演进。

　　本章回顾并记录了美国葡萄酒和酿酒葡萄产业发展的历史,尽可能运用详细统计数据作为支持。我们特别重视美国政府政策的作用和美国经济更广泛的变化,因为它们塑造了葡萄酒生产和消费的经济发展,而这一切都发生在全球葡萄酒市场以及国内外技术和市场创新的背景之下。

　　尽管在美国大多数州有一些葡萄酒和酿酒葡萄生产,但是,加利福尼亚占了葡萄酒生产数量和价值的最大份额,并且在葡萄酒产业的一些方面,只有加利福尼亚才有更详细的信息。因此,在这一章中,关于葡萄和葡萄酒的生产的大部分讨论主要集中于加利福尼亚。当然,对需求和政策问题的讨论,持更广泛的全国视角。

殖民地时代:1492—1775 年

1524 年,当佛罗伦萨探险家乔瓦尼·达·韦拉扎诺[1](Giovanni da Verrazzano)第一次航行到最终变成美国的东海岸时,他应当看到了那里长满了葡萄树。像许多后来的移民一样,他或许想象着在这些海岸上出现一个新世界葡萄酒产业的巨大可能性。当时,这样的情景是不可能的。在接下来的 3 个世纪以及更长的时间里,在东海岸和随后的整个美国最早的葡萄酒酿造历史是众多乐观的开端之一,而继之的是希望破灭和绝望。

相对于其他酒精饮料而言,美国革命前的殖民地时代,葡萄酒消费受到殖民者的制约,他们没有能力为了自己的消费或出口生产美味的葡萄酒,还受制于英国坚持重商主义政策,这一政策的基础是贸易逆差会削弱帝国实力。英国对欧洲及其殖民地葡萄酒实施高进口关税[奈野(Nye),2007],相对于能够在美利坚殖民地生产的其他酒精类型而言,比如苹果酒、啤酒和朗姆酒,则提高了葡萄酒价格。由于殖民地政府这种激励和其他鼓励措施,殖民者利用本土或进口葡萄品种,反复进行葡萄酒生产试验,但结果总是让人失望。

北美东海岸本土的葡萄品种长出来的是小浆果,果汁很少,酸度高,低糖,并且与欧洲葡萄相比,味道古怪[皮恩内(Pinney),1989],尽管欧洲葡萄品种容易受到环境的挑战。许多定居者尝试着在大西洋沿岸多次种植欧洲酿酒葡萄品种,但这些尝试总是以失败而告终。北美不是许多葡萄品种的家园,但它是众多葡萄疾病的家园,比如白粉病、霜霉病、黑腐病、皮尔斯病以及害虫、根瘤蚜虫。本土葡萄与这些疾病和害虫共同演化,在一定程度上获得了抗病和抗害虫的能力。欧洲葡萄品种极易受感染,在疾病和害虫的压力下,加之严酷的冬天

---

〔1〕 意大利探险家(1485—1528),主要为法国国王效力。他在 1524 年发现了北美东岸的重要海湾纽约港和纳拉干湾。——译者注

和潮湿的夏天环境,种植失败。最终,当这个产业在美国发展并首次在19世纪晚期繁荣起来时,它在对面海岸韦拉扎诺从未看到过的地方,但是,这个地方与他的家乡——托斯卡纳——有更多的共同点。

殖民者大多饮用其他酒精饮料,但是,为了消费葡萄酒,他们转向了进口。在进口葡萄酒中,马德拉(Madeira)占主导地位,主要是因为1663年颁布的《必需品法案》(Staple Act)的结果,该法案特别免除了出口到英国殖民地的马德拉葡萄酒的欧洲葡萄酒关税(汉考克,2009)。在1776年第一次出版的《国富论》关于"弊端"的章节中,亚当·斯密写道,"马德拉葡萄酒,不是欧洲商品,可以直接进口到美利坚和西印度群岛国家,在所有未列出的商品中,这些国家享有与马德拉岛自由贸易的权利"(史密斯,1937:469)。英国的北美殖民地进口马德拉葡萄酒的数量每年都有变化,从1715年的0.24百万升增长到1730年的1.05百万升(汉考克,2009)。

即使没有关税,马德拉也比其他酒精饮料昂贵。一份1770年的弗吉尼亚小酒馆的账单让人感受到费用之高。马德拉的报价是每夸脱4先令(每加仑16先令),而1加仑国产朗姆酒(含酒精量高得多)售价为10先令(比彻特,1949)。国产低度(低酒精)啤酒和在北部殖民地的烈性苹果酒都很畅销。上面提到的弗吉尼亚酒馆每夸脱苹果酒卖5便士,不到马德拉价格的1/10。一位历史学家估计,1770年,即美国革命前夕,人均消耗57升苹果酒,但人均消费葡萄酒只有0.38升(罗拉堡,1979)。与朗姆酒相比,浓度低,两倍于朗姆酒的价格,酒精含量更多,而且比苹果酒贵得多,因此,在北美殖民地,葡萄酒是一种奢侈品,通常是为富人准备的。

后殖民地时期的进口依赖:1776—1860年

从独立战争到内战,葡萄酒一直是昂贵的进口饮料,与蒸馏酒和啤酒相比,数量上黯然失色。绝大多数威士忌和啤酒是国产的,并且不用缴税,而至少在

19世纪50年代之前,95％的葡萄酒是进口的,并且必须缴纳关税(美国财政部, 1892)。联邦政府通过土地赠予来鼓励葡萄生产(与其他农业领域一样),并通过美国专利局传播有关葡萄品种和酿酒的信息,支持葡萄生产。最终,本土品种与欧洲品种之间自然杂交的几个品种被发现了,最显著的是卡托芭(Catawba)和伊莎贝拉(Isabella),并成为在内战(南北战争)之前俄亥俄州的辛辛那提市附近一个小型葡萄酒产业集群的基础(皮恩内,1989)。

零散的数据记载了在美国葡萄酒消费量中,国产葡萄酒很少,但份额不断增长,相应地,这是全部酒精消费量中的很小部分。1840年,国内葡萄酒产量为0.47百万升,仅占美国葡萄酒消费量的2.6％。10年后,虽然美国葡萄酒产量增长了75％,达到了0.84百万升,但是,依然仅占美国葡萄酒消费量的3.5％。在19世纪50年代的10年间,美国葡萄酒产量增长了8倍,达到6.8百万升,主要原因是辛辛那提葡萄酒产量的增加和加利福尼亚加入联邦。但是,即使在1860年,美国的葡萄酒产量也仅占消费葡萄酒41.6百万升中的不到17％。同年,美国人消费了382百万升啤酒和341百万升烈酒,按照酒精消费量核算,葡萄酒占总消费量的5％(美国财政部,1892)。[1]

与蒸馏的烈性酒相比,葡萄酒在价格上仍然处于显著劣势,既因为从欧洲运送葡萄酒的费用,也因为国内的蒸馏酒是免税的。随着美国向西部扩张,开辟了新的土地,用于谷物和玉米生产。在交通不便且昂贵的一段时间内,把粮食卖到市场上去的一种经济手段就是将谷物蒸馏。玉米蒸馏的增加和地理上的分散导致了国内威士忌的低价,直到内战时期。1865年,财政部关于1825—1863年的纽约每月零售价格的一项研究表明,这一期间,国内威士忌的价格平均约为每升0.07美元。相比之下,这一时期,最便宜的红葡萄酒平均价格约为每升0.16美元(美国财政部,1863)。此外,较高酒精含量的特色葡萄酒,比如马德拉或波特酒,要比最便宜的红葡萄酒的价格高出2—5倍。

---

　　〔1〕 除少数例外作为历史参考,在整个章节中,最初以其他单位报告的数量和价值均已转换为标准公制单位,从而与为本书收集的其他数据以及安德森和皮尼拉(2017)报告中的数据保持一致。

　　尽管威士忌和葡萄酒价格有差别,但是,美国的葡萄酒市场依然很小,并且进口葡萄酒的数量从 1789 年的 4 百万升增加到 1860 年的 34 百万升,大致与人口增长成比例。作为一种进口奢侈品的葡萄酒,在战争和普遍的经济困境时期受到了损害。例如,在拿破仑战争时期(1803—1815 年)和英美战争时期(1812—1815 年),美国的葡萄酒进口量从 1804—1808 年平均每年 18.5 百万升下降到 1809—1815 年战争期间平均每年 4.5 百万升。同样地,在“1837 年恐慌”之后的 6 年经济困难时期,进口葡萄酒从 1836 年的 24 百万升下降到 1843 年的 3.8 百万升。随着关税的提高,葡萄酒进口也随之下降。从 1830 年到 1845 年,葡萄酒关税平均约为这一时期进口值的 22%。1846 年的关税修订将特定关税改为从价关税,并降低了大多数商品的进口关税。然而,实际上,新的 40% 的从价关税率提高了对红葡萄酒进口所征收的关税。

　　随着“本土原生”葡萄品种的发现,比如亚历山大品种,在 19 世纪早期约翰·阿德勒姆(John Adlum)用这个品种生产一种可饮用的红葡萄酒,从而美国大众化葡萄酒的生产变得可行了。辛辛那提成为这个发展中的一个中心。1850 年,辛辛那提大约有 300 个葡萄园,种植面积 226 公顷,产出 0.45 百万升葡萄酒。到 1853 年,种植面积超过 320 公顷,生产 1.2 百万升葡萄酒(戴克,1967)。但是,即使在这个繁荣时期,种植者也受到了疾病的困扰,尤其是黑腐病和白粉病,常使收成下降到不经济的水平。由于不了解这些疾病,也不知道如何控制它们,种植者每年都有重大作物损失。

　　疾病、内战以及城市扩张侵占葡萄园土地终结了辛辛那提葡萄酒产业的繁荣(皮恩内,1989)。然而,辛辛那提的酿酒商已经证明,本土葡萄可以商业化种植,且可以生产葡萄酒并在市场销售。作为普查主管,约瑟夫·肯尼迪(Joseph Kennedy)在其 1864 年关于农业普查中葡萄和葡萄酒的探讨结论中指出,“现在,美国葡萄种植园可以被认为是相当成熟的。联邦 34 个州中的 30 个州酿造葡萄酒,当然葡萄酒的品质各异,而且成功的程度不同。至于今后的生产数量,我应该点出名字,排名第一的是加利福尼亚……”(肯尼迪,1864)。现在,我们来看看这个州以及它是如何主导美国葡萄酒生产的。

葡萄酒产业的发展：1861—1919 年

19 世纪中叶，开始出现了美国葡萄酒工业发展和剧变的三大推动力量。首先，继 1849 年的淘金热之后，新的加利福尼亚州出现了以欧洲葡萄品种为基础的廉价葡萄酒的一个主要供应商。加利福尼亚从很少的人口以及 1860 年几乎没有葡萄酒运往东部的地方成长为 1880 年全国葡萄酒生产的佼佼者，从那以后，这一地位一直保持着。其次，建立在欧洲葡萄品种基础上的葡萄酒产业发展为 19 世纪 80 年代因根瘤蚜虫病而造成的毁灭性生产崩溃设定了背景。前 10 年，因根瘤蚜虫病，法国的生产遭受了毁灭性的打击，帮助了加州葡萄酒产业发展。最后，在加利福尼亚州的法律中可以看到一些先兆，几十年后，国家禁止所有酒精的商业渠道（皮恩内，1989）。

当加利福尼亚于 1850 年成为一个州时，美国的葡萄酒生产商第一次与欧洲人直接竞争。加州与欧洲展开竞争。到 19 世纪 80 年代中期，加利福尼亚供应了美国消费的葡萄酒的大部分；到 1900 年，加利福尼亚的生产商占了国内葡萄酒产量的 96%，并且占葡萄酒消费量的 85%（维斯特，1935；皮恩内，1989；奥姆斯特德和罗德，2009）。在此期间，加州的产量增长了 6 倍，从 1870 年的 14 百万升增加到了 1900 年的 89 百万升（见图 15.1）。

圣芳济会的修道士将欧洲葡萄品种引入南加州圣地亚哥（布莱迪，1984）。作为"特使团"（Mission），他们引进的品种与丽斯丹—普瑞多[1]（Listan Prie-to）相同（塔皮亚等，2007），酿制色泽淡雅、低酸度的红葡萄酒。对于南加州温暖的气候来说，很难说它是理想的品种，但是，它生长并产出了可以转化为粗制葡萄酒的水果。在淘金热带来人口膨胀之前以及建州之前，酿酒只限于家庭生产，供当地的大农场消费或蒸馏成白兰地。欧洲人的人口规模很小，加州建州

---

[1] 西班牙的传统小众葡萄品种。——译者注

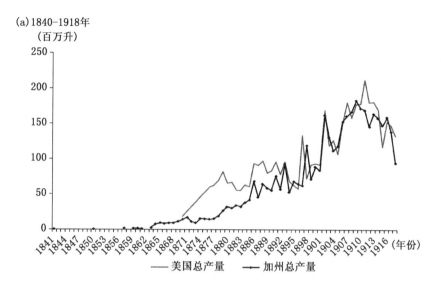

(a) 1840—1918年
（百万升）

美国总产量　　加州总产量

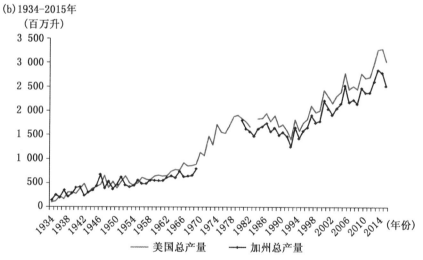

(b) 1934—2015年
（百万升）

美国总产量　　加州总产量

资料来源：美国财政部、酒精与烟草管理局、税收与贸易局(TTB)(1984、1984—2015)
以及佩尼诺(2000)。作者采用以上来源的数据创制。

图 15.1　1840—2015 年加州和美国葡萄酒产量

之前大概有 14 000 人，并且在物理空间上的隔离造成了葡萄酒运往东部的困
难。尽管如此，南加利福尼亚是加州最早的葡萄种植地，传教士酿酒葡萄园酿
出的葡萄酒主导了加州的葡萄酒生产，直到 19 世纪 60 年代后期（皮恩内，
1989）。随着欧洲探矿者的流入，葡萄酒生产向北移动，在矿场附近的塞拉丘陵

以及旧金山周边的沿海各郡种植葡萄。新葡萄园仍然普遍是传教士的葡萄园,但是,甚至在19世纪50年代早期,苗圃工人们就开始引进其他品种,如赤霞珠和白苏维翁(沙利文,1998)。

加州葡萄酒产量从1850年的0.22百万升增加到了1870年的14.4百万升,加州消费的是散装产品,直到19世纪60年代晚期。奥姆斯特德和罗德(1989)写道,在19世纪60年代中期,只有大约1/10的加州葡萄酒产品从加利福尼亚出口。19世纪60年代末到70年代初,葡萄价格上涨,新葡萄园出现了繁荣(卡罗索,1951)。加利福尼亚葡萄酒生产商将葡萄酒运往东部,主要运往纽约,在那里与欧洲的桶装葡萄酒竞争。在东部葡萄酒经销商看来,加州葡萄酒喜忧参半。产自加州传教士葡萄园的酒精含量更大的葡萄酒不同于欧洲葡萄酒的口味和风格,但是,加州葡萄酒是免税的,价格比欧洲的桶装葡萄酒有竞争力。

随着1873年恐慌以及5年经济萧条的到来,加州葡萄酒产业的第一次繁荣突然终结了。葡萄酒需求下降,1876—1879年间进口量下降了一半,降到19百万升以下。加利福尼亚州的生产停滞,19世纪70年代中期平均产量约15百万升(维斯特,1935),加州葡萄酒生产商游说国会,要求提高对外国葡萄酒的关税。1875年2月,当时大多数商品降低了关税,国会却将进口桶装葡萄酒的关税从每升0.07美元提高到每升0.11美元(请注意,这里每加仑美元计的关税已经转换成公制当量)。1883年3月,关税又被提高到每升0.13美元,一直保持到1894年,1894年关税被降到每升0.08美元,作为大范围降低美国关税的一部分。

随着关税的提高,最便宜的法国葡萄酒即所谓红酒(Cargo Claret)在纽约的落地价格从19世纪70年代初每升不到0.16美元上升到10年后每升0.24美元,继1883年关税增加之后,1884年上升到每升0.28美元。在同一时期,加利福尼亚的葡萄酒销往纽约的平均价格约为每升0.15美元。加利福尼亚桶装葡萄酒运往纽约的数量从1875年的低点开始到1898年,增加了10倍。这样的扩张伴随着铁路运费率的迅速下降。运输量的增加和运输成本的降低使纽约的名义批发价格下降,从 1875—1876 年大约每升 0.16 美元下降至 1897—1898 年每升 0.10 美元。

1878 年大萧条的结束和新的进口关税引发了 19 世纪 80 年代前半期酿酒葡萄种植繁荣。郡县评估员的报告显示,加利福尼亚葡萄园的表面积、葡萄干和酿酒葡萄的种植面积几乎增长 4 倍,从 1880 年的 18 000 公顷增加到 1890 年的 69 000 公顷(见图 15.2)。罗德(1995)详细描述了加州从谷类作物到水果和蔬菜的广泛转变。档案记载了多年生作物的种植面积从 1879 年的 4% 增加到 1889 年的 20%。一定程度上,葡萄种植面积和酿酒的扩张是由更广泛的经济因素驱动的,而这些因素也影响其他多年生作物,这些因素是人口增长、收入增长、低利率和较低的铁路运输成本(罗德,1995)。

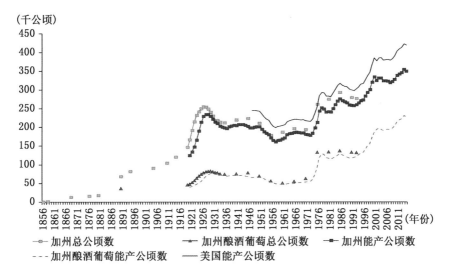

a. "酿酒葡萄"种植面积是指特定酿酒葡萄品种种植面积,并非一般酿酒葡萄种植面积。不包括多种用途的葡萄,其中被大量用于在不同时间上的酿酒。

资料来源:作者使用不同来源的数据(英亩已经转换成公顷)创制。加州总葡萄种植面积和总酿酒葡萄种植面积来自佩尼诺(2000);能产葡萄面积和能产酿酒葡萄面积来自美国农业部与全国农业统计服务中心(2015b);美国能产葡萄种植面积来自约翰逊(1987)和美国农业部与全国农业统计服务中心(2016)。

图 15.2　1856—2014 年加州和美国酿酒葡萄种植面积[a]

种植者在大部分新的加利福尼亚葡萄园地区种植了引进的欧洲葡萄品种

(加州葡萄种植委员会,1888)。而且,尽管葡萄种植遍及整个加利福尼亚,但是,主要种植区位于沿海的、旧金山湾附近的索诺马、纳帕、阿拉梅达和圣克拉拉等县郡。图15.1显示了这一时期加利福尼亚葡萄酒的产量从1877年的62百万升增长到1888年的97百万升。

在19世纪80年代,较低的葡萄价格,伴随着加州北部沿海各县的根瘤蚜虫扩散,再给葡萄种植者造成了两难境地。早在1875年,索诺马葡萄园就发现了根瘤蚜虫。并且,这也是葡萄种植委员会成立的原因之一。在1880年以前,似乎只有少数葡萄园受影响,在加利福尼亚,根瘤蚜虫并不被认为像在法国一样具有侵略性。然而,随着19世纪80年代早期的种植热潮到来,根瘤蚜虫病在整个北部海岸地区迅速传播,感染了新建立的葡萄园。葡萄园受到感染的个体种植者必须决定是否在重新种植上投入更多的钱,在低价格的时候,采用具有抗病能力的根茎,或者只是任由根瘤蚜虫造成损害,收获越来越少的葡萄,当葡萄园最后消亡的时候,重新种植一些其他作物。报告显示,正如哈拉什蒂(1888)所估计的那样,加利福尼亚酿酒葡萄的葡萄园总面积从1887年的61 000公顷下降到1891年的35 000公顷,这也是国家葡萄种植委员会调查报告显示的。皮恩内(1989)的研究报告称,当时的作家估计,在1889—1892年的4年里,仅在纳帕县就因根瘤蚜虫而失去了4 000公顷。

19世纪后半期的美国,随着相对于烈酒而言啤酒的消费比率上升,葡萄酒仍然是酒精消费的一小部分(见图15.3)。美国消费的葡萄酒总量从1870年的59百万升增加到1900年的106百万升,几乎翻了一番。然而,人均消费量以及相对于酒精总消费量而言都很小,葡萄产品的需求增加幅度也很小。

大约在这个时候,酒精税法的变化为酿酒葡萄需求的扩张提供了进一步的刺激。使用国产强化葡萄酒生产的葡萄白兰地的税率为每一加仑0.90美元,或每升0.24美元,与其他蒸馏酒的税率相同。1890年10月,新的美国法律允许生产商生产的强化葡萄酒的酒精含量可达到24%,并且葡萄白兰地免税。被称为"甜葡萄酒"(Sweet Wine)的法案不允许用白兰地以外的烈性酒来强化葡萄酒,而这是东部强化葡萄酒生产商常见的做法。相对于其他州强化葡萄酒生

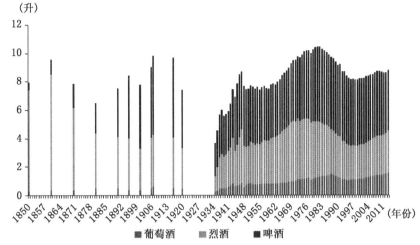

(a) 成人人均消费酒精数量(葡萄酒、烈酒、啤酒与总量)

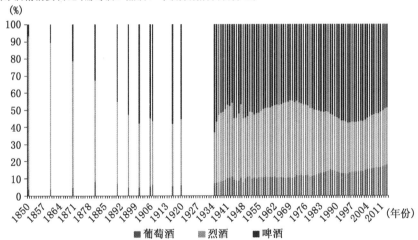

(b) 酒精消费占比(葡萄酒、烈酒、啤酒分别所占百分比)

注:基于 1970 年前大于 14 岁的人口和 1970 年后大于 13 岁的人口。

资料来源:作者采用拉威利、吉姆和易(2014)的数据创制。

图 15.3 1850—2012 年美国成人人均酒精消费以及葡萄酒、烈酒、啤酒分别在消费中占比

产商,加州酒庄获得了竞争优势,降低了它们自己的成本(卡罗索,1951)。

到了 20 世纪的第一个 10 年,加州强化葡萄酒总产量占 40％或更多。强化葡萄酒需要大量的葡萄白兰地,而这又需要大量的葡萄酒。1 升酒精浓度为

50％的白兰地(1"校准"升)需要 4 升酒精浓度为 12％—13％的干葡萄酒作为蒸馏储备。如果酒精浓度为 12％的基础葡萄酒被强化到法定的酒精限度,即酒精浓度 24％,每升基酒需要半升葡萄白兰地,而半升葡萄白兰地是从 2 升干葡萄酒中蒸馏而成的。1895 年,加利福尼亚生产了约 23 百万升强化葡萄酒,这个产量总共需要 46 百万升葡萄酒。

通过减少出售佐餐酒的总量,强化葡萄酒生产有助于稳定加州葡萄酒价格,同时引入一种与烈酒竞争的免税酒精类型。如果在杯子里用水将百分之百的威士忌分成两半,饮品含大约 25％的酒精,大致相当于一杯强化葡萄酒,就被天真地称为"甜"葡萄酒。具有讽刺意味的是,当面对即将到来的禁酒令时,加州业界争辩说,佐餐酒是一个适度的饮料,并且漠视了从 1900 年到禁酒令发布时,超过 40％的产品是免税的强化葡萄酒。

甜酒法案通过后,运往纽约的葡萄酒批发价格略有回升,但 1893 年经济萧条发生后,降至每升 0.10 美元。1894 年 8 月,为了控制葡萄酒价格的下跌,最大的 7 个旧金山葡萄酒商成立了加州葡萄酒协会(CWA)。不久,加州葡萄酒协会就开始在全州各地收购其他酒庄,最终加州葡萄酒协会在加州葡萄酒的生产和销售中占有了很大比例。皮恩内(1989)报告说,到 1902 年,加州葡萄酒协会拥有超过 50 家大型酒庄,生产了大约 70％的加州葡萄酒。到 20 世纪的第一个 10 年,加州葡萄酒协会具有显著势力,为加州葡萄酒产业确定葡萄和葡萄酒价格。佩尼诺和昂才尔曼(2000)估计,到 1919 年,加州葡萄酒协会占加州葡萄酒生产和销售的 85％。

从 1900 年到禁酒令时期是加利福尼亚葡萄酒产业普遍繁荣的时期。1900年,美国葡萄酒消费量为 106 百万升以下,1911 年增长到超过 227 百万升,翻了一番多,这是禁酒令导致下降之前的情况。葡萄酒消费量的增长,既是人均葡萄酒消费量增长的结果,也是人口增长的结果,人口增长主要是因为 1901—1915 年来自南欧饮酒区的 600 多万移民到达美国(艾美丽恩和辛格莱顿,1977)。

20 世纪初,加州葡萄酒协会增加了强化葡萄酒的产量,并把强化葡萄酒生产转移到了加州的圣华金谷(San Joaquin Valley),在那里,可灌溉的葡萄园可以产出大于无灌溉的海岸葡萄园 2—3 倍的产量。从 1904 年到 1914 年,加利福尼亚的葡萄园种植面积增加了 3 万公顷,总面积达到 12.1 万公顷(见图 15.2)。所增加的葡萄园种植面积中的 60％以上,即 25 000 公顷,位于圣华金谷(佩尼诺,2000)。正是在这个时期,就产量而言,圣华金谷成为最大的加州葡萄酒产区。在较为凉爽的沿海地区,葡萄种植面积逐渐减少,土地所有者将葡萄园改种水果,比如索诺马县改种苹果,纳帕县改种李子和核桃,圣克拉拉县改种各种核果。

全国性的禁酒运动使加州葡萄酒协会和加州葡萄种植者感到不安,1908 年他们联合起来,成立了加利福尼亚葡萄种植者协会,"宣扬葡萄的福音以及温和地使用葡萄酒"(佩尼诺和昂才尔曼,2000:117－118)。就在那一年,加州葡萄酒协会创建了一个新的部门,即嘉华产品公司(Calwa Products Company),制造和销售未发酵的葡萄汁,但是并没有取得成功。在 1916 年全国大选中显现出全国人民都赞成禁止饮酒,大选之后,加州葡萄酒协会向股东宣布,将清算其业务并开始出售葡萄园和酒庄。

禁酒令时代及其后果:1920—1965 年

1920 年 1 月 17 日,即批准《美国宪法第十八修正案》后的一年,禁酒令成为法律,并于 14 年之后,即批准《美国宪法第二十一修正案》之后被废除。重要的是,禁酒令将家庭酿造啤酒和蒸馏供个人使用定为刑事犯罪,但是,豁免家庭酿制葡萄酒,导致作为家庭酿酒的葡萄来源的葡萄园扩张。在禁酒令时代,加州葡萄总产量从 1920 年的 120 万吨上升到 1927 年的高峰值 220 万吨。当禁酒令被废除时,条件是每个州出台自己关于酒精生产和销售监管的法律,结果留下了作为遗产的一系列拜占庭式和奇异的政策,以至于今天继续捆绑着葡萄酒生产商和经销商。

国家禁酒令对美国葡萄酒产业影响的持续时间远远长久于禁酒令本身的持续时间。在禁酒令废除后，为了恢复葡萄酒生产，葡萄酒产业面临着许多学习和其他挑战。除了失去 14 年的运营，葡萄酒产业几乎已经失去了一代人的技能和经验，并且大量的葡萄和葡萄酒研究成果已经被抛弃了。禁酒令对美国葡萄酒行业的影响可能比禁酒令本身延长了 10 年，在此期间葡萄酒行业生产劣质葡萄酒，同时，新企业重新学习从事葡萄酒生产和销售的科学和实践。

禁酒令对加州葡萄酒产业长达几十年的长期影响有两个方面。一是禁酒令期间，大面积的劣质葡萄种植，以满足仍然合法的家庭葡萄酒生产，导致葡萄价格低，以及后来几十年的劣质葡萄酒。二是政治妥协要求终止禁酒令，从而导致宪法修正案赋予各州控制酒类销售和分销的权利，甚至可以达到在其辖区继续禁止的地步。按照《美国宪法第二十一修正案》，美国绝不是一个统一的市场，在对酒类生产和销售的监管上，它实际上变成了 51 个不同的市场（50 个州加上哥伦比亚特区）——很像不同的国家。

通过实施禁酒令的《国家禁止法》，一般称为《沃尔斯特德法案》(the Volstead Act)，国会处理了资金筹措和执行《美国宪法第十八修正案》。《沃尔斯特德法案》允许家庭合法生产苹果汁和葡萄汁，只要在"果汁"不被清除的前提下（皮恩内，2005）。1919 年，葡萄种植者以每吨 38 美元的价格出售葡萄，他们发现，20 世纪 20 年代初经纪人出价每吨高达 100 美元。然后，这些经纪人把葡萄运到中西部和东部的移民社区的买主那里。1920 年和 1921 年的高价格导致加州各地的葡萄种植热潮，当新种植的葡萄园充分发挥其生产潜力时，就出现（可预见的）崩溃。加州能产葡萄的种植面积几乎翻了一番，从 1920 年的 39 900 公顷增加到 1930 年的 76 100 公顷，而在经济萧条最严重时，酿酒葡萄的平均价格从每吨 82 美元下降到每吨 22 美元。20 世纪 20 年代的 10 年里，加州能产葡萄的总种植面积大部分由葡萄干和食用葡萄品种构成，从 124 500 公顷扩大到 221 300 公顷（美国农业部、国家农业统计局，2014c）。图 15.4 显示了 1920—2010 年按类型划分的葡萄种植面积。

禁酒期间，葡萄种植面积几乎增加 1 倍，驱动了葡萄价格下降，并导致从

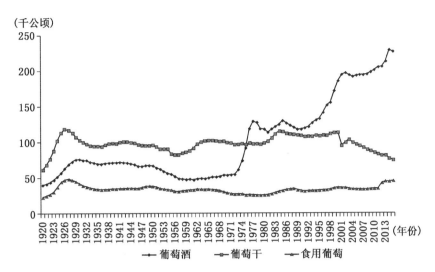

（千公顷）

资料来源:作者基于美国农业部、国家农业统计局(2014b、2014c、2015b)的数据创制。
图 15.4　1920—2015 年按照葡萄类型划分的加州葡萄种植面积

1924 年开始葡萄种植者的低盈利。种植热潮也降低了加州葡萄园的构成等级。禁酒令时代的葡萄经纪人要求有厚厚的皮的葡萄,可以装在 23 公斤的木箱里,可以承受 3—4 天时间在无冷冻的铁路车厢里运至东部市场。买家常常通过在葡萄中加入水、糖和酸并对混合物发酵,从而酿造"次等"葡萄酒,他们需要可以承受稀释的高色素和高单宁的葡萄。厚皮葡萄色泽鲜艳,如紫北塞(Alicante Bouschet)或黑格兰(Grand Noir),以及高单宁的葡萄,如小西拉(Petite Sirah)价格最高,并且主导了大部分种植园。种植者还种植高产品种,如佳丽酿(Carignan),它可以以低价出售而获利。结果是,赤霞珠、雷司令或黑皮诺的种植则被遗忘了,而在禁酒令被废除后,葡萄酒庄面对的葡萄是不适合酿造优质佐餐酒的葡萄(拉普斯利,1996)。

在禁酒令被废除后,美国葡萄酒产业面临着许多障碍。到 1936 年,共有 1 357 家酒庄在营业(美国财政部、酒精和烟草局、税收和贸易局,1984)。但是,禁酒令被废除发生在大萧条的最严重时期,当时大约有 25％的劳动力失业,所有消费品的价格都很低。当然,现在啤酒和烈酒等替代品也是合法的。在禁酒令被废除后的一段时间直到第二次世界大战之前,大量的,也许大部分商业葡萄酒生产是低质量的。大约75％的商业化生产的葡萄酒是强化甜酒,主要的风味来自氧化和蒸馏。不合适的葡萄在没有适当卫生设施和温度控制设备且经验不足的酿酒商手里产出的是低端葡萄酒。在禁酒令期间,家庭酿酒师已经学会了酿造他们自己不用纳税的葡萄酒,并且在整个20世纪30年代,他们继续购买葡萄供家庭生产。但是,家庭酿酒师不能轻易生产强化葡萄酒,而在接下来的30年里,这种葡萄酒在全国的产量中占据了主导地位。

　　加利福尼亚的大部分产品是用散装货箱运到东部的,然后,区域装瓶者使用"通用"标签的瓶子装瓶,并以相对无差别的形式出售。很少有在全国范围内分销的葡萄酒品牌。很少有加州生产葡萄酒的酒庄将葡萄酒装瓶并贴上生产商的标签。区域装瓶商向加州生产商购买散装葡萄酒,然后用铁路罐车运到他们装瓶的地方,并用他们自己的标签在他们所在的区域分销葡萄酒。大萧条时期,这种无差别的葡萄酒导致了葡萄和葡萄酒的低价,并将酒庄和葡萄园主推向了破产境地。

　　随着第二次世界大战的爆发,与许多商品一样,供应紧缩,葡萄价格上涨

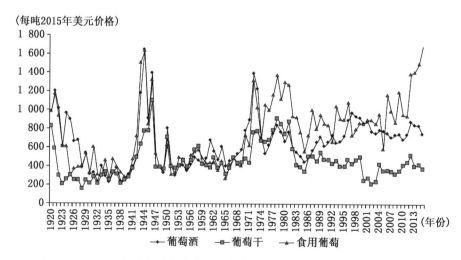

资料来源:作者基于美国农业部、国家农业统计局(2014a、2014b、2014c、2015a、2015b)的数据创建。通过美国劳工部/劳工统计局(2015)所有商品的消费物价指数折算名义价格。

图15.5　1920—2015年按照类型区分的加州葡萄的实际价格

（见图 15.5）。1942 年,美国政府以高价购买所有葡萄干,用于士兵的餐食。20 世纪 30 年代和 20 世纪 40 年代初,葡萄干品种占了葡萄收成的 50% 以上,葡萄碾碎池中酿造葡萄酒的葡萄干消失了,从而提高了酿酒葡萄的价格。酿酒葡萄的平均价格从 1941 年的每吨 24 美元涨到了 1942 年的每吨 34 美元,然后又跳到了 1944 年的每吨 122 美元,1945 年降至每吨 68 美元(美国农业部、国家农业统计局,2014c)。

联邦政策也减少了葡萄酒替代品的供应。大麦限量供应,所以酿酒商无法扩大产量以满足全部需求,并且蒸馏设备被用来生产工业酒精。只有在战争中不需要的有籽葡萄被用来酿制葡萄酒(拉普斯利,1996)。这些作用力和充分就业增加了对葡萄酒和葡萄的需求,而战时价格管制限制了产品的价格,特别是散装葡萄酒的价格,但不包括用来酿酒的原材料(酿酒葡萄)的价格。应对成本—价格挤压的一种方式是葡萄酒生产商自己装瓶,此前这些葡萄酒都是散装出售的,从而加强其他影响因素,鼓励了加州的葡萄酒生产商出售瓶装葡萄酒。

1942 年,美国四大蒸馏酒厂——辛利(Schenley)、国家蒸馏厂、希拉姆—沃克尔(Hiram Walker)和西格拉姆父子公司——都收购了大量的加利福尼亚酒庄。自加州葡萄酒协会建立以来,加州葡萄酒首次拥有了全国性的分销系统。政府征用油罐车运送战争物资,威胁到州外装瓶商将散装酒从加州运出以供应他们本地品牌的能力。作为响应,他们还购买了加利福尼亚的葡萄园和酒庄。到 1944 年,40% 的加州葡萄酒庄有了新的老板,几乎所有的老板都在加利福尼亚瓶装他们的产品(拉普斯利,1996;皮恩内,2005)。在 5 年内,加利福尼亚从生产的商品在加州以外的地方装瓶和贴标,而且与生产商没有联系,转变为在生产商的品牌下生产和装瓶葡萄酒。这为葡萄酒产业的产品差异化和质量改进的不断(持续)推进奠定了基础。

(第二次世界大战)战争结束时,当其他类型的酒精饮料不再受到政府的法令限制时,加利福尼亚的葡萄酒生产商面临着艰难的转型。随着威士忌再次变得更加容易买到,葡萄酒销量锐减,从 1946 年的 530 百万升降至次年的 370 百万升。一些葡萄酒公司破产了,蒸馏厂退出了葡萄酒行业,剩下的葡萄酒企业花了好几年才恢复盈利。

1950—1965 年葡萄酒生产的主导趋势是循序渐进的,但普遍采用新技术,人均消费缓慢增长,随着酿酒厂数量的下降,从 1950 年的 428 家下降到 1965 年的 232 家,葡萄酒产业壮大了(葡萄酒学会,2016)。新技术的采用显著改变了佐餐葡萄酒的特性,特别是白葡萄酒。20 世纪 50 年代,主要酿酒酒庄均采用了冷发酵与纯酵母培养物的结合、改良的卫生技术、通过使用惰性气体排除氧气和无菌装瓶技术,并且它们创造了一种新的白葡萄酒类型:新鲜果香,强调品种特征,一般有点甜(拉普斯利,1996)。在 20 世纪 60 年代末的佐餐葡萄酒热潮中,这种新款的白葡萄酒发挥了关键作用。相比之下,强化葡萄酒保持了它们的原貌:甜的,味道并不是主要来自生产葡萄酒时所用的葡萄,通常开始时是没有味道的,而味道来自用于强化的氧化和蒸馏过程。

这一时期最重要的变化是,逐渐开始从强化葡萄酒转向越来越多带有品种标识的佐餐葡萄酒。1950—1965 年间,甜食酒[1](Dessert Wine)消费量仅增长了 12%,从 393 百万升增加到 507 百万升,没有与人口增长同步。在同一时期,佐餐酒消费倍增,从 136 百万升增长到 280 百万升(葡萄酒学会,2016)。强化葡萄酒仍然占主导地位,后来被称为"佐餐酒革命",很少有观察家预见到这样的巨大增长。

增长和变化的 50 年:1965—2015 年

在接下来的 50 年里,葡萄酒产业发生了巨大变化,变得更大、更复杂、更多样化。质量的提高反映了生产地点的变化和对优质的特色葡萄品种更加重视,优质的特色葡萄品种被用来普遍生产质量较高的葡萄,生产更加具有差异化的产品,并且延续了远离强化酒的趋势。质量的提高也反映了葡萄园、酿酒和

---

〔1〕 即强化葡萄酒。——译者注

营销中的革新,从不断变化的产品种类到不断变化的消费市场的全面革新。大变化的图景可以用加州酿酒葡萄生产模式演变的相关参考资料描绘出来,对此,我们拥有比较详细的数据。

佐餐酒革命

正如图 15.4 所示,在禁酒令时期(1920—1934 年),加利福尼亚葡萄的总产面积增加了,然后 1960 年前后降低了。经过整个 20 世纪 60 年代到 70 年代初期,酿酒葡萄的产出面积慢慢攀升到大约 50 000 公顷。20 世纪 70 年代中期,酿酒葡萄产出面积显著增加,1978 年接近 13 万公顷——4 年内大约增长了 2.5 倍! 加利福尼亚所有品种的葡萄总产面积也出现了跳跃式增长,从整个 20 世纪 60 年代到 70 年代初期的 19 万公顷增加到 1977 年的 25 万公顷。特色酿酒葡萄的种植面积增加了,这在一定程度上是以葡萄干和食用葡萄品种为代价的,而葡萄干和食用葡萄品种在一定程度上也被用来酿造葡萄酒。

美国的葡萄酒产量从 1960 年的大约 640 百万升增加到了 1970 年的 1 060 百万升,再到 1980 年的 1 780 百万升,几乎增长了 3 倍,而且增长幅度大于葡萄种植面积的增长幅度。这一方面伴随着酿酒葡萄产出率的小幅提高,另一方面伴随着用于蒸馏强化甜酒的比例下降(再次提醒,蒸馏每升强化葡萄酒要用掉 2 升佐餐葡萄酒),强化甜酒的相对重要性在下降。当葡萄干行业处于低迷状态时,通过将多用途葡萄用于葡萄酒生产,需求的增加得到了满足。

"婴儿潮"的人口到了成年,从而形成需求,需求推动了葡萄酒生产和消费的繁荣。成人(21 岁及以上)人均葡萄酒消费从 1960 年的约 5.7 升上升至 1970 年的 8.1 升,然后跃升到 1980 年的 12 升,而成年人口总数从 1960 年的 1.09 亿人增加到 1980 年的 1.51 亿人。[1] 白葡萄酒和桃红葡萄酒的消费量扩大,其中,大部分是由品质较低的葡萄品种酿造的(阿尔斯顿、安德森和桑布西,

---

〔1〕 这个成年人的定义排除了在某些年份一些合法或非法饮酒的人。在不同的州和不同的时期,法定饮酒年龄有所不同。在废除禁酒令后,一些州的法定饮酒年龄为 18 岁。在 20 世纪 70 年代,美国政府敦促各州将法定饮酒年龄定为 21 岁。

2015)。

1976年5月24日，加州葡萄酒质量的提高得到了证实，那日，在所谓的巴黎审定会上，盲品法国和加利福尼亚的顶级红葡萄酒和白葡萄酒的法国评酒官评定加州葡萄酒在各类别中是最好的[鹿跃酒窖（Stag's Leap Wine Cellars），1973年；纳帕谷（Napa Valley）的赤霞珠和蒙特莱那，1973年；纳帕谷与卡利斯托加的霞多丽]。这一事件无可否认地表明，加州正在生产世界级的葡萄酒（塔伯，2005）。

20世纪80年代的无增长10年

20世纪70年代末，酿酒葡萄种植面积和葡萄酒产量达到顶峰，直到20世纪90年代再次开始增长，也许是因为在20世纪70年代的一般商品繁荣时期种植得过多了。在20世纪80年代，葡萄酒产业的长期推动力仍在发挥作用，但是，最终却被迅速的通货膨胀、经济衰退、高利率以及全球葡萄酒市场变化掩盖了。正如在更广泛的农场经济中一样，在酿酒葡萄种植业中，20世纪70年代的繁荣被80年代的萧条所逆转，随着1982年物价暴跌，在泡沫上下了赌注的许多人陷入了财务困境。20世纪70年代沿海葡萄园的投资（尤其是在蒙特利县的投资）形成了80年代高质量而低价格的葡萄和品种葡萄酒的来源地，但是，当时的需求放缓。

20世纪80年代，酿酒葡萄能产面积一直变动不大，且伴随着葡萄酒产量的下降。平均产出率的下降反映了一种远离低质量和高产品种的持续趋势，例如汤普森无籽品种和哥伦巴品种，走向更高质量的专业化葡萄酒品种，如生长于优质产地的霞多丽和赤霞珠。随着需求从白葡萄酒转变为红葡萄酒，并转向更多优质品种和优质产地，这一趋势继续发展下去（阿尔斯顿等，2015）。

当大多数消费者已经更加熟悉通用标签时，如加利福尼亚勃艮第葡萄酒，在加利福尼亚的沿海谷地高端葡萄产区，生产商开始大量生产具有品种标签和地理标志的葡萄酒。即使如此，1985年，从加利福尼亚运出的葡萄酒总量为954百万升，其中，只有15%的葡萄酒每升售价为4美元或4美元以上（以1985

年美元计)。1985 年,葡萄酒货物总值为 15 亿美元(弗雷德里克森,2016),或者,按照通胀后的 2015 年美元计,则为 33 亿美元。

复活:1990—2000 年

20 世纪 90 年代,加利福尼亚的葡萄生产面积出现了第二次扩张,又一次受到专业化酿酒葡萄种植面积激增的驱动(见图 15.4)。酿酒葡萄的种植面积从 1992 年的 12 万公顷增加到 2001 年的 19 万公顷,增长了 60%。红葡萄酒消费量增长了 3 倍。向红葡萄酒转变的一个影响因素是公众对其带来健康的好处的看法,一些人将其归因于莫利·沙法尔(Morely Safer)关于"法国人悖论"的报告,该报告于 1991 年 11 月 17 日在新闻杂志《60 分钟》上发布。该报告指出,法国人中心血管疾病的发生率低,认为这可能与他们人均高水平的红葡萄酒消费有关。美国人对这样一种省事的理论持开放态度:1992 年,美国红葡萄酒的销量增长了 39%(弗兰克和泰勒,2016)。

增长的需求中有一部分通过进口得到满足。从殖民地时期一直到 19 世纪 70 年代,进口葡萄酒作为葡萄酒消费的一部分一直很重要。19 世纪 70 年代,加利福尼亚的葡萄酒产业开始兴起,之后,进口(以及美国的其他生产领域)相对不那么重要了,直到进口完全停止的禁酒令发布之前。图 15.6 显示了 20 世纪 60 年代后期以来的进口增长情况。20 世纪 80 年代初,进口迅速增长,从 1979 年的不到 348 百万升增长到 1984 年的近 539 百万升。在这一增长之后,20 世纪 80 年代末期,甚至出现了更急速的下滑。最近,进口增长了,从 1991 年的略超 218 百万升增长到 2015 年的大约 534 百万升。现在,进口几乎占总消费量的 1/3。美国的葡萄酒出口也增长了,从 1980 年几乎没有出口增长到 2015 年略高于 414 百万升。导致进口和出口增加的一个因素是美国的退税政策,特别是对于低价散装葡萄酒来说,更是如此(噶布莱恩和苏姆纳,2016)。

20 世纪 90 年代是葡萄酒产业繁荣时期,但是,高端葡萄种植的北部海岸地区却又受到了根瘤蚜虫病复发的影响,这个区域普遍种植易受感染的根茎(AxR1)。因此,纳帕山谷大量的葡萄树不得不重新种植(拉普斯利和萨姆纳,

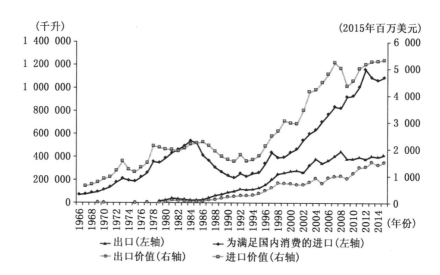

注：名义货币价值针对得自美国劳工部/劳工统计局(2015)的所有商品消费者物价指数加以平减(得出真实货币价值)。

资料来源：美国国际贸易委员会(2016)、葡萄酒学会(2016)、美国农业部/外国农业局(2016)。作者使用以上机构的数据创制。

图 15.6　1966—2015 年美国葡萄酒进出口量与真实价值

2014)。当这些葡萄树被重新种植时，主要选择的是优质葡萄品种，大部分是酿造红葡萄酒的品种，在优质产区，从霞多丽转变为赤霞珠。葡萄种植者还联合起来，并运用了灌溉和种植新理念，这些新理念有助于观察到葡萄含糖量的增加，不到 20 年的时间里，葡萄含糖量大约增加了 1/10，从而增加了葡萄酒的酒精含量(阿尔斯顿等,2011)。

繁荣、萧条和巩固：2000—2015 年

2000—2015 年期间，人均消费量持续增长，并且需求增长的很大一部分是通过进口来满足的。由于人口众多且收入相对较高，美国已成为世界上最大的单个国家的葡萄酒市场，无论是总消费量还是消费支出总额都是最大的。尽管只有 64％的成年人饮用酒精饮料，只有 40％的人饮用葡萄酒，并且在饮用葡萄酒的人群中，13％的人一周就喝那么几次。但是，市场增长依然出现了。尽管如此，经过 5 个世纪，现在的美国仍然是一个以啤酒饮用者和绝对禁酒者为主

的地区[弗朗森(Franson),2015]。

为了便于描述,当前美国葡萄酒的生产和消费情况可以被认为包括几个部分。就价格水平的一个极端而言,主要位于加州中部和北部海岸地区的是重要的高端葡萄酒产业,还有在俄勒冈州和华盛顿州,生产高度差异化的葡萄酒,生产者、品种、区位和商标上的地理标志等各不相同。就价格水平的另一个极端而言,是更加亲民的葡萄酒生产,位于圣华金谷南部,那里的葡萄产量比其他产区高出 10 倍,那里生产的酿酒葡萄价格相应地要低得多。生产和消费的葡萄酒数量和价值的大部分来自这两个极端之间,所用葡萄来自圣华金谷北部、中部沿海地区,或较不受欢迎的北部沿海地区,以及加州其他地区与其他各州。

2015 年,加利福尼亚输出了 1 926 百万升葡萄酒,总价值为 118 亿美元(弗雷德里克森,2016)。在这个总价值中,每升 18.67 美元及以上档次的葡萄酒占总额的 1/3 以上,另外,每升 9.33—18.67 美元档次的葡萄酒占总额的 1/3 以上。自 1985 年以来的 30 年里,从加利福尼亚输出的葡萄酒数量翻了一番还多,实际价值增加了 3.6 倍,反映了葡萄酒平均价格和品质的提高。

自 21 世纪开始以来,加州葡萄种植面积增长显著,从 1999 年的 17.1 万公顷增加到 2015 年的 22.6 万公顷,增长了 32%。但是,增长不均衡,2002—2013年期间,当价格普遍下降时,几乎没有增长(见图 15.4)。更广泛地说,自 20 世纪 90 年代初以来,总体上,美国酿酒葡萄和葡萄酒产量有了相当大的增长。全国产出的增加反映了产区的增加以及其他州酿酒葡萄和葡萄酒产量的增加,尤其是在华盛顿州和俄勒冈州,并且反映了在某种程度上,随着逐步淘汰强化葡萄酒,葡萄被用于蒸馏酒的数量减少了。由于越来越强调优质红葡萄酒品种,种植的葡萄品种组合发生了变化。

品种组合:变得不那么不同

2014 年,美国生产了 450 万吨葡萄,压榨酿造葡萄酒,农场价值 35 亿美元,占比略高于世界葡萄酒产量的 11%。2014 年,美国葡萄种植总面积为 24.7 万公顷,4 个州占 94% 以上,分别是加州(CA)占 81.2%、华盛顿州(WA)占

7.8%、俄勒冈州(OR)占 4.5%、纽约州(NY)占 1.4%。其中,只有纽约不在美国西部沿海,几乎不种植欧洲葡萄品种。1990 年,仅加利福尼亚一个州就占了总量的 88.1%,纽约州占 8.9%。自那以后的 25 年里,美国酿酒葡萄的总面积增加了大约 50%,纽约州的酿酒葡萄种植面积略有缩小,而在俄勒冈州(增长 4 倍)和华盛顿州(增长 6 倍)种植面积则快速增长。

加利福尼亚州有几个特点各异的葡萄酒产区,就其地形、气候、土壤类型、品种组合以及葡萄和葡萄酒的品质而言,这些产区各不相同。阿尔斯顿等(2015)按照 8 个主要的葡萄酒产区描述了美国葡萄酒产业,这些产区包括加利福尼亚 5 个不同的区域,加之其他重要的葡萄酒生产州(即华盛顿州、俄勒冈州和纽约州)。他们指出了几个不同的特征。第一,加利福尼亚占据了所有产区、产量和全国葡萄酒生产价值的主导地位。第二,在面积、产量和产值的测度中,区域份额有显著差异。特别是,加州南部中央山谷的总价值很低,而在产量上所占的比例要大得多;在北部沿海地区(主要是纳帕县和索诺马县)的总价值占比较高,虽然在产量中所占的比例要小得多。这些特征反映出南部中央山谷每公顷相对较高的产出率(以及相应的每吨葡萄的低价格水平),相反,北部沿海地区则是低产出率和每吨葡萄较高的价格水平。2015 年,纳帕县平均产出率为每公顷 6.3 吨,平均压榨葡萄汁每吨价格为 4 780 美元,几乎是南部中央山谷压榨葡萄汁平均价格的 10 倍,而那里平均产出率超过每公顷 29 吨(美国农业部、国家农业统计局,2015a、b)。

阿尔斯顿等(2015)记录并讨论了演变中的特征。自 1980 年起,品种组合已经向红葡萄转变,不再是白葡萄,而且对于红、白两种品种都取向优质品种——特别是霞多丽、赤霞珠、梅洛、黑皮诺和西拉。尤其是最近 10 年左右的时间里,受欢迎的优质红、白品种占主导地位,牺牲了一些不太受欢迎的品种。虽然在品种组合方面美国各地区存在一些差异,但是已经越来越像法国和整个世界的品种组合。

正如弗雷德里克森的报告(2016)中指出的,受价格驱动,葡萄的销售渠道与葡萄酒的销售渠道联系在一起。加利福尼亚输出葡萄酒总量为 1 926 百万升

(包括在加利福尼亚装瓶的外国散装葡萄酒,达到 201 百万升),其中,80%售价每升超过 4 美元,48%售价每升超过 9.33 美元。这反映了价格较高的葡萄酒占较大比例的普遍趋势,2015 年,从加州输出的葡萄酒的平均单位价值为每升 6.12 美元,相比之下,1985 年为每升 3.46 美元(按 2015 年美元计算)。

当代观点

美国每位成人(21 岁及以上)年均葡萄酒消费量从 1950 年的 5.3 升增长至 1970 年的 8.1 升,1985 年达到峰值,为 13.3 升,此后,整个 20 世纪 90 年代的 10 年里,下降并维持在每位成人人均低于 11 升的水平(见图 15.7)。1993 年,每位成人人均消费量低至 9.3 升,之后 20 多年里,每位成人的葡萄酒消费量呈单调上升的趋势,2014 年增加到 14.8 升。需求增长中的很大一部分是通过增加进口而得到满足的(见图 15.7)。美国已经成为世界上最大的葡萄酒市场。

美国是一个在物理空间上和经济上规模庞大且多样化的地缘政治实体。空间很重要。绝大多数美国葡萄酒出产于距离太平洋 100 英里以内的区域,主要在加利福尼亚州。大多数美国人住在远离那里的地方。这一事实无论是在美国葡萄酒生产和消费的长期历史中还是在现在都很重要。在美国,在生产葡萄酒的州,人均葡萄酒消费的比率较高。在 50 个州和哥伦比亚特区中,人们的种族和文化不同,所以葡萄酒对人们的重要程度不同。一定程度上,由于这些原因,在各州之间,影响葡萄酒销售和消费的政策会有系统性变化,从而成为禁酒令及其废除的遗产。大部分乡村,尤其是在中西部的乡村,定居者多为北欧人,传统上,他们是喝啤酒或烈酒的人,而不是喝葡萄酒的人。南欧人更可能是葡萄酒饮用者,在东北部他们更占主导地位。其他重要的族群——西班牙裔、黑人和亚洲人——也更有可能喝啤酒,而不是喝葡萄酒。在一些州,很大比例的人口信奉宗教,提倡节制或完全戒酒。这些不同的影响反映出,成人人均酒精总消费量以及葡萄酒与啤酒和烈酒的比例随着时间的推移而变化,并且在各州之间变化相当大。

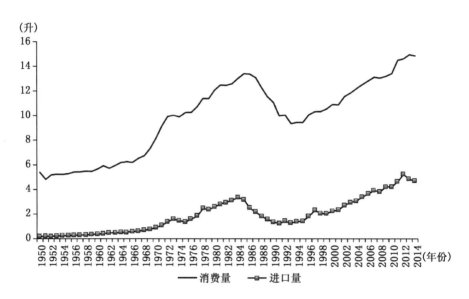

注:成人人口包括 21 岁及以上的人口。

资料来源:作者采用各种来源的数据创制。总消费量数据来自葡萄酒学会(2016),进口量数据来自葡萄酒与葡萄协会(各年度),21 岁及以上的人口数据来自海茵斯(2006)和美国普查局(2016)。

图 15.7　1950—2014 年美国成人人均葡萄酒消费量

综合:新出现的主题

　　美国葡萄酒的历史可以按照几个持续或反复的影响因素加以评述。历史上的主要事件可以从以下视角来看:(1)与产业发展的生物障碍作斗争,大约150 年前最终克服了这个障碍;(2)随后政府法令对产业的破坏,其后果远远超过法令被废除的时间,影响到 14 年的禁酒令之后;(3)产业的恢复和重建以及20 世纪中叶回到专业化葡萄种植,既有政府政策的阻碍,也有政府政策的加速推动;(4)现代消费和生产特征的重大变化,更加重视质量和产品的差异化,同时伴随着低价散装葡萄酒进口和出口的增长。

虫害、细菌和种子

在美国,葡萄酒一直是一个国际互动或全球化的故事,开始于美利坚被发现和占领的时代,当时,欧洲人把人和葡萄酒文化带到美国,并以各种形式在接下来的五个世纪继续推进葡萄酒国际贸易和葡萄酒消费文化、酿酒技术和思想、种植材料以及不太令人高兴的虫害和疾病的洲际传播。哥伦比亚交易所被证明是一把"双刃剑",不仅将虫害和疾病,而且将部分解决方案传播到大西洋两岸。

在定居美国的前 4 个世纪里,欧洲人试图发展葡萄酒生产却受到严重的约束限制,最终受挫于当地病虫害的作用,从而摧毁了从欧洲引进的葡萄品种。尽管美洲本土品种蓬勃发展,但是,它们普遍不太适合酿酒,而欧洲葡萄品种极易遭受本地虫害(特别是根瘤蚜虫)和病害的侵蚀。这块大陆大部分地区的气候条件也不适合种植优质葡萄。加利福尼亚的黄金发现鼓励了一个产业的发展,这个产业在同样遭受根瘤蚜虫病之前的 19 世纪晚期经历了一个短暂的繁荣时期。

根瘤蚜虫病的故事凸显了国际联系的作用。由于 19 世纪晚期的"大法国葡萄酒的受挫",葡萄酒的国际价格上涨,从而帮助了加州葡萄酒产业的建立〔尽管法国设置了外国进口障碍——参见切维特等(2018)以及梅洛尼和斯文内恩(2018)〕。美国也受益于欧洲重新种植葡萄对抗病根茎的需求。出口到其他国家的美国病虫害——比如白粉病和霜霉病——通过同样的市场机制,无疑也帮助了美国葡萄酒产业。美国还从欧洲对科学和研发的投资中受益,他们研发了减轻(但不是消除)由这些病虫害造成的损害的手段。

政府的作用

政府积极影响美国葡萄酒的生产、销售和消费。从第一个定居点开始,英国以及各殖民地政府积极鼓励葡萄酒生产以及其他农业生产和加工。这种模式一直延续到今天,联邦和州政府资助耐寒或抗虫或抗病葡萄品种的发展(例如,资助应对皮尔斯疾病,还有其他类型的病虫害),从而在明尼苏达州、爱达荷州、弗吉尼亚州和得克萨斯州以及当前的主要生产地区能够生产出各种各样的高质量葡萄酒。

贸易政策一直是一个重要因素。在早期的岁月里,美国葡萄酒是进口奢侈品,主要是为富人所拥有的。在不同时期,采取各种贸易政策服务不同利益集团的利益,比如早期英国马德拉的生产商和19世纪晚期加利福尼亚的生产商。对政府来说,与其他酒类一样,葡萄酒是消费税的收入来源,并且相对于其他酒类,有时葡萄酒被视为有利的收入来源。如今,与许多作为禁酒令遗留的一部分、其他针对葡萄酒的税收和管理条例相比,贸易税则是相对较小的障碍。最近,联邦进口关税和税收政策中有了些许突破,鼓励低价葡萄酒的进口和出口(加布莱恩和苏姆纳,2016)。

在20世纪开始之际,受到19世纪50年代淘金热刺激的加州葡萄酒产业在美国占主导地位。到1900年,基于专业化的酿酒葡萄品种,加利福尼亚开始生产优质的佐餐葡萄酒,这样的做法得到了19世纪晚期高关税(每单位关税)的鼓励,并得到了欧洲根瘤蚜虫病导致的高进口价格的鼓励。20年后,在1920年,这个产业几乎被政府的命令消除了。在许多致命的影响中,禁酒令鼓励了用其他高产葡萄品种替代优质酿酒葡萄品种,对于依然合法的家庭酿酒酒庄来说,这样的品种可以生产更便宜的葡萄酒,并且更适合长途运输。

在禁酒令被废除后的1934年,该产业继续使用这些低质量的葡萄品种生产无差别的散装葡萄酒,这些葡萄酒被运往东部装瓶,并且制成强化酒。在20世纪40年代,葡萄干、葡萄酒和其他酒类市场的战时干预导致了葡萄酒和酿酒葡萄需求显著增加,并带来了产业的重组。由于战争结束,加州生产瓶装葡萄酒和品牌葡萄酒的产业发展已经奠定了基础。但是,需要很多年的时间才能完成这一转变。

禁酒令更长期的遗留问题是它对葡萄酒营销渠道的影响。作为禁酒令被废除代价的一部分,每个州设定了自己州关于酒类生产和营销的特定政策和规制,并且这些政策表现出市场进入的重大障碍,以及施加在生产者和消费者身上的显著的交易成本(拉普斯利等,2016)。这些政策还在继续演化。

品质改进

正如前所述,政府政策显著影响了美国生产商生产高端佐餐酒的积极性。美国葡萄酒生产与绝大多数其他生产国的不同有两个方面。第一,美国是诸多本土葡萄品种的家园(以及本土葡萄病虫害的家园),也是美洲葡萄酒产业成长的地方——这些地方远离大西洋沿岸的主要生产商,基于本土葡萄品种或杂交品种如诺顿(Norton)或康科德(Concord)来发展葡萄酒产业。第二,美国种植的大量葡萄用于生产葡萄干、食用葡萄,或用于食品制造以及果汁、果酱和果冻的浓缩葡萄汁,而不是用于酿制葡萄酒。正是由于这个原因,一些葡萄使用目的不止一种,所谓"多用途"。特别是康科德品种,就是这样;对于其他葡萄品种来说,亦如此,尤其是汤普森无籽葡萄品种,有时这个品种重要的是用于食用葡萄、酿酒葡萄和葡萄干等多用途。

由于葡萄生产信息并非总是包括葡萄用途的详细情况,所以多用途葡萄的存在使得详细解读葡萄产业历史较为困难。而且,手工劳动更重要,与今日相比,葡萄园很少专注于特定的终端用途,葡萄的用途会从第一年到第二年发生快速变化。随着葡萄园种植技术的变化,比如制作葡萄干的葡萄烘干技术,越来越重视葡萄酒的品质(在食用葡萄和葡萄干行业亦如此),随着时间的推移,这就大大降低了葡萄多用途的灵活性,现在多用途葡萄极少用于生产葡萄酒了。

在最近50年里,美国葡萄酒产业已经演变,在几个细分市场中生产不同的产品。尤其是强化甜葡萄酒已经基本上被干餐酒所取代,并且一般标签已经被品种标签所取代,在诸多例子中,品种标签还伴有地理标志以及其他的品质信号。葡萄酒产业转型要求葡萄园大规模地重新种植,转向强调高端酿酒葡萄品种。在过去的20年里,更加重视红葡萄品种。一定程度上,这是20世纪80年代在纳帕谷地和索诺马谷地根瘤蚜虫病的暴发推动的,它导致了葡萄园尽快重新种植,别无选择。加州种植的葡萄品种组合已经非常像法国和全世界种植的葡萄品种组合了(阿尔斯顿等,2015)。除了葡萄园的变化,葡萄酒酒庄也发生了诸多变化,以采用根植于科学的技术创新,其中,大量的创新技术助益了最终产品品质的提高。

葡萄酒产业的规模已经发生了变化。美国已经成为世界上最大的葡萄酒市场。美国人口规模大,且种族和文化多样化。美国不是一个主要的饮用葡萄酒的国家,尽管这个国家正在向着这个方向发展。1950—2014 年间,美国成人人均年葡萄酒消费量几乎翻了 3 倍,从人均 5.4 升增加到人均 14.8 升,并且需求增加的很大一部分是通过增加进口得到满足的。1950 年消费的葡萄酒还主要是强化葡萄酒或略甜的白葡萄酒,与今天生产和消费的各种类型的葡萄酒相差甚远。美国葡萄酒生产和消费的选择范围与组合的变化反映了一种回应,对演化的消费者需求的回应,因为美国人变得更加富有并更对葡萄酒感兴趣。

【作者介绍】 朱莉安·M. 阿尔斯顿(Julian M. Alston):杰出的农业和资源经济学教授,加州大学戴维斯分校罗伯特·蒙达维研究院葡萄酒经济学中心主任。在那里,他领导着关于葡萄和葡萄酒的生产和消费经济学及相关政策的研究项目。他是美国葡萄酒经济学家协会的会员。

詹姆斯·T. 莱普思丽(James T. Lapsley):一位半退休状态的葡萄酒历史学家。他是加利福尼亚大学戴维斯分校葡萄栽培与生态系兼职教学副教授。他是加州大学农业问题中心葡萄酒和葡萄的研究员。

奥莉娜·山姆布奇(Olena Sambucci):加州大学戴维斯分校农业与资源经济学系的博士后学者。她的研究聚焦于精准葡萄园技术的采用和使用的经济学。她对美国葡萄种植产业结构进行了广泛的研究,研究重点在于生产和酿酒葡萄的定价问题。

丹尼尔·A. 萨姆纳(Daniel A. Sumner):加利福尼亚大学农业问题中心主任,加利福尼亚大学戴维斯分校农业与资源经济学领域的杰出教授。他的家族渊源于加州葡萄种植业和葡萄酒产业。他是农业与应用经济学协会成员以及国际农业贸易研究协会前主席。

【参考文献】

Alston,J. M. ,K. Anderson and O. Sambucci (2015), 'Drifting Towards Bordeaux? The E-volving Varietal Emphasis of U. S. Wine Regions', *Journal of Wine Economics* 10(3): 349—78.

Alston,J. M. ,K. B. Fuller,J. T. Lapsley and G. Soleas (2011), 'Too Much of a Good Thing? Causes and Consequences of Increases in Sugar Content of California Wine Grapes', *Journal of Wine Economics* 6(2):135—59.

Amerine,M. A. and S. V. L. Singleton (1977), *Wine:An Introduction*, Second Edition, Berkeley: University of California Press.

Anderson,K. and V. Pinilla (with the assistance of A. J. Holmes) (2017), *Annual Data-base of Global Wine Markets, 1835 to 2016*, freely available in Excel at the University of Adelaide's Wine Economics Research Centre, www. adelaide. edu. au/wine-econ/databas-es.

Beechert,E. D. (1949), *The Wine Trade of the Thirteen Colonies*, Unpublished Master's Thesis, Graduate Division, University of California, Berkeley.

Brady,A. (1984), 'Alta California's First Vintage', in *Sotherby Book of California Wine*, edited by D. Muscadine,M. A. Amerine and B. Thompson, Berkeley: University of California Press.

California Board of State Viticultural Commissioners (1888), *Annual Report 1887*, Sacramen-to: State Printers.

(1891), *Directory of the Grape Growers, Wine Makers and Distillers of California and the Principal Grape Growers and Wine Makers of the Eastern States*, Sacramento: John-son.

Carosso,V. P. (1951), *The California Wine Industry:A Study of the Formative Years*, Berkeley: University of California Press.

Chevet,J. -M. ,E. Fernandez,E. Giraud-Héraud and V. Pinilla (2018), 'France',ch. 3 in *Wine Globalization:A New Comparative History*, edited by K. Anderson and V. Pinil-la, Cambridge and New York: Cambridge University Press.

Daacke,J. F. (1967), 'Grape-Growing and Wine-Making in Cincinnati,1800—1870',*Cincin-nati Historical Society Bulletin* 25(3):196—212,July.

Frank,M. and R. Taylor (2016), 'Journalist Morley Safer, Who Highlighted Red Wine's Potential Health Benefits, Dies at 84', *Wine Spectator*, May 19. Available at www. winespectator. com/webfeature/show/id/Morley-Safer-Dies-at-84 (accessed May 22, 2016).

Franson,P. (2015), 'Sobering Data: Wine Market Council Looks at a Growing Taste for Oth-er Beverages', *Napa Valley Register*, February 12. napavalleyregister. com/wine/sobering-data-wine-market-council-looks-at-a-growing-taste/article_ 80bfac3dc0ec-5714-9f30-6885bbc6f208. html (accessed June 2,2016).

Fredrikson,J. (2016),'California Table Wine Shipments and Revenues by Price Segment 1980 to 2015',prepared by Gomberg, Fredrikson and Associates,personal communication.

Gabrielyan,G. T. and D. A. Sumner (2016),'Wine Trade and the Economics of Import Duty and Excise Tax Drawbacks',American Association of Wine Economists 10th Annual Conference,Bordeaux,June 22.

Haines,M. R. (2006),'Area and Population',pp. 26—39,Volume 1—Population,*Historical Statistics of the United States —Millennial Edition*,edited by S. Carter,S. Gartner,M. Haines,A. L. Olmstead,R. Sutch,and G. Wright,Cambridge and New York: Cambridge University Press. Available at hsus. cambridge. org/HSUSWeb/toc/showTable. do? id＝Aa1-109.

Hancock,D. (2009),*Oceans of Wine:Madeira and the Emergence of American Trade and Taste*,New Haven,CT: Yale University Press.

Haraszthy,A. (1888),'Report of the President',in *Annual Report for 1887*,edited by California Board of State Viticultural Commissioners,Sacramento:State Printers.

Hutchinson,R. B. (1969),*California Wine Industry*,Unpublished dissertation in Economics,University of California,Los Angeles.

Johnson,D. C. (1987),*Fruit and Nuts Bearing Acreage,1947—83*,Statistical Bulletin No. 761,United States Department of Agriculture,National Agricultural Statistics Service, Washington,DC,December.

Kennedy,J. C. G. (1864),*Agriculture of the United States in 1860:Compiled from the Original Returns of the Eighth Census*,Washington,DC: United States Government Printing Office.

Lapsley,J. T. (1996),*Bottled Poetry:Napa Winemaking from Prohibition to the Modern Era*,Berkeley:University of California Press.

Lapsley,J. T. ,J. M. Alston and O. Sambucci (2016),'Structural Features of the U. S. Wine Industry',mimeo,April,for inclusion in a a forthcoming book on *The Wine Industry Worldwide*,to be edited by A. Alonso Ugaglia et al. ,Davis:University of California.

Lapsley,J. T. and D. A. Sumner (2014),' "We Are Both Hosts":Napa,UC Davis,and the Search for Quality',in ch. 7 (pp. 180—212) *Public Universities and Regional Growth: Insights from the University of California*,edited by M. Kenney and D. C. Mowery, Stanford,CA:Stanford University Press.

LaVallee,R. A. ,T. Kim and H. -Y. Yi (2014),'Apparent Per Capita Alcohol Consumption:National,State,and Regional Trends,1977—2012',National Institutes of Health, National Institute on Alcohol Abuse and Alcoholism,Surveillance Report No. 98. Available at pubs. niaaa. nih. gov/publications/surveillance98/tab1_ 12. htm(accessed October 3,2016).

Meloni,G. and J. Swinnen (2018),'North Africa',ch. 16 in *Wine Globalization:A New Comparative History*,edited by K. Anderson and V. Pinilla,Cambridge and New York: Cambridge University Press.

Nye,J. V. C. (2007),*Wine War and Taxes:The Political Economy of the Anglo-French Trade,1869—1900*,Princeton,NJ:Princeton University Press.

Olmstead,A. L. and P. W. Rhode (1989),'Regional Perspectives on U. S. Agricultural Development Since 1880',Working Paper,Agricultural History Center,University of California,Davis.

——(2009),'Quantitative Indices on the Early Growth of the California Wine Industry',Robert Mondavi Institute Center for Wine Economics Working Paper 0901, May. vinecon. ucdavis. edu/publications/cwe0901. pdf (accessed May 3,2016).

Peninou,E. (2000),*A Statistical History of Wine Grape Acreage in California,1856—1992*,Unpublished Manuscript. Available at www. waywardtendrils. com/download-vithistories. html (accessed May 25,2016).

Peninou,E. and G. Unzelman (2000),*The California Wine Association and Its Member Wineries*,Santa Rosa,CA:Nomis Press.

Pinney,T. (1989),*A History of Wine in America:From Beginning to Prohibition*,Volume 1,Berkeley:University of California Press.

——(2005),*A History of Wine in America:From Prohibition to the Present*,Volume 2, Berkeley:University of California Press.

Rhode,P. W. (1995),'Learning,Capital Accumulation and the Transformation of California Agriculture',*Journal of Economic History* 55(4):773—800,December.

Rorabaugh,W. J. (1979),*The Alcoholic Republic:An American Tradition*,New York:Oxford University Press.

Smith,A. (1937),*An Inquiry into the Nature and Causes of the Wealth of Nations,1776*, New York:Random House.

Sullivan,C. (1998),*A Companion to California Wine*,Berkeley:University of California Press.

Taber,G. M. (2005),*Judgment of Paris*,New York:Scribner.

Tapia. A. M. ,et al. (2007),'Determining the Spanish Origin of Representative Ancient American Grapevine Varieties',*American Journal of Enology and Viticulture* 58:242—51.

United States Census Bureau (2016),*Population Estimates,Historical Data*,available at www. census. gov/popest/data/historical/index. html (accessed 15 October 2016).

United States Department of Agriculture,Foreign Agricultural Service (2016),*Export Sales Reporting Database*,available at www. fas. usda. gov/data (accessed October 15,2016).

United States Department of Agriculture, National Agricultural Statistics Service (2014a), *California Grape Crush Reports for Years 2011－2014*, available at www. nass. usda. gov/Statistics_ by_ State/California/Publications/Grape_ Crush/Reports/(accessed October 15,2016).

United States Department of Agriculture, National Agricultural Statistics Service (2014b), *California Grape Acreage Reports for Years 2011－2014*, available at www. nass. usda. gov/Statistics_ by_ State/California/Publications/Grape_ Acreage/Reports/(accessed October 15,2016).

United States Department of Agriculture, National Agricultural Statistics Service (2014c), *California Grapes, 1920－2010*, revised, February.

United States Department of Agriculture, National Agricultural Statistics Service (2015a), *California Grape Crush Report*, available at www. nass. usda. gov/Statistics_by_ State/ California/Publications/Grape_ Crush/Final/2015/201503gcbtb00. pdf (accessed October 15,2016).

(2016), *Noncitrus Fruits and Nuts Summary* for years 1989－2016, available at http:// usda. mannlib. cornell. edu/MannUsda/viewDocumentInfo. do? documentID＝1113(accessed October 15,2016).

United States Department of Agriculture, National Agricultural Statistics Service (2015b), *California Grape Acreage Report*, available at www. nass. usda. gov/Statistics_ by_ State/California/Publications/Grape_ Acreage/2016/201604gabtb10. pdf (accessed October 15,2016).

United States Department of Labor/Bureau of Labor Statistics (2015), *Consumer Price Index Detailed Report*, December, available at www. bls. gov/cpi/cpid1512. pdf(accessed October 15,2016).

United States Department of the Treasury (1863), Statement No. 27: 'The Range of Prices of Staple Articles in the New York Markets at the Beginning of Each Month by Year, 1825－1863. ' *Report of the Secretary of the Treasury of the State of the Finances, for the Year Ending June 30, 1863*, Washington, DC: United States Government Printing Office.

United States Department of the Treasury (1892), *Quarterly Reports of the Chief of the Bureau of Statistic Showing the Imports and Exports of the United States for the Four Quarters of the Year Ending June 30, 1892*, Washington, DC: United States Government Printing Office.

United States Department of the Treasury, Alcohol and Tobacco, Tax and Trade Bureau (TTB) (1984), *Alcohol, Tobacco and Firearms Summary Statistics*, www. ttb. gov/ statistics/production-figures1934－1982. pdf (accessed May 31,2016).

United States Department of the Treasury, Alcohol and Tobacco, Tax and Trade Bureau (TTB) (1984－2015), *Alcohol, Tobacco and Firearms Summary Statistics, Yearly*

Wine Statistics, available at www. ttb. gov/wine/wine-stats. shtml (accessed May 31, 2016).

United States International Trade Commission (2016), *Trade Database*, available at dataweb. usitc. gov/(accessed October 15, 2016).

West, C. (circa 1935), *Economic Aspects of the Wine Industry in the United States*, Undated manuscript written for the Farm Credit Administration.

Wine Institute (1930—1960), *Annual Wine Industry Statistical Surveys*, Annual Issues, San Francisco, CA: Wine Institute.

Wine Institute (2016), *Statistics*, available at www. wineinstitute. org/resources/statistics(accessed June 2, 2016).

Wines & Vines (various years), available at www. winesandvines. com/(accessed September 1, 2017).

第十六章

阿尔及利亚、摩洛哥和突尼斯

今天很难想象,然而,在 1960 年,阿尔及利亚确实是世界上最大的葡萄酒出口国。它出口的葡萄酒是其他三个主要出口国(法国、意大利和西班牙)出口总和的两倍,并且是世界上第四大葡萄酒生产国。这始于法国因葡萄根瘤蚜虫病盛行而造成的葡萄园崩溃,从而引发了 19 世纪 80 年代在阿尔及利亚大量的葡萄园投资。1880—1930 年的 50 年间,阿尔及利亚的葡萄酒产量和出口量大幅增长,使得葡萄酒产业从原本不存在变成了世界上最大的葡萄酒出口国(梅洛尼和斯文内恩,2014)。

阿尔及利亚在葡萄酒贸易方面的成功也引发了突尼斯和摩洛哥葡萄园的投资,这两个国家后来成为法国的殖民地。[1] 虽然影响相似(葡萄园数量和葡萄酒产量的强劲增长,主要是对法国的出口),但是,两国在种植面积、产量或贸易方面从未达到阿尔及利亚葡萄酒产业的重要性程度。20 世纪 30 年代,突尼斯葡萄种植面积达到了最大值 5 万公顷,而摩洛哥在 20 世纪 60 年代的葡萄种植面积达到 7.8 万公顷。相比之下,20 世纪 30 年代,阿尔及利亚的葡萄种植面积达到 40 万公顷,产量超过 20 亿升,是突尼斯和摩洛哥最大总产量的 10 倍。此外,20 世纪早期,葡萄酒在阿尔及利亚商品出口总值中所占的份额几乎达到了 50%,1960 年左右,葡萄酒在阿尔及利亚商品出口总值中所占的份额再次达到了 50%,而突尼斯和摩洛哥的葡萄酒在其商品出口总值中所占的份额一直低

〔1〕 1830—1962 年,阿尔及利亚是法国的殖民地。1881—1956 年,突尼斯是法国的保护国。1912—1956 年,摩洛哥是法国的保护国。阿尔及利亚是"真正的"殖民地,被认为是法国的一部分,分为几个部门,具有完全同化的文化、政治、规制和贸易(法国政府直接控制)。作为保护国的突尼斯和摩洛哥保留了一些主权,土著统治者在法国政府的影响下继续在国内执政,法国政府通过一个法国常驻将军和军事存在,实施间接控制[韦赛令(wesseling),2004]。

于 15%(见表 16.1)。它们的产量和出口都比较低,因为这两个国家都是后来的殖民地,在进入法国市场优惠待遇程度方面均不及阿尔及利亚。

表 16.1　　　1875—2013 年法国和北非葡萄酒在商品出口总价值中的占比　　单位:%

年份 ＼ 国家	法国	阿尔及利亚	突尼斯	摩洛哥
1875—1884	6.8	0.4	0.0	0.0
1885—1894	6.9	29.5	4.0	0.0
1895—1904	5.7	48.9	3.7	0.4
1905—1914	3.6	35.6	1.6	0.3
1915—1924	2.4	31.5	5.6	0.1
1925—1934	2.1	47.5	10.9	0.2
1935—1944	6.3	24.7	14.8	0.6
1945—1954	3.5	26.8	3.1	0.7
1955—1964	1.8	45.5	13.8	4.0
1965—1974	1.6	10.6	4.0	2.0
1975—1984	1.5	1.1	0.7	0.4
1985—1994	1.9	0.2	0.2	0.1
1995—2004	1.6	0.0	0.1	0.1
2005—2013	1.6	0.0	0.0	0.1

资料来源:安德森和皮尼拉(2017)。

本章记录了阿尔及利亚、摩洛哥和突尼斯葡萄酒产量和出口量的上升和下降。第一部分分析了 19 世纪 80 年代至 20 世纪 30 年代北非葡萄酒产业的增长状况。接下来,我们分析了 20 世纪 30 年代经济扩张的短暂停顿,并解释了它是如何受到包括贸易协定和法规在内的多种因素的综合影响的。第三部分考察了第二次世界大战(1939—1945 年)结束后北非葡萄酒产业的复兴。最后一部分解释了 20 世纪 60 年代和 70 年代北非葡萄酒产业的崩溃。

北非葡萄酒产业的成长:1880—1930 年

1830 年法国吞并了阿尔及利亚,1881 年吞并了突尼斯,1912 年吞并了摩洛哥,没有人预测到阿尔及利亚会成为世界上最大的葡萄酒出口国,以及北非的葡萄酒出口量占世界总出口量的近 2/3。[1] 在这三个国家中,葡萄种植是不受鼓励的,因为《古兰经》(Koran)禁止饮酒。[2] 直到法国开始殖民该地区之后,北非的葡萄种植才得以发展起来。法国殖民者和定居者消费葡萄酒,因为葡萄酒被认为是最安全的饮料,而且是他们在地中海地区饮食的一部分(波本特,2007;莱罗伊—彼由里,1887)。然而,这三个国家的发展情况各不相同,所以,我们依次对三国加以分析。

阿尔及利亚

19 世纪末,三个主要因素助推了阿尔及利亚葡萄酒产业的发展(梅洛尼和斯文内恩,2014)。首先是葡萄根瘤蚜虫毁坏了法国葡萄园。由于许多破产的法国葡萄种植者的流入,导致了葡萄酒酿酒技术的流入,这也增加了对阿尔及利亚葡萄酒的需求。[3]

第二个因素是葡萄酒生产技术的进步。在 19 世纪 60 年代之前,葡萄种植者没有在炎热气候条件下生产可供饮用葡萄酒的技术。然而,到了 19 世纪末,制冷技术的进步带来了新的系统,被用于葡萄酒发酵过程中控制发酵罐中的温度。

第三个因素是,与法国的贸易是免税的,法国对阿尔及利亚的葡萄酒进口是免税的。[4] 19 世纪末,法国对从西班牙和意大利进口的葡萄酒重新征收高

---

〔1〕 参见梅洛尼和斯文内恩(2014)关于阿尔及利亚葡萄酒产业兴衰的详细分析。

〔2〕 尽管野生葡萄从公元前 1000 年开始就在北非出现,当时,腓尼基人和迦太基人就有大量葡萄酒交易了(以及移植葡萄),但是,葡萄种植从未出现大发展。后来,罗马人把这个地区作为他们帝国的粮仓(勒奎门,1980;麦戈文,2009)。

〔3〕 法国葡萄种植者来到阿尔及利亚,不仅仅是葡萄根瘤蚜虫引起的,还有法国有意识的殖民化,这里涉及从土著那里攫取大量的土地(皮尼拉和阿尤达,2002)。

〔4〕 阿尔及利亚的对外贸易完全依赖于法国。最初(在 1830 年被吞并之后),在双边贸易中,法国和阿尔及利亚的双方产品都征收关税。1835 年,进入阿尔及利亚的法国产品取消了关税,但是,反之并非亦然,阿尔及利亚产品仍被法国视为"外国"进口产品。然而,在 1851 年,一项新的法律允许某些阿尔及利亚产品,如水果、蔬菜、棉花和烟草,免税进入法国。最初,葡萄酒没有包括在内,但是,关税在 1867年被取消(伊斯纳德,1954:30;莱罗伊—彼由里,1887:176)。

额进口关税,刺激了阿尔及利亚出口的增长(伊斯纳德,1947;伊斯纳德和拉巴
迪,1959;布兰克,1967;梅洛尼和斯文内恩,2016)。进口关税的提高降低了葡
萄酒总进口量,并且导致了从阿尔及利亚进口葡萄酒以替代从西班牙和意大利
进口。[1] 图16.1显示了法国的葡萄酒进口量下降情况,从19世纪80年代末
期的超过10亿升下降到20世纪初期的500百万升,主要是由于西班牙葡萄酒
进口量下降造成的。在此期间,从阿尔及利亚进口葡萄酒的数量增加了两倍
多,部分抵消了从西班牙和意大利(以及从希腊进口的葡萄干)的进口量减少。
在20世纪前20年里,法国葡萄酒的进口量大致相当于阿尔及利亚的产量(见
图16.2)。

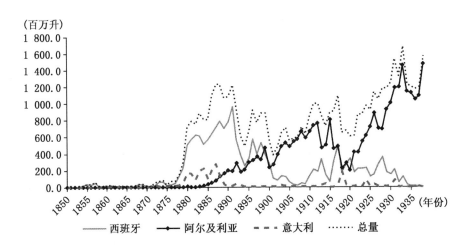

资料来源:安德森和皮尼拉(2017)。

图16.1　1850—1938年法国从主要来源国进口散装葡萄酒的数量

从1880年开始,阿尔及利亚的葡萄种植园大规模扩张。1880—1900年间,
葡萄种植面积从20 000公顷增加到150 000公顷,之后葡萄酒产量迅速增加,
从1854年的2.5百万升增加到1872年的20百万升,再增加到1880年的40百
万升。到了19世纪90年代,法国殖民者不再需要从法国进口葡萄酒,而消费

---

[1]　关税上调和更严格的标准也导致了法国从希腊进口葡萄干的数量呈崩溃式下降(梅洛尼和斯
文内恩,2017)。

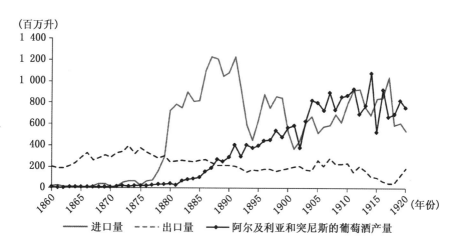

资料来源：梅洛尼和斯文内恩(2014)。

图 16.2　1860—1920 年法国葡萄酒的进出口量与阿尔及利亚和突尼斯的葡萄酒产量

阿尔及利亚葡萄酒(见图 16.3)。到 1900 年,阿尔及利亚葡萄酒的产量达到了
每年 500 百万升;到 1915 年,随着葡萄种植面积的不断扩大,产量又翻了一番,
达到 10 亿升(见图 16.4、图 16.5、表 16.2)。扩张的程度引起了法国的紧张,但
是,第一次世界大战(1914—1918 年)和葡萄根瘤蚜虫在阿尔及利亚的蔓延为法
国和阿尔及利亚的葡萄酒冲突带来了某种程度上的缓解(切维特,2018)。不

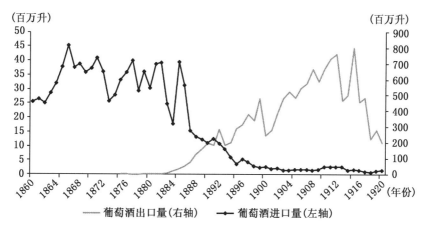

资料来源：安德森和皮尼拉(2017)。

图 16.3　1860—1920 年阿尔及利亚葡萄酒进出口量

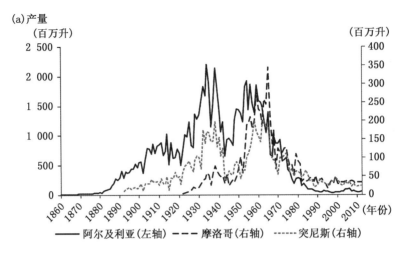

(a)产量

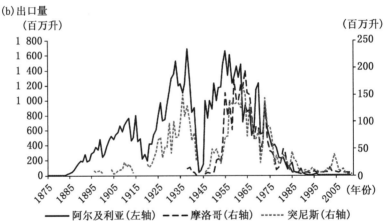

(b)出口量

资料来源:安德森和皮尼拉(2017)。

图 16.4　1860—2012 年北非葡萄酒产量和出口量

过,这种情况很短暂,因为 20 世纪 20 年代到 30 年代初阿尔及利亚的葡萄酒产量和出口量再次出现快速增长。产量增加的部分原因是,根瘤蚜虫病之后重新种植的葡萄园产出率更高:阿尔及利亚的产出率比法国高 30%—40%(见图16.6)。阿尔及利亚竞争力的另一个原因是,它庞大的葡萄园所实现的规模经

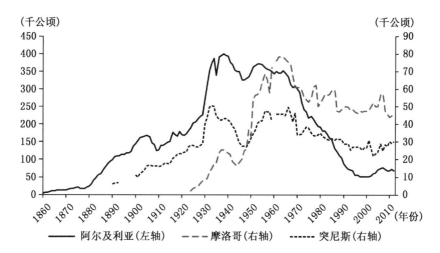

资料来源：安德森和皮尼拉(2017)。

图 16.5　1860—2012 年北非葡萄园种植面积

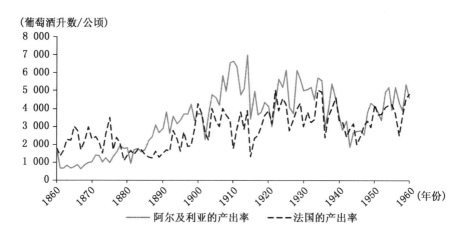

资料来源：波本特(2007)和法国统计局(1878、1901)。

图 16.6　1860—1960 年法国和阿尔及利亚葡萄园产出率

济(卡希尔,1934;皮尼拉和阿尤达,2002)。[1] 更重要的原因是葡萄园面积的强劲增长。基于借款[2],阿尔及利亚的葡萄种植面积从 1925 年的 175 000 公顷增加到 1935 年的 400 000 公顷。结果,产量恢复了,从 1922 年的 500 百万升增长到 1935 年的 20 亿升。

表 16. 2　　　1900—1961 年法国和阿尔及利亚葡萄种植面积与葡萄酒产量

	葡萄种植面积(百万公顷)	产量(百万升)	产出率(千升/公顷)	葡萄酒酿造商(千家)	酿造商平均每家葡萄种植面积(公顷)
法国					
1900—1909 年	1.69	5 580	3.3	1 780	0.96
1910—1919 年	1.55	4 320	2.8	1 540	1.01
1920—1929 年	1.52	5 990	3.9	1 480	1.03
1930—1939 年	1.53	5 880	3.8	1 510	1.02
1940—1949 年	1.44	4 220	2.9	1 490	0.97
1950—1961 年	1.35	5 290	3.9	1 500	
阿尔及利亚					
1900—1909 年	0.15	670	4.4	12	12.3
1910—1919 年	0.15	760	4.9	n. a.	n. a.
1920—1929 年	0.19	950	4.9	10	18.7
1930—1939 年	0.36	1 720	4.8	20	18.1
1940—1949 年	0.35	1 070	3.0	27	12.8
1950—1961 年	0.36	1 580	4.4	32	11.1

资料来源:安德森和皮尼拉(2017),以及作者基于法国统计局(1878、1901)和波本特(2007:222)的数据计算得出。

注释:表中 n. a. 表示数据不可得。

突尼斯

阿尔及利亚的成功经验鼓励其他的法国殖民者从 1881 年开始在突尼斯复

---

[1] 按照卡希尔在 1934 年的说法(皮尼拉和阿尤达 2002 年引用了这个说法),"在阿尔及利亚 10 000 名葡萄酒生产商中,3.8%的人拥有超过 100 公顷的土地。在法国 150 万名葡萄酒生产商中,只有 127 家经营的土地面积超过这个面积。那些在阿尔及利亚拥有超过 100 公顷土地的葡萄酒生产商的产量占总产量的 38%,而相应地,法国拥有超过 100 公顷土地的葡萄酒生产商的产量仅占总产量的 3%"(见表 16.2)。

[2] 1925 年,一项法律允许农业信贷银行提供中长期贷款(伊斯纳德,1949)。

制这一实验(在摩洛哥,从 1912 年开始)。突尼斯的葡萄酒生产和出口与法国的政策密切相关。1881 年法国人到来之前,种植葡萄不到 2 000 公顷,其中一部分用来生产供犹太社区消费的蔻修葡萄酒(Kosher Wine),但是,随着突尼斯作为法国保护国的建立,其葡萄酒产业迅速发展。正如在阿尔及利亚那样,法国政府除了采取其他措施外,还提供葡萄园投资的贷款,刺激葡萄园的扩张。

从 1881 年到 1892 年,葡萄园的扩张是由两种不同类型殖民者的到来刺激的。第一波移民是法国富有的地主和资本家,他们寻找新的(便宜的)土地。第二波移民是由葡萄根瘤蚜虫危机引发的,这场危机导致意大利葡萄种植者破产(主要来自靠近突尼斯海岸的西西里岛和潘泰莱里亚岛),他们寻找新的地方进行耕种(里本,1894:57;庞塞特,1962:141)。[1] 这些定居者带来了新技术、葡萄栽培技术诀窍以及大规模种植葡萄的资本。新的大型葡萄酒庄筹集资本,投资于现代技术(例如,葡萄压榨机械)[2],学习阿尔及利亚在炎热气候下生产葡萄酒的经验,以及学习葡萄酒生产国拥有劳动力的经验(庞塞特,1962:159)。

突尼斯的葡萄酒生产和对法国的出口也受益于优惠贸易关税体制。1890 年的一项新法律改变了法国和突尼斯之间的贸易体制,只要酒精含量低于11%,就允许突尼斯葡萄酒免税进入法国(诺格罗和莫伊,1910:221;庞塞特,1962:488)。

葡萄种植(以及随之而来的葡萄酒生产)大规模扩张。1892 年,种植面积约为 6 000 公顷,产量为 9.5 百万升(见图 16.4 和图 16.5)。第一次世界大战暂时中断了扩张,但是,20 世纪 20 年代再次加速扩张(慈恩,2015)。突尼斯的葡萄酒产量翻了一番,从 1920 年的 50 百万升增加到 1925 年的近 100 百万升;同期出口量增加了 2 倍,从 20 百万升增加到 60 百万升(见图 16.4)。引人注目的增长既受到了产出率提高的驱动(从 1920 年的每公顷 2 000 升提高到 1925 年

〔1〕 法国和意大利定居者拥有规模不同的土地。1892 年,法国共有 331 处庄园,拥有 23.6 万公顷土地,其中超过 1/3 的庄园平均面积超过 400 公顷。相比之下,意大利移民拥有的庄园的平均面积低于 30 公顷(庞塞特,1962:143)。

〔2〕 欧洲定居者借入了大量资本:投资葡萄园的授信总共为 150 万法郎(庞塞特,1962:197)。在 20 世纪初,法国的投资政策有所改变,支持较小的葡萄园。

的每公顷 3 500 升),也受到了葡萄园面积扩展的驱动,葡萄园面积由 1915 年的 18 000 公顷扩大到 1925 年的 28 000 公顷(梯恩高・戴斯・洛耶里斯,1959:77)。[1]

摩洛哥

1912 年,摩洛哥成为法国在北非的第三块领土,它被分为两块保护领土:南部被法国占领,而北部被西班牙占领。欧洲定居者的数量增加了,从 1911 年的 65 000 人增加到 1936 年的 207 000 人(梯恩高・戴斯・洛耶里斯,1959:89;韦赛令,2004)。1912 年,种植了约 2 000 公顷葡萄,主要是生产新鲜的葡萄。最初,欧洲殖民者对葡萄酒的需求超过当地产量,因此,摩洛哥进口大约 18 百万升葡萄酒。然而,到 20 世纪 20 年代末,对农业投资的政府贷款引发了葡萄种植热。定居者借入大量资本(投资葡萄园),1938 年,葡萄种植面积增加了 10 倍,导致葡萄酒产量从 6 百万升增加到 70 百万升,葡萄酒进口量从 1922 年的 26 百万升减少到 1933 年的 5.5 百万升。

然而,当葡萄酒产量超过国内需求时,并且在 20 世纪 30 年代摩洛哥准备出口时,出口市场已经被阿尔及利亚(和突尼斯)的葡萄酒所占有,而法国葡萄酒生产也已经恢复。[2]

----

[1] 第一次世界大战后,更多葡萄园遭到了毁坏的意大利移民来到这里。他们的置业受到了保护国的鼓励,保护国购买大片土地,向小移民(主要是意大利移民)出售土地和葡萄园。结果,葡萄园的所有权发生了变化。1913 年,法国殖民者拥有 9 186 公顷葡萄,意大利殖民者拥有 6 448 公顷。到 1920 年,意大利葡萄种植者拥有 10 112 公顷,而法国人的葡萄园稳定在 9 436 公顷。1938 年,突尼斯一半的葡萄园(总面积 43 000 公顷中约 24 000 公顷)是由 1 845 家意大利葡萄酒酿造商种植的,它们占欧洲葡萄酒酿造商的 2/3(庞塞特,1962:248;胡茨・黛・莱普斯,2001:323)。

[2] 摩洛哥也向比利时、瑞士和西非出口葡萄酒,但这些市场只能吸收摩洛哥过剩产量的一小部分(胡茨・黛・莱普斯,2001)。

保护国不是殖民地：北非葡萄酒的进口关税

　　最初,法国从北非进口的葡萄酒不受关税影响,所以,从北非进口葡萄酒替代了从西班牙和意大利进口葡萄酒。作为"真正的"殖民地,阿尔及利亚是法国关税联盟的一部分,关税联盟的内部关税为零,但是,作为法国保护国的突尼斯和摩洛哥则有不同的贸易关系:它们面临优惠关税和免税配额制度(梅洛尼和斯文内恩,2016)。如前所述,突尼斯从1890年允许突尼斯葡萄酒免税进入法国的法律中获益。然而,随着法国葡萄酒产量的恢复和从阿尔及利亚进口葡萄酒的持续增长,法国政府面临着巨大的压力,要求限制从突尼斯和摩洛哥进口葡萄酒。第一个贸易限制措施是在1928年实施的,当时的一项新法律对进入法国的突尼斯葡萄酒规定了每年55百万升的免税配额。超过这个配额,葡萄酒进口按照最低关税税率征收关税(《朱尔夫海关条例》,1930)。不足为奇,突尼斯表示强烈反对。当时,突尼斯葡萄酒的产量为120百万升,出口量约为70百万升(见图16.4)。[1] 因此,突尼斯葡萄酒生产商大力游说法国政府,要求扩大葡萄酒免税配额(马赛,1984)。经过7年的游说,1935年的一项法律将免税进口配额增加到75百万升葡萄酒,而且额外的50百万升葡萄酒可以按低于正常水平的每升3 000法郎[2]的关税进口(卡迪尔,1898;哈伊特,1941:244;庞塞特,1962:488;马赛,1984)。

　　然而,摩洛哥从未受益于法国葡萄酒市场的优惠准入。到20世纪30年代中期,摩洛哥的葡萄酒生产出现了可用于出口的过剩,但是,当时法国市场已经饱和,并且法国政府受到来自国内葡萄酒生产商要求保护的政治压力。因此,法国对摩洛哥葡萄酒征收了高额关税(梯恩高·戴斯·洛耶里斯,1959:92)。

---

　　〔1〕　突尼斯的国内消费量从未超过35百万升(梯恩高·戴斯·洛耶里斯,1959:80)。

　　〔2〕　此处疑有误,似乎应为"每千升3 000法郎的关税"。——译者注

　　唯一没有受到法国贸易保护主义的葡萄酒贸易体制变化影响的"国家"是阿尔及利亚。作为殖民地,阿尔及利亚仍然向法国出口葡萄酒,尽管在竞争对手的阻挠下,阿尔及利亚继续增加出口,直到 20 世纪中叶。只有当与法国之间的政治关系发生重大变化时,这种情况才发生了变化,并且是巨大的变化,正如下一节所阐述的那样。

限制北非出口的非关税措施

　　到 20 世纪 30 年代,法国实际上通过关税和其他规定禁止从西班牙和意大利进口葡萄酒,并通过关税配额限制从摩洛哥和突尼斯进口葡萄酒。然而,法国葡萄酒市场的压力仍在继续。起初,来自殖民地的葡萄酒被用于法国葡萄酒酒庄生产法国葡萄酒:它们与法国葡萄酒混合以增加酒精含量。[1] 然而,从 20 世纪 20 年代末开始,它们直接与法国葡萄酒竞争。随着国内生产的扩大、从阿尔及利亚进口的增加,以及 1929 年大萧条导致的需求下降,葡萄酒价格持续下降。1927—1935 年间,法国的葡萄酒实际价格下降了 50%(梅洛尼和斯文内恩,2014)。

　　葡萄酒危机刺激了更多法国葡萄酒酿造者的抗议,进口限制进一步加强(切维特等,2018)。法国试图通过关税以外的手段来阻止从北非进口葡萄酒:禁止将法国葡萄酒与其他国家的葡萄酒混合,并且颁布了旨在减少葡萄园面积并禁止种植新的葡萄树的法律。

　　1930 年的法国法律禁止外国葡萄酒与本国葡萄酒混合,这影响了摩洛哥和突尼斯的葡萄酒出口[2],但是,阿尔及利亚不受影响。由于阿尔及利亚正式作

---

　　〔1〕 根瘤蚜虫病暴发后,法国对高酒精度葡萄酒的需求增加了。杂交品种(解决根瘤蚜虫病的一种方案)生产的葡萄酒的酒精含量较低(在 8%—10% 之间)。为了增加酒精含量,法国葡萄酒生产者要么必须加糖,要么将他们的葡萄酒与酒精含量在 13%—16% 之间的北非葡萄酒混合(戈蒂埃,1930)。

　　〔2〕 1930 年的法律规定:"进口葡萄酒可以流转销售、出售或被出售,如果容器、发票和其他官方文件上清楚标明原产国和酒精含量……"作者译自《朱尔夫海关条例》第 4 条(1930)。

为法国的一部分,阿尔及利亚葡萄酒不被视为"外国葡萄酒",因此,不受 1930 年法律的影响(《朱尔夫海关条例》第 4 条,1930;伊斯纳德,1966)。[1]

法国采取的另一项重大行动,即减少葡萄种植面积和禁止在北非种植新葡萄[2],这是对来自法国南部的葡萄种植者游说政府停止扩大北非产量的一个回应[梅尼尔(Meynier),1981:129]。因为几乎所有的北非产出都出口到法国,限制葡萄园的扩张相当于限制进口。1931—1935 年间,各种旨在控制葡萄酒供给的法律(葡萄酒法规[3])在法国和阿尔及利亚实施。[4] 然而,这项政策对阿尔及利亚大型葡萄酒生产商的打击比对法国生产商的打击要大得多。例如,对于拥有 10 公顷以上葡萄园或生产 5 万升以上葡萄酒的生产者,新种植葡萄树被禁止 10 年。在 1930—1935 年期间,法国葡萄种植者的平均面积只有 1 公顷,而在阿尔及利亚葡萄种植者的平均面积是 22 公顷。此外,法国的平均产量为每公顷 3 800 升,而阿尔及利亚的产量几乎为每公顷 5 000 升(见图 16.6)。更重要的是,由于气候炎热,对于阿尔及利亚葡萄酒生产商来说,履行储存部分过剩产量的义务则更加困难(伊斯纳德,1947;梅洛尼和斯文内恩,2014)。

这些法律并没有立即减少葡萄酒的总产量,但是,它们停止了葡萄酒产业的成长,并立即停止了葡萄园面积的增长(见图 16.5)。阿尔及利亚的葡萄园总面积从未超过 20 世纪 30 年代中期所达到的水平(40 万公顷)。

突尼斯和摩洛哥也受到类似规定的影响。在突尼斯,1932 年的一项法律禁止面积超过 10 公顷的葡萄园扩张。一年之后,全面禁止种植新的葡萄树。

---

〔1〕 1933 年对突尼斯放宽了这一规定:一项新的法律将突尼斯葡萄酒视为"法国葡萄酒",允许在混合中使用突尼斯葡萄酒(梯恩高·戴斯·洛耶里斯,1959:79)。

〔2〕 法国葡萄种植者起初试图游说政府征收进口关税和实施配额,以保护他们免受阿尔及利亚葡萄酒的竞争。然而,法国政府不愿意对阿尔及利亚葡萄酒征收关税,因为这会损害海外法国公民的利益,并且与阿尔及利亚作为一体化的法国领土不符(伊斯纳德和拉巴迪,1959;巴罗斯,1982)。

〔3〕 该法规包括以下措施:有义务储存部分过剩产量(集中)、强制蒸馏过剩产量、确定作物和产量、禁止种植新的葡萄树,以及奖励清除"生产过剩"的葡萄树(罗博瑞,1990)。

〔4〕 1931 年法律第 17 条和 1935 年法律第 54 条规定,这些条例适用于阿尔及利亚(梅洛尼和斯文内恩,2014)。

1934 年,清除葡萄树的奖励被提供给永久(并且自愿)放弃葡萄园的葡萄种植者。[1] 在突尼斯,种植葡萄的总面积从 1933 年的 51 000 公顷减少到 1937 年的 42 000 公顷。同样,摩洛哥也出台了三项法律,以阻止其葡萄园的扩张。1935 年,一项法令禁止种植新的葡萄树;1937 年,另一项法令不仅限制新的种植,而且限制葡萄树的再种植(梯恩高·戴斯·洛耶里斯,1959:80、93;庞塞特,1976)。

破坏的 10 年

1935—1945 年的 10 年间,北非葡萄酒出口进一步减少,是由于受两个外部因素的影响:出现了葡萄根瘤蚜虫病的地区,以及第一次世界大战造成的破坏。随着根瘤蚜虫病来到了摩洛哥(1935 年)和突尼斯(1936 年),葡萄园面积减少了 1/3:突尼斯的葡萄园从 1937 年的 42 000 公顷减少到 1945 年的 30 000 公顷;而在摩洛哥,同一时期的葡萄园面积从 26 000 公顷减少到 18 000 公顷(见图 16.5)。

从 1939 年开始,阿尔及利亚的葡萄酒出口陷入瘫痪,因为在第二次世界大战(1939—1945 年)中的战斗严重影响了海上贸易。它还造成了法国和阿尔及利亚许多葡萄园的毁坏或废弃,导致了葡萄酒产量的急剧下降。德国对突尼斯的占领和 1941—1945 年期间的严重旱灾降低了突尼斯的生产和出口。第二次世界大战也刺激了摩洛哥和阿尔及利亚的葡萄酒需求,在 1942 年盟军登陆后,当地的葡萄酒消费量增加了。事实上,需求增长如此之快,以至于 1944 年不得不进口 25 百万升葡萄酒。这场战争也影响了法国的法规:随着北非生产和出口的下降,1942 年葡萄种植法规被废除了,并放弃了种植限制(切维特等,2018)。

---

〔1〕 葡萄种植者承诺减少 10% 的种植面积,1935 年这个比例提高到 15%(梯恩高·戴斯·洛耶里斯,1959:80)。

战后的复苏

战后，随着葡萄园的重新种植，葡萄酒产量得以恢复，阿尔及利亚的产量翻了一番，从 1945 年的 900 百万升上升到 1953 年的 18 亿升，摩洛哥和突尼斯的葡萄酒产业也见证了葡萄酒产量和出口的增长［见图 16.4(a)］。1946 年，突尼斯政府向那些渴望重新种植葡萄园的种植者给予特别贷款(伊斯纳德，1949)。

同时，法国的葡萄酒及其贸易政策也起到了关键作用。20 世纪 40 年代，法国的葡萄酒需求超过自己的生产能力，因此，1948 年，法国和摩洛哥达成了一项新的贸易协定：总量为 100 百万升的摩洛哥葡萄酒可以免税进入法国。[1] 此外，限制性的种植规定也被放宽了：1943 年，苏丹穆罕默德五世允许种植 10 000 公顷新葡萄树，从 1953 年开始，允许每年再种植 3 000 公顷葡萄树。在同一时期，摩洛哥的葡萄种植面积增加了近 3 倍(从 1946 年的 2 万公顷增加到 1956 年的 7 万公顷)，葡萄酒产量增长了近 6 倍(从 30 百万升增至 200 百万升)(见图 16.4 和图 16.5)。

与突尼斯的新关税协定(1955 年)将其免税配额提高到 125 百万升(从 75 百万升提高到这个数量)。结果，1954—1958 年间，突尼斯葡萄酒产量翻了一番，达到 200 百万升，葡萄酒出口量增加了 2 倍，从 40 百万升增加到 130 百万升(见图 16.4 和图 16.5)。

去殖民化和北非葡萄酒产业的崩溃

1961 年，就数量而言，北非仍然占据了世界葡萄酒出口量的近 2/3，阿尔及利亚仍然是世界上最大的葡萄酒出口国(见图 16.7 和表 16.3)。此外，1960 年

---

〔1〕 给了 100 百万升的配额，其中，酒精含量低于 12% 的葡萄酒为 30 百万升，酒精含量高于 12% 的葡萄酒为 70 百万升(梯恩高·戴斯·洛耶里斯，1959：95)。

以前,阿尔及利亚的显性比较优势指数是所有国家中最高的(见表 16.4)。这种状况一直持续到 20 世纪 50 年代末和 60 年代初,当时,摩洛哥(1956 年)、突尼斯(1956 年)和阿尔及利亚(1962 年)实现了独立。此后,法国对北非进口葡萄酒征收了高额关税。高额的法国进口关税、北非国内消费的下降、葡萄酒生产技能的丧失以及葡萄园的管理不善共同导致了北非葡萄酒产业的崩溃,最引人注目的是阿尔及利亚。

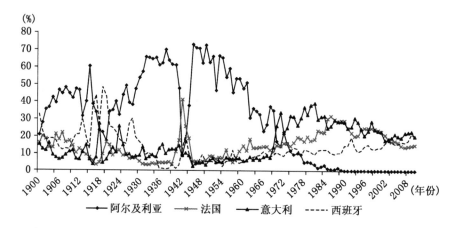

资料来源:安德森和皮尼拉(2017)。

图 16.7 1900—2012 年主要国家葡萄酒出口量在世界葡萄酒出口量中的占比

表 16.3 1860—1970 年主要国家葡萄酒出口量在世界葡萄酒出口量中的占比 单位:％

年份 国家	1860	1875	1885	1900	1925	1950	1970
法国	40.0	49.2	18.7	16	9.4	5.7	11.0
意大利	4.9	4.8	10.6	15.4	8.7	3.3	13.6
葡萄牙	4.1	6.7	9.3	6.9	6.2	5.9	5.8
西班牙	27.8	27.3	51.5	32.5	17.5	5.1	9.2
阿尔及利亚	0.0	0.1	2.3	20.6	47.1	71.3	34.8
突尼斯	0.0	0.1	0.1	0.3	3.9	2.4	2.4
摩洛哥	0.0	0.0	0.0	0.0	0.0	0.4	2.5
世界其他国家	22.1	11.1	6.3	6.8	7.4	7.6	22.3

资料来源:安德森和皮尼拉(2017)。

表 16.4　　　　　　　1900—2013 年主要国家葡萄酒的显性比较优势指数[a]

国家 年份	法国	阿尔及利亚	突尼斯	摩洛哥	格鲁吉亚	摩尔多瓦
1900—1909	6.0	43.2	2.5	0.5	—	—
1910—1919	4.3	54.7	5.6	0.3	—	—
1920—1929	3.8	58.2	12.3	0.2	—	—
1930—1939	3.1	61.1	17.2	0.5	—	—
1940—1949	5.0	76.1	9.1	0.2	—	—
1950—1959	4.3	108.0	18.4	6.4	—	—
1960—1969	4.9	54.5	2.5	0.4	—	—
1970—1979	5.9	16.1	7.3	3.2	—	—
1980—1989	8.1	1.8	1.3	0.9	—	—
1990—1999	7.8	0.4	0.6	0.5	28.4	69.7
2000—2009	7.9	0.1	0.4	0.4	32.6	81.4
2010—2013	9.5	0.0	0.2	0.2	20.2	36.0

a. 一国商品出口中葡萄酒占比除以全球商品出口中葡萄酒占比。

资料来源:安德森和皮尼拉(2017)。

(北非各国)独立后法国的进口限制

1962 年之前,阿尔及利亚不仅是法国的一部分,自 1957 年欧洲经济共同体(EEC)成立以来,也是欧洲经济共同体的一部分。独立之后,阿尔及利亚不再享有与法国或与欧共体的同等贸易地位。阿尔及利亚葡萄酒不再是"法国产品",因此,必须征收关税。1964 年,法国和阿尔及利亚达成了一项为期 5 年的协议,法国承诺购买 39 亿升阿尔及利亚葡萄酒,在接下来的 5 年内,从每年的 9 亿升降至 7 亿升。协议进口总量大大低于独立前的进口总量(例如,1961 年,阿尔及利亚向法国出口了 15 亿升)。法国的实际进口量甚至更低,因为法国政府没有完成协议的进口配额。结果,阿尔及利亚对法国的葡萄酒出口在短短几年内下降了 2/3[见图 16.4(b)]。

在突尼斯和摩洛哥独立后,法国取消了它们的葡萄酒关税优惠,不允许任何免税葡萄酒进口。具有讽刺意味的是,1955 年(脱离法国而独立前夕),突尼斯与法国建立了关税同盟。这随着独立而改变。1959 年,达成了一项新的双边贸易协定,突尼斯出口商品在法国市场上仍享有一些优惠待遇。然而,1964 年,突尼斯政府决定将属于欧洲殖民者的葡萄园国有化。作为报复,法国取消了突尼斯与法国的贸易协定,并停止从突尼斯进口葡萄酒(安吉尔斯,1996;瓦莱,1966)。

对摩洛哥也是如此,1967 年,法国决定取消 100 百万升进口葡萄酒的免税配额。结果,摩洛哥的出口量急剧下降,从 1959 年的 170 百万升降至 1968 年的 70 百万升;同时期,突尼斯的出口量则从 130 百万升降至 60 百万升[见图16.4(b)]。

因欧洲移民的撤离而导致的技能与当地需求损失

法国军队和大量欧洲移民的撤离导致了熟练劳动力的流失,并使北非国家的葡萄酒消费量急剧下降。欧洲移民的撤离——大型庄园的所有者或拥有葡萄栽培技术和知识的葡萄种植者的撤离——造成了转型过程中的生产中断,以及葡萄酒消费量的急剧下降。在突尼斯,1956—1957 年间约有 10 万欧洲人离开该国,导致一年内国内葡萄酒消费量下降 30%;而在摩洛哥独立后,国内葡萄酒消费量下降了 70%。在阿尔及利亚,情况更加惊人,在 1962—1975 年间,有90 万欧洲裔阿尔及利亚人移民到法国。1960—1975 年间,阿尔及利亚国内葡萄酒消费量下降了约 90%(斯通,1997:218;胡茨·黛·莱普斯,2001:317、323、328)。

国有化和管理不善

管理技能的降低、葡萄园的国有化以及无法重新定位法国以外的市场加强了北非葡萄酒出口的崩溃。1969 年,阿尔及利亚与苏联签订了一份为期 7 年的合同,苏联同意每年以固定价格购买 500 百万升阿尔及利亚葡萄酒。苏联成为阿尔及利亚主要的葡萄酒出口市场,这导致了葡萄酒出口的短暂激增:1969 年和 1970 年,葡萄酒出口量增加到 12 亿升左右。但是,恢复并没有持续多久。对法国的出口继续下降,对苏联的出口并不成功,因为苏联政府确定的价格低于葡萄酒的世界市场价格,阿尔及利亚无利可图(萨顿,1988)。

　　摩洛哥和突尼斯也试图改变它们的葡萄酒出口方向。摩洛哥在德国(1969年 10 百万升)和西非(象牙海岸和塞内加尔)找到了其他(小规模)市场,但是,价格低于生产成本(胡茨·黛·莱普斯,2001:328)。突尼斯也(不成功地)尝试将葡萄酒出口到其他国家,比如美国、德国和西非国家。然而,早在 1965 年,刚刚当选的突尼斯总统哈比卜·布尔吉巴就建议葡萄种植者停止种植葡萄,并用更有利可图的作物如鲜花和芦笋来代替葡萄(伊斯纳德,1966)。

　　此外,独立后,葡萄园由国家机构管理,并由没有多少农业知识和酿酒技术的当地政客治理。在阿尔及利亚,执政党(民族解放阵线)于 1962 年将农业用地国有化,其中,包括葡萄园和整个葡萄酒产业。1968 年,葡萄酒生产商业化办公室(国家葡萄栽培产品营销办公室,简称 ONCV)成立,管理葡萄酒产业。在摩洛哥,也是这样,葡萄园逐渐被农业发展公司(SODEA)接管并拥有,该公司于 1972 年成立,负责管理农业领域(胡茨·黛·莱普斯,2001:328;伯本特,2007)。

　　总而言之,国有化后,低水平国内消费、国内葡萄酒行业管理不善,加之法国进口限制,导致北非出口大幅减少。国家管理体制无法有效地应对国际市场形势的变化,也无法找到替代渠道或将北非葡萄酒针对不断增长的全球市场进行重新定位。作为回应,阿尔及利亚政府决定在 1971—1973 年期间清除该国20%的葡萄园(71 300 公顷)。整个 20 世纪余下的时间里,该产业都在持续下降。受到影响最大的是阿尔及利亚的葡萄酒生产,到 20 世纪 90 年代初,已经回到了 120 年前可以忽略不计的水平。

北非葡萄酒产业的未来

　　"今天,由于伊斯兰教的影响,北非海岸的葡萄酒产量直线下降,但是,摩洛哥仍然生产一些令人感兴趣的葡萄酒,并且有潜力生产更多的葡萄酒"(罗宾逊,2016:1)。尽管有一些刺激葡萄酒生产和出口的尝试,而摩洛哥是唯一一个利用法国私人投资和国家应对政策的国家。然而,气候变化可能是这个国家(以及该地区的葡萄酒生产)未来将面临的最大挑战。

摩洛哥和突尼斯的新投资

自 20 世纪末以来,在摩洛哥和突尼斯的葡萄酒产业中有了一些私人投资。在突尼斯,主要是意大利人、瑞士人、德国人和奥地利人的投资;在摩洛哥,主要是法国人的投资。这导致了葡萄酒质量的提高,因为这些外国投资者带来了优良的酿酒技术和葡萄栽培诀窍。

20 世纪 90 年代初,在(法国)波尔多大学前法律系学生、波尔多市长的朋友国王哈桑二世(King Hassan Ⅱ)的倡议下,摩洛哥通过对银行贷款担保的支持以及提供土地种植葡萄树,从而开始吸引私人投资者。[1] 有几家公司开始在摩洛哥投资,包括卡斯特兄弟股份有限公司(Castel)、威廉彼得国际酒业(William Pitters)和太阳集团(Taillan Group)。[2] 随着法国投资者和葡萄酒专家的回归,葡萄园得到了翻新,并引进了新的葡萄品种和技术。这导致了一些摩洛哥葡萄酒出口到法国,法国是摩洛哥唯一的出口市场,因为它与波尔多葡萄酒的联系依然存在(吉内,2010;由若莫尼特,2016a;林德赛,2016)。此外,土地(一定程度上)是由国王哈桑二世授予私人摩洛哥投资者和葡萄种植者的。这使得一些摩洛哥的葡萄种植者获得了法国殖民者留下的地窖。最成功的葡萄酒生产商是布瑞姆·内巴尔(Brahim Zniber),被称为"酒桶之王"(吉内,2010)。[3]

---

[1] 拥有大部分葡萄园的国营农业发展公司(SODEA)必须向私人投资者提供土地。建立了法定合作关系框架,创建了公司,农业发展公司和摩洛哥农业信贷银行拥有 40% 的股份,私人投资者拥有 60% 的股份。由于外国人不能购买土地,在出口生产、翻新和重新种植葡萄园等条件下土地租用了 30 年(法国葡萄与葡萄酒协会,2001)。

[2] 最近的投资项目包括 Les Deux Domaines (由演员杰拉尔·德帕迪约于 2000 年创立)、Domaine de la Zouina[由费尔扎尔酒庄(Château de Fieuzal)的法国人 Gérard Gribelin 和拉里奥比昂酒庄(Château Larrivet Haut-Brion)的 Philippe Gervoson 于 2002 年创立]以及 La Ferme Rouge (由法国葡萄酒学家雅克·普兰于 2008 年创立)。

[3] 在向波尔多投资者提供了设施之后,国王告诉布瑞姆·内巴尔,"忘了你,布瑞姆,我会给你 1 100 公顷葡萄园,你就不必和上市公司联系在一起了"(吉内,2010:1)。

2000 年,农业发展公司仍然拥有约 60％的全国葡萄园,并且占散装葡萄酒产量的 51％(农业发展公司,2016)。最近,执政党减少了对摩洛哥葡萄酒产业的控制。结果,随着许多葡萄种植区改为牧场,葡萄种植总面积在 6 年内下降了 20％(从 2007 年的 57 000 公顷下降到 2013 年的 46 000 公顷)。2008 年,摩洛哥农业和渔业部决定建立公私合作伙伴关系,将农业发展公司拥有的土地租给私人葡萄酒酿造者(摩洛哥农业部,2000)。[1] 由于国家垄断不再主导葡萄酒市场,大型商业葡萄酒生产商大幅扩大了自己的份额。2014 年,布瑞姆·内巴尔集团的迪亚纳控股公司(Diana)拥有超过 2 500 公顷的葡萄园,控制了摩洛哥近 60％的葡萄酒生产,是摩洛哥葡萄栽培的主角,其次是法国的卡斯特兄弟股份有限公司,占该国略高于 20％的葡萄酒生产(加达尼,2015)。

在突尼斯,情况也是如此。自 20 世纪末以来,葡萄酒产业得到了外国私人投资的帮助(意大利人、瑞士人、德国人和奥地利人)。最近,公共投资目标在于专业化合作和培训工程师。[2] 然而,有三个因素继续对葡萄酒行业产生负面影响:葡萄园和葡萄酒厂仍然被国有化(因为农业部仍然控制着葡萄和葡萄酒的产量)、高税收挫伤葡萄酒行业(例如葡萄酒消费税和对起泡葡萄酒征收特别税)和全面禁止葡萄酒品牌的广告营销、阻止市场营销的做法(由若莫尼特,2016b)。

在阿尔及利亚,有一些葡萄园翻新和现代化的努力[3],但是,执政党并没有为外国私人投资提供便利(威利斯,2005;牛津商业集团,2008、2010)。因此,仍然存在许多问题:酿酒方法可追溯到法国殖民时期;国际葡萄品种稀缺,酒窖

〔1〕 农业发展局(农业发展机构,ADA)发起了 4 项长期租赁国有农业用地的招标,包括 40 年葡萄园用地的招标(加达尼,2015)。

〔2〕 1948 年成立的迦太基种植园主联合会(Les Vignerons De Carthage)是由 9 个合作酿酒厂组成的联盟,拥有 9 000 公顷葡萄园,占突尼斯葡萄酒产量的 2/3。在法国南部蒙彼利埃农业局葡萄酒酿造工程师 Belgacem D'khili 的领导下,迦太基种植园主联合会投资了葡萄园的重组,引进了现代方法和高性能设备(卡萨迈耶,2014)。

〔3〕 自 2000 年实施国家农业发展计划(PNDA)以及 2004 年启动农业和农村发展十年计划以来,葡萄酒行业受到越来越多的关注。公共资金用于葡萄酒生产和酒窖的现代化改造、葡萄园的重新种植以及更"高贵"的葡萄树的种植,如赤霞珠、黑皮诺和梅洛(牛津商业集团,2008、2010)。

状况不佳(一些机械和设备可追溯到20世纪初)。该行业发展的另一个关键障碍是葡萄酒生产商业化办公室(ONCV)。今天，葡萄酒生产商业化办公室拥有大约5 000公顷葡萄园和132家酒庄，因此，控制了95％的阿尔及利亚葡萄酒产量(伊尔贝特，2005；葡萄酒生产商业化办公室，2016)。[1]

阿拉伯之春

2010—2012年间发生了重大的政治冲击(阿拉伯之春)，当时，突尼斯发生了大规模的抗议和骚乱，推翻了政府。[2] 相比之下，阿尔及利亚和摩洛哥努力保持政治稳定。[3] 通过公共支出计划和石油收入的再分配[4]，阿尔及利亚缓解了由于高失业率(年轻人失业率)和食品价格通胀导致的公众不满情绪。在高油价的情况下，阿尔及利亚政府利用石油出口收入，创造了新的公共部门就业机会，提高了公务员的工资，降低了基本食品的价格。在摩洛哥，情况也是如此，国王穆罕默德六世在不动摇国家政体和君主制的前提下，推行了宪法改革[5](其卡伊和徘润特，2011；刘易斯，2011；阿奇，2012、2013)。

在阿尔及利亚，阿拉伯之春不太可能导致葡萄园和酿酒酒庄的私有化，也不太可能导致政策的重大转变，因为在位的政党仍在执政。在突尼斯，由于执政联盟中的政治分歧削弱了新民主制度，具有可能破坏重大经济改革的风险。国家管理的葡萄酒系统可能也会继续保留。在摩洛哥，即使土地仍然归国家所有，租赁过程已经于2008年开始(比阿拉伯之春早2年)，并可能继续下去，尽管它仍然限制了葡萄酒生产商可以租赁的葡萄园面积。

---

〔1〕 在阿尔及利亚的葡萄酒行业，经营中仅存三家私营公司(阿尔及利亚农业部，2005)。

〔2〕 2010年的突尼斯暴动是唯一一次暴动，导致相对"和平"的政治过渡(向宪政民主过渡)，实现自由选举和新宪法(本内特—琼斯，2014)。

〔3〕 与邻国不同，2012年阿尔及利亚议会选举期间，伊斯兰政党未能成功击败在位政党——民族解放阵线(FLN)和全国民主联盟(RND)(阿奇，2012)。

〔4〕 2011—2012年期间，阿尔及利亚的公共支出翻了一番，其能源部门占国内生产总值的1/3以上，占政府收入的2/3，占出口的98％(阿奇，2012)。

〔5〕 重大宪政改革赋予了总理(和议会)更多权力，并将柏柏尔语与阿拉伯语一起确立为官方语言(刘易斯，2011)。

气候变化

随着气候变化,葡萄种植者将不得不适应新技术(和新葡萄品种)或新的葡萄种植地点(例如,将葡萄园搬到海拔更高的地方)。考虑到加利福尼亚和澳大利亚的炎热地区也在苦苦挣扎,气候变化可能会使北非的葡萄酒产业在全球市场上重新定位,在更热的产区生产酿酒葡萄(阿尔斯顿等,2018;安德森,2018)。为了达到这个目的,三个北非国家必须采用在更炎热的气候下生产可饮用葡萄酒所需的技术。这将是一个巨大的挑战。对于阿尔及利亚来说,葡萄品种的稀缺以及过时的葡萄酒酒庄和酒窖是应对气候变化的主要障碍。对于摩洛哥和突尼斯来说,情况可能会更好一些,因为外国投资者带来了更好的葡萄栽培知识。然而,另一个关键障碍仍然存在:在阿尔及利亚和突尼斯实行的国家垄断并没有促进新技术的发展,也没有推动寻求优质酿酒葡萄品种。在摩洛哥,情况有一些差异,因为土地已经出租给了私人投资者,他们会投资新的技术。然而,出租国有土地可能不足以让大型葡萄种植者自由扩张其规模,因为他们可以通过在其他更有利可图的地方购买土地以扩张其经营规模(例如,为了应对全球变暖而在更高的海拔地区购买土地)。

北非葡萄酒的未来

北非葡萄酒产业的前景并不乐观。在阿尔及利亚和突尼斯,尽管在革新和现代化方面作出了努力,但是,仍然存在许多问题。在阿尔及利亚,葡萄园和酒庄仍然是国有的,酿酒方法可以追溯到法国殖民时期,酒庄和酒窖的条件很差。在突尼斯,尽管自 20 世纪末以来,葡萄酒产业已经有了外国私人投资,但是,葡萄酒产业也受到了国家管理葡萄酒体制、高消费税以及全面禁止葡萄酒品牌广告的抑制。在这两个国家,阿拉伯之春不太可能导致葡萄园和酿酒酒庄的私有化。唯一一个可以获得法国私人投资和国家应对政策优势的国家是摩洛哥。执政党已经减少了对葡萄酒行业的控制,法国葡萄酒专家和葡萄酒生产商继续在这个国家投资,带来了他们的技术和葡萄酒知识。然而,在可预见的未来,气候变化可能是这个国家(以及该地区)葡萄酒行业将面临的最大挑战。

【作者介绍】 吉乌利亚·梅洛尼(Giulia Meloni)：巴黎古诺中心的罗伯特·M.索洛博士后研究员,比利时鲁汶大学制度与经济绩效研究中心的高级研究员。她拥有鲁汶大学的博士学位和罗马路易斯大学的学士学位。她已经出版了关于政治经济学、欧洲农业、产品标准和葡萄酒经济史的著作。

乔安·斯文内恩(Johan Swinnen)：比利时鲁汶大学经济学教授,制度与经济绩效研究中心(LICOS)主任,位于加利福尼亚州的斯坦福大学粮食安全与环境研究中心(FSE)的访问学者。他的著述广泛涉及农业和粮食政策、政治经济学、体制改革、贸易、全球价值链和技术标准领域。

【参考文献】

Achy, L. (2012), 'Algeria Avoids the Arab Spring?' Carnegie Middle East Center, Carnegie Endowment for International Peace, May 31. Available at carnegieendowment. org/2012/05/31/algeria-avoids-arab-spring/b0xu/(accessed September 26, 2016).

(2013), 'The Price of Stability in Algeria', Carnegie Middle East Center, Carnegie Middle East Center, April 25. Available at carnegie-mec. org/2013/04/25/priceofstability-in-algeria/g1cs/(accessed September 24, 2016).

Alston, J. M. , J. Lapsley, L. Sambucci and D. Sumner (2018), 'The United States', ch. 15 in *Wine Globalization: A New Comparative History*, edited by K. Anderson and V. Pinilla, Cambridge: Cambridge University Press.

Anderson, K. (2018), 'Australia', ch. 12 in *Wine Globalization: A New Comparative History*, edited by K. Anderson and V. Pinilla, Cambridge: Cambridge University Press.

Anderson, K. and V. Pinilla (with the assistance of A. J. Holmes) (2017), *Annual Database of Global Wine Markets, 1835 to 2016*, freely available in Excel at the University of Adelaide's Wine Economics Research Centre, www. adelaide. edu. au/wine-econ/databases.

Angles, S. (1996), 'Les Aspects Récents de la Viticulture Tunisienne', pp. 567—74 in *Des vignobles et des vins à travers le monde: Hommage à Alain Huetz de Lemps*, edited by C. Le Gars and P. Roudié, Cervin: Presses Universitaires de Bordeaux.

Barrows, S. (1982), 'Alcohol, France and Algeria: A Case Study in the International Liquor Trade', *Contemporary Drug Problem* 11:525—43.

Bennett-Jones, O. (2014), 'Is Tunisia a Role Model for the Arab World?' *BBC News*, December 2. Available at www. bbc. com/news/world-africa-30273807/(accessed September 22,2016).

Birebent,P. (2007),*Hommes,vignes et vins de l'Algérie Française:1830－1962*,Nice:Editions Jacques Gandini.

Blanc,G. (1967). *La vigne dans l'économie algérienne. Essai d'analyse des phénomènes de domination et des problèmes posés par l'accession à l'indépendance économiques dans le secteur agricole*,Thèse présentée et publiquement soutenue devant la Faculté de Droit et des Sciences Economiques de Montpellier pour l'obtention du grade de Docteur en Sciences Economiques.

Cahill,R. (1934),*Economic Conditions in France*,London:Department of Overseas Trade.

Casamayor,P. (2012),'Terroirs Marocains:Ils font du Vin en Terre d'Islam',*La Revue du vin de France* 566:38－46.

(2014),'Vins de Tunisie:La Renaissance d'un Vignoble Antique',*La Revue du vin de France* 583:78－80.

Chaudier,J. (1898),*Le régime douanier de la Tunisie:La loi française du 19 juillet 1890, le décret beylical du 2 mai 1898*,Montpellier:Imprimerie de Serre et Roumégous. Available at gallica. bnf. fr/ark:/12148/bpt6k57728089.

Chevet,J. -M. ,E. Fernandez,E. Giraud-Héraud and V. Pinilla (2018),'France',ch. 4 in K. Anderson and V. Pinilla (eds.),*Wine Globalization:A New Comparative History*,Cambridge:Cambridge University Press.

Chikhi,L. and V. Parent (2011),'Algeria Steps Up Grain Imports,Eyes Tunisia Virus',Reuters,January 26. Available at www. reuters. com/article/us-grains-algeriaidUS-TRE70P3PY20110126/(accessed May 3,2016).

Euromonitor (2016a),'Wine in Morocco',Euromonitor International. Available at www. euromonitor. com/wine-in-morocco/report/(accessed October 23,2016).

(2016b),'Wine in Tunisia',Euromonitor International. Available at www. euromonitor. com/wine-in-tunisia/report/(accessed October 22,2016).

Gautier,M. E. F. (1930),'L'évolution de l'Algérie de 1830 à 1930',in *Les 12 cahiers du Centenaire de l'Algérie*(Vol 3),edited by Comité National Métropolitain du Centenaire de l'Algérie,Orléans:A. Pigelet & Cie.

Géné,J. P. (2010),'Sur la route du vin marocain',*Le Monde*,September 26. Available at www. lemonde. fr/vous/article/2010/09/26/sur-la-route-du-vin-marocain_ 1415 238_3238. html (accessed September 26,2016).

Haight,F. A. (1941),*A History of French Commercial Policies*. New York:Macmillan. Available at catalog. hathitrust. org/Record/001153650 (accessed November 6,2016).

Huetz de Lemps,A. (2001),*Boissons et civilisations en Afrique*,Pessac:Presses Universitaires de Bordeaux.

Ilbert,H. (ed.) (2005),*Produits du terroir méditerranéen:conditions d'emergence*, *d'efficacité et modes de gouvernance*, *Rapport Final*, Montpellier：CIHEAM-IAMM. FEMISE Research Programme 2004—05.

Institut Français de la Vigne et du Vin (2001)，'Le Maroc Viticole', Institut Français de la Vigne et du Vin (IFV). Available at www. vignevin-sudouest. com/publications/voyage-etude/voyage-etude-maroc. php/(accessed October 10,2016).

Isnard, H. (1947)，'Vigne et colonisation en Algérie (1880—1947)', *Annales. Économies, Sociétés, Civilisations* 2(3)：288—300.

(1949)，'Le vignoble européen de Tunisie au lendemain de la guerre', *L'information géographique* 13(4)：159—61.

(1954)，*La vigne en Algérie, étude géographique*, *Book II*, Ophrys：Gap.

(1966)，'La viticulture Nord-Africaine', pp. 37—48 in *Annuaire de l'Afrique du Nord-1965* (Vol. 4). Paris：Editions du CNRS.

Isnard, H. and J. H. Labadie (1959)，'Vineyards and Social Structure in Algeria', *Diogenes* 7：63—81.

Jaidani, C. (2015)，'Viticulture：Le Maroc peut mieux faire', *FinanceNews*, September 7. Available at www. financenews. press. ma/site/economie/focus/12958-viticulturele-maroc-peut-mieux-faire/(accessed November 20,2016).

JORF (1930)，'Loi du 1er Janvier 1930 sur les vins', *Journal Officiel de la République Française*, January 12, p. 394.

Lequément R. (1980)，'Le vin africain à l'époque impériale', *Antiquités Africaines* 16：185—93.

Leroy-Beaulieu, P. (1887)，*L'Algérie et la Tunisie*, Paris：Librairie Guillaumin.

Lewis, A. (2011)，'Why Has Morocco's King Survived the Arab Spring?' *BBC News*, November 24. Available at www. bbc. com/news/world-middle-east-15856989/(accessed October 10,2016).

Lindsey, U. (2016)，'Morocco's Atlas Mountains Seek Place on Winemaking Map', *Financial Times*, March 23,2016. Available at www. ft. com/content/0daacbf4-ca66e967dd44/(accessed April 22,2016).

Loubère, L. A. (1990)，*The Wine Revolution in France：The Twentieth Century*, Princeton, NJ：Princeton University Press.

Marseille, J. (1984)，*Empire colonial et capitalisme français. Histoire d'un divorce*, Paris：Albin Michel.

McGovern, P. E. (2009)，*Uncorking the Past：The Quest for Wine, Beer and Other Alcoholic Beverages*, Berkeley：University of California Press.

Meloni, G. , and J. Swinnen (2014)，'The Rise and Fall of the World's Largest Wine Exporter-and Its Institutional Legacy', *Journal of Wine Economics* 9(1)：3—33.

(2016)，'Bugs, Tariffs and Colonies：The Political Economy of the Wine Trade 1860—1970', LICOS Discussion Paper 384/2016, KU Leuven, December. Available at feb.

kuleuven. be/drc/licos/publications/dp/dp384/(accessed December 3,2016).

(2017),'Standards,Tariffs and Trade: The Rise and Fall of the Raisin Trade Between Greece and France in the Late 19th Century and the Definition of Wine',LICOS Discussion Paper 386/2017,KU Leuven,January. Available at feb. kuleuven. be/drc/licos/publications/dp/dp386 (accessed January 10,2017).

Meynier,G. (1981),*L'Algérie révélée: La guerre de 1914 − 1918 et le premier quart du XXe siècle*,Geneva and Paris: Librairie Droz.

Ministère de la PME et de l'Artisanat (2005),*Analyse de la filière boisson en Algérie: Rapport principal*,Algiers: Euro Développement Programme.

Ministère de l'Agriculture Maroc (2000),'Investir en Agriculture',Ministère de l'Agriculture. Available at agrimaroc. net/invest_ 12. pdf/(accessed October 10,2016).

Nogaro,B. and M. Moye. (1910),*Les Régimes Douaniers. Législation Douanière et Traités de Commerce*. Paris: Colin. Available at archive. org/details/lesrgimesdouan00 moyeuoft (accessed April 6,2016).

ONCV (2016),'Présentation de l'ONCV',National Marketing Office for Viticulture Products (ONCV). Available at www. oncv-groupe. com/Vins_Algerie/Presentation/Presentation_Fr. html/(accessed October 10,2016).

Oxford Business Group (2008),*The Report: Algeria 2008*,Oxford: Oxford Business Group.

(2010),*The Report: Algeria 2010*,Oxford: Oxford Business Group.

Pinilla,V. (2014),'Wine Historical Statistics: A Quantitative Approach to its Consumption, Production and Trade, 1840−1938',American Association of Wine Economists (AAWE) Working Paper No. 167.

Pinilla,V. and M. -I. Ayuda (2002),'The Political Economy of the Wine Trade: Spanish Exports and the International Market,1890−1935',*European Review of Economic History* 6:51−85.

Poncet,J. (1962),*La colonisation et l'agriculture européenne en Tunisie depuis 1881: Étude de géographie historique et économique*,Paris-La Haye: Mouton & Co.

(1976),'La Crise des années 30 et ses répercussions sur la colonisation française en Tunisie',pp. 622−27 in *Revue française d'histoire d'outre-mer* 63(232−3),3e et 4e trimestres 1976. L'Afrique et la crise de 1930 (1924−1938) sous la direction de Catherine Coquery-Vidrovitch.

Riban,C. (1894),*Causeries sur la Tunisie agricole*,Tunis: Imprimerie Rapide.

Robinson,J. (2016),'Morocco',Jancis Robinson. Available at www. jancisrobinson. com/learn/wine-regions/morocco/(accessed November 28,2016).

SODEA (2016),'Nos domaines d'activités',Société de Développement Agricole (SODEA). Available at www. sodea. com/activite/centre. htm/(accessed December 1,2016).

Statistique Générale de la France (1878),*Annuaire Statistique de la France. Ministère de l'agriculture et du commerce*,Service de la statistique générale de France. 1878 −

1899. Paris:Imprimerie Nationale. Available at gallica. bnf. fr/ark:/12148/cb343503965/date.

(1901),*Annuaire Statistique de la France. Ministère de l'agriculture et du commerce, Service de la statistique générale de France. 1901—1952*. Paris:Imprimerie Nationale. Available at gallica. bnf. fr/ark:/12148/cb34350395t/date.

Stone,M. (1997),*The Agony of Algeria*,London:Hurst & Co.

Sutton,K. (1988),'Algeria's Vineyards:A Problem of Decolonisation',*Méditerranée* 65 (65):55—66.

Tiengou des Royeries,Y. (1959),*La Production Viticole hors de France*,Paris:Librairies Techniques.

Valay,G. (1966),'La Communauté Economique Européenne et les pays du Maghreb',*Revue de l'Occident musulman et de la Méditerranée* 2(1):199—225.

Wallis,W. (2005),'Wine Returns to the Menu for Algeria as Production Flows Again',*Financial Times*,October 10. Available at www. ft. com/cms/s/0/8a8c5c98-392a-11da-900a-00000e2511c8. html? ft_ site=falcon&desktop=true/(accessed October 2,2016).

Wesseling,H. L. (2004),*The European Colonial Empires:1815—1919*,Harlow:Pearson Education Limited.

Znaien,N. (2015),'Le vin et la viticulture en Tunisie coloniale (1881—1956):Entre synapse et apartheid',*French Cultural Studies* 26(2):140—51.

第十七章

亚洲和其他新兴区域

　　50 年前,亚洲在全球葡萄酒市场上几乎不引人注目,而所有其他的发展中国家,除了前面章节中提到的,也是非常小的参与者。然而,自 20 世纪 90 年代以来,几个东亚经济体迅速成为葡萄酒的重要进口国,就中国而言,也是葡萄酒的重要生产国。因此,本章主要关注葡萄酒产业在亚洲的发展,最后简要介绍了其他发展中国家和地区的情况。

　　米酒在亚洲的大米消费地区是很常见的,但是,在传统上,葡萄酿造的葡萄酒只起到很小的作用。[1] 本世纪之前,葡萄酒只被亚洲的精英消费,产量很小,并且大部分产自日本。从 20 世纪 80 年代末开始,中国生产了葡萄酒。[2] 然而,收入增加和取向这种传统欧洲产品的偏好极大地改变了消费情形。中国也在扩大其葡萄园的面积,并且现在已经是世界第五大葡萄酒生产国,从 2001

---

　　〔1〕 例外是西亚和高加索地区,那里是 8 000 多年前葡萄酒生产开始的地方(麦戈文,2003)。然而,中亚和西亚的大部分地区信奉伊斯兰教,将酒类消费定为非法。南亚也是全球葡萄酒市场上的一个小角色。虽然印度和斯里兰卡的葡萄酒进口量开始增长,但是,它们的基数非常小(孟加拉国和巴基斯坦是伊斯兰国家)。因此,接下来的亚洲市场主要集中在东亚。黎凡特(东地中海)国家已经包括在本卷本的第十章中。

　　〔2〕 本章中的"中国",正如在本卷的其他地方一样,指的是中国内地。由于中国香港、台湾和澳门是独立的关税地区,它们在这里被视为独立的经济体。中国用葡萄酿造葡萄酒始于 2 000 多年前,公元前 200 年前从中亚传入中国。但是,葡萄酒只是为了满足统治精英的享用快乐[黄(Huang),2000:240—246;麦克格文(McGovern),2003、2009]。自 19 世纪末起(李,2015),中国就有了商业葡萄酒厂,但是,直到 20 世纪 90 年代,才开始大规模生产。直到 2004 年 6 月,中国才出台了一项规定,葡萄酒只能用新鲜葡萄或葡萄汁生产。关于 20 世纪 90 年代东亚葡萄酒市场的发展,参见芬得利等(Findlay et al.,2004)的文献。

年的第 15 位上升到现在的第 5 位。[1] 其他几个亚洲国家的葡萄园也开始发展,从而使亚洲成为葡萄酒全球化最后的前沿阵地之一。但是,由于供给的增长无法跟上国内需求的增长,本世纪亚洲的葡萄酒进口量激增。因此,亚洲区域已成为所有葡萄酒出口国去寻找新市场的主要聚焦点。

亚洲之所以吸引葡萄酒出口商的注意,不仅是因为销售量的增长,还因为这些销售中包括高质量的葡萄酒——这对中等收入国家来说是不寻常的。从 2000 年到 2009 年,亚洲葡萄酒进口的平均美元当期价格以每年 7% 的速度增长,而世界其他地区仅为 5.5%。到 2014 年,亚洲的平均进口价格几乎是世界平均价格水平的 2 倍,比中国香港和新加坡的平均进口价格高出 4 倍多。2009 年,中国进口的无泡瓶装酒和起泡葡萄酒的单位价格高于全球平均价格(安德森和尼尔根,2011)。与此同时,在 2008 年 2 月取消了葡萄酒进口关税后不久,香港地区成为世界上最重要的超高级葡萄酒和标志性葡萄酒市场。

本章回顾了过去半个世纪亚洲的葡萄酒生产、消费和贸易发展,在此之前,亚洲在全球葡萄酒进口中所占份额不到 1%。本章还预测了未来 10 年亚洲的发展前景。然后,简要回顾了其他葡萄酒进口的发展中国家的葡萄酒市场。最后得出结论,中国将继续成为亚洲最主要的葡萄酒进口国,并将大幅改变葡萄酒的全球市场,就像中国长期以来做的并将继续改变其他许多产品的市场一样。

亚洲葡萄和葡萄酒生产

在大多数亚洲国家,人们有很多理由不期望葡萄酒的大量生产。[2] 这些

---

〔1〕 中国也是世界上最大的食用葡萄生产国。2014 年,它的葡萄园总面积超过了法国,中国有 79.9 万公顷,而法国有 79.2 万公顷,仅次于西班牙的 102 万公顷[国际葡萄与葡萄酒办公室(OIV),2015]。中国的葡萄酒生产数据需要谨慎采用,尤其是因为大部分出售的"国产"葡萄酒是中国葡萄酒与进口散装葡萄酒的混合,因此,夸大了中国葡萄酿制葡萄酒的产量(安德森和哈拉达,2017)。这就是为什么安德森和皮尼拉的中国产量数据(2017)比联合国粮农组织(FAO)和国际葡萄与葡萄酒办公室的数据要低一些的原因,特别是在这个数据出现之前的几十年。

〔2〕 在下面的部分中,直接采用安德森和尼尔根(2011)以及安德森和皮尼拉(2017)的数据。

理由包括:国内几乎没有消费葡萄酒的传统;直到最近,绝大多数人的收入太低,无法将葡萄酒消费作为首选;只有极少数地区拥有合适的(葡萄种植)土壤,特别是在那些不炎热和/或湿润的地区;在大多数亚洲伊斯兰社区,他们的宗教都不喜欢酒类。[1]因此,拥有大规模葡萄种植面积的国家(其中仅有小部分用于酿造葡萄酒)只是位于东北亚地区的国家,就不足为奇了。在过去的20年里,韩国农作物种植面积的1%被用于种植葡萄树。自20世纪70年代以来,日本和中国台湾的种植面积不超过0.5%,很长时期几乎没有什么变化,早期的种植面积甚至更小。在2000年之前,亚洲在世界酿酒葡萄和葡萄酒产量中所占的份额几乎总是低于1%,这也不足为奇。

　　然而,自世纪之交以来,中国葡萄种植面积占农作物总面积的比例一直在迅速增长。到2014年,这一比例为0.6%,是20世纪90年代的5倍,随着新的种植面积投入生产,这一比例可能会在今后10年中进一步上升。中国大陆的葡萄种植面积在农作物总面积中的占比将很快达到日本和中国台湾的2倍,接近韩国的1%。其他唯一大面积种植葡萄的亚洲国家是印度,但是,那里种植葡萄的耕地(包括种植食用葡萄的耕地)总是不到0.1%。尽管如此,由于葡萄种植面积占总面积的比例非常低,这表明,在亚洲存在扩大酿酒葡萄园的空间,而不需要侵占大量用于粮食生产的土地——记住,优质的酿酒葡萄在贫瘠的坡地上生长,比在最适合种植高产粮食作物的肥沃平坦土地上生长得更好。[2]

　　自1978年经济开放以来,中国一直对葡萄园和酒庄的外国直接投资持开放态度,并欢迎"飞来飞去的葡萄种植专家"担任顾问。甚至似乎已经找到了向葡萄园投资者提供充分产权的办法,尽管事实上,在中国农业用地不能够为私人所拥有。

　　中国酿酒葡萄的葡萄园——只占葡萄园总面积的一小部分——非常重视

〔1〕 亚洲伊斯兰国家包括阿富汗、阿塞拜疆、孟加拉国、印度尼西亚、哈萨克斯坦、吉尔吉斯斯坦、马来西亚、巴基斯坦、塔吉克斯坦、土库曼斯坦和乌兹别克斯坦。

〔2〕 近年来,澳大利亚的葡萄种植面积只占农作物面积的0.7%。相比之下,2013年法国的占比高达4%,西班牙和新西兰为5%—6%,意大利为8%,葡萄牙为10%—12%。

红葡萄品种(中国人认为红葡萄品种对他们的健康最有利),尤其是源自法国的红葡萄品种。2010年,中国96％的酿酒葡萄产区种植红葡萄品种,其中,76％是赤霞珠,12％是梅洛,5％是佳美娜,而霞多丽主宰了白葡萄种植(安德森,2013,表32)。

山东是中国的一个省,是中国最大的葡萄酒市场,其次是吉林省、河南省、河北省和天津市。这5个省市的葡萄酒总产量占中国葡萄酒总产量的4/5(李和巴尔达吉,2016)。然而,绝大多数葡萄酒是基于浓缩葡萄汁酿制的,或是来自中国新疆地区或外国的散装葡萄酒,从而补充了当地鲜果酿酒的不足。[1]山东、河北、天津等沿海省市位于北纬36度到40度之间,受益于海风带来的适度湿润。它们的平均气温从该区域北部冬季的零下5摄氏度,到该区域南部夏季的最高26摄氏度不等,但是,夏天和秋天很潮湿,有季风、台风、冰雹,并且洪水偶尔会造成破坏。人们倾向将葡萄园建在平坦肥沃的土地上,以鼓励高产,结果产出的是低质量的鲜果(李,2015)。

在国际葡萄酒界也很有名的是西部的新疆(那里降雨量很少,需要融雪灌溉,但葡萄虫害和病害很少)和中北部的宁夏(那里的气温介于新疆和沿海地区之间,但冬天仍然很冷,葡萄收获后需要立即埋藏起来)。其他正在迅速扩大葡萄酒产量的省份包括东北部的黑龙江省、中部的陕西省,以及南方的云南省[路易·威登—酩悦·轩尼诗(Louis Vuitton Moët Hennessy,LVMH)正在那里生产优质酿酒葡萄,地处海拔2 200—2 600米之间,以至于在亚热带纬度也保持足够的凉爽]。

除了宁夏和云南,中国每一个酒庄的葡萄园面积通常有数百公顷。尽管中国有100多家葡萄酒酒庄,但是,前五名的产量占中国葡萄酒产量的60％以上,

---

〔1〕 中国一个地区生产的国产葡萄酒有时会与另一个地区生产的葡萄酒混合,并在另一个地区进行包装后销售,但是,第一个地区的产量被重复计算了,因为这两个地区都报告说它是该地区产品的一部分,因此成为全国葡萄酒产量的一部分。不幸的是,目前还没有可用的数据来确定这在多大程度上夸大了该国的葡萄酒产量统计数据。继安德森和哈拉达(2017)之后,安德森和皮尼拉(2017)推定了进口散装葡萄酒与当地葡萄酿造的葡萄酒混合并记录为全国葡萄酒产量,因此,从官方产量统计中扣除。这也避免夸大中国的葡萄酒表观消费量,表观消费量是被估计的国内生产量加上净进口。这样,在1995—2016年期间,官方年产量(和表观消费量)降低了0％—18％(或13％),平均降低了10.2％(或7.8％)。

这与南半球葡萄酒出口国的情况并无不同。

现在,中国的葡萄种植面积是亚洲其他地区总和的 5 倍,与 20 世纪 80 年代中期的亚洲其他地区大致相同。但是,由于中国葡萄产量的很大一部分(约 4/5)用于鲜果消费,葡萄酒产量的全球份额增长速度并不是那么快,增长速度远低于中国占全球葡萄产量的份额增速[见图 17.1(a)]。中国的葡萄酒产量在 2012 年达到顶峰,之后,受到政府紧缩措施的挫伤,比如,2013—2016 年期间,中国葡萄酒平均产量不超过 2011 年的产量水平,比 2012 年的创纪录水平低了 1/6。在亚洲其他地区,产量在全球葡萄酒中的份额很小:几乎没有一种葡萄用于葡萄酒生产[见图 17.1(b)]。

亚洲葡萄酒的进口

1970 年以前,亚洲葡萄酒进口量或进口价值占全球葡萄酒进口量或进口价值的比例几乎从未超过 1%,到 1980 年,这一比例也仅为 2%(见图 17.1)。对于中国来说,在 1997 年李鹏总理肯定红葡萄酒的健康价值的推动下,从 1997 年到 2006 年的 10 年间,进口量和进口价值稳步上升。但随后,中国开始进口更多地用于赠送礼物和宴会的超高档葡萄酒,这些比例的增长加速了。尤其喜欢波尔多葡萄酒,导致了一部纪录片(由沃里克·罗斯导演的《红色情结》)和大量相关现象书籍的出现(例如,姆斯塔奇,2015)。然而,2012 年底,政府实施了紧缩和反腐败措施,导致进口份额略有下降,随后恢复增长。

与此同时,对于其他亚洲国家而言,全球葡萄酒进口价值所占份额是全球进口量所占份额的 2 倍多[见图 17.1(b)]。它反映了这样一个事实,即在过去的半个世纪里,亚洲进口的葡萄酒一直保持着相对较高的质量。从 20 世纪 70 年代到 21 世纪头 10 年,日本葡萄酒进口的平均价格大约是全球平均价格的 2 倍,近年来甚至更高。

直到 20 世纪 90 年代中期,中国葡萄酒进口的平均价格是全球平均价格的

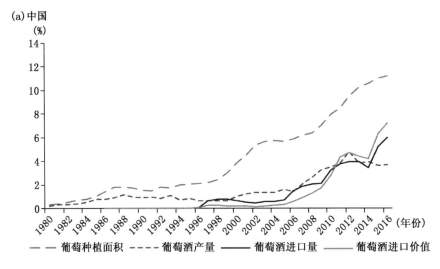

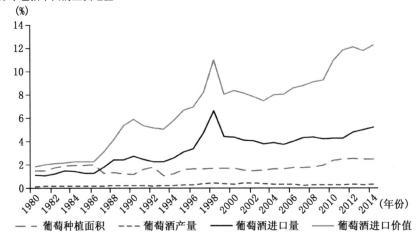

资料来源：安德森和皮尼拉(2017)。

**图 17.1　1980—2016 年中国和亚洲其他国家在全球葡萄种植面积、
葡萄酒产量、葡萄酒进口量和价值中所占的份额**

2 倍多。2006 年之前,跌至全球平均价格水平的一半;到 2011 年,又开始回升,略高于全球平均价格水平。

　　至于其他亚洲国家,从 20 世纪 60 年代到 10 年前,它们的平均进口价格一直徘徊在世界平均水平的 2 倍左右,然后迅速上升[见图 17.2(a)]。后者的上升与中国香港取消葡萄酒进口关税同时发生,这使得香港突然成为世界优质葡萄酒大都会之一。20 年前,同样富裕的新加坡进口葡萄酒的质量提升了[见图17.2(b)]。

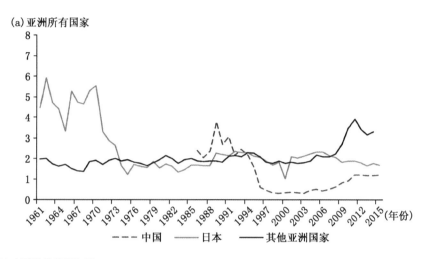

(a)亚洲所有国家

- - - 中国　　　——— 日本　　　——— 其他亚洲国家

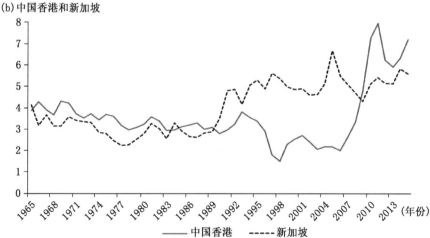

(b)中国香港和新加坡

——— 中国香港　　　- - - 新加坡

资料来源:安德森和皮尼拉(2017)。

图 17.2　1961—2015 年相对于全球平均价格的亚洲葡萄酒进口平均价格(世界＝1)

自 20 世纪 90 年代以来,中国进口了大量散装低价葡萄酒(而亚洲其他地区进口的大多数葡萄酒是瓶装的),经常被用于同中国葡萄酿制的葡萄酒混合。这在法律上是可行的,因为至少在 2005 年新法规生效之前,国家商标法是这样规定的:标有"中国产品"的一瓶葡萄酒不需要完全是当地的含量。[1]

2008年以前,中国进口散装葡萄酒的平均价格是每升60—70美分。尽管这个价格很低,但是,这些进口葡萄酒的质量可能仍然高于与之混合的当地产品。然而,从那时起到2012年,随着本地生产的葡萄酒质量的提高和国内葡萄酒酒庄寻求提高它们(混合)产品的质量,散装葡萄酒进口的单位价值翻了一番。与此同时,中国进口的散装葡萄酒所占的比例从2006年之前10年的84%下降到最近几年的25%。这与世界其他地区的趋势形成了鲜明对比,在1995—2005年间,世界其他地区散装葡萄酒在葡萄酒进口总量中所占比例不到20%,但随后增长到了40%(见图17.3)。然而,从2006年到2014年,中国散装葡萄酒的年进口量大致相同,只有90百万升多一点。但是,此后的2015年和2016年,散装葡萄酒进口量超过了140百万升。2015年,中国葡萄酒总进口量

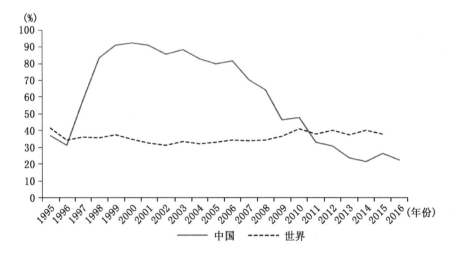

资料来源:作者从联合国商品贸易数据库中推演得出。

图17.3 1995—2016年中国和世界散装葡萄酒进口在葡萄酒进口总量中所占份额

---

〔1〕 日本也有类似的做法,在过去30年中,散装葡萄酒的进口量占总进口量的1/5。日本还进口浓缩葡萄汁(相当于日本进口葡萄酒价值的5%—10%),通过添加糖和酵母生产葡萄酒。然后,这些葡萄酒可以与国产葡萄酒混合,而无须在瓶子的正面标签上声明产品是混合原产地的。因此,日本在葡萄酒方面的自给自足(官方产量除去相应数字,再加上葡萄酒的净进口量)大大夸大了该国用本地葡萄酿造的产品满足国内葡萄酒需求的程度(安德森和哈拉达,2017)。

增长了 1/3 还要多;2016 年,无论是从数量还是从价值来看,进口总量都再增长了 1/6。

中国进口葡萄酒质量的波动性也反映在各国在中国葡萄酒进口量和价值中所占份额的迅速变化上。尽管如此,在过去 10 年里,只有 6 个葡萄酒出口国主导了对中国的葡萄酒贸易。法国在价值和数量上都排名第一;在价值上,澳大利亚排名第二;在数量上,澳大利亚与西班牙一样,排名第三;智利在价值上排名第三,在数量上排名第二。另外两个出口国——意大利和美国——的份额比排名前四的出口国小得多[见表 17.1(a)]。

随着时间的推移,每个葡萄酒出口国在全球出口中的重要性也在变化,这是它们在中国进口中所占份额变化的原因。除了这个影响,它还有助于计算贸易强度指数,这个指数被定义为中国从葡萄酒出口国 i 的进口占比除以葡萄酒出口国 i 在全球葡萄酒出口中的占比。表 17.1(b)中报告的这些比率显示,虽然法国与中国的贸易强度高于平均水平(指数>1),但从价值角度看,最强烈的贸易关系是与澳大利亚的贸易,从数量角度看,则是与智利的贸易。美国的指数接近 1,西班牙的指数在 0.5—0.75 之间,但是,意大利(和世界其他国家)的贸易强度指数远低于 0.5。

表 17.1 　　　　2008—2015 年[a] 按照数量和价值分列的中国葡萄酒
进口来源国及其贸易强度指数[b]

	价　值			数　量		
	2008—2010 年	2011—2013 年	2015 年	2008—2010 年	2011—2013 年	2015 年
(a)中国进口占比(%)						
法国	43	49	46	23	36	31
澳大利亚	18	15	23	17	11	13
智利	12	9	11	27	17	28
西班牙	5	7	6	10	17	14
意大利	6	6	5	6	8	5
美国	5	5	3	5	4	2
其他国家	10	9	7	12	8	7
总计	100	100	100	100	100	100

续表

	价 值			数 量		
	2008—2010 年	2011—2013 年	2015 年	2008—2010 年	2011—2013 年	2015 年
(b)贸易强度指数						
法国	1.45	1.61	1.55	1.20	2.40	2.29
澳大利亚	3.05	2.56	3.59	2.09	1.62	1.79
智利	2.16	1.69	1.91	3.64	2.26	3.31
西班牙	0.67	0.73	0.65	0.58	0.74	0.59
意大利	0.25	0.53	0.25	0.28	0.37	0.26
美国	0.72	1.05	0.51	1.11	1.02	0.54
其他国家	0.28	0.28	0.28	0.56	0.34	0.29
总计	1.00	1.00	1.00	1.00	1.00	1.00

a. 2015 年的数据是指 2016 年 3 月之前 12 个月的数据。

b. 贸易强度指数被定义为中国从葡萄酒出口国 i 的进口占比除以葡萄酒出口国 i 在全球葡萄酒出口中的占比。

资料来源:作者根据欧睿国际信息咨询有限公司(Euromonitor International,2015)和澳大利亚葡萄酒协会(2016)的数据计算得出。

亚洲葡萄酒的消费

直到 20 世纪 80 年代中期,亚洲在全球葡萄酒消费中的占比才超过 1%。事实上,只有 5 个亚洲国家加上中国香港和中国台湾的人均葡萄酒消费量每年超过 0.1 升。[1] 在这 7 个经济体中,每个经济体 2016 年的葡萄酒消费量都远高于 2000 年的水平,并且对于整个亚洲来说,17 年间人均葡萄酒消费量增加了 2 倍多,达到 0.6 升(见图 17.4)。

---

[1] 中国香港的葡萄酒表观消费量被简单地估计为进口量减去出口量,但是,由于一些进口葡萄酒被走私进入中国内地,这个数字一定程度上被夸大了。如果假设这些没有记录的转口内地的葡萄酒占香港有记录的葡萄酒转口总量的 50%,那么,对中国内地的估计消费量并没有多大影响,但是会将香港 2014—2016 年的人均葡萄酒消费量低估由 4.7 升降至 2.9 升(安德森和哈拉达,2017)。

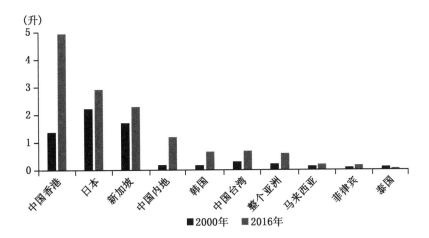

a.其他亚洲国家每年人均葡萄酒消费量低于 0.15 升。

资料来源:安德森和皮尼拉(2017)。

图 17.4　2000 年和 2016 年亚洲人均葡萄酒消费量ᵃ

在亚洲葡萄酒消费总量的增长中,中国占据压倒性主导地位(见图 17.5)。2000 年,中国占亚洲葡萄酒消费量的一半,但是,到 2016 年,这一比例达到了 3/4。相比之下,人口同样众多的印度的葡萄酒市场不到 2015 年中国葡萄酒市场规模的 1/6,尽管在过去的 10 年中,印度经济增长率达到了两位数。中国在全球葡萄

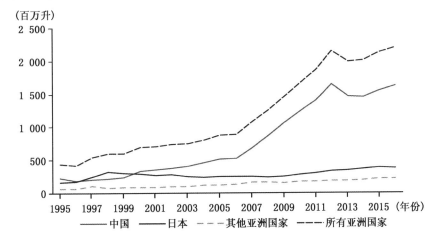

资料来源:安德森和皮尼拉(2017)。

图 17.5　1995—2016 年亚洲葡萄酒总消费量

酒消费中的份额从 2005 年之前的不到 2％上升到 2013 年之后的 7％。截至 2015年，葡萄酒消费量在全球排名第五，仅比排名第四的德国落后 1 个百分点。

在本世纪第一个 10 年里，葡萄酒在亚洲酒类消费记录中的份额翻了一番，但是，所占份额也只是 3％，或者仅占有记录的全球酒类消费份额的 1/5。只有 7 个亚洲经济体的葡萄酒消费在酒类消费中的占比高于亚洲平均水平（见图 17.6）。与此同时，1970—2014 年间，葡萄酒在全球酒类消费中所占比例减半。这两种截然相反的趋势意味着亚洲正在向全球平均酒类消费组合靠拢（正如其他诸多地区的趋势一样），可见艾振曼和布鲁克斯（2008）以及霍姆斯和安德森（2017）的论述。然而，该地区的消费者仍然主要集中在烈酒消费上，除了马来西亚和新加坡，它们的消费主要集中在啤酒消费上（见表 17.2）。[1] 只有中国香港最喜欢葡萄酒，这

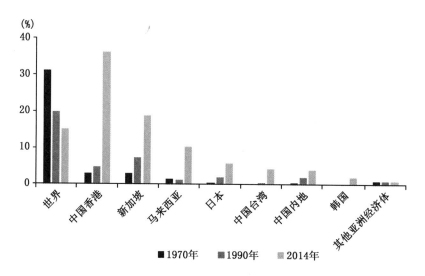

a. 其他亚洲经济体中的所有国家葡萄酒在酒类消费中的占比均低于 3％。

资料来源：安德森和皮尼拉（2017）。

图 17.6　1970 年、1990 年和 2014 年世界和被选择的亚洲经济体葡萄酒在酒类消费中的占比[a]

---

〔1〕 烈酒类别包括米酒，这是在许多亚洲国家生产的，但每一种都有不同的名称〔日本叫清酒，中国叫米酒（黄酒），韩国叫烧酒（cheongju）等〕。虽然米酒是经过发酵的，但酿造方法与啤酒不同，它看起来像是一种清澈的烈酒，酒精度通常至少 15％，而啤酒不到 5％，葡萄酒则是 12％—13％的酒精含量。在日本，2010—2014 年期间，消费者从清酒中获得的酒精是从葡萄酒中获得的酒精的 2 倍。2010 年，日本清酒的平均零售价为每升 22 美元，而中国米酒的平均零售价为每升 6 美元，尽管有些用于中国烹饪的米酒售价低至每升 1 美元。

反映出该经济体对进口葡萄酒实行零税收以及人均收入较高的状况。

表 17.2　　　　2014 年亚洲经济体有记录的酒类消费总量中葡萄酒、
烈酒和啤酒消费强度指数ᵃ，以及人均酒类消费的总升数

	葡萄酒	烈酒	啤酒	有记录的酒类消费总量(升/人,2010—2014 年)	人均收入[千美元,世界银行图表集法（Atlas method）,2014 年]
中国香港	1.9	0.4	1.3	1.9	40
新加坡	0.9	0.3	1.7	1.5	55
日本	0.4	1.7	0.5	5.2	42
中国内地	0.3	1.1	1.1	3.1	7
马来西亚	0.3	0.5	1.7	0.4	11
韩国	0.2	2.3	0.1	2.9	27
中国台湾	0.2	1.3	1.0	2.1	30
印度	0.0	2.1	0.3	0.9	2
泰国	0.0	1.8	0.6	5.1	6
菲律宾	0.0	1.8	0.6	3.2	4
其他亚洲经济体	0.2	2.0	0.3	0.2	n. a.
所有亚洲经济体	**0.2**	**1.4**	**0.9**	**1.8**	**6**
世界	**1.0**	**1.0**	**1.0**	**2.6**	**11**
备忘录[全部酒类消费中的占比(%)]					
全亚洲	4	60	36		
全世界	16	43	41		

a. 这个强度指数被定义为一经济体全部酒类消费量中某一特定饮品占比除以世界占比。不同国家、不同时间饮品的酒精含量会有变化，但是，各类饮品的平均酒精含量为：葡萄酒 12%，烈酒 40%，啤酒 4.5%。

资料来源：霍姆斯和安德森(2017)与世界银行(2016)。

注释：表中 n. a. 表示数据不可得。

这意味着，尽管最近亚洲葡萄酒消费量快速增长，但是，鉴于目前人均消费水平非常低以及葡萄酒在酒类消费总量中所占比例很低，该地区葡萄酒销售进一步扩张的潜力仍然是巨大的。亚洲新兴经济体人口的迅速老龄化、教育和国际旅行也使得对葡萄酒的需求不断扩大。[1]

由于还没有哪个亚洲国家生产葡萄酒并大量出口，所以，它在葡萄酒方面的

[1] 的确，中国政府在 2013—2016 年间开展了节俭和反腐败运动，不鼓励消费昂贵的葡萄酒和其他奢侈品，但是，对低端葡萄酒的影响很小，迄今为止，中国低端葡萄酒的消费量是最高的。在中国历史上，对过度酒类消费的容忍度起伏不定是一个永恒的主题(斯泰尔科克斯，2015)。

自给自足状况反映在葡萄酒消费量中的进口份额上。在 2014—2015 年间,葡萄酒消费量中的进口份额各不相同:中国约为 30%(而根据安德森和哈拉达 2017 年的数据,则高达 50%),日本约为 80%,韩国超过 95%,所有其他亚洲国家几乎为 100%。考虑到中国在亚洲进口中的主导地位(见图 17.7),自世纪之交以来,总体上,中国的占比平均大约为亚洲的 2/5。

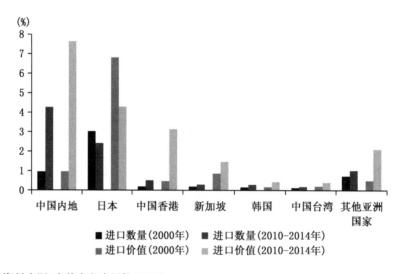

资料来源:安德森和皮尼拉(2017)。

图 17.7　2000 年和 2010—2014 年亚洲在全球葡萄酒进口数量和价值中的占比

尽管中国作为亚洲占据主导地位的葡萄酒进口国,但是,出口国仍小心翼翼,以免削弱其他一些亚洲国家作为高端葡萄酒进口国的重要性。正如图 17.2 所示,也如图 17.7 所示,现在,这些国家在世界进口价值中所占的比例远远超过了它们在数量上所占的比例,其他亚洲国家葡萄酒进口的平均价格远远高于(世界上)大多数其他国家。因此,对于出口超高端葡萄酒的生产商而言,这些其他东亚国家市场非常重要,而且可能非常有利可图。

如果进口关税和葡萄酒消费税降低,亚洲的葡萄酒进口量将大大增加。在许多亚洲国家,按每升酒精含量计算,葡萄酒消费量超过了啤酒和烈酒消费量(见表 17.3)。当 2001 年底中国加入世界贸易组织时,削减了葡萄酒进口关税,散装葡萄酒进口关税从 65% 降至 20%,瓶装葡萄酒进口关税降至 14%,这是在过去 12

年里葡萄酒进口激增的原因之一[见图17.1(a)]。2008年初,中国香港决定取消葡萄酒进口关税,这在一定程度上解释了为什么到2008年底,香港地区的葡萄酒进口量比上一个10年开始时要高得多[见图17.2(b)]。最近,如果一方面,日本、韩国和中国达成双边自由贸易协定,另一方面,澳大利亚、智利和新西兰达成双边自由贸易协定,将使得东北亚从这三个葡萄酒出口国进口的葡萄酒关税降至零。

表17.3　　2008年所选择的亚洲经济体酒类从价消费税相当于消费税加上进口税ᵃ　　单位:%

	非高端葡萄酒 (2.50美元/升)	商业高端葡萄酒 (7.50美元/升)	超高端葡萄酒 (20美元/升)	啤酒 (2美元/升)	烈酒 (15美元/升)
中国内地	32	25	25	18	21
日本	32	11	4	0	12
中国香港	0	0	0	0	100
印度	165	155	152	100	151
韩国	46	46	46	124	114
菲律宾	22	12	9	10	35
中国台湾	23	14	12	2	23
泰国	232	117	81	51	52
越南	88	88	88	96	115

a. 表头行中所显示的价格(用美元表示),扣除了增值税(VAT)/商品和服务税(GST)。越南的税率是2012年的税率。

资料来源:安德森(2010),扩大到包括中国内地和越南。

亚洲葡萄酒市场发展概况:自20世纪60年代以来

亚洲葡萄酒(和其他酒类)市场的长期趋势可以总结于表17.4。从该表的左半部分来看,显然,20世纪90年代以前,亚洲在全球葡萄酒市场中只是一个很小的参与者;而从该表的右半部分来看,同样显然,在过去25年中亚洲的重要性急剧上升。亚洲在全球啤酒和烈酒消费中的份额也有所增长,尽管与葡萄酒相比,增长速度较慢,但是,基础数量要大得多:目前,亚洲占全球啤酒销量的1/3(从20世纪60年代的1/20增长起来的),占全球烈酒销量的一半(从20世纪60年代的1/5增长起来的)。

表 17.4   **自 20 世纪 60 年代以来亚洲葡萄酒市场发展概况**

年度均值＼年份	1960—1969	1970—1979	1980—1989	1990—1999	2000—2009	2010—2014
葡萄酒消费量(百万升)	41	81	302	500	941	2 034
在全球葡萄酒消费中占比(%)	0.2	0.3	1.2	2.3	4.0	8.3
在全球啤酒消费中占比(%)	5	6	10	19	25	32
在全球烈酒消费中占比(%)	22	28	39	43	46	54
人均葡萄酒消费量(升)	0.0	0.0	0.1	0.2	0.3	0.6
人均酒类消费量(酒精升数)[a]	0.5	0.7	1.0	1.2	1.4	1.8
人均亚洲酒类消费量/人均世界酒类消费量	0.2	0.3	0.4	0.5	0.6	0.7
葡萄酒在全部酒类消费中占比(%)	0.7	0.7	1.3	1.5	2.2	3.5
啤酒在全部酒类消费中占比(%)	16	16	18	28	35	37
烈酒在全部酒类消费中占比(%)	83	83	80	70	63	60
葡萄酒进口量(百万升)	12	33	71	190	380	840
在世界葡萄酒进口量中占比(%)	0.5	0.8	1.6	3.7	5.2	8.4
葡萄酒进口价值(百万美元)	6	40	164	791	1 943	5 317
在世界葡萄酒进口价值中占比(%)	0.9	1.5	2.8	7.2	9.2	16.1
葡萄酒进口价格(美元/升)	0.49	1.20	2.31	4.16	5.12	6.33
亚洲葡萄酒进口价格/世界葡萄酒进口价格	1.9	2.0	1.9	2.0	1.8	1.9

a. 有记录的人均酒类消费升数(酒精升数,不含家庭酿制或家庭蒸馏的酒精)。
资料来源:安德森和皮尼拉(2017)。

亚洲地区在葡萄酒消费中的重要性将会上升多少,以及中国葡萄酒产量将会扩大多少,以满足至少部分需求的增长,这些都不容易预测。中国之外亚洲地区的葡萄酒市场规模被预测仍然很小,而在中国,葡萄将被大规模转向酿酒,目前4/5 的葡萄被作为鲜果出售或制成葡萄干,并且其他作物用地将被转换为葡萄园。

在消费方面,随着实际收入水平提高,将亚洲经济体的变化与 1960 年以来西北欧非葡萄酒生产国人均葡萄酒消费量的变化进行比较,则是颇有见地的。图17.8 显示,虽然这两个地区均表现出实际 GDP 与葡萄酒消费量呈正相关,但是,欧洲的趋势线比亚洲的趋势线要陡峭得多,而且现在的水平要高得多。这表明亚洲迟来的葡萄酒消费增长还有很大的空间。

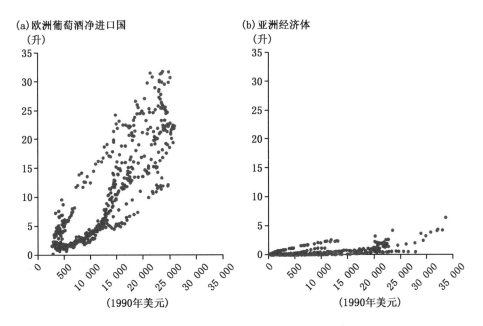

(a)欧洲葡萄酒净进口国
（升）

(b)亚洲经济体
（升）

（1990年美元）　　　　　　　　　　（1990年美元）

资料来源：基于安德森和皮尼拉(2017)的数据导出。

图 17.8　1961—2014 年人均实际 GDP 与人均葡萄酒消费量之间的相关性

图 17.9 也很有启发意义。图中显示,尽管中国各种酒类饮料消费都在增加,但是,自 20 世纪 80 年代以来,人均啤酒消费量增长了 1 000％,而葡萄酒消费量却"仅"增长了 600％。中国啤酒在酒类消费量中的占比从远低于全球平均水平到高出全球平均水平 1/10,而烈酒消费量占比则从接近全球平均水平的 3 倍下降到仅仅高出全球平均水平 1/7。然而,中国的葡萄酒消费份额已经从几乎为 0 到趋近全球平均份额的 1/3。这更加支持了中国葡萄酒销售进一步增长的空间仍然巨大的说法。

有一个方法可以概括亚洲酒类消费组合趋近全球平均水平,就是采用安德森(2014)提出的一个指数,这个指数用于捕捉世界各个酿酒葡萄产区的品种相似度。经过调整,一个国家的含酒精饮料组合相似度指数介于 0 和 1 之间,并且越接近于 1,则一个国家的含酒精饮料组合与整个世界的含酒精饮料组合(随着时间

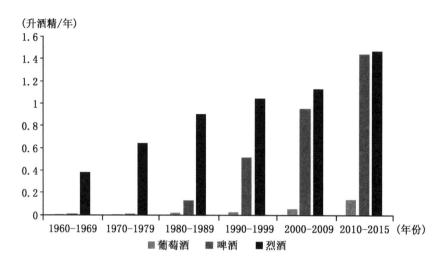

资料来源:安德森和皮尼拉(2017)。

图 17.9　1960—2015 年中国按类别划分的(有记录的)人均酒类消费量

的变化而变化)越相似。[1] 表 17.5 显示了亚洲主要国家的这些指数,中国变化最大,并与全球饮料消费组合最接近,而在过去半个世纪中,日本和韩国(米酒和其他烈酒占主导地位)与全球饮料消费组合的趋同幅度最小。

表 17.5　**1960—2014 年亚洲经济体相对于世界平均酒类消费组合的相似度指数**[a]

亚洲经济体 ＼ 年份	1960—1969	1970—1979	1980—1989	1990—1999	2000—2009	2010—2014
中国内地	0.64	0.68	0.77	0.91	0.96	0.98
中国香港	0.82	0.88	0.85	0.93	0.96	0.88
印度	0.64	0.68	0.70	0.71	0.75	0.78
日本	0.81	0.87	0.92	0.96	0.93	0.87

------

〔1〕 一个国家的含酒精饮料组合相似度指数被定义为:(1) $\omega_{ij} = \dfrac{\sum\limits_{m=1}^{M} f_{im} f_{jm}}{\left[\sum\limits_{m=1}^{M} f_{im}^2\right]^{\frac{1}{2}} \left[\sum\limits_{m=1}^{M} f_{jm}^2\right]^{\frac{1}{2}}}$

其中,f_{im} 是 i 国饮料 m 在国内酒类消费总量中所占的比例,这些比例介于 0 和 1 之间,加总之和为 1 (比如,有 3 种不同的饮料,即 $M=3$,那么,$0 \leqslant f_{im} \leqslant 1$,且 $\sum_m f_{im} = 1$),j 是指在世界酒类消费量中这些饮料的平均占比。i 国的饮料消费组合与整个世界的饮料消费组合越相似,则方程(1)的分子就越大。当一国组合与全球组合相同时,分母则使测度值标准化为 1。也就是说,对于与世界平均消费组合相同的国家来说,ω_{ij} 等于 1。

续表

年份 亚洲经济体	1960—1969	1970—1979	1980—1989	1990—1999	2000—2009	2010—2014
韩国	0.77	0.77	0.76	0.76	0.73	0.70
马来西亚	0.76	0.77	0.79	0.79	0.82	0.87
菲律宾	0.80	0.85	0.87	0.85	0.88	0.86
新加坡	0.75	0.86	0.92	0.90	0.85	0.85
中国台湾	0.68	0.82	0.91	0.95	0.97	0.97
泰国	0.66	0.69	0.71	0.78	0.87	0.86
其他亚洲经济体	0.67	0.71	0.73	0.77	0.78	0.77

a. 参见上个脚注关于相似度指数的定义。

资料来源：霍姆斯和安德森(2017)，基于安德森和皮尼拉(2017)的数据。

为什么无论是在绝对量的指标上还是在占酒类总消费中的比例指标上，中国内地和除中国香港以外的其他亚洲地区的葡萄酒消费量仍然相对较低？表 17.3 所示的税收可能做出了部分解释。2002 年中国内地大幅降低葡萄酒进口关税，以及 2008 年中国香港取消此类关税，肯定会提振中国的葡萄酒消费。在日本和韩国，米酒和他们的食物很搭配，所以，人们不太愿意向葡萄酒消费转变。另一个解释是人均收入。虽然表 17.2 所列经济体在 2010—2014 年间人均收入与酒类消费总量之间没有明显的联系，但是，收入与葡萄酒在酒类消费总量中所占的比例是合理正相关的。更引人注目的是，从时间上看，表 17.4 的中间行显示，对于整个亚洲来说，自 20 世纪 60 年代以来有记录的人均酒类消费量大幅增长（从 0.5 升增加到 1.8 升，由全球平均水平的 0.2 倍增加到 0.7 倍）。[1] 一旦亚洲国家每一种饮料的消费者价格指数和支出数据可以得到，对于这些假设的重要性的检验就是可行的，正如霍姆斯和安德森(2017)针对更发达的经济体所做的那样。

---

〔1〕 增长的一部分可能是未记录的酒类消费量(家庭自酿或蒸馏产品)取代的部分。即使在 2000—2010 年间，世界卫生组织的估计表明，中国有记录的酒类消费量可能只占总消费量(有记录的加上未记录的估计)的 2/3(霍姆斯和安德森，2017)。

非亚洲葡萄酒进口发展中国家的葡萄酒市场

在过去的 150 年里,拉美、非洲和中东(也就是说,没有在本章或本书前面的章节中考察过的所有发展中国家)葡萄酒进口国的葡萄酒市场一直都是很小的,而且,在过去的一个世纪里,一直只是缓慢增长。当然,其中一些国家(例如,土耳其)有相当大的葡萄园种植面积,但是,它们的葡萄主要用于食用,而不是酿酒。总体而言,这些国家——占世界人口的 25%——在 1961—1964 年间只占世界葡萄酒产量的 1%和消费量的 2%(并且只占有记录的酒类消费量的 5%)。到 2010—2014 年间,这些比例已经翻了一番(见表 17.6)。它们的确在全球葡萄酒进口中占有较大份额(1961—1964 年为 5%),但是,随着过去的殖民影响日渐消退,到 2010—2014 年间,这一份额下降了约 1/3。

表 17.6   **1961—1964 年与 2010—2014 年拉美、非洲和中东葡萄酒**
进口国在全球葡萄酒市场中所占份额   单位:%

	葡萄种植面积	葡萄酒产量	葡萄酒进口量	葡萄酒进口价值	葡萄酒消费量	酒类消费量
巴西						
1961—1964 年	0.6	0.5	0.0	0.1	0.7	1.1
2010—2014 年	1.2	1.1	0.8	0.9	1.7	5.7
其他拉美国家[a]						
1961—1964 年	0.3	0.4	0.2	0.9	0.5	2.3
2010—2014 年	0.5	0.5	1.4	1.2	1.1	2.6
土耳其						
1961—1964 年	6.8	0.1	0.0	0.0	0.1	0.1
2010—2014 年	6.7	0.1	0.0	0.0	0.2	0.4
其他非洲和中东国家[b]						
1961—1964 年	7.2	0.1	6.7	5.8	0.7	1.4
2010—2014 年	7.5	0.1	3.2	2.3	1.0	2.0
以上总计						
1961—1964 年	**14.9**	**1.1**	**6.9**	**6.8**	**2.0**	**4.9**
2010—2014 年	**16.2**	**1.7**	**5.4**	**4.4**	**4.0**	**10.7**

续表

	葡萄种植面积	葡萄酒产量	葡萄酒进口量	葡萄酒进口价值	葡萄酒消费量	酒类消费量
亚洲						
1961—1964 年	0.3	0.2	0.5	0.9	0.2	12.1
2010—2014 年	12.0	4.7	8.4	16.1	8.3	38.5

a. 包括除了阿根廷与智利之外的加勒比海、墨西哥湾、中美洲和南美洲的所有国家。

b. 不包括南非、阿尔及利亚、摩洛哥和突尼斯。

资料来源：安德森和皮尼拉（2017）。

路在何方？

这个问题由安德森和威特维尔（2015）提出，他们根据安德森和尼尔根（2011，第 5—7 节）提供的全面的数量和价值数据、贸易和消费税收数据，利用他们的全球葡萄酒市场模型，最初将时间定在 2009 年，从而提出这个问题。他们认为，随着中国中产阶级人数（目前超过 2.5 亿）以每年 1 000 万的速度增长（卡拉斯，2010；巴顿、陈和金，2013；林、万和摩根，2016），中国所有类型的葡萄酒消费将会有相当大的转变。由于葡萄酒在中国 11 亿成年人的酒类消费量中所占比例仍然不到 4%，安德森和威特维尔（2015）认为，预期葡萄酒需求量大幅增长并非没有道理。至于世界其他地区，他们认为，偏好的长期趋势将继续从非高档葡萄酒转向高档葡萄酒。这项研究还认为，中国的葡萄和葡萄酒行业资本与全要素生产率增长速度将快于其他地区，但是，不足以阻止葡萄酒进口继续快速增长。预计近一半的进口增长将来自法国，其中很大一部分来自香槟。

下一章将报告由同一批作者做出的世界葡萄酒市场的最新预测，预测时间一直到 2025 年。报告认为，中国的实际收入增长幅度更适度，不如安德森和威特维尔（2015）判断的那么高。尽管如此，报告指出，即使中国的 GDP 增长、工业化和基础设施支出进一步放缓，中国家庭仍然被鼓励降低他们异常高的储蓄率，将更多的收入用于消费。此外，葡萄酒正在受鼓励成为中国主要酒精饮料（大麦酿制的)啤酒和(大米或高粱酿制的)烈酒的替代品,因为葡萄酒被认为对健康有益,而且它不会减少国内粮食供应而破坏粮食安全。中国最近签署双边自由贸易协定将会促进进口,进而扩大中国的葡萄酒消费,这也将在下一章进行探讨。

中国正在引领世界葡萄酒市场营销的两个相关特征是网上购物和葡萄酒精美包装。总体上,对于消费品来说,网上购物在中国非常普遍,而且越来越好地应用在葡萄酒销售方面——比其他任何国家都要更加普遍。社会媒体也影响着年轻消费者对葡萄酒风格和品牌的偏好。因此,在未来的若干年里,信息和通信技术革命对中国葡萄酒消费的影响可能比其他地方更为深远。在这一领域,葡萄酒出口国能够直接或通过进口商/分销商进行竞争的能力如何,以及有多少其他国家在网上购买葡萄酒和精心包装葡萄酒方面效仿中国,这些仍有待观察。

结 论

时至今日,中国已经成为亚洲最重要的葡萄酒消费国,而且对于葡萄酒出口商来说,很可能成为更占主导地位的市场。当然,最近的紧缩政策和经济增长放缓抑制了中国超高档葡萄酒和标志性葡萄酒销售的增长,但是,由于这些优质葡萄酒仍然只占总销售量的一小部分,紧缩政策对中国葡萄酒消费总量和进口扩张的影响可能只是微乎其微的。

尽管中国人均葡萄酒消费最近预期增长率不会高于几个西北欧国家前几十年的增长率,但是,中国11亿成年人的绝对规模以及葡萄酒仍占中国酒类消费不到4%的事实,决定了前所未有的进口增长的机会。如果中国自己的酿酒葡萄产量增长得更快,那么,进口在某种程度上就少一些,但是,这不太可能大幅降低中国近10年来葡萄酒进口的增长,尤其是在超高档葡萄酒领域。事实上,2014—2016年中国的葡萄酒产量平均不高于2011年,而且比2012年有记录的水平低了1/5。

当然,推算不是预测。汇率的走势以及各国葡萄酒生产商利用亚洲市场增长机会的速度,将是未来几年市场份额实际变化的另一关键决定因素。法国是否能够守住其在中国市场上的主导地位,还有待观察。一方面,其他葡萄酒出口国,尤其是新世界的公司,正在扩大其在亚洲的普通产品和品牌产品推广。另一方面,如果欧盟(EU)与中国签署一项自由贸易协定(FTA),欧洲在中国市场上的主导地位将会提升,甚至高于在下一章中推算的提升幅度,可能会损害新世界供应商的利益(正如发生在澳大利亚身上的情况那样,几年前,智利、新西兰与中国成功签署了自由贸易协定)。

并非全球葡萄酒行业的所有细分领域都能从中国市场的发展中受益,如果对产品的需求像预期那样继续减少,那么,旧世界和新世界的非优质葡萄酒生产商都将面临价格下跌的局面。但是,那些出口公司愿意投入足够的资金与中国进口商/分销商建立关系,或者在葡萄种植、酿酒、网上零售等方面在中国建立合资企业,它们很可能会从这些投资中获得长期利益,就像那些销售除了葡萄酒之外的很多其他产品的公司在中国一直做的那样。

同时,对于葡萄酒出口商来说,东亚其他几个经济体超高端葡萄酒市场将依然保持着主要地位,且具有销售利润增长空间。相比之下,亚洲最大的三个伊斯兰国家(孟加拉国、印度尼西亚和巴基斯坦)的可能性要小得多。印度可能更快成为更重要的国家,但迄今为止,内部和外部贸易限制以及对葡萄酒征收的高额进口税和消费税抑制了这个人口众多国家的葡萄酒销售增长。更有可能的是,并不反对或禁止酒类消费的其他发展中国家所在地区增长最快速的经济体推动着葡萄酒进口的增长。

【作者介绍】　卡伊姆·安德森(Kym Anderson):乔治·格林(George Gollin)经济学教授,南澳大利亚位于阿德莱德的阿德莱德大学葡萄酒产业经济研究中心执行主任,位于堪培拉的澳大利亚国立大学经济学教授,伦敦经济政策研究中心的研究员。他的研究兴趣包括国际贸易和经济发展,以及农业经济学、食品经济学和葡萄酒产业经济学。

【参考文献】

Aizenman, J. and B. Brooks (2008), 'Globalization and Taste Convergence: The Cases of Wine and Beer', *Review of International Economics* 16(2):217—33.

Anderson, K. (2010), 'Excise and Import Taxes on Wine vs Beer and Spirits: An International Comparison', *Economic Papers* 29(2):215—28, June.

(2013), *Which Winegrape Varieties Are Grown Where? A Global Empirical Picture*, Adelaide: University of Adelaide Press.

(2014), 'Changing Varietal Distinctiveness of the World's Wine Regions: Evidence from a New Global Database', *Journal of Wine Economics* 9(3):249—72.

Anderson, K. and K. Harada (2017), 'How Much Wine Is *Really* Produced and Consumed in China, Hong Kong and Japan?' Wine Economics Research Centre Working Paper 0517, University of Adelaide, November.

Anderson, K. and S. Nelgen (2011), *Global Wine Markets, 1961 to 2009: A Statistical Compendium*, Adelaide: University of Adelaide Press. Freely accessible as an e-book at www. adelaide. edu. au/press/titles/global-wine and as Excel files at www. adelaide. edu. au/wine-econ/databases/GWM.

Anderson, K. and V. Pinilla (with the assistance of A. J. Holmes) (2017), *Annual Database of Global Wine Markets, 1835 to 2016*, Wine Economics Research Centre, University of Adelaide, at www. adelaide. edu. au/wine-econ/databases/global-wine-history.

Anderson, K. and A. Strutt (2012), 'The Changing Geography of World Trade: Projections to 2030', *Journal of Asian Economics* 23(4):303—23, August.

Anderson, K. and G. Wittwer (2015), 'Asia's Evolving Role in Global Wine Markets', *China Economic Review* 35:1—14, September.

(2018), 'Projecting Global Wine Markets to 2025', ch. 18 in *Wine Globalization: A New Comparative History*, edited by K. Anderson and V. Pinilla, Cambridge and New York: Cambridge University Press.

Barro, R. J. (2016), 'Economic Growth and Convergence, Applied to China', *China and the World* 24(5):5—19, September-October.

Barton, D. , Y. Chen and A. Jin (2013), 'Mapping China's Middle Class', *McKinsey Quarterly*, June. www. mckinsey. com/insights/consumer_ and_ retail/mapping_ chinas_middle_ class.

Euromonitor International (2015), *Passport: Wine in China*, London: Euromonitor International, May.

Findlay, C. F. , R. Farrell, C. Chen and D. Wang (2004), 'East Asia', ch. 15 (pp. 307—26) in *The World's Wine Markets: Globalization at Work*, edited by K. Anderson, Cheltenham UK: Edward Elgar.

Holmes, A. J. and K. Anderson (2017), 'Convergence in National Alcohol Consumption Patterns: New Global Indicators', *Journal of Wine Economics* 12(2):117—48.

Huang, H. T. (2000), *Biology and Biological Technology*, Part 5: *Fermentations and Food Sci-*

ence, Volume 6 in the series of books on Science and Civilization in China, Cambridge and New York: Cambridge University Press.

Kharas, H. (2010), 'The Emerging Middle Class in Developing Countries', Working Paper 285, Organisation for Economic Cooperation and Development (OECD) Development Centre, Paris, January.

Li, D. (2015), 'China', pp. 173—76 in *The Oxford Companion to Wine*, edited by J. Robinson, London and New York: Oxford University Press.

Li, Y and I. Bardaji (2016), 'A New Wine Superpower? An Analysis of the Chinese Wine Industry', American Association of Wine Economics (AAWE) Working Paper No. 198, June. www. wine-economics. org/aawe/wp-content/uploads/2016/06/AAWE_WP198. pdf.

Lin, J. Y. , G. Wan and P. J. Morgan (2016), 'Factors Affecting the Outlook for Medium-Term and Long-Term Growth in China', *China and the World* 24(5):20—41, September-October.

McGovern, P. (2003), *Ancient Wine: The Search for the Origins of Viticulture*, Princeton, NJ: Princeton University Press.

　(2009), *Uncorking the Past: The Quest for Wine, Beer, and Other Alcoholic Beverages*, Berkeley: University of California Press.

Mustacich, S. (2015), *Thirsty Dragon: China's Lust for Bordeaux and the Threat to the World's Best Wines*, New York: Henry Bolt and Co.

OIV (2015), *Le Vignoble Mondial*, Paris: Organisation Internationale de la Vigne et du Vin, May.

Sterckx, R. (2015), 'Alcohol and Historiography in Early China', *Global Food History* 1(1):13—32.

Wine Australia (2016), *Export Market Guide: China*, Adelaide: Wine Australia, May.

World Bank (2016), *World Development Indicators*, Washington, DC: World Bank.

第四部分

前景展望

第十八章

直至 2025 年的全球葡萄酒市场预测

　　从本书前面的各章中可以清楚地看出,由于全球化,世界各国的葡萄酒市场不再是独立的。相反,受其他国家消费模式的影响,已经导致在很大程度上消费者的口味趋于一致,并且,贸易成本下降和贸易政策改革使得在葡萄酒生产方面拥有比较优势的生产商变得更加注重出口,从而给其他地方竞争力较弱的生产商带来了压力。这些发展变化有助于提高全球葡萄酒出口份额(或进口葡萄酒的全球消费份额),20 世纪 90 年代以前全球葡萄酒出口份额不到 15%,今天提高到40% 以上。这意味着,现在,葡萄酒生产商和消费者不仅受到实际汇率变动的影响,还受到伴随着各国和全球经济增长和商业周期而出现的葡萄酒进口需求与出口供应变化的更大影响。正如上一章所指出的,亚洲新兴经济体(尤其是中国)的收入快速增长和中产阶级的迅速壮大,正在引起亚洲对葡萄酒需求的激增。尽管这反过来刺激了葡萄园的扩张和中国自身葡萄酒产量的快速增长,但是,迄今为止,当地产量增长无法满足国内需求增长(事实上,2013—2016 年中国的葡萄酒产量比 2012 年有记录的产量低了 1/6)。

　　随着这些情况的快速发展变化,预测未来 10 年左右世界各种葡萄酒市场的走向是困难的。然而,在各种明确的假设下,一个正式的市场经济行为模型能以内在一致的方式分析预期的变化。

　　本章的目的是运用一个世界葡萄酒市场模型,推算直至 2025 年的世界葡萄酒市场的状况。我们假设,在高收入国家中,高档葡萄酒消费的趋势会持续下去,并且远离非优质葡萄酒消费。鉴于近年来实际汇率在一些国家葡萄酒市场的命运中发挥了主导作用,我们将考虑 2014—2025 年期间实际汇率的三种可选路径。由于中国进口的增长主导了未来 10 年贸易格局的变化,因此,还考虑了两个可选的中国经济增长假设，从而提供了各种可能性。并且，随着英国计划退出欧盟（Brexit），我们引入了一个可能的情景，即英国脱欧对全球葡萄酒市场的影响。

这一章首先概述了我们修订后的世界葡萄酒市场模型（模型最初是由威特维尔、伯杰和安德森于 2003 年提出的），以及该模型可能会受到冲击的方式，以检验实际汇率和其他变量变化的影响。然后，该模型模拟了到 2025 年葡萄和葡萄酒市场的预期变化，对基本情况进行总结。接着，分析各种替代路径可能形成的结果，分别是实际汇率变化路径的结果、中国未来 10 年增长路径的结果以及英国脱欧路径的结果。最后一节给出了本研究结果对未来葡萄酒市场及其参与者的启示。

世界葡萄酒市场的修正模型及其数据库

世界葡萄酒市场的模型是由威特维尔等（Wittwer et al.，2003）首次发表的，随后，由安德森和威特维尔（2013）进行了修正、更新和扩展。对初始模型的改进包括将葡萄酒市场划分为 5 种类型，即非优质葡萄酒、商业优质葡萄酒、超优质葡萄酒、标志性无泡葡萄酒和起泡葡萄酒。[1] 存在两种类型的葡萄，即优质葡萄和非优质葡萄。非优质葡萄酒专门使用非优质葡萄，超优质葡萄酒和标志性葡萄酒专门使用优质葡萄，商业优质葡萄酒和起泡葡萄酒使用两种类型的葡萄。世界被划分为 44 个国家以及涵盖了所有其他国家的 7 个集成区域。

根据安德森和皮尼拉（2017）以及安德森等（2017）提供的全面的葡萄酒市场数量和价值数据、贸易和消费税数据，模型使用的数据截至 2014 年。假定 2014—2025 年期间国民总消费、人口和汇率出现某种程度变化，如表 A18.1 所

---

〔1〕 安德森和尼尔根（2011）以及安德森、尼尔根和皮尼拉（2017）定义的商业优质无泡葡萄酒，是指在一个国家边境贸易中或批发市场上税前每升价位在 2.5—7.5 美元之间的葡萄酒。由于标志性无泡葡萄酒是超优质葡萄酒的一个小子集（假设它们的平均税前批发价格为每升 80 美元，仅占全球葡萄酒产量和消费量的 0.45%），为了简单起见，这里没有单独报告。

示的水平。[1] 预计三个可选择的基准变化路径也推算至 2025 年。第一个是所有国家对美元的实际汇率比 2025 年的基准降低了 10％(乐观人士认为,在时任总统特朗普于 2016 年美国选举中承诺的政策下,可能会出现这种情况);第二个是中国经济增长放缓;第三个是考察英国脱欧的可能结果。

关于偏好,这里认为,中国(消费者)继续显著取向消费所有葡萄酒类型,其他国家则会远离非优质葡萄酒。然而,如果中国的总体消费量增长速度低于基准情景中所假设的增长速度,这将导致中国的实际汇率对其他货币贬值,从而减缓中国葡萄酒净进口的增长。这也将减少非洲的总消费量,由于中国对非洲大陆的大量投资以及与非洲大陆的贸易,非洲大陆的总消费量一直在迅速增长。

在我们的基准情景中,假定各地葡萄和葡萄酒产业的全要素生产率每年增长1％,假定中国每年葡萄和葡萄酒产业的资本净增长率为 1.5％,而其他地区为零(这与过去 20 年全球葡萄酒生产和消费的零增长相一致)。第一种选择情景是,美元相对于所有其他货币升值 10％,以回应 2017 年 1 月唐纳德·特朗普入主白宫时所提供的刺激计划。第二种选择情景是,中国经济增长放缓,由于实际汇率贬值,进口商品的竞争优势下降,中国国内葡萄酒产业的资本年增长率将从 1.5％提高到 3％。第三种选择情景是,假设在英国退出欧盟后,英镑实际贬值 10％,其间直至 2025 年英国经济增长率减半,英国对从欧盟成员国以及从智利和南非进口的葡萄酒适用欧盟的对外关税(目前,智利和南非与欧盟有自由贸易协定,但是,到 2025 年之前,英国没有足够的时间与这两个国家分别谈判并实施新的自由贸易协定)。

这个全球模型有供求方程,因此,含有每种葡萄和葡萄酒产品以及每个国家所有其他产品的单一复合变量的数量和价格。假定葡萄不能进行国际贸易,但是,其他产品既可以出口也可以进口。假定在任何冲击发生之前,每个市场都是出清状态,进而在引入外部冲击变量之后,发现一个新的市场出清结果。所有价格都以实际价格(2014 年美元)表示。该模型具体的方程见安德森和威

---

〔1〕 预测期间的实际汇率变化是指国家 i 货币对美元的名义价值的预期变化乘以美国对国家 i 的国内生产总值(GDP)平减指数的预期比率。

特维尔(2013)文献的附录。

直至 2025 年的全球葡萄酒市场测算

2025 年的全球葡萄酒产量和出口量的测算以及 2014 年的实际数据见表 18.1。与过去的趋势相一致,11 年间模型的产量(和消费量)略有增长(9%),其中,非优质葡萄酒下降了 6%,商业优质葡萄酒和精品葡萄酒增长了 1/6。然而,按照价值计算,葡萄酒产量和消费量增长了约 50%;按照实际价值(2014 年美元)计算,两种优质类别的葡萄酒产量和消费量增长了 60%。国际贸易的测算结果与此类似,尽管略高一些,但是,在 2014—2025 年间,全球出口产品占比(等于全球进口消费占比)上升了 2 个百分点。

表 18.1　全球葡萄酒生产与出口的数量和价值:2014 年的实际值与 2025 年的测算值

单位:百万升,2014 年 10 亿美元

	产量(1 000 百万升)			产值(10 亿美元)		
	2014 年	2025 年	变化(%)	2014 年	2025 年	变化(%)
非优质葡萄酒	9.4	8.8	—6	10.1	9.6	—5
商业优质葡萄酒	9.9	11.8	19	26.2	42.3	62
精品葡萄酒	5.6	6.6	18	39.2	62.3	59
总计	24.9	27.3	9	75.6	114.3	51
	出口量(1 000 百万升)			出口价值(10 亿美元)		
非优质葡萄酒	4.2	4.0	—3	4.4	4.5	3
商业优质葡萄酒	4.6	5.6	23	11.6	18.8	63
精品葡萄酒	2.4	3.0	24	17.2	28.8	68
总计	11.1	12.6	13	33.1	52.1	57

资料来源:作者基于模型导出的结果(国别详情参见表 A18.2—表 A18.5)。

关于 2014 年全球葡萄酒产量中各国占比的基准情形测算变化不大,当然,除了中国,因为这里假定中国的葡萄园扩张速度比其他地方都要快。[1] 就价

---

[1] 站在保守立场上,这是一个错误。事实上,中国的葡萄酒产量在 2012—2016 年间稳步下降,总共下降了 1/5,所以,中国葡萄酒进口的增长速度可能比这个基准预测要快。

值而言,这意味着到 2025 年,中国排名将从第五位升至第四位,落后于法国、美国和意大利,西班牙仅仅领先于澳大利亚,然后是德国,它们排在后三位〔见图 18.1(a)〕。按照葡萄酒总产量计算,中国从第六位上升到第五位,而阿根廷从第五位下降到第八位(以及按产值从第八位下降到第九位,见表 A18.2)。

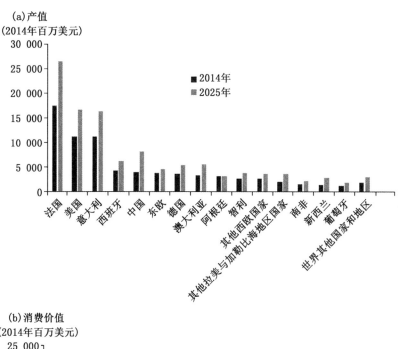

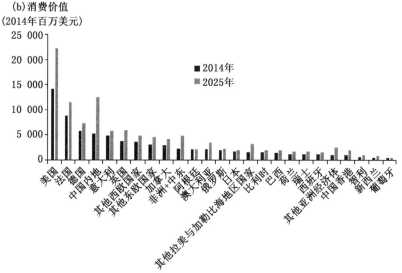

资料来源:作者基于模型导出的结果。

图 18.1　2014 年和 2025 年主要国家葡萄酒产值和消费价值

当我们将葡萄酒再细分为精品葡萄酒(无泡酒加上起泡酒)、商业优质葡萄酒和非优质葡萄酒时,在全球精品葡萄酒生产的梯度中,法国和美国保持了最高的两个位置,而西班牙和意大利保持了非优质葡萄酒的前两名。至于商业优质葡萄酒(被定义为在一个国家的批发市场或边境市场上每升2.5—7.5美元之间的葡萄酒),在我们的推算期内,意大利保持最高排名,但是,至少在价值方面,中国对位居第二的法国形成挑战,因为这里假定中国比其他国家更快地提高了非优质葡萄酒对商业优质葡萄酒的产量比例。

某种程度上,2025年按照葡萄酒消费总价值推算的国家排名变化大于2025年按照产量价值推算的国家排名变化,中国将位居第二,仅次于美国,超越法国和德国,然后是英国,英国略超意大利而进入第五位[见图18.1(b)]。在精品葡萄酒消费方面,美、法和德国保持前三名,但是,至少在价值上,加拿大略微超过意大利,排在第四位。至于商业优质葡萄酒,中国强势排名第一,超过美国,而英国与德国相当,并列第三(见表A18.3)。

图18.2显示了消费量的预期变化,很明显,预计中国将主导总量的增长,

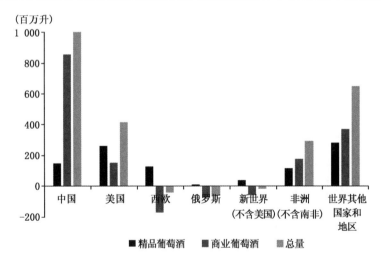

a. 精品葡萄酒被界定为超优质葡萄酒、标志性无泡葡萄酒和起泡葡萄酒,其余的则是商业优质葡萄酒加上非优质无泡葡萄酒。

资料来源:作者基于模型导出的结果。

图18.2 2014—2025年主要地区葡萄酒消费量的变化[a]

尽管预计美国将引领精品葡萄酒消费量的增长。在西欧和南半球的新世界国家,预计精品葡萄酒将取代商业葡萄酒(界定为商业优质葡萄酒与非优质葡萄酒的总和),而葡萄酒消费总量几乎没有变化。预计撒哈拉以南非洲是下一个将起飞的地区,其消费量增长占世界其他地区消费量增长的 1/3 以上。

当然,这些生产排名与消费排名的差异也反映在国际贸易中。图 18.3 显示,法国、意大利和西班牙仍然是葡萄酒总价值最高的三个出口国,但接下来的排名稍有变化,澳大利亚略微领先于智利,然后是美国,德国和新西兰的价值几乎相当,位于第六位。法国和意大利在精品葡萄酒出口中占据了更大的优势,到 2025 年依然如此,而意大利在商业优质葡萄酒出口类别上超过法国,在非优质葡萄酒出口类别上,西班牙超过意大利、澳大利亚,然后是智利(见表 A18.4)。

在进口国中,就进口价值而言,预计美国和英国将在 2025 年继续保持前两名,但是,中国内地排在第三位,稍稍领先于德国,紧随其后的是加拿大、中国香港、比利时、卢森堡、荷兰和日本。请再次注意,预计在其他所有地区中撒哈拉以南非洲地区的葡萄酒进口增幅最大,其次是其他亚洲地区。这些发展也反映在各国和其余地区在全球葡萄酒进口价值中的占比水平和变化上(见图 18.4)。从表 A18.5 可以清楚地看到,在 2014 年和 2025 年,美国都是最突出的精品葡萄酒进口国,但是,从价值角度看,排名次序从加拿大、德国和英国变成了英国、加拿大和德国。在商业优质葡萄酒类别中,英国是占据主导地位的进口国,同时存在类似的价值上的排名重组,从德国、美国和中国变成了中国、美国和德国。至于非优质葡萄酒的进口,2014 年,德国排名第一,其次,在数量上法国排名第二,在价值上英国排名第二。然而,到 2025 年,据预测,英国将取代德国在价值上处于第一位,但是,这个基准推算没有考虑英国脱欧(见本章后面讨论的替代情景)。

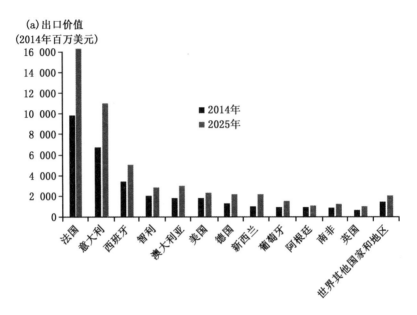

(a)出口价值
(2014年百万美元)

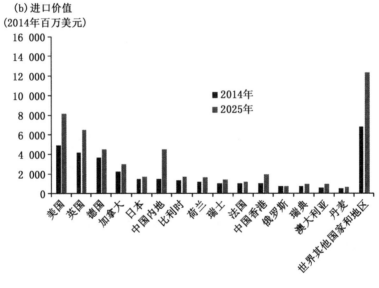

(b)进口价值
(2014年百万美元)

资料来源:作者基于模型导出的结果。

图 18.3 2014 年和 2025 年主要葡萄酒贸易国的葡萄酒进出口价值

(a)世界进口份额

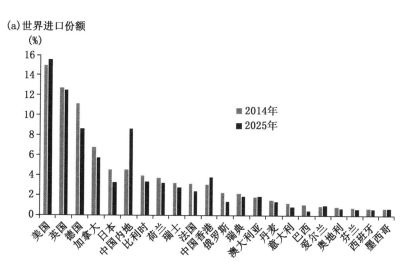

(b)2014-2025年世界进口份额的百分比变化

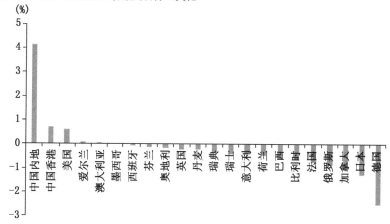

资料来源:作者基于模型导出的结果。

图 18.4　2014 年和 2025 年全球葡萄酒进口价值中的国别占比

就精品葡萄酒而言,预计撒哈拉以南非洲地区增加的进口将主要来自法国,其次是葡萄牙和西班牙,但是,商业葡萄酒的进口主要来自南非(同样紧随其后的是葡萄牙和西班牙)[见图 18.5(a)]。按价值计算,在这 10 年里,法国占预计增长的 1/3 以上,加上西班牙和葡萄牙,预计占 70%,而南非的价值份额仅为 1/7,所有其他国家仅占 1/20[见图 18.5(b)]。

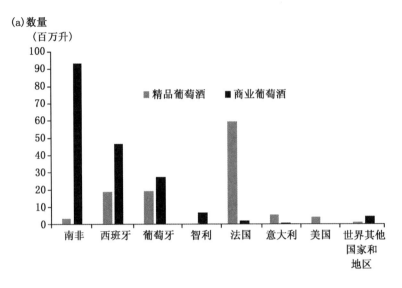

(a) 数量
（百万升）

■精品葡萄酒 ■商业葡萄酒

南非　西班牙　葡萄牙　智利　法国　意大利　美国　世界其他国家和地区

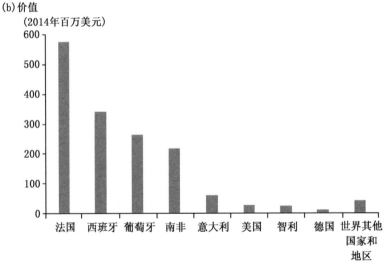

(b) 价值
（2014年百万美元）

法国　西班牙　葡萄牙　南非　意大利　美国　智利　德国　世界其他国家和地区

资料来源:作者基于模型导出的结果。

图 18.5　2014—2025 年按照来源地划分的撒哈拉以南非洲地区葡萄酒进口增长状况

根据我们的基准预测,2014—2025 年间中国葡萄酒消费量的增长,几乎一半来自扩大的国内生产,70%的进口量——绝大部分为精品葡萄酒——来自欧洲[见图 18.6(a)]。随着葡萄酒进口增长幅度大于国内生产相应的增长幅度,在预测期内,中国葡萄酒自给率从 75％下降到 64％。[1]

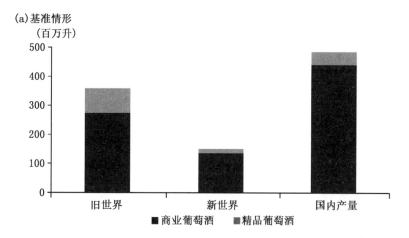

(a)基准情形
（百万升）

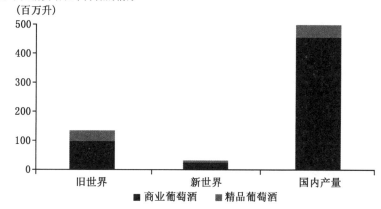

(b)中国消费增长率降低的情形
（百万升）

资料来源:作者基于模型导出的结果。

图 18.6　2014—2025 年按照来源地划分的中国精品葡萄酒和商业葡萄酒消费增长状况

─────────────

〔1〕　基于中国官方生产和进口数据,2014 年,中国自给率为 75％。根据安德森和哈拉达(2017)的核算,事实上,一旦考虑重复计算以及未记录的来自中国香港的瓶装葡萄酒进口,自给率接近 50％,正如本书前一章中所讨论的。

如果美元的实际价值比基准情形高出 10%，那么 2025 年的情形又将如何呢？

如果 2025 年美元的实际价值被低估了 1/10，那么，美国的葡萄酒价格将会下降大约 5%，而按照当地货币计价，其他所有国家的葡萄酒价格将会略高。美国的葡萄酒产量将会下降 1% 左右，其他国家产量则会略高一些，而美国的葡萄酒消费量将会增加 3% 或 100 百万升，其他国家则会略低一些，这样，全球的消费量就会大致与基准情形的水平相当。精品葡萄酒在全球消费量中所占份额更大，因为世界消费的重心向美国转移，美国不仅是世界上最大的葡萄酒消费国，而且更加强烈地关注精品葡萄酒。

在这种情况下，美国的产量会降低，但消费量会增加，其进口量将增加约 100 百万升（约合 8 亿美元）。尽管全球葡萄酒贸易量只增加了 20 百万升，但它的价值却增加了 6 亿美元，因为更多的葡萄酒将是销往美国市场的精品葡萄酒。在美国额外进口的 100 百万升葡萄酒中，有 1/3 来自意大利，1/4 来自法国，澳大利亚、新西兰和西班牙大约各占 7%，世界其他国家只提供了额外进口葡萄酒的 1/7。

如果中国的收入增长速度低于基准情形，那么 2025 年的情形又将如何呢？

基准情形假设在 2014—2025 年间，中国的实际家庭消费将以每年 5.4% 的速度增长。事实上，如果中国的消费增长率每年减少 1 个百分点，那么，中国的葡萄酒总消费量就会下降（中国葡萄酒消费的高端化也会放缓）。但是，其他经济体也会受到影响，尤其是初级产品出口国以及接受中国援助和外国投资的国家。因此，在这种替代情形下，我们还假设撒哈拉以南非洲的实际家庭消费增长速度会放慢，为每年 6%，而不是每年 6.9%。

在这种替代情形下，与初始基准情形相比，中国的进口承受了消费需求增长放缓的全部冲击：进口量为 350 百万升，或者说，比 2025 年基准情形的水平低了 2/3(170 百万升,而不是 520 百万升)。因此,在这种较慢的增长情况下,中国在 2025 年的葡萄酒自给自足水平几乎和 2014 年一样,为 75％。欧洲和新世界的葡萄酒出口商将同样感到进口增长的降低[见图 18.6(b)]。

在这种情况下,与基准情形相比,撒哈拉以南非洲地区的葡萄酒进口量也将减少 1/3 或减少 90 百万升(200 百万升,而不是 290 百万升)。在这种情况下,2014—2025 年全球葡萄酒贸易增长将在数量和价值方面均下降 15％,但是,对出口商的不利影响将因不同国家而存在显著的差异。与基准情形相比,意大利的出口量将减少 1/12,澳大利亚和法国减少 1/8,西班牙减少 1/6,南非减少一半,智利几乎减少近 90％。

英国退出欧盟会对葡萄酒市场产生怎样的影响?

如前所述,对于第三种替代情形,我们假设,随着英国退出欧盟(最早可能在 2019 年 4 月)[1],到 2025 年,英镑的实际价值将比我们模型的基准预测值低 10％;英国经济增长率在 2025 年前将减半;英国将对来自欧盟成员国的进口葡萄酒适用欧盟的对外关税;到 2025 年,英国没有足够的时间与欧盟 27 国、智利和南非谈判和实施自由贸易协定(后两个国家拥有优先进入欧盟葡萄酒市场的权利,除非或直到英国与它们签署新的双边协定,否则不包括英国在内)。

在这个涉及英国脱欧的替代情形中(安德森和威特维尔,2017),与 2025 年之前的初始基准情形相比,按照当地货币计算,英国葡萄酒的消费价格将上涨 1/9,而英国葡萄酒的消费量将下降 17％,其中,3％是因为英镑的实际贬值,8％是因为英国经济增长放缓,6％是因为对欧盟、智利和南非葡萄酒征收的新关税。在这种情形下,预计 2025 年英国进口量将比基准情形低 266 百万升,但是,世界进口量将仅低 154 百万升,因为其他国家的进口量将高出 112 百万升,作为对国际葡萄酒价格下降的回应。按价值计算,由于英国脱欧,2025 年英国

---

〔1〕 这个时间为原著作者的预测,事实是,2020 年 1 月 31 日英国正式脱离欧盟,向 47 年的盟友说再见,也为历时 3 年多的脱欧历程画上句号。——译者注

进口额下降近 10 亿美元。这种情形与基准情形相比,在英国,相对于精品葡萄酒来说,商业葡萄酒的零售价格更高,而在世界其他地方则更低,这要归因于英国对葡萄酒进口征收的新关税的性质,这种关税是从量税而不是从价税。这种相对价格差异的一个后果是,2025 年,世界其他地区的葡萄酒进口总额也低于基准情形,降低了 3 200 万美元(见图 18.7)。

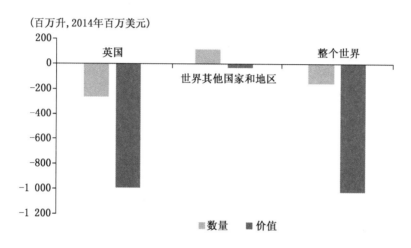

资料来源:作者基于模型导出的结果。

图 18.7　因英国脱欧导致的 2025 年葡萄酒进口数量与价值的差异

这些影响因素以不同方式影响着双边葡萄酒贸易模式(见表 18.2)。欧洲、智利和南非的葡萄酒出口量减少了,就欧盟而言,减少了 96 百万升,或者说,减少了 8.06 亿美元,部分葡萄酒出口从英国转向欧盟 27 国以及其他与新世界出口国竞争的市场。例如,澳大利亚更多的葡萄酒销往英国,而销往其他国家以及整个世界的葡萄酒减少了。新西兰是世界上无泡葡萄酒出口平均价格最高的国家,其结果与澳大利亚相反:在这种情形下,相对于精品葡萄酒的价格而言,非英国市场的商业葡萄酒价格较低,与基准情形相比,新西兰对英国的销售较少,对高价葡萄酒市场的销售(大部分是精品葡萄酒)较多,从而更有利——尽管总体销量仍较少。对于智利和南非来说,在这种情形下,它们失去了进入英国市场的优惠待遇(但没有失去进入欧盟 27 国市场的优惠待遇),它们的一部分出口从英国转向欧盟 27 国,但总体情况变差。在英国脱欧的背景下,2025 年全球葡萄酒贸易将减少 154 百万升,或者说,减少 10.2 亿美元。无论是在数量上还是在价值上,相对价格的变化也会影响出口商贸易萎缩的百分比。这些差异从表 18.2 括号内的数字中显示出来。

表 18.2 因英国脱欧导致的 2025 年英国与世界其他国家和地区双边葡萄酒进口数量和价值的差异ᵃ

单位:百万升,2014 年百万美元

	数量				价值			
	英国	世界其他国家和地区	整个世界	(%)	英国	世界其他国家和地区	整个世界	(%)
欧盟 27 国	−178	82	−96	(1.2)	−692	−114	−806	(2.3)
智利	−46	28	−18	(2.4)	−128	36	−92	(3.5)
南非	−43	29	−14	(4.2)	−83	23	−60	(5.1)
美国	1	−6	−5	(1.1)	−23	−27	−50	(2.3)
澳大利亚	5	−10	−5	(0.6)	19	−52	−33	(1.2)
阿根廷	0	−6	−6	(2.6)	−3	−25	−28	(2.9)
新西兰	−5	4	−1	(0.6)	−80	34	−46	(2.3)
其他	0	−9	−9	(0.1)	−1	93	92	(1.5)
整个世界	−266	112	−154	(1.3)	−990	−32	−1 022	(2.0)

a. 括号中的数字是 2025 年脱欧情形与 2025 年基准情形之间测算数量与价值差异的百分比。

资料来源:作者基于模型导出的结果。

如果欧盟 27 国与英国的自由贸易协定签署和实施,那么,对于欧盟 27 国来说,前面测算的英国脱欧效应就会减小(参见 2017 年安德森和威特维尔的模拟),但是,英国脱欧对智利和南非的预计影响将更大,除非英国也复制目前欧盟 28 国与这两个新世界葡萄酒出口国之间的双边自由贸易协定。

意　义

本章所展示的结果揭示了一个惊人的前景。到目前为止,中国已成为亚洲最重要的葡萄酒消费国,未来 10 年,中国的收入预计将增长,因此,消费量也将

增加,预计葡萄酒市场上这种主导地位将变得更加强大。由于中国国内产量的
增长预计将低于国内需求,中国的葡萄酒净进口量预计上升,其葡萄酒的自给
自足能力将大幅下降。

这一模型研究表明,中国正以惊人的速度成为葡萄酒出口商的主导市场。
虽然近年来且预计中国人均葡萄酒消费量的增长速度并不比几十年前几个西
北欧国家的增长速度快,但是,中国 11 亿成年人口的绝对规模——以及葡萄酒
仍然只占中国酒类消费量 4% 的事实——使得进口增长的机会前所未有。如果
中国自己的葡萄酒产量增长速度超过我们的预期,进口增长的机会可能会少一
些,但是,肯定在接下来的 10 年这个短时期内,不太可能大幅减少中国葡萄酒
的进口,特别是在高端葡萄酒市场领域。

当然,测算不是预言。外汇汇率变动以及各国葡萄酒生产商利用亚洲和撒
哈拉以南非洲预期市场增长机会的速度,将是未来若干年市场份额实际变化的
关键决定因素。并不是预计产业的所有部门都会受益,如果非高端产品需求像
本章预计的那样持续下降,非高端葡萄酒生产商将面对不断下跌的价格。但
是,那些愿意投入足够资金与中国进口商/经销商建立关系的出口企业——或
者在中国境内从事葡萄种植或葡萄酒酿造的企业——很可能从这种投资中获
得长期利益。与此同时,所有葡萄酒出口商和进口商都将密切关注各种双边汇
率的变动和进口关税的变化,尤其是,在未来 10 年,或许最令人关注的是因英
国脱欧而导致新的优惠贸易协定开始发挥作用。

表 A18.1　2014—2025 年累计消费增长率、人口增长率与相对美元的实际汇率变动 单位：%

	总消费增长率	人口增长率	实际汇率变动		总消费增长率	人口增长率	实际汇率变动
法国	18	4	−11	澳大利亚	35	11	−17
意大利	11	2	−9	新西兰	32	9	−26
葡萄牙	14	0	−9	加拿大	27	8	−18
西班牙	26	8	−9	美国	31	8	0
奥地利	19	4	−7	阿根廷	7	10	109
比利时	20	7	−9	巴西	16	8	−29
丹麦	22	2	−9	智利	55	8	−2
芬兰	21	3	−7	墨西哥	42	12	−8

续表

	总消费增长率	人口增长率	实际汇率变动		总消费增长率	人口增长率	实际汇率变动
德国	14	−2	−11	乌拉圭	45	3	1
希腊	22	−1	−14	其他拉美国家	60	10	−5
爱尔兰	42	12	−9	南非	36	12	−1
荷兰	21	4	−9	土耳其	50	8	20
瑞典	24	9	−13	北非	53	11	0
瑞士	18	8	−6	其他非洲国家	109	18	84
英国	32	6	1	中东	52	18	−12
其他西欧国家	21	10	−1	中国内地	79	3	5
保加利亚	41	−7	7	中国香港	42	3	2
克罗地亚	20	−2	−1	印度	134	13	17
格鲁吉亚	35	0	23	日本	11	−3	−24
匈牙利	25	−3	−11	韩国	38	1	−9
摩尔多瓦	49	−11	13	马来西亚	62	15	−16
罗马尼亚	45	−4	22	菲律宾	75	18	7
俄罗斯	18	−2	−8	新加坡	44	21	−22
乌克兰	22	−5	14	中国台湾	29	1	−13
其他东欧国家	40	−5	48	泰国	47	3	−9
				其他亚洲国家	99	10	10

资料来源：作者整理自各类国际机构以及安德森和斯特鲁特（2016）的测算。

表 A18.2　　　2014 年和预计 2025 年世界葡萄酒产量和产值的份额　　　单位：%

	2014 年 产量	2014 年 产值	2025 年 产量	2025 年 产值
各类葡萄酒				
意大利	15.7	14.8	15.7	14.4
法国	14.6	23.3	15.0	23.3
西班牙	12.5	5.8	11.9	5.5
美国	11.6	15.0	11.5	14.7
阿根廷	5.2	4.1	4.1	2.8
中国	5.0	5.2	6.3	7.2
澳大利亚	4.6	4.5	4.7	4.9
德国	4.2	4.8	4.5	4.7
智利	4.0	3.5	3.9	3.4
南非	3.6	2.1	3.5	2.0
世界其他国家和地区	18.9	17.2	18.7	17.2

续表

	2014 年	2014 年	2025 年	2025 年
	产量	产值	产量	产值
精品葡萄酒				
法国	26.0	31.9	26.5	31.2
美国	18.4	19.2	18.0	18.9
意大利	17.5	14.5	17.4	14.2
德国	5.5	4.4	5.5	4.1
西班牙	5.1	3.7	5.2	3.7
澳大利亚	3.0	2.9	3.1	3.4
阿根廷	3.0	3.0	2.5	2.1
俄罗斯	2.9	1.7	2.9	1.5
新西兰	2.6	3.0	2.7	4.0
中国	1.8	2.4	2.2	3.1
世界其他国家和地区	14.0	13.2	14.0	13.8
商业优质葡萄酒				
意大利	15.0	15.9	14.9	15.1
法国	12.7	13.6	12.5	13.7
中国	9.5	10.7	11.1	14.4
西班牙	9.2	7.1	9.3	7.0
美国	9.0	9.9	8.6	9.2
德国	6.3	6.3	6.4	6.1
智利	5.5	6.0	5.4	5.8
澳大利亚	5.3	5.6	5.3	6.2
阿根廷	3.9	4.3	3.2	2.8
南非	3.3	2.9	3.6	3.0
世界其他国家和地区	20.3	17.7	19.9	16.8
非优质葡萄酒				
西班牙	20.3	10.2	20.5	10.3
意大利	15.5	13.1	15.5	12.9
美国	10.3	11.6	10.6	11.6
法国	9.7	14.6	9.8	14.6
阿根廷	8.1	7.6	6.6	6.7
南非	5.5	4.9	5.3	5.2
澳大利亚	4.9	7.6	5.1	8.7

续表

	2014 年	2014 年	2025 年	2025 年
	产量	产值	产量	产值
智利	4.1	5.8	4.0	6.3
葡萄牙	2.3	2.0	2.5	2.1
中国	2.2	1.7	3.0	2.2
世界其他国家和地区	17.2	20.9	17.1	19.5

资料来源:作者基于模型导出的结果。

表 A18.3　2014 年和预计 2025 年世界葡萄酒消费量和消费价值的份额　　单位:%

	2014 年	2014 年	2025 年	2025 年
	消费量	消费价值	消费量	消费价值
各类葡萄酒				
美国	13.8	19.0	14.2	19.7
法国	10.0	11.8	8.9	10.2
德国	8.6	7.8	7.5	6.6
意大利	8.4	6.5	7.1	5.2
中国	6.8	7.1	10.0	11.2
英国	5.3	5.1	5.8	5.3
俄罗斯	4.3	2.6	3.7	2.0
阿根廷	4.2	2.9	3.3	1.9
西班牙	3.8	1.6	3.5	1.3
澳大利亚	2.3	2.9	2.3	3.1
世界其他国家和地区	32.5	32.6	33.6	33.5
精品葡萄酒				
美国	22.7	24.6	23.3	25.5
法国	11.8	14.5	10.7	12.6
德国	7.4	6.8	6.5	5.7
意大利	6.7	5.6	5.7	4.6
加拿大	5.0	5.7	4.4	5.3
俄罗斯	4.7	2.5	4.2	2.0
英国	4.0	3.8	4.2	3.8
澳大利亚	3.5	3.2	3.4	3.6
中国	3.1	3.6	4.8	5.7
日本	2.7	2.8	2.1	2.1
世界其他国家和地区	28.4	26.8	30.7	29.1

续表

	2014 年	2014 年	2025 年	2025 年
	消费量	消费价值	消费量	消费价值
商业优质葡萄酒				
中国	12.3	13.8	16.9	20.7
美国	12.0	13.3	11.7	12.7
英国	8.7	7.7	9.1	7.9
德国	8.3	9.3	7.0	7.7
法国	6.3	7.0	5.5	6.1
意大利	5.8	6.5	4.9	5.3
俄罗斯	4.8	2.3	4.0	1.9
荷兰	2.9	3.2	2.6	2.8
西班牙	2.9	1.9	2.7	1.7
巴西	2.8	3.2	2.4	2.7
世界其他国家和地区	33.1	31.8	33.3	30.6
非优质葡萄酒				
法国	12.9	14.1	12.5	13.5
意大利	12.3	10.2	11.4	9.3
美国	10.3	11.6	10.6	12.0
德国	9.7	7.9	9.0	7.2
阿根廷	7.5	7.0	6.6	6.5
西班牙	6.3	3.4	6.4	3.4
日本[1]	3.8	3.0	4.5	2.9
葡萄牙	3.7	2.3	3.4	2.2
俄罗斯	3.3	4.2	2.8	3.6
中国	3.1	2.9	4.4	3.9
世界其他国家和地区	27.0	33.5	28.4	35.5

资料来源:作者基于模型导出的结果。

---

[1] 原著用 OCEF,该缩写为日本海外经济协力基金。疑为作者使用该组织数据时,误将该组织名称代替日本。

表 A18.4　　**2014 年和预计 2025 年世界葡萄酒出口量和出口价值的份额**　　单位:%

	2014 年 出口量	2014 年 出口价值	2025 年 出口量	2025 年 出口价值
各类葡萄酒				
西班牙	20.2	10.3	18.8	9.7
意大利	19.3	20.3	20.7	21.2
法国	17.2	29.7	18.9	31.3
智利	6.9	6.1	6.3	5.4
澳大利亚	6.5	5.5	6.5	5.8
美国	4.9	5.5	4.3	4.5
南非	4.7	2.6	4.4	2.4
德国	3.9	3.8	4.5	4.3
阿根廷	2.5	2.7	2.0	2.0
葡萄牙	2.4	2.8	2.6	2.9
新西兰	1.6	3.1	1.7	4.1
世界其他国家和地区	10.0	7.6	9.2	6.5
精品葡萄酒				
法国	36.1	42.3	37.3	42.2
意大利	25.6	21.4	26.2	21.6
西班牙	9.6	7.3	9.2	7.0
美国	5.9	6.4	4.7	5.2
新西兰	4.3	4.7	4.5	6.6
德国	3.2	2.8	3.7	3.2
葡萄牙	2.5	2.7	2.5	3.0
澳大利亚	2.1	1.8	2.2	2.2
英国	2.1	2.3	2.0	2.2
智利	1.9	2.0	1.7	1.9
世界其他国家和地区	6.7	6.3	5.9	5.1
商业优质葡萄酒				
意大利	20.4	21.6	21.4	22.3
法国	16.5	17.7	16.8	19.2
西班牙	14.3	12.3	14.3	12.2
智利	9.1	10.3	8.3	9.5
澳大利亚	7.8	8.4	7.7	9.4
德国	6.3	5.6	7.0	6.2

续表

	2014 年 出口量	2014 年 出口价值	2025 年 出口量	2025 年 出口价值
南非	4.2	3.6	4.8	3.7
美国	3.3	3.3	2.9	2.8
阿根廷	3.3	3.8	2.9	2.7
葡萄牙	2.9	3.2	2.8	3.2
世界其他国家和地区	11.9	10.3	11.0	8.8
非优质葡萄酒				
西班牙	32.7	16.8	32.2	16.1
意大利	14.3	13.1	15.7	13.7
澳大利亚	7.6	12.4	8.0	13.5
智利	7.4	11.3	6.9	11.1
南非	7.4	7.4	6.6	7.3
法国	7.3	12.0	8.1	12.6
美国	6.0	7.2	5.9	6.9
阿根廷	2.1	3.3	0.9	2.5
新西兰	1.8	4.2	1.9	4.8
摩尔多瓦	1.7	1.0	1.6	0.8
世界其他国家和地区	11.7	11.2	12.2	10.7

资料来源:作者基于模型导出的结果。

表 A18.5　　2014 年和预计 2025 年世界葡萄酒进口量和进口价值的份额　　单位:%

	2014 年 进口量	2014 年 进口价值	2025 年 进口量	2025 年 进口价值
各类葡萄酒				
德国	14.1	11.1	11.5	8.6
英国	13.2	12.7	14.0	12.5
美国	10.2	15.0	10.5	15.6
法国	6.6	3.1	5.3	2.4
俄罗斯	5.3	2.3	3.8	1.4
中国内地	4.3	4.5	7.9	8.7
加拿大	4.0	6.8	3.5	5.7
荷兰	3.8	3.7	3.4	3.2
比利时	2.9	4.0	2.5	3.4
日本	2.9	4.5	2.2	3.3

续表

	2014 年	2014 年	2025 年	2025 年
	进口量	进口价值	进口量	进口价值
意大利	2.5	1.2	1.8	0.8
中国香港	1.9	3.1	2.3	3.8
世界其他国家和地区	28.5	28.0	31.3	30.7
精品葡萄酒				
美国	16.0	18.7	16.4	19.4
英国	9.3	8.4	9.2	8.1
加拿大	8.5	9.6	6.6	7.8
德国	7.5	8.5	5.9	6.6
日本	6.0	6.2	4.3	4.3
瑞士	5.3	5.3	4.6	4.5
俄罗斯	4.2	1.8	2.9	1.0
比利时	3.9	4.6	3.3	3.8
中国香港	3.9	4.1	4.5	5.0
澳大利亚	3.1	2.6	2.9	2.6
中国内地	2.9	2.7	5.8	5.5
世界其他国家和地区	29.3	27.4	33.5	31.4
商业优质葡萄酒				
英国	18.8	17.3	19.1	17.6
德国	10.7	12.4	8.4	9.7
美国	9.9	11.1	9.5	10.7
中国	7.2	8.1	12.9	14.9
俄罗斯	6.9	3.0	5.0	2.0
荷兰	6.3	7.3	5.4	6.3
加拿大	3.1	3.7	2.6	3.0
比利时	3.1	3.5	2.5	2.9
日本	2.5	2.9	1.6	1.8
法国	2.5	2.6	2.0	2.1
世界其他国家和地区	29.0	28.0	31.0	28.9
非优质葡萄酒				
德国	21.6	18.2	19.9	16.7
法国	13.2	7.2	12.2	6.2
英国	9.3	17.2	10.4	19.6

续表

	2014 年	2014 年	2025 年	2025 年
	进口量	进口价值	进口量	进口价值
美国	7.1	10.5	7.5	11.9
意大利	5.9	3.9	5.1	3.1
葡萄牙	4.4	1.8	4.0	1.5
俄罗斯	4.2	2.0	2.8	1.1
瑞典	2.4	4.5	2.3	4.2
加拿大	2.4	3.7	2.5	4.0
荷兰	2.2	2.7	2.0	2.4
世界其他国家和地区	27.2	28.3	31.2	29.4

资料来源:作者基于模型导出的结果。

【作者介绍】 卡伊姆·安德森(Kym Anderson):乔治·格林(George Gollin)经济学教授,南澳大利亚位于阿德莱德的阿德莱德大学葡萄酒产业经济研究中心执行主任,位于堪培拉的澳大利亚国立大学经济学教授,伦敦经济政策研究中心的研究员。他的研究兴趣包括国际贸易和经济发展,以及农业经济学、食品经济学和葡萄酒产业经济学。

格林·威特维尔(Glyn Wittwer):澳大利亚墨尔本维多利亚大学政策研究中心的教授兼副主任。他的专业研究领域是国民经济多区域动态建模、国民经济的资源基础以及全球葡萄酒市场建模。最近,他编辑出版的著作是《水资源的经济模型:澳大利亚的 CGE 建模经验》(2012)。

【参考文献】

Anderson, K. and K. Harada (2017), 'How Much Wine Is *Really* Produced and Consumed in China, Hong Kong and Japan?' Wine Economics Research Centre Working Paper 0317, University of Adelaide, November.

Anderson, K. and S. Nelgen (2011), *Global Wine Markets, 1961 to 2009: A Statistical Compendium*, Adelaide: University of Adelaide Press. Freely accessible as an ebook at www.adelaide.edu.au/press/titles/global-wine and as Excel files at www.adelaide.edu.au/wine-econ/databases/GWM.

Anderson, K., S. Nelgen and V. Pinilla (2017), *Global Wine Markets, 1860 to 2016: A Statistical Compendium*, Adelaide: University of Adelaide Press. Also freely available as an e-book at www. adelaide. edu. au/press/.

Anderson,K. and V. Pinilla (*with the assistance of* A. J. Holmes) (2017),*Annual Database of Global Wine Markets*,*1835 to 2016*,freely available in Excel at the University of Adelaide's Wine Economics Research Centre,www. adelaide. edu. au/wine-econ/databases.

Anderson,K. and A. Strutt (2016),'Impacts of Asia's Rise on African and Latin American Trade:Projections to 2030',*World Economy* 39(2):172—94,February.

Anderson,K. and G. Wittwer (2001),'US Dollar Appreciation and the Spread of Pierce's Disease:Effects on the World's Wine Markets',*Australian and New Zealand Wine Industry Journal* 16(2):70—75,March-April.

(2013),'Modeling Global Wine Markets to 2018:Exchange Rates,Taste Changes,and China's Import Growth',*Journal of Wine Economics* 8(2):131—58.

(2017),'The UK and Global Wine Markets by 2025,and Implications of Brexit',*Journal of Wine Economics* 12(3) (forthcoming).

Barton,D. ,Y. Chen and A. Jin (2013),'Mapping China's Middle Class',*McKinsey Quarterly*,June. www. mckinsey. com/insights/consumer_ and_ retail/mapping_chinas_ middle_ class.

Cavallo,A. (2013),'Online and Official Price Indexes:Measuring Argentina's Inflation',*Journal of Monetary Economics* 60(2):152—65. dx. doi. org/10. 1016/j. jmoneco. 2012. 10. 002.

Harrison,J. and K. Pearson (1996),'Computing Solutions for Large General Equilibrium Models Using GEMPACK',*Computational Economics* 9(1):93—127.

Kharas,H. (2010),'The Emerging Middle Class in Developing Countries',Working Paper 285,Organisation for Economic Cooperation and Development (OECD) Development Centre,Paris,January.

OIV (2013),*State of the Vitiviniculture World Market*,Paris:OIV,March (www. oiv. org).

Wittwer,G. ,N. Berger and K. Anderson (2003),'A Model of the World's Wine Markets',*Economic Modelling* 20(3):487—506,May.

World Bank (2016),*World Development Indicators*,Washington,DC:World Bank. Accessed online 6 November at www. worldbank. org/wdi.

附录

1835—2016 年全球葡萄酒市场数据库

　　《自 1961 年以来的全球葡萄酒市场》年度数据库在阿德莱德大学已经可以获得各种更新版本,最新的版本涵盖了 2009 年的数据(安德森和尼尔根,2011)。

　　至于早期的数据,西班牙萨拉戈萨大学的经济史学家们收集了全球葡萄酒的基本数据,以便分析第一次全球化浪潮的一个方面,即在第二次世界大战前的一个世纪里,西班牙作为葡萄酒出口国的兴衰。这引出了皮尼拉和阿尤达(2002)的一篇论文,也开启了那个时期的全球葡萄酒数据库建设,随着皮尼拉(2014)的工作开展,从那时起便可以获得这个数据库。

　　同时,安德森(2015)分析了 19 世纪 30 年代开始的澳大利亚葡萄酒产业经济的发展。尽管这项研究很全面,但是,它并不完整,因为当时既没有可供比较的 1961 年以前其他相关(包括南半球)葡萄酒生产国的年度数据,也没有全球葡萄酒产量、消费量和贸易总额数据,从而用来与澳大利亚的趋势和产业周期进行比较。所以,在对澳大利亚的研究中,哈顿、欧洛克和威廉姆森(2007)所描述的经济史比较方法主要限制在 1960 年以后。

　　关于当前全球葡萄酒产业的研究,必要的第一步是聚集在一起,并吸引其他学者和业界人士加入对国别葡萄酒市场在第一次和第二次全球化浪潮中的发展进行比较评估,以及对包括两次世界大战和大萧条在内的“失去的”几十年间葡萄酒市场进行比较评估。所有参与者同意提供国别数据,以扩展此前由安德森和尼尔根(2011)汇编的 1960 年后的数据以及由皮尼拉(2014)汇编的 1939 年前的数据。

　　添加二手来源的数据,以确保覆盖其他主要国家,因此,数据库不仅包括 47

个国家，而且包括其他国家构成的 5 个区域集团，这样，他们的数据总和就可以
提供世界总量的估计。自 1860 年以来，这 47 个国家占全球葡萄酒产量和出口
量的 96%，占全球葡萄酒消费量和进口量的 90% 以上。

最初的目标是追溯到 1835 年，那时，第一次全球化浪潮开始了。对于南
非，有些数据追溯到 17 世纪 60 年代；就英国而言，有些数据追溯到 14 世纪 20
年代。但是，对于很多不太注重葡萄酒的国家来说，直到 19 世纪末才开始有系
列数据，并且有些数据序列存在多年的空缺，比如，在两次世界大战期间。因
此，我们将包括葡萄酒产量、出口量和进口量数据在内的最重要数据序列进行
插值处理，以便能够估算出 1860 年以来全球总量中的这些关键变量。插值处
理的数据只占世界总量中每个变量的一小部分，通常，1900 年前的数据不超过
10%，1900—1960 年间的数据不超过 5%。我们的插值法详见于安德森和皮尼
拉(2017a)。

本研究所涵盖的时间范围变化取决于可获得的数据。这里有全世界的综
合信息，包括 1900 年以来的葡萄种植面积、1860 年以来的葡萄酒产量和出口
量、1925 年以来的葡萄酒消费量和进口量、1900 年以来以美元现值计算的出口
额，以及 1961 年以来以美元现值计算的进口额。至于过去的年代，还包括具有
数据可得性的那些国家的数据。

数据库还包括其他经济变量，如实际国内生产总值(GDP)、总人口和成年
人口、农作物总面积、本币对美元的市场汇率、啤酒和烈性酒的消费量，以及(含
葡萄酒在内的)酒类总消费量。啤酒的产量、出口量和进口量也包括在内。商
品进出口总价值也包括在内，因此，可以计算 1900 年以来的"显性"葡萄酒比较
优势指数。19 世纪的总体贸易数据和汇率数据是由费德里克和特纳—永奎托
(2016)重新整理的。许多强度指标，比如人均 GDP 和每一美元的实际 GDP，也
被计算出来，以弥补国家统计数据大小的差异。对于每一个变量，还提供了其
在世界总量中的占比。

对于一些国家来说，早期的双边葡萄酒贸易数据显示了它们的进口来源地
或出口目的地。对英国来说，葡萄酒进口可得数据可以追溯到 1323 年，17 世纪

末到 1940 年主要供应国的占比被显示出来。对法国来说,葡萄酒出口的主要目的地以及 1850—1938 年间进口的主要来源地也被提供出来。这两个国家的葡萄酒进口关税数据也包括在内。

根据当前的边界,数据尽可能地指代的是名称既定的国家。为了做到这一点,在某些情况下,如果领土已经发生了重大变化,就会推敲各种早期的国家和地区统计资料来源。

两个主要国际资料来源提供了关于葡萄种植面积以及葡萄酒产量、出口量和进口量的国别数据,它们是国际农业研究所(IIA)和联合国粮食及农业组织(FAO),它们的总部都设在罗马。1905 年,波兰裔的美国商人和农业改革家大卫·鲁宾(David Lubin,1849—1919)在罗马创建了国际农业研究所。国际农业研究所的目标是收集、分类和发布有关农作物生产、产品价格和国际农业贸易的信息。该机构成立伊始,便立即发布国际农业统计数据。在其存续期间,它出版了 6 份统计汇编,发布的数据始于 1903 年,终于 1938 年(国际农业研究所,1911—1939)。第二次世界大战后,联合当时最新创建的联合国粮食及农业组织出版了第 7 卷,其格式与以前的 6 本出版物相同,涵盖了第二次世界大战的整个时期。联合国粮食及农业组织是作为联合国的特别机构创建的,开展国际农业研究所前期开展的各项活动,并显著拓展了其目标和主旨。(国际农业研究所高级官员与意大利法西斯政权的关系是国际农业研究所被解散并被联合国粮农组织取代的原因。)

国际农业研究所的统计数字分为两个主要部分。一是提供各国农作物种植面积、牲畜数量、农业生产、对外贸易等方面的广泛信息。二是提供按照产品分类的数字,并且按照国家和大的地理区域,提供每一种产品种植面积、产量、出口和进口的数字。另外,国际农业研究所年鉴逐渐开始补充某些产品在某些市场上的价格、货物运输费用、汇率、肥料消费和贸易等方面的信息。

提供信息的产品数量逐年显著增加。第一份年鉴收录了 14 种产品的数据,而在 1933—1938 年期间,收录了 62 种产品的信息。提供信息的国家数量也在增加。

1921 年以前没有关于葡萄酒的信息。在 1921 年之后，提供了一些国家葡萄种植面积和葡萄酒产量的数据，1925 年以后，葡萄酒贸易数据也包括在内。1928—1929 年年鉴提供了 1909—1913 年期间葡萄平均年产量、葡萄种植面积和国际产品贸易的信息。

当联合国粮农组织成立并取代国际农业研究所时，联合国粮农组织立即开始出版更全面的农业统计报告。就我们的目的而言，主要出版物是《粮食和农业统计年鉴》，其中，包括有关农作物种植面积、产量和贸易的信息。[1] 联合国粮农组织的统计报告与国际农业研究所战前发布的统计报告的一个重要区别是，前者所涵盖的产品种类数量显著增加了。1948 年出版的第一本年鉴包含了 69 种产品的信息，到了 20 世纪 50 年代，覆盖范围已扩大到 80 多种产品。由于联合国粮农组织花了几年时间才与国际农业研究所提供的数据（耶茨，1955）的质量和详尽程度相匹配，因此，在这一时期，关于许多亚洲国家、非洲国家以及苏联集团国家的信息提供存在很大缺口。虽然不能获得所有国家的数据，但是，1946 年以来葡萄种植面积、葡萄酒产量和葡萄酒贸易的数据是可以获得的。

虽然联合国粮农组织的印刷版年鉴一直出版到今天，但是，对于 1961 年以后的数年，我们使用了联合国粮农组织数据库电子版发布的葡萄酒生产和贸易数据，这些数据可以追溯到 1961 年，并定期修订（联合国粮农组织，2017）。

国际农业研究所和联合国粮农组织公布的所有数据都是基于各国政府报告的国家统计数据。因此，这些数据的质量取决于各个国家统计局传递的数据质量。

当前这项研究的一些供稿人选择直接使用一些国家的统计数据，因为它们提供了更完整和更详细的信息。对于另外一些国家来说，所需的数据并未涵盖在前面提及的数据源中，这些数据来自迈克尔（Mitchell，2007a、b、c）。

最终的年度数据库可以在安德森和皮尼拉（2017b）的 Excel 表中免费获得，并且这些数据的汇总以及近期双边葡萄酒贸易的数量和价值等附加数据都

---

〔1〕 1958 年，这些统计数据分别刊载于《生产年鉴》和《贸易年鉴》这两份独立的出版物中。

可以在安德森等(2017)的著述中获得。

【作者介绍】　卡伊姆·安德森(Kym Anderson)：乔治·格林(George Gol-
lin)经济学教授,南澳大利亚位于阿德莱德的阿德莱德大学葡萄酒产业经济研
究中心执行主任,位于堪培拉的澳大利亚国立大学经济学教授,伦敦经济政策
研究中心的研究员。他的研究兴趣包括国际贸易和经济发展,以及农业经济
学、食品经济学和葡萄酒产业经济学。

文森特·皮尼拉(Vicente Pinilla)：西班牙萨拉戈萨大学经济史学教授,阿
拉贡农业营养研究所研究员。他的研究兴趣包括农产品国际贸易、长期农业变
化、环境历史和移民。2000—2004 年,他担任萨拉戈萨大学副校长,负责财政预
算和经济管理。

【参考文献】

Anderson,K. (with the assistance of N. R. Aryal) (2015),*Growth and Cycles in Austral-
ia's Wine Industry：A Statistical Compendium*, *1843 to 2013*, Adelaide：University of
Adelaide Press. Also freely available as an e-book at www. adelaide. edu. au/press/titles/
austwine and as Excel files at www. adelaide. edu. au/wine-econ/databases/winehistory.

Anderson,K. and S. Nelgen (2011),*Global Wine Markets*,*1961 to 2009*：*A Statistical Com-
pendium*,Adelaide：University of Adelaide Press. Also freely available as an e-book at
www. adelaide. edu. au/press/titles/global-wine and as Excel files at www. adelaide. edu.
au/wine-econ/databases/GWM.

Anderson,K. ,S. Nelgen and V. Pinilla (2017),*Global Wine Markets*,*1860 to 2016*：*A Sta-
tistical Compendium*,Adelaide：University of Adelaide Press. Also freely available as an
e-book at www. adelaide. edu. au/press/.

Anderson,K. and V. Pinilla (2017a),'Annual Database of Global Wine Markets,1835 to
2016：Methodology and Sources',Wine Economics Research Centre Working Paper
0417,November.

Anderson,K. and V. Pinilla (with the assistance of A. J. Holmes) (2017b),*Annual Data-
base of Global Wine Markets*, *1835 to 2016*,freely available in Excel at the University of
Adelaide's Wine Economics Research Centre,www. adelaide. edu. au/wine-econ/databas-
es.

FAO (2017),*FAOSTAT*,website at www. fao. org/faostat/en/♯home.

Federico,G. and A. Tena-Junguito (2016),'World Trade,1800—1938：A New Dataset', EHES Working Paper 93.

Hatton,T. J. ,K. H. O'Rourke and J. G. Williamson (eds.) (2007),'Introduction',pp. 1—14 in *The New Comparative Economic History：Essays in Honor of Jeffrey G. Williamson* ,Cambridge,MA：MIT Press.

IIA (1911—1939),*Annuaire International de Statistique Agricole* ,Rome：Institut International d'Agriculture/International Institute of Agriculture.

Mitchell,B. R. (2007a),*International Historical Statistics：Europe 1750—2005* (6th Edition),New York and Basingstoke：Palgrave Macmillan.

(2007b),*International Historical Statistics：Americas 1750—2005* (6th Edition),New York and Basingstoke：Palgrave Macmillan.

(2007c),*International Historical Statistics：Africa ,Asia and Oceania 1750—2005* (5th Edition),New York and Basingstoke：Palgrave Macmillan.

Pinilla,V. (2014),'Wine Historical Statistics：A Quantitative Approach to its Consumption, Production and Trade, 1840 — 1938 ', American Association of Wine Economists (AAWE) Working Paper 167,August. Freely available at www. wineeconomics. org.

Pinilla,V. and M. I. Ayuda (2002),'The Political Economy of the Wine Trade：Spanish Exports and the International Market,1890—1935' ,*European Review of Economic History* 6：51—85.

Yates,P. L. (1955),*So Bold an Aim：Ten Years of Co-operation Toward Freedom from Want* ,Rome：FAO.